AF607544

MUSEO GEOMINERO:
COLECCIONES, DIVULGACIÓN, INVESTIGACIÓN

MUSEO GEOMINERO:
COLECCIONES, DIVULGACIÓN, INVESTIGACIÓN

Edición a cargo de
Isabel Rábano Gutiérrez del Arroyo

Ediciones Doce Calles
2025

Este libro ha contado con ayudas de los proyectos *La reconstrucción del Museo Nacional de Ciencias Naturales: 1985-1995* (PID2021-123323NB-I00, AEI/10.13039/501100011033/FEDER, UE) e *Intervalo Cretácico de Resina. Causas abióticas y bióticas y sus implicaciones paleoecológicas* (PID2022-137316NB, AEI/10.13039/501100011033/FEDER, UE), financiados por el Ministerio de Ciencia, Innovación y Universidades del Gobierno de España.

Isabel Rábano Gutiérrez del Arroyo (ed.)

Imagen de cubierta: Sala del Museo Geominero, situada en la sede principal del Instituto Geológico y Minero de España (CSIC), en la calle Ríos Rosas 23 de Madrid. Fotografía: Pedro López. Archivo del Instituto Geológico y Minero de España (CSIC).

ISBN: 978-84-9744-498-9
Depósito legal: M-2231-2025

Printed in Spain

SUMARIO

DIVULGACIÓN

INVESTIGACIÓN

PRESENTACIÓN

Desde sus inicios como museo del Instituto Geológico y Minero de España, el Museo Geominero ha sido un faro de conocimiento y descubrimiento. En un entorno donde la Historia de la Tierra se entrelaza con la curiosidad humana, el Museo Geominero no solo alberga minerales y fósiles, sino que también cuenta la fascinante historia de nuestro planeta. Además, es un referente en la divulgación de la Geología como ciencia y acervo cultural en España. El libro invita a explorar ese mundo: sumergirse en las maravillas que el Museo y la Geología tienen para ofrecer y descubrir cómo cada roca y cada mineral, cómo cada fósil, nos habla de tiempos lejanos y de los procesos naturales que han dado forma a nuestro entorno.

Pero no solo esto. El Museo Geominero es uno de esos sitios que, en sí mismo, tiene un sabor especial. Su estructura, vidrieras, suelos y forjas son obras de arte que crean un entorno casi decimonónico propicio para contemplar y disfrutar lo que allí se expone. Es uno de esos lugares en los que apetece sentarse, ya que transmite tranquilidad y belleza.

Las colecciones de minerales, rocas y fósiles, cuidadosamente seleccionados, son el punto focal de interés. Las vitrinas se ordenan en un relato donde el contenido científico y la didáctica maridan admirablemente para que, tanto pequeños como mayores, puedan admirarlos y aprender sobre los materiales que constituyen nuestro suelo, su aprovechamiento, las formas de vida del pasado, y el origen y evolución de la Tierra.

Por tanto, el Museo Geominero no es solo un lugar para admirar minerales y fósiles; es un espacio donde se celebra la curiosidad y el deseo de aprender. A través de sus exposiciones, se invita a reflexionar sobre la historia del planeta, los procesos que lo han moldeado y la importancia de conservar su riqueza patrimonial.

Pero un museo es algo más que todo eso. Es cierto que tanto su arquitectura como el diseño museográfico constituyen el objetivo primario de todo visitante curioso, pero detrás de la frialdad de las piedras existe un gran equipo de personas, que lo han puesto a disposición del público con esmero y cuidado. Cada ejemplar que se expone tiene una historia. Aparte de la suya propia, en cuanto a su origen, contiene la de la persona que lo recogió, lo trasladó, lo clasificó y catalogó y la que decidió seleccionarlo para exponerlo. Por el Museo Geominero, del que en 2026 se conmemora su centenario, han pasado varias generaciones de personal científico y técnico que han labrado su historia.

Este libro se adentra en la rica y fascinante historia de este museo, un viaje que nos lleva desde sus comienzos, reflejo de los trabajos del mapa geológico nacional, hasta la actualidad donde constituye un referente de las ciencias de la Tierra. A lo largo de estas páginas, el lector encontrará no solo descripciones detalladas de sus colecciones, sino también historias que dan vida a los objetos expuestos. Desde las formaciones geológicas que han existido durante millones de años hasta los descubrimientos que han cambiado nuestra comprensión del mundo, cada capítulo es un viaje a través del tiempo y el espacio.

Así, el Museo Geominero es un testimonio del esfuerzo humano por entender la Tierra, su historia y sus recursos. Un entorno donde la ciencia se encuentra con la didáctica, la educación y la pasión por el conocimiento. Este libro, por tanto, no solo es una guía para sus visitantes, sino también un recurso valioso para estudiantes, educadores y cualquier persona interesada en la Historia Natural.

Espero que al leer estas páginas sientas la misma fascinación que he experimentado al recorrer la historia del Museo Geominero y la maravilla de la Geología que nos rodea. Que cada mineral, cada roca, cada fósil y cada historia te inspire a mirar el mundo que te rodea con nuevos ojos; que cada página despierte en ti el deseo de explorar, aprender y, sobre todo, valorar y respetar el patrimonio natural que compartimos. A lo largo de sus páginas, se explora tanto la evolución de las colecciones y exposiciones, como el personal que se halla detrás y que ha sido fundamental en su desarrollo. Desde las personas pioneras que soñaron con la creación de un espacio dedicado a la geología, hasta las científicas y científicos, y las educadoras y educadores que han trabajado incansablemente para preservar y compartir este legado, cada capítulo revela una parte esencial de la historia del museo.

¡Bienvenidos a este viaje geológico! ¡Bienvenidos a este viaje a través del tiempo y la Tierra!

José Eugenio Ortiz Menéndez
Catedrático de Prospección e Investigación Minera
E.T.S.I. Minas y Energía, Madrid

PRÓLOGO

Durante muchos años, el Museo Geominero pasó por ser uno de los museos más desconocidos de Madrid, debido por una parte a que no se hallaba integrado en la red estatal de museos nacionales y, por otra, a su orientación temática hacia una ciencia poco conocida entre la población, por entonces casi reservada a especialistas y *amateurs*. La ubicación del museo dentro de un edificio oficial, sin acceso directo desde la calle ni señalización específica, que además exigía una acreditación personal a cada visitante, contribuyó también a su virtual anonimato. Esta concepción del museo como una dependencia más del Instituto Geológico y Minero de España, destinada a albergar, más que a exponer y a divulgar al gran público, sus importantes colecciones científicas, predominó durante buena parte de su existencia, desde que en 1926 se instalase en su sede actual. La consecuencia más notoria es que, entre finales de la Guerra Civil y hasta los años noventa, el museo permaneció prácticamente sin ningún tipo de política museística ni divulgativa, más allá de actuaciones puntuales en la mejora y catalogación de algunas colecciones.

El bienio 1988-1989 supuso un gran cambio de tendencia para el museo, coincidente con el periodo en el que el Instituto cambió temporalmente su denominación a Instituto Tecnológico Geominero de España, atendiendo a un plan estratégico diseñado en 1987 tras su transformación en Organismo Público de Investigación. La gran sala central fue desalojada y se ejecutaron importantes obras de acondicionamiento y mejora que incluyeron el cambio de la cubierta de cristal, la restauración de la vidriera y el solado de madera, la puesta en marcha del aire acondicionado y la mejora de la instalación eléctrica de muchas vitrinas. La reinauguración del museo tuvo lugar el 2 de marzo de 1989, y la gran sala volvió a lucir con el esplendor inicialmente concebido para un edificio catalogado como Bien de Interés Cultural en 1998. Fue entonces cuando la institución dio un paso decisivo para su apertura a la sociedad, y el museo se promocionó para acoger visitas de centros educativos y público general.

El presente libro se centra en lo logrado en un tercer periodo de la historia del Museo Geominero, cuando éste se consolida como un referente nacional en la conservación-restauración, investigación y divulgación científica en el ámbito de las ciencias de la Tierra. De las escasas personas que se ocupaban del mismo hasta su reinauguración, a partir de los años noventa comienza a configurarse un nuevo equipo que integra especialistas en todas las tareas de un museo moderno. Se actualiza y mejora la exposición permanente, se diseñan programas públicos y productos de divulgación, se realizan exposiciones temporales e itinerantes, se participa en ferias y semanas de la ciencia, y en todo tipo de convocatorias de divulgación científica. Además, se recupera la investigación en el museo con un grupo de expertas y expertos en fósiles animales y vegetales de distintas épocas geológicas, así como en mineralogía y petrología. El nuevo laboratorio del museo facilita la conservación-restauración de materiales, y adquiere un papel decisivo en la preparación de las nuevas exposiciones.

Este libro está concebido para todas las personas que, junto con el conjunto de autoras y autores aquí reunidos, somos capaces de disfrutar y admirar la belleza y el esplendor del Museo Geominero. Por eso, consideramos importante transmitir la larga historia mediada desde su formación hasta el año 2021, en que el Instituto Geológico y Minero de España perdió su autonomía como Organismo Público de Investigación y, junto a su museo y a todo su patrimonio, pasó a integrarse en el Consejo Superior de Investigaciones Científicas.

El libro constituye un anticipo a la celebración del centenario de la institucionalización del Museo Geominero, que tendrá lugar en 2026. Como editora del volumen quiero agradecer, en primer lugar, a las autoras y autores de los distintos capítulos, por haber plasmado su visión profesional y personal vinculada con la institución; a Carolina Martín Albaladejo y Enrique Peñalver Mollá, investigadores principales de los proyectos titulados respectivamente «La reconstrucción del Museo Nacional de Ciencias Naturales: 1985-1995» (PID2021-123323NB-I00, AEI/10.13039/501100011033/FEDER, UE) e «Intervalo Cretácico de Resina. Causas abióticas y bióticas y sus implicaciones paleoecológicas» (PID2022-137316NB, AEI/10.13039/501100011033/FEDER, UE), por la cofinanciación ofrecida, que ha contribuido decisivamente a la publicación del libro; y a Ediciones Doce Calles por su buen hacer editorial.

ISABEL RÁBANO GUTIÉRREZ DEL ARROYO
Directora del Museo Geominero 1993-2017

EL MUSEO GEOMINERO: ENTRE LA TRADICIÓN Y LA MODERNIDAD

Isabel Rábano Gutiérrez del Arroyo

Atendiendo a la resolución del Consejo Internacional de Museos (ICOM en sus siglas en inglés) adoptada en su Asamblea General Extraordinaria, celebrada en Praga el 24 de agosto de 2022, un museo es «una institución sin ánimo de lucro, permanente y al servicio de la sociedad, que investiga, colecciona, conserva, interpreta y exhibe el patrimonio material e inmaterial. Abiertos al público, accesibles e inclusivos, los museos fomentan la diversidad y la sostenibilidad. Con la participación de las comunidades, los museos operan y comunican ética y profesionalmente, ofreciendo experiencias variadas para la educación, el disfrute, la reflexión y el intercambio de conocimientos». Para conmemorar el Día Internacional de los Museos en 2024, el lema del ICOM fue «Museos en la educación y la investigación», subrayando de esta forma el papel fundamental que juegan estas instituciones en ambas materias.

El Museo Geominero del siglo XXI se inserta plenamente en esta concepción moderna de lo que debe ser un espacio museístico, pero no siempre ha sido así. Su historia, que es la de sus colecciones y que corre pareja con la de la construcción del mapa geológico de España, ha transitado desde ser un simple almacén entre mediados del siglo XIX y comienzos del XX, sin ninguna política de gestión ni de conservación, a configurar un espacio propio a partir de 1926, cuando se inició su institucionalización como museo. De acuerdo con su situación administrativa, el Museo Geominero es un área del Instituto Geológico y Minero de España y forma parte de los «hermanos pobres» de las colecciones patrimoniales del Estado, aquellas vinculadas a universidades o a organismos públicos de investigación (Baratas, 2016). Pero, desde finales del siglo XX, el Museo Geominero ha sabido abrirse paso entre el conjunto de museos de ciencia españoles, y se ha configurado como un agente importante, no solo en la investigación en paleontología, mineralogía y petrología, sino también en la difusión y en la divulgación de las ciencias de la Tierra.

LOS INICIOS: COLECCIONES PARA LOS MAPAS GEOLÓGICOS

La historia que vamos a presentar arranca en 1849 y tuvo como protagonistas a una reina, un ministro y un real decreto. El ministro Juan Bravo Murillo, titular de la cartera de Comercio, Instrucción y Obras Públicas en el gobierno de Isabel II, fue uno de los principales impulsores del desarrollo nacional durante los años de la Década Moderada. Desempeñó un papel fundamental en la institucionalización del levantamiento de las cartografías topográficas y geológicas del país, así como del plan de construcción de los catálogos florísticos y faunísticos nacionales. El Real Decreto de 12 de julio de 1849 promovió la creación de «una comisión para formar la carta geológica del terreno de Madrid, y reunir y coordinar los datos para la general del reino» (*Gaceta de Madrid*, n.º 524, de 20.07.1849), de la que es heredero el Instituto Geológico y Minero de España. No se conocen las circunstancias que llevaron a la creación de esta comisión, para la que el zoólogo Mariano de la Paz Graells se valió probablemente de su influencia como científico cercano a la corte de Isabel II (Rábano y Aragón, 2007), aunque sí es cierto que desde diferentes estamentos se venía demandando la necesidad de dotar al Estado de una representación cartográfica multitemática del territorio nacional. En relación con el mapa geológico, tras la promulgación de la Ley de Minas de 1825, el ingeniero de minas alemán radicado en España Guillermo Schulz recibió, en 1832, el encargo de la Dirección General de Minas para realizar la descripción geognóstica de Galicia, concluida en 1834; y al militar Ángel Vallejo se le encomendó ese mismo año colaborar con el levantamiento del mapa geológico de España, tarea que abandonó al año siguiente (Rábano, 2015). Por su parte Francisco de Luxán, militar y político, pero también geólogo, reclamaba unos años más tarde –en 1841–, desde las páginas de *El Espectador,* la necesidad de contar con el mapa geológico para diseñar el plan de política minera de la nación (Luxán

Figura 1. Casiano de Prado. Estudio fotográfico de Bisson Frères (París). Fecha desconocida.

Meléndez, 2016). Se trató, sin duda, del preludio para que la confección del mapa geológico formase parte de la política territorial del nuevo Estado en construcción, tras el largo periodo de inestabilidad y descentralización ocurrido entre 1808 y 1840 (Pro, 2019).

De acuerdo con lo señalado en el Real Decreto de su creación, la Comisión de la Carta Geológica, o *Comisión del Mapa Geológico* como pronto se la conoció, no solo debía dedicar sus esfuerzos al levantamiento del mapa geológico, sino ocuparse también de la geografía, la botánica y la zoología del territorio nacional. Se constituyó así una comisión multidisciplinar, formada por ingenieros y naturalistas, que debía organizarse en diferentes secciones para «fomentar entre nosotros todos los ramos que pueden influir en la riqueza y prosperidad de la Monarquía». Además, los estudios tendrían que «elevarse desde las partes al todo; en estudiar primero aquellas para llegar por último resultado al conocimiento de este», es decir, comenzar por reunir toda la información de la provincia de Madrid, que «siendo la residencia de V.M. y su Gobierno, y ofreciéndose su capital más abundantes medios, está naturalmente llamada a dar el ejemplo en todo» para, una vez depurado el método de trabajo, continuar su ejecución en las restantes provincias. Igualmente, debían dar prioridad al levantamiento de la base topográfica para acomodar los datos generados por las restantes disciplinas. Desde el ministerio dirigido por Bravo Murillo fueron nombradas cinco personas, tres ingenieros y dos naturalistas, que coordinarían los trabajos de las cinco secciones en las que se organizó la comisión. José Subercase Jiménez, ingeniero de caminos, fue destinado a la sección geográfica. La geológica se dividió en dos: una paleontológica, a cargo del ingeniero de minas Casiano de Prado (Fig. 1), y otra mineralógica, con el también ingeniero de minas Rafael Amar de la Torre al frente. Por su parte, los naturalistas Mariano de la Paz Graells, como uno de los impulsores del proyecto, y Vicente Cutanda, profesores en el Museo de Ciencias Naturales y en el Jardín Botánico, se ocuparon de las secciones zoológica y botánica, respectivamente.

Las circunstancias por las que pasó la Comisión entre su creación en 1849 y su disolución en 1859 han sido descritas en detalle por Rábano (2015). En esta organización nacida a mediados del siglo XIX reside el origen de las colecciones geológicas sobre las que se fundó el Museo Geominero. Resulta indudable que Casiano de Prado recogió numerosas muestras de minerales, rocas y fósiles durante sus trabajos de campo para el levantamiento de los mapas geológicos de las provincias de Madrid (1853), Segovia (1853), Valladolid (1854) y Palencia (1856). Las colecciones fueron almacenadas en los locales de la Comisión ubicada en el Palacio del Duque de San Pedro, en la calle Florín n.º 2, un edificio que ocupaba la manzana configurada por las calles del Florín (actual Fernanflor), Sordo (actual Zorrilla) y Turco (actual Marqués de Cubas). Allí, la Comisión compartió espacios con la Escuela de Minas, radicada en la planta baja después de su traslado desde Almadén en 1835.

A pesar de haber tenido la oportunidad de acceder al archivo administrativo que generó la Comisión entre 1849 y 1859, localizado en 2013 en el Instituto Geográfico Nacional (Rábano, 2015, 2024c), se desconoce el tratamiento que recibieron aquellas primeras colecciones geológicas, recogidas probablemente sin un objetivo de conservación futura y utilizadas posiblemente también con fines docentes en la Escuela de Minas. Es importante señalar que, tras el fallecimiento de Casiano de Prado en 1866, la familia vendió una parte de su colección a dicha Escuela. En la actualidad resulta muy difícil deslindar entre las colecciones del Museo Geominero las muestras recogidas por Prado durante este primer periodo de la institución, debido a la ausencia de inventarios antiguos (Rábano, 1998, 2006, 2013).

La Comisión de Estadística General del Reino, creada en 1856 en el marco administrativo del nuevo Estado en formación para institucionalizar la estadística nacional (el censo), no obtuvo los resultados esperados. La Comisión del Mapa Geológico no se vio afectada por la nueva normativa, pero sí por la Ley de Medición del Territorio de 1859, un nuevo impulso que imprimió el gobierno de O'Donnell para fortalecer las operaciones cartográficas y catastrales del país. Este se continuó en 1861 con la transformación de la Comisión de Estadística en la Junta General de Estadística, la organización que abordó de forma definitiva el ramo de Estadística en el Estado liberal (Muro *et al.*, 1996). Tras unos años difíciles para la Comisión del Mapa Geológico a partir de 1857, con graves problemas presupuestarios y de cuestionamiento de su eficacia desde sede parlamentaria, esta fue disuelta en 1859 en el marco de la ley antes mencionada, y la construcción del mapa geológico fue transferida a Estadística junto al resto de las cartografías temáticas.

Los estudios geológicos se encauzaron a través de las brigadas geológicas que se crearon en Estadística, en las que participaron ingenieros de minas de la extinta Comisión: Casiano de Prado, Amalio Maestre, Felipe Martín Donayre, Felipe Bauzá y Juan Manuel Aránzazu. En 1860 abandonaron el edificio de la calle del Florín y trasladaron sus instrumentos, libros y colecciones a la sede del Ministerio de Fomento, ubicada en el antiguo convento de la Trinidad Calzada de la calle Atocha n.° 12. Tampoco se dispone de mucha información de este periodo, únicamente a través de los documentos administrativos conservados en el archivo del Instituto Geográfico Nacional y prácticamente nada acerca de las colecciones (Rábano, 2015, 2022a). Algunos datos han quedado reflejados en un libro de registro, bastante incompleto, con relaciones de fósiles recogidos durante la etapa de Estadística en algunas provincias. Este inventario permite conocer que Prado se dedicó, durante los años que estuvo en Estadística, a recorrer las provincias de Albacete, Ciudad Real, Guadalajara, León, Palencia, Santander y Teruel; Amalio Maestre recogió fósiles en la provincia de Álava; Felipe Bauzá en Barcelona y Juan Manuel Aránzazu en Burgos. Lamentablemente, las listas de fósiles no han servido para correlacionarlos con precisión con las colecciones paleontológicas históricas del Museo Geominero.

DE ALMACÉN DE COLECCIONES A MUSEO

La revolución de septiembre de 1868 que destronó a Isabel II, la Gloriosa, dio paso al Sexenio Democrático, durante el cual los progresistas tuvieron por fin la oportunidad de desarrollar su modelo de Estado. José Echegaray asumió las competencias de Estadística desde el Ministerio de Fomento, reformó la Junta, que pasó a ser un mero organismo asesor (Junta Consultiva de Estadística) y creó en 1870 dos organismos de carácter científico: el Instituto Geográfico y la Comisión del Mapa Geológico. La cartografía topográfica, el catastro y la metrología pasaban a depender del primero, y el mapa geológico del segundo.

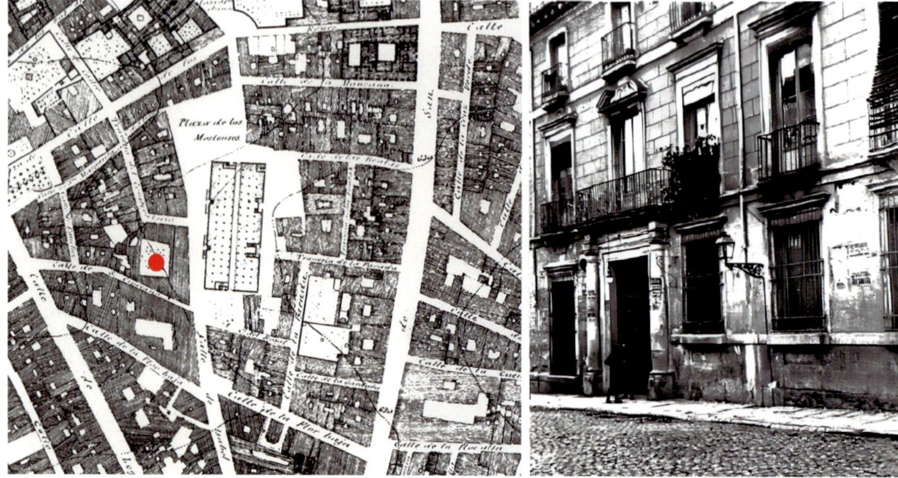

Figura 2. Izquierda, con un punto rojo, ubicación del edificio de la calle Isabel la Católica n.º 25 (renumerado posteriormente como n.º 2 de la Plaza de los Mostenses) donde tuvo su sede la Comisión del Mapa Geológico de España entre 1870 y 1925. Topografía catastral de Madrid, hoja kilométrica 7E (1860-1870), Instituto Geográfico Nacional. Derecha, fachada de la casa. Imagen mejorada con IA a partir de la fotografía realizada por Díaz para un artículo de Pedro de Repide («El Madrid que desaparece. La Plaza de los Mostenses») en la revista *Nuevo Mundo* del 20 de julio de 1923. Fuente de la imagen original: Hemeroteca Municipal de Madrid [sign. F.4/5-10 (50-115)].

La nueva Comisión del Mapa Geológico se instaló en los pisos principal izquierda y bajo derecha de la casa de la calle Isabel la Católica n.º 25, el Palacio de Revillagigedo o Casa del Patriarca (Fig. 2), –renumerada posteriormente como el n.º 2 de la Plaza de los Mostenses–, en la que permaneció hasta el traslado a la nueva sede de la calle Ríos Rosas en 1925. Los equipos, la biblioteca, el archivo administrativo y las colecciones tuvieron que pasar por una segunda mudanza para dar comienzo a la nueva etapa de construcción del mapa geológico. Los estudios geológicos se retomaron con el ingeniero de minas Felipe Bauzá y Rávara en la dirección de la Comisión, junto con un pequeño equipo formado por ingenieros procedentes de la etapa de Estadística, como Felipe Martín Donayre o Federico de Botella, y por jóvenes profesionales que se incorporaban por vez primera a los trabajos del mapa geológico, como Lucas Mallada o Daniel de Cortázar. El objetivo era semejante al de la Comisión de 1849, «proporcionar a la agricultura y a la industria los elementos que para su desarrollo necesitan» (Decreto de 28 de abril de 1870, *Gaceta de Madrid*, 29.04.1870), si bien esta vez enfocado exclusivamente a conocer la constitución geológica del territorio nacional.

En 1873 la Comisión fue objeto de una importante reforma nada más constituirse el gobierno de la recién proclamada Primera República (Decreto de 28 de marzo de 1873; *Gaceta de Madrid*, 29.03.1873). El ministro de Fomento, el republicano y naturalista Eduardo Chao Fernández, confió la dirección de la Comisión al ingeniero de minas Manuel Fernández de Castro y Suero, que había participado muy directamente en la redacción del decreto en el que se detallaban las instrucciones para la preparación de las memorias geológicas provinciales y sus respectivos mapas. Comenzó así un periodo muy fructífero de investigaciones geológicas, en el que «todas nuestras montañas, todos nuestros valles, todos nuestros ríos y arroyos, todas nuestras llanuras se cruzaban sin sosiego ni descanso», en palabras de uno de sus protagonistas, Lucas Mallada (Rábano, 2015, 2022b). Para los estudios geológicos provinciales debían reunirse muestras representativas de minerales, rocas y fósiles, que posteriormente pasarían a engrosar las colecciones de la Comisión (Lozano *et al.*, 2008). La norma se extendió incluso a las investigaciones geológicas en las colonias de Ultramar, de forma que el Museo Geominero conserva también colecciones de estos territorios, en especial de las islas Filipinas (Rábano *et al.*, 2019).

A través del escaso archivo histórico conservado en el Instituto Geológico y Minero de España (IGME), se ha podido conocer la distribución de los espacios de la casa de la calle Isabel la Católica. Algunas habitaciones estaban dedicadas exclusivamente a albergar las colecciones, mientras que otras, en las que también se guardaban muestras, compartían espacio con otros fines, como sala de juntas o despachos de ingenieros (Fig. 3). A través de otras fuentes se conoce cómo estaban almacenadas las colecciones en la Comisión del Mapa Geológico,

> en hermosos armarios, muy altos y de gran profundidad, divididos en dos secciones de las cuales la superior, acristalada, está destinada a guardar ejemplares de rocas y grandes fósiles; y la inferior, formada por cajones que se superponen entre sí sin pérdida de espacio, y mediante un ingenioso dispositivo se cierran

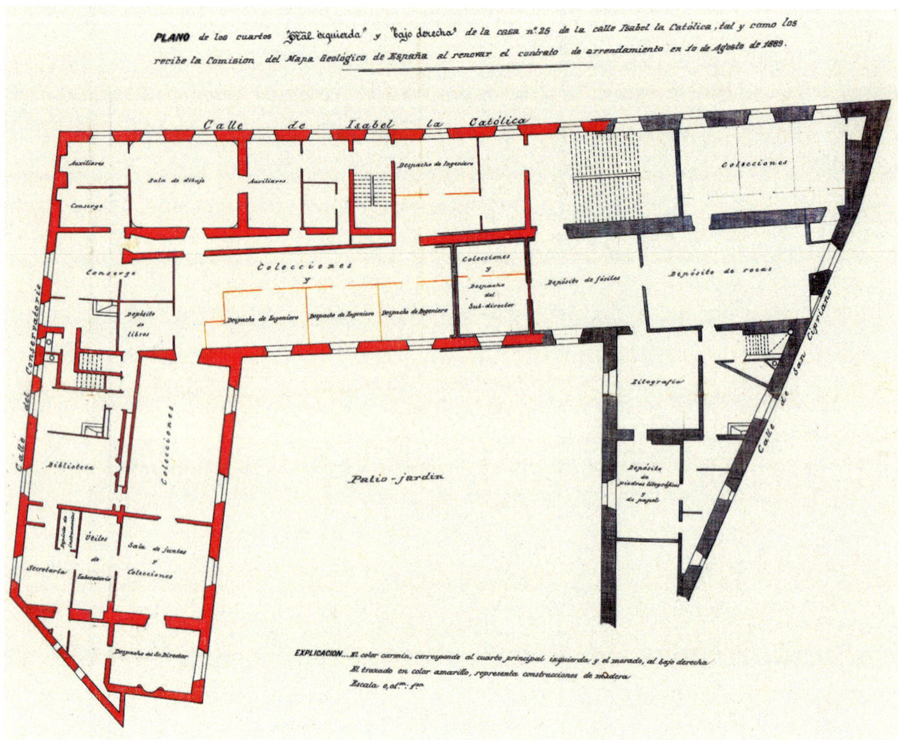

Figura 3. Plano fechado en 1889 de una de los pisos de la casa de Isabel la Católica n.º 25 donde se ubicó la Comisión del Mapa Geológico de España entre 1870 y 1925. Muestra la distribución de alguna de las dependencias, entre ellas las salas de colecciones y los depósitos de rocas y fósiles. Biblioteca del Instituto Geológico y Minero de España, CSIC.

> simultáneamente, contiene los fósiles correspondientes a las formaciones representadas en los armarios superiores. Estos se encuentran divididos horizontalmente en la mitad de su altura por una amplia repisa sobre la que se elevan una serie de pequeños escalones únicamente con el ancho necesario para acomodar las cajas de cartón en las que están contenidas las muestras. Dentro de las cajas la etiqueta está suelta, y se sujeta por la misma muestra; permitiendo conocer a primera vista el terreno al que pertenece, porque la caja está forrada exteriormente con papel del color convencional correspondiente.

Esta descripción se debe al director de la institución homóloga portuguesa, Nery Delgado, durante una visita que realizó en 1878 a los locales de sus colegas españoles en Madrid (Delgado, 1879). Aquellos armarios, que tan precisamente describió Delgado, se pueden apreciar perfectamente en una fotografía de Lucas Mallada en su despacho de la Comisión (Fig. 4). Unos años más tarde, el

Figura 4. Lucas Mallada en su despacho de la Comisión del Mapa Geológico en la casa de la calle Isabel la Católica (fecha desconocida). Biblioteca del Instituto Geológico y Minero de España, CSIC.

director de la *Revista Minera*, Ramón Oriol, relató los trabajos y la organización de la Comisión durante una visita que realizó a la casa de Isabel la Católica:

> Al recorrer las diferentes dependencias del Mapa, se echa de ver desde luego, que no son los ingenieros y demás personal afecto al Mapa los que están mejor instalados, pues se han aprovechado para ellos aquellas habitaciones que no eran indispensables para las colecciones de rocas y de fósiles, base esencial de los trabajos a que dicho personal técnico se dedica [...] las salas de colecciones, por sus estanterías, cajonería y el orden y esmero con que están presentados los innumerables ejemplares geológicos y paleontológicos, constituyen un verdadero museo (Oriol, 1891).

También a través del texto de Oriol se vislumbra el procedimiento que seguían los miembros de la Comisión para organizar las colecciones que remitían a los establecimientos docentes, tal y como dispuso el Real Decreto de 12 de febrero de 1888, por el que la Comisión del Mapa Geológico debía formar colecciones geológicas para apoyar la docencia en geología en los centros de enseñanza (Rábano *et al.*, 2020). Así, en las salas de la planta baja se encontraban los armarios que almacenaban las muestras destinadas a tal fin; en otra sala se formateaban los ejemplares de minerales y rocas para que todos tuvieran una forma y tamaño similares; en unas cartelas se reflejaba la información mineralógica, petrológica o paleontológica de la muestra y, tras ello, uno de los ingenieros preparaba el lote final de ejemplares con su catálogo correspondiente. Se han conservado algunas de estas colecciones, como las que la Comisión remitió en 1893 a la Universidad de Zaragoza, en torno a 1898 a la Academia de Artillería de Segovia, en 1900 al Instituto de Segunda Enseñanza de Teruel (actual IES Vega del Turia) o, en 1901 y 1902, al Palacio Real de Madrid (Rábano *et al.*, 2020). El IGME continuó esta práctica, que se mantuvo en los diferentes decretos de reorganización de la institución, hasta los años 70 del siglo XX.

El 4 de abril de 1910 comenzaron las obras de apertura y construcción de la nueva Gran Vía madrileña, un proyecto que se venía esbozando por los sucesivos regidores de Madrid desde finales del siglo XIX. Se trató de la mayor operación de cirugía urbana llevada a cabo en la capital, que supuso la desaparición de catorce calles, la reforma de treinta y una, así como la expropiación y derribo de trescientas cincuenta y ocho fincas. La calle Isabel la Católica entraba dentro de los planes de esta reforma urbanística y el edificio en el que se alojaba la Comisión del Mapa Geológico iba a ser uno de los afectados. Su entonces director, Luis de Adaro y Magro, que en 1910 la había reorganizado ampliando sus competencias y modificando el nombre a Instituto Geológico de España (Real Decreto de 28 de junio de 1910; *Gaceta de Madrid*, 29.06.1910), propuso al Ministerio de Fomento la construcción de un edificio propio. Entre 1915 y 1916 se resolvió la compra de dos solares en la calle Ríos Rosas, justo al lado de la Escuela de Ingenieros de Minas, de forma que resultarían «así agrupados y en mutua comunicación el edifico de la Escuela de Minas, con sus laboratorios y colecciones, y el del Instituto Geológico con sus museos, talleres y gabinete de estudios» (Sánchez Lozano, 1917). En el bosquejo del nuevo edificio se plasmó la necesidad de espacios dedicados a colecciones especiales, colecciones extranjeras de estudio, colecciones de Cuba y Filipinas, así como otro para formación de colecciones: «A semejanza de lo hecho con los principales museos geológicos del extranjero se proyecta construir para nuestro Instituto Geológico un cuerpo grande de edificio [...] y dos grandes galerías de 240 metros cuadrados con armarios y varios pisos y escaleras voladas donde instalar las colecciones» (Madariaga y Sánchez Lozano, 1918).

La elección de España como sede del XIV Congreso Geológico Internacional que debería celebrarse en 1925, fue ratificada en el que tuvo lugar en Bruselas en 1922. La propuesta la había realizado el Instituto Geológico de España en 1913, en el congreso que fue organizado en Toronto (Canadá), y sus miembros ya venían trabajando en ello desde entonces. La necesidad de disponer de un salón de actos acorde con este importante evento internacional, fue la causa de que el proyecto del nuevo edificio experimentase algunas modificaciones. El arquitecto, Francisco Javier de Luque, profesor de la Escuela de Arquitectura, diseñó –en sus planos fechados en 1918– un espacio *ad hoc*, que debía servir para los actos del congreso y en el que, a continuación, se instalarían las colecciones de la institución (Rábano *et al.*, 2006). Las sucesivas demoras en la construcción del edificio fueron el motivo por el que la celebración del congreso internacional se retrasase a 1926. Se inauguró finalmente el 24 de mayo de 1926, en un acto presidido por el rey Alfonso XIII (Fig. 5), que tuvo lugar en ese espacio tan especial del IGME que hoy alberga al Museo Geominero.

Figura 5. Izquierda: inauguración del XIV Congreso Geológico Internacional, el 24 de mayo de 1926, en el «Salón de Colecciones» del nuevo edificio del Instituto Geológico de España de la calle Ríos Rosas de Madrid, sede actual del Museo Geominero. Derecha: Alfonso XIII acompañado del presidente del congreso, César Rubio (a su derecha). Ambas imágenes extraídas de Dupuy de Lôme (1926).

Figura 6. Tres vistas de la sala del Museo Geominero en distintas épocas. A, distribución de las vitrinas en la planta baja y en las dos primeras balconadas, en 1927 o fecha posterior; destaca la planta tercera sin mobiliario (EFE/Archivo Díaz Casariego). B, la sala a comienzos de los años 40 (Moya, 1943). C, vista general del museo en la actualidad. Fotografía Pedro López. Archivo del Instituto Geológico y Minero de España, CSIC.

Desde el punto de vista arquitectónico, la sala del museo tiene un carácter monumentalista, con elementos de madera, hierro forjado y vidrio. Su gran sala diáfana, de 712 m^2 de superficie y 19 m de altura (Fig. 6), se encuentra rodeada por tres galerías perimetrales, que son utilizadas también como zonas expositivas o de almacén; está coronada por un falso techo formado por una magnífica vidriera emplomada y policromada, construida por la Sociedad Maumejean Hermanos (Madrid). Los acabados interiores mantienen en la actualidad la concepción original del arquitecto, con tarimas de madera, barandillas de hierro forjado en los tres pisos superiores, paredes enlucidas con yeso de colores similares a los del momento de su construcción, así como distintos detalles ornamentales de escayola formando escudos, molduras, veneras y amplias cornisas. Se conservan las doscientas cincuenta vitrinas originales de madera tallada y cristal dispuestas a lo largo de la sala y en los distintos corredores perimetrales (Fig. 7), así como las mesas y los sillones circulares, que disimulan la instalación de la calefacción (Rábano *et al.*, 2006). A ellas se sumaron en 2015

Figura 7. Vista de la planta baja del Museo Geominero en la que se aprecian las vitrinas, la barandilla del corredor perimetral y uno de los sillones ovalados que disimulan la instalación de la calefacción. Fotografía Pedro López. Archivo del Instituto Geológico y Minero de España, CSIC.

dos vitrinas de nueva construcción, siguiendo el diseño de las originales, para exhibir la colección gemológica.

El diseño del mobiliario se debe al trabajo conjunto del arquitecto del edificio, Francisco Javier de Luque, y del ingeniero de minas Primitivo Hernández-Sampelayo, primer director del museo (Fig. 8), responsable también del proyecto museográfico, que tuvo como punto de partida las colecciones procedentes de la sede de

Figura 8. Primitivo Hernández-Sampelayo (fecha desconocida). Se trata de la fotografía utilizada para el cuadro apócrifo al óleo que se conserva en el Museo Geominero. Archivo de Jacobo Melgar García de Andrade.

la calle Isabel la Católica (Rábano y Gutiérrez-Marco, 2022). Para la distribución de los fósiles, Hernández-Sampelayo adoptó el criterio «cronoestratigráfico» de Lucas Mallada en su *Sinopsis de las especies fósiles que se han encontrado en España*, publicada por partes en el *Boletín de la Comisión del Mapa Geológico de España* entre 1875 y 1892 (Rábano y Gutiérrez-Marco, 1999). El propósito de Hernández-Sampelayo fue el de mostrar, a través de los ejemplares expuestos, la diversidad de los fósiles existentes a lo largo del territorio nacional. De esta forma los ingenieros del IGME tendrían a su disposición una herramienta sencilla para identificar las muestras recogidas en el campo, por comparación directa con las especies exhibidas en las vitrinas. Los minerales y las rocas también fueron ganando espacio a lo largo de los años a medida que se fueron incorporando diferentes vitrinas monográficas (ver Jiménez Martínez *et al.*, 2023).

EL MUSEO SE ABRE A LA CIENCIA Y A LA SOCIEDAD

La celebración en Madrid, en mayo de 1926, del XIV Congreso Geológico Internacional supuso un notable impulso para las geociencias del país, así como una nueva reorganización del Instituto Geológico. En la *Gaceta de Madrid* del 8 de enero de 1927 se publicó un nuevo real decreto a propuesta del ministro de Fomento, Rafael Benjumea, siendo director de la institución Luis de la Peña, por el que pasó a denominarse Instituto Geológico y Minero de España. La norma amplió los objetivos científico-técnicos en geología y minería del IGME, con especial énfasis en el progreso de los trabajos que se venían realizando en el estudio de las cuencas potásicas, fosfáticas y de yacimientos de interés energético, así como en los estudios «del suelo y del subsuelo de las Colonias y Protectorados de Marruecos». Entre los fines del nuevo Instituto, el artículo 10° fue muy explícito: «Se formará una colección general de minerales, rocas y fósiles de España y diversas colecciones especiales [...] Se formarán además colecciones que sirvan de base a otros centros de enseñanza», lo que también quedó reflejado en el artículo 8° del capítulo I de su reglamento: «La formación de colecciones de minerales, rocas y fósiles con destino a sus Museos y a Centros de enseñanza oficiales y particulares» (*Gaceta de Madrid*, 05.04.1927). El reglamento recogió también los diferentes laboratorios, entre ellos los de Paleontología, Petrografía, Mineralogía y Mineralografía, que de una u otra forma vendrían a colaborar estrechamente con el museo. El Laboratorio de Microscopía y Petrografía fue creado en fechas anteriores; ya se recoge en la memoria del Instituto de 1923/1924. El Laboratorio de Paleontología se creó esencialmente para apoyar los estudios paleontológicos de la nueva serie cartográfica a escala 1:50.000 del Mapa Nacional de España, iniciada en 1927 (Rábano, 2024a). No cabe ninguna duda de que Primitivo Hernández-Sampelayo jugó un papel esencial en la creación de este laboratorio al ser uno de los principales especialistas del IGME en paleontología, así como desde su puesto de director del museo (Rábano y Gutiérrez-Marco, 2022). En este laboratorio se estudiaban los fósiles recogidos durante las investigaciones de campo del personal del IGME y muchos de ellos pasaban posteriormente a engrosar las colecciones del museo. Algunas aportaciones científicas a las que dieron lugar estos estudios fueron la cuenca cenozoica castellonense de Ribesalbes (Hernández-Sampelayo y Cincúnegui, 1926), los fósiles cámbricos españoles (Hernández-Sampelayo, 1935, 1944), los invertebrados carboníferos de la cordillera Cantábrica (Hernández-Sampelayo y Hernández-Sampelayo, 1947; Hernández-Sampelayo, 1949, 1954) y los graptolitos españoles (Hernández-Sampelayo, 1960), por citar algunos ejemplos (Peñalver *et al.*, 2016; Gutiérrez-Marco y Rábano, 2022).

Con la instalación de las colecciones geológicas en la gran sala del nuevo edificio del IGME de la calle Ríos Rosas en 1926, comenzó la institucionalización del museo, con espacio y personal propios (Rábano, 2024b). Primitivo Hernández-Sampelayo fue su director desde esa fecha hasta 1948, cuando su ascenso a Inspector General del Cuerpo de Minas le obligó a ocupar un puesto en el Consejo de Minería. Sin embargo, no dejó de ocuparse del museo como «jefe honorario» hasta su jubilación en 1950. Tras la Guerra Civil, el IGME reorganizó sus servicios en secciones, una de ellas dedicada al museo. El Laboratorio de Paleontología mudó varias veces de sección, entre la de los laboratorios y la del museo, hasta su desaparición en 1970 (Rábano, 2024a).

A las órdenes de Hernández-Sampelayo trabajaron durante los años de la posguerra diversos ingenieros de minas, tanto de la institución como de la Escuela de Minas (agregados al IGME), que compaginaron su tarea con su adscripción a algunos otros servicios. Nos referimos a Antonio Almela Samper, Alejandro Hernández-Sampelayo Moreno, Joaquín Muñoz Amor, Augusto Gálvez Cañero, Juan de Lizaur Roldán (encargado del Laboratorio de «Microfauna», desde su creación en los años 30 hasta 1960), José María Ríos y el auxiliar José de la Revilla, en la sección de Paleontología; a Antonio Baselga Recarte, Ismael Rosso de Luna, Juan Gavala y Laborde, Manuel Zaloña y Bances, José María Espinosa de los Monteros, José Luis Jordana y el auxiliar Jaime Rodríguez Candela, en la de Mineralogía; o a José Romero Ortiz y Luis Barrón del Real, en la de Petrografía. Ingresaron nuevas muestras, tanto de los trabajos del mapa geológico como de otros llevados a cabo por personal del IGME, más las procedentes de diferentes donaciones e intercambios, como los ejemplares enviados en 1950 por el Museo Británico de Historia Natural, el Museo Nacional de Brasil o el Museo Argentino de Ciencias Naturales Bernardino Ribadavia. También como resultado de colaboraciones del IGME con especialistas de otras instituciones (Jiménez Martínez *et al.*, 2023). A modo de ejemplo, en la década de 1940 Hernández-Sampelayo mantuvo estrechas relaciones científicas con José Ramón Bataller, del Museo Geológico del Seminario de Barcelona, así como con Maximino San Miguel de la Cámara, Lluis Solé Sabarís, Miquel Crusafont y José Fernández de Villalta, de diferentes instituciones científicas catalanas. Con estos dos últimos, colaboró en las excavaciones del yacimiento de vertebrados fósiles del Villafranquiense de Villarroya (La Rioja), parte de cuyas colecciones se conservan en el Museo Geominero (Rábano *et al.*, 2016). Hernández-Sampelayo, como especialista en fósiles paleozoicos, publicó igualmente investigaciones realizadas en material ajeno al IGME, como por ejemplo en fósiles del Silúrico de Cataluña (Rábano y Gutiérrez-Marco, 2022).

Fueron tiempos de construcción del museo, incorporación de nuevas vitrinas y de ejemplares, reordenación de colecciones y preparación de colecciones didácticas para su envío a los centros de enseñanza. Se diseñaron vitrinas especiales, como las de las rocas de la colección Lucas Mallada o las rocas originales de la *Descripción Geognóstica del Reino de Galicia* de Guillermo Schulz (1835), que contienen los primeros fósiles asignados al «Terreno de Transición»/«Siluriano» en la península ibérica (Gutiérrez-Marco y Rábano, 2005). Dos nuevas vitrinas instaladas en la parte central del museo en la década de 1940 atendieron a fines nacionalistas: una dedicada a los fósiles descritos por autores nacionales o en homenaje a localidades españolas, y otra que mostraba exclusivamente minerales españoles (Fig. 9). En 1949 se menciona por vez primera la presencia de visitantes en el museo, citados en el prólogo de la memoria general de actividades del IGME de ese año: «Tarea muy grata es la que proporciona la visita, casi a diario, de grupos de profesores y alumnos de distintas especialidades, de personalidades científicas nacionales y extranjeras, que acuden deseosos de conocer los museos y dependencias del Instituto» (IGME, 1950).

Hernández-Sampelayo se jubiló en 1950 y su colaborador más directo y subjefe del museo, Antonio Almela Samper (Fig. 10), se hizo cargo de la dirección hasta 1958, cuando pasó a desempeñar el puesto de director del IGME (Ríos, 1992). De la sección de Mineralogía se responsabilizó Antonio Baselga, de la de Paleontología Joaquín Muñoz Amor y de la de Petrografía José Romero Ortiz (Fig. 10). Muñoz Amor y Baselga eran profesores de

Figura 9. Vitrina dedicada a minerales españoles organizada en la década de 1940. Ubicada en la planta baja del museo, se mantuvo hasta finales de la década de 1980. Archivo del Museo Geominero.

Figura 10. Visita al IGME y a su museo del obispo de Madrid-Alcalá, Leopoldo Eijo y Garay. La foto no está fechada, pero la visita se produjo entre 1947 y 1954 cuando era director del IGME José García Siñeriz. Foto superior: de izquierda a derecha, José Romero Ortiz, Antonio Almela Samper, Leopoldo Eijo y Garay, José García Siñeriz. Foto inferior: de izquierda a derecha, delante, Leopoldo Eijo y Garay, José García Siñeriz, José Romero Ortiz; detrás, Luis Badillo, Manuel Abad, Joaquín Borrego, (desconocido), Antonio Almela. Fotografías de Martín Santos Yubero. Archivo del Instituto Geológico y Minero de España, CSIC.

Paleontología y Mineralogía, respectivamente, en la Escuela de Minas. El primero llegó a ser catedrático de Paleontología y Estratigrafía; el segundo había sido nombrado en 1920 profesor auxiliar y encargado de colecciones y museos de la Escuela, y en 1931 profesor de Mineralogía, Petrografía y Micrografía mineral (López de Azcona, 1963a). Por su parte, Romero Ortiz fue el experto en petrología y microscopía del IGME desde su ingreso en la institución, en 1935, hasta su jubilación en 1956 (López de Azcona, 1963b). También en 1950 se incorporaron al IGME los ingenieros auxiliares Carlos Muñoz Cabezón y Luis Badillo Diez (Fig. 10), que fueron adscritos a la sección de Mineralogía del museo y al Laboratorio de Paleontología, respectivamente. En 1953 se produjo la primera colaboración de una mujer con el museo. Se trató de la licenciada en Farmacia Josefa Menéndez Amor, palinóloga, investigadora en el Museo Nacional de Ciencias Naturales y profesora de Paleontología en la Universidad Central (Perejón, 1988). Hasta 1960 no se incorporó la segunda mujer, Aurora Argüelles Álvarez. Fue una «niña de la guerra», expatriada en 1937 a la antigua Unión Soviética, donde se graduó como ingeniera de minas. A su vuelta a España convalidó su título realizando una tesina en la Universidad Complutense y en 1970 comenzó a trabajar en la Empresa Nacional Adaro de Investigaciones Mineras (ENADIMSA). Hasta entonces estuvo vinculada al Laboratorio de Petrología del IGME, a las órdenes de Tirso Febrel Molinero (https://mujeresygeologia.wixsite.com/mujeresygeologia/post/homenaje-a-nuestras-pioneras).

Como se ha comentado anteriormente, en los organigramas del IGME de los años 50 y 60 del siglo XX, la adscripción del Laboratorio de Paleontología se movía entre las secciones del museo y la de los laboratorios, algo que no era de extrañar debido a su misión, la de realizar los estudios paleontológicos aplicados a la cartografía y porque muchas de las muestras que se estudiaban allí pasaban posteriormente al museo. En las memorias anuales de la institución de esos años se constata cómo las personas estaban adscritas, indistintamente, tanto al museo como al laboratorio, ambos dirigidos siempre por Antonio Almela. Por lo que respecta a las subsecciones de Mineralogía y de Petrología del museo, 1953 es el último año de las direcciones de Baselga y Romero Ortiz, respectivamente. En 1954 los sustituyen Carlos Muñoz Cabezón en la de Mineralogía (un joven ingeniero de minas que se incorporó pronto a ENADIMSA) y Jorge Doetsch Sundheim en la de Petrología, sustituido en 1961 por Tirso Febrel. La de Paleontología la dirigía Luis Badillo. En 1956 ingresó en el IGME el ingeniero de minas Indalecio Quintero Amador, que fue destinado al Laboratorio de Paleontología, alcanzando la dirección del museo en 1965.

Figura 11. Jorge Doetsch Sundheim, director del museo entre 1958 y 1964. Archivo de Pilar González García.

Durante las décadas de 1950 y 1960, el museo continuó sus tareas de revisión e incorporación de ejemplares, así como de instalación de nuevas colecciones y exhibición de ejemplares especiales. Se pueden destacar las veinticuatro vitrinas de la planta segunda del museo con la colección de menas españolas, la colección de restos esqueléticos de los proboscídeos miocenos *Gomphotherium angustidens* y *Tetralophodon longirostris* hallados en una cantera situada en el monte de la Abadesa, en las proximidades de Burgos (Badillo, 1952; Menéndez y Rábano, 2015), o el esqueleto de *Ursus spelaeus* de la cueva de Troskaeta en los montes de Ataun (Guipúzcoa), donado al IGME a comienzos de los años 50 por el Museo de San Telmo de San Sebastián.

En 1958 Almela asumió la dirección del IGME y le sucedió en el museo el mineralogista y sacerdote Jorge Doetsch Sundheim (Fig. 11). Hijo de Carlos Doetsch, empresario con intereses mineros en Andalucía, se formó como ingeniero en la Rhein-Westfalische Technische Hochschule de Aquisgrán (Alemania), donde se graduó en 1933; en 1954 obtuvo la cátedra de Mineralogía y Petrografía de la Escuela de Minas de Madrid y llegó a ser jefe de la división de Minería del IGME. Inició un catálogo de minerales del museo del IGME, en especial de los cinabrios, que no llegó a completar (Doetsch-Sundheim, 1960). Hay que tener en cuenta que, durante los años 60, la actividad del museo se vio muy condicionada por la intensa labor de los laboratorios de Paleontología, Mineralogía y Petrología de la institución, que priorizaron los trabajos aplicados en detrimento del tratamiento de las colecciones. Aunque el IGME no estuvo implicado de forma directa en el I Plan de Desarrollo Económico y Social del periodo 1964-1967, sí que se vio beneficiado por incrementos en los presupuestos anuales, que favorecieron la expansión de sus actividades. Por su parte, el II Plan de Desarrollo Económico y Social (1969-1972) prestó una atención especial a los recursos naturales, con el diseño de un Programa

Nacional de Investigación Minera (PNIM) que fue encargado al IGME, dentro del cual se financiaron importantes series cartográficas (Rábano y Salazar, 2024). Es por ello que los diferentes laboratorios se vieron directamente implicados en múltiples proyectos de la institución, con lo que el museo ralentizó sus actividades, aunque continuó con la atención a las visitas de centros docentes y especialistas: «Otras relaciones [del IGME] son a través del Museo, con sus visitantes tanto en grupos de estudiantes como por persona interesada en ver una fauna determinada o minerales de una zona» (IGME, 1967).

A Jorge Doetsch le sucedió en la jefatura del museo Indalecio Quintero Amador en 1965 (Fig. 12), quien venía desempeñando la dirección del Laboratorio de Paleontología desde 1961 y que la continuó compaginando con la del museo hasta la desaparición del laboratorio en 1970 (Rábano, 2024a). Quintero había ingresado en 1956 en el IGME como ingeniero auxiliar, y fue adscrito al citado laboratorio. De forma paralela inició su labor docente en la Escuela de Ingenieros de Minas como colaborador de Antonio Almela; en 1974 obtuvo la plaza de profesor adjunto de Paleontología y en 1978 la cátedra de Estratigrafía y Paleontología (Puche, 2007). Compaginó su tarea docente con la dirección del museo del IGME hasta 1984, cuando por la Ley 53/1984 de incompatibilidades del personal al servicio de la Administración Pública se decantó por continuar con la docencia en la Escuela de Minas hasta su jubilación en 1996.

Figura 12. Indalecio Quintero Amador (*ca.* 1992), director del museo del IGME entre 1965 y 1984. Fotografía de Trinidad de Torres Pérez-Hidalgo.

Figura 13. Izquierda, Ángel Paradas Herrero, conservador de Mineralogía del museo entre 1984 y 2017. Tomada de Jiménez Martínez *et al.* (2023). Derecha, Gloria Llorente Herrero, responsable de la sala del museo y de la atención a los visitantes, el 13 de diciembre de 1990 durante la visita que realizó la reina Sofía con motivo de la presentación del libro *Museos Españoles de Minerales*. Archivo del Instituto Geológico y Minero de España, CSIC.

Bajo la dirección de Quintero, el museo continuó su labor de catalogación y puesta al día de las colecciones, se construyeron dioramas para ilustrar diferentes momentos de la historia de la Tierra, y se incorporó a la exposición un esqueleto de *Capra ibex* encontrado en la cueva del Reguerillo (Patones, Madrid) por un grupo de estudiantes de la Escuela de Minas en 1966. Entre ellos se encontraba Trinidad de Torres Pérez-Hidalgo, becario por aquel entonces del IGME, que sucedió años más tarde a Quintero en la cátedra de la Escuela de Minas. En el equipo del museo se integró en 1984 Ángel Paradas Herrero (Fig. 13), un geólogo que trabajaba desde 1980 en otro departamento del IGME, y que fue uno de los conservadores de la colección de mineralogía hasta su jubilación en 2017. También se mejoró la atención a los visitantes con la incorporación de Gloria Llorente Herrero (Fig. 13), quien se jubiló en 1999. Se fijó el primer horario oficial de apertura del museo para las visitas de particulares y de grupos de centros docentes: laborables, de 8 a 15 h, y festivos, de 10 a 13 h (IGME, 1970). En las memorias anuales del IGME y en la información sobre el museo correspondiente a estos años, se le identifica como Museo Nacional de Geología en un intento por conferirle la importancia que se le quería dar entre los pocos museos de la materia del país. Por su parte, la Dirección General de Bellas Artes había tramitado en 1977 la incoación de expediente para declarar el edificio del IGME como Monumento Histórico-Artístico, que obtuvo once años más tarde como Bien de Interés Cultural, con categoría de Monumento, por Real Decreto 335/1998, de 27 de febrero (*BOE*, 13.03.1998).

Figura 14. José de la Revilla y de la Fuente, militar retirado y paleontólogo *amateur*. Fue colector y auxiliar del museo entre 1930 y su fallecimiento en 1966. Tomada de Revilla y Quintero (1966).

Además de dirigir el museo, Indalecio Quintero realizó algunas investigaciones sobre sus fondos paleontológicos, que incluyeron la descripción de nuevas especies fósiles (Bauzá *et al.*, 1963a, 1963b; Quintero y Revilla, 1966; Revilla y Quintero, 1966), y proseguían las abordadas como responsable del Laboratorio de Paleontología del IGME (Quintero y Revilla, 1958, 1959, 1962; Quintero, 1962). Es de destacar la especial amistad que Quintero mantuvo con José de la Revilla y de la Fuente (Fig. 14) hasta el fallecimiento de este último en 1966, dedicándole incluso un soneto póstumo (Revilla y Quintero, 1966, p. 11). Revilla fue un militar y paleontólogo *amateur*, natural de Trubia (Asturias) donde nació en 1892, que en 1930 solicitó el retiro voluntario del ejército, habiendo alcanzado el grado de capitán de artillería, para comenzar a colaborar con el recién creado museo del IGME en calidad de colector. En 1933 ingresó en el cuerpo de auxiliares de Agricultura, Industria y Comercio con destino en el IGME, en cuyo museo estuvo trabajando durante 32 años.

POR FIN UNA IDENTIDAD PROPIA: MUSEO GEOMINERO

La decisión de Indalecio Quintero de optar por su cátedra en la Escuela de Minas y desvincularse del IGME, forzado por la Ley 53/1984, llevó a la jefatura del museo en 1985 a otro ingeniero de minas, Ramón Rey Jorissen (Fig. 15), sin experiencia en mineralogía o paleontología. Muy pronto se integró también en la plantilla del IGME con destino en el museo Jorge Esteban Arlegui, recién ingresado en el Cuerpo de Minas. También se incorporaron Ernesto Romo Barrios, un ayudante trasladado desde el INI (Fig. 16), y José Antonio Navarro García y María del Carmen Pérez González, contratados para tareas adminis-

Figura 15. Ramón Rey Jorissen, director del museo entre 1985 y 1992, a la derecha de la reina Sofía durante su visita al museo en 1990 (ver explicación de la figura 13). Entre ambos el ministro de Industria, Claudio Aranzadi. Detrás de Ramón Rey se aprecia al director del IGME (entonces ITGE), Emilio Llorente. Archivo del Instituto Geológico y Minero de España, CSIC.

Figura 16. En el centro, Ernesto Romo Barrios en 2015, acompañado por Ramón Jiménez e Isabel Rábano. Archivo del Museo Geominero.

Figura 17. Mª Carmen Pérez González atendiendo a un grupo de educación infantil en 2008 junto al guía voluntario cultural Rafael Aguado. Archivo del Museo Geominero.

trativas; esta última sucedió en el puesto a Gloria Llorente tras su jubilación (Fig. 17). Durante esos primeros años, en 1986, el museo del IGME recibió la donación de la colección de minerales de ENADIMSA tras el fallecimiento de su creador y conservador, José María Melgar.

El equipo inició dos tareas que resultaron de gran importancia para el museo en esos momentos. Por un lado, el comienzo del inventario general de las colecciones; y, por otro, el empaquetado de las muestras contenidas en las vitrinas y los muebles del museo con el fin de dejarlo preparado para las obras de reacondicionamiento que se ejecutaron entre septiembre de 1987 y 1988. A pesar de que desde la época de Primitivo Hernández-Sampelayo se abordaron, con mayor o menor fortuna, algunos inventarios de parte de las colecciones (para la de minerales, ver Jiménez Martínez *et al.*, 2023), la llegada de las nuevas tecnologías impulsó el inicio del primer inventario general informatizado. Hay que lamentar, sin embargo, que, en esta fase de recogida del museo previa a las obras, los responsables del museo llevaron a cabo una eliminación indiscriminada y agresiva de ejemplares, en su afán por realizar una revisión de aquellos carentes de etiquetado, con evidente falta de competencia en la materia y desconocimiento del significado histórico de las colecciones, que pudiera restañarse en investigaciones posteriores. Por su parte, cuando el ingeniero de minas Emilio Llorente Gómez fue nombrado director del IGME en abril de 1987, uno de los objetivos de su plan estratégico fue mejorar y actualizar la imagen institucional del organismo (Rábano y Salazar, 2024). Para ello, modificó el nombre de la institución a Instituto Tecnológico Geominero de España (ITGE) y, entre otras acciones, se abordaron las importantes obras en el museo con el fin de mejorar su proyección exterior (Fig. 18A). Estas comprendieron la sustitución de los cristales de la cubierta exterior por placas de policarbonato (que debieron de volver a cambiarse por otras de vidrio en 1999, ante los malos resultados de este material); la restauración y limpieza de la vidriera y la instalación de una iluminación indirecta sobre ella; así como el acuchillado y barnizado de los suelos de tarima (en 2009 se volvió a realizar este último trabajo en la planta baja: Fig. 18B). También se pintó el museo, se instaló la iluminación en las vitrinas de todas las plantas, se reparó la cajonería de la planta superior, se barnizaron las vitrinas de la planta baja, se instaló aire acondicionado en la sala y un sistema de protección y detección de incendios. A estas obras se sumó la creación de un laboratorio del museo en el sótano del edificio.

Figura 18. A, sala del museo en obras en 1988. B, acuchillado del piso de tarima de la planta baja del museo en octubre de 2009. Archivo del Museo Geominero.

El 2 de marzo de 1989 el rey Juan Carlos I inauguró el museo recién rehabilitado (Fig. 19), que desde entonces adoptó el nombre de Museo Geominero. El acontecimiento se recuerda en una placa colocada en una gran pieza de cuarzo rosa ubicada en el centro de la sala, procedente de la mina Alba II de Oliva de Plasencia (Cáceres), donada por la empresa Minera Balmaseda S. A.

Figura 19. Inauguración del Museo Geominero el 2 de marzo de 1989 por el rey Juan Carlos I tras las importantes obras de rehabilitación ejecutadas entre 1987 y 1988. Se observa la gran pieza de cuarzo rosa que conmemora este evento. Archivo del Instituto Geológico y Minero de España, CSIC.

El 13 de diciembre de 1990 es otra fecha para recordar en la historia reciente del museo. En esa ocasión se presentó el libro *Museos Españoles de Minerales*, editado por el entonces Instituto Tecnológico Geominero de España, acompañado por una exposición con muestras de los museos que habían contribuido a la obra. Para conferirle la importancia que se quería imprimir al evento en esta nueva andadura como Museo Geominero, la reina Sofía aceptó la invitación para presidir el acto (ver Fig. 15).

Primitivo Hernández-Sampelayo	1926-1950
Antonio Almela Samper	1950-1958
Jorge Doetsch Sundheim	1958-1964
Indalecio Quintero Amador	1965-1984
Ramón Rey Jorissen	1985-1993
Isabel Rábano Gutiérrez del Arroyo	1993-2017
Ana Rodrigo Sanz	2017-actualidad

Tabla 1. Directores/as del museo del Instituto Geológico y Minero de España (Museo Geominero desde 1989) entre 1926 y la actualidad, indicando el periodo de tiempo en el que ejercieron el cargo.

NUEVO EQUIPO, NUEVOS PROYECTOS, NUEVOS PROGRAMAS

La jubilación en enero de 1993 de Ramón Rey condujo a que Camilo Caride de Liñán, que había sucedido en 1991 a Emilio Llorente en la dirección del ITGE, tuviera que nombrar un nuevo responsable del museo. Su deseo de que no fuese un ingeniero de minas próximo a la jubilación el que ocupase el puesto, como había ocurrido recientemente, le llevó a mirar hacia fuera de la institución. Fue entonces cuando la autora de estas líneas recibió la propuesta de dirigir el museo, al que se incorporó en marzo de 1993 (Fig. 20, Tabla 1).

Paleontóloga de formación biológica, por aquel entonces formaba parte de la plantilla del Consejo Superior de Investigaciones Científicas en el Instituto de Geología Económica tras haber obtenido una plaza de científica en 1990.

Figura 20. Isabel Rábano (*ca.* 2000), directora del Museo Geominero entre 1993 y 2017.

Su conocimiento del centro al que se incorporaba se remontaba al hecho de haber sido becaria del IGME en 1989, con destino en el museo. La apuesta fue arriesgada: aunque en 1980 las mujeres representaban tan solo el 5,6 % del personal del IGME (Rábano y Salazar, 2024), y a finales del siglo XX apenas superaba el 30 % (entre ellas el número de tituladas superiores era, además, notablemente bajo), por vez primera era una mujer y no un varón ingeniero de minas quien ocupaba la jefatura del museo. Con formación científica, la nueva dirección del museo favorecería la oportunidad de recuperar la investigación que le caracterizó en el pasado, además de asumir nuevos retos dirigidos a abrirlo a la sociedad e impulsar los primeros proyectos educativos y de divulgación.

Una de las primeras acciones, recibida con reparos por el entorno más conservador del IGME, fue actualizar las denominaciones de los periodos geológicos en las vitrinas e inventarios de fósiles. Se sustituyeron las terminaciones cronoestratigráficas en –ano, utilizadas en España exclusivamente por los ingenieros de minas, por la terminación en –ico, generalizada en los ámbitos académico e investigador. En el espacio que ocupaba en la primera planta del museo un cuadro de la filogenia del linaje humano, que había quedado obsoleto, se instaló en el año 2000 una réplica de un cráneo del dinosaurio *Tyrannosaurus rex* del Cretácico de Dakota del Sur (EEUU), con el fin de incrementar los elementos expositivos y satisfacer la atención de muchos aficionados a la paleontología, en un museo en el que predomina la exhibición de invertebrados fósiles sobre los vertebrados. Con este mismo fin, en 1997 se había instalado en el centro de la planta baja, un montaje de gran tamaño que reproduce una excavación del mastodonte *Anancus arvernensis*, del yacimiento plioceno de Las Higueruelas (Alcolea de Calatrava, Ciudad Real).

Figura 21. Alfonso Arribas Herrera, paleontólogo, director científico de la Estación Paleontológica «Valle del Río Fardes» en Fonelas (Granada). Fuente: Alfonso Arribas.

En 1993, el equipo de trabajo del Museo Geominero era bastante reducido. Junto a la recién nombrada directora, contaba con dos personas de atención al público (Gloria Llorente y Ernesto Romo), dos más en tareas de administración (Mª Carmen Pérez y Ángel González Hernangil) y un contratado temporal, Ángel Paradas, conservador de las colecciones mineralógica y petrológica. Pero muy pronto, a finales de 1993, se incorporó el primer becario, el paleontólogo Alfonso Arribas Herrera (Fig. 21), a quien siguieron otros más a lo largo de varios años en el marco de las convocatorias de becas del IGME, de las ayudas de la Comunidad de Madrid para proyectos de conservación de colecciones y su investigación, así como los contratos Ramón y Cajal de la Agencia Estatal de Investigación. Ello permitió ir configurando un grupo de personas incorporadas a las tareas de conservación de las colecciones, al diseño de nuevos programas públicos y a abordar proyectos de investigación en paleontología, mineralogía y petrología. Como resultado del esfuerzo de la dirección del museo por dotarlo de personal estable, se consiguieron diversos puestos de trabajo, principalmente a través de las convocatorias de nuevas plazas de las escalas de investigación de los Organismos Públicos de Investigación, compitiendo con otros departamentos del IGME, con lo que el equipo se fue consolidando a lo largo de los años.

Figura 22. Silvia Menéndez Carrasco (izquierda) y Victoria Quiralte Palomar (derecha), conservadoras de la colección paleontológica del Museo Geominero.

Figura 23. De izquierda a derecha, Ruth González Laguna, Ramón Jiménez Martínez, Eleuterio Baeza Chico y Xoan Moreno Paredes.

Figura 24. Ana Rodrigo Sanz, directora del Museo Geominero entre 2017 y la actualidad.

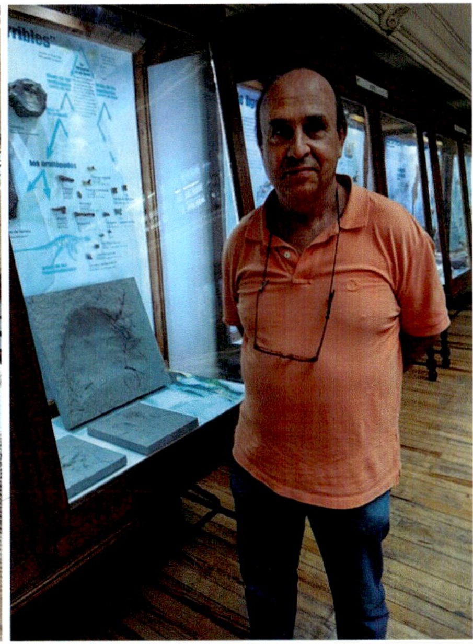

Figura 25. Izquierda, Jorge Colmenar Lallena (izquierda) y Samuel Zamora Iranzo (derecha), últimos investigadores en ser adscritos al Museo Geominero, en 2021 y 2014, respectivamente. Derecha, Joaquín Moratalla García, primer investigador con contrato Ramón y Cajal (2002) adscrito al Museo Geominero.

Hasta la incorporación del IGME al CSIC en 2021, como se verá más adelante, los objetivos del museo se estructuraron en torno a tres ejes de actividad: conservación-restauración de las colecciones, divulgación e investigación. En el primero de ellos, Silvia Menéndez Carrasco y Victoria Quiralte Palomar (Fig. 22) vienen ocupándose de las colecciones paleontológicas (Ana María Bravo Arce lo hizo hasta su traslado al Museo Nacional de Ciencias Naturales); Ángel Paradas Herrero (hasta su jubilación en 2017), Ruth González Laguna, Ramón Jiménez Martínez (hasta 2021) y María del Pilar Hernández Pinilla (entre 2019 y 2022) de las mineralógicas y petrológicas (Fig. 23); y Eleuterio Baeza Chico y Xoan Moreno Paredes del laboratorio de restauración (Fig. 23). El diseño de los programas públicos fue llevado a cabo por Ana Rodrigo Sanz, coordinando siempre los proyectos de divulgación y participando en los de investigación, tareas que compagina desde 2017 con la nueva dirección del museo (Fig. 24; Tabla 1). Por su parte, la incorporación de investigadores ha permitido recuperar la actividad científica que había caracterizado al museo en el pasado, en los tiempos de Primitivo Hernández-Sampelayo. Las líneas generales de investigación y las personas implicadas en ellas, en las que participan también otros miembros del equipo del Museo Geominero, son las siguientes: (i) paleontología y bioestratigrafía del Paleozoico Inferior perigondwánico [Isabel Rábano, Samuel Zamora Iranzo, Jorge Colmenar Lallena (Fig. 25), Silvia Menéndez Carrasco]; (ii) paleontología y paleoecología de invertebrados, vertebrados y flora del Mesozoico y Neógeno; yacimientos de conservación excepcional [Eduardo Barrón López, Enrique Peñalver Mollá, Graciela Delvene Ibarrola, Joaquín Moratalla García, Ana Rodrigo Sanz (Fig. 26)]; (iii) paleontología y bioestratigrafía de mamíferos y ecosistemas continentales del Cuaternario (Alfonso Arribas Herrera, Fig. 21); y (iv) investigación en mineralogía y petrología [Ángel Paradas Herrero (Fig. 13), Rafael Pablo Lozano Fernández (Fig. 26), Ramón Jiménez Martínez y Ruth González Laguna (Fig. 23)]. A este grupo de personas hay que sumar aquellas dedicadas a tareas administrativas [Rosario Calle Sánchez-Hermosilla (Fig. 27), reemplazada a su jubilación en 2015 por Julio Pascual Rubiales (Fig. 27)]; a la atención a grupos de visitantes, asumida en un principio por Ernesto Romo y Mª Carmen Pérez hasta su jubilación, por Blanca Cabrera Andonaegui hasta su traslado a Patrimonio Nacional, y actualmente por Luis de la Calle Carballal y Marta Campesino Izquierdo (Fig. 27); y al diseño y ejecución gráfica de documentación en Ciencias de la Tierra, así como a la colaboración en el diseño de exposiciones más la planificación y ejecución gráfica de contenidos científicos y divulgativos (Mª José Torres Matilla).

Figura 26. De izquierda a derecha: Eleuterio Baeza Chico, Graciela Delvene Ibarrola, Silvia Menéndez Carrasco, Ana Rodrigo Sanz, Eduardo Barrón López, Enrique Peñalver Mollá y Rafael Lozano Fernández en 2018, durante las Jornadas de la Sociedad Española de Paleontología celebradas en Vila Real (Portugal). Archivo del Museo Geominero.

Figura 27. A, Rosario Calle (izquierda) e Isabel Rábano (derecha) en 2015. B, de izquierda a derecha: Julio Pascual, Marta Campesino y Luis de la Calle en 2024. Archivo del Museo Geominero.

El museo ha registrado variaciones significativas en su dependencia orgánica a lo largo del tiempo. Durante las décadas de 1940 y 1950 constituyó una sección propia del IGME, en la de 1960 configuró un departamento junto con los laboratorios, a finales de la misma se integró en la División de Geología, en 1979 se hizo depender directamente de la dirección del IGME y a comienzos de la década de 1980 pasó a la Secretaría General. Entre finales de esta última década y 2004, el museo dependió de la Dirección General, pero la reestructuración organizativa del IGME llevada a cabo por José Pedro Calvo Sorando tras su incorporación a la dirección en 2004, supuso una transformación radical. Todas las personas del museo que ejercían tareas de investigación fueron adscritas, sorprendentemente, al área de Patrimonio Geológico de la Dirección de Geología y Geofísica y el resto del personal del museo se integró en el nuevo Departamento de Infraestructura Geocientífica y Servicios. La situación no se revirtió hasta marzo de 2011, cuando Rosa de Vidania Muñoz (Fig. 28), primera mujer en acceder a la dirección del IGME, dispuso la reintegración

Figura 28. Isabel Rábano con Rosa de Vidania en 2011, primera mujer directora del IGME.

del personal investigador al equipo del museo. El nombramiento en 2012 de Jorge Civis Llovera como director del IGME trajo un nuevo cambio de adscripción del museo, que volvió a integrarse en la Dirección General. Así permaneció hasta 2017, cuando Isabel Rábano dejó la dirección del museo al ser nombrada directora del Departamento de Infraestructura Geocientífica y Servicios por el nuevo director del IGME Francisco González Lodeiro, del que pasó a depender el Museo Geominero. Fue entonces cuando Ana Rodrigo Sanz asumió la dirección del mismo (Fig. 24, Tabla 1). Finalmente, la integración del IGME en el CSIC en 2021 supuso otra reorganización sustantiva de la institución (Rábano y Salazar, 2024), quedando su personal distribuido entre las vicedirecciones Científica y Técnica según su categoría o actividad principal. El equipo del Museo Geominero, consolidado desde hacía una década, sólido en su composición, con una veintena de integrantes entre personal técnico e investigador, y potente en su actividad, sufrió una nueva escisión con la consiguiente pérdida de capacidad de acción y de músculo: el equipo investigador fue integrado en la Vicedirección Científica, mientras que aquellas personas sobre las que recaen las tareas de conservación-restauración, divulgación y atención al público pasaron a la Vicedirección Técnica.

A continuación, efectuaremos un breve repaso a las actividades abordadas en el Museo Geominero durante el periodo comprendido entre el año 1993 y la actualidad, como introducción a las detalladas por sus protagonistas en otros capítulos del presente volumen.

Colecciones

Las colecciones del Museo Geominero tienen un marcado carácter histórico, con inicios en la Comisión del Mapa Geológico (Rábano, 2015). De ellas, y salvo contadas excepciones, los materiales ingresados en el siglo XIX y durante la primera mitad del XX adolecen lamentablemente de cualquier documentación específica, por lo que es difícil deslindar cuáles fueron aportadas por los investigadores pioneros de la geología del territorio peninsular y ultramarino, como Guillermo Schulz, Casiano de Prado, Manuel Fernández de Castro o Lucas Mallada. Al inventario informatizado del museo, iniciado en 1989, se añadió en 1993 el nuevo enfoque de investigar las colecciones paleontológicas y petrológicas más antiguas, favorecido entre 1996 y 2005 por la Dirección General de Investigación (o Universidades e Investigación) de la Comunidad de Madrid a través de las convocatorias de ayudas para la realización de proyectos de investigación en Humanidades, Ciencias Sociales y Económicas (Lozano *et al.*, 2008; Rábano, 2022a). Los aspectos históricos de la colección mineralógica no se comenzaron a abordar hasta más tarde (Jiménez Martínez *et al.,* 2023, 2024).

A la vez que se actuaba sobre el inventario y la investigación histórica, comenzaron a renovarse diferentes contenidos de la exposición permanente. Como acciones más destacadas, en paralelo a la conservación continuada de las colecciones y la actualización de su exhibición, se instaló en el pasillo de acceso a la sala del museo la colección de paleontología sistemática de invertebrados, en la que se introducen los principales grupos de invertebrados fósiles desde una perspectiva evolutiva, con ejemplares nacionales y extranjeros. Otra sobre los recursos minerales, presenta una selección de sustancias de interés minero a lo largo de siete vitrinas de la planta baja. En la planta primera, concebida originalmente para la exhibición de fósiles de vertebrados, las vitrinas fueron renovadas en su totalidad. Veinte de ellas se dedicaron a los vertebrados fósiles, la evolución humana y la prehistoria; y el resto se repartió en diferentes temas monográficos, como los icnofósiles, la flora carbonífera o diversos yacimientos paleontológicos españoles célebres o de interés especial. En la planta segunda del museo, la dedicada a los minerales españoles ordenados por comunidades y ciudades autónomas, en 2008 comenzó una intensa actividad de reestructuración y mejora de la colección, que viene dando unos excelentes frutos. En cuanto a la colección de gemas, de las que el museo poseía una pequeña muestra, en 2003 comenzó un plan de adquisición de nuevos ejemplares, que culminó en 2015 con la construcción de dos nuevas vitrinas para su exhibición, con el mismo diseño que las antiguas, pero con iluminación incorporada, que se ubicaron en la parte central de la planta baja de la gran sala (Fig. 29).

Figura 29. Dos vitrinas de nueva construcción instaladas en 2015, dedicadas a la exhibición de la colección de gemas. Archivo del Museo Geominero.

El Museo Geominero se ha constituido en repositorio de ejemplares tipo de nuevas especies de fósiles y minerales, descritas tanto por investigadores del IGME como de otras instituciones científicas. También, desde 2019 alberga el archivo de muestras polares de tipo geológico (fósiles, minerales, rocas y aguas) generadas por el Programa Español de Investigación Polar. En cuanto al ingreso de nuevas colecciones paleontológicas, y en especial las generadas por las investigaciones del personal del IGME y de su museo, se vio notablemente reducido a partir de mediados de la década de 1980. La Ley 16/1985 de Patrimonio Histórico Español y los desarrollos legislativos autonómicos subsiguientes, dispusieron la obligatoriedad de depositar los fósiles en los museos autonómicos o provinciales correspondientes al considerarlos parte del patrimonio cultural. Por su parte, la Ley 42/2007 y su modificación en la Ley 33/2015 de Patrimonio Natural y la Biodiversidad, que consideraron a los fósiles como elementos geológicos que forman parte de la naturaleza, ha ocasionado una dualidad legislativa entre las consejerías de medioambiente y cultura de las comunidades autónomas en la forma de afrontar su reconocimiento, gestión y protección (Vegas *et al.*, 2019).

El proyecto de renovación del museo, ejecutado entre 1987 y 1988, le dotó de un laboratorio de restauración. La incorporación al frente del mismo de Eleuterio Baeza en 2002 impulsó la remodelación de esta infraestructura, que se ha visto recientemente acondicionada y mejorada. La continuada investigación sobre su materia de trabajo llevó a Eleuterio Baeza a registrar en 2005 la patente de invención «Proceso de reproducción de fósiles, rocas y minerales y producto obtenido» (n.º ES.2.273.577.A1), la primera que ha inscrito el IGME en la Oficina Española de Patentes y Marcas en su historia. La técnica patentada permite obtener réplicas con un grado de realismo extraordinario, al integrar dentro de una misma copia materiales muy diferentes en color, brillo, transparencia y composición (Baeza y Rodrigo, 2024). En 2009 Baeza comisarió la exposición del museo «¿Original o réplica?» para difundir esta técnica innovadora, que ha tenido un largo periodo de itinerancia. En ella se muestran réplicas exactas de fósiles y minerales que resultan muy difíciles de diferenciar de ejemplares reales; recientemente se ha instalado una vitrina monográfica en el museo dedicada a esta patente de invención.

Divulgación

Uno de los objetivos principales del equipo que se configuró a partir de 1993 fue acometer una cuestión que resultaba totalmente novedosa para el museo: el diseño de programas propios de divulgación, dirigidos tanto a los centros educativos como al público general. El desarrollo de estos programas públicos resultó tan exitoso, que el Museo Geominero recibió en 2003 el «Premio a las Mejores Prácticas en la Administración General del Estado» en su tercera edición.

En 1999 se estructuraron las actividades para el público escolar, tanto en el ámbito de la educación formal como en la no formal. Para ello se diseñaron dos manuales para que el profesorado (de secundaria y bachillerato) pudiera trabajar con ellos antes de la visita: la *Guía del profesor* y el *Cuaderno de trabajo del alumno*. Estos recursos complementan las visitas guiadas a la exposición permanente, en las que han venido colaborando desde 1994 los guías voluntarios culturales mayores, cuando el Museo Geominero se adhirió a este programa de la Confederación Española de Aulas de Tercera Edad (Fig. 17). A ello hay que añadir la puesta en marcha, unos años más tarde, de dos talleres dirigidos a los alumnos de primaria, «Aprendiz de geólogo» y «Aprendiz de paleontólogo», así como talleres para personas con necesidades educativas especiales, o el diseño en 2010 de una maleta didáctica que, prestada a los centros educativos, facilitase la realización de un taller de recursos minerales en el aula.

Desde el punto de vista de la educación no formal, el Museo Geominero ha desarrollado un amplio abanico de productos y de actividades, tanto en su sede como fuera de sus instalaciones, que pasamos a resumir a continuación.

Desde sus primeras ediciones, el museo participó o participa en la «Feria Madrid por la Ciencia» (entre 2000 y 2008) y en la «Semana de la Ciencia» (2002-actualidad). Ambos eventos fueron promovidos desde la Dirección General de Investigación de la Comunidad de Madrid, en cuya concepción y puesta en marcha Alfonso González Hermoso de Mendoza, Almudena del Rosal Alonso y José González López de Guereñu jugaron un papel fundamental. Madrid fue pionera en este tipo de acciones de divulgación científica –de hecho en sus convocatorias se acuñó por vez primera en nuestro país el término de «cultura científica»–, adaptadas y proseguidas posteriormente por otras instituciones científicas y de divulgación en forma de fines de semana científicos o las recientes ediciones «Madrid es Ciencia» organizadas por la Fundación para el Conocimiento Madri+d.

Figura 30. Folleto de difusión de las actividades de los talleres de verano del Museo Geominero, en este caso el correspondiente a 2008. Archivo del Museo Geominero.

En el año 2002 el Museo Geominero puso en marcha los «Talleres de verano», diseñados para niños y niñas de entre 9 y 12 años (Fig. 30), que tuvieron una gran acogida en todas sus ediciones, hasta la última, por el momento, celebrada en 2019. Los «Talleres de Navidad» comenzaron en 2004, esta vez dirigidos a menores de 6 y 7 años. Unos nuevos talleres, en esta ocasión orientados a un público familiar, iniciaron su recorrido en 2009 durante los primeros domingos de mes, continuando en la actualidad. Los audiovisuales producidos por el museo han alcanzado también un notable éxito, tanto entre los centros educativos como entre el público general, al estar igualmente disponibles en la web del museo y en su canal de YouTube. El primero de ellos, «La Tierra planeta vivo: Fósiles a través del tiempo», fue subvencionado por la Fundación Española para la Ciencia y la Tecnología en 2002, en su primera convocatoria de ayudas económicas para acciones de difusión y divulgación científica y tecnológica. Le siguieron tres más, protagonizados por una geóloga virtual, *Gea*, que versaron sobre la formación de las rocas, sobre el ámbar y sobre los fósiles. Los dos últimos, «Gea y el ámbar» y «Gea y los fósiles», merecieron en 2011 y 2015, respectivamente, sendos premios en el concurso internacional *Ciencia en Acción*. En este mismo concurso, otro vídeo científico promovido desde el museo («Visita virtual a las rocas del hogar»), concebido como aportación al *Geolodía* de la Sociedad Geológica de España, recibió una mención de honor en la edición de 2021.

Las «Charlas del Museo» reunieron diferentes aspectos divulgativos de las Ciencias de la Tierra o de los resultados del equipo de trabajo. Entre 2005 y 2009 se organizaron varios ciclos: *El tiempo de la Tierra* (2005), *Minerales, un universo cristalino* (2006), y los asociados a las exposiciones «Insectos en ámbar: atrapados en el tiempo» (2007) y «¿Original o réplica?» (2009).

Para hacer accesible los contenidos del museo a personas con ceguera o discapacidad visual grave, el IGME firmó en 2005 un convenio con la Organización Nacional de Ciegos Españoles (ONCE). Se abordó una selección de piezas de minerales y fósiles reconocibles al tacto, se realizaron cartelas en braille y macrotipos, una guía en braille, así como un plano del espacio en relieve. El 1 de junio de 2008 la ONCE dedicó su cupón de fin de semana al Museo Geominero (Fig. 31).

Figura 31. Presentación del cupón de la ONCE del 1 de junio de 2008 (abajo). En la foto superior, el director del IGME, José Pedro Calvo Sorando, entre dos representantes de la ONCE y, a la derecha, la directora del museo, Isabel Rábano. Archivo del Museo Geominero.

Figura 32. A, sellos de minerales de España emitidos en 1994 por Correos. B, matasellos de Correos del 30 de mayo de 1995. Archivo del Museo Geominero.

Los sellos de Correos han servido también como vehículo para divulgar las colecciones del museo. Por Resolución de 1 de febrero de 1994, de la Secretaría General de Comunicaciones y de la Subsecretaría de Economía y Hacienda, se emitió y puso en circulación una serie de sellos postales denominada «Minerales de España» (*BOE*, 14.02.1994). Se trató de un grupo de cuatro minerales (cinabrio, pirita, esfalerita y galena) enmarcados en una hoja bloque en torno a la imagen del Museo Geominero (Fig. 32A). La tirada fue de 10.000.000 de sellos, en pliegos conteniendo diez grupos de cuatro sellos cada uno. Con motivo de esta emisión, el museo organizó la exposición «Minerales y filatelia. La Geología a través de los sellos», que contó con matasellos propio. Un año más tarde, el 30 de mayo de 1995, Correos lanzó un nuevo matasellos promocionando el museo (Fig. 32B). En 2003, cuatro minerales del museo protagonizaron una emisión filatélica de la República de Guinea Ecuatorial. En esta ocasión los minerales figurados fueron un cuarzo Jacinto de Compostela, un yeso, un rejalgar y un crisoberilo.

Por último, queremos resaltar la importancia de las exposiciones temporales organizadas por el museo, en itinerancias de mayor o menor duración.

Aquellas que se mostraron únicamente en la sede de Madrid, además de la citada sobre la filatelia y la geología en 1994, fueron las de «Gemas, obras maestras de la naturaleza» (1999), «El maravilloso mundo de las gemas» (2000), «Detrás de las vitrinas: fondos del Museo Geominero» (2015), o «El oro bajo tus pies» (2015-2016). Otras se inauguraron en Madrid y continuaron su recorrido por diferentes puntos del territorio peninsular e insular: «Guillermo Schulz, un inquieto innovador en la España del XIX», «El largo viaje hacia occidente: fauna ibérica hace 1.800.000 años», «Un tesoro geológico en la autovía del Cantábrico: el túnel Ordovícico de Ribadesella», «Una mirada a través del cuarzo», «Cristales en el granito de La Cabrera», «Minerales de las Comunidades Autónomas de Castilla-La Mancha y Madrid», «Insectos en ámbar: atrapados en el tiempo», «Los lagos del pasado», «El rostro del agua», «Miradas en plata y ámbar», «¿Original o réplica?», «Los hidrocarburos en nuestra vida diaria» y «AMBERIA: el ámbar de Iberia». Mencionamos por último la exposición «Tesoros en las rocas», concebida exclusivamente para su exhibición itinerante en localidades que no dispusieran de colecciones geológicas y paleontológicas públicas, a través de la presentación de minerales, fósiles y rocas, nacionales y extranjeros representativos de la diversidad e historia geológica del planeta. Inició su andadura en 1997 en el Centro de Investigación del Medio Ambiente de Torrelavega (Cantabria) y ha sido la que ha tenido una itinerancia más amplia: se ha expuesto en veintinueve ocasiones y su última edición tuvo lugar, entre finales de 2010 y comienzos de 2012, en el Museo Elder de las Palmas de Gran Canaria.

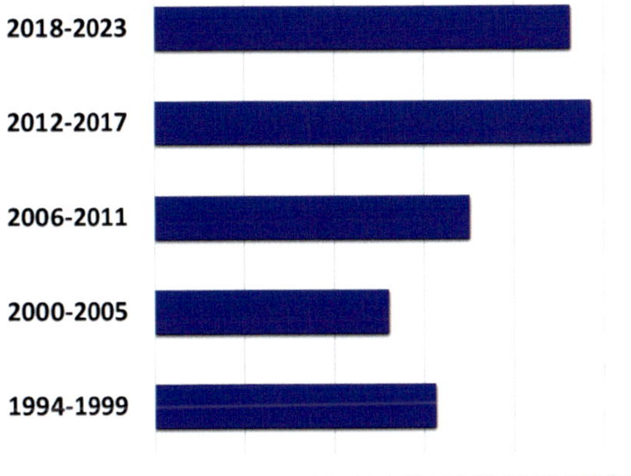

Figura 33. Número de visitantes del Museo Geominero entre 1994 y 2023.

Para finalizar, y en relación con el número de personas que han visitado el Museo Geominero a lo largo de estos años (Fig. 33), se ha constatado que los programas públicos, junto a la intensa difusión que se viene realizando en las redes sociales desde 2010, en las que el museo está presente en todas las plataformas, han alcanzado unos resultados muy satisfactorios. El número de visitantes ha experimentado un incremento paulatino entre 1994 y 2023, en un entorno de 20.000 a 30.000 visitas anuales, con unos descensos significativos en 1999 cuando el museo estuvo cerrado unos meses por obras, y en 2020 debido a la pandemia de COVID-19. Durante esta última el museo permaneció cerrado entre el 13 de marzo y el 16 de septiembre de dicho año, cuando se permitió el acceso al público con un estricto control de aforo. En 2023 se registró el mayor número de visitantes anuales hasta el momento: 57.549.

Investigación

Como se ha apuntado previamente, el ingeniero de minas Primitivo Hernández-Sampelayo fue un gran estudioso de la geología y paleontología españolas desde su ingreso en el Instituto Geológico de España en 1914 hasta su jubilación en 1950 (Rábano y Gutiérrez-Marco, 2022). El museo se benefició de sus trabajos, de su responsabilidad hacia las colecciones antiguas y de los ejemplares aportados por él y sus colaboradores, protagonistas de las investigaciones paleontológicas en el IGME durante la primera mitad del siglo XX. La configuración de un nuevo equipo de trabajo a partir de la década de 1990 propició la recuperación de la actividad investigadora en el Museo Geominero, tanto en paleontología como en mineralogía y petrología.

El nuevo personal incorporado al museo protagonizó proyectos de investigación con financiación externa al IGME relacionados con la paleontología y la bioestratigrafía del Paleozoico Inferior; la paleontología y la paleoecología de invertebrados y flora del Mesozoico, así como la investigación de yacimientos de conservación excepcional en ambientes continentales del Mesozoico y Neógeno, especialmente los fósiles conservados en ámbar; los vertebrados del Jurásico y Cretácico y sus huellas fósiles; la paleontología y la bioestratigrafía de mamíferos y ecosistemas continentales del Cuaternario; las investigaciones en mineralogía y petrología, con la descripción de un nuevo politipo mineral; y la participación en proyectos de caracterización e inventario del patrimonio geológico, mueble e inmueble. Todas las referencias a los resultados de la investigación del personal del Museo Geominero se encuentran recogidas en los capítulos correspondientes de este volumen. A ello hay que añadir la dirección de tesis doctorales, trabajos de fin de grado y de máster, la tutorización de prácticas de grado y de máster, y la participación en comités científicos, como el de la revisión de la nomenclatura de minerales en español de la Sociedad Española de Mineralogía; o los de Geoparques Mundiales de la UNESCO, incluyendo Molina-Alto Tajo, Villuercas-Ibores-Jara, Maestrazgo y Granada. O en grupos de trabajo, como el de Museos y Litotecas de la Asociación de Servicios de Geología y Minería Iberoamericanos. También la organización de congresos de carácter nacional e internacional, como las XV Jornadas de la Sociedad Española de Paleontología (1999), la Fourth International Trilobite Conference (2008), la XX Bienal de la Real Sociedad Española de Historia Natural (2013), Progress in Echinoderm Palaeobiology (2015) o el 16th Annual NECLIME Meeting (2015). No queremos dejar de mencionar la edición de la serie no periódica *Cuadernos del Museo Geominero*, en la que, a lo largo de sus treinta y tres volúmenes publicados entre 2002 y 2021, se han recogido temas monográficos sobre paleontología, mineralogía, colecciones, patrimonio geológico e historia de la geología. De la dirección del museo pasó a depender también durante diez años la *Revista Española de Micropaleontología,* entre 2003 y 2012, año en que el IGME decidió interrumpir su edición.

Un proyecto pionero liderado por el Museo Geominero, que aunó desde un principio los objetivos de investigación, divulgación y docencia, ha sido el que ha llevado a concebir la Estación Paleontológica «Valle del Río Fardes» en Fonelas (Granada) (Arribas y Garrido, 2024), que constituyó el germen del Geoparque Mundial de la UNESCO de Granada. El descubrimiento por un particular en el año 2000 de un yacimiento paleontológico de vertebrados fósiles del Pleistoceno inferior en esta localidad granadina llevó a iniciar un programa integral de investigación por parte de un equipo financiado y dirigido desde el IGME por el paleontólogo Alfonso Arribas Herrera. Además del estudio paleontológico –se identificaron veinticuatro especies de grandes mamíferos–, se realizaron investigaciones estratigráficas, sedimentológicas y magnetoestratigráficas, se diseñó una primera actividad divulgativa a través de una exposición itinerante y, en 2010, el IGME adquirió la finca en la que se ubica el yacimiento. A partir de 2011 el área tomó el nombre de Estación Paleontológica «Valle del Río Fardes» y en 2013 se construyó una infraestructura para musealizar el yacimiento, el «Centro Paleontológico Fonelas P-1» (Fig. 34). Abierto al público en 2017, se trata de un espacio en el que se realiza investigación paleontológica, a la vez que constituye una herramienta eficaz para la transferencia de conocimientos a la sociedad, y los docentes encuentran aquí un lugar idóneo para explicar sobre el terreno diferentes materias de la geología y de la paleontología del Cuaternario.

Figura 34. Centro Paleontológico Fonelas P-1 en la Estación Paleontológica «Valle del Río Fardes» (Fonelas, Granada). Fotografía: Alfonso Arribas Herrera.

AGRADECIMIENTOS

Agradezco a las personas que, en épocas pasadas y en la que ha transcurrido entre mi llegada al Museo Geominero en 1993 y la actualidad, han contribuido a que este espacio se haya convertido en un referente entre los museos de ciencia en nuestro país. Todas ellas han sido y son las verdaderas protagonistas de esta historia. El presente trabajo se enmarca en el proyecto PID2021-123323NB-I00/ AEI/10.13039/501100011033/ FEDER, UE del Ministerio de Ciencia, Innovación y Universidades y constituye una contribución al Grupo Español de la International Commission on the History of Geological Sciences (INHIGEO, IUGS-UNESCO-ISC).

BIBLIOGRAFÍA

Arribas, A. (ed.) 2008. *Vertebrados del Plioceno superior terminal en el suroeste de Europa: Fonelas P-1 y el Proyecto Fonelas.* Cuadernos del Museo Geominero, 10. Instituto Geológico y Minero de España, Madrid, 608 pp.

Arribas, A. y Garrido, G. 2024. Un yacimiento paleontológico y una nueva infraestructura para el IGME en el siglo xxi: Fonelas P-1 y la Estación Paleontológica Valle del Río Fardes. En: I. Rábano y Á. Salazar (eds.), *Instituto Geológico y Minero de España: 175 años.* Consejo Superior de Investigaciones Científicas, Madrid, 368-371.

Arribas Herrera, A.; Garrido Álvarez, G.; Garrido García, J.A.; García Tortosa, J.A. y Medialdea Pérez, C. 2021. Quaternary large mammals from the Granada Geopark: a magnificent record with examples of geoconservation. *Geoconservation Research*, 4 (2), 663-674. https://doi.org/10.30486/gcr.2021.1929773.1093

Badillo, L. 1952. Nota sobre un yacimiento de «Mastodon longirostris», Kaup. *Notas y Comunicaciones del Instituto Geológico y Minero de España*, 28, 89-94.

Baeza, E. y Rodrigo, A. 2024. Fósiles, minerales y rocas con derecho a réplica. En I. Rábano y Á. Salazar (eds.), *Instituto Geológico y Minero de España: 175 años.* Consejo Superior de Investigaciones Científicas, Madrid, 372-375.

Baratas, A. 2016. Colecciones y museos universitarios. Ni las joyas de la corona, ni chismes viejos para tirar. *ICOM-CE digital*, 13, 190-200.

Bauzá, J.; Quintero, I. y de la Revilla, J. 1963a. Contribución al conocimiento de la fauna ictiológica fósil de España. *Notas y Comunicaciones del Instituto Geológico y Minero de España,* 70, 217-273.

Bauzá, J.; Quintero, I. y de la Revilla, J. 1963b. Nueva contribución al conocimiento de la fauna ictiológica fósil de España. *Notas y Comunicaciones del Instituto Geológico y Minero de España,* 72, 179-186.

Del Moral Ruiz, J.; Pro Ruiz, J. y Suárez Bilbao, F. 2007. *Estado y territorio en España, 1820-1930.* Editorial Catarata, Madrid, 675 pp.

Delgado, J.F.N. 1879. *Relatório da commissão desempenhada em Hespanha no anno de 1878.* Typographia da Academia Real das Sciencias, Lisboa, 24 pp.

Delvene, G.; Vegas, J.; Jiménez, R.; Rábano, I. y Menéndez, S. 2018. From the field to the museum: análisis of groups-purposes-locations in relation to Spain's moveable palaeontological heritage. *Geoheritage,* 10 (3), 451-462. https://doi.org/10.1007/s12371-018-0290-3

Doetsch-Sundheim, J. 1960. La enseñanza de la mineralogía. *Notas y Comunicaciones del Instituto Geológico y Minero de España*, 59, 89-131.

Dupuy de Lôme, E. 1926. Congreso Geológico Internacional, xiv[a] Sesión, Madrid, 1926. Memoria. *Boletín del Instituto Geológico de España*, 37 (primera parte), 1-409.

González-Laguna, R.; Lozano, R.P.; Menéndez, S. y Abad, A. 2007. La colección histórica de rocas de la provincia de Huesca conservada en el Museo Geominero (IGME, Madrid): catalogación e interpretación histórica. *Boletín Geológico y Minero,* 118 (1), 127-140.

Gutiérrez-Marco, J.C. y Rábano, I. 2005. Fósiles ordovícicos del Noroeste de España en la obra de Guillermo Schulz. En: I. Rábano y J. Truyols (eds.), *Miscelánea Guillermo Schulz (1805-1877).* Cuadernos del Museo Geominero, 5. Instituto Geológico y Minero de España, Madrid, 179-190.

Gutiérrez-Marco, J.C.; Rábano, I.; Sá, A.A.; San José, M.A.; Pieren Pidal, A.; Sarmiento, G.N.; Piçarra, J.M.; Durán, J.J.; Baeza, E. y Lorenzo, S. 2007. Public dissemination of knowledge regarding Ordovician geological and palaeontological heritage in protected natural áreas of Iberia. *Acta Palaeontologica Sinica,* 46 (Suppl.), 163-169.

Hernández-Sampelayo, P. 1935. Explicación del Nuevo Mapa Geológico de España en Escala 1:1.000.000. Tomo I. El Sistema Cambriano. *Memorias del Instituto Geológico y Minero de España*, 41, 291-528.

Hernández-Sampelayo, P. 1944. Nueva fauna cambriana en Puerto Ventana (Asturias-León). *Notas y Comunicaciones del Instituto Geológico y Minero de España*, 12, 3-11.

Hernández-Sampelayo, P. 1949. Remesa de pelecípodos límnicos del Carbonífero de Ciñera (León). *Notas y Comunicaciones del Instituto Geológico y Minero de España*, 19, 39-44.

Hernández-Sampelayo, P. 1954. Fósiles de la zona carbonífera de Viñón y Torazo (Asturias). *Estudios Geológicos*, 10 (21), 7-48.

Hernández-Sampelayo, P. 1960. Graptolítidos españoles (recopilados por R. Fernández Rubio). *Notas y Comunicaciones del Instituto Geológico y Minero de España*, 57 (1), 3-78.

Hernández-Sampelayo, P. y Cincúnegui, M. de, 1926. Cuenca de esquistos bituminosos de Ribesalbes (Castellón). *Boletín del Instituto Geológico de España*, 46, 3-164.

Hernández-Sampelayo, P. y Hernández-Sampelayo, A. 1947. Fauna carbonífera de Villablino (León). *Notas y Comunicaciones del Instituto Geológico y Minero de España*, 17, 1-24.

[IGME] 1950. *Instituto Geológico y Minero de España. Memoria general 1949.* Tipografía y Litografía Coullaut, Madrid, 89 pp.

[IGME] 1967. *Instituto Geológico y Minero de España. Memoria general 1966.* Tipografía y Litografía Coullaut, Madrid, 79 pp.

[IGME] 1970. *Instituto Geológico y Minero de España. Memoria general 1969.* Imprenta Ideal, Madrid, 78 pp.

Jiménez Martínez, R.; González-Laguna, R.; Torres Matilla, M.J. y Hernández Pinilla, M.P. 2023. Avatares de la colección de minerales del Museo del IGME (Museo Geominero): parte 1 (desde 1849 hasta 1988). *Paragénesis,* 4 (2), 77-96.

Jiménez Martínez, R.; González-Laguna, R.; Torres Matilla, M.J. y Hernández Pinilla, M.P. 2024. Avatares de la colección de minerales del Museo del IGME (Museo Geominero): parte 2 (desde 1988 hasta la actualidad). *Paragénesis*, 4 (3), 43-66.

Jiménez Martínez, R.; González Laguna, R.; Lozano Fernández, R.P.; Paradas Herrero, Á.; Baeza Chico, E.; Torres Matilla, M.J. y Cabrera Andonaegui, B. 2013. *Colección de minerales de las Comunidades y Ciudades Autónomas del Museo Geominero: Catálogo de la Comunidad de Madrid.* Cuadernos del Museo Geominero, 16. Instituto Geológico y Minero de España, Madrid, 66 pp.

Jiménez Martínez, R.; González Laguna, R.; Torres Matilla, M.J.; Hernández Pinilla, M.P.; Lozano Fernández, R.P.; Baeza Chico, E.; Mayans López, C. y Moreno Paredes, X. 2021. *Colección de minerales de las Comunidades y Ciudades Autónomas del Museo Geominero: Catálogo de la Comunidad de Castilla-La Mancha.* Cuadernos del Museo Geominero, 33. Instituto Geológico y Minero de España, Madrid, 119 pp.

Lozano, R.P.; Menéndez, S. y Rábano, I. 2005. La colección Schulz de rocas de Galicia conservada en el Museo Geominero (Instituto Geológico y Minero de España, Madrid). En: I. Rábano y J. Truyols (eds.), *Miscelánea Guillermo Schulz (1805-1877).* Cuadernos del Museo Geominero, 5. Instituto Geológico y Minero de España, Madrid, 191-206.

LOZANO, R.P.; MENÉNDEZ, S. Y RÁBANO, I. 2008. Estado de la catalogación de colecciones históricas en el Museo Geominero (Instituto Geológico y Minero de España). *Geo-Temas*, 10, 1315-1318.

LÓPEZ DE AZCONA, J.M. 1963a. José Romero Ortiz de Villacian. *Boletín del Instituto Geológico y Minero de España*, 74, 11-12.

LÓPEZ DE AZCONA, J.M. 1963b. Antonio Baselga y Recarte. *Boletín del Instituto Geológico y Minero de España*, 74, 13-14.

LOZANO, R.P.; ROSSI, C.; LA IGLESIA, A. Y MATESANZ, E. 2012. Zaccagnaite-3R, a new Zn-Al hydrotalcite polytype from El Soplao cave (Cantabria, Spain). *American Mineralogist*, 97, 513-523.

LUXÁN MELÉNDEZ, J.M. de, 2016. *Una política para la ciencia en el reinado de Isabel II.* Centro de Estudios Políticos y Constitucionales, Madrid, 345 pp.

MADARIAGA, J.M. Y SÁNCHEZ LOZANO, R. 1918. *Avance de un proyecto para la construcción de un edificio destinado al Instituto Geológico de España.* [Manuscrito]. Biblioteca del Instituto Geológico y Minero de España, Madrid, 6 pp.

MENÉNDEZ, S. Y RÁBANO, I. 2015. Proboscídeos fósiles de la provincia de Burgos en las colecciones paleontológicas del Museo Geominero (Instituto Geológico y Minero de España, Madrid). En: *Libro de Resúmenes y programa de la XXI Bienal de la Real Sociedad Española de Historia Natural.* RSEHN, Madrid, 79-80.

MOYA, M. 1943. Instituto Geológico y Minero de España. *Minería y Metalurgia: Boletín Oficial de Minas, Metalurgia y Combustibles*, 24, 67-83.

MURO, J.I.; NADAL, F. Y URTEAGA, L. 1996. *Geografía, estadística y catastro en España, 1856-1870.* Ediciones del Serbal, Barcelona, 275 pp.

ORIOL, R. 1891. Una visita a la Comisión del Mapa Geológico de España. *Revista Minera, Metalúrgica y de Ingeniería*, 42, 226-227.

PEÑALVER, E.; BARRÓN, E.; POSTIGO MIJARRA, J.A.; GARCÍA VIVES, J.A. Y SAURA VIDAL, M. 2016. *El paleolago de Ribesalbes. Un ecosistema de hace 19 millones de años.* Instituto Geológico y Minero de España y Diputación de Castellón, Madrid, 201 pp.

PEREJÓN, A. 1988. Josefa Menéndez Amor (1916-1985). *Boletín de la Real Sociedad Española de Historia Natural, Actas*, 84, 53-60.

PRO, J. 2019. *La construcción del Estado en España. Una historia del siglo XIX.* Alianza Editorial, Madrid, 761 pp.

PUCHE, O. 2007. Necrológica. Indalecio Quintero Amador. *De Re Metallica*, 9, 61-66.

QUINTERO, I. 1962. Graptolites en la provincia de Lugo. *Notas y Comunicación del Instituto Geológico y Minero de España*, 65, 61-82.

QUINTERO, I. Y DE LA REVILLA, J. 1958. Algunos fósiles triásicos de la provincia de Valencia. *Notas y Comunicación del Instituto Geológico y Minero de España*, 50 (2), 363-371.

QUINTERO, I. Y DE LA REVILLA, J. 1959. Algunos yacimientos del Jurásico y el Aptense de la provincia de Teruel. *Notas y Comunicación del Instituto Geológico y Minero de España*, 56, 55-73.

QUINTERO, I. Y DE LA REVILLA, J. 1962. La *Exogyra flabellata*, Goldfuss y su distribución estratigráfica. *Notas y Comunicación del Instituto Geológico y Minero de España*, 66, 219-232.

QUINTERO, I. Y DE LA REVILLA, J. 1966. Algunas especies nuevas y otras poco conocidas. *Notas y Comunicación del Instituto Geológico y Minero de España*, 82, 27-85.

RÁBANO, I. 1998. La colección paleontológica de Casiano de Prado conservada en el Museo Geominero (ITGE, Madrid). *Geogaceta*, 23, 123-125.

RÁBANO, I. 2006. Patrimonio geológico mueble del Instituto Geológico y Minero de España: colecciones paleontológicas históricas del Paleozoico Inferior de la provincia de León en el Museo Geominero. *De Re Metallica*, 6-7, 7-12.

RÁBANO, I. 2013. Colecciones paleontológicas históricas de la provincia de Segovia en el Museo Geominero (IGME, Madrid). En: J. Vegas, A. Salazar, E. Díaz-Martínez y C. Marchán (eds.), *Patrimonio geológico, un recurso para el desarrollo*. Cuadernos del Museo Geominero, 15. Instituto Geológico y Minero de España, Madrid, 617-622.

RÁBANO, I. 2015. *Los cimientos de la geología. La Comisión del Mapa Geológico de España (1849-1910)*. Instituto Geológico y Minero de España, Madrid, 329 pp.

RÁBANO, I. 2022a. Un viaje por la historia de las colecciones del Instituto Geológico y Minero de España. En: M. Ayarzagüena Sanz, J.F. López Cidad y M.A. Sebastián Pérez (eds.), *Minería y metalurgia históricas en el sudoeste europeo. Geología, minería y sociedad*. Ayuntamiento de Ciempozuelos y Sociedad Española para la Defensa del Patrimonio Geológico y Minero, Madrid, 335-352.

RÁBANO, I. 2022b. Manuel Fernández de Castro y Suero (1825-1895), director de la Comisión del Mapa Geológico de España. *Boletín Geológico y Minero*, 133 (4), 7-35. http://dx.doi.org/10.21701/bolgeomin/133.4/001

RÁBANO, I. 2024a. Fósiles y mapas: el Laboratorio de Paleontología (1927-1970). En: I. Rábano y Á. Salazar (eds.), *Instituto Geológico y Minero de España: 175 años*. Consejo Superior de Investigaciones Científicas, Madrid, 348-351.

RÁBANO, I. 2024b. De litoteca a museo: el largo camino de las colecciones del Instituto Geológico y Minero de España. En: M.A. Puig Samper, J.M. López Sánchez, M. Prados Martín y A. Lérida Jiménez (eds.), *Ciencia, técnica* y *libertad en España*. Sociedad Española de Historia de las Ciencias y de las Técnicas, Doce Calles, Madrid, 537-547.

RÁBANO, I. 2024c. La emoción del encuentro: los «papeles perdidos» del Instituto Geológico y Minero de España. En: E. Cervantes (ed.), *Un geólogo calagurritano en Madrid. Homenaje a Carlos Martín Escorza*. Instituto de Estudios Riojanos, Logroño, 291-309.

RÁBANO, I. Y ARAGÓN, S. 2007. Nuevos datos históricos sobre la Comisión del Mapa Geológico de España. *Boletín Geológico y Minero*, 118 (4), 813-826.

RÁBANO, I. Y GUTIÉRREZ-MARCO, J.C. 1999. La «Sinopsis» paleontológica de Lucas Mallada: fechas de publicación y otros aspectos editoriales. En: I. Rábano (ed.), *Actas de las XV Jornadas de Paleontología*. Colección Temas Geológico-Mineros, 26. Instituto Tecnológico Geominero de España, Madrid, 103-110.

RÁBANO, I. Y GUTIÉRREZ-MARCO, J.C. 2022. Primitivo Hernández-Sampelayo (1880-1959): hierros y fósiles paleozoicos. *Boletín Geológico y Minero*, 133 (2), 7-43. http://dx.doi.org/10.21701/bolgeomin/133.2/001

RÁBANO, I. Y SALAZAR, Á. 2024. Instituto Geológico y Minero de España: una historia de 175 años. En: I. Rábano y Á. Salazar (eds.), *Instituto Geológico y Minero de España. 175 años*. Consejo Superior de Investigaciones Científicas, Madrid, 39-111.

RÁBANO, I.; GONZÁLEZ-LAGUNA, R. Y TORRES-MATILLA, M.J. 2019. La colección histórica de rocas de Filipinas del Museo Geominero (Instituto Geológico y Minero de España, Madrid). *Aula, Museos y Colecciones de Ciencias Naturales*, 6, 141-150.

RÁBANO, I.; LOZANO, R.P. Y TORRES-MATILLA, M.J. 2020. Colecciones didácticas de la Comisión del Mapa Geológico de España en centros de enseñanza y en las Colecciones Reales del Patrimonio Nacional. *Aula, Museos y Colecciones de Ciencias Naturales*, 7, 23-42.

RÁBANO, I.; MENÉNDEZ, S. y BRAVO, A.M. 2016. Colecciones de vertebrados fósiles del yacimiento villafranquiense de Villarroya (La Rioja) en el Museo Geominero (Instituto Geológico y Minero de España, Madrid). En: M.T. Alberdi, B. Azanza y E. Cervantes (eds.), *Villarroya, yacimiento clave de la paleontología riojana*. Instituto de Estudios Riojanos, Logroño, 217-228.

RÁBANO, I.; RIVAS, P. y REÑÉ, T. 2006. *Instituto Geológico y Minero de España. Historia de un edificio*. Instituto Geológico y Minero de España, Madrid, 207 pp.

REVILLA, J. DE LA y QUINTERO, I. 1966. Fósiles del Maestrichtiense de Sensui (Lérida). *Notas y Comunicación del Instituto Geológico y Minero de España*, 90, 11-51.

RÍOS, J.M. 1992. Memorial to Antonio Almela Samper. *The Geological Society of America, Memorials*, 22, 75. Disponible en: https://rock.geosociety.org/net/ documents/gsa/ memorials/ v22/Almela_Samper-A.pdf

SÁNCHEZ LOZANO, R. 1917. Memoria relativa a los trabajos efectuados por el Instituto Geológico de España durante los años de 1915 y 1916. *Boletín Oficial de Minas y Metalurgia*, 7 (diciembre), 1-16.

COLECCIONES

LA COLECCIÓN DE MINERALES ESPAÑOLES DEL MUSEO GEOMINERO EN EL SIGLO XXI

Ramón Jiménez Martínez, Ruth González-Laguna y María Pilar Hernández Pinilla

El Museo Geominero del Instituto Geológico y Minero de España (IGME) cuenta con una serie de colecciones de minerales, que se han ido forjando a lo largo de los 175 años de historia de la institución. Entre ellas cabe destacar la de minerales de la geografía española, que ha experimentado notables cambios en lo que va de siglo. Se trata de la colección de «minerales de las comunidades y ciudades autónomas», conocida también como colección de «minerales españoles». Su origen se remonta a 1849 cuando por un real decreto de la reina Isabel II se crea la Comisión para la Carta Geológica de Madrid y la general del Reino, institución predecesora del actual IGME.

Entre 1849 y 1927 tuvo lugar el acopio de ejemplares en los distintos trabajos de recolección y documentación, primero por parte de las distintas «Comisiones» para la realización del mapa geológico y, desde 1910, por el Instituto Geológico de España. Durante este intervalo de tiempo las colecciones pasaron por las distintas ubicaciones que ocupó la institución. A partir de 1927 se instalaron en la sede que ocupa actualmente el IGME en la calle Ríos Rosas de Madrid. Desde entonces, y hasta 1957, se desarrolló un exhaustivo trabajo de inventario y gestión de ejemplares. Entre 1957 y 1980 se produjo un estancamiento progresivo de la gestión de las colecciones, principalmente debido a la disminución en la dotación de personal e infraestructuras en el museo, destacando en este periodo el cambio de ubicación de la colección de minerales españoles, que pasaría a la segunda planta del museo, lugar donde se mantiene en la actualidad. Posteriormente se sucedió un período de resurgimiento de las colecciones. Ya en la década de 1980 se sentaron las bases para la modernización del museo que se irían implementando paulatinamente (Jiménez Martínez *et al.*, 2023, 2024).

A continuación, se presentan las características principales de la colección, haciendo especial énfasis en su estado actual, fruto de los trabajos de revisión y actualización realizados en las últimas décadas.

EL NUEVO SIGLO: MUCHO POR HACER, TODO POR MEJORAR

Terminaba el siglo XX con buenas perspectivas para el museo: en 1993 la Dra. Isabel Rábano Gutiérrez del Arroyo (Fig. 1) sucedió al anterior responsable en la dirección del museo y apostó desde un principio por configurar una plantilla propia del museo que condujese a la formación de los grupos de trabajo, que han perdurado durante varias décadas. Con su llegada a la dirección se intensificaron también las acciones encaminadas a la difusión de los contenidos del Museo Geominero; en este sentido, en 1994 se inició el proyecto «Difusión de las colecciones del Museo Geominero mediante aplicaciones informáticas multimedia» (ITGE, 1995).

En lo que respecta al personal destinado al tratamiento de las colecciones de minerales, el museo contaba tan sólo con un conservador, Ángel Paradas Herrero. Esta dotación era claramente insuficiente para acometer revisiones importantes. En 1997 se incorporó Rafael Pablo Lozano Fernández, que también realizó tareas de conservación de colecciones durante los años del cambio de siglo. Gracias a ello, entre 1997 y 2002 se llevó a cabo una reestructuración de la colección de minerales españoles (ITGE, 1998; IGME, 2003) en la que se abordó una mejora en la exhibición para permitir una visualización renovada de los ejemplares. Se introdujo un fondo blanco para conferir una mayor luminosidad a las vitrinas, se reemplazaron las antiguas cartelas y se incorporaron paneles con información gráfica y textual acerca de los ejemplares y de los yacimientos (Jiménez Martínez *et al.*, 2023).

Se llegaba al siglo XXI con una colección constituida por poco más de 3000 ejemplares, con claras intenciones de modernización, pero con abundantes carencias que resolver. Había numerosos rasgos geológicos y mineros que no estaban representados en la exposición, como muchos de los hallazgos de

Figura 1. Isabel Rábano Gutiérrez del Arroyo, directora del museo entre 1993 y 2017.

las últimas décadas y, lo que era aún peor, tampoco estaban presentes en las colecciones un buen número de minerales clásicos de la mineralogía española o de alto interés científico, como piromorfita del Horcajo (Ciudad Real), rodalquilarita de Rodalquilar (Almería) o moganita de Mogán (Las Palmas de Gran Canaria). Los elementos museográficos eran claramente mejorables, tanto las etiquetas identificativas y sus portas, como los tacos y soportes expositivos; la información contenida en la base de datos era insuficiente, pues faltaban numerosos descriptores de interés (comunidad autónoma, nombre de la mina o cantera, coordenadas de los yacimientos) y, sobre todo, no existía un espacio destinado al almacén de fotografías y archivos. Tampoco se había editado ningún catálogo de la colección y apenas había información publicada sobre sus fondos. Muchos minerales no estaban identificados o su identificación era dudosa o errónea, por lo que se hacía necesario realizar análisis para su correcta caracterización y en las vitrinas figuraban objetos que no encajaban en la colección, como rocas y elementos pétreos manufacturados. Además, los ejemplares, aunque agrupados por comunidades autónomas, no parecían mantener un orden estricto estando mezclados los procedentes de varias provincias y, en la mayoría de los casos, sin guardar relación genética alguna.

En 2006 se incorporó al equipo del Museo Geominero como conservadora de las colecciones de minerales Ruth González Laguna, geóloga y petróloga endógena, que tomaría el relevo de la gestión de la colección de sistemática tras la jubilación de Ángel Paradas Herrero en 2017. En 2008 se integró en el grupo de conservadores otro petrólogo endógeno, Ramón Jiménez Martínez, con la misión de actualizar la colección de minerales españoles, de la que fue su responsable hasta 2021.

EL PROYECTO DE ACTUALIZACIÓN: 2008-2011

Las carencias que presentaba la colección de minerales españoles motivaron que a finales de 2008 se desarrollara el proyecto «Actualización y puesta en valor de la colección de minerales de las Comunidades Autónomas del Museo Geominero: Madrid y Castilla-La Mancha». Este proyecto perseguía implantar una metodología para actualizar toda la colección de minerales españoles, e implementarla en las vitrinas de la Comunidad de Madrid y de Castilla-La Mancha. Esta metodología, descrita en González-Laguna *et al.* (2010) y Jiménez Martínez *et al.* (2010), incluye las siguientes acciones:

1. Análisis de las carencias y debilidades: se abordó un estudio profundo de las carencias que presentaba la colección para conocer los caracteres geológicos y mineros que deberían estar representados. Se revisaron las principales publicaciones sobre minerales y yacimientos españoles, así como la mayoría de las colecciones públicas y un buen número de las privadas. También se analizaron todos los elementos museográficos con el objetivo de introducir las modificaciones necesarias que permitieran mejorar la exposición. En cuanto a la base de datos que gestiona el inventario de la colección, se propusieron algunas mejoras y se proyectó la elaboración de catálogos, folletos y otros trabajos divulgativos y científicos sobre los fondos de la colección.

2. Incorporación de nuevos ejemplares atendiendo a las siguientes acciones.

2.1. Donaciones. Ha resultado la principal forma de ingreso de nuevos ejemplares. Para incentivarlas, los técnicos del museo han participado en numerosos eventos mineralógicos en los que se han dado a conocer los objetivos del proyecto. Se ha obsequiado material bibliográfico disponible en el IGME a las personas que han colaborado con sus donaciones y se han expedido certificados de donación detallando los ejemplares entregados. También hay que destacar que los propios técnicos del museo han donado, de forma particular, ejemplares al museo, de tal manera que esta es la principal fuente de ingreso de ejemplares. Un ejemplo de mineral singular que ingresó por donación durante el proyecto es una molibdenita excepcional procedente de Hoyo de Manzanares y que está figurada en varias publicaciones.

2.2. Recolección en campo. Se realizaron varias campañas de campo para recoger ejemplares en los yacimientos. Destaca el hecho que, además de resolver algunas de las carencias, se localizaron numerosos ejemplares que constituyen hallazgos singulares y que, en muchos casos, han supuesto la primera ocurrencia contrastada en España. Los volcanes de Calatrava fueron uno de los rasgos geológicos que no estaban representados y cuya carencia se resolvió mediante este tipo de actuación.

2.3. Intercambio de ejemplares (Fig. 2) con los minerales repetidos procedentes de recolección se formó un fondo especial de intercambios con otros museos y, sobre todo, con coleccionistas particulares. Estos ejemplares nunca fueron inventariados y, por tanto, no formaron parte de las colecciones. Un ejemplo de intercambio lo constituye el de los cuarzos rosados del embalse de Pálmaces de Jadraque (Guadalajara).

2.4. Compra. De forma excepcional, y cuando no se había resuelto alguna carencia con el resto formas de ingreso de ejemplares, se recurrió a la compra. Un ejemplo de una carencia resuelta mediante compra fue la adquisición de

Figura 2. Uno de los autores de este trabajo (R.J.M., a la derecha) durante la búsqueda de ejemplares en la mesa de intercambio de San Vicente del Raspeig (Alicante) en 2010.

una piromorfita de las minas del Horcajo (Ciudad Real), mineral que constituye un clásico de la mineralogía española.

3. Cambios en vitrina. Se emprendió una reestructuración museográfica que afectó a todos los elementos que se podían mejorar para posibilitar una mejor exposición en vitrina. Para ello se diseñaron nuevas cartelas, en las que se incluyó información de interés que no estaba recogida previamente, se unificaron los tacos-soportes de los ejemplares y todos los minerales se ordenaron agrupándolos, dentro de cada comunidad autónoma, por provincias y, dentro de éstas, por criterios genéticos.

4. Análisis, clasificación y nomenclatura de los minerales. Había numerosos ejemplares identificados de forma dudosa por lo que hubo que analizarlos en el laboratorio. También se realizaron análisis de caracterización de los minerales «problema» que ingresaban en el museo procedentes de la recolección en campo. Las técnicas utilizadas fueron difracción de rayos X, fluorescencia de rayos X, microsonda electrónica, microscopía electrónica de barrido y espectroscopía Raman (en los laboratorios generales del IGME, en el Centro Nacional de Microscopía Electrónica de la Universidad Complutense de Madrid y en el Museo Nacional de Ciencias Naturales). En relación con la nomenclatura a utilizar en las colecciones, se desarrollaron unas pautas que permitieron asignar de forma precisa los nombres de especie y variedad a cada ejemplar (Lozano *et al.*, 2011).

5. Conservación y restauración. Se realizaron limpiezas de algunos ejemplares, así como adhesiones y consolidaciones mediante resinas acrílicas o vinílicas reversibles.

6. Revisión y actualización del inventario. En la base de datos que gestiona el inventario de las colecciones se introdujeron nuevos descriptores que mejoraban la búsqueda de la información, como por ejemplo las coordenadas de los yacimientos, así como espacios específicos para el almacenamiento de trabajos bibliográficos, fotografías y videos. También se realizó una revisión completa de cada una de las especies minerales, actualizándolas según la *International Mineralogical Association*; se indexó la base de datos con la de los términos municipales del Instituto Geográfico Nacional para una localización mucho más precisa; se incluyó el contaje de ejemplares, así como un descriptor para conocer si el ejemplar está expuesto, en fondo, en préstamo o si ha tenido un tratamiento de restauración; y se incorporaron accesos a *Google Maps* y *Google Earth* que permiten conocer en tiempo real la localización de los yacimientos (Fig. 3).

7. Puesta en valor de las colecciones actualizadas. Otro de los objetivos de la actualización era mejorar la visibilización de las colecciones. En este sentido hay que resaltar la publicación de los distintos catálogos, así como la difusión de las colecciones en distintos ámbitos. Para ello, se ha trabajado intensamente en los principales foros de aficionados al coleccionismo de minerales [Foro de Mineralogía Formativa (FMF), Tu Planeta o el foro del Grupo Mineralógico

GENERAL
CLAVE 15371 | ID_MINERAL 1492
Nº Ejemplares 1 | CLAVE antigua | FECHA FICHA 04/03/2015
Sin Ficha de Conservacion | Colección: CCAA

SITUACIÓN - Tipo de Muestra
Planta SEGUNDA | Vitrina 128
Estante 2I | Nº Frente | Nº Cajón
☑ Expuesto ☐ Préstamo ☐ Fondo ☐ Conservación
LIMPIAR SITUACIÓN EN MUSEO

LOCALIZACIÓN GEOGRÁFICA
PAÍS España | Reg.-Prov. Mundo
CCAA Extremadura | Comarca-Municipio No Normalizado
PROVINCIA Cáceres | Paraje Pegmatita de "La Isla". Embalse de Valdecañas.
MUNICIPIO Belvís de Monroy
Borrar listados de Geografía | Distrito Minero | Mina
COORDENADAS GEOGRÁFICAS Geo.Latitud 39,802772 Geo.Longitud -5,605859
DATUM ETRS89 | HUSO 30 | UTM_X 276912 | UTM_Y 4409116
☑ Mostrar Coordenadas

INGRESO E HISTORIAL
Forma Ingreso Recolección
Fecha de Ingreso de la Muestra 17/11/2014
Fuente de ingreso
Ramón Jiménez Martínez

CLASIFICACIÓN MINERAL
MINERAL: ORTOCLASA
Variedad mineral Adularia | ☐ Genéricos
Clase Mineral Silicatos
Subclase Silicatos Tectosilicatos
Grupo Mineral Feldespato
Fórmula Química K(AlSi3O8)

ANÁLISIS REALIZADOS DE LA MUESTRA MINERAL
Tipo Análisis DRX
Registro: 1 de 1 | Sin filtro | Buscar
Observación sobre los Análisis realizados
DRX. Informe Nº 14/0352, muestra Nº 5144-21.

DESCRIPCIÓN
Bien cristalizada. Dimensiones totales: 11 x 10 x 6 cm. Figurado en página 83, figura 5 de bibliografía anexa.

OBSERVACIONES
Ejemplar flotante extraído de una cavidad miarolítica

REFERENCIAS BIBLIOGRÁFICAS
1) Jiménez Martínez, R. (2014). La riqueza mineralógica del distrito pegmatítico de Belvís de Monroy (Cáceres, España). De Re Metálica, 23, pp. 79-84.
Artículos en PDF (Seleccionar pdf para abrir)
Carga / Gestión PDFs | Abrir PDF
☑ Foto
* Para ver en grande pinchar sobre foto
Video | Video

Figura 3. Una de las fichas actuales del inventario de la colección de minerales, en la que ya se han incorporado las mejoras previstas en el proyecto de actualización.

Mulhacén]. En estos foros se han creado numerosos «hilos» dando a conocer las colecciones y los trabajos acometidos para su actualización. Destaca la labor realizada en el FMF, donde además se han publicitado las colecciones en el ámbito internacional, concretamente, en la base de datos de yacimientos y minerales más importante en red, Mindat. A través del FMF se han dado a conocer en la red cientos de yacimientos de las comunidades autónomas con la información actualizada, citando siempre como referencia los catálogos generales editados por el museo (Fig. 4).

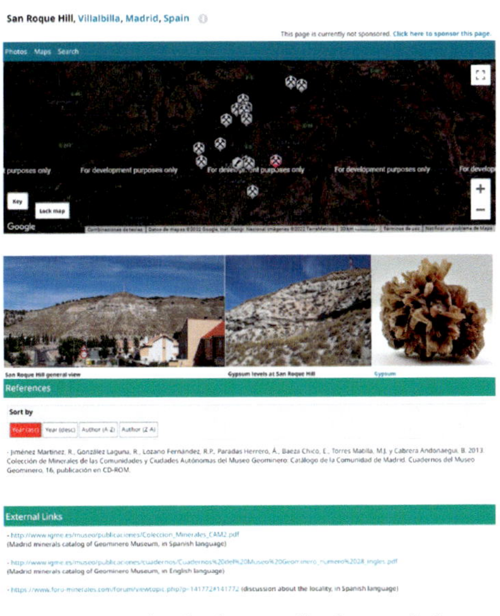

Figura 4. Volcado de pantalla de uno de los yacimientos publicados en Mindat.

Los esfuerzos realizados para la difusión del patrimonio geológico mueble que constituyen los fondos del museo han incidido positivamente en su conocimiento en el ámbito científico, de tal manera que en los últimos años se han incrementado las consultas y peticiones de información y material al museo. Entre muchas otras, destacan las solicitudes de las siguientes instituciones:

Área de Prehistoria, Departamento de Historia, Geografía y Comunicación, Laboratorio de Prehistoria de la Universidad de Burgos: solicitaron muestras de goethita, hematites y magnetita españoles.

Universidad de Barcelona: solicitaron muestras de estibina del área mediterránea, principalmente del norte de África y Asia occidental, para establecer posibles áreas fuentes de materias primas en un estudio arqueométrico sobre vidrio antiguo. Y en otro proyecto, investigadores de esta universidad consultaron todas las especies minerales de Navarra de la colección de minerales españoles.

Departamento de Química Analítica de la Universidad del País Vasco: analizaron numerosos ejemplares de la colección de Sistemática Mineral con varias técnicas (espectroscopía visible-Infrarroja cercana, FRX y Raman), con el fin de elaborar su propia biblioteca de análisis de referencia.

Universidad de Oviedo, que tomaron muestras de moganita de la localidad tipo y de sílex no inventariados para realizar análisis con microDRX y microRaman en relación con un estudio de estos minerales.

Facultad de Bellas Artes de la Universidad Complutense de Madrid: se analizaron ejemplares españoles de cinabrio, azurita, malaquita y óxidos de hierro para incluirlos en un proyecto sobre la caracterización de pigmentos naturales procedentes de los yacimientos históricos españoles, mediante su estudio por microscopía electrónica de transmisión de alta resolución (HRTEM), en el que participaron miembros del Museo Geominero.

Departamento de Hidráulica Energética y Medio Ambiente, Laboratorio de Ingeniería Nuclear de la ETSI de Caminos, Canales y Puertos de la Universidad Politécnica de Madrid: solicitaron diversos minerales de Th para la obtención de patrones en la medida de la radiactividad.

Universidad de Santiago de Compostela: solicitaron muestras de morenositas españolas para un estudio sobre la caracterización de este mineral.

ACTUALIZACIÓN DE LAS COLECCIONES DE MINERALES DE OTRAS COMUNIDADES AUTÓNOMAS

El proyecto de actualización, iniciado a finales de 2008, tenía una duración prevista de dos años, pero la crisis económica que afectó en esa época a los presupuestos generales del IGME se tradujo en una reducción drástica de su financiación, por lo que fue necesario ampliarlo hasta 2011 para culminar la revisión de las comunidades previstas (Castilla-La Mancha y Comunidad de Madrid). Tras su finalización se editaron los catálogos de los ejemplares expuestos en vitrina (Jiménez Martínez *et al.*, 2011; Jiménez Martínez *et al.*, 2012b). Como acción complementaria se diseñó una exposición temporal para la inauguración del Museo de Geología de la Facultad de Ciencias Geológicas de la Universidad Complutense de Madrid (Fig. 5).

Figura 5. Montaje de la exposición «Minerales de las Comunidades Autónomas de Castilla-La Mancha y Madrid», realizada en el Museo de Geología de la Facultad de CC Geológicas de la UCM en 2011.

La metodología de actualización fue implementada en otras comunidades autónomas: Asturias (Jiménez Martínez *et al.*, 2013a), Canarias, Islas Baleares, Ceuta y Melilla (Jiménez Martínez y González Laguna, 2014), Comunidad Valenciana (Jiménez Martínez y González Laguna, 2015), Extremadura (Jiménez Martínez *et al.*, 2019), Aragón (Jiménez Martínez *et al.*, 2020a) y La Rioja (Jiménez Martínez *et al.*, 2020b), habiéndose publicado los correspondientes catálogos de los ejemplares expuestos en vitrina (Fig. 6).

Figura 6. Catálogos publicados de los ejemplares expuestos en vitrina.

En cuanto a los catálogos generales de las colecciones (Fig. 7), en el año 2013 se publicó el de la Comunidad de Madrid (Jiménez Martínez *et al.* 2013b), que fue ampliado y traducido al inglés en 2018 (Jiménez Martínez *et al.*, 2018a). Posteriormente se publicó el de Castilla-La Mancha (Jiménez Martínez *et al.*, 2021). Todos ellos están disponibles en línea en la página web del Museo Geominero.

La resolución de las carencias y la incorporación de ejemplares ha producido un importante incremento de la colección, lo que constituye uno de los logros más significativos que se han conseguido a raíz de la actualización de las colecciones (Tabla 1). El número de ejemplares inventariados en las vitrinas actualizadas ha pasado de 1606 a 10.356, multiplicándose por algo más de seis. Destaca el incremento de la colección de Islas Baleares,

Figura 7. Catálogos generales de minerales de Castilla-La Mancha y Comunidad de Madrid.

que se ha multiplicado por once, la de Aragón, por algo más de nueve, o las de Castilla-La Mancha, Extremadura y La Rioja, por siete. Además, se han conseguido ocho ejemplares de la Ciudad Autónoma de Ceuta, que no estaba representada en la colección y varios miles de ejemplares de las comunidades que aún no han sido actualizadas y que se encuentran, pendientes de inventario, custodiados en los almacenes del Museo Geominero.

	Estado previo	Estado actual
Comunidad de Madrid	403	2385
Castilla-La Mancha	369	2782
Principado de Asturias	222	1117
Canarias	31	152
Islas Baleares	10	113
Ciudad Autónoma de Ceuta	0	8
Ciudad Autónoma de Melilla	3	5
Comunidad Valenciana	171	777
Extremadura	217	1507
Aragón	105	1001
La Rioja	75	509
Total	1606	10.356

Tabla 1. Número de ejemplares en los estados previo y actual en las colecciones que han sido actualizadas.

El mayor incremento se ha producido en Castilla-La Mancha, con más de 2400 ejemplares, seguido de la Comunidad de Madrid que ronda los 2000; Extremadura, con casi 1300 y Asturias y Aragón con cerca de 900 (Fig. 8).

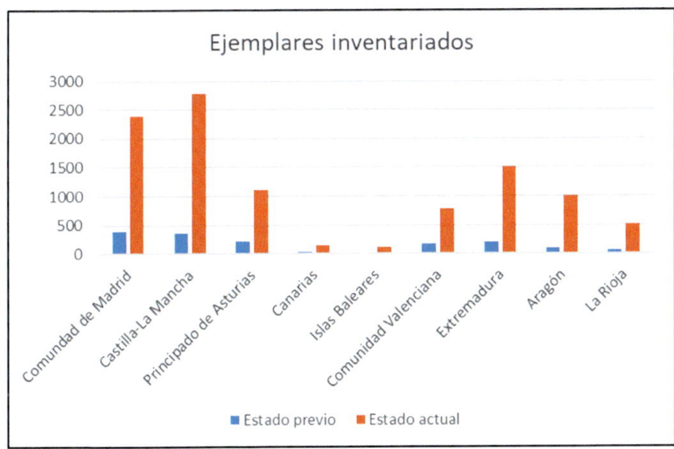

Figura 8. Estados previo y actual del número de ejemplares inventariados en el Museo Geominero de las colecciones de las comunidades y ciudades autónomas que han sido actualizadas (se han omitido los datos de Ceuta y Melilla).

El grueso del incremento coincide en el tiempo con los años completos en los que se ha estado actualizando la colección (entre 2009 y 2021, ambos incluidos). En la figura 9 se muestra el número de ejemplares inventariados por año desde que existen registros (1991). Se observa su incremento durante los años en los que se llevaron a cabo tareas de actualización (entre 2009 y 2021), su bajo valor en los años previos y el descenso a partir de 2021.

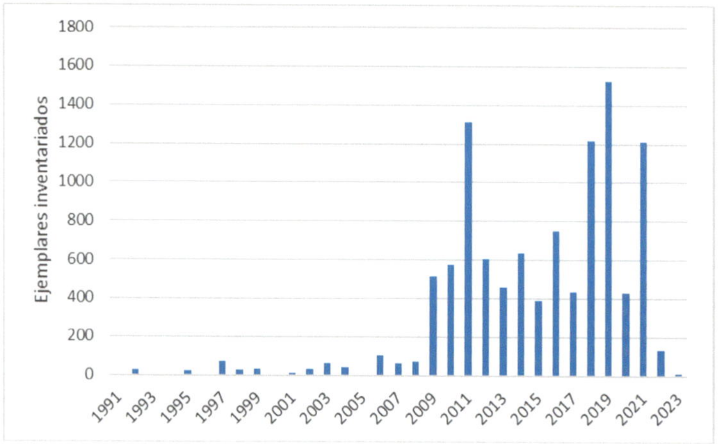

Figura 9. Número de muestras de minerales españoles inventariadas entre 1991 y 2023 en las colecciones del Museo Geominero.

Se cuentan por cientos los minerales que se han incorporado a la colección y que no estaban representados en el Museo Geominero. Entre estos hay que destacar los que proceden de las investigaciones en las que ha participado o liderado el personal del museo, que se citan a continuación.

Adularia, variedad de la ortoclasa recolectada en las pegmatitas del embalse de Belvís de Monroy, Cáceres (Jiménez Martínez, 2014) y en las proximidades del río Alberche, en Navas del Rey (Madrid).

Almandino, variedad del granate cuyo yacimiento, la localidad histórica de la Fuente de los Jacintos (Toledo), hubo de ser localizada (Jiménez Martínez *et al.*, 2012a).

Beyerita: carbonato de bismuto y calcio de la mina San Luis, de Almorox (Toledo), recolectado y caracterizado por conservadores del Museo Geominero.

Calderonita: vanadato de plomo y hierro recolectado en la mina de los Artistas, Guadamur (Toledo), constituyendo la primera ocurrencia del mineral en la provincia (López Jerez *et al.*, 2021).

Cobalto-Magnesio-Annabergita: variedad de la annabergita rica en magnesio y cobalto, de la mina Los Almadenes, Alcaracejos (Córdoba), descrita anteriormente en un solo yacimiento en el mundo. Recolectada y caracterizada por conservadores del Museo Geominero.

Erionita-K: zeolita de hábito prismático hexagonal de Agua Amarga (Almería), recolectada y caracterizada por un equipo de investigadores con participación del Museo Geominero (Jiménez Martínez *et al.*, 2022). Constituye la primera referencia en España de este mineral.

Ermeloíta: fosfato monohidratado de aluminio del Monte Ermelo, Moaña (Pontevedra), descubierto en 2022 y que ha sido descrito por un equipo de investigadores con participación de uno de los autores de este trabajo (Zaragoza Vérez *et al.*, 2022).

Faujasita-Na: zeolita de hábito octaédrico de Agua Amarga (Almería), recolectada y caracterizada por un equipo de investigadores con participación del Museo Geominero y que constituye la primera referencia en la península Ibérica (Jiménez Martínez *et al.*, 2022).

Fluorwavellita: fosfato de aluminio de las Minillas, El Campillo de la Jara (Toledo), recolectado y caracterizado por conservadores del Museo Geominero. Constituye la primera referencia de este mineral en España.

Hidroxilherderita: fosfato de calcio y berilio recolectado en las pegmatitas del embalse de Valdecañas, en el municipio cacereño de Belvís de Monroy (Jiménez Martínez, 2014).

Hulsita: borato de hierro y estaño de la mina Garbín, de San Pablo de los Montes (Toledo), recolectado y caracterizado por un grupo de investigadores liderado por un conservador del Museo Geominero y que constituye la primera referencia en España (Jiménez Martínez *et al.*, 2018b).

Mrázekita: fosfato de cobre y bismuto de la mina Potosí, de Aldeanueva de San Bartolomé (Toledo), recolectado y caracterizado por un grupo de investigadores liderado por un conservador del museo y que constituye la primera referencia en España (Jiménez Martínez y Jiménez Mateos, 2020).

Paulingita-K: zeolita cúbica de Agua Amarga (Almería), recolectada y caracterizada por un equipo de investigadores con participación del Museo Geominero y que constituye la primera referencia en España (Jiménez Martínez *et al.*, 2022).

Phillipsita-Na: constituye la cuarta zeolita de interés procedente de Agua Amarga (Almería), recolectada y caracterizada por un equipo de investigadores con participación del Museo Geominero y que constituye la primera referencia en la península Ibérica (Jiménez Martínez *et al.*, 2022).

Schoenfliesita: óxido de estaño de la mina Garbín, en San Pablo de los Montes (Toledo), recolectado y caracterizado por un grupo de investigadores liderado por un conservador del Museo Geominero y que constituye la primera referencia en España (Jiménez Martínez *et al.*, 2018b).

Stokesita: silicato de calcio y estaño de la cantera La Saludadora, Valdemanco (Madrid), recolectado y caracterizado por un grupo de investigadores con participación de miembros del Museo Geominero (González del Tánago *et al.*, 2012).

Zaccagnaita-*3R*: carbonato de zinc y aluminio de la Cueva del Soplao, Valdáliga (Cantabria), que constituye un nuevo politipo de hidrotalcita, que fue recolectado y descrito por un equipo de científicos liderado por un investigador del Museo Geominero (Lozano *et al.*, 2012).

Zafiro: variedad del corindón recolectada en los enclaves esquistosos presentes en los granitoides de Guadamur, Toledo (Jiménez Martínez y López Jerez, 2021)

En la figura 10 se muestran cuatro de estos minerales de interés incorporados en la colección, producto de los trabajos de investigación del museo y que constituyen la primera referencia documentada en España.

También es importante señalar el incremento en el número de yacimientos representados en el Museo Geominero experimentado en los últimos años, teniendo en cuenta que durante la pandemia por la enfermedad por corona-

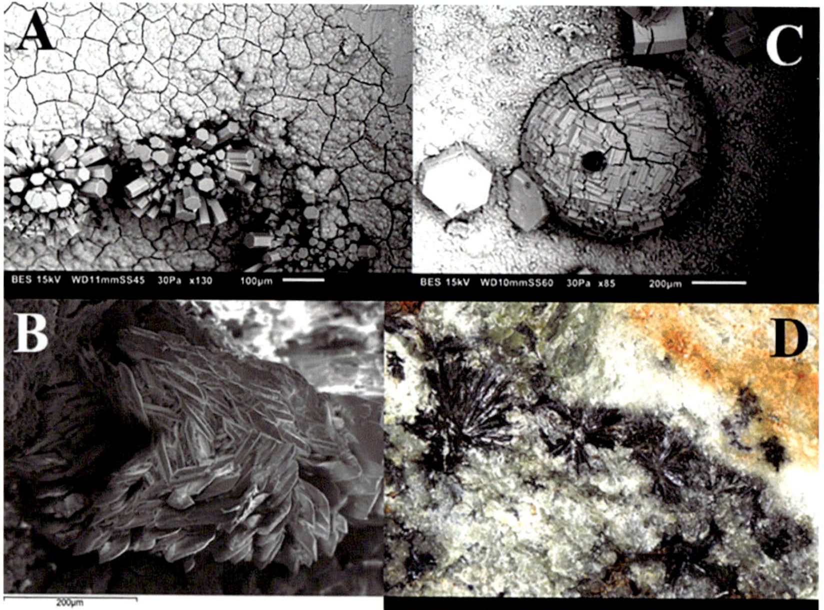

Figura 10. Minerales incorporados a la colección que constituyen la primera referencia en España: A, Erionita-K. B, Mrázekita. C, Paulingita-K. D, Hulsita.

virus (COVID-19), se asignaron yacimientos a los ejemplares anteriores a la actualización que carecían de dicho dato y, por tanto, el número de yacimientos representados en el estado previo creció notablemente. A pesar de esto, había 379 yacimientos representados y se ha pasado a 1605, multiplicándose de media por algo más de cuatro (Tabla 2).

	Estado previo	Estado actual
Comunidad de Madrid	54	369
Castilla-La Mancha	62	407
Principado de Asturias	49	192
Canarias	12	37
Islas Baleares	4	17
Ciudad Autónoma de Ceuta	0	5
Ciudad Autónoma de Melilla	2	3
Comunidad Valenciana	45	137
Extremadura	67	225
Aragón	55	152
La Rioja	29	61
Total	379	1605

Tabla 2. Número de yacimientos representados en los estados previo y actual en las colecciones que han sido actualizadas.

La figura 11 muestra el incremento en la cantidad de yacimientos representados. El gráfico guarda cierta similitud con el representado en la figura 8, lo que indica que el aumento en el número de ejemplares se correlaciona con el del número de yacimientos representados.

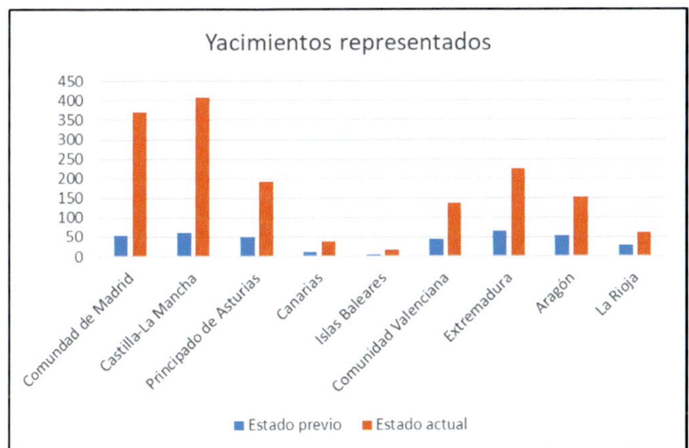

Figura 11. Estados previo y actual del número de yacimientos representados de las comunidades y ciudades autónomas que han sido actualizadas (se han omitido los datos de Ceuta y Melilla).

ESTADO ACTUAL Y FUTURO DE LA ACTUALIZACIÓN

En el año 2021 se iniciaba la actualización de la colección de Castilla y León, con un equipo constituido por cuatro personas (Fig. 12). Coincidió en el tiempo con la integración del IGME en el Consejo Superior de Investigaciones Científicas. El museo pasó a encuadrarse en uno de los dos nuevos departamentos, el Departamento Técnico, y el personal de las escalas científicas fue encuadrado en los grupos de investigación del Departamento Científico. Ello supuso la pérdida de un científico que trabajaba en la colección. Además, han causado baja por finalización de sus contratos tanto una conservadora con dedicación completa en minerales españoles (mayo de 2022), como la persona que se encargaba del diseño de catálogos y folletos de la colección (noviembre de 2023), por lo que esta colección se ha quedado sin personal dedicado en exclusividad. Por ello su actualización se ha visto prácticamente interrumpida y el inventario de ejemplares se ha reducido a su mínima expresión.

Ante la inminencia de esta situación, y considerando que finalizar la actualización requería el trabajo a tiempo completo de al menos dos personas durante varios años, entre el último trimestre de 2021 y el primero de 2022 se llevó a cabo una revisión urgente de las vitrinas de las comunidades autónomas que aún no habían sido actualizadas (Andalucía, Cantabria, Castilla y León, Cataluña, Galicia, Navarra, País Vasco y Región de Murcia). Esta revisión se realizó sin incorporar los miles de ejemplares que se habían reunido durante los trabajos de actualización y que permanecen almacenados en el Museo Geominero. Tampoco se abordó la resolución de las carencias que presentan esas comunidades autónomas, ni los análisis de los ejemplares dudosamente identificados (Jiménez Martínez *et al.*, 2024).

Figura 12. Equipo de trabajo en las colecciones de minerales del Museo Geominero en 2021. De derecha a izquierda: Ruth González Laguna (responsable de la Colección de Sistemática), Mª Pilar Hernández Pinilla (minerales españoles), Mª José Torres Matilla (diseño) y Ramón Jiménez Martínez (responsable de la Colección de Minerales Españoles).

Las acciones acometidas en estas vitrinas han sido (i) la revisión de los ejemplares expuestos en vitrina y de sus cajoneras, para escoger los más adecuados en la exposición permanente y los que pasan a los fondos; y (ii) ordenación de los ejemplares en vitrina por provincias y, dentro de cada una por criterios genéticos.

Una vez finalizadas estas tareas, la colección de minerales españoles ha quedado completamente revisada, homogeneizándose en todas las comunidades autónomas los criterios expositivos, a la espera de que en un futuro próximo se puedan retomar los trabajos de actualización.

AGRADECIMIENTOS

La actualización de la colección de minerales españoles fue parcialmente financiada por el proyecto interno del IGME «Actualización y puesta en valor de la colección de minerales de las Comunidades Autónomas del Museo Geominero: Madrid y Castilla-La Mancha», desarrollado entre 2008 y 2011. La revisión de Isabel Rábano ha mejorado notablemente el texto.

BIBLIOGRAFÍA

González del Tánago, J.; Lozano, R.P.; Larios, A. y La Iglesia, A. 2012. Stokesite crystals from La Cabrera, Madrid, Spain. *The Mineralogical Record*, 43, 499-508.

González Laguna, R.; Jiménez Martínez, R.; Paradas, A.; Baeza, E.; Lozano, R.P. y Bernat, M. 2010. Patrimonio geológico mueble. Actualización de la colección de minerales de la Comunidad de Madrid del Museo Geominero. En J.M. Brandão, P.M. Callapez; O. Mateus y P. Castro (eds.), *Museo Mineralógico y Geológico de la Universidad de Coimbra. Colecções e museus de Geologia: missão e gestão*, 133-138.

[IGME] 2003. *Memoria 2002*. Instituto Geológico y Minero de España, Madrid, 118-121.

[ITGE] 1995. *Informe de las actividades correspondientes a 1994*. Instituto Tecnológico Geominero de España, Madrid, 72-74.

[ITGE] 1998. *Actividades 1997*. Instituto Tecnológico Geominero de España, Madrid, 99-100.

Jiménez Martínez, R. 2014. La riqueza mineralógica del distrito pegmatítico de Belvís de Monroy (Cáceres, España). *De Re Metallica*, 23, 79-84.

Jiménez Martínez, R. y González Laguna, R. 2014. *Colección de minerales de las Comunidades y Ciudades Autónomas: 4. Canarias, Islas Baleares, Ceuta y Melilla*. Publicaciones del Museo Geominero, IGME, Madrid, 16 pp.

Jiménez Martínez, R. y González Laguna, R. 2015. *Colección de minerales de las Comunidades y Ciudades Autónomas: 5. Comunidad Valenciana*. Publicaciones del Museo Geominero, IGME, Madrid, 20 pp.

Jiménez Martínez, R. y Jiménez Mateos, J.M. 2020. Mineralizaciones de la mina «Potosí» o «El Cordel», Aldeanueva de San Bartolomé, Toledo, Castilla-La Mancha. *Paragénesis*, 2020 (2), 55-62.

Jiménez Martínez, R. y López Jerez, J. 2021. El patrimonio mineralógico de la comarca Montes de Toledo (Toledo). *Estudios Monteños*, suplemento al nº 176, 16 pp.

Jiménez Martínez, R.; Bellido, F.; Martín Rubí, J.A.; López Jerez, J. y Calvo, M. 2012a. Minerales con historia: el granate almandino de la Fuente de los Jacintos (Toledo). *Boletín Geológico y Minero*, 123 (2), 183-192.

Jiménez Martínez, R.; Cortel Ortuño, A.; González del Tánago, J.; Hernández Pinilla, M.P.; Segura Martínez, J.M. y Soldevilla González, J.A. 2022. Las zeolitas de Agua Amarga, Níjar, Almería, Andalucía. *Paragénesis*, 3 (3), 3-24.

Jiménez Martínez, R.; González del Tánago, J.; Lozano Fernández, R.P. y López Jerez, J. 2018b. Hulsita y schoenfliesita en el Morro Viñas, San Pablo de los Montes, Toledo. *Paragénesis* (2018-1), 67-78.

Jiménez Martínez, R.; González Laguna, R.; Paradas, A.; Baeza, E. y Lozano, R.P. 2010. Patrimonio Geológico Mueble. Actualización de la colección de minerales españoles del Museo Geominero: Castilla-La Mancha y Comunidad de Madrid. En: P. Florido e I. Rábano (eds.), *Una visión multidisciplinar del patrimonio geológico y minero*. Cuadernos del Museo Geominero, 12. Instituto Geológico y Minero de España, Madrid, 407-416.

Jiménez Martínez, R.; González Laguna, R. y Lozano Fernández, R.P. 2013a. *Colección de minerales de las Comunidades y Ciudades Autónomas: 3. Principado de Asturias*. Publicaciones del Museo Geominero, IGME, Madrid, 23 pp.

Jiménez Martínez, R.; González Laguna, R.; Torres Matilla, M.J. y Hernández Pinilla, M.P. 2023. Avatares de la colección de minerales del Museo del IGME (Museo Geominero): parte 1 (desde 1849 hasta 1988). *Paragénesis*, 4 (2), 77-96.

Jiménez Martínez, R.; González Laguna, R.; Torres Matilla, M.J. y Hernández Pinilla, M.P. 2024. Avatares de la colección de minerales del Museo del IGME (Museo Geominero): parte 2 (desde 1989 hasta 2024). *Paragénesis*, 4 (3), 43-66.

Jiménez Martínez, R.; González Laguna, R.; Lozano Fernández, R.P.; Paradas Herrero, Á.; Baeza Chico, E.; Torres Matilla, M.J. y Cabrera Andonaegui, B. 2013b. *Colección de minerales de las Comunidades y Ciudades Autónomas del Museo Geominero: Catálogo de la Comunidad de Madrid.* Cuadernos del Museo Geominero, 16. Instituto Geológico y Minero de España, Madrid, 66 pp.

Jiménez Martínez, R.; González Laguna, R.; Torres Matilla, M.J.; Hernández Pinilla, M.P.; Lozano Fernández, R.P.; Baeza Chico, E., Mayans López, C. y Moreno Paredes, X. 2021. *Colección de minerales de las Comunidades y Ciudades Autónomas del Museo Geominero: Catálogo de la Comunidad de Castilla-La Mancha.* Cuadernos del Museo Geominero, 33. Instituto Geológico y Minero de España, Madrid, 119 pp.

Jiménez Martínez, R.; González Laguna, R.; Torres Matilla, M.J.; Lozano Fernández, R.P.; Baeza Chico, E.; de Prada Galende, C.; Sánchez Molinero, H.; Carvajal de Lago, A.M. y Cervel de Arcos, S. 2018a. *Catalogue of the collections of the Geominero Museum mineral collection of the Autonomous Regions and Cities: Madrid Region.* Cuadernos del Museo Geominero, 28. Instituto Geológico y Minero de España, Madrid, 73 pp.

Jiménez Martínez, R.; González Laguna, R.; Torres Matilla, M.J.; Lozano Fernández, R.P.; Baeza Chico, E.; de Prada Galende, C.; Sánchez Molinero, H.; Carvajal de

Lago, A.M. y Cervel de Arcos, S. 2019. *Colección de minerales de las Comunidades y Ciudades Autónomas: 6. Extremadura*. Publicaciones del Museo Geominero, IGME, Madrid, 20 pp.

Jiménez Martínez, R.; Hernández Pinilla, M.P.; González Laguna, R.; Torres Matilla, M.J. y Mayans López, C. 2020a. *Colección de minerales de las Comunidades y Ciudades Autónomas: 7. Aragón*. Publicaciones del Museo Geominero, IGME, Madrid, 19 pp.

Jiménez Martínez, R.; Hernández Pinilla, M.P.; González Laguna, R.; Torres Matilla, M.J. y Mayans López, C. 2020b. *Colección de minerales de las Comunidades y Ciudades Autónomas: 8. La Rioja*. Publicaciones del Museo Geominero, IGME, Madrid, 15 pp.

Jiménez Martínez, R.; Lozano Fernández, R.P.; Paradas Herrero, Á.; González Laguna, R. y Baeza Chico, E. 2011. *Colección de minerales de las Comunidades y Ciudades Autónomas: 1. Comunidad de Madrid*. Publicaciones del Museo Geominero, IGME, Madrid, 23 pp.

Jiménez Martínez, R.; Lozano Fernández, R.P.; Paradas Herrero, Á.; González Laguna, R. y Baeza Chico, E. 2012b. *Colección de minerales de las Comunidades y Ciudades Autónomas: 2. Castilla-La Mancha*. Publicaciones del Museo Geominero, IGME, Madrid, 23 pp.

López Jerez, J.; Hernández Pinilla, M.P. y Jiménez Martínez, R. 2021. Minas de plomo del sur de Guadamur, Toledo, Castilla-La Mancha. *Paragénesis*, 3 (2), 37-62.

Lozano, R.P.; Jiménez Martínez, R.; González Laguna, R.; Paradas, Á. y Baeza, E. 2011. Revisión de la terminología utilizada en la exposición pública de minerales españoles del Museo Geominero (IGME, Madrid). *Boletín Geológico y Minero*, 122 (1), 49-70.

Lozano, R.P.; Rossi, C.; La Iglesia, A. y Matesanz, E. 2012. Zaccagnaite-3*R*, a new Zn-Al hydrotalcite polytype from El Soplao cave (Cantabria, Spain). *American Mineralogist*, 97, 513-523.

Zaragoza Vérez, G.; Rodríguez Vázquez, C.J.; Fernández Cereijo, I.; González del Tánago, J.; Jiménez Martínez, R.; Dacuña Mariño, B.; Barreiro Pérez, R.; Vázquez Fernández, E.; Gómez Dopazo, M. y Lantes Suárez, O. 2022. Ermeloite, IMA 2021-017a. En: CNMNC Newsletter 68. *European Journal of Mineralogy*, 34, https://doi.org/10.5194/ejm-34-385-2022

LA «COLECCIÓN MELGAR» DE MINERALES DEL MUSEO GEOMINERO

Ruth González-Laguna y Ramón Jiménez Martínez

Se trata de una colección de minerales que fue incorporada al Museo Geominero en el año 1986, tras el fallecimiento de su creador, José María Melgar Escrivá de Romaní. Contiene algo más de 1900 ejemplares entre los que se encuentran numerosos minerales de interés, por lo que, en conjunto, adquiere un alto valor patrimonial.

En este artículo se detallan algunos datos referidos a la colección y a la figura de su creador, quien generosamente la donó para su uso y disfrute público.

UN POCO DE HISTORIA

José María Melgar Escrivá de Romaní (Fig. 1) nació en Madrid el 26 de junio de 1909. Fue el segundo de siete hermanos y durante su niñez ya se despertó en él la afición por los minerales (Mª Ángeles Melgar Pacheco, com. pers.). Se formó en ciencias obteniendo el título de Bachiller Universitario en 1928 (Fig. 2). Aunque tuvo, junto con otros socios, una empresa de compra-venta de terrenos en la que pasó la mayor parte de su vida laboral, ingresó unos años antes de su jubilación en la Empresa Nacional Adaro de Investigaciones Mineras S. A. (ENADIMSA), por medio de su hermano, Juan Melgar Escrivá de Romaní, quien fue director de dicha empresa.

Figura 1. José María Melgar. Foto del archivo familiar.

ENADIMSA, fundada en 1942, fue la primera empresa creada por el Instituto Nacional de Industria tras la Ley de 24 de octubre de 1939 de protección de las nuevas industrias de interés nacional (*BOE,* n.º 298, de 25/10/1939). Se creó para el aprovechamiento de los beneficios mineros de todo el territorio nacional, por lo que José María Melgar tuvo un acceso muy directo a la abundante diversidad mineralógica española. Lo cierto es que no es imaginable otro entorno más atractivo para un curioso, apasionado y coleccionista de minerales como era José María Melgar.

En el momento de su jubilación cedió su colección a la empresa con la condición de que ésta crease un pequeño museo en sus instalaciones del Cerro de los Ángeles, en Getafe (Madrid) y quedara él a su cargo como conservador. Esta colección, ya como museo de

SECCIÓN DE CIENCIAS

58

UNIVERSIDAD DE MADRID
SECRETARÍA GENERAL

Expediente académico para la expedición del
TITULO DE
Bachiller Universitario
a favor de

D. José María Melgar Escrivá de Romaní
natural de Madrid
provincia de id
nació el día ... de ... de ...

Documentos que contiene (1)
1.º Mitades inferiores de los pliegos de papel de pagos al Estado por valor de 75 pesetas.
2.º Certificado del acta de inscripción de nacimiento en el Registro Civil.

Notas de la Universidad

Entrada el día ... de ... de ...
Expedido el día ... de ... de ...
Registrado al folio ... núm. ... del libro correspondiente.
Fecha de la entrega al interesado: ...
El Oficial del Negociado,

(1) Colóquese por el orden indicado.

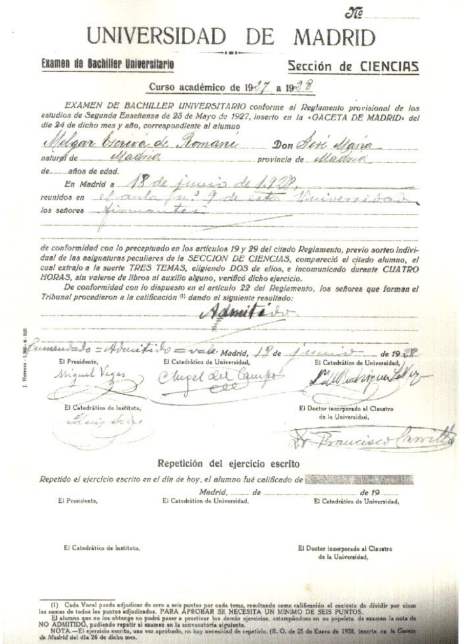

Nº ...

UNIVERSIDAD DE MADRID

Examen de Bachiller Universitario — Sección de CIENCIAS

Curso académico de 1927 a 1928

EXAMEN DE BACHILLER UNIVERSITARIO conforme al Reglamento provisional de los estudios de Segunda Enseñanza de 25 de Mayo de 1927, inserto en la «GACETA DE MADRID» del día 24 de dicho mes y año, correspondiente al alumno
Melgar Escrivá de Romaní Don José María
natural de Madrid provincia de Madrid
de ... años de edad.
En Madrid a 18 de junio de 1928,
reunidos en el aula núm. 9 de esta Universidad
los señores firmantes

de conformidad con lo preceptuado en los artículos 19 y 29 del citado Reglamento, previo sorteo individual de las asignaturas peculiares de la SECCION DE CIENCIAS, compareció el citado alumno, el cual extrajo a la suerte TRES TEMAS, eligiendo DOS de ellos, e incomunicado durante CUATRO HORAS, sin valerse de libros ni auxilio alguno, verificó dicho ejercicio.
De conformidad con lo dispuesto en el artículo 22 del Reglamento, los señores que forman el Tribunal procedieron a la calificación (1) dando el siguiente resultado:
Admitido

Enmendado = Admitido = vale. Madrid, 18 de junio de 1928
El Presidente, Miguel Vegas — El Catedrático de Universidad, Miguel del Campo — El Catedrático de Universidad,
El Catedrático de Instituto, — El Doctor incorporado al Claustro de la Universidad, Francisco ...

Repetición del ejercicio escrito
Repetido el ejercicio escrito en el día de hoy, el alumno fué calificado de ...
Madrid, ... de ... de 19...
El Presidente, — El Catedrático de Universidad, — El Catedrático de Universidad,
El Catedrático de Instituto, — El Doctor incorporado al Claustro de la Universidad,

(1) Cada Vocal puede adjudicar de cero a seis puntos por cada tema, resultando como calificación el cociente de dividir por cinco las sumas de todos los puntos adjudicados. PARA APROBAR SE NECESITA UN MINIMO DE SEIS PUNTOS.
El alumno que no los obtenga no podrá pasar a practicar los demás ejercicios, estampándose en su papeleta de examen la nota de NO ADMITIDO, pudiendo repetir el examen en la convocatoria siguiente.
NOTA.—El ejercicio escrito, una vez aprobado, no hay necesidad de repetirlo. (R. O. de 25 de Enero de 1928, inserta en la *Gaceta de Madrid* del día 26 de dicho mes.

Figura 2. Título de bachiller universitario de José María Melgar, sección Ciencias. Archivo General de la Universidad Complutense de Madrid.

ENADIMSA, creció con el tiempo y fue visitada por muchos escolares y aficionados. Melgar expresó su deseo a la familia de que en el futuro la colección fuera donada al museo del Instituto Geológico y Minero de España (actual Museo Geominero) (Mª Ángeles Melgar Pacheco, com. pers.), donación que se materializó en el año 1986 (Rábano y Paradas, 2006), cuando ENADIMSA comenzó la liquidación de sus instalaciones del Cerro de los Ángeles.

LA «COLECCIÓN MELGAR» DEL MUSEO GEOMINERO

Esta colección cuenta con más de 1900 ejemplares, algunos de los cuales se exhiben incluidos en el resto de las colecciones de minerales del museo, encontrándose la mayoría conservados en los fondos. Desde su ingreso, fue identificada como una colección de autor con entidad propia. Por ello, en las etiquetas correspondientes a los ejemplares expuestos en las vitrinas figura la procedencia como «colección Melgar» mientras que en la base de datos del inventario del museo la numeración está precedida por la letra M (p. ej., M-0040). Además de las diferentes muestras, la colección vino acompañada de tres ficheros metálicos (Fig. 3) en cuyo interior se encuentran las fichas de cada muestra perfectamente clasificadas. Uno de los ficheros, denominado «índice

Figura 3. Ficheros de la colección Melgar conservados en el Museo Geominero.

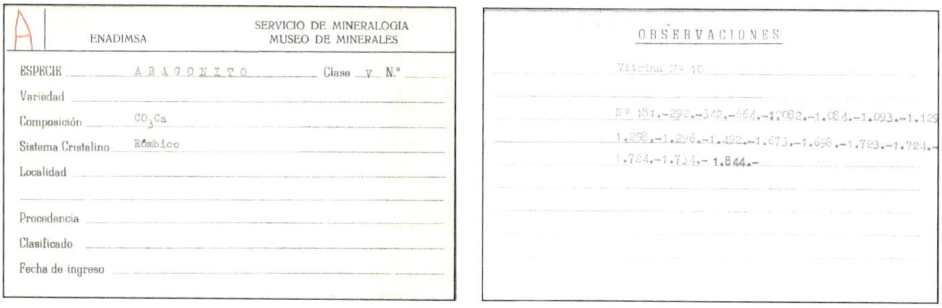

A ENADIMSA — SERVICIO DE MINERALOGIA MUSEO DE MINERALES

ESPECIE: ARAGONITO — Clase: V — N.º

Variedad

Composición: CO_3Ca

Sistema Cristalino: Rómbico

Localidad

Procedencia

Clasificado

Fecha de ingreso

OBSERVACIONES

Vitrina Nº 10

Nº 181.-292.-342.-664.-1.082.-1.084.-1.093.-1.129
1.258.-1.296.-1.492.-1.673.-1.698.-1.723.-1.724.-
1.724.-1.734.- 1.844.-

Figura 4. Fichas de la colección Melgar. Índice de especies. Izquierda: anverso de una ficha correspondiente al fichero de especies minerales. Derecha: reverso de la misma ficha. En observaciones se incluye el número de la vitrina y el número correspondiente a las diferentes muestras de esa misma especie mineral (en este caso aragonitos).

de especies», contiene la clasificación de las distintas especies minerales que constituyen la colección, ordenadas por orden alfabético (Fig. 4). Los otros dos, denominados «índice alfabético» de la A a la K y de la L a la Z, respectivamente, contienen las fichas de todas las muestras de la colección ordenadas también según un criterio alfabético (Fig. 5).

En la colección de «sistemática mineral» (Fig. 6), cuya clasificación viene dada según grupos químicos, destacan ejemplares significativos tanto españoles, como extranjeros. Entre los primeros hay que resaltar, por ejemplo: pirita de la Mina La Respina, Puebla de Lillo (León), magnetita de San Pablo de los Montes (Toledo), calcita y marcasita de Minas de Reocín (Cantabria), fluorita de Mina Corbúa, Caso (Asturias), calcita cobaltífera de la Mina Solita, en Baix Pallars (Lleida), westerveldita de Mina La Gallega, Ojén (Málaga), perteneciendo además en este caso a la localidad tipo. Entre los extranjeros: oro de Sudáfrica, marcasita de Inglaterra, estibina de Mina Baia Sprie (Felsőbánya), Rumanía, enargita del Distrito Minero Butte, Montana (EEUU), y glaucodot de la Mina Håkansboda, Lindesberg, Örebro (Suecia).

En la colección de «comunidades y ciudades autónomas» son reseñables la plata nativa y pirargirita de las minas de Hiendelaencina (Guadalajara), piromorfita de las minas de El Horcajo, Almodóvar del Campo (Ciudad Real) (Fig. 6), esfalerita, en su variedad «blenda acaramelada» de la mina de Áliva, Camaleño (Cantabria), cerusita de Berlanga (Badajoz) (Fig. 6), casiterita de las minas de Logrosán (Cáceres), y aragonito cuproso de Colunga (Asturias).

Sin embargo, una de las características más importantes de la «colección Melgar» es la prevalencia de la sistemática. Tanto es así, que cuenta con numerosas especies minerales (algunas poco habituales) pertenecientes a sus localidades tipo, es decir, a aquellos lugares donde se describió la especie

A

M — ENADIMSA — SERVICIO DE MINERALOGIA / MUSEO DE MINERALES

ESPECIE: M A G N E T I T A — Clase: IV — N.° 1047
Variedad: Cristalizada
Composición: Fe_3O_4
Sistema Cristalino: Cúbico
Localidad: Mina "Moziall" Essex, Co. New York. EE.UU.
Procedencia: Ward's – compra – 0,25 $
Clasificado: idem.
Fecha de ingreso: 16 Noviembre 1.946

B

C — ENADIMSA — SERVICIO DE MINERALOGIA / MUSEO DE MINERALES

ESPECIE: C R I S T O B A L I T A — Clase: IV — N.° 1554
Variedad: Cristalizada
Composición: Si O_2
Sistema Cristalino: Tetragonal
Localidad: Pachuca, Mejico
Procedencia: Smithsonian Institution, Washington EE.UU.
Clasificado: idem.
Fecha de ingreso: 15 de Diciembre de 1.949

C

B — ENADIMSA — SERVICIO DE MINERALOGIA / MUSEO DE MINERALES

ESPECIE: B A R I T I N A — Clase: VI — N.° 196
Variedad: Cristalizada
Composición: SO_4 Ba
Sistema Cristalino: Rómbico
Localidad: Almadén, Ciudad Reál
Procedencia: Museo de Ciencias Naturales
Clasificado: idem.
Fecha de ingreso: 6 Julio 1.92[illegible]

D

S — ENADIMSA — SERVICIO DE MINERALOGIA / MUSEO DE MINERALES

ESPECIE: S C H E E L I T A — Clase: VI — N.° 924
Variedad: Cristalizada
Composición: W O_4 Ca
Sistema Cristalino: Tetragonal
Localidad: Yuca, Arizona, EE.UU.
Procedencia: Houston Public Museum
Clasificado: idem.
Fecha de ingreso: 30 Julio 1.946

E

O — ENADIMSA — SERVICIO DE MINERALOGIA / MUSEO DE MINERALES

ESPECIE: O R U E T I T A — Clase: II — N.° 516
Variedad: De Joseita con Bismuto Nativo
Composición: $(S, Te)_3Bi_4$
Sistema Cristalino: Trigonal
Localidad: Serrania de Honda (Malaga)
Procedencia: Instituto Geologico
Clasificado: Fecha Ingreso 8 de Febrero 1.945
Fecha de ingreso: Clasificado: Sr. Orueta

F

E — ENADIMSA — SERVICIO DE MINERALOGIA / MUSEO DE MINERALES

ESPECIE: E S T E F A N I T A — Clase: II — N.° 1.202
Variedad: Cristalizada
Composición: $S_3Sb_2 \cdot 5SAg_2$
Sistema Cristalino: Rombico
Localidad: Hiendelaencina (Guadalajara)
Procedencia: Escuela de Minas
Clasificado: J. M. Melgar
Fecha de ingreso: 17 de Febrero 1.947

G

C — ENADIMSA — SERVICIO DE MINERALOGIA / MUSEO DE MINERALES

ESPECIE: C A L C I T A — Clase: V — N.° 1814
Variedad: Onix Cobaltifero
Composición: C O_3(Ca, Co)
Sistema Cristalino: Hexagonal
Localidad: Guerri de la Sal, Paramea (Lérida)
Procedencia: Joaquin Folch.- Sacado de la mina en 1952
Clasificado: idem.
Fecha de ingreso: 3 Junio 1.974

H

C — ENADIMSA — SERVICIO DE MINERALOGIA / MUSEO DE MINERALES

ESPECIE: C A S I T E R I T A — Clase: IV — N.° 863
Variedad: Cristalizada
Composición: Sn O_2
Sistema Cristalino: Tetragonal
Localidad: Mina "Dominica" Pizarral de Salvatierra (Salamanca)
Procedencia: D. Primitivo Hernández Sampelayo
Clasificado: idem.
Fecha de ingreso: 6 Febrero 1.946

Figura 5. Fichas de la colección Melgar. Índice alfabético. En cada ficha se incluye: nombre de la especie mineral, clase a la que pertenece, número de inventario (N.°), variedad, composición (fórmula química), sistema cristalográfico, localidad (datos referentes a su ubicación geográfica, mina, pueblo, provincia, país, etc.), procedencia: comprado (A), institución (B, C, D y F) o persona (G y H), clasificado (por quién había sido clasificado) y la fecha de ingreso en la colección. En el reverso de las fichas se encuentra anotado el número de vitrina donde se situaba el ejemplar y la pertenencia a la colección (mayoritariamente José Mª de Melgar, aunque en algunas fichas figura ENADIMSA). G) Nótese que en ocasiones hacía referencia a otras apreciaciones sobre el ejemplar, en este caso en qué fecha fue sacado de la mina.

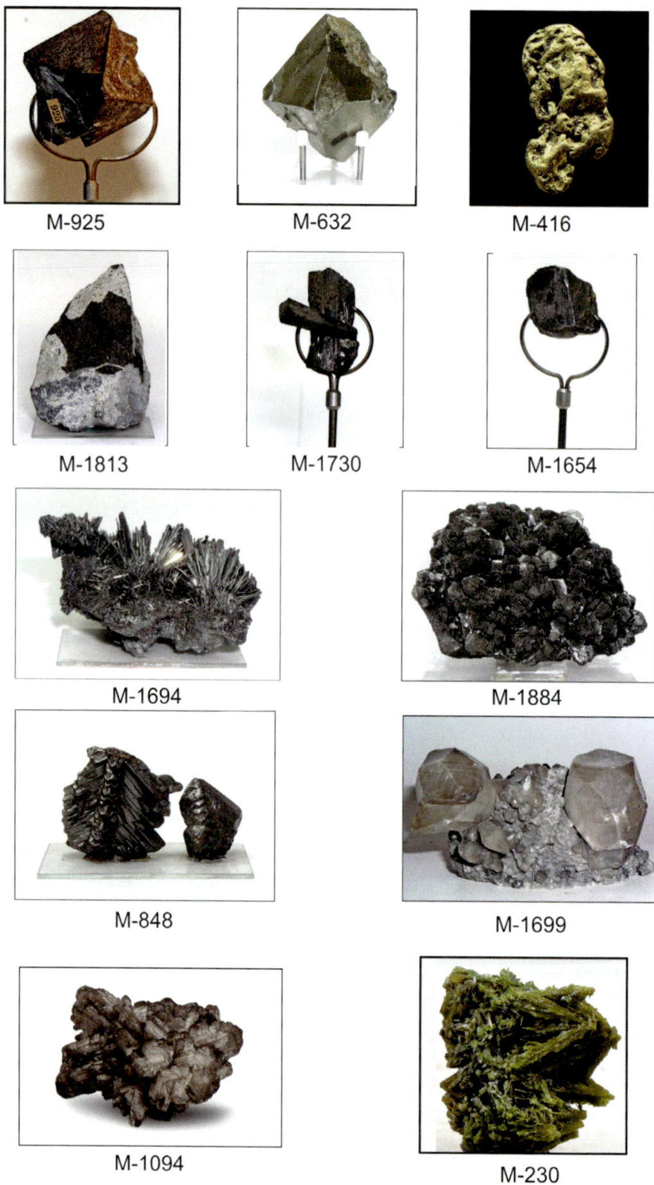

Figura 6. Ejemplos de muestras de la colección Melgar incluidas en las colecciones de sistemática mineral y de comunidades y ciudades autónomas del Museo Geominero. M-925: Magnetita de San Pablo de los Montes, Toledo; M-632: Pirita Mina La Respina, Puebla de Lillo, León; M-416: Oro de Sudáfrica; M-1813: Westerveldita de Mina La Gallega, Ojén, Málaga; M-1730: Enargita del Distrito Minero Butte, Montana, EE.UU; M-1654: Glaucodot de la Mina Håkansboda, Lindesberg, Örebro, Suecia; M-1694: Estibina de la Mina Baia Sprie, Felsőbánya, Rumanía; M-1884: Marcasita de Minas de Reocín, Cantabria; M-848: Marcasita de Inglaterra, Reino Unido; M-1699: Calcita de Minas de Reocín, Cantabria; M-1094: Cerusita, Berlanga, Badajoz; M-230: Piromorfita de las Minas del Horcajo, Almodóvar del Campo, Ciudad Real.

mineral por primera vez. Algunos ejemplos son: boracita (Lüneburg, Alemania), nitratina (Mina Pabellón de Pica, Tarapacá, Chile), larderellita (Laarderelo, Toscana, Italia), sulfoborita (Mina potásica Douglashall III, Westeregeln, Alemania), hidrotalcita (Mina Dypingdal, Snarum, Noruega), stichtita (distrito minero de Zeehan, Tasmania, Australia), pirsonita (Lago Searles, California, EE.UU), crichtonita (Saint-Christophe-en-Oisans, Francia), galaxita (Depósito Bald Knob, Carolina del Norte, EEUU), foenicocroita (Beryozovsk, Urales, Rusia), nagyágita (Săcărâmb, Transilvania, Rumanía), sartorita (Mina Legenbach, Valais, Suiza), e yttrotungstita-(y) (Mina Kramat Pulai, Perak, Malasia).

La colección contiene también algunas rocas, unas pertenecientes al grupo que tradicionalmente han sido incluidas dentro de las clasificaciones mineralógicas clásicas, como son carbón (p. ej., lignito de Villaviciosa, Asturias, turba de Arnedo de Hoz, Burgos); bauxita (p. ej., Tuixent, Lérida, La Llacuna, Barcelona); petróleos (p. ej., asfalto de Castell de Castells, Alicante, petróleo de Elorrio, Bizkaia); fosforitas (p. ej., barrio de Aldea Moret, Cáceres) o ámbar (p. ej., República Dominicana, Dinamarca); y otras que por su particular origen es totalmente comprensible que las incluyera, como son una fulgurita de Carolina del Sur (EEUU), una tectita (moldavita) de la República Checa o meteoritos (p. ej., Cañón del Diablo, cráter Barringer, EEUU, Cranbourne, Australia). Precisamente un supuesto meteorito de la «colección Melgar» fue objeto de una clasificación errónea, resuelta varios años después tras los trabajos de revisión y catalogación del Museo Geominero. Se trata del acero austenítico, recogido y clasificado por Casiano de Prado y Vallo (González Fabre, 2005) como meteorito de Los Blazquéz (Córdoba) y que fue incluido por Melgar en su colección como hierro nativo (Martín Crespo y Lozano, 2005).

En términos generales, la colección refleja, por un lado, un gran conocimiento sobre la mineralogía española y también de otras partes del mundo y, por otro, la red de relaciones (personales e institucionales) que llegó a cultivar a lo largo de los años. En este sentido, citaremos algunos coleccionistas, aficionados o compañeros que contribuyeron donando ejemplares a su colección (Fig. 5): Joaquín Folch, empresario coleccionista de minerales, que consiguió reunir una de las mejores colecciones de minerales de Europa; Argimiro Santos, cofundador del Instituto Gemológico Español; Pedro García Bayón Campomanes, conservador de la colección de minerales del Museo Nacional de Ciencias Naturales de Madrid; Marcial Olavarría, ingeniero de minas del Ministerio de Fomento, que fue el responsable, entre otras cosas, de la construcción del camino «Los Tornos de Liordes» para dar salida a las minas de zinc de Fuente Dé; Primitivo Hernández- Sampelayo, primer director del museo del

Instituto Geológico y Minero de España, actual Museo Geominero; Manuel Diez Ponce de León, ingeniero de minas de ENADIMSA; Ismael Rosso de Luna, catedrático de Metalogenia, Yacimientos Minerales y su Prospección en la Escuela de Ingenieros de Minas de Madrid; Josep Closas i Miralles, topógrafo y geólogo (Boixereu y Martín-Closas, 2021); Carlos Muñoz Cabezón, ingeniero de minas, conservador de mineralogía del museo del Instituto Geológico y Minero de España en la década de 1950, tras lo que se incorporó a ENADIMSA; o Gonzalo Leal Echevarría, ingeniero de minas de ENADIMSA y fundador de la Sociedad Española de Mineralogía, de la que Melgar fue vocal en los años fundacionales (1975-1978) y secretario en el periodo 1978-1980.

Aunque la mayor parte de la colección se nutrió de aportaciones propias, donaciones e intercambios, algunos ejemplares fueron comprados, principalmente a la empresa Ward's (Fig. 5). Ward's Science, fundada en 1862 y ubicada en Rochester (Nueva York, EEUU), es un proveedor de materiales de educación científica para educación primaria y secundaria además de estudios de nivel universitario.

También fueron numerosas las instituciones con las que tuvo relación (Fig. 5), entre las que se pueden destacar las siguientes: a nivel nacional, Escuela de Minas de Madrid, Instituto Geológico y Minero de España, Museo Nacional de Ciencias Naturales, Junta de Energía Nuclear (actual Centro de Investigaciones Energéticas, Medioambientales y Tecnológicas), Jefaturas de Minas de Salamanca y Sevilla, Altos Hornos de Vizcaya, Escuelas Pías de Getafe; y en el ámbito internacional: Escuela de Minas de Washington, Museo de Ciencias Naturales de Houston (Texas, EEUU), Smithsonian Institution (Washington, EEUU), Museo de Mineralogía de la Universidad de Lisboa, o Servicio Geológico de Escocia.

Por último, hay que mencionar que fruto de la estrecha relación de José María Melgar con el Instituto Geológico y Minero de España, esta institución custodia en su museo numerosas muestras donadas anteriormente a la entrega definitiva de toda su colección en el año 1986, como por ejemplo: plata (Minas Las Herrerías, Cuevas de Almanzora, Almería), gummita (Herrera del Duque, Badajoz), lepidolita (Mina de la Sierra, Aldea del Obispo, Salamanca), Maucherita (Mina El Complemento, Fuente Obejuna, Córdoba), hillebrandita (Mina Terneras, Durango, México), Hancockita (Mina Franklin, Nueva Jersey, EEUU), patronita (Mina Ragra, Pasco, Perú), grifita (Mina Everly, Dakota del sur, EE.UU), o Guanajuatita (Dalama, Suecia).

AGRADECIMIENTOS

Al Archivo Central del Ministerio de Industria, Comercio y Turismo y al Archivo General de la Universidad Complutense de Madrid por proporcionar la información sobre los estudios y carrera profesional del Sr. Melgar. Queremos expresar un agradecimiento especial a María de los Ángeles Melgar Pacheco y a Reyes Smet Melgar por su entusiasmo y generosidad en compartir sus archivos y recuerdos sobre José María Melgar.

BIBLIOGRAFÍA

Boixereu, E. y Martín-Closas, C. 2021. Josep Closas i Miralles (1900-1962). Un excursionista científico en el xvii Congreso Geológico Internacional de Moscú (1937). *Geo-Temas*, 18, 781.

González Fabre, M. 2005. *Aportación científica del Ingeniero de Minas D. Casiano de Prado (1797-1866) en su contexto histórico*. Tesis Doctoral, Universidad Politécnica de Madrid, 689 pp. Disponible en: https://oa.upm.es/416/1/06200417.pdf

Martín Crespo, T. y Lozano, R.P. 2005. Un ejemplo de los trabajos de catalogación en las colecciones del Museo Geominero (IGME, Madrid): el acero austenítico de Los Blázquez (Córdoba). *Boletín Geológico y Minero*, 116 (1), 113-118.

Rábano, I. y Paradas, A. 2006. La colección de minerales del Museo Geominero (Instituto Geológico y Minero de España, Madrid). *Macla*, 4/5, 77-87.

LA COLECCIÓN DE ROCAS DEL MUSEO GEOMINERO

Ruth González-Laguna y Ramón Jiménez Martínez

En este capítulo se realiza un recorrido por las diferentes colecciones de rocas del museo, a la vez que se muestran algunos ejemplos de colaboración con profesionales de otras disciplinas.

LA COLECCIÓN DE ROCAS

El Museo Geominero cuenta actualmente con tres colecciones de rocas: colección sistemática de rocas, colección de rocas especiales y colección de rocas históricas.

Colección sistemática de rocas

Esta colección se denominaba hasta hace pocos años «colección básica de rocas» y cuenta con algunos ejemplares de los tres clásicos grupos de rocas: sedimentarias, metamórficas e ígneas. Se trata de una colección escasa en cuanto a número de ejemplares, tipología y diversidad geográfica, y tradicionalmente se ha considerado que estaba dirigida casi exclusivamente a docencia. Para revertir estas circunstancias, en la última década se ha realizado un esfuerzo por incrementar el número de muestras, y se ha pasado a denominar «colección sistemática de rocas», en la que tiene cabida el mayor número posible de tipos de rocas con una amplia distribución geográfica.

Se ha abordado una revisión del inventario de muestras, incorporando las que estaban ya en los fondos del museo, así como las de nuevo ingreso. De forma paralela, se han incluido otras muchas rocas procedentes de los trabajos de actualización de la colección de Comunidades y Ciudades Autónomas, asignándole la ubicación correcta. De esta manera, se han incorporado ochenta y una rocas sedimentarias. En su mayoría consisten en diferentes tipos de carbones, bauxitas y fosforitas, además de muestras tan básicas como una pudinga (Carboneras) o un alabastro (Fuentes de Ebro). En cuanto a las rocas metamórficas, se han reunido cuarenta y cinco muestras, principalmente mármoles. Hay que destacar la integración en esta colección de rocas fundamentales que no estaban representadas en el museo, como un paragneis (Zamora), un esquisto micáceo (EEUU), una anfibolita (Madrid) o un skarn (Toledo). También hay que resaltar por su procedencia los ortogneises glandulares de la cumbre del Kangchenjunga (frontera entre Nepal y R.P. China), a más de 8500 m de altitud. Recientemente se han incorporado muestras de cordieritítas perfectamente documentadas y que merecen una especial mención por ser relativamente escasas. En lo referente a las rocas ígneas, se han integrado en la colección treinta y una muestras. Entre ellas destacan por su ausencia en la colección una ofita y una melilitita olivínica, y por su relevancia o bien su procedencia, las carbonatitas recogidas durante los trabajos del IGME en Angola; las brechas eruptivas de San Juan del Molinillo (Ávila) procedentes del Diatrema de la Paramera, declarado como lugar de interés geológico (LIG); una bomba basáltica de la erupción histórica de 1949 de la isla de La Palma, denominada «San Juan»; una pumita (restingolita) procedente del nuevo volcán submarino Tagoro (Fig. 1) desarrollado en la erupción submarina que tuvo lugar en la isla de El Hierro en el año 2011; o muestras de ceniza, lapilli y lava escoriácea recogidas durante la erupción de La Palma de 2021, durante la cual se formó el nuevo volcán Tajogaite.

Pendientes de inventariar quedan numerosos ejemplares, entre los que se cuentan muestras recolectadas de diferente origen geológico y geográfico, como sismitas del Mioceno Superior de la cuenca lacustre de El Cenajo (Prebético Externo, Albacete); rocas ornamentales españolas, pertenecientes a los trabajos del IGME para el Plan Nacional de la Minería; lamproitas de los principales afloramientos del SE español (jumillitas, veritas y cancalitas); o bien, las principales rocas que constituyen el patrimonio monumental de la ciudad amurallada de Ávila o de buena parte del Camino de Santiago Francés.

Figura 1. Pumita (popularmente conocida como restingolita) procedente del volcán Tagoro. Erupción submarina en la isla de El Hierro (2011). Dimensiones: 21 cm x 12,5 cm x 11 cm.

Actualizar e inventariar con rigurosidad esta colección es apostar por tener un registro de la geodiversidad de nuestro territorio y por qué no de otros terrenos geológicamente interesantes y en ocasiones poco accesibles. Es, en definitiva, una mirada al futuro de las colecciones petrológicas en el museo.

Colección de rocas especiales

Al mismo tiempo que se asignó un nuevo nombre a la antigua colección básica de rocas, se constituyó la denominada «colección de rocas especiales». Son rocas que, más allá de asignarles una clasificación dentro de los tres grandes grupos principales, son excepcionalmente singulares por su formación o procedencia. Se trata de rocas que o bien provienen de fuera del planeta Tierra, los meteoritos; proceden de impactos de meteoritos, las denominadas impactitas; o se han formado por el impacto de un rayo, las fulguritas.

La subcolección de meteoritos consta en la actualidad de ochenta y cinco ejemplares. Excepto un pequeño grupo de doce ejemplares, que ingresaron en la colección en la década de los años 40 del siglo pasado, entre los que destaca Reliegos (Santas Martas, León; Fig. 2A), la mayor parte se han ido incorporando a partir del año 2000 procedentes de diferentes regiones del mundo. Algunos tan conocidos como Cañón del Diablo (Arizona, EEUU; Fig. 2B), Nantan (Guangxi, R.P. China; Fig. 2C) o Campo del Cielo (Chaco, Argentina; Fig. 2D); así como algunos españoles como Puerto Lápice (Ciudad Real; Fig. 2E), Villalbeto de la Peña (Santibañez de la Peña, Palencia; Fig. 2F) y Retuerta del Bullaque (Ciudad Real; Fig. 2G). Con las nuevas incorporaciones se alcanzó un número suficiente de ejemplares para que en el año 2008 se creara la colección de meteoritos y

Figura 2. Meteoritos de la colección de rocas especiales del Museo Geominero. A, Reliegos (Santas Martas, León). B, Cañón del Diablo (cráter Barringer, Arizona, EEUU). C, Nantan (Guangxi, República Popular China). D, Campo del Cielo (Chaco, Argentina). E, Puerto Lápice (Ciudad Real, Castilla La Mancha). F, Santibañez de la Peña (Palencia, Castilla y León). G, Retuerta del Bullaque (Ciudad Real, Castilla-La Mancha). H, Colomera (Granada, Andalucía). El cubo tiene un cm de arista.

se expusieran en un espacio propio. Las muestras de Retuerta de Bullaque se instalaron en una vitrina aparte con el fin de incluir una réplica del voluminoso meteorito original. Posteriormente se publicó el primer catálogo de meteoritos del museo (González-Laguna *et al.*, 2013). El impulso definitivo de esta colección se produjo entre los años 2014 y 2017, con la incorporación de treinta y cuatro nuevos ejemplares (40 %) gracias, en su mayoría, a la generosidad de donantes. En este intervalo temporal se produjeron incorporaciones tan importantes como Zaragoza (Zaragoza), Cangas de Onís (Asturias), Berlanguillas (Berlangas de Roa, Burgos) y Colomera (Granada; Fig. 2H). Las muestras de este último meteorito son de especial interés al constituir los únicos ejemplares conservados en una institución pública en España (Lozano *et al.*, 2021).

En cuanto a la variedad de los ejemplares, los meteoritos no diferenciados o condritas en su mayoría consisten en ordinarias de diferentes tipos, siendo cuatro de ellas carbonáceas. Los meteoritos diferenciados pertenecen mayoritariamente a los denominados meteoritos metálicos, siendo el grupo más relevante el denominado IAB. Las acondritas constituyen una pequeña parte de la colección, y es diversa en cuanto a la clasificación. Así, entre ellas hay howarditas, eucritas, ureilita, diogenita y una muestra lunar. Por último, la colección cuenta además con meteoritos metalorocosos compuestos por tres mesosideritos y dos pallasitas.

La subcolección de impactitas (Fig. 3) reúne ejemplares con un alto valor científico. Se trata de rocas diversas (granito, cuarcitas, calizas, etc.) que corresponden a diferentes procesos de transformación durante el impacto de

Figura 3. Exposición de impactitas en el Museo Geominero.

un meteorito, tales como tagamitas, suevitas, brechas, con estructuras de deformación, etc. Pertenecen a seis cráteres distintos: Cráter de Lockne (Östersund, Suecia), cráter de Siljan (Hättberg, Suecia), cráter de Dellen (Ånge, Suecia), cráter Ries en el NW de Ammerdingen (Seelbronn, Alemania), en el NE de Ottingen (Aumühle, Alemania) y en Polsingen (Baviera, Alemania); cráter Araguainha (en la frontera de los estados de Goiás y Mato Grosso (Brasil) y tres muestras de brecha de impacto del Yucatán (México), relacionado con la extinción masiva que tuvo lugar a finales del Cretácico. En cuanto a las tectitas, la colección cuenta con varias muestras de la variedad moldavitas de la República Checa, tres de Guandong (R.P. China) y una del desierto de Libia.

Por último, las fulgurítas, como ya se ha mencionado, son relevantes por el origen de su formación. Son mucho más habituales en arenas de playa o desiertos. Tienen morfologías cilíndricas, con numerosas vacuolas y frecuentemente dimensiones centimétricas (Rogers, 1946). Aunque el museo cuenta con varias muestras de diferente procedencia, como son Kazajistán, Carolina del Sur (EEUU) y Bustarviejo (Madrid), se puede considerar que la fulgurita de Torre de Moncorvo (Portugal) es la más llamativa por lo excepcional de sus dimensiones (Martín Crespo *et al.*, 2009)

Rocas históricas

Esta colección comprende un conjunto de muestras de alto valor científico e histórico custodiadas por el Museo Geominero. Con este término se hace referencia a muestras procedentes de los trabajos que se llevaron a cabo durante el siglo XIX y comienzos del XX por miembros de la Comisión del Mapa Geológico de España, la institución precursora del Instituto Geológico y Minero de España.

A comienzos de los años 2000 el museo abordó la puesta en valor de esta colección con la revisión y catalogación de muestras recogidas durante la elaboración de los mapas geológicos de diferentes provincias españolas: Barcelona (Lozano y Rábano, 2001), Zaragoza (Lozano y Rábano, 2004) y Huesca (González-Laguna *et al.*, 2007). Sin embargo, la colección más antigua del museo es la colección Schulz de rocas de Galicia (Fig. 4) formada por Guillermo Schulz entre 1832 y 1834 durante los trabajos del mapa petrográfico de esta región (Lozano *et al.*, 2005). La última subcolección que ha sido revisada es la de las rocas históricas de Filipinas (Rábano *et al.*, 2019), una muestra del pasado colonial de España.

Figura 4. Colección de rocas históricas. Izquierda: colección Schulz de rocas de Galicia. Derecha: fosforita de Logrosán (Cáceres), en la que se aprecia una etiqueta histórica de la Comisión del Mapa Geológico de España.

Por último, con motivo de los trabajos de actualización de la colección de minerales de comunidades y ciudades autónomas, se han recuperado varias rocas procedentes de los trabajos realizados por miembros de la Comisión en canteras de mármol cerradas en la actualidad. Tal es el caso del mármol rojo de Ereño (o rojo Bilbao, Vizcaya), Mondoñedo (Canteras de Sasdónigas, Lugo), Azpeitia (Cantera de Aranaga, Guipuzkoa), Baztan (Canteras de Almandoz, Navarra), etc., además de otras como una fosforita de Logrosán, Cáceres (Fig. 4).

En la actualidad sigue siendo un objetivo del museo la puesta en valor de las rocas históricas.

Rocas procedentes de trabajos de investigación

El equipo del Museo Geominero ha participado en diversos trabajos de investigación que han aportado ejemplares de rocas a la colección. Entre ellas cabe destacar:

1. Rocas utilizadas en la construcción de los monumentos del Camino de Santiago, desde Astorga (León) a Santiago de Compostela (A Coruña), que recogen los principales litotectos de la comarca leonesa del Bierzo (Jiménez Martínez, 2012) y de Galicia (Jiménez Martínez y Díaz Martínez, 2013). Estas rocas fueron acopiadas durante los trabajos de investigación del proyecto «Caracterización de las piedras de construcción empleadas en el patrimonio cultural del Camino de Santiago». Entre las rocas singulares incorporadas figuran la arenisca con la que se construyó parte de la catedral de Astorga (Jiménez Martínez *et al.*, 2009), la anfibolita de Dragonte, roca verdosa que da color a numerosas construcciones en la comarca leonesa del Bierzo (Jiménez

Martínez *et al.*, 2011) y las corneanas y pizarras mosqueadas que se utilizaron en algunos monumentos en las proximidades del Plutón de Ponferrada (Jiménez Martínez, 2023).

2. Migmatitas estromáticas procedentes del Complejo Anatéctico de Toledo, rocas donde se localiza el yacimiento clásico de la mineralogía española llamado «Fuente de los Jacintos» por la presencia de granates almandinos, minerales que se asemejan a «jacintos» por su color (Jiménez Martínez *et al.*, 2012). Este yacimiento fue localizado y estudiado, tras permanecer «perdido» para la mineralogía española durante décadas, en los trabajos de campo del proyecto «Actualización y puesta en valor de la colección de minerales por Comunidades Autónomas del Museo Geominero: Madrid y Castilla-La Mancha».

3. Muestras de «skarn» de los afloramientos de la aureola de metamorfismo de contacto de las rocas plutónicas en el municipio toledano de San Pablo de los Montes, donde se localizó un yacimiento de magnetita que constituye un clásico de la mineralogía española, en el que describió por primera vez en nuestro país la presencia de hulsita y schoenfliesita (Jiménez Martínez *et al.*, 2018).

4. Rocas procedentes del volcanismo neógeno del Cabo de Gata, estudiadas por la presencia de minerales de interés del grupo de las zeolitas, donde se describió la primera ocurrencia en España de paulingita-K y erionita-K (Jiménez Martínez *et al.*, 2022).

USOS DE LA COLECCIÓN DE ROCAS

Para finalizar, hemos creído necesario dirigir brevemente la atención hacia la importancia de crear, conservar y actualizar una colección de rocas en un museo, en el sentido más técnico de la palabra. Es decir, con una clasificación rigurosa, inventario y documentación asociada lo más completa posible.

Durante el tiempo que los autores llevan gestionando colecciones en el Museo Geominero han sido muchas las consultas recibidas de personas e instituciones de diversas áreas de conocimiento y en las cuales las rocas han sido las protagonistas. A continuación, se describen algunos ejemplos de colaboración que los distintos profesionales nos demandan.

Los arqueólogos e historiadores del arte buscan con frecuencia las áreas fuente de los materiales de su interés, es decir, las canteras de las cuales se extrajeron los materiales con los que cotejar los restos que ellos encuentran o con los que realizaron edificaciones en el pasado. Por su parte, los artistas buscan dar cuerpo a su proyecto artístico bien utilizando las rocas como hilo conductor o bien como apoyo a una visión artística más amplia. A veces, la asociación arte-ciencia es más directa como, por ejemplo, el préstamo realizado al Museo Nacional del Prado en 2018 (Fig. 5) para la exposición temporal sobre pintura del Renacimiento italiano (González Mozo, 2018). En ella se mostraron las rocas en bruto sobre las cuales los grandes pintores de la época realizaron sus obras.

Figura 5. Rocas del Museo Geominero en la exposición temporal «*In Lapide Depictum*: Pintura italiana sobre piedra, 1530-1555» del Museo del Prado en 2018. Archivo del Museo Geominero.

Por otra parte, a través de las rocas históricas y su contexto siguen el hilo de sus investigaciones los historiadores de la ciencia y otros investigadores de la historia de España. Los docentes, como es evidente, vienen buscando poder mostrar a sus alumnos los tipos de rocas más comunes que hay en la naturaleza. Sin embargo, hay docentes y estudiantes de doctorado que buscan rocas no tan comunes. Los medios de comunicación a menudo persiguen ilustrar con imágenes acontecimientos de actualidad. Un claro ejemplo ha sido la última erupción volcánica, en septiembre de 2021, en la isla de La Palma (islas Canarias), cuya cobertura ha sido la mayor de la historia y donde tuvieron lugar numerosos programas y publicaciones en las que se mostraban rocas volcánicas. Es importante poner en valor la labor que realizan docentes y periodistas en la formación de la población y en ese contexto el museo constituye un excelente escaparate de observación de las rocas.

Por su parte, los científicos demandan bien una toma de muestra para realizar sus investigaciones como, por ejemplo, carbones de diferente procedencia, o bien, realizar mediciones en ellas, como las mediciones de susceptibilidad magnética (en colaboración con el Instituto Nacional de Técnica Aeroespacial) en la colección de meteoritos del museo. Por último, el público general busca saciar la curiosidad intrínseca al ser humano, contrastando en ocasiones lo que observan con experiencias personales en su contacto con la naturaleza. Todas estas relaciones y algunas más entre la colección de rocas del museo y las personas y/o diferentes disciplinas de conocimiento, son extensibles a las colecciones de minerales.

AGRADECIMIENTOS

A la generosidad de los donantes. A los profesionales de las diferentes instituciones a quienes el museo ha prestado muestras para el desarrollo de sus proyectos, por haber aprendido de ellos tanto durante el proceso.

BIBLIOGRAFÍA

González-Laguna, R.: Lozano Fernández, R.P.; Menéndez, S. y Abad. A. 2007. La colección histórica de rocas de la provincia de Huesca conservada en el Museo Geominero (IGME, Madrid): catalogación e interpretación histórica. *Boletín Geológico y Minero*, 118 (1), 127-140.

González-Laguna, R.; Lozano Fernández, R.P.; Jiménez Martínez, R. y Baeza Chico, E. 2013. *Catálogo de meteoritos del Museo Geominero*. Publicaciones del Museo Geominero, Instituto Geológico y Minero de España, Madrid, 28 pp.

González Mozo, A. 2018. In Lapide Depictum. *Pintura italiana sobre piedra, 1530-1555*. Museo Nacional del Prado, Madrid, 155 pp.

Jiménez Martínez, R. 2012. Rocas ígneas y metamórficas utilizadas en el patrimonio arquitectónico del Bierzo. *Revista del Instituto de Estudios Bercianos*, 37, 199-248.

Jiménez Martínez, R. 2023. Corneanas y pizarras en El Bierzo y su utilización en las construcciones del Camino Francés. *Peregrino*, 206, 38-39.

Jiménez Martínez, R. y Díaz Martínez, E. 2013. *Las piedras del Camino de Santiago en Galicia*. Colección Guías Geológicas, 3. Instituto Geológico y Minero de España, Madrid, 268 pp.

Jiménez Martínez, R.; Álvarez Areces, E. y Bellido, F. 2011. Localización y caracterización de la anfibolita de Dragonte. Uno de los materiales utilizados en el patrimonio arquitectónico de la comarca del Bierzo (León). *Boletín Geológico y Minero*, 122 (1), 83-92.

Jiménez Martínez, R.; Álvarez Areces, E.; Menduiña, J. y Martín Rubí, J.A. 2009. Materiales utilizados en el Patrimonio arquitectónico: la arenisca roja de la catedral de Astorga (León). *Boletín Geológico y Minero*, 120 (1), 443-450.

Jiménez Martínez, R.; Bellido, F.; Martín Rubí, J.A.; López Jerez, J. y Calvo, M. 2012. Minerales con historia: el granate almandino de la Fuente de los Jacintos (Toledo). *Boletín Geológico y Minero*, 123 (2), 183-192.

Jiménez Martínez, R.; Cortel Ortuño, A.; González del Tánago, J.; Hernández Pinilla, M.P., Segura Martínez, J.M. y Soldevilla González, J.A. 2022. Las zeolitas de Agua Amarga, Níjar, Almería, Andalucía. *Paragénesis*, 2022 (1), 3-24.

Jiménez Martínez, R.; González del Tánago, J.; Lozano, R.P. y López, J. 2018. Hulsita y schoenfliesita en el Morro Viñas, San Pablo de los Montes, Toledo. *Paragénesis*, 2018 (1), 67-78.

Lozano, R.P. y Rábano, I. 2001. Las colecciones históricas de rocas de Barcelona del Museo Geominero (IGME, Madrid): catalogación e interpretación histórica. *Boletín Geológico y Minero*, 112 (2), 133-146.

Lozano, R.P. y Rábano, I. 2004. Revisión y catalogación de las colecciones históricas de rocas de Zaragoza del Museo Geominero (IGME, Madrid). *Boletín Geológico y Minero*, 115 (1), 85-102.

Lozano, R.P.; Menéndez, S. y Rábano, I. 2005. La colección Schulz de rocas de Galicia conservada en el Museo Geominero (Instituto Geológico y Minero de España, Madrid). En: I. Rábano y J. Truyols (Eds.), *Miscelánea Guillermo Schulz (1805-1877)*. Cuadernos del Museo Geominero, 5. Instituto Geológico y Minero de España, Madrid, 191-206.

Lozano, R.P.; Sánchez, J.A.; González-Laguna, R. y Martín-Crespo, T. 2021. Colomera (Granada, Spain): more than a century of and IIE iron meteorite journey. *Meteoritics & Planetary Science*, 56 (3), 663-678.

Martín Crespo, T.; Lozano Fernández, R.P. y González-Laguna, R. 2009. The fulgurite of Torre de Moncorvo (Portugal): description and analysis of the glass. *European Journal of Mineralogy,* 21, 783-794.

Rábano, I.; González-Laguna, R. y Torres-Matilla, M.J. 2019. La colección histórica de rocas de Filipinas del Museo Geominero (Instituto Geológico y Minero de España, Madrid). *Aula, Museos y Colecciones*, 6, 2019, 141-150.

Rogers, A.F. 1946. Sand fulgurites with enclosed lechatelierite from Riverside County, California. *The Journal of Geology*, 54, 117-122.

LA COLECCIÓN DE FÓSILES DEL MUSEO GEOMINERO

Silvia Menéndez Carrasco, Mª Victoria Quiralte Palomar,
Ana Rodrigo Sanz e Isabel Rábano Gutiérrez del Arroyo

El Museo Geominero custodia unas colecciones de fósiles un tanto singulares, por cuanto que forman parte esencial de la memoria del Instituto Geológico y Minero de España (IGME), que hunde sus raíces en el siglo XIX cuando comenzó la institucionalización de la construcción del mapa geológico nacional. La normalización de la metodología para abordar los trabajos cartográficos, diseñada desde la Comisión del Mapa Geológico, la institución decimonónica antecesora del IGME, impuso la formación de colecciones de rocas, minerales y fósiles durante los estudios geológicos provinciales, que debían acompañar tanto a la memoria como al mapa a escala 1:400.000 (Rábano, 2015).

Ya en el siglo XX, y tras la celebración en 1926 del XIV Congreso Geológico Internacional en Madrid, el cambio de paradigma que afrontó la institución, así como el traslado al nuevo edificio de la calle Ríos Rosas, trajo como consecuencia la instalación del museo en el espacio que ocupa actualmente, así como la continuidad en el ingreso de nuevas colecciones del plan cartográfico a escala 1:50.000 iniciado en 1927 y de otro tipo de estudios (Rábano y Salazar, 2024). Durante la mayor parte de este siglo, la aportación de nuevos ejemplares al museo se realizó, por tanto, desde dentro de la institución. No fue hasta la década de 1990 cuando se produjo una apertura a la recepción en el Museo Geominero de depósitos de colecciones de investigadores externos al IGME para su gestión y conservación, siempre dentro de la legislación vigente en materia de patrimonio cultural y natural de colecciones paleontológicas derivadas de excavaciones en el territorio nacional.

LA IMPORTANCIA DE LAS COLECCIONES PALEONTOLÓGICAS DEL MUSEO GEOMINERO

La importancia de las colecciones paleontológicas del Museo Geominero viene determinada tanto por su valor histórico como por su relevancia científica, ya que han sido, y continúan siendo, un referente de consulta y estudio para la comunidad científica nacional e internacional. La exposición permanente de especímenes paleontológicos del Museo Geominero es un reflejo de lo que albergan sus colecciones, y destaca entre otros museos de geología españoles por varias características:

- La gran diversidad taxonómica que se recoge en sus diferentes colecciones, en las que se encuentran representados ejemplares de la mayoría de los reinos de seres vivos y de los principales filos animales y divisiones vegetales.
- La gran variedad de tipos de fosilización que pueden observarse en el registro fósil y que se muestran en muchos de los ejemplares exhibidos.
- La amplia distribución espacial y temporal de los especímenes custodiados, ya que se encuentran representados ejemplares de todos los continentes (Europa, Asia, África, América, Oceanía y Antártida), con una antigüedad que abarca desde el Arcaico al Holoceno.
- La disposición de las exposiciones permanentes. En el caso de los invertebrados fósiles (españoles y extranjeros) se ha seguido un criterio de ordenación cronoestratigráfica, desde los organismos más antiguos hasta los más modernos. En el caso de los vertebrados fósiles el orden es de tipo evolutivo, desde los peces a los homínidos.
- Se pueden observar ejemplos de yacimientos de significación mundial, como los *Konservat-Lagerstätten*, que son notables por el excelente grado de preservación de sus fósiles.

Por todas estas características las exposiciones del Museo Geominero poseen, además del innegable valor científico, un alto valor didáctico y son muy apreciadas, tanto por el público general como por la comunidad educativa, que puede desarrollar múltiples actividades docentes en sus instalaciones.

En las colecciones de paleontología del Museo Geominero se encuentran representados fósiles de animales vertebrados e invertebrados, plantas, protistas y bacterias, además de icnofósiles, con una antigüedad que abarca desde el Arcaico hasta el Holoceno. A día de hoy las colecciones paleontológicas albergan más de 60.000 ejemplares catalogados, de los que un 87,55 % son de origen español, en tanto que el 12,45 % restante proviene de otros países, siendo Francia, Marruecos y Alemania los mejor representados. En cuanto a las edades de los ejemplares de la colección, se distribuyen de la siguiente manera: Paleozoico (32,65 %), Mesozoico (31,92 %) y Cenozoico (35,35 %). Sin embargo, los fósiles arcaicos y proterozoicos no suponen más que un 0,001 % y un 0,7 % del total, respectivamente.

La colección paleontológica del Museo Geominero se encuentra organizada en las siguientes subcolecciones o colecciones principales: «Fósiles de invertebrados y flora españoles», «Vertebrados fósiles españoles», «Paleontología sistemática de invertebrados», «Fósiles extranjeros» y «Evolución humana» (Fig. 1A). Más del 20 % de los ejemplares fósiles depositados en las colecciones paleontológicas (unos 12.600 registros) se encuentran expuestos en la exhibición permanente. En la figura 1B se aprecia que la mayoría son ejemplares de la colección «Fósiles de invertebrados y flora españoles», que representan un 80 % del total de muestras paleontológicas expuestas en el museo.

LAS PRINCIPALES COLECCIONES DE PALEONTOLOGÍA DEL MUSEO GEOMINERO

A continuación, haremos un recorrido por las principales colecciones que conforman la totalidad de fósiles albergados en el Museo Geominero. Para que el relato resulte más dinámico y comprensible, en algunos casos se orientará hacia los grupos taxonómicos y su antigüedad, y en otros se comentarán por separado conjuntos de muestras particulares (paleobotánica, resinas fósiles, icnofósiles, micropaleontología, estromatolitos…).

Colección «Fósiles de invertebrados y flora españoles»

Es la colección más numerosa con diferencia, ya que cuenta con casi 47.000 ejemplares catalogados en la actualidad, representando el 76 % del total (Fig. 1A). De estos, la mayor parte son invertebrados, contabilizándose unos 1700 restos de plantas. En esta colección se encuentra, además, el mayor número de holotipos depositados en el museo: 140 ejemplares. Un gran porcentaje de piezas de esta colección, algo más de 10.000 ejemplares (Fig. 1B), se exhibe al público mayoritariamente en la planta principal del museo. Esta exposición ofrece una visión aproximada de la gran diversidad paleobiológica del registro geológico de España, pudiendo considerarse única en su género en nuestro país.

A continuación, se detalla la composición de esta gran colección, dominada por fósiles de organismos invertebrados, que representan el 96,35 % del total, frente al 3,65 % restante de fósiles de plantas (este grupo se tratará de forma conjunta en otro apartado). Los grupos de invertebrados mejor representados incluyen los trilobites, los braquiópodos y diversos moluscos, como bivalvos, gasterópodos y cefalópodos. Con respecto a su edad, el Proterozoico está representado únicamente por un 0,5 % del total. Los fósiles paleozoicos y mesozoicos tienen una proporción similar, siendo el 35,94 % y el 36,63 % del total respectivamente, mientras que los fósiles cenozoicos constituyen un 27,43 % (Fig. 1C). La procedencia de los ejemplares abarca el conjunto del territorio español, con excepción de las ciudades autónomas de Ceuta y Melilla. Las comunidades autónomas con mayor número de fósiles son Cataluña, Castilla-La Mancha, Aragón, Castilla y León, Andalucía y el Principado de Asturias (Fig. 1D).

Los ejemplares proterozoicos dentro de esta colección son muy escasos, pero no por ello menos valiosos. Se trata de diversos ejemplares bastante característicos del registro del Neoproterozoico español como *Cloudina,* organismo filtrador sésil, epibentónico y colonial (Fig. 2A); *Sabellidites*, metazoo tubular no mineralizado; *Anabarella*, molusco gasterópodo primitivo (Fig. 2B) (Gutiérrez-Marco y Rábano, 1999); y *Vendotaenia,* restos de antiguas algas que han sido objeto de revisión reciente (Ruiz Jiménez, 2022). *Cloudina* y *Sabellidites* tienen una asignación taxonómica enigmática, no resuelta actualmente.

Los invertebrados paleozoicos constituyen un grupo muy bien representado en las colecciones paleontológicas del museo. Los fósiles de invertebrados del Ordovícico son los más numerosos, mientras que del Pérmico no existe ningún ejemplar (Fig. 3A).

El conjunto de invertebrados fósiles paleozoicos se encuentra repartido en los siguientes grupos principales: braquiópodos, artrópodos (trilobites y otras clases como crustáceos), poríferos (arqueociatos y otros), cnidarios (hidrozoos, antozoos y escifozoos), equinodermos, hemicordados (graptolitos), briozoos, anélidos, moluscos (diversas clases) y filos indeterminados (hyolítidos, coeloscleritoforados y beltanelliformes). También están incluidos los icnofósiles (Fig. 2C), restos de estromatolitos y los fósiles de protistas, que, aunque estrictamente no son invertebrados, están catalogados dentro de este grupo en la colección «Fósiles de invertebrados y flora españoles».

El grupo de los braquiópodos es el mejor representado con un 22,47 % del total (Fig. 3B); las muestras más numerosas proceden del Ordovícico y del Devónico (Fig. 2D). Los artrópodos son también muy abundantes (22,04 %),

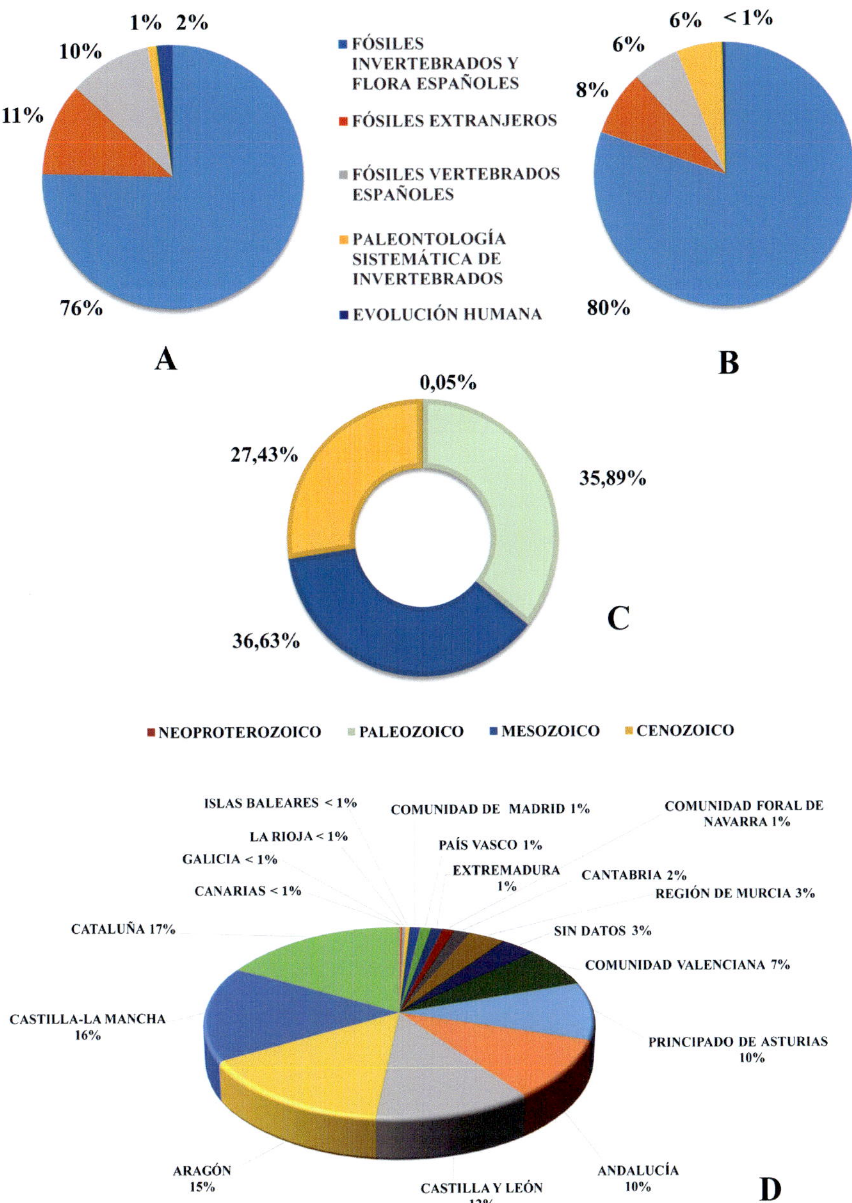

Figura 1. A, distribución y porcentaje de ejemplares que forman parte de las colecciones principales que componen los fondos paleontológicos del Museo Geominero. B, porcentaje de los ejemplares exhibidos en la exposición permanente del Museo Geominero para cada una de las colecciones principales. C, porcentaje de ejemplares procedentes de las diferentes eras geológicas incluidos en la colección «Fósiles de invertebrados y flora españoles». D, porcentaje de ejemplares procedentes de las diferentes comunidades autónomas españolas incluidos en la colección «Fósiles de invertebrados y flora españoles».

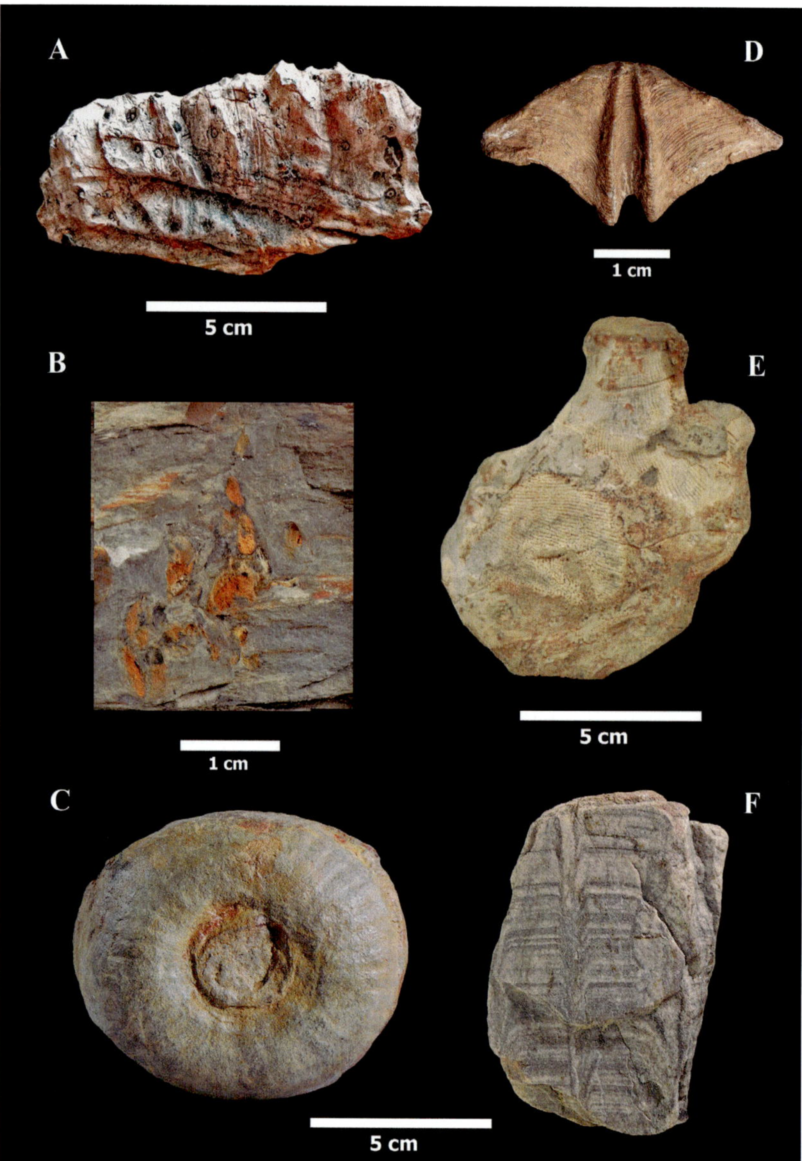

Figura 2. Ejemplares de invertebrados proterozoicos y paleozoicos españoles en la colección «Fósiles de invertebrados y flora españoles» del Museo Geominero. A, MGM-23V. *Cloudina hartmannae* Germs, 1972. Neoproterozoico. El Membrillar (Helechosa de los Montes, Badajoz). B, MGM-132V. *Anabarella* cf. *plana* Vostokova, 1962. Cámbrico. San Lorenzo de Calatrava (Ciudad Real). Gutiérrez-Marco y Rábano (1999, lám. I, fig. 5). C, MGM-236K. *Astropolichnus hispanicus* Crimes *et al.*, 1977. Cámbrico inferior. Navas de Estena (Ciudad Real). D, MGM-327D. *Anathyris ezquerrai* (Verneuil y d'Archiac, 1845). Devónico Inferior. Llanera (Asturias). E, MGM-34K. *Alconeracyathus andalusicus* (Simon, 1939). Cámbrico inferior. Cerro de las Ermitas (Córdoba). Ejemplar recolectado por Hernández-Sampelayo (1933, 1935) y revisado por Badillo (1959), Perejón (1984) y Perejón *et al.* (1999). F, MGM-522O. *Skolithos linearis* Haldeman, 1840. Ordovícico Inferior. Navas de Estena (Ciudad Real).

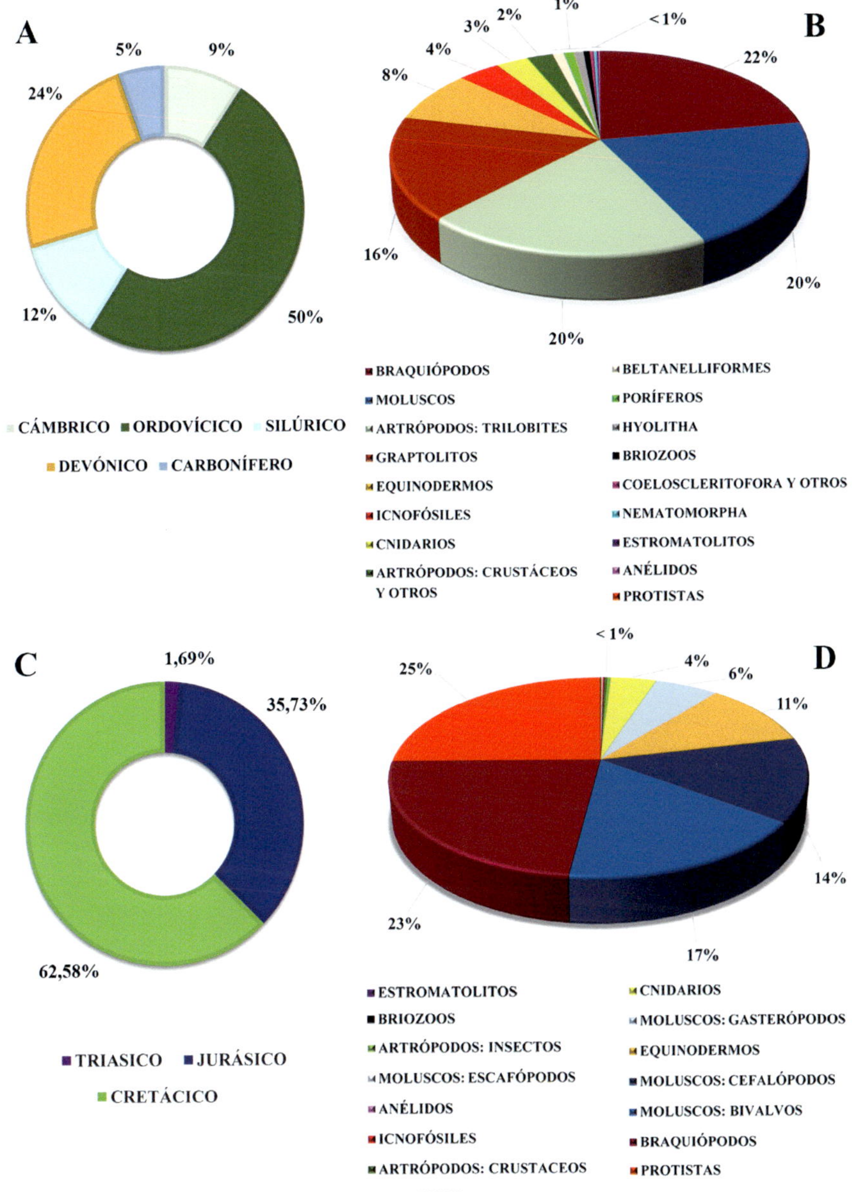

Figura 3. A, porcentaje de ejemplares de invertebrados de los diferentes sistemas del Paleozoico incluidos en la colección «Fósiles de invertebrados y flora españoles». B, grupos fósiles de invertebrados y su abundancia incluidos entre el conjunto de restos paleozoicos de la colección «Fósiles de invertebrados y flora españoles». C, porcentaje de ejemplares de invertebrados en los diferentes sistemas del Mesozoico incluidos en la colección «Fósiles de invertebrados y flora españoles». D, grupos fósiles de invertebrados y su abundancia incluidos entre el conjunto de restos mesozoicos de la colección «Fósiles de invertebrados y flora españoles».

destacando los trilobites que suponen el 19,78 %; especialmente relevantes son los del Ordovícico, aunque la muestra del Cámbrico también es importante. Asimismo, el grupo de los moluscos (monoplacóforos, escafópodos, rostroconchas, gasterópodos, cefalópodos y bivalvos) es muy numeroso (20,27 %), aunque son los bivalvos (16,78 %), fundamentalmente los ordovícicos, los más abundantes (Fig. 4A). Los graptolitos están muy bien representados (16,42 %) siendo los silúricos los más numerosos (Fig. 3B). Los equinodermos son un grupo considerable con un 8,16 % del total de ejemplares: los más abundantes son los ordovícicos y devónicos. Otros grupos más minoritarios son los cnidarios (2,91 %), siendo los corales del Devónico los más numerosos; los poríferos (0,87 %), siendo los arqueociatos del Cámbrico la mayoría (Fig. 2E); los briozoos (0,54 %), predominando los devónicos; los nematomorfos (0,24 %) y los anélidos (0,11 %). Otros grupos que actualmente no están adscritos a ningún filo, pero que están representados en las colecciones del museo son los beltanelliformes (1 %) exclusivamente del Cámbrico, así como los hyolítidos (0,83%) y los coeloscleritoforados (0,35%), en ambos casos mayoritariamente ordovícicos. Por último, existe un 3,71 % de icnofósiles paleozoicos (casi todos ordovícicos) que se han atribuido a invertebrados (Fig. 2F), un pequeño conjunto de estromatolitos cámbricos (0,17 %) y un escaso 0,01 % de foraminíferos carboníferos (*Fusulina*) (Fig. 3B).

Respecto a las provincias de procedencia de la mayoría de los ejemplares de la colección, son León (23,97 %), Ciudad Real (21,49 %) y Asturias (21,33 %). Le siguen con una notable diferencia los ejemplares procedentes de Sevilla (6,71 %), Toledo (5,83 %) y Palencia (3,8 7%), mientras que para el resto de provincias la ratio de ejemplares se encuentra por debajo del 3 % (Anexo: Tabla 1).

Dentro de esta gran colección resalta la presencia de numerosos arqueociatos recolectados a principios y mediados del siglo pasado, fundamentalmente procedentes de localidades clásicas españolas y que han sido objeto de estudio desde los inicios de su incorporación a los fondos (Badillo, 1959; Hernández-Sampelayo, 1933, 1935; Simon, 1939; Wittke, 1978), estando algunos muy bien conservados (Fig. 2E). Es de reseñar el notable incremento en los fondos del museo de arqueociatos españoles y extranjeros durante los últimos 25 años. Esto se ha debido a campañas de prospección y muestreo en el marco de proyectos de investigación y al ingreso de donaciones de colecciones científicas de autor/a que dispensa un estatus activo y dinámico a las colecciones, ya que no son inmutables a lo largo del tiempo (Zamora *et al.*, 2025). La última y más reciente incorporación de arqueociatos al Museo Geominero es la colección de autor del investigador del CSIC Dr. Antonio Perejón, compuesta por cientos

Figura 4. Ejemplares de invertebrados paleozoicos españoles en la colección «Fósiles de invertebrados y flora españoles» del Museo Geominero. A, MGM-2231H. *Anthracomya wardi* (Etheridge, 1890). Carbonífero. Aller (Asturias). B, MGM-272O. *Nobiliasaphus hammanni* Rábano, 1989. Holotipo. Ordovícico Medio. Calzada de Calatrava (Ciudad Real). Rábano (1989, lám. 4, figs. 1-2). C, MGM-2374D. *Alveolites fornicatus* Schlüter, 1889. Detalle. Devónico Medio. Arnao (Asturias). D, MGM-2393D. *Trybliocrinus flatheanus* Geinitz, 1867. Devónico Medio. Arnao (Asturias). Breimer (1962, lám. IX, figs. 1-2); Meléndez (1977, fig. 417a). E, MGM-1844D. *Cordyloblastus clavatus* (Schultze, 1867). Devónico Inferior-Medio. Arnao (Asturias). Quintero y de la Revilla (1966, lám. II, fig. 6). F, MGM-2371D. *Thamnopora* aff. *lamellicornis* (Lindstroem). Devónico Medio. Arnao (Asturias).

de láminas delgadas y muestras de mano, que incluye muchos holotipos y paratipos de especies de arqueociatos españoles, además de numerosa documentación, archivo fotográfico y bibliografía de referencia. Junto con lo que contaba previamente el museo, a día de hoy, la colección de arqueociatos del Museo Geominero se puede considerar como una de las mejores colecciones conservadas de Europa occidental, junto con la del Museo Nacional de Historia Natural de París (Francia).

También es destacable la presencia de numerosos trilobites (por ejemplo, Rábano, 1989) (Fig. 4B), icnofósiles, bivalvos y braquiópodos del Ordovícico de Montes de Toledo, así como de excelentes ejemplares de equinodermos (Quintero y de la Revilla, 1966; Breimer, 1962; Meléndez, 1977) (Figs. 4D, 4E), corales (Figs. 4C, 4F) y braquiópodos procedentes de las facies arrecifales del Devónico de Colle y Aviados (León) y Arnao (Asturias), muchos de ellos recogidos en épocas históricas.

Los invertebrados mesozoicos constituyen el grupo mejor representado en la colección «Fósiles de invertebrados y flora españoles» (Fig. 1C). Los más abundantes son los del periodo Cretácico (62,58 %), seguidos por los jurásicos (35,73 %) y, en proporción mucho menor, los del Triásico (1,69 %) (Fig. 3C).

Los grupos fósiles representados en la muestra de invertebrados mesozoicos son: braquiópodos, moluscos (distintas clases), equinodermos, artrópodos (crustáceos, insectos), poríferos, cnidarios, anélidos y briozoos. También están incluidos aquí, como en el caso de los invertebrados paleozoicos, restos de estromatolitos, icnofósiles relacionados con organismos invertebrados, y fósiles de protistas. El grupo más abundante es el de los moluscos con un 36,30 % del total, repartidos entre bivalvos (16,79 %), cefalópodos (13,62 %), gasterópodos (5,83 %) y escafópodos (0,05 %). Los bivalvos más numerosos son los cretácicos, mientras que entre los cefalópodos son los del Jurásico. Le siguen el grupo de los protistas, fundamentalmente foraminíferos (25 %) del Cretácico; los braquiópodos (22,94 %), siendo mayoritarios los del Jurásico; los equinodermos, entre equínidos y crinozoos (10,72 %) muchos de ellos cretácicos; y los cnidarios siendo la mayoría corales cretácicos (4,08 %) (Fig. 3D).

El resto de grupos (artrópodos, poríferos, anélidos, briozoos y estromatolitos) son más minoritarios, no llegando a alcanzar el 0,5 % ninguno de ellos (Fig. 3D). Al contrario de lo que ocurre en el Paleozoico, en las colecciones mesozoicas son más abundantes los fósiles de foraminíferos que los icnofósiles atribuidos a invertebrados.

Tarragona (14 %), Guadalajara (13 %), Castellón (13 %), Lérida (9 %) y Teruel (7 %) son las provincias de las que proceden mayoritariamente los fósiles de la colección. Existe un porcentaje significativo de ejemplares (8 %) que desafortunadamente no tiene información concreta sobre su procedencia. Para el resto de provincias el porcentaje de ejemplares se encuentra por debajo del 3 % (Anexo: Tabla 1).

Entre los fósiles del Triásico el conjunto más numeroso es el de los bivalvos de la Comunidad Valenciana (Márquez-Aliaga *et al.,* 2001), Cataluña, Aragón, Murcia, Castilla y León, Andalucía y País Vasco. Todo este grupo ha sido objeto de revisiones y de la realización de un pormenorizado catálogo (Márquez-Aliaga *et al.,* 2002) (Fig. 5A). Del reducido grupo de icnofósiles mesozoicos que se agrupan en esta colección, la mayoría son triásicos, existiendo algunos ejemplares incorporados a mitad del siglo pasado que fueron figurados por Virgili (1958) en su extenso trabajo sobre el Triásico de la zona nororiental de la península ibérica (Fig. 5B).

Entre los ejemplares del Jurásico Inferior destacan braquiópodos (Rodrigo y Comas-Rengifo, 1997), bivalvos (Bernad, 1997) y cefalópodos de la cordillera Ibérica por su abundancia, variedad y excelente estado de conservación (Figs. 5D-F). Entre los cefalópodos del Jurásico Medio, hay que destacar un ejemplar recolectado y figurado por Bataller y López Manduley (1931) durante la elaboración de la hoja geológica de Hospitalet (Fig. 5C). También se conserva en los fondos una buena muestra de cefalópodos del Jurásico Superior de localidades de la cordillera Bética –como Cabra (Córdoba) (Fig. 5G) o Loja (Granada)–, la mayoría de ellos recogidos a mediados del siglo pasado.

Entre los ejemplares cretácicos sobresale el numeroso conjunto procedente de la localidad de Vilanova de Meià (Lérida). Se trata de corales (Fig. 5H), ammonoideos y bivalvos, fundamentalmente rudistas.

Los invertebrados cenozoicos son el grupo minoritario que conforma el total de los ejemplares fanerozoicos (Paleozoico, Mesozoico y Cenozoico) que constituyen la colección «Fósiles de invertebrados y flora españoles» (Fig. 1C). Los más abundantes son los del periodo Paleógeno (62,94 %), seguidos por los del Neógeno (36,51 %) y, en mucha menor medida, los del Cuaternario (0,55 %) (Fig. 6A).

Los invertebrados cenozoicos españoles de esta colección se encuentran repartidos en los siguientes grupos: braquiópodos, moluscos (distintas clases), equinodermos, artrópodos (crustáceos, insectos y otros), poríferos, cnidarios, anélidos y briozoos. Como ya se ha mencionado para los casos anteriores, se incluyen en esta colección los icnofósiles relacionados con organismos invertebrados, estromatolitos y fósiles de protistas. El grupo más numeroso de entre los ejemplares inventariados es el de los moluscos (43,23 %) repartidos entre

Figura 5. Ejemplares de invertebrados mesozoicos españoles en la colección «Fósiles de invertebrados y flora españoles» del Museo Geominero. A, MGM-134T. *Enantiostreon flabellum* (Schmidt, 1935). Detalle. Triásico Medio. Libros (Teruel). B, MGM-3T. *Fucoides* sp. Triásico Medio. Barcelona. Virgili (1958, lám. XVI). C, MGM-1215J. *Skirroceras bayleanus* (Oppel, 1857). Jurásico Medio. Vandellòs i l'Hospitalet de l'Infant (Tarragona). Bataller y López Manduley (1931, fig. 8). D, MGM-449J. *Ctenostreon rugosum* (Smith, 1817). Jurásico Inferior. Anchuela del Campo (Guadalajara). E, MGM-313J. *Liospiriferina falloti* (Corroy, 1927). Jurásico Inferior. Anchuela del Campo (Guadalajara). Rodrigo y Comas-Rengifo (1997, lám. III, fig. 1). F, MGM-545J. *Pleydellia aalensis* (Zieten, 1830). Jurásico Inferior. Anchuela del Campo (Guadalajara). G, MGM-1066J. *Virgatosphinctes eudichotomus* (Zittel, 1868). Jurásico Superior. Cabra (Córdoba). H, MGM-1626C. *Aulosmilia cuneiformis* (Milne-Edwards y Haime, 1849). Cretácico Superior. Vilanova de Meià (Lérida).

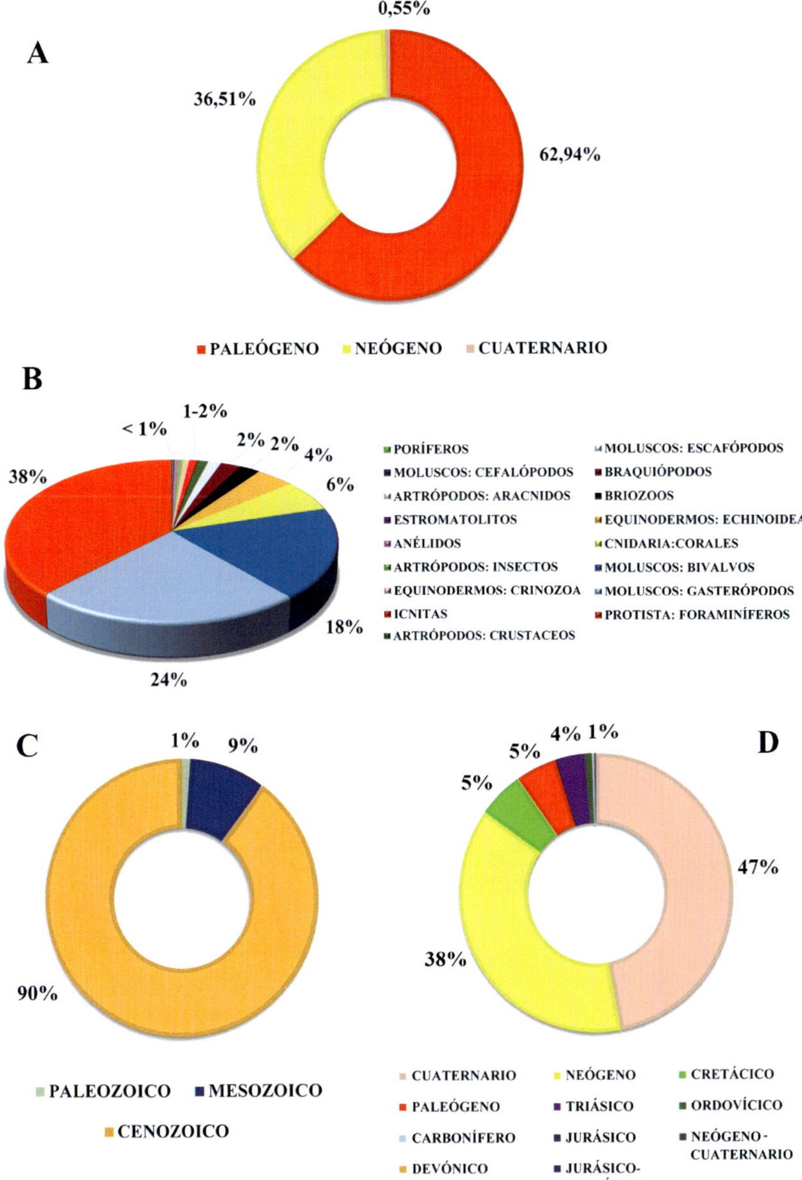

Figura 6. A, porcentaje de ejemplares de invertebrados de los diferentes sistemas del Cenozoico incluidos en la colección «Fósiles de invertebrados y flora españoles». B, grupos fósiles de invertebrados y su abundancia incluidos entre el conjunto de restos cenozoicos de la colección «Fósiles de invertebrados y flora españoles». C, porcentaje de ejemplares procedentes de las diferentes eras geológicas incluidos en la colección «Vertebrados fósiles españoles». D, porcentaje de ejemplares de los diferentes sistemas incluidos en la colección «Vertebrados fósiles españoles».

gasterópodos (23,60 %), bivalvos (18,20 %), escafópodos (1,39 %), y cefalópodos (0,04 %) (Fig. 6B). Entre los gasterópodos y los bivalvos, los más abundantes son los del Neógeno. La inmensa mayoría de escafópodos son ejemplares del género *Dentalium,* también generalmente del Neógeno. Sin embargo, los cefalópodos son muy escasos y todos del Paleógeno. Los foraminíferos son igualmente muy numerosos (37,72 %), la mayoría del Paleógeno (predominan ejemplares de los géneros *Nummulites* y *Alveolina*). En la colección también están presentes otros invertebrados marinos como equinodermos (equínidos y crinoideos, 4,82 %), corales (6,31 %), briozoos (2,28 %) y braquiópodos (2,22 %). Mientras que otros son bastante escasos, como las icnitas (0,97 %) y los anélidos (0,51 %, casi todos del género *Serpula*), en su mayoría del Paleógeno; los estromatolitos (0,20 %), muchos del Neógeno; y los poríferos (0,03 %). Entre los artrópodos (1,71 %), los crustáceos (1,12 %) son más numerosos que los insectos (0,55 %) y arácnidos (0,04 %), siendo más abundantes los artrópodos del Neógeno que los del Paleógeno.

Huesca (44 %) es la provincia de la cual proviene casi la mitad de los ejemplares de la colección (Fig. 7A). Los fósiles procedentes de Barcelona (11 %), Gerona (9 %), Tarragona (7 %), Murcia (6 %), Alicante (6 %), Lérida (2 %) y Albacete (2 %) poseen una representación significativa. Sin embargo, para el resto de provincias el porcentaje de ejemplares se encuentra por debajo del 1 % (Anexo: Tabla 1).

Entre los fósiles paleógenos españoles destaca un numeroso conjunto de icnofósiles procedentes del conocido *flysch* de Getaria-Zumaia (Guipúzcoa). Se recolectaron en varios de los diversos puntos donde aflora esta formación. Entre ellos se encuentran representados, entre otros, los géneros *Palaeodyction*, *Scolicia* o *Chondrites.* Dentro de este conjunto destacan los ejemplares recogidos a principios del siglo pasado y que fueron estudiados, y descritos por vez primera, por Azpeitia Moros (1933) (Figs. 7B, 7C).

Como ya se ha mencionado, también son muy abundantes los foraminíferos entre los fósiles del Paleógeno, habiendo un buen porcentaje procedente de las provincias de Huesca, Barcelona, Murcia y Alicante. Existen multitud de ejemplares cuyas dimensiones permiten reconocer los ejemplares a simple vista, lo que posibilita su exhibición (Figs. 7D, 7G), y otros tantos se encuentran en preparaciones tipo levigado o lámina delgada y deben observarse bajo lupa binocular o microscopio. Algunos de estos ejemplares han sido objeto de estudios científicos, ya que fueron recolectados y descritos en el siglo pasado (Almela y Ríos, 1942), o analizados más recientemente (Serra-Kiel *et al.,* 2020). Además, en el registro paleógeno de los fondos del museo de muestras procedentes de las provincias

Figura 7. Ejemplares de invertebrados cenozoicos españoles en la colección «Fósiles de invertebrados y flora españoles» del Museo Geominero. A, MGM-7417N. Gastropoda gen. indet. Eoceno. Huesca. B, MGM-784N. *Helminthopsis sinuosa* (Azpeitia Moros, 1933). Eoceno. Zumaia (Guipúzcoa). Azpeitia Moros (1933, lám. XIV, fig. 24B). C, MGM-1025N. *Helicolithus fabregae* (Azpeitia Moros, 1933). Eoceno. Zarautz (Guipúzcoa). Azpeitia Moros (1933, lám. III, fig. 10). D, MGM-60N. *Nummulites millecaput* Boubée, 1832. Eoceno. Agost (Alicante). E, MGM-338N. *Coelopleurus coronalis* Klein en Leske, 1778. Eoceno. Barcelona. F, MGM-100M. *Amussium cristatum* (Bronn, 1827). Plioceno. Herrerías (Almería). G, MGM-2059N. *Nummulites aturicus* Joly y Leymerie, 1848. Lumaquela. Eoceno. Untzue (Navarra). H, MGM-216N. *Petrophylliella bilobata* (Michelin, 1846). Eoceno. Manresa (Barcelona). I, MGM-614N. *Ovula bellardi* (Bellardi, 1852). Eoceno. Barcelona. J, MGM-4688M. *Chlamys varia* (Linnaeus, 1758). Plioceno. Málaga. K, MGM-3273M. *Astraea rugosa* (Linnaeus, 1767). Plioceno. Estepona (Málaga).

de Barcelona y Huesca se encuentran representados también un nutrido grupo de corales (Fig. 7H), gasterópodos (Fig. 7I), bivalvos y equinodermos (Fig. 7E).

Por último, es muy importante la malacofauna pliocena de las provincias de Almería y Málaga, en especial los bivalvos (Figs. 7F, 7J), gasterópodos (Fig. 7K) y algunos ejemplares de escafópodos. También hay corales, braquiópodos, equínidos, crustáceos y briozoos. Destacan los fósiles procedentes de los diversos yacimientos de la cuenca de Estepona por su variedad, abundancia y conservación excepcional.

Colección «Vertebrados fósiles españoles»

Esta colección incluye más de 6000 registros, lo que constituye el 10 % del total de ejemplares catalogados en la base de datos del Museo Geominero (Fig. 1A). En ella se hallan representados los principales grupos de vertebrados procedentes de numerosos yacimientos españoles. Además de ellos, en esta colección están incluidos aquellos icnofósiles cuyo teórico organismo productor es un vertebrado, así como los conodontos y varios registros mesozoicos que no es posible asignar con seguridad a ningún grupo taxonómico. En esta colección se encuentran 23 holotipos.

En la exposición permanente de vertebrados fósiles, situada en la primera planta del museo, se exhiben más de 700 ejemplares de esta colección, junto a fósiles de vertebrados procedentes de localidades extranjeras. También hay algunas muestras de vertebrados fósiles españoles excepcionalmente conservados en la vitrina 74, en la planta principal del museo. La exposición de vertebrados fósiles del museo ha sido renovada en varias ocasiones; la más reciente tuvo en lugar en 2003, cuando se diseñó de nuevo su contenido y su discurso expositivo.

Si analizamos la edad de los fósiles, la gran mayoría de vertebrados e icnitas de la colección «Vertebrados fósiles españoles» son cenozoicos (un 90 %; Fig. 6C). El resto lo componen un 9 % de ejemplares mesozoicos y apenas un 1 % de ejemplares paleozoicos. En el Cenozoico, la mayor parte pertenecen a los periodos Neógeno y Cuaternario (Fig. 6D).

Si observamos el porcentaje de grupos taxonómicos representados en esta colección, vemos que un 62 % corresponde a mamíferos (Fig. 8A). Le siguen en abundancia los peces (condrictios y osteíctios, un 21 %). Mucho menos abundantes son los reptiles (9 %). Tanto los anfibios, como las aves, conodontos e icnofósiles, representan sólo el 1 % de la colección. Por último, existe un porcentaje de muestras que carecen de asignación taxonómica precisa (Fig. 8A).

En la colección «Vertebrados fósiles españoles» las muestras del Paleozoico son muy escasas, pero destacan los conodontos del Ordovícico y Carbonífero.

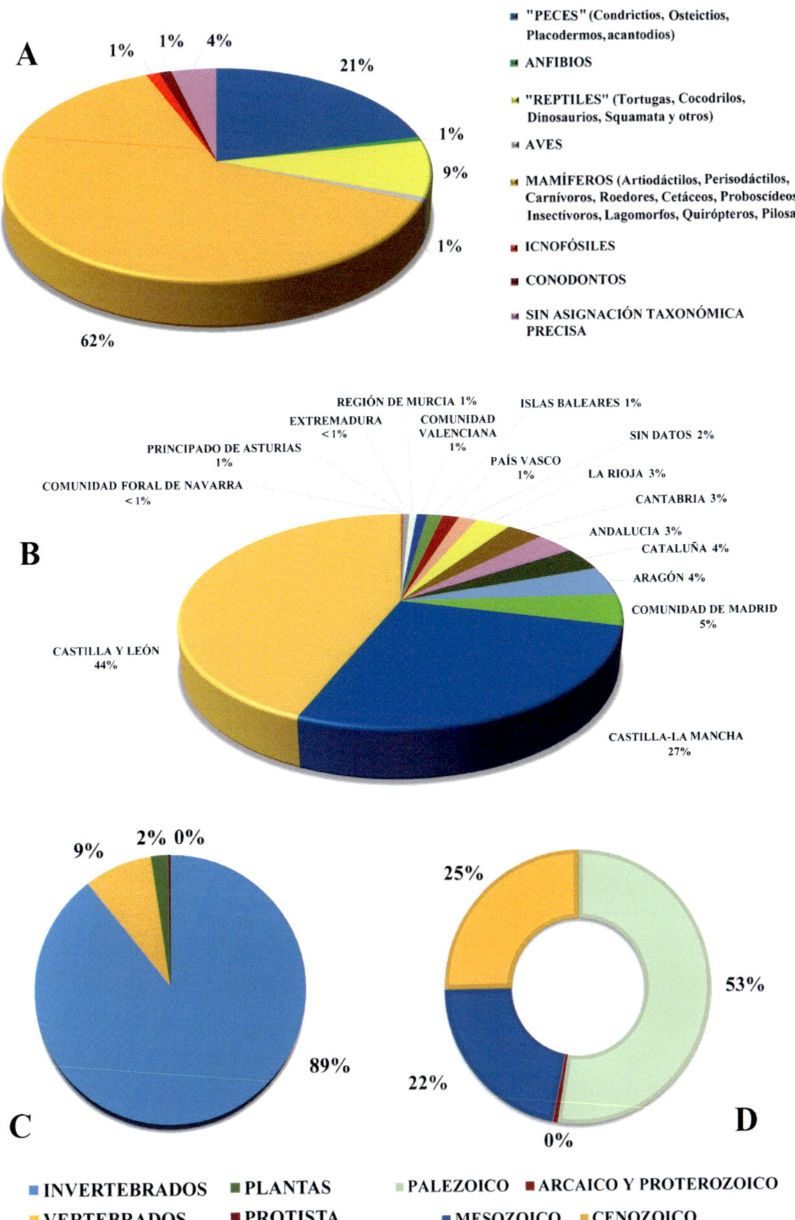

Figura 8. A, grupos fósiles y su abundancia incluidos en el conjunto de fósiles de la colección «Vertebrados fósiles españoles». B, porcentaje de ejemplares de la colección «Vertebrados fósiles españoles» según su procedencia por comunidad autónoma. C, porcentaje de ejemplares incluidos en diferentes reinos y grandes grupos de animales dentro de la colección «Fósiles extranjeros». D, porcentaje de ejemplares procedentes de las diferentes eras geológicas incluidos en la colección «Fósiles extranjeros».

El Devónico sólo está representado por un único ejemplar de placodermo. Del Carbonífero hay algunos peces y una réplica de *Iberospondylus schultzei*, el anfibio más antiguo de la península ibérica, que se expone en una vitrina en la primera planta. Del Silúrico y Pérmico no se conserva ningún ejemplar (Fig. 6D).

En el Triásico y en el Paleógeno hay mayor representación de reptiles, con placodontos y notosaurios del Triásico, y quelonios (*Palaeochelys iberica* y *Neochelys zamorensis*) o el cocodrilo *Diplocynodon muelleri* en el Paleógeno. En el Cretácico hay registro de quelonios, cocodrilos y dinosaurios indeterminados, pero predominan los peces condrictios (*Hybodus*, *Egertonodus*) y osteíctios.

Pero sin duda, los registros más abundantes en la colección «Vertebrados fósiles españoles» son los de mamíferos del Pleistoceno español. Están representados los roedores, lagomorfos (especialmente *Oryctolagus*), quirópteros (*Myotis*), varios géneros de carnívoros (*Crocuta*, *Ursus*, *Canis, Panthera, Lynx, Meles, Vulpes*), bóvidos (*Capra, Hemitragus, Bison, Myotragus balearicus*), cérvidos (*Cervus*), équidos (*Equus, Stephanorhinus*), y algunos restos de suidos, hipopótamos y proboscídeos. En el Neógeno son abundantes los peces, sobre todo osteíctios del yacimiento mioceno de Hellín (Albacete), y los mamíferos. Entre los mamíferos del Neógeno pueden citarse géneros típicos del Mioceno y Plioceno que están representados en las colecciones en proporción variable, como los proboscídeos *Gomphotherium, Tetralophodon* y *Anancus;* los carnívoros *Megantereon, Nyctereutes, Pachycrocuta;* perisodáctilos como *Anchitherium, Hipparion, Alicornops* e *Hispanotherium*; los artiodáctilos con *Listriodon, Decennatherium, Heteroprox, Tragoportax, Croizetoceros, Gazellospira*...

Otros vertebrados no mamíferos neógenos importantes en esta colección son los peces condrictios y osteíctios, además de quelonios testudínidos.

Si analizamos los datos por su procedencia geográfica, casi la mitad de los registros de vertebrados e icnofósiles atribuidos a vertebrados, un 44 %, proceden de yacimientos de Castilla y León (Fig. 8B). De esta comunidad destacan por su abundancia los registros de la provincia de Segovia (un 38 % del total de la comunidad autónoma; Anexo: Tabla 1) con importantes yacimientos como Villacastín (Arribas, 1994a, 1994b) o Los Valles de Fuentidueña, que se dio a conocer en 1944 y ha sido objeto de una extensa lista de trabajos (Almela *et al.*, 1944; Alberdi, 1981; Pesquero y Arribas, 2002). En el museo se conservan varias de las piezas originales de Los Valles de Fuentidueña estudiadas por Almela y colaboradores en 1944, entre ellas restos de *Hipparion* y del jiráfido *Decennatherium pachecoi* (Fig. 9A). También cabe mencionar una importante muestra de reptiles eocenos de Cabrerizos (Salamanca). De la provincia de Burgos son relevantes los proboscídeos *Tetralophodon longirostris* y *Gomphotherium angustidens* del yacimiento mioceno de Monte de la Abadesa (Fig. 9B),

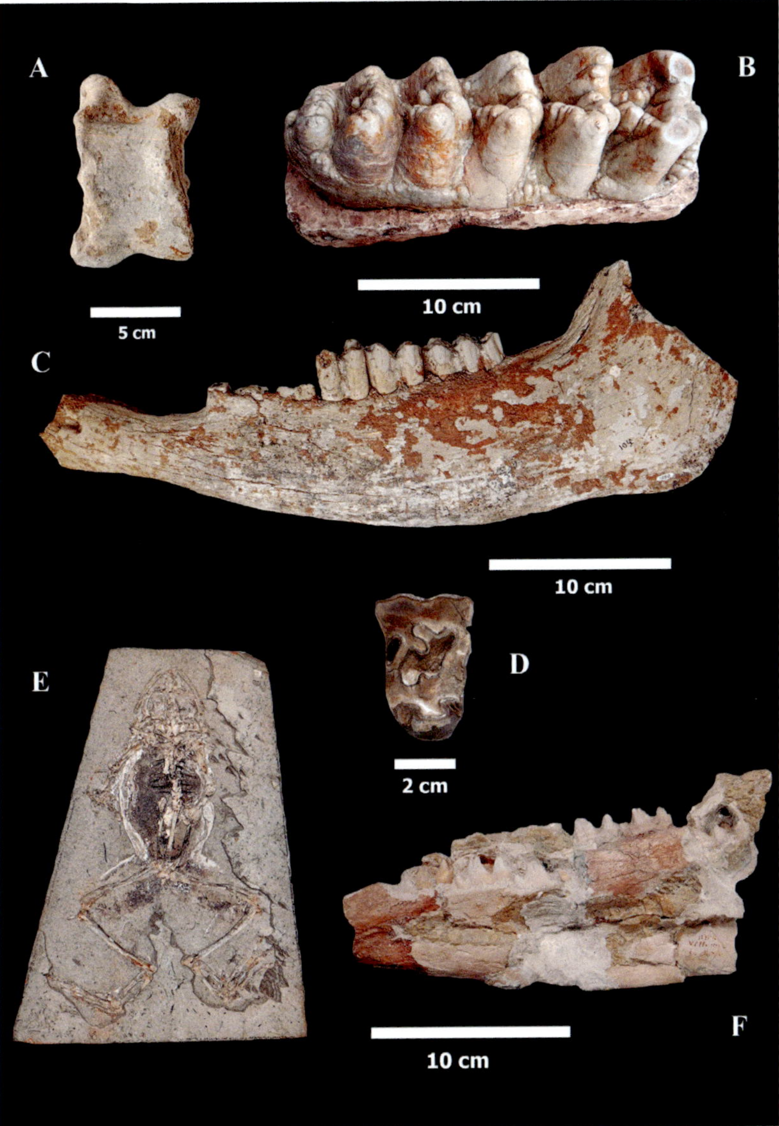

Figura 9. Ejemplares de la colección «Vertebrados fósiles españoles» del Museo Geominero. A, MGM-420M. Astrágalo de *Decennatherium pachecoi* Crusafont, 1952. Mioceno. Los Valles de Fuentidueña (Segovia). Almela *et al.* (1944, lám. 4, fig. 26). B, MGM-947M. Molar inferior de *Tetralophodon longirostris* (Kaup, 1832). Mioceno medio. Monte de la Abadesa (Burgos). C, MGM-104Q. Hemimandíbula de *Bos* cf. *primigenius* Bojanus, 1827. Pleistoceno Superior. Cueva de la Peña de Mudá (Palencia). D, MGM-391M. Premolar cuarto superior de *Hispanotherium matritense* (Prado, 1864). Mioceno medio. Puente de Toledo (Madrid). E, MGM-789M. *Pelophylax pueyoi* (Navás, 1922). Mioceno. Libros (Teruel). F, MGM-1175M. *Sinohippus sampelayoi* (Villalta y Crusafont, 1945). Holotipo. Mioceno superior. Nombrevilla (Zaragoza). Salesa *et al.* (2004, fig. 2).

estudiados por Badillo (1952) y revisados recientemente desde el punto de vista de la conservación (Baeza y Menéndez, 2016). En Palencia, destacan en la colección los restos del clásico yacimiento pleistoceno de Cueva de la Peña de Mudá, excavado por Casiano de Prado en el siglo XIX (Fig. 9C).

Otro importante porcentaje de la colección «Vertebrados fósiles españoles», en torno al 27 %, corresponde a ejemplares de Castilla-La Mancha (Fig. 8B). En este caso son muy abundantes los fósiles de peces de Hellín (Albacete; Anexo: Tabla 1), estando también representadas las provincias de Cuenca, Toledo, Guadalajara y Ciudad Real. De estas provincias podemos destacar las muestras de los yacimientos de Corduente (Triásico) y Córcoles (Mioceno), ambos en Guadalajara. Procedente de Corduente existe una buena muestra de reptiles, especialmente de placodontos y notosaurios (Alférez *et al.*, 1983; de Miguel Chaves *et al.*, 2020). También se conservan más de 200 restos de mamíferos fósiles (además de algunos restos de quelonios) de la localidad de Córcoles, muy estudiada y donde se han definido varias especies nuevas (Íñigo, 1997; Alférez *et al.*, 1999; Antoine *et al.*, 2002; Pickford y Morales, 2018).

En la Comunidad de Madrid, de donde procede el 5 % de los registros de vertebrados de esta colección (Fig. 8B; Anexo: Tabla 1), pueden citarse varios yacimientos clásicos del Mioceno, como son Puente de Vallecas, Puente de Toledo, Cerro de San Isidro... De Puente de Toledo, por ejemplo, podemos destacar algunos dientes fósiles del rinoceronte *Hispanotherium matritense*, que llevan depositados en las colecciones del Museo Geominero desde el siglo XIX (Prado, 1864; Crusafont y Fernández de Villalta, 1947; Fig. 9D). También destaca una muestra compuesta por casi 100 registros procedente de la Cueva del Reguerillo (Patones; Pleistoceno), que comprende, en gran parte, restos de íbice de los Alpes (*Capra ibex*), además de oso de las cavernas (*Ursus spelaeus*) y algunas piezas de ciervo y lince ibérico. Un esqueleto prácticamente completo de *C. ibex* encontrado en la Cueva del Reguerillo se montó en el Museo Geominero en 1971, y desde entonces está expuesto al público (Quiralte *et al.*, 2025). De Aragón (4 %; Fig. 8B) pueden comentarse las muestras procedentes de yacimientos miocenos clásicos de Teruel (Libros, Rubielos de Mora, Concud, El Arquillo y Los Mansuetos) y Zaragoza (Nombrevilla). En la exposición de la primera planta puede contemplarse una muestra de anfibios excepcionalmente conservados del yacimiento de Libros (Teruel), en la que destacan varios ejemplares de la rana *Pelophylax pueyoi* (Fig. 9E). De los yacimientos de Concud, Los Mansuetos y El Arquillo proceden abundantes restos de varias especies de *Hipparion* (Pesquero y Arribas, 2002). De la célebre localidad de Nombrevilla, dada a conocer por Hernández-Pacheco en 1925, pueden señalarse varios restos de proboscídeos, rinocerontes, el jiráfido *Decennatherium pachecoi* y dos géneros de équidos:

Hipparion y *Sinohippus*, que es un género nuevo creado por Salesa *et al.* (2004) para el material que previamente se había asignado a la especie *Anchitherium sampelayoi* (Fernández de Villalta y Crusafont, 1945). La mandíbula holotipo de *S. sampelayoi* (Fig. 9F) se conserva en la tipoteca del Museo Geominero, exponiéndose al público una réplica de alta calidad. En Cataluña (4 %; Fig. 8B) podemos señalar, por una parte, el yacimiento de Piera (Barcelona; Mioceno superior), con varios restos de artiodáctilos como el bóvido *Tragoportax gaudry* (Fig. 10A) y, en menor abundancia, de perisodáctilos (*Hipparion mediterraneum*). De la provincia de Lérida destaca la colección de ejemplares de la localidad oligocena de Tàrrega, con restos muy bien conservados de reptiles (*Palaeochelys iberica, Diplocynodon muelleri*; Fig. 10B) y mamíferos (*Elomeryx cluai*), entre otros grupos (Quiralte y Menéndez, 2018). También existen varios registros de Vilanova de Meià (Lérida, Cretácico), en su mayoría peces, que fueron figurados por Bauzá *et al.*, (1963), como, por ejemplo, el osteíctio *Anaethalion vidali* (Fig. 10C). En Cantabria (3 %; Anexo: Tabla 1) destaca el yacimiento de Vega de Pas (Cretácico), de donde procede una importante muestra de peces osteíctios y condrictios, con el material tipo de una nueva especie, *Arcodonichthys pasiegae* (Poyato-Ariza y Bermúdez-Rochas, 2009). De La Rioja (3 %; Fig. 8B) se conserva una notable muestra del yacimiento plioceno-cuaternario de Villarroya, descubierto el siglo pasado y dado a conocer por el ingeniero de minas Eduardo Carvajal en una comunicación al XIV Congreso Internacional de Geología, celebrado en Madrid en 1926 (Carvajal, 1926). Este yacimiento, de relevancia internacional, ha sido profusamente excavado y estudiado con posterioridad a su descubrimiento, existiendo una extensa bibliografía (por ejemplo, Fernández de Villalta, 1952; Arribas y Bernad, 1994; Alberdi *et al.,* 2016). Entre los primeros restos estudiados procedentes de Villarroya, 18 ejemplares se conservan en el Museo Geominero (Fig. 10D; Rábano *et al.*, 2016). En Andalucía (3 %; Fig. 8B) la práctica totalidad son especímenes cenozoicos, existiendo una buena muestra de mamíferos, por una parte, y por otra, de condrictios (*Isurus, Lamna, Odontaspis, Myliobatis, Oxyrhina, Sphyrna, Carcharhinus* y *Otodus*). Una buena parte de estos ejemplares fueron descritos y figurados en Bauzá *et al.* (1963) y se encuentran expuestos al público (Fig. 10E). Por último, de la Comunidad Valenciana (1 %; Fig. 8B) pueden comentarse dos yacimientos destacados. Uno es el de Mina de San José-Mas del Olmo (Valencia; Dupuy de Lome y Fernández de Caleya, 1918), del que se conservan varias piezas en el museo, entre ellas varios restos de proboscídeos y perisodáctilos (Fig. 10F). El otro es Ribesalbes (Castellón), con piezas antiguas en las colecciones tanto de flora como de fauna, que fueron estudiadas a principios del siglo XIX (Hernández-Sampelayo y Cincúnegui, 1926).

Figura 10. Ejemplares de la colección «Vertebrados fósiles españoles» del Museo Geominero. A, MGM-1126M. Cráneo de *Tragoportax gaudry* (Kretzoi, 1941). Mioceno superior. Piera (Barcelona). B, MGM-1568N. Esqueleto juvenil de *Diplocynodon muelleri* (Kälin, 1936). Oligoceno inferior. Tàrrega (Lérida). Piras y Buscalioni (2006, fig. 9). C, MGM-2970C. Ejemplar incompleto de *Anaethalion vidali* Sauvage, 1903. Cretácico Inferior. Rúbies (= Vilanova de Meià, Lérida). Bauzá *et al.* (1963, lám. II). D, MGM-1793M. Hemimandíbula de *Megantereon cultridens* (Cuvier, 1824). Plioceno superior-Pleistoceno inferior. Villarroya (La Rioja). Fernández de Villalta (1952, lám. XVII, fig. 1); Arribas y Bernad (1994, lám. 3, fig. 9). E, MGM-742M. Diente de *Otodus megalodon* (Agassiz, 1935). Mioceno. Niebla (Huelva). Bauzá *et al.* (1963, lám. 8, fig. 1). F, MGM-406M. Hemimandíbula de *Anchitherium aurelianense* (Cuvier, 1825). Mioceno medio. Mas del Olmo (= Mina San José, Valencia). Dupuy de Lôme y Fernández de Caleya (1918, lám. II, figs. 12 y 13).

Para terminar el recorrido por los restos de vertebrados españoles hay que mencionar que en el Museo Geominero está depositada una importante muestra del rumiante fósil endémico del Plioceno-Holoceno de las islas Baleares, *Myotragus balearicus*, descubierto en Mallorca a principios del siglo XX por la paleontóloga británica Dorothea Bate. Estos fósiles se encuentran expuestos en una vitrina de la primera planta del museo.

Entre los icnofósiles españoles atribuidos a vertebrados e incluidos también en esta colección de «Vertebrados fósiles españoles», la muestra más abundante es la del Cretácico, en la que se encuentran representadas huellas o icnitas fósiles, en su mayoría de dinosaurio, y restos de huevos de dinosaurios. Tanto en el Neógeno, en general, como en el Pleistoceno, en particular, destaca la muestra de coprolitos de mamíferos. Más adelante se detallarán estos ejemplares en un apartado específico sobre la colección de icnofósiles del Museo Geominero.

Colección «Fósiles extranjeros»

Esta colección está compuesta por cerca de 7000 registros pertenecientes a especímenes no españoles, que representan el 11 % del total de ejemplares catalogados en las colecciones de paleontología del Museo Geominero (Fig. 1A). El interés de esta colección es básicamente histórico, ya que tuvo su inicio en las relaciones institucionales y científicas establecidas con otros centros de investigación desde el origen del actual IGME a través de intercambios, donaciones, etc. Muchos de los ejemplares se incorporaron a la colección durante la segunda mitad del siglo XIX y primeros años del siglo XX. La muestra es importante, ya que gran parte de los ejemplares que la forman proceden de yacimientos clásicos o ya desaparecidos. Otros ejemplares de esta colección ingresaron como adquisiciones. Cabe destacar que contiene 19 holotipos.

En torno a 1000 piezas del total de los ejemplares inventariados en esta colección pueden observarse en la exposición permanente del museo a lo largo de 23 vitrinas localizadas en el pasillo de acceso a la sala principal del museo, en una vitrina de la planta baja y en varias vitrinas de la primera planta.

La colección «Fósiles extranjeros» se encuentra compuesta en su mayoría por fósiles de animales (invertebrados y vertebrados), que representan el 97,61 % del total frente al 2,09 % de fósiles de plantas, siendo el 0,3 % restante un pequeño grupo de fósiles de protistas (Fig. 8C). Entre los fósiles de animales, son mucho más numerosos los invertebrados, con un 88,28 % del total, sobre un 8,33 % de restos de vertebrados (Fig. 8C).

Entre los invertebrados los grupos mejor representados son los braquiópodos, los trilobites, algunos moluscos (bivalvos y gasterópodos), los equinodermos y los cnidarios. Con respecto a la edad de los ejemplares de invertebrados o los que están bajo este epígrafe como foraminíferos, estromatolitos, o icnitas relacionadas con organismos invertebrados, el Arcaico y Proterozoico están representados tan solo por un 0,50 % del total. Los fósiles más numerosos son los paleozoicos (52,62 %), seguidos por los cenozoicos (25,22 %) y por último los mesozoicos (21,66 %) (Fig. 8D). Los invertebrados de esta colección provienen predominantemente de Francia, Marruecos y Alemania, entre otro buen número de países.

Los ejemplares más antiguos (Arcaico y Proterozoico) son escasos pero relevantes. Existen diversos restos de estromatolitos originarios de Marruecos, Australia, Angola y Mauritania, cuyas edades van desde el Arcaico hasta el Neoproterozoico (Fig. 11A). Destaca un excelente ejemplar del icnotaxón *Neonereites uniserialis* del Mesoproterozoico de Australia, así como varios restos de *Beltanelliformis brunsae,* organismo sin asignación taxonómica precisa, procedentes de localidades clásicas ucranianas y que han sido revisados recientemente (Ruiz Jiménez, 2022) (Fig. 11B).

Los grupos más representados entre los paleozoicos son los braquiópodos (42 %), trilobites (23 %), cnidarios (fundamentalmente corales, 11 %), equinodermos (5 %) y gasterópodos (5 %). El resto de categorías taxonómicas no supone más del 3 % (Fig. 12A). Con respecto a su procedencia geográfica, el 26 % son de Marruecos, y hay un porcentaje significativo del 22 % cuyo origen no español es indeterminado. También son procedencias distintivas Sahara Occidental (9 %) y Alemania (7 %); el resto es igual o menor al 5 % (Anexo: Tabla 2). Entre los ejemplares paleozoicos de la colección es significativa la presencia de varios trilobites gigantes del Ordovícico de Portugal, fósiles emblema del Geoparque Mundial de la UNESCO Arouca (Sá *et al.,* 2009) (Fig. 11C). También destacan los trilobites y otros artrópodos, cefalópodos, conularias, paropsonémidos y «gusanos» palaeoescolécidos de dos importantes *Konservat-Lagerstätten* del Ordovícico de Marruecos (biotas de Tafilalt y Fezouata), cuyos fósiles presentan conservación excepcional (Menéndez y Quiralte, 2018) (Fig. 11D). Son igualmente destacables los corales y braquiópodos devónicos del antiguo Sahara español; así como diferentes moluscos, braquiópodos y crinoideos procedentes de Eifel y Turingia (Alemania), localidades donde se establecieron los estratotipos de los pisos Eifeliense (Devónico) y Turingiense (Pérmico).

Figura 11. Ejemplares de invertebrados no españoles en la colección «Fósiles extranjeros» del Museo Geominero. A, MGM-5887X. Estromatolito. Tónico (Neoproterozoico). Mauritania. B, MGM-2613X. *Beltanelliformis brunsae* Menner en Keller *et al.* (1974). Ediacárico (Neoproterozoico). Ruiz Jiménez (2022, lám. II, fig. g). C, MGM-352X. *Ogyginus? forteyi* Rábano, 1989. Ordovícico. Arouca (Portugal). D, MGM-7157X. *Discophyllum peltatum* Hall, 1847. Ordovícico Superior. Biota de Tafilalt. Bou Nemrou (Marruecos). E, MGM-2928X. *Phragmotheutis conocanda* Quenstedt, 1849. Jurásico Inferior. Holzmaden (Alemania). F, MGM-2867X. *Palinurus* sp. Weber, 1795. Cretácico. Hadjuola (Líbano). G, MGM-1221X. *Clavilithes parisienses* (Mayer-Eymar, 1876). Eoceno. Cuise (Francia). H, MGM-1892X. *Cucullaea raea* Zinsmeister, 1984. Eoceno. Isla Marambio (Antártida). I, MGM-6315X. *Harpactoxanthopsis quadrilobata* (Desmarest, 1822). Eoceno. Vicenza (Italia).

Entre los invertebrados mesozoicos extranjeros, los grupos fósiles más numerosos son los bivalvos (30 %), braquiópodos (22 %), equinodermos y cefalópodos (ambos con un 16 %) y gasterópodos (11 %). El resto de grupos no alcanza el 3 % del total (Fig. 12B). La gran mayoría de ejemplares son de Francia (75 %), y en mucha menor medida de Alemania (8 %), Países Bajos (3 %), Reino Unido (2 %) y procedencia desconocida (2 %); el resto de países no superan el 1 % (Anexo: Tabla 2). Entre el conjunto más nutrido, los bivalvos, existe un notable grupo del Triásico de Francia y Alemania muy bien conservados y cuyo catálogo fue abordado por Márquez-Aliaga *et al.* (2002). Por otro lado, es llamativa la presencia de ejemplares de varias localidades jurásicas europeas muy significativas: cefalópodos (Fig. 11E) y crustáceos de Holzmaden y Solnhofen (Alemania) respectivamente, así como ammonites de Lyme Regis (Reino Unido). Para el Cretácico son relevantes los ejemplares procedentes de uno de los clásicos yacimientos *Konservat-Lagerstätten* del Líbano, Hadjoula. Aquí se conserva una variada fauna marina entre la que se encuentran muchos crustáceos (Fig. 11F).

El 94 % de los invertebrados cenozoicos no españoles son moluscos: gasterópodos (51 %) y bivalvos (43 %) (Fig. 12C). Además, el 89 % procede de Francia (Anexo: Tabla 2) constituyendo, por tanto, una extensa colección de invertebrados marinos del Paleógeno de la Cuenca de París. Todos ellos han sido recolectados en conocidas localidades englobadas en este singular enclave, como Grignon, Cuise, etc. Están representados corales y equinoideos, pero los más numerosos con diferencia son los bivalvos y los gasterópodos (Fig. 11G). Es reseñable el conjunto de moluscos (bivalvos y gasterópodos) procedentes del Paleógeno de la isla Marambio (Antártida; Fig. 11H) situada alrededor del extremo norte de la Tierra de Graham, al oeste de la península Antártica. Los primeros fósiles fueron descubiertos allí en el año 1882 y su riqueza paleontológica abarca vertebrados, invertebrados y flora. Este material fue recolectado por personal del IGME durante el transcurso de expediciones científicas. Otro material reseñable es aquel que presenta una conservación excepcional, y como tal está considerado en la exposición permanente del museo. Es el caso, entre otros, de cangrejos marinos del Paleógeno de Italia (Fig. 11I).

En cuanto a los fósiles de vertebrados de esta colección, si tenemos en cuenta su antigüedad, la mitad de la muestra pertenece al Mesozoico (un 50 %), siguiendo en abundancia los registros cenozoicos (32 %) y siendo los paleozoicos los más escasos (Fig. 12D). Según los grupos taxonómicos, los vertebrados más numerosos son el grupo de los peces (un 63 %; Fig. 12E), tanto condrictios como osteíctios. Los demás grupos, incluyendo reptiles, mamíferos, aves, conodontos

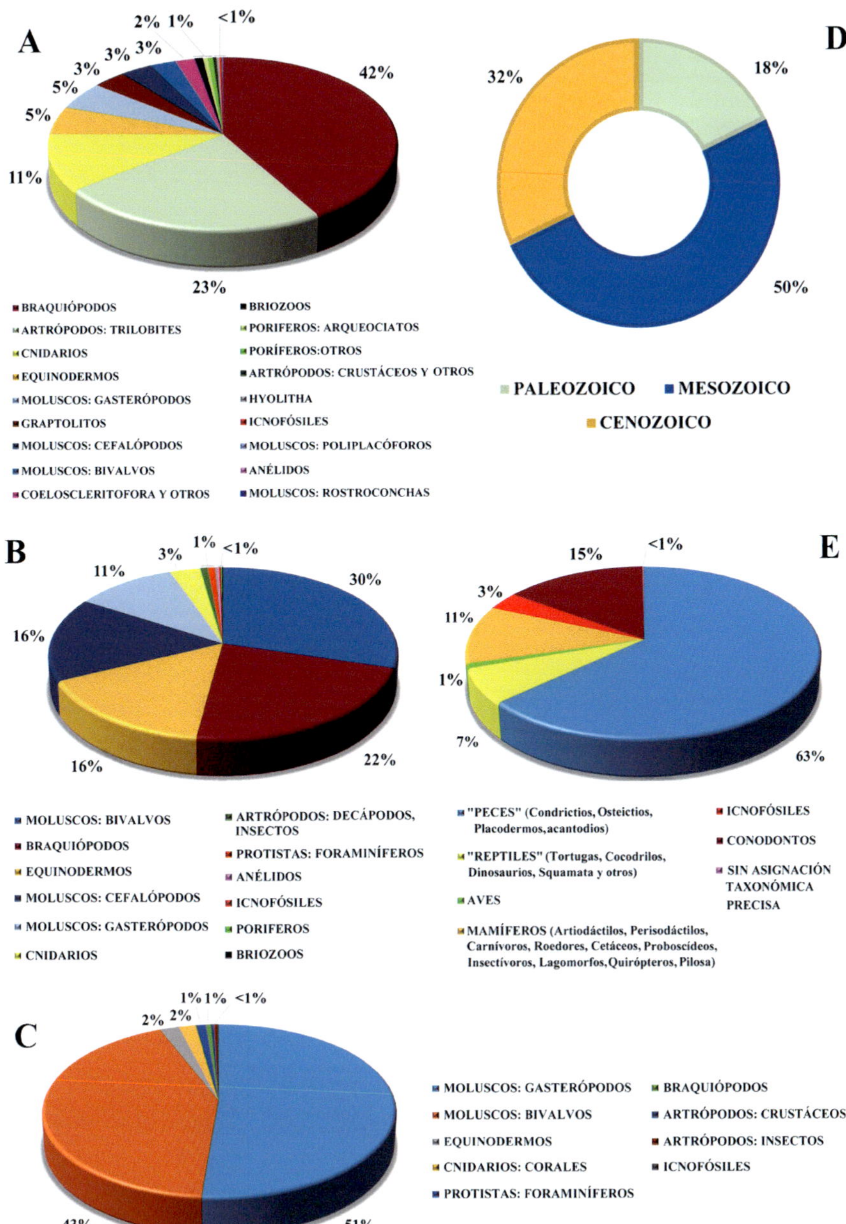

Figura 12. A, grupos fósiles de invertebrados y su abundancia incluidos entre el conjunto de fósiles paleozoicos de la colección «Fósiles extranjeros». B, grupos fósiles de invertebrados y su abundancia incluidos entre el conjunto de fósiles mesozoicos de la colección «Fósiles extranjeros». C, grupos fósiles de invertebrados y su abundancia entre el conjunto de fósiles cenozoicos de la colección «Fósiles extranjeros». D, porcentaje de ejemplares de vertebrados procedentes de las diferentes eras geológicas incluidos en la colección «Fósiles extranjeros». E, grupos fósiles y su abundancia incluidos en el conjunto de fósiles de vertebrados de la colección «Fósiles extranjeros».

e icnofósiles, están representados en unos porcentajes variables, pero mucho menores que el de los peces (Fig. 12D). No se conserva, sin embargo, ningún registro de anfibio.

En el Mesozoico los restos más abundantes provienen del periodo Cretácico, y la mayor parte corresponde a peces condrictios (*Odontaspis, Lamma, Myliobatis, Scapanorynchus*) y algunos reptiles y aves. Cabe destacar de este periodo varios fósiles excepcionales de la provincia de Liaoning (China; biota de Jehol), como el ave *Liaoxiornis delicatus,* expuesta en la planta baja del museo (Fig. 13A). Entre los reptiles cretácicos podemos señalar la presencia, en la primera planta y presidiendo la entrada a la gran sala del museo, de una réplica del cráneo y la mandíbula del ejemplar de *Tyrannosaurus rex* más completo conocido hasta la fecha y descubierto en 1987 en el Cretácico Superior de Dakota del Sur (Estados Unidos). Este ejemplar se conoce mundialmente como «Stan», en honor a su descubridor, y fue adquirido por el Museo Geominero en el año 2002. Igualmente, en la planta primera, podemos señalar un cráneo completo con la mandíbula articulada de *Dyrosaurus phosphaticus*, un cocodrilomorfo de rostro estrecho semejante a los actuales gaviales (Fig. 13D). Los restos del Jurásico son mucho menos numerosos, y existen varios peces fósiles, réplicas de reptiles fósiles de Alemania (*Pterodactylus, Stenopterygius, Steneosaurus*) y una réplica del ave primitiva *Achaeopteryx litographica* del yacimiento de preservación excepcional (o *Konservat-Lagerstätte*) de Solnhofen, en Alemania. Del Triásico solo hay algunos restos de reptiles, entre los que pueden destacarse una réplica del cráneo de *Eoraptor lunensis* de Argentina, que es uno de los primeros dinosaurios conocidos, y dos ejemplares originales de un pequeño notosaurio de China (*Keichousaurus hui*, Fig. 13B). Entre los vertebrados extranjeros del Cenozoico de esta colección los más abundantes son los peces paleógenos, con muchos registros de condrictios eocenos (*Odontaspis, Lamma, Scapanorynchus, Heliobatis, Rhombodus*) procedentes de Marruecos principalmente. También existen unos ejemplares de peces osteíctios muy bien conservados del Eoceno de Estados Unidos como *Mioplosus labracoides* y *Priscacara serrata* (Fig. 13E) o del yacimiento eoceno de Messel, como *Cyclurus kehreri.* Solo existe un mamífero paleógeno en esta colección y se trata del artiodáctilo *Eporeodon major,* del Oligoceno de Estados Unidos (Fig. 13C). En el Neógeno están representados los peces (condrictios y osteíctios), aves (un resto de pingüino) y mamíferos (armadillos, perezosos, notungulados...). Del Cuaternario sólo se registran mamíferos (*Equus, Ursus, Bison, Elephas, Smilodon* y un primate). La colección del Paleozoico es más reducida (18 %; Fig. 12D) y está formada en su mayoría por varios géneros de conodontos del

Ordovícico y, en menor proporción, por peces (*Palaeoniscus, Xenacanthus*), dos réplicas del tetrápodo pérmico *Seymouria baylorensis,* y dos peces del Devónico, el placodermo *Bothriolepis canadensis* (Fig. 13F) y un agnato (*Cephalaspis).*

Como se aprecia en la tabla 2 (ver Anexo), más de la mitad de los vertebrados de esta colección, un 59 %, proceden de Marruecos, y en su mayoría son peces condrictios cretácicos de varios géneros, aunque también hay algunos osteíctios, dentición aislada de *Mosasaurus* y un cráneo completo con mandíbula de *Dyrosaurus phosphaticus*, que ya hemos comentado. También hay una importante muestra de Perú, que corresponde en su totalidad a conodontos (Gutiérrez-Marco *et al.*, 2008). De Argentina destaca la colección de una treintena de restos miocenos de notongulados (*Typotheriopsis, Paedsotherium*), roedores y xenartros, representados por placas de armadillos y gliptodontes (Fig. 13G). De Estados Unidos hay una muestra diversa que incluye condrictios y osteíctios, réplicas de cráneos de dinosaurios, y un mamífero. En las paredes y vitrinas del pasillo de acceso a la sala principal hay expuestos varios fósiles de vertebrados de Alemania, entre los que destaca un ejemplar completo y original del osteíctio *Cyclurus kehreri* del yacimiento de conservación excepcional eoceno de Messel. Es destacable de este ejemplar que ha sido obtenido y conservado mediante la técnica de transferencia en resina. De Francia se conserva también una colección de diversos ejemplares de diferente antigüedad y grupo taxonómico. El resto, con porcentajes más modestos, corresponde a registros de otros países (Anexo: Tabla 2). Destacar entre ellos China, de donde proceden piezas excepcionalmente conservadas de distintos periodos, muchas de ellas expuestas. Recientemente se ha incorporado a la colección, procedente de una donación particular, un caparazón completo de China del género *Anosteira*, una tortuga paleógena.

Los icnofósiles atribuidos a vertebrados catalogados en la colección «Fósiles extranjeros» no son muy numerosos (una veintena de registros), entre los que destacan algunos restos de cáscaras de huevos y gastrolitos de dinosaurios del Jurásico y Cretácico. Más adelante se comentarán en un apartado específico.

Colección «Paleontología sistemática de invertebrados»

Se trata de una colección especial integrada en una exposición diseñada en la década de 1990 con un claro objetivo didáctico. Contiene algo más de 700 ejemplares, que suponen un 2 % del volumen de la colección paleontológica global del museo. Estos ejemplares se exponen en su totalidad a lo largo de 22 vitrinas situadas en el pasillo principal de acceso a la sala central del museo.

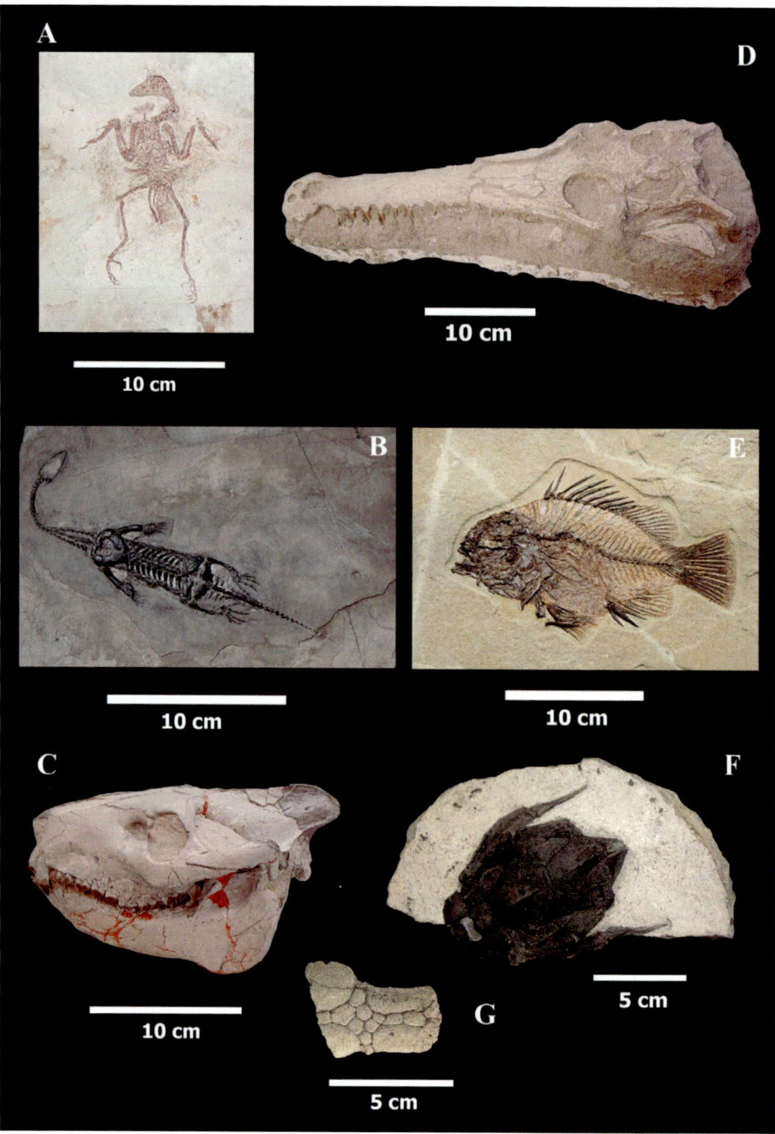

Figura 13. Ejemplares de vertebrados en la colección «Fósiles extranjeros» del Museo Geominero. A, MGM-3823X. Ejemplar completo de *Liaoxiornis delicatus* Hou y Chen, 1999. Cretácico Inferior. Liaoning (China). B, MGM-2902X. Esqueleto completo de *Keichousaurus hui* Young, 1958. Triásico Medio. Guizhou (China). C, MGM-1757X. Cráneo y mandíbula de *Eporeodon major* (Leidy, 1853). Oligoceno medio. Dakota del Sur (Estados Unidos). D, MGM-1973X. Cráneo completo con mandíbula articulada de *Dyrosaurus phosphaticus* Thomas, 1893. Cretácico Superior. Qued-Tem (Marruecos). E, MGM-1754X. Ejemplar completo de *Priscacara serrata* Cope, 1877. Eoceno. Wyoming (Estados Unidos). F, MGM-6289X. Cráneo de *Bothriolepis canadensis* Whiteaves, 1880. Devónico Medio. Quebec (Canadá). G, MGM-1983X. Placas de Glyptodontidae indeterminado. Mioceno inferior. Argentina.

En esta colección-exposición se explican los diversos grupos de invertebrados fósiles desde una perspectiva evolutiva, haciendo especial hincapié en sus características morfológicas más importantes y distintivas. Por este motivo, esta colección está constituida por ejemplares de diferentes procedencias, tanto españoles (31,41 %) como de otros países (68,58 %) ya que el criterio a la hora de formarla no fue el lugar de procedencia, sino la representatividad y diversidad de grupos de invertebrados en el registro fósil.

Las provincias españolas de donde proviene el mayor número de ejemplares son Ciudad Real, León y Córdoba, en el caso de los fósiles paleozoicos, Teruel y Navarra, para los mesozoicos y Almería, si se trata del Cenozoico. Entre los países extranjeros mejor representados en esta colección, aparece con gran diferencia Francia, con un 75,93 % de ejemplares. De Francia, además, proceden el 90,48 % de las muestras mesozoicas y el 77,45 % de las cenozoicas. Sin embargo, los ejemplares paleozoicos tienen una procedencia más variada, siendo Estados Unidos, Sahara Occidental, Marruecos y Alemania los más representativos.

En esta colección destacan varias piezas por diversas razones. Hay que señalar la presencia de varios ejemplares de quelicerados, como los euriptéridos, de Estados Unidos (Fig. 14A) y Ucrania (Tetlie y Rábano, 2007). Los euriptéridos son artrópodos menos frecuentes que los trilobites en el registro fósil, aunque coexistieron con ellos la mayor parte del tiempo, extinguiéndose ambos grupos a final del Pérmico. También son de interés los graptolitos silúricos procedentes de diversos yacimientos de España (Fig. 14D). Los corales devónicos del antiguo Sahara español son muy representativos para exponer las características morfológicas de este grupo (Fig. 14E). Los moluscos y braquiópodos mesozoicos de Francia son muy numerosos, algunos de ellos con una conservación excepcional (Fig. 14B). Son reseñables también los equínidos del Eoceno español (Fig. 14C). Por otro lado, se exhiben al público piezas procedentes de yacimientos excepcionales a nivel mundial por la excelente preservación de sus fósiles, como por ejemplo Solnhofen (Jurásico Superior, Alemania) (Fig. 14F), la Formación Santana (Cretácico, Brasil), o los pozos de asfalto natural del Rancho La Brea (Pleistoceno, California, Estados Unidos).

Colección «Evolución humana»

Esta colección está formada por casi un centenar de registros, de los que prácticamente su totalidad corresponden a réplicas de restos fósiles relacionados con los seres humanos, del Neógeno y Cuaternario mundial. Dentro de esta

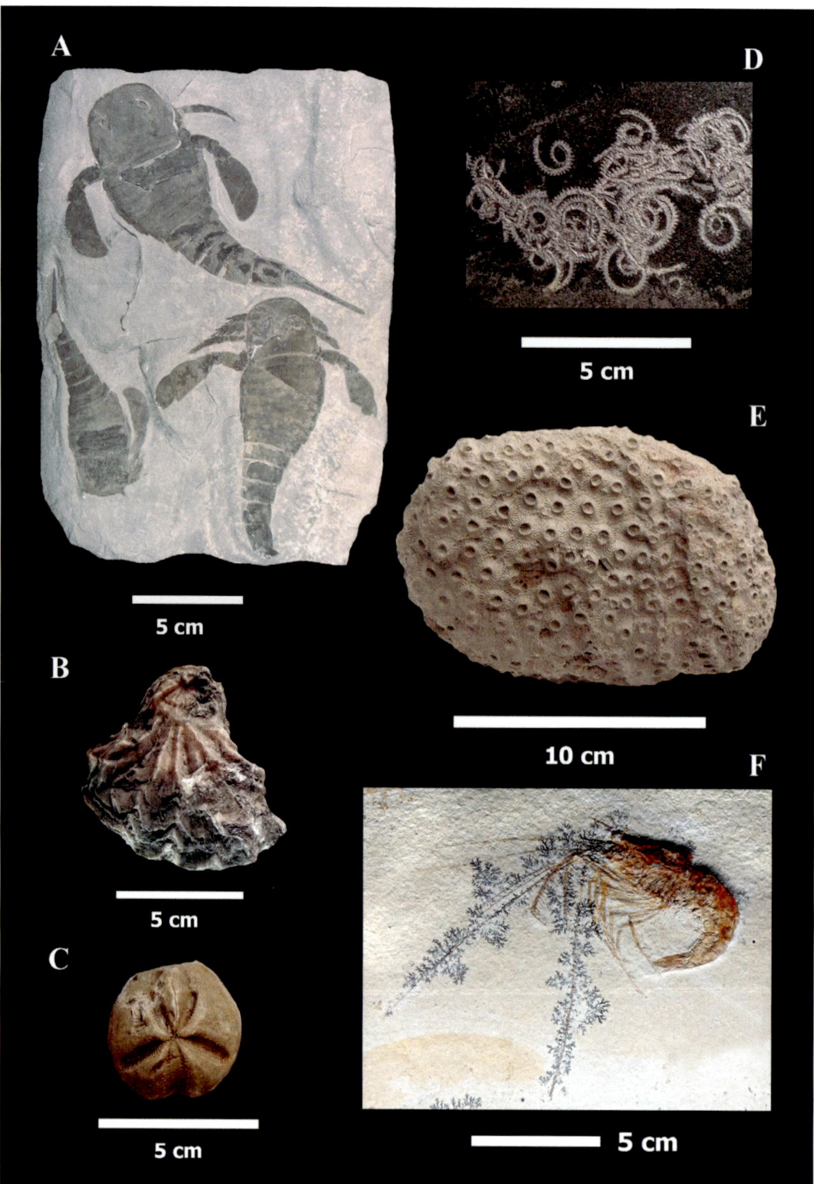

Figura 14. Ejemplares en la colección «Paleontología sistemática de invertebrados» del Museo Geominero. A, MGM-5869X. *Eurypterus remipes* DeKay, 1825. Silúrico. New York (Estados Unidos). Tetlie y Rábano (2007, lám. 1, fig. b). B, MGM-676X. *Actinostreon marshi* (Sowerby, 1814). Jurásico Superior. Francia. Delvene (2007, lám. 2, fig. 4). C, MGM-392N. *Schizaster* sp. Agassiz, 1835. Eoceno. Guadalupe (Almería). D, MGM-3070S. *Oktavites spiralis* (Geinitiz, 1872). Silúrico. Checa (Guadalajara). E, MGM-1727X. *Acervularia troscheli* Milne-Edwards y Haime, 1851. Devónico. Sahara Occidental. F, MGM-1889X. *Antrimpos* sp. Münster, 1835. Jurásico Superior. Solnhofen (Alemania).

colección, la mayoría son ejemplares pertenecientes a la familia Hominidae, estando también representadas las familias Propliopithecidae, Pliopithecidae o Parapithecidae. Los homínidos neógenos incluyen réplicas de importantes taxones fósiles africanos y asiáticos como *Australopithecus*, *Kenyanthropus*, *Gigantopithecus*, *Sivapithecus* y *Homo habilis*. Del Pleistoceno los restos más abundantes son los de varias especies de *Homo* y *Paranthropus*. En la primera planta del Museo Geominero pueden contemplarse gran parte de estas réplicas en cuatro vitrinas dedicadas a la evolución humana.

Entre las réplicas de taxones de homínidos de África puede señalarse el holotipo de *Homo habilis* (Kenia). Se conservan también restos europeos de *Homo neanderthalensis*, entre ellos una réplica del primer resto de esta especie, hallado en el valle de Neander (Alemania). Asimismo, en los fondos no expuestos del museo se conserva una réplica del famoso fraude del «hombre de Piltdown» (*Eoanthropus dawsoni*), que en 1953 se demostró que no era una especie de homínido británico, sino que el cráneo pertenecía a *Homo sapiens*, la mandíbula a un orangután y parte de la dentición (artificialmente alterada) a un primate indeterminado.

OTRAS COLECCIONES PALEONTOLÓGICAS Y MUESTRAS FÓSILES ESPECIALES EN EL MUSEO GEOMINERO

Además de las colecciones paleontológicas principales que se han desglosado en el apartado anterior, en el museo se conservan otros restos o conjunto de especímenes que merecen tratarse y comentarse de manera particular. Entre ellos existe un conjunto de muestras micropaleontológicas que incluye microorganismos, plantas, invertebrados, vertebrados, etc. Atendiendo a sus características, los ejemplares se han incluido en alguna de las colecciones principales del museo antes mencionadas. En el caso de los protistas (como foraminíferos y otros grupos), que están bien representados en las colecciones del Museo Geominero, los ejemplares procedentes de localidades españolas se encuentran incluidos en la colección «Fósiles de invertebrados y flora españoles», aunque de manera estricta no sean invertebrados. También forman una entidad particular la «Colección de fósiles incluidos en resina fósil», la «Colección de estromatolitos» y la «Colección de icnofósiles», además de la «Colección de paleobotánica», que trataremos en conjunto. A continuación, haremos un pequeño recorrido por estas muestras particulares.

La «Colección de paleobotánica»

La colección cuenta con más de 1800 registros de flora fósil, tanto de procedencia española como extranjera, que se encuentran catalogados en las colecciones «Fósiles de invertebrados y flora españoles» y «Fósiles extranjeros». El mayor porcentaje corresponde a fósiles españoles (92 %), mientras que el 8 % restante corresponde a ejemplares extranjeros. Se conservan restos vegetales que presentan diversos tipos de fosilización y que se pueden encontrar aislados o incluidos en una matriz, tales como xilópalos, compresiones, impresiones y moldes formados por procesos naturales, que conservan en algunos casos excepcionales una capa carbonosa o fragmentos cuticulares.

La flora fósil española expuesta al público se distribuye a lo largo de seis vitrinas en la exposición permanente de la sala principal del museo. En concreto, puede observarse en vitrinas de los periodos Carbonífero, Cretácico, Oligoceno y Mioceno. En la primera planta también hay dos vitrinas en las que se exhiben restos paleobotánicos. Una de ellas está dedicada a la flora del Carbonífero de la cordillera Cantábrica, presentando la segunda una interesante colección de restos foliares de la cuenca miocena de La Cerdaña (Lérida). En la exposición dedicada a «Fósiles extranjeros», los especímenes de flora se encuentran en las vitrinas del pasillo de acceso al museo, y se distribuyen según la edad que tengan en la vitrina correspondiente.

Dentro de la colección «Fósiles de invertebrados y flora españoles», la proporción de fósiles de flora es de un 3,6 %, siendo el resto invertebrados e icnofósiles atribuidos a invertebrados, como ya hemos visto en anteriores apartados. Del conjunto de fósiles vegetales, prácticamente la mitad proceden de afloramientos paleozoicos (46 %), mientras que el resto son mesozoicos (25 %) y cenozoicos (29 %) en una proporción muy similar (Fig. 15A).

Si analizamos en detalle la colección de flora española, la mayor parte de los ejemplares paleozoicos corresponden al Carbonífero (un 97 %, Fig. 15B), destacando la abundancia de muestras del Principado de Asturias y León, que alcanzan el 65 % del total (Anexo: Tabla 1; Fig. 16A). De las provincias de Palencia, Córdoba y Ciudad Real también hay una interesante representación (Anexo: Tabla 1; Figs. 16B, 16E).

La gran mayoría de los fósiles de flora mesozoica tienen una edad cretácica (88 %; Fig. 15C). En la tabla 1 puede observarse que la flora mesozoica de la Comunidad de Madrid es la mejor representada (43 %), siendo también importantes las muestras de Cuenca y Lérida. En esta última provincia destacan los especímenes del yacimiento cretácico de Rúbies (Vilanova de Meià) depositados

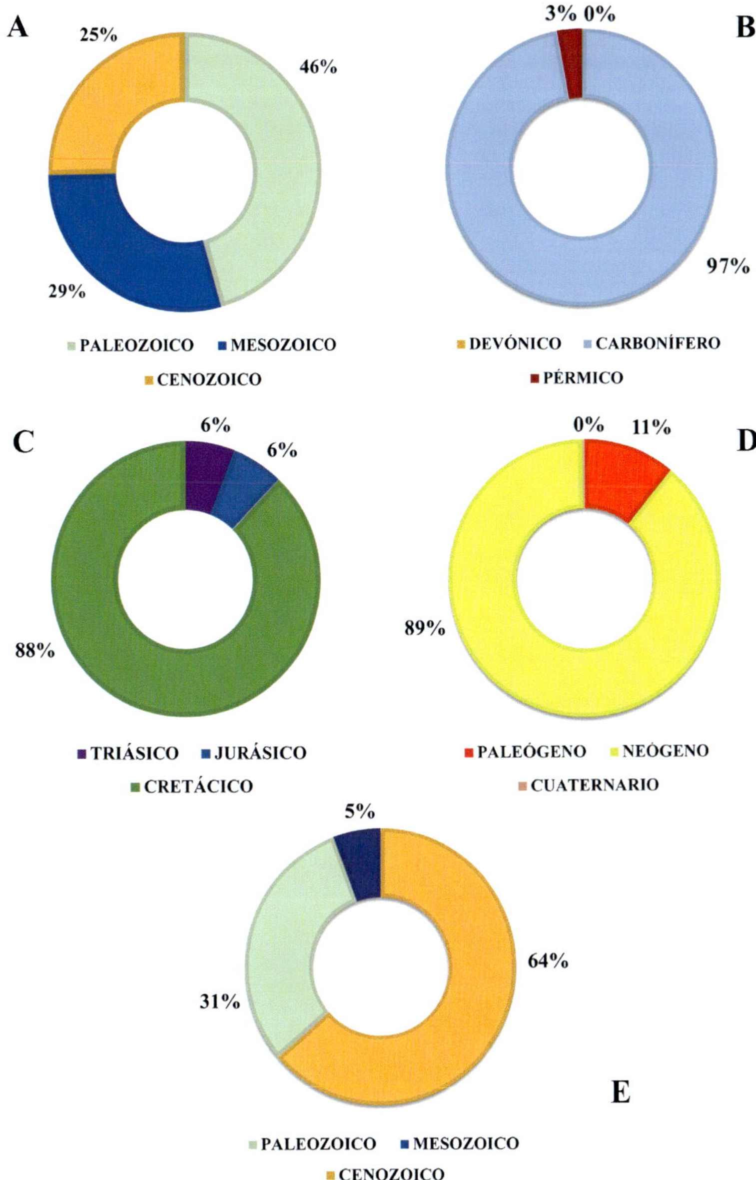

Figura 15. A, porcentaje de ejemplares de flora procedentes de las diferentes eras geológicas incluidos en la colección «Fósiles de invertebrados y flora españoles». B, porcentaje de ejemplares de flora de los diferentes sistemas del Paleozoico incluidos en la colección «Fósiles de invertebrados y flora españoles». C, porcentaje de ejemplares de flora de los diferentes sistemas del Mesozoico incluidos en la colección «Fósiles de invertebrados y flora españoles». D, porcentaje de ejemplares de flora de los diferentes sistemas del Cenozoico incluidos en la colección «Fósiles de invertebrados y flora españoles». E, porcentaje de ejemplares de flora procedentes de las diferentes eras geológicas incluidos en la colección «Fósiles extranjeros».

en el museo en la década de los 50 del pasado siglo, destacándose especies como *Montsechia vidali* (Fig. 16F), *Ranunculus ferreri* y *Sphenolepis kurriana* (Menéndez-Amor, 1951; Quintero y de la Revilla, 1966). En el Cenozoico gran parte de la colección proviene del Neógeno (89 %; Fig. 15D). Predominan los restos foliares de angiospermas, siendo como en el caso del Mesozoico, cuantitativamente importantes los ejemplares procedentes de Lérida, que forman casi la mitad de la colección cenozoica (un 48%; Anexo: Tabla 1). Entre ellos destacan los restos foliares de la cuenca miocena de La Cerdaña (Barrón y Rodrigo, 2025). Por otra parte, la colección alberga algunos ejemplares muy bien conservados de palmeras del yacimiento oligoceno de Tàrrega (Fig. 16C). Además, con una abundancia del 18 % (Anexo: Tabla 1) destacan los especímenes de la cuenca miocena de Ribesalbes-Alcora, en Castellón (Fig. 16G; Hernández-Sampelayo y Cincúnegui, 1926; Barrón y Postigo-Mijarra, 2011; Peñalver y Barrón, 2025).

Los elementos de flora contenidos en la colección «Fósiles extranjeros» son más escasos, en torno a 150 registros. Al contrario de lo que ocurre en la colección de flora española, en este caso los ejemplares más numerosos son cenozoicos (64 %), siendo escasos los del Mesozoico (Fig. 15E).

Si bien en las colecciones del museo hay representación de flora fósil procedente de una quincena de países, casi la mitad de la muestra extranjera procede de la República Dominicana (48 %; Anexo: Tabla 2), siendo todos ejemplares atribuibles a angiospermas. También son importantes los especímenes de Estados Unidos (20 %) que tienen una edad diversa. De este país se cuenta con ejemplares excepcionales, como las hojas de *Ginkgo adiantoides* del Paleoceno de Dakota del Norte (Fig. 16D), o diversos xilópalos, como *Araucarioxylon arizonicum* del Triásico de Arizona (Fig. 16H).

Los registros del resto de países tienen pocos o muy pocos ejemplares. Sin embargo, cabe destacar que en el Museo Geominero se conservan muestras de algunas de las plantas vasculares más antiguas que se conocen, como las devónicas del Reino Unido (*Aglaophyton* y *Rhynia*) y República Checa (*Relimia*). Estos son, además, los ejemplares paleoflorísticos más antiguos que se custodian en el museo.

La taxonomía vegetal es una disciplina dinámica que está actualmente en proceso de cambio y revisión. Consecuentemente, las colecciones de paleobotánica del Museo Geominero están en continuo estudio y esto afecta a la identificación de sus fósiles. En concreto, esto se plasma cuando se trabaja con taxones fósiles en los que sus distintas especies, incluso géneros, pueden relacionarse con distintas partes de un mismo individuo. Este es el caso de

Lepidodendron-Stigmaria (troncos y raíces de una licofita arbórea) y de *Calamites-Annularia* (troncos y hojas de equisetos arborescentes). Estas dificultades tienen que ser tenidas en cuenta al hablar de las colecciones de flora del museo, donde pueden encontrarse clasificaciones que están sujetas a revisiones por parte de especialistas (ver Barrón y Postigo-Mijarra, 2011; Barrón y Rodrigo, 2025). Con independencia de la clasificación seguida, y la asignación concreta a una determinada jerarquía taxonómica (división, clase...), a continuación, se presenta una valoración general sobre los grupos representados en las colecciones del Museo Geominero.

Son varias las categorías taxonómicas a las que pertenecen las especies de los fósiles que se custodian en las colecciones del museo. Debemos destacar los distintos grupos botánicos presentes como, por ejemplo, los Lycophyta (*Stigmaria* y las formas arborescentes *Lepidodendron* y *Sigillaria*), los helechos verdaderos (Pterophyta), Equisetidae (*Calamites, Annularia, Sphenophyllum, Asterophyllites*), «helechos con semillas» (Pteridospermatophyta) y las gimnospermas (Gymnospermae), entre las que se encuentra el género *Cordaites,* una gimnosperma primitiva. Los restos más abundantes del Carbonífero son los llamados «helechos con semillas» y las gimnospermas. Las pteridospermas que se conservan en las colecciones del museo son exclusivas del Paleozoico, en concreto, de los periodos Carbonífero y Pérmico.

En el conjunto de las gimnospermas, existe representación de cícadas mesozoicas, ginkgos cenozoicos y coníferas correspondientes a diversos taxones del Mesozoico y Cenozoico, por ejemplo, *Araucaria, Walchia, Pinus, Sequoia...* Igualmente importante y abundante es el grupo de las angiospermas (= Angiospermae), en su mayoría del Cenozoico, aunque hay también ejemplares del Cretácico como *Montsechia vidali.* Por último, en las colecciones del museo existen algunos representantes fósiles de algas clorofitas mesozoicas (algas verdes) y carofitas cenozoicas.

La «Colección de fósiles incluidos en resina fósil»

En el Museo Geominero se encuentra depositada una colección de 168 piezas de ámbar y copal de distinta procedencia, que conservan en su interior principalmente invertebrados. Se catalogan en la colección «Fósiles extranjeros» o en la de «Fósiles de invertebrados y flora españoles», según corresponda por su procedencia geográfica. Algunas de las piezas están expuestas, pero dadas las condiciones ambientales óptimas que se deben cumplir para su adecuada

Figura 16. Ejemplares de paleoflora incluidos en las colecciones «Fósiles de invertebrados y flora españoles» y «Fósiles extranjeros» del Museo Geominero. A, MGM-1202H. *Lepidodendron aculeatum* Sternberg, 1820. Carbonífero. Aller (Asturias). B, MGM-1026H. *Asterophyllites equisetiformis* (Schlotheim, 1920) Brongniart, 1928. Carbonífero. Orbó (Palencia). C, MGM-1077N. Hoja de *Sabal major* (Unger, 1842) Heer, 1855. Oligoceno. Tàrrega (Lérida). D, MGM-5881X. Hoja de *Ginkgo adiantoides* (Unger, 1845) Heer, 1874. Paleoceno. Dakota del Norte (Estados Unidos). E, MGM-1175H. Pínnulas de *Paripteris gigantea* (Sternberg, 1821) Gothan, 1941. Carbonífero. Belmez (Córdoba). F, MGM-1004C. *Montsechia vidali* (Zeiller, 1902) Teixeira, 1954. Cretácico. Rúbies (Lérida). G, MGMG-1025M. Cono femenino de *Sequoia abietina* (Brongniart, 1822) Knobloch, 1964. Mioceno. Ribesalbes (Castellón). Hernández-Sampelayo y Cincúnegui (1926, fig. 30); Barrón y Postigo-Mijarra (2011, lám. I, fig. 4). H, MGM-6951X. Xilópalo *Araucarioxylon arizonicum* Knowlton, 1889. Triásico. Arizona (Estados Unidos).

conservación, la mayoría de ellas se encuentran almacenadas en un emplazamiento adecuado del museo. En la exposición permanente existe una vitrina donde se explica la formación de las resinas fósiles desde un punto de vista didáctico y divulgativo.

La mayor parte de las piezas son neógenas y proceden de la República Dominicana (un 78 % del total de registros). También hay algunos ejemplares neógenos de los países bálticos y piezas de copal cuaternario de Madagascar. De España se conservan tres ejemplares, todos de Cantabria, algunos de los cuales presentan micelos fúngicos (Speranza *et al.*, 2015).

La «Colección de icnofósiles»

Se trata de una colección diversa y está formada por más de 800 registros, que incluyen huellas o icnitas, huevos, gastrolitos y coprolitos. Atendiendo a su teórico organismo productor (artrópodos, moluscos, dinosaurios, aves...) y su lugar de procedencia, se encuentran incluidas en las correspondientes colecciones principales del museo («Fósiles de invertebrados y flora españoles», «Fósiles extranjeros», «Vertebrados fósiles españoles» y «Paleontología sistemática de invertebrados»). Los icnofósiles más numerosos son los atribuidos a invertebrados españoles (87 %). Los icnofósiles expuestos muestran una gran diversidad y pueden contemplarse en varias vitrinas de la sala principal del museo, en el pasillo de acceso a la misma y en la primera planta del museo, donde se encuentra una vitrina expresamente dedicada a la paleoicnología.

Los icnofósiles españoles más numerosos asignados a invertebrados son paleozoicos, con más de 600 registros. Casi todos los ejemplares son del periodo Ordovícico, siendo más escasos los del Cámbrico y contando con apenas representación en el Silúrico, Devónico y Carbonífero. Por ejemplo, del Cámbrico, existen algunos ejemplares de *Astropolichnus hispanicus*, que se ha interpretado como la marca de anclaje de un animal similar a una anémona de mar (Fig. 2C). En el Ordovícico se pueden citar abundantes restos atribuibles a trilobites, como *Cruziana* y *Rusophycus*. También están representados otros géneros de icnofósiles como *Phycodes, Didymaulichnus, Arthrophycus, Planolites* o *Skolithos* (Fig. 2F). Existe además en las colecciones abundante material proveniente del estudio científico realizado con motivo de las obras del túnel Ordovícico del Fabar en Ribadesella, en Asturias (Gutiérrez-Marco y Bernárdez, 2003). Del Devónico hay sólo 4 ejemplares, siendo dos de ellos marcas de descanso de equinodermos asteroideos del género *Asteriacites*.

El siguiente grupo en abundancia son los icnofósiles de invertebrados cenozoicos, con un centenar de ejemplares, casi todos del Paleógeno. Entre ellos hay que destacar una importante colección de 80 fósiles procedentes del *flysch* eoceno de Zumaia (Guipúzcoa) y Almería, de los que se exponen al público casi la mitad y algunos de los cuales están depositados en el museo con anterioridad a 1940 (Azpeitia, 1933). Se tienen ejemplos de varias especies de *Chondrites, Helicolithus* (Fig. 17A), *Scolicia* (Fig. 17B), *Helminthoida* (Fig. 17D), *Helminthopsis,* el enigmático y discutido *Palaeodictyon* y *Munsteria bicornis* (Fig. 17E).

Por último, los icnofósiles de invertebrados mesozoicos son los menos numerosos, aunque se conservan especímenes del Triásico, Jurásico y Cretácico.

Entre los icnofósiles españoles atribuidos a vertebrados se contabilizan 70 registros, que corresponden a cáscaras de huevos fósiles, huellas de reptiles, gastrolitos, coprolitos de mamíferos y peces. Algo más de la mitad de la muestra la forman restos mesozoicos, seguidos en abundancia por los cenozoicos y un único resto paleozoico. Puede destacarse la muestra de coprolitos, que corresponde mayoritariamente a carnívoros del Neógeno y Cuaternario, aunque también hay algunos coprolitos atribuidos a peces del yacimiento mioceno de Hellín (Albacete). Existen algunos restos de huevos fósiles, más o menos completos, que corresponden sobre todo a dinosaurios del Cretácico encontrados en Coll de Nargó (Lérida) y en Cuenca. También hay algunos huevos fósiles muy completos de aves procedentes de Palencia y Murcia. Otro grupo importante de icnofósiles son las huellas atribuidas a diversos tetrápodos. Por ejemplo, del yacimiento cretácico de Vega de Pas (Cantabria) se conservan varios ejemplares relacionados casi en su totalidad con dinosaurios terópodos. También se registran unas interesantes huellas y pistas de reptiles triásicos de Rillo de Gallo (Guadalajara) como *Synaptichnium* o *Chirotherium* (Fig. 17C), algunas de las cuales se encuentran expuestas al público. Por último, podemos señalar la existencia de varias muestras con rastros de pisadas de aves.

En cuanto a su procedencia geográfica, como hemos visto antes, la muestra de icnofósiles más numerosa procede de localidades españolas (tanto las atribuidas a invertebrados como a vertebrados). En el caso de la colección «Fósiles extranjeros», gran parte de los icnofósiles son atribuidos a vertebrados y son, en su mayoría, mesozoicos. Así, pueden mencionarse algunos huevos fósiles de quelonios y dinosaurios (Fig. 17F), gastrolitos, algunos coprolitos y huellas de dinosaurios.

Figura 17. Ejemplares de icnofósiles incluidos en las distintas colecciones paleontológicas del Museo Geominero. A, MGM-2023N. *Helicolithus sampelayoi* Azpeitia Moros, 1933. Eoceno. Entre Getaria y Zumaia (Guipúzcoa). Azpeitia (1933, lám. IV, fig. 11). B, MGM-13N. *Scolicia prisca* de Quatrefages (1849). Eoceno. Entre Getaria y Zumaia (Guipúzcoa). C, MGM-145T *Chirotherium* isp. Kaup, 1835. Triásico Inferior. Rillo de Gallo (Guadalajara). D, MGM-2038N. *Helminthoida labyrinthica* Heer, 1877. Eoceno. Almería. Azpeitia Moros (1933, lám. 7, fig. 17). F, MGM-760N. *Munsteria bicornis* Heer, 1877. Eoceno. Zumaia (Guipúzcoa). G, MGM-2896X. Huevo de dinosaurio. Cretácico. Henan (China).

La «Colección de estromatolitos»

El interés por estos restos por parte del público ha crecido en los últimos años, ya que ha trascendido más allá de la comunidad científica la importancia que tienen en los estudios de la aparición de la vida en el planeta. Son los restos de evidencia de vida fósil más antigua de la Tierra. Actualmente, los estromatolitos más antiguos que se conocen tienen unos 3700 millones de años y se han encontrado en Groenlandia (Allwood *et al.*, 2018). En la exposición permanente del museo hay una vitrina dedicada exclusivamente a los estromatolitos donde se explica qué son, cómo se forman y su aparición en el registro geológico. El origen de esta muestra se encuentra en el diseño, en 2009, de la exposición «Estromatolitos: las rocas construidas por microrganismos» (Rodríguez-Martínez *et al.*, 2010). Actualmente, desde el punto de vista de la gestión, la colección de estromatolitos no tiene entidad propia al no estar individualizada y separada del resto de colecciones, ya que los ejemplares se encuentran integrados en otras colecciones atendiendo a su procedencia y edad, como se mencionado anteriormente. La edad de los ejemplares que la componen abarca desde el Arcaico al Neógeno, siendo los del Neoproterozoico y Cámbrico los más abundantes. Hay muestras tanto españolas como de otros países (Fig. 11A). Dadas las características, la importancia y el potencial incremento de piezas que tiene este conjunto, su identidad debería tender a ser independiente en el futuro.

La «Colección de micropaleontología»

Esta colección consiste en un conjunto de muestras micropaleontológicas de diversa naturaleza (protistas, invertebrados, plantas, vertebrados...) que se ubican y almacenan de una manera especial en un emplazamiento particular en el museo debido a sus características especiales de conservación (láminas delgadas, levigados...). El origen de esta colección es diverso (investigación, donación...) y abarca tanto yacimientos españoles como extranjeros. Atendiendo a su naturaleza, los ejemplares se han clasificado e incluido en alguna de las colecciones principales del museo antes mencionadas. Aquí cabe destacar dos colecciones de autor. Por un lado, la extraordinaria colección de diatomeas que tuvo su origen en la agrupación de dos colecciones previas: la de Eduardo Fungairiño de la Peña, que se integró en la de Florentino Azpeitia Moros y que pasó a formar parte de los fondos del museo en 1934 tras el fallecimiento de este último (Pastor, 1991). Y, por otro lado, la colección personal de comparación constituida principalmente por foraminíferos de José Ramírez del Pozo, ingresada en los fondos del Museo Geominero en los últimos años (ver Menéndez *et al.*, 2025).

GESTIÓN DE LAS COLECCIONES PALEONTOLÓGICAS DEL MUSEO GEOMINERO

De acuerdo a las tareas que debe realizar cualquier museo, definidas por consenso por el Consejo Internacional de Museos (ICOM; ver Rábano, 2025), el Museo Geominero organiza su actividad en torno a tres pilares principales: gestión-conservación, investigación y divulgación de los bienes patrimoniales que custodia. Estas tres actividades se desarrollan en el museo de manera simultánea y coordinada a través de una política de colecciones de obligado cumplimiento para el equipo de profesionales que desempañan sus funciones en cada una de las temáticas del museo (administración, gestión, conservación, investigación y programas públicos), así como para el personal voluntario y estudiantes en prácticas que pudieran ejercer labores esporádicas o continuadas en el tiempo. Por otra parte, existen determinadas pautas dentro de la política de gestión que son también de obligado cumplimiento para el público y personas usuarias de las diferentes colecciones, particularmente en lo que respecta al acceso a las mismas para consulta o investigación, así como préstamo, ya sea por motivos científicos, divulgativos o educativos.

La política de colecciones del Museo Geominero está plasmada en un documento, que sirve de guía para el personal, que establece los principios para la gestión y el manejo de todas las colecciones del museo y fija el marco de los estándares profesionales en relación a los elementos que se custodian y conservan. Con el fin de hacer las colecciones accesibles al mayor número posible de personas, tanto para usos científicos como educativos y culturales, así como de preservarlas para generaciones futuras, en el marco de la política de colecciones se ha diseñado un elaborado protocolo de gestión de las mismas, que aborda varios aspectos clave como la conservación preventiva, documentación y catalogación, entradas y salidas permanentes o temporales de material (compras, donaciones, intercambios, depósito, cesión, préstamos, bajas...), almacenamiento, exhibición y divulgación.

Resulta fundamental garantizar el mantenimiento de la documentación completa, actualizada y accesible de las colecciones paleontológicas, tanto desde dentro como desde fuera del museo. Dicho proceso de documentación incluye tareas de registro, inventario y catalogación de los ejemplares fósiles que esta institución custodia. Un programa de inventario continuo facilita la investigación, la documentación y el almacenamiento de los elementos de las colecciones y proporciona el listado de la totalidad de los bienes custodiados y el acceso a los mismos. En el caso del Museo Geominero, se dispone de una base de datos informática desarrollada a finales de la década de los años 90 del siglo pasado por el servicio de informática del IGME en colaboración con el personal responsable de colecciones del museo. Esta base de datos institucional, que se ha ido mejorando con los años e incluyendo nuevas funcionalidades y protocolos de seguridad y acceso, permite el registro informático de los ejemplares y el acceso a toda la información y documentación asociada (fotografías, bibliografía asociada descargable en formato pdf). La gestión de la colección de paleontología se realiza a través de esta base de datos, específica e independiente de las otras bases que gestionan las restantes colecciones en el museo, como las de mineralogía y petrología, además de la base de datos de conservación. Cabe destacar el esfuerzo adicional que se está desarrollando desde hace unos años para implementar una imagen de referencia en los ejemplares fósiles digitalizados, un proceso que actualmente alcanza casi un 13 % del total de ejemplares catalogados.

En muchas instituciones, como en el caso del Museo Geominero, además del soporte informático, se siguen almacenando fichas de papel del inventario como medida de seguridad adicional de cara a conservar los datos.

En definitiva, y como se ha indicado anteriormente, la gestión de una colección (con independencia del bien que se trate) es una tarea compleja que, en el caso del Museo Geominero, implica una total dedicación de las conservadoras de las colecciones de paleontología. Son las responsables de ingresar los datos de las colecciones en los sistemas de registro y tratamiento, así como de la actualización de la información documental de los ejemplares, de facilitar el acceso a la consulta de especímenes con fines científicos y divulgativos, de procesar las altas (incluyendo la valoración técnica de donaciones), bajas y préstamos de piezas para exposiciones ajenas al museo, participar en exposiciones del propio museo y de velar por la correcta conservación de los ejemplares almacenados y expuestos, tarea desarrollada en estrecha colaboración con los restauradores del laboratorio del museo. También participan en actividades de investigación, tareas de docencia (cursos de profesorado, grado y máster universitario), divulgación, colaboraciones diversas con centros y entidades científicas, educativas, culturales (talleres, participación en ferias científicas…). Merece la pena incidir en el aspecto de la actualización taxonómica y científica constante de las colecciones, que resulta de suma importancia y no es una tarea sencilla, ya que requiere unos conocimientos especializados sobre cada uno de los grupos fósiles que la componen, además del manejo de la bibliografía específica relacionada. Por ello, es de vital importancia la colaboración de especialistas en diferentes grupos fósiles para llevar a cabo estas revisiones periódicas, o que el personal encargado de dicha colección posea estos conocimientos.

INVESTIGACIONES HISTÓRICAS EN TORNO A LA COLECCIÓN DE FÓSILES

La colección paleontológica del Museo Geominero, que se fue formando desde mediados del siglo XIX, como hemos visto, alberga ejemplares recogidos por personajes de la talla de Casiano de Prado o Lucas Mallada, reconocidos como precursores de la paleontología en nuestro país. A través de las memorias geológicas que acompañan a los mapas geológicos provinciales publicados a lo largo del siglo XIX y primer tercio del siglo XX, conocemos los fósiles que los estudiosos de la geología nacional utilizaron como herramientas de datación y de caracterización de los terrenos. Sin embargo, la lamentable ausencia de archivo histórico en el IGME y en su museo, así como de catálogos antiguos de las colecciones de fósiles, ha dificultado la adscripción de ejemplares de la colección a trabajos concretos. Por ello, desde muy pronto se abordó un análisis de la colección desde un punto de vista histórico, con objeto de restituir en la medida de lo posible los datos ausentes en el inventario.

El trabajo es ingente y no está concluido. Hemos obtenido datos parciales desde que lo iniciamos a comienzos de la década de 1990, analizando los ejemplares desde diferentes miradas. Con el fin de no extendernos en el presente apartado, nos limitaremos a dar cuenta de las citas de los resultados publicados, a las que remitimos a la persona interesada en profundizar en la materia. Teniendo en cuenta el origen de la colección, las memorias geológicas provinciales publicadas a partir de 1873, se han podido identificar algunos fósiles recogidos en las provincias de Cáceres y Badajoz (Menéndez y Rábano, 2010); en las de Córdoba (Rábano, 1999), Jaén (Rábano, 2000), Huelva (Menéndez *et al.*, 2016) y Granada (Menéndez y Quiralte, 2020); en la de Barcelona (Lozano *et al.*, 2005); en Ciudad Real (Rábano, 1998); en las de León (Rábano, 2006) y Segovia (Rábano, 2013); así como en Aragón (Rábano, 1997; Rábano y Delvene, 2002; de la Fuente *et al.*, 2008) y Galicia (Rábano *et al.*, 1989).

Para la documentación de ejemplares fósiles con las categorías de tipo o figurado, de gran importancia para la nomenclatura paleontológica, unos estudios iniciales sobre las colecciones identificaron invertebrados e icnofósiles paleozoicos (Rábano y Arribas, 1997) e invertebrados mesozoicos (Rábano *et al.*, 1997). Se abordaron también otros catálogos sobre colecciones históricas de arqueociatos (Perejón, 1984, 1987; Perejón *et al.*, 1999, 2014), trilobites devónicos (Arbizu *et al.*, 1996), bivalvos mesozoicos (Bernad, 1997; Delvene y Fürsich, 2002; Márquez-Aliaga *et al.*, 2001, 2002; Delvene *et al.*, 2004; Delvene, 2005), nautilodeos jurásicos (Martínez y Rábano, 1999), ammonoideos (Bernad y Martínez, 1996; Goy y Rodrigo, 1999); braquiópodos jurásicos (Rodrigo y Comas-Rengifo, 1997), flora cretácica (de la Fuente y Gómez, 2003) y algunos grupos de vertebrados (Pesquero y Arribas, 2002).

Otra mirada sobre las colecciones fue la que se orientó hacia ejemplares de yacimientos paleontológicos singulares. Aquellos con vertebrados cenozoicos formaron parte del estudio llevado a cabo por Arribas *et al.* (2001), al que siguieron algunos sobre lugares de interés concretos, como el del Monte de la Abadesa, en Burgos (Menéndez y Rábano, 2015), el del Plioceno de Villarroya, en La Rioja (Arribas y Bernad, 1994; Rábano *et al.*, 2016), o el del Oligoceno de Tàrrega, en Lérida (Quiralte y Menéndez, 2018). Por su parte, Peñalver *et al.* (2016) abordaron una revisión histórica del yacimiento de La Rinconada, en la cuenca neógena de Ribesalbes (Castellón), para la que consideraron los ejemplares históricos de las colecciones del Museo Geominero.

AGRADECIMIENTOS

Agradecemos a María José Torres la realización de gran parte de las fotografías de este capítulo, a Eduardo Barrón su ayuda con la colección de paleobotánica y a Graciela Delvene su asistencia con el grupo de moluscos. También queremos mostrar nuestro agradecimiento a todas las personas que nos han precedido en las tareas de gestión y conservación de las colecciones de fósiles en el Museo Geominero a lo largo del tiempo, tanto de manera profesional como voluntaria, y que han contribuido a documentar, ordenar, catalogar y cuidar de estos preciados bienes naturales. El presente trabajo se enmarca en el proyecto PID2021-123323NB-I00 / AEI/10.13039/501100011033/ FEDER, UE del Ministerio de Ciencia, Innovación y Universidades.

BIBLIOGRAFÍA

ALBERDI, M.T. (coord.) 1981. Geología y paleontología del yacimiento Neógeno continental de Los Valles de Fuentidueña (Segovia). *Estudios Geológicos*, 37 (5-6), 337-513.

ALBERDI, M.T.; AZANZA, B. Y CERVANTES, E. 2016. *Villarroya, yacimiento clave de la paleontología riojana*. Instituto de Estudios Riojanos, Logroño, 317 pp.

ALFÉREZ, F.; MOLERO, G. Y MALDONADO, E. 1983. Un nuevo yacimiento con vertebrados fósiles (peces y reptiles) en el Trías de la Cordillera Ibérica (Canales de Molina, Guadalajara). *Resumen VI Reunión Bienal de la Real Sociedad Española de Historia Natural* (Santiago, 13-17 septiembre de 1983).

ALFÉREZ, F.; ÍÑIGO, C.; MOLERO, G. Y RUEDA, R. 1999. Registro fósil de Córcoles (Guadalajara): reflejo de la vida en La Alcarria en el Mioceno Inferior. En: E. Aguirre e I. Rábano (eds.), *La huella del pasado: Fósiles de Castilla-La Mancha*. Junta de Comunidades de Castilla-La Mancha, Toledo, 261-274.

ALLWOOD, A.C.; ROSING, M.T.; FLANNERY, D.T.; HUROWITZ, J.A y HEIRWEGH, C.M. 2018. Reassessing evidence of life in 3,700-million-year-old rocks of Greenland. *Nature*, 563, 241-244. https://doi.org/10.1038/s41586-018-0610-4

ALMELA, A. Y RÍOS, J.M. 1942. Una nueva especie de *Discocylina* del Eoceno catalán. *Notas y Comunicaciones del Instituto Geológico y Minero de España*, 10, 57-64.

ALMELA, A.; BATALLER, J.R. Y HERNÁNDEZ-SAMPELAYO, P. 1944. Un nuevo yacimiento de vertebrados fósiles miocenos (con una nota paleontológica). *Notas y Comunicaciones del Instituto Geológico y Minero de España*, 13, 1-10.

ANTOINE, P.O.; ALFÉREZ, F. E ÍÑIGO, C. 2002. A new elasmotheriine (Mammalia, Rhinocerotidae) from the Early Miocene of Spain. *Comptes Rendus Palevol,* 1, 19-26.

ARBIZU, M.; RÁBANO, I. Y TRUYOLS, J. 1996. Trilobites del Museo Geominero. II. Las colecciones antiguas del Devónico de la Cordillera Cantábrica (N España). *Boletín Geológico y Minero*, 107 (1), 3-13.

ARRIBAS, A. 1994a. El yacimiento mesopleistoceno de Villacastín (Segovia, España). Geología y Paleontología de micromamíferos. *Boletín Geológico y Minero*, 105 (2), 28-48.

ARRIBAS, A. 1994b. Paleontología de macromamíferos del yacimiento mesopleistoceno de Villacastín (Segovia, España). *Boletín Geológico y Minero*, 105 (2), 344-361.

ARRIBAS, A. Y BERNAD, J. 1994. Catálogo de mamíferos pliocenos del yacimiento de Villarroya (La Rioja), en la colección del Museo Geominero. *Boletín Geológico y Minero,* 105 (3), 236-248.

ARRIBAS, A.; PESQUERO, D. Y RÁBANO, I. 2001. Fósiles de vertebrados terrestres del Cenozoico español en las colecciones del Museo Geominero (IGME, Madrid). En: G. Meléndez, Z. Herrera, G. Delvene y B. Azanza (eds.), *XVII Jornadas de la Sociedad Española de Paleontología. Los fósiles y la paleogeografía*. Publicaciones del Seminario de Paleontología de Zaragoza, 5 (2). Universidad de Zaragoza, Zaragoza, 587-593.

AZPEITIA MOROS, F. 1933. Datos para el estudio paleontológico del Flysch de la costa cantábrica y de algunos otros puntos de España. *Boletín del Instituto Geológico y Minero de España*, 53, 1-66.

BADILLO, L. 1952. Nota sobre un nuevo yacimiento de «Mastodon longirostris», Kaup. *Notas y Comunicaciones del Instituto Geológico y Minero de España*, 28, 89-94.

BADILLO, L. 1959. Catálogo de especies fósiles del Museo del Instituto Geológico y Minero de España. 1. Cambriano. *Notas y Comunicaciones del Instituto Geológico y Minero de España*, 55 (3), 71-124.

BAEZA, E. Y MENÉNDEZ, S. 2016. La colección de proboscídeos fósiles del «Monte de la Abadesa» (Burgos) del Museo Geominero (IGME, Madrid). Tratamientos de conservación. En: G. Meléndez, A. Núñez y M. Tomás (eds.), *Actas de las XXXII Jornadas de la Sociedad Española de Paleontología*. Cuadernos del Museo Geominero, 20. Instituto Geológico y Minero de España, Madrid, 101-106.

Barrón, E. y Postigo-Mijarra, J.M. 2011. Early Miocene fluvial-lacustrine and swamp vegetation of La Rinconada mine (Ribesalbes-Alcora basin, Eastern Spain). *Review of Palaeobotany and Palynology*, 165, 11-26.

Barrón, E. y Rodrigo, A. 2025. Una colección octogenaria en el Museo Geominero: la flora del Mioceno de la cuenca de La Cerdaña (Pirineos orientales, Cataluña). En: I. Rábano (ed.), *Museo Geominero: colecciones, divulgación, investigación*. Doce Calles, Aranjuez, 161-182.

Bataller, J.R. y López Manduley, M. 1931. *Memoria explicativa de la Hoja nº 498 (Hospitalet) del Mapa Geológico Nacional a escala 1:50.000*. IGME, Madrid, 40 pp.

Bauzá, J.; Quintero, I. y de la Revilla, J. 1963. Contribución al conocimiento de la fauna ictiológica fósil de España. *Notas y Comunicaciones del Instituto Geológico y Minero de España*, 70, 217-273.

Bernad, J. 1997. Catálogo de los bivalvos del Lías español depositados en el Museo Geominero (ITGE; Madrid). *Boletín Geológico y Minero*, 108 (1), 3-28.

Bernad, J. y Martínez, G. 1996. Revisión de los ammonoideos del Lías español depositados en el Museo Geominero. *Boletín Geológico y Minero*, 107 (2), 103-124.

Breimer, A. 1962. A monograph on Spanish Palaeozoic Crinoidea. *Leidse Geologische Mededelingen*, 27, 1-189.

Carvajal, E. 1926. Nota sobre un yacimiento de fósiles vertebrados en el Plioceno de la provincia de Logroño. *Boletín del Instituto Geológico de España*, 47 (2ª parte), 319-333.

Crusafont, M. y Fernández de Villalta, J. 1947. Sobre un interesante rinoceronte (*Hispanotherium* nov. gen) del Mioceno del Valle del Manzanares. *Anales de la Asociación Española para el Progreso de las Ciencias*, 12, 869-883.

Delvene, G. 2005. El material tipo de las especies de «*Unio*» (Bivalvia) del Cretácico Inferior del Museo Geominero (IGME, Madrid). *Boletín Geológico y Minero*, 116 (2), 167-172.

Delvene, G. 2007. Middle and Upper Jurassic bivalves from the Geomining Museum collections (IGME; Geological Survey of Spain). *Beringeria*, 37, 11-31.

Delvene, G. y Fürsich, F.T. 2002. Catálogo de los bivalvos españoles del Jurásico Medio y Superior depositados en el Museo Geominero (IGME, Madrid). *Boletín Geológico y Minero*, 113 (2), 199-210.

Delvene, G.; Menéndez, S. y Gahr, M.E. 2004. Revisión taxonómica y origen de la colección de bivalvos no españoles del Jurásico Inferior del Museo Geominero (IGME, Madrid). *Geo-Temas*, 6 (4), 95-98.

Dupuy de Lôme, E. y Fernández de Caleya, C. 1918. Nota acerca de un nuevo yacimiento de mamíferos fósiles en el rincón de Ademuz. *Boletín del Instituto Geológico de España*, 19, 297-348.

Fernández de Villalta, J. 1952. Contribución al conocimiento de la fauna de mamíferos fósiles del Plioceno de Villarroya (Logroño). *Boletín del Instituto Geológico y Minero de España,* 54, 1-201.

Fernández de Villalta, J. y Crusafont, M. 1945. Un *Anchitherium* en el Pontiense español. *Anchitherium sampelayoi*, nova sp. *Notas y Comunicaciones del Instituto Geológico y Minero de España,* 14, 51-82.

Fuente, M. de la y Gómez, B. 2003. Flora del Cretácico Inferior de la Cuenca de Cameros (La Rioja y Burgos) en las colecciones del Museo Geominero. En: M.V. Pardo Alonso y R. Gozalo (eds.), *Libro de Resúmenes de las XIX Jornadas de la Sociedad Española de Paleontología. Morella 2003*. Sociedad Española de Paleontología y Ajuntament de Morella, 65-66.

FUENTE, M. DE LA; RODRIGO, A.; MENÉNDEZ, S. Y LOZANO, R.P. 2008. Colecciones históricas en el Museo Geominero (IGME): la colección Donayre de fósiles de la provincia de Zaragoza. *Libro de Resúmenes, XXIV Jornadas de la Sociedad Española de Paleontología*, 99.

GOY, A. Y RODRIGO, A. 1999. Catálogo de los ammonoideos del Triásico español depositados en el Museo Geominero (ITGE, Madrid). *Boletín Geológico y Minero*, 110 (6), 681-692.

GUTIÉRREZ-MARCO, J.C. Y BERNÁRDEZ, E. 2003. *Un tesoro geológico en la Autovía del Cantábrico. El Túnel Ordovícico del Fabar en Ribadesella, Asturias*. Ministerio de Fomento, Madrid, 399 pp.

GUTIÉRREZ-MARCO, J.C. Y RÁBANO, I. 1999. Fósiles del Neoproterozoico y Paleozoico Inferior de Castilla-La Mancha. En: E. Aguirre e I. Rábano (eds.), *La huella del pasado: Fósiles de Castilla-La Mancha*. Junta de Comunidades de Castilla-La Mancha, Toledo, 27-50.

GUTIÉRREZ-MARCO, J.C.; ALBANESI, G.L.; SARMIENTO, G.N. Y CARLOTTO, V. 2008. An early Ordovician (Floian) conodont fauna from the Eastern Cordillera of Peru (Central Andean Basin), *Geologica Acta*, 6 (2), 147-160.

HERNÁNDEZ-PACHECO, F. 1925. Excursión al yacimiento de mamíferos miocénicos de Nombrevilla (Zaragoza). *Boletín de la Real Sociedad Española de Historia Natural*, 30, 396-398.

HERNÁNDEZ-SAMPELAYO, P. 1933. *El Cambriano en España*. Memoria presentada en el XVI Congreso Geológico Internacional de Washington de 1933. Instituto Geológico y Minero de España, Madrid, 199 pp.

HERNÁNDEZ-SAMPELAYO, P. 1935. Explicación del Nuevo Mapa Geológico de España en Escala 1:1.000.000. Tomo I. El Sistema Cambriano. *Memorias del Instituto Geológico y Minero de España*, 41, 291-528.

HERNÁNDEZ-SAMPELAYO, P. Y CINCÚNEGUI, M. 1926. Flora de la Cuenca de Ribesalbes. *Boletín del Instituto Geológico de España*, 46 (6), 59-71.

ÍÑIGO, C. 1997. *Anchitherium corcolense* nov. sp., a new anchitherine (Equidae, Mammalia) from the Early Aragonian site of Córcoles (Guadalajara, Spain). *Geobios*, 30 (6), 849-869.

LOZANO, R.P.; RODRIGO, A.; MENÉNDEZ, S. Y DE LA FUENTE, M. 2005. Catálogo de la colección histórica de fósiles de la provincia de Barcelona conservada en el Museo Geominero (Instituto Geológico y Minero de España). *Boletín Geológico y Minero*, 116 (3), 257-272.

MÁRQUEZ-ALIAGA, A.; DELVENE, G.; GARCÍA-FORNER, A. Y ROS, S. 2002. Catálogo de los bivalvos del Triásico depositados en el Museo Geominero (IGME, Madrid). *Boletín Geológico y Minero,* 113 (4), 429-444.

MÁRQUEZ-ALIAGA, A.; GARCÍA-FORNER, A.; DELVENE, G. Y ROS, S. 2001. La colección de bivalvos del Triásico de Serra, área de Sagunto (Valencia) en el Museo Geominero (IGME). *Publicaciones del Seminario de Paleontología de Zaragoza*, 5 (2), 614-620.

MARTÍNEZ, G. Y RÁBANO, I. 1999. La colección de nautiloideos jurásicos del Museo Geominero (ITGE, Madrid). En: I. Rábano (ed.), *Actas de las XV Jornadas de Paleontología*. Temas Geológico-Mineros, 26. Instituto Tecnológico Geominero de España, Madrid, 415-423.

MELÉNDEZ, B. 1977. *Paleontología. Vol. 1*. Paraninfo, Madrid, 715 pp.

MENÉNDEZ-AMOR, J. 1951. Contribución al conocimiento de la Flora Kimmeridgiense de Rubies y Santa María de Meyá (Lérida). *Notas y Comunicaciones del Instituto Geológico y Minero de España*, 23, 33-46.

MENÉNDEZ, S. Y QUIRALTE, M.V. 2018. Fósiles de los *Konservat-Lagerstätten* de Fezouata y Tafilalt (Marruecos) en las colecciones del Museo Geominero (IGME, Madrid). En: N. Vaz y A. Sá (eds.), *Yacimientos paleontológicos excepcionales en la península Ibérica. XXXIV Jornadas de Paleontología y IV Congreso Ibérico de Paleontología*. Cuadernos del Museo Geominero, 27. Instituto Geológico y Minero de España, Madrid 77-86.

Menéndez, S. y Quiralte, M.V. 2020. La colección «Gonzalo y Tarín» de fósiles históricos de la provincia de Granada del Museo Geominero (Instituto Geológico y Minero de España, Madrid). *Boletín Geológico y Minero*, 131 (4), 655-667.

Menéndez, S. y Rábano, I. 2010. Fósiles de Extremadura en la colección paleontológica histórica del Museo Geominero (Instituto Geológico y Minero de España, Madrid): catálogo y puesta en valor. *Boletín Geológico y Minero*, 121 (2), 169-178.

Menéndez, S. y Rábano, I. 2015. Proboscídeos fósiles de la provincia de Burgos en las colecciones paleontológicas del Museo Geominero (Instituto Geológico y Minero de España, Madrid). En: *Libro de Resúmenes de la XXI Bienal de la Real Sociedad Española de Historia Natural*. Museo de la Evolución Humana y RSEHN, Burgos, 79-80.

Menéndez, S.; Rábano, I. y Corrales, B. 2016. Colecciones paleontológicas históricas de la provincia de Huelva conservadas en el Museo Geominero (Instituto Geológico y Minero de España, Madrid). *Geo-Temas*, 16 (2), 239-241.

Menéndez, S.; Herrero, C. y Díaz Megías, I. 2025. La colección micropaleontológica del Dr. José Ramírez del Pozo en el Museo Geominero. En: I. Rábano (ed.), *Museo Geominero: conservación, divulgación, investigación*. Doce Calles, Aranjuez, 207-226.

Miguel Chaves, C. de; Scheyer, T.M.; Ortega, F. y Pérez-García, A. 2020. The placodonts (Sauropterygia) from the Middle Triassic of Canales de Molina (Central Spain), and an update on the knowledge about this clade in the Iberian record. *Historical Biology*, 32 (1), 34-48.

Pastor, R. 1991. *La colección de diatomeas del Instituto Tecnológico Geominero de España*. Publicaciones especiales del Boletín Geológico y Minero, Instituto Tecnológico Geominero de España, Madrid, 68 pp.

Peñalver, E. y Barrón, E. 2025. Fósiles del antiguo lago castellonense de Ribesalbes. En: I. Rábano (ed.), *Museo Geominero: conservación, divulgación, investigación*. Doce Calles, Aranjuez, 183-196.

Peñalver, E.; Barrón, E.; Postigo Mijarra, J.M.; García Vives, J.A. y Saura Vilar, M. 2016. *El paleolago de Ribesalbes. Un ecosistema de hace 19 millones de años*. Diputación de Castellón-IGME, Castellón, 201 pp.

Perejón, A. 1984. Revisión de la colección de Arqueociatos del Museo del Instituto Geológico y Minero de España. *Boletín Geológico y Minero*, 95 (4), 337-353.

Perejón, A. 1987. Revisión de la colección de Arqueociatos del Museo del Instituto Geológico y Minero de España. Addenda. *Boletín Geológico y Minero*, 98 (1), 23-26.

Perejón A.; Moreno, E. y Menéndez, S. 1999. Las colecciones de arqueociatos españoles en los Museos. En: I. Rábano (ed.), *Actas de las XV Jornadas de Paleontología*. Temas Geológico-Mineros, 26. Instituto Tecnológico Geominero de España, Madrid, 426-431.

Perejón, A.; Menéndez, S.; Rábano, I. y Moreno-Eiris, E. 2014. Nuevos datos documentales sobre la colección de arqueociatos del Cerro de las Ermitas de Córdoba del Museo Geominero (Instituto Geológico y Minero de España). *Boletín Geológico y Minero*, 125 (1), 53-63.

Pesquero, M.D. y Arribas, A. 2002. Los restos de *Hipparion* (Equidae, Mammalia) en las colecciones de vertebrados del Museo Geominero (IGME): aspectos históricos y actualización taxonómica. *Boletín Geológico y Minero*, 113 (1), 97-108.

Pickford, M. y Morales, J. 2018. A new suoid with tubulidentate, hypselorhizic cheek teeth from the early Miocene of Córcoles, Spain. *Spanish Journal of Palaeontology*, 33 (2), 321-344.

Piras, P. y Buscalioni, A.D. 2006. *Diplocynodon muelleri* com. nov., an Oligocene Diplocynodontine Alligatoroid from Catalonia (Ebro Basin, Lleida province, Spain). *Journal of Vertebrate Paleontology*, 26 (3), 608-620.

POYATO-ARIZA, F.J. Y BERMÚDEZ-ROCHAS, D. D. 2009. New pycnodont fish (*Arcodonichthys pasiegae* gen. et sp. nov.) from the early Cretaceous of the Basque-Cantabrian Basin, Northern Spain. *Journal of Vertebrate Paleontology*, 29 (1), 271-275.

PRADO, C. DE 1864. *Descripción física y geológica de la provincia de Madrid.* Junta General de Estadística, Madrid, 219 pp.

QUINTERO, I. Y DE LA REVILLA, J. 1966. Algunas especies nuevas y otras poco conocidas. *Notas y Comunicaciones del Instituto Geológico y Minero de España*, 82, 27-86.

QUIRALTE, M.V. Y MENÉNDEZ, S. 2018. Fósiles del yacimiento oligoceno de Tàrrega-el Talladell (Lérida, España) en el Museo Geominero (Instituto Geológico y Minero de España). En: N. Vaz y A. Sá (eds.), *Yacimientos paleontológicos excepcionales en la península Ibérica. XXXIV Jornadas de Paleontología y IV Congreso Ibérico de Paleontología.* Cuadernos del Museo Geominero, 27. Instituto Geológico y Minero de España, Madrid, 101-110.

QUIRALTE, M.V.; MENÉNDEZ, S.; BAEZA, E.; MORENO, X.; ARRIBAS, A.; RODRIGO, A.; LOZANO, R.P. Y DE TORRES, T. 2025. Un mastodonte, un oso y una cabra en el Museo Geominero. En: I. Rábano (ed.), *Museo Geominero: conservación, divulgación, investigación.* Doce Calles, Aranjuez, 247-270.

RÁBANO, I. 1989. Trilobites del Ordovícico Medio del sector meridional de la Zona Centroibérica española. Parte II: Agnostina y Asaphina. *Boletín Geológico y Minero*, 100 (4), 47-115.

RÁBANO, I. 1997. Historia de una piedra (o la investigación de fondos paleontológicos históricos en el Museo Geominero, ITGE, Madrid). *Tierra y Tecnología*, 16-17, 100-103.

RÁBANO, I. 1998. La colección paleontológica de Casiano de Prado conservada en el Museo Geominero (ITGE, Madrid). *Geogaceta*, 23, 123-125.

RÁBANO, I. 1999. Colecciones paleontológicas cordobesas en el Museo Geominero (ITGE, Madrid). *Revista de la Asociación Cordobesa de Mineralogía y Paleontología*, 37, 17-19.

RÁBANO, I. 2000. Colecciones históricas de fósiles de la provincia de Jaén en los fondos del Museo Geominero (IGME, Madrid). En: I. Rábano (ed.), *Patrimonio geológico y minero en el marco del desarrollo sostenible.* Temas Geológico-Mineros, 31. Instituto Geológico y Minero de España, Madrid, 529-535.

RÁBANO, I. 2006. Patrimonio geológico mueble del Instituto Geológico y Minero de España: colecciones paleontológicas históricas del Paleozoico Inferior de la provincia de León en el Museo Geominero. *De Re Metallica*, 6-7, 7-12.

RÁBANO, I. 2013. Colecciones paleontológicas históricas de la provincia de Segovia en el Museo Geominero (IGME, Madrid). En: J. Vegas, A. Salazar, E. Díaz Martínez y C. Marchán (eds.), *Patrimonio geológico, un recurso para el desarrollo.* Cuadernos del Museo Geominero, 15. Instituto Geológico y Minero de España, Madrid, 617-622.

RÁBANO, I. 2015. *Los cimientos de la geología. La Comisión del Mapa Geológico de España (1849-1910).* Instituto Geológico y Minero de España, Madrid, 329 pp.

RÁBANO, I. 2025. El Museo Geominero: entre la tradición y la modernidad. En: I. Rábano (ed.), *Museo Geominero: conservación, divulgación, investigación.* Doce Calles, Aranjuez, 13-61.

RÁBANO, I. Y ARRIBAS, A. 1997. Invertebrados paleozoicos en la colección de ejemplares tipo y figurados del Museo Geominero (ITGE, Madrid). *Boletín Geológico y Minero*, 108 (3), 229-233.

RÁBANO, I. Y DELVENE, G. 2002. Colecciones paleontológicas históricas de Aragón, procedentes de la Comisión del Mapa Geológico de España, en el Museo Geominero (Madrid). *Naturaleza Aragonesa*, 10, 14-24.

RÁBANO, I. Y SALAZAR, Á. 2024. Instituto Geológico y Minero de España: una historia de 175 años. En: I. Rábano y Á. Salazar (eds.), *Instituto Geológico y Minero de España. 175 años.* Consejo Superior de Investigaciones Científicas, Madrid, 39-111.

Rábano, I.; Arribas, A. y Rodrigo, A. 1997. Fósiles mesozoicos en la colección de ejemplares tipo y figurados del Museo Geominero (ITGE, Madrid). En: A. Grandal d'Anglade, J.C. Gutiérrez-Marco y L. Santos Fidalgo (eds.), *XIII Jornadas de Paleontología. Fósiles de Galicia*. Sociedad Española de Paleontología y Universidade da Coruña, Madrid, 227-229.

Rábano, I.; Gutiérrez-Marco, J.C. y Esteban Arlegui, J. 1989. Los primeros fósiles encontrados en Galicia, redescubiertos en la Colección Schulz del Museo Geominero (ITGE, Madrid). *Cuadernos do Laboratorio Xeolóxico de Laxe*, 14, 159-166.

Rábano, I.; Menéndez, S. y Bravo, A.M. 2016. Colecciones de vertebrados del yacimiento villafranquiense de Villarroya (La Rioja) en el Museo Geominero (Instituto Geológico y Minero de España, Madrid). En: M.T. Alberdi, B. Azanza y E. Cervantes (eds.), *Villarroya, yacimiento clave de la paleontología riojana*. Instituto de Estudios Riojanos, Logroño, 217-228.

Rodrigo, A. y Comas-Rengifo, M.J. 1997. Catálogo de los braquiópodos españoles del Jurásico Inferior depositados en el Museo Geominero (ITGE, Madrid). *Boletín Geológico y Minero*, 108 (6), 503-545.

Rodríguez-Martínez, M.; Menéndez, S.; Moreno-Eiris, E.; Calonge, A.; Perejón, A. y Reitner, J. 2010. Estromatolitos: las rocas construidas por microorganismos. *Reduca (Geología). Serie Paleontología*, 2 (5), 1-25.

Ruiz Jiménez, N. 2022. *Estudio paleontológico de los macrofósiles del Neoproterozoico-Cámbrico de las Colecciones Paleontológicas del Museo Geominero (IGME).* TFM, Máster Universitario en Paleontología Avanzada, Universidad Complutense de Madrid, 41 pp.

Sá, A.A.; Pereira, S.; Rábano, I. y Gutiérrez-Marco, J.C. 2021. Giant trilobites and trilobite clusters from the Ordovician of Portugal. *Geoconservation Research,* 4 (1), 121-130.

Salesa, M.J.; Sánchez, I.M. y Morales, J. 2004. Presence of the Asian horse *Sinohippus* in the Miocene of Europe. *Acta Palaeontologica Polonica*, 49 (2), 189-196.

Serra-Kiel, J.; Vicedo, V.; Baceta, J.I.; Bernaola, G. y Robador, A. 2020. Paleocene Larger Foraminifera from the Pyrenean Basin: Recalibration of the Shallow Benthic Zones. *Geologica Acta*, 18 (8), 1-69.

Simon, W. 1939. Archaeocyathacea: I. Kritische Sichtung der Superfamilie. II. Die Fauna im Kambrium der Sierra Morena (Spanien). *Abhandlungen der Senckenbergischen Naturforschenden Gessellschaft,* 448, 1-87.

Speranza, M.; Ascaso, C.; Martínez, X.D. y Peñalver, E. 2015. Cretaceous mycelia preserving fungal polysaccharides: taphonomic and paleoecological potential of microorganisms preserved in fossil resins. *Geologica Acta*, 13, 363-385.

Tetlie, O.E. y Rábano, I. 2007. Specimens of *Eurypterus* (Chelicerata, Eurypterida) in the collections of Museo Geominero (Geological Survey of Spain), Madrid. *Boletín Geológico y Minero,* 118 (1), 117-126.

Virgili, C. 1958. El Triásico de los Catalánides. *Boletín del Instituto Geológico y Minero de España,* 69, 1-856.

Wittke, H. 1978. *Zur Fauna des Unterkambriums von Las Ermitas, in der Sierra Morena, Spaniens.* Diplomarbeit zur Erlangung des Grades eines Diplom-Geologen der Mathem.-Naturwissenschaftlichen Fakultät der Rheinischen Friedrich-Wilhelms-Universität zu Bonn, 51 pp.

Zamora, S.; Colmenar, J.; Rábano, I.; Menéndez, S. y Gutiérrez-Marco, J.C. 2025. La investigación paleontológica del Paleozoico inferior en el Museo Geominero. En: I. Rábano (ed.), *Museo Geominero: conservación, divulgación, investigación.* Doce Calles, Aranjuez, 375-402.

ANEXO

	Fósiles de invertebrados y flora españoles						Vertebrados fósiles españoles
PROVINCIAS ESPAÑOLAS	**INVERTEBRADOS PALEOZOICOS**	**INVERTEBRADOS MESOZOICOS**	**INVERTEBRADOS CENOZOICOS**	**PALEOFLORA PALEOZOICO**	**PALEOFLORA MESOZOICO**	**PALEOFLORA CENOZOICO**	**VERTEBRADOS TODAS LAS ERAS**
ÁLAVA		1%	<1%			4%	<1%
ALBACETE	<1%	<1%	2%		<1%		17%
ALICANTE	<1%	2%	6%				<1%
ALMERÍA		<1%	2%			<1%	<1%
ASTURIAS	21%	1%		40%	8%		1%
BADAJOZ	2%			<1%			<1%
BARCELONA	<1%	1%	11%			<1%	1%
BURGOS	<1%	3%	1%	1%	1%		<1%
CÁCERES	2%						
CÁDIZ		<1%	1%				
CANTABRIA	<1%	3%			2%		3%
CASTELLÓN		13%	<1%			18%	<1%
CIUDAD REAL	21%	<1%	<1%	4%			1%
CÓRDOBA	2%	2%	<1%	8%			<1%
CUENCA	<1%	2%		<1%	11%		1%
GERONA	<1%	<1%	9%	3%		2%	
GRANADA		<1%	<1%			1%	<1%
GUADALAJARA	3%	13%	<1%	<1%	2%	8%	8%
GUIPÚZCOA	<1%	<1%	1%			<1%	<1%
HUELVA	<1%	<1%				<1%	<1%
HUESCA	<1%	1%	44%	<1%			<1%
ISLAS BALEARES	<1%	1%	1%		2%	2%	1%
JAÉN	<1%	3%	<1%		<1%		<1%
LA CORUÑA		<1%				1%	
LA RIOJA	<1%	1%	<1%		5%	<1%	3%
LAS PALMAS			<1%				
LEÓN	24%	<1%		25%			1%
LÉRIDA	1%	9%	2%		17%	48%	2%
LUGO	<1%						
MADRID	<1%	1%	<1%		43%		5%
MÁLAGA		<1%	1%				2%
MURCIA		2%	6%				1%
NAVARRA	<1%	3%	1%				<1%
ORENSE	<1%						
PALENCIA	4%	1%	<1%	11%			1%
SALAMANCA	<1%		<1%				2%
SEGOVIA		<1%			1%	<1%	38%
SEVILLA	7%		1%	3%			<1%
SORIA	<1%	2%					1%
TARRAGONA	<1%	14%	7%			<1%	<1%
TERUEL	1%	7%	<1%		2%	14%	4%
TOLEDO	6%	<1%					1%
VALENCIA		1%	<1%		6%		<1%
VALLADOLID							<1%
VIZCAYA		1%					1%
ZAMORA	<1%						1%
ZARAGOZA	4%	2%	1%				1%
SIN DATOS	1%	8%	1%	5%	<1%		2%

Tabla 1. Porcentaje de ejemplares procedentes de las diferentes comunidades autónomas españolas incluidos en las colecciones «Fósiles de invertebrados y flora españoles» y «Vertebrados fósiles españoles».

	Fósiles extranjeros					Evolución humana
PAIS/REGIÓN MUNDO	INVERTEBRADOS PALEOZOICOS	INVERTEBRADOS MESOZOICOS	INVERTEBRADOS CENOZOICOS	VERTEBRADOS TODAS LAS ERAS	FLORA TODAS LAS ERAS	PRIMATES CENOZOICO
ANTÁRTIDA		1%	2%		2%	
ALEMANIA	7%	8%	1%	3%	8%	22%
ARGELIA		<1%				
ARGENTINA	<1%	1%	<1%	7%	1%	
AUSTRALIA	<1%	<1%	<1%		1%	
AUSTRIA		1%				
BÉLGICA	5%	<1%			2%	
BOLIVIA	2%					
BRASIL	<1%			1%	1%	
CAMERÚN						1%
CANADÁ	<1%	1%	<1%	<1%	2%	
COLOMBIA			<1%			
CROACIA				<1%		
CUBA		<1%				
CHILE				<1%		
CHINA	<1%	1%		1%		4%
CHIPRE				<1%		
DINAMARCA		1%				
EGIPTO			<1%			2%
EMIRATOS ÁRABES		1%				
ESPAÑA						25%
ESTADOS UNIDOS	5%	<1%	2%	5%	20%	
FILIPINAS			<1%			
FRANCIA	5%	75%	89%	3%	4%	4%
GRECIA			<1%			1%
INDIA						3%
INDONESIA	<1%					5%
ISRAEL						1%
ITALIA	1%		<1%	1%		3%
KENIA						10%
LÍBANO		<1%				
LIBIA			<1%			
MADAGASCAR		1%	1%			
MARRUECOS	26%	<1%		59%		
MÉXICO			<1%			
MOZAMBIQUE					1%	
NEPAL	<1%					
NORUEGA	<1%					
NUEVA ZELANDA		<1%				
PAISES BAJOS		3%		<1%		
PAÍSES BÁLTICOS			1%			
PERÚ	5%	<1%		16%		
POLONIA		<1%			1%	
PORTUGAL	<1%					
REINO UNIDO	2%	2%	<1%	1%	5%	1%
REPÚBLICA CHECA	9%			<1%	1%	1%
REPÚBLICA DOMINICANA				1%	48%	
RUSIA	<1%	1%	<1%	1%		2%
SAHARA OCCIDENTAL	9%		<1%		3%	
SUDÁFRICA						8%
SUDÁN				<1%		
SUECIA	2%	1%				
SUIZA	<1%	<1%				
TANZANIA						5%
TURQUÍA	<1%					
UCRANIA	<1%	<1%		<1%		
URUGUAY				<1%		
ZAMBIA						1%
PROCEDENCIA DESCONOCIDA	22%	2%	1%	<1%	1%	

Tabla 2. Porcentaje de ejemplares procedentes de los distintos países incluidos en las colecciones «Fósiles extranjeros» y «Evolución humana».

UNA COLECCIÓN OCTOGENARIA EN EL MUSEO GEOMINERO: LA FLORA DEL MIOCENO DE LA CUENCA DE LA CERDAÑA (PIRINEOS ORIENTALES, CATALUÑA)

Eduardo Barrón López y Ana Rodrigo Sanz

Una colección histórica se compone de piezas procedentes de expediciones científicas o de campañas de recolección importantes para la ciencia, así como de ejemplares que forman parte del relato de un museo, de la colección de una persona relevante, o de unas circunstancias particulares de recogida del material que la compone (Montero y Diéguez, 1993). Con respecto a las colecciones paleontológicas, en España las hay muy antiguas, como las del siglo XVIII del Gabinete de Pedro Franco Dávila que hoy se custodian en el Museo Nacional de Ciencias Naturales (MNCN) (Montero, 2003). Debido a que eran muestrarios dedicados a exhibición que incluían piezas exóticas y/o rarezas, se encontraban integradas por fósiles heterogéneos de muy diferentes tipos y procedencias, muchas veces comprados a comerciantes o a otros gabinetes.

La irrupción de la ciencia hizo que hubiera una especialización en los estudios paleontológicos, lo que provocó a partir del siglo XIX la proliferación de colecciones orientadas a disciplinas particulares. Así, en el caso de la paleobotánica europea deben destacarse las de Alexandre Brongniart, Oswald Heer, Gaston de Saporta, Alexander Braun, Franz Unger y Heinrich Goeppert, entre otras.

A diferencia de lo que ocurría en Europa, hay pocas colecciones paleobotánicas históricas en España. Las más importantes son las generadas por investigadores que desarrollaron su actividad científica durante el siglo XX, como la de Roberto H. Wagner conservada en el Jardín Botánico de Córdoba, la de la catedrática Josefa Menéndez Amor que está en el MNCN, o la del investigador J.F. Fernández de Villalta i Comella que se custodia en el Museu de Ciències Naturals de Barcelona.

INICIO DE LAS INVESTIGACIONES PALEOBOTÁNICAS EN ESPAÑA

El estudio de las paleofloras ibéricas comenzó en el siglo XIX y se centró básicamente en las del Carbonífero debido a las explotaciones de hulla que se desarrollaban en Asturias, Peñarroya-Bélmez (Córdoba), Puertollano (Ciudad Real) y Surroca (Gerona). Entre los paleobotánicos de ese siglo, todos foráneos, que estudiaron y citaron floras carboníferas españolas se encontraban Charles Barrois, Charles René Zeiller, François Cyrille Grand'Eury y Gaston de Saporta (Wagner y Álvarez-Vázquez, 2010). A diferencia de lo que ocurría en Francia y Centroeuropa, donde a finales del siglo XIX ya se habían publicado importantes tratados paleobotánicos, en la España del diecinueve solo el ingeniero civil Alfonso de Areitio y Larrinaga tuvo interés en dar a conocer los pocos datos de los que se tenía constancia. Así, en la introducción de su trabajo de 1874 indicó la existencia de «escasos vegetales fósiles» y que este hecho «explicaba en cierto modo el poco interés que en nuestro país se había concedido a los estudios paleontológico-vegetales».

El trabajo de Areitio y Larrinaga se vio sesgado hacia la flora carbonífera porque revisó las colecciones reunidas por la Comisión del Mapa Geológico de España (origen de las colecciones actualmente depositadas en el Museo Geominero) y las que se hallaban en la Escuela de Minas de Madrid, que en ese momento estaban consagradas a la explotación de los recursos mineros relacionados con el carbón. Concretamente, las que se encontraban en la Escuela se pudieron consultar gracias a la ayuda del geólogo e ingeniero de minas Justo Egozcue, que ejercía como profesor de Geología. Además, Areitio y Larrinaga revisó otras colecciones públicas, como las del Museo de Ciencias Naturales (hoy MNCN), y varias privadas, particularmente las de la condesa de Oñate y el conde de Valmaseda. También consultó una «memoria sobre la geología de Asturias» redactada por Guillermo Schulz (Areitio y Larrinaga al hablar de esta memoria podría estar refiriéndose a diferentes publicaciones de Schulz; ver Puche Riart y Ayala-Carcedo, 2001) y un ensayo sobre la geología de España publicado por Joaquín Ezquerra del Bayo (1850-1857). En total, excluyendo taxones como *Rusophycus* y *Cruziana,* que eran considerados restos de algas, Areitio y Larrinaga (1874) citó ciento dos especies, la mayor parte de ellas atribuibles a helechos, licófitos y pteridospermas del Carbonífero. Únicamente trece pertenecían a restos vegetales cenozoicos. Estos últimos fueron en su mayor parte recogidos en un afloramiento denominado «Baños de Mula» que estaba situado en el término municipal de Cabezos de la Trisca (Murcia). Se trataba de fragmentos de hojas de angiospermas dicotiledóneas que en ese momento se encontraban depositados en las colecciones del Instituto de Enseñanza Secundaria de Lorca, bajo la supervisión del catedrático Francisco Cánovas. Estos fósiles, de haberse conservado, no han sido aún estudiados.

Areitio y Larrinaga falleció en 1884 y no llegó a saber de una de las paleofloras cenozoicas más excepcionales de la península ibérica, que es la del Tortoniense (Mioceno Superior; ca. 11,1-8,7 Ma) de la cuenca de La Cerdaña. Esta fue dada a conocer a la comunidad científica por el paleontólogo francés Louis Rérolle (1884a, 1884b, 1885), ya que su estudio formaba parte de una tesis doctoral que desarrollaba en la universidad de Lyon (Rodrigo y Barrón, 2016). Consideramos «excepcional» a esta paleoflora, mayoritariamente representada por restos foliares y frutos alados, por su excelente estado de conservación que en algunas ocasiones ha permitido el estudio anatómico de algunas de las especies identificadas (Barrón y Diéguez, 2005); por la abundancia de material paleobotánico que se ha recogido en los afloramientos de la zona y la diversidad de taxones reconocidos (treinta y una familias y setenta y una especies entre pteridófitos, gimnospermas y angiospermas mono y dicotiledóneas; Barrón *et al.*, 2014); y por su importancia en el contexto paleofitogeográfico del Neógeno de Europa occidental (Barrón *et al.*, 2016; Altolaguirre *et al.*, 2023).

La comarca de La Cerdaña se encuentra ubicada en el norte de Cataluña (Fig. 1). Su parte septentrional fue cedida en 1659 por nuestro país a Francia como consecuencia del Tratado de los Pirineos, lo que puso fin a litigios territoriales entre ambas naciones tras la guerra de los Treinta Años (1618-1648). Desde un punto de vista geológico, está ubicada en la zona axial de los Pirineos orientales (Barnolas *et al.*, 2004; Fig. 2). En esta comarca durante el Mioceno se formó una cuenca lacustre debido a fenómenos tectónicos relacionados con el movimiento de una falla de desgarre (Cabrera *et al.*, 1988; Roca, 2002). Como consecuencia, se formaron dos cubetas (Roca, 2002). La que se encuentra al suroeste de la Cuenca, denominada de «Bellver» (Fig. 1), está formada por

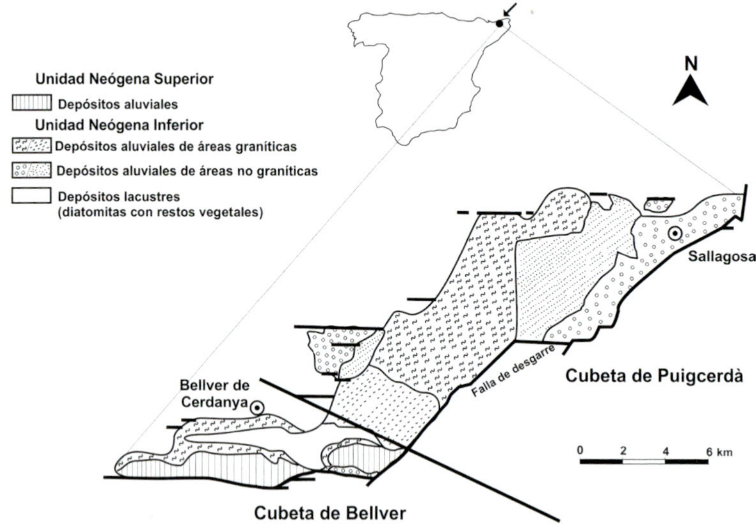

Figura 1. Contexto geológico de la Cuenca de la Cerdaña (basado en Roca, 2002).

Figura 2. Aspecto actual de uno de los afloramientos de la cuenca de La Cerdaña (mina de Sanavastre) durante una salida de campo (cortesía de Enrique Peñalver).

una sucesión de 400 m de sedimentos diatomíticos laminados y lutitas ricas en materia orgánica que se depositaron en los fondos de un lago profundo de tipo meromíctico (Anadón *et al.*, 1989). Los fósiles vegetales que estudiamos en este trabajo proceden de las diatomitas que afloran en la cubeta de Bellver, en las cercanías de las localidades de Bellver de Cerdanya y Prats i Sampsor. Actualmente, estos afloramientos se incluyen en la Geozona 135 «Miocè del Camp d'EnMixela» (Direcció general del Medi Natural, Departament de MediAmbient i Habitatge, Generalitat de Catalunya).

Tras los estudios realizados por Rérolle a finales del siglo XIX sobre la flora ceretana, pasaron más de cuarenta años hasta que se volvieron a retomar. Su interés estuvo relacionado con la confección de la primera serie del Mapa Geológico de España a escala 1:50.000, que se llevaba a cabo desde el IGME (Solé Sabarís y Llopis Lladó, 1947). Esta parece ser la razón de que el IGME recibiera hace ochenta años una colección de fósiles de plantas procedentes del Mioceno de La Cerdaña. A lo largo de este trabajo vamos a dar a conocer y describir sus características, así como la historia que hizo que quedara depositada en los fondos del Museo Geominero.

LA COLECCIÓN

En total, el Museo Geominero tiene en sus depósitos ciento noventa y cuatro ejemplares del Mioceno de la Cuenca de La Cerdaña: sesenta y cinco de ellos, los que se estudian en este trabajo, corresponden a fondos antiguos. La colección se encuentra principalmente compuesta por restos foliares, aunque también la integran conos y semillas aladas de coníferas, y sámaras de angiospermas. La mayor parte de los ejemplares de la colección antigua proceden del afloramiento de Coll de Saig, que se encontraba ubicado en el término municipal de Prats i Sampsor en el arcén izquierdo de la carretera de Bellver de Cerdanya a Prats (carretera comarcal LP-4033B; 42° 22' 2"N, 1° 49' 56"O) en esa dirección. En la actualidad este afloramiento se encuentra casi desaparecido ya que está sepultado por derrubios y por el crecimiento de la vegetación.

Los ejemplares en exhibición se pueden hallar en dos vitrinas. Una de ellas (vitrina n.° 101), que está ubicada en la primera planta, trata monográficamente el conocimiento paleobotánico y paleoentomológico de esta cuenca, dada su relevancia en el contexto geológico de los Pirineos y la importancia histórica y paleontológica que poseen los ejemplares que en ella se exhiben (Figs. 3C-D). Además, varios especímenes se encuentran colocados al lado de dibujos esquemáticos realizados con una cámara clara por uno de los firmantes de este

Figura 3. A, vitrina 67 en su disposición actual de la sala principal del Museo Geominero. B, aspecto de la vitrina 67 en la que se observan varios ejemplares de restos foliares de la Cerdaña acompañados de sus cartelas. C, vitrina 101 dedicada exclusivamente a la flora de La Cerdaña. Esta vitrina se encuentra en la primera planta del museo. D, aspecto de la vitrina 101 en el que se observan varios ejemplares expuestos al lado de sus dibujos. Estos fueron realizados con la ayuda de una cámara clara acoplada a una lupa binocular. Esta vitrina también expone algunos fósiles de insectos, como indica el esquema que se encuentra en la parte superior izquierda de la fotografía.

trabajo en su tesis doctoral (Barrón, 1996a) y, posteriormente, redibujados y pasados a tinta por el Dr. Antonio Arillo Aranda. En la segunda (vitrina n.° 67), que está en la planta baja del museo, se exponen distintos fósiles vegetales de diferentes cuencas miocenas españolas integrados en la colección «Fósiles de invertebrados y flora españoles» (Figs. 3A-B).

Entre los fósiles de esta colección se han identificado treinta especies diferentes y hay figurados veintiséis especímenes (ver Anexo: Tabla 1). La primera revisión de la colección de plantas ceretanas depositada en el Museo Geominero fue realizada por Josefa Menéndez Amor (Fig. 4A) en su tesis doctoral «Característica fitopaleontológica del Neógeno de la Cerdaña española», la cual obtuvo en 1952 un Premio Extraordinario de Doctorado en Ciencias Naturales por la Universidad Central (Perejón, 1988). Esta tesis fue dirigida

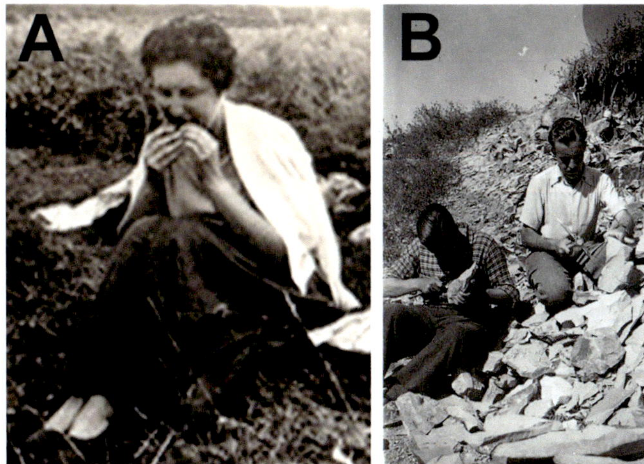

Figura 4. A, Josefa Menéndez Amor durante una campaña de campo, posiblemente en La Cerdaña. B, Josep Fernández de Villalta i Comella y Miquel Crusafont i Pairó recogiendo flora fósil ceretana en el afloramiento de «El Padró», durante una excursión realizada en los años cuarenta del siglo pasado. Foto cortesía del Institut Català de Paleontologia Miquel Crusafont (Sabadell).

por Francisco Hernández-Pacheco, catedrático de Geología Aplicada de la Facultad de Ciencias de la citada universidad, y se publicó en el año 1955. En su capítulo introductorio, la doctoranda indicaba que tuvo acceso a las colecciones del «Museo del Instituto Geológico y Minero de España» gracias a la amabilidad del ingeniero jefe del Cuerpo Nacional de Ingenieros de Minas D. Antonio Almela y Samper, que en ese momento era su responsable.

La actividad de la Dra. Menéndez Amor en el Museo Geominero se refleja en la figuración en su tesis de distintos ejemplares que hoy en día se encuentran en sus fondos (Menéndez Amor, 1955), debiéndose destacar los identificados como *Pinus palaeostrobus* (lám. 16, fig. 2), *Abies saportana* (lám. 16, figs. 3-4), *Juniperus drupacea* (lám. 17, fig. 4) y *Potamogeton orbiculare* (lám. 19, fig. 1). En la actualidad, el ejemplar de *P. palaeostrobus* no se encuentra en la colección, y los de *A. saportana* (MGM-48M, MGM-182M) y *J. drupacea* (MGM-1011M) realmente corresponden a un cono masculino de aff. *Cedrus* sp., una piña de cf. *Tsuga* sp. y a una ramilla de Abietoideae tipo 1, respectivamente (Anexo: Tabla 1; Figs. 5A-D). Por otra parte, en el conjunto de fósiles figurados destacan los que relaciona con la «colección Villalta y Crusafont», que como veremos más adelante fue recogida y estudiada por estos dos investigadores a principios de los años cuarenta del siglo pasado (Villalta y Crusafont, 1945).

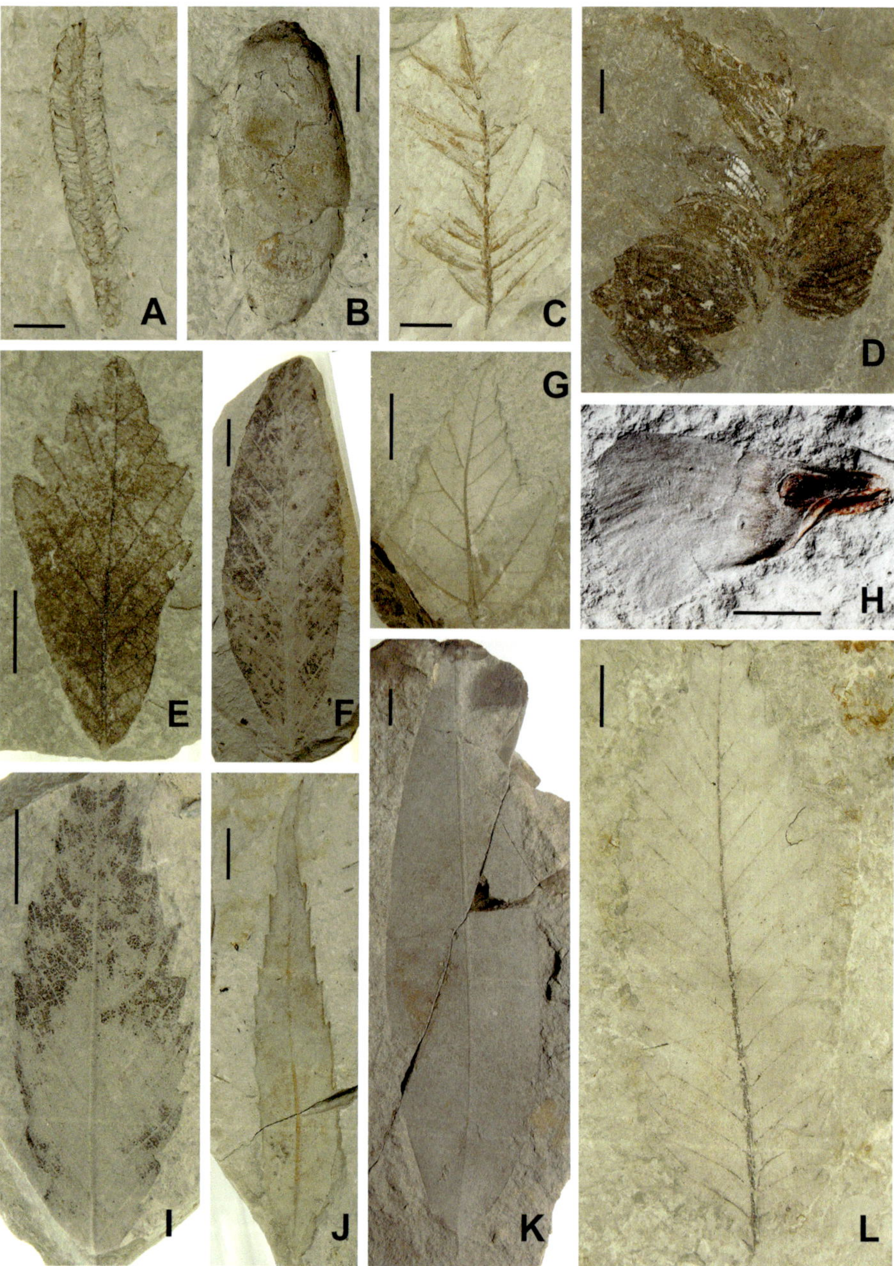

Figura 5. Selección de ejemplares de la colección de paleoflora miocena de La Cerdaña del Museo Geominero. A, cono masculino de aff. *Cedrus* sp. (MGM-182M), figurado por Menéndez Amor (1955, lám. 16, fig. 3) como *Abies saportana*. B, piña de cf. *Tsuga* sp. (MGM-48M), figurada por Menéndez Amor (1955, lám. 16, fig. 4) como *Abies saportana*. C, ramilla de Abietoideae tipo 2 (MGM-1011M), descrita y figurada por Menéndez

Amor (1955, lám. 17, fig. 4) como *Juniperus drupacea* var. *pliocenica*. D, rama con hojas de *Potamogeton orbiculare* Rérolle (MGM-52M), figurada por Menéndez Amor (1955, lám 19, fig, 1). E, neotipo de *Quercus hispanica* Rérolle emend. Barrón, Postigo-Mijarra y Diéguez (MGM-1063M), descrito y figurado en Barrón *et al.* (2014, págs. 98-99, lám. 3, fig. 4). F, hoja elíptica-estrecha de *Fagus haidingeri* Kovats sensu Knobloch (MGM-1060M), figurada por Altolaguirre *et al.* (2023, fig. 2H). G, hoja trilobulada de *Acer pyrenaicum* Rérolle emend. Barrón. Postigo-Mijarra y Diéguez (MGM-1063M), figurada en Barrón (1996b, lám. 2, fig. 4). H, neotipo de *Abies saportana* Rérolle emend. Barrón, Postigo-Mijarra y Diéguez (MGM-1063M), descrito y figurado en Barrón *et al.* (2014, págs. 91-92, lám. 1, fig. 4). I, hoja aserrada de *Zelkova zelkovifolia* (Unger) Bůžek y Kotlaba (MGM-1091M). J, hoja estrecha lanceolada de *Quercus drymeja* Unger (MGM-1064M), figurada entre otros por Villalta y Crusafont (1945, lám. 8) y por Solé Sabarís y Llopis Lladó (1947, lám. 13). K, hoja lanceolada de cf. *Laurophyllum* sp. (MGM-227M), figurada por Menéndez Amor (1955, lám. 34, fig. 1) como *Laurus prínceps* Heer. L, hoja aserrada con nerviación craspedódroma de cf. *Quercus* sp. (MGM-1061M). Este tipo foliar fue considerado por Rérolle (1884b) como *Castanea palaeopumilla* Andr. Escala gráfica: 1 cm, excepto A y H: 0,5 cm.

Concretamente, Menéndez Amor (1955) en el capítulo de agradecimientos de su tesis indica que gracias a sus «muy estimadas atenciones y a su amabilidad, pudo estudiar algunos de los ejemplares que no tuvo la fortuna de recoger, y que ellos, hasta finalizados sus estudios, pusieron a su incondicional disposición». La consulta y fotografiado de esta colección pudo haberse realizado a finales de los años cuarenta o a principios de los cincuenta, tanto en las dependencias de la Universidad de Barcelona donde trabajaba el Dr. Villalta, como en la Universidad Central, si los fósiles le fueron prestados a la doctoranda y ésta los trasladó a Madrid.

En la década de los noventa del siglo pasado, y en relación con la confección de su tesis doctoral, uno de los autores de este capítulo (E.B.) revisó la colección depositada en el Museo Geominero, que en ese momento se encontraba en su totalidad ubicada en la vitrina 67. Esto fue posible gracias a la amabilidad del Dr. Ramón Rey-Jorissen y de Jorge Esteban Arlegui, en aquel entonces director y conservador de paleontología del Museo Geominero, respectivamente. El estudio continuado de esta colección ha permitido desde un punto de vista científico actualizarla taxonómicamente (Barrón, 1996a, 1996b, 1998; Barrón *et al.* 2014, 2017), y su utilización en la redacción de estudios de tipo paleoclimático, paleoecológico y paleobiogeográfico (Barrón *et al.*, 2016; Altolaguirre *et al.*, 2023) tanto en publicaciones nacionales, como internacionales. Además, se ha revalorizado desde un punto de vista museístico, dándole la importancia paleontológica e histórica que posee. Así, por una parte, se han figurado los ejemplares más importantes (Anexo: Tabla 1) y, por otra, se ha dedicado una vitrina exclusiva en la planta primera (vitrina 101) a la flora y entomofauna miocena ceretana en donde se exhiben ejemplares de la colección que nos ocupa que, después de ochenta años, están en excelente estado de conservación.

Barrón *et al.* (2014) enmendaron y designaron neotipos de varias de las especies que había descrito Rérolle (1884a, 1884b, 1885). Esto se realizó porque, por una parte, era necesaria una revisión de estas especies considerando nuevas metodologías y técnicas de estudio paleobotánico y, por otra, porque la colección de fósiles vegetales ceretanos de Rérolle está perdida (Rodrigo y Barrón, 2016). Quizás pasó a formar parte de otras, como las de Saporta que se conservan en los museos de Historia Natural de París y de Aix-en-Provence, pero no existen datos al respecto. Tampoco se puede descartar que los ejemplares se extraviaran durante la invasión alemana de Francia durante la Segunda Guerra Mundial. En total, Barrón *et al.* (2014) enmendaron cinco especies: *Abies saportana*, *Acer pyrenaicum*, *Alnus occidentalis*, *Quercus hispanica* y *Tilia vidali*. Asimismo, dos especímenes de la colección del Museo Geominero fueron seleccionados como neotipos para *A. saportana* (MGM-318M) y *Q. hispanica* (MGM-1063M). En la actualidad, ambos se custodian en los armarios ignífugos de la tipoteca del Museo Geominero.

El neotipo de *A. saportana* (MGM-318M, Fig. 5H), se corresponde con un piñón alado que presenta una semilla obovada de unos 6,3 mm de longitud y un ala casi triangular con su parte apical ligeramente convexa, de unos 10 mm de longitud, 8 mm de anchura, que muestra una estriación dispuesta en abanico. La semilla tiene un repliegue que cubre una cuarta parte de esta en su cara frontal. Por su parte, el de *Q. hispanica* (MGM-1063M, Fig. 5E) es una hoja oblanceolada de 4,84 cm de longitud y 2,3 cm de anchura máxima en su parte media-apical. Posee ápice y base redondeadas, y tres pares de lóbulos con ápices cuneados en la mitad superior del ejemplar, que terminan en un pequeño diente. A diferencia de la mitad superior, la inferior tiene el margen entero. No presenta pecíolo conservado. La nervadura de la hoja es pinnada mixta craspedódroma, ya que en la parte medio-basal las venas secundarias que nacen en el nervio medio se curvan abruptamente formando lazos y fusionándose con las superiores, mientras que en la medio-apical las secundarias, que también se originan en el nervio medio, terminan en los ápices de los lóbulos. Muestra una nerviación terciaria percurrente, que también forma lazos en las zonas marginales. Las venas de rango inferior se organizan en un retículo integrado por areolas poligonales.

La revisión de las vitrinas del Museo Geominero con flora de la cuenca de La Cerdaña nos ha permitido comprobar que cinco especímenes figurados se hallan en la exposición permanente en la nº 67: MGM-1059M (*Fagus gussonii*), MGM-1060M (*Fagus haidingeri*), MGM-1071M (*Laurophyllum pseudoprinceps*), MGM-1080M (*Acer* sp.) y MGM-1097M (*Acer pyrenaicum*); y otros trece, también figurados, se pueden contemplar en la n.º 101: MGM-48M (cf. *Tsuga* sp.), MGM-52M (*Potamogeton orbiculare*), MGM-182M (aff. *Cedrus* sp.), MGM-227M (cf. *Laurophyllum* sp.), MGM-230M (*Acer integerrimum*), MGM-1011M (Abietoideae tipo 2), MGM-1043 (*Fagus gussonii*), MGM-1046M (*Quercus hispanica*), MGM-1056M (*Alnus occidentalis*) MGM-1064M (*Quercus drymeja*), MGM-1070M (*Zelkova zelkovifolia*), MGM-1074M (*Daphnogene polymorpha*), MGM-1076M (*Acer pyrenaicum*), MGM-1077M (*A. pyrenaicum*), MGM-1081M (*A. pyrenaicum*), MGM-1082M (*Laurophyllum* sp.), MGM-1091M (*Z. zelkovifolia*) (Anexo: Tabla 1; Figs. 5A-D, F, J-K; Figs. 6A-B, D-I).

HISTORIA EN EL MUSEO

La falta y/o desaparición de los libros antiguos de registro, junto con la escasez de paleobotánicos interesados por la flora de La Cerdaña imposibilitó, durante varias décadas, conocer el porqué y el cómo la colección de fósiles vegetales que nos ocupa había ingresado en el Museo Geominero. A partir de los años 90 del siglo pasado, los estudios relacionados con la tesis de E.B. y, posteriormente, los trabajos de inventario y catalogación llevados a cabo por el personal del Museo durante el período de dirección de la Dra. Isabel Rábano Gutiérrez del Arroyo permitieron resolver en parte este enigma que está relacionado con el interés científico que tuvo esta paleoflora para la confección de la hoja n.º 216 del Mapa Geológico de España a escala 1:50.000, cuya memoria explicativa fue redactada por Solé Sabarís y Llopis Lladó (1947). Particularmente, en esta memoria se dice, en su página 92, que la flora recogida se encuentra «en las colecciones de los señores Closas, Villalta y Crusafont, en el Laboratorio de Geología de la Universidad de Barcelona y en el Instituto Geológico y Minero de España».

Dos años antes de que viera la luz este mapa, los investigadores Josep Fernández de Villalta i Comella y Miquel Crusafont i Pairó publicaron un trabajo sobre la paleoflora de La Cerdaña en donde ya indicaron la visita a la comarca «con vistas al estudio de la región correspondiente a la hoja núm. 216 del Mapa Geológico Nacional (provincia de Lérida)» y que «sus investigaciones habían quedado casi limitadas a la llamada pequeña Cerdaña» (Villalta y Crusafont, 1945), es decir, a la cubeta de Bellver. Durante sus campañas de campo descubrieron doce localidades en donde aparecían restos vegetales, nueve de ellas en la cubeta de Bellver e indicaron que los mejores ejemplares fueron encontrados en los afloramientos que denominaron «Badés» y «Coll de Saig».

Figura 6. Selección de ejemplares de la paleoflora miocena de La Cerdaña. A, hoja con venación actinódroma de *Daphnogene polymorpha* (A. Braun) Ettingshausen (MGM-1074M), figurada en Barrón (1999, lám. 1, fig. 5). B, hoja peciolada con nerviación semicraspedódroma de *Alnus occidentalis* Rérolle emend. Barrón, Postigo-Mijarra y Diéguez (MGM-1056M). C, fragmento de hoja trilobulada de *Acer integerrimum* (Viviani) Massalongo (MGB V11718), figurada en

Villalta y Crusafont (1945, lám. 5 10), Solé Sabaría y Llopis Lladó (1947, lám. 12) y Menéndez Amor (1955, lám. 42, fig. 3). Este ejemplar se encuentra en la colección Villalta del Museu de Ciències Naturals de Barcelona. D, hoja aserrada con nerviación terciaria percurrente de *Quercus hispanica* Rérolle emend. Barrón, Postigo-Mijarra y Diéguez (MGM-1046M), figurada en Barrón *et al.* (2017, lám. 3.4, fig. 2). E, hoja aserrada con nerviación craspedódroma de *Zelkova zelkovifolia* (Unger) Bůzek y Kotlaba (MGM-1070M). F, contraparte del ejemplar de *Acer integerrimum* figurado en esta figura como B. Forma parte de las colecciones del Museo Geominero con el número de inventario MGM-230M. G, hoja elíptica con nerviación craspedódroma de *Fagus gussonii* Massalongo (MGM-1059M), figurada en Barrón *et al.* (2016, lám. 2B). H, hoja elíptica con el margen entero de *Laurophyllum* sp. (MGM-1082M) figurada en Barrón (1999, lám. 1, fig. 11). I, fragmento de una hoja de *Fagus gussonii* Massalongo (MGM-1043M) al que le falta su parte apical. Escala gráfica: 1 cm.

Los Dres. Josep Fernández de Villalta i Comella y Miquel Crusafont i Pairó (Fig. 4B) formaron durante quince años (aproximadamente entre 1940 y 1956) un tándem que causó un fuerte impacto en el panorama de la geología española (Truyols i Santonja, 1986). Publicaron una veintena de trabajos, lo que representó una aportación importante considerando el número total de artículos paleontológicos que aparecieron durante ese intervalo en las revistas especializadas de todo el estado. El primero de ellos fue profesor de investigación del Consejo Superior de Investigaciones Científicas y estuvo destinado en la Universidad Central de Barcelona (Anónimo, 2003). Su actividad se centró en el conocimiento de fósiles de muy diversos grupos, aunque siempre manifestó una clara inclinación hacia el estudio de los mamíferos cuaternarios, lo que le supuso una estrecha vinculación con el mundo de la arqueología. Por su parte, Crusafont, que fue catedrático de Paleontología de las universidades de Oviedo y Barcelona y fundador del Instituto Provincial de Paleontología (hoy Institut Catalá de Paleontologia Miquel Crusafont-ICP), se dedicó fundamentalmente a los mamíferos del Terciario, aunque también contribuyó al conocimiento de algunos vertebrados mesozoicos (Truyols i Santonja, 1986).

Las visitas de estos dos investigadores a La Cerdaña se realizaron a partir de 1942 debido al descubrimiento del yacimiento de Coll de Saig, lo que les fue comunicado por Josep Closes i Miralles, miembro de la Institució Catalana d'Historia Natural. Las excursiones y campañas de campo que desarrollaron en la zona fueron el embrión de un estudio que se publicó en la revista *Ilerda* del Institut d'Estudis Ilerdencs (Villalta y Crusafont, 1945). De forma general, este artículo, que es corto, es un intento de revisión del trabajo de Rérolle (1884a, 1884b, 1885). En él incluyeron una prolija figuración de especímenes. En total, se pueden observar veintiún ejemplares fotografiados y veinticinco dibujos. Además, incorporaron un listado taxonómico exhaustivo, en donde se indican las especies que los autores identificaron por primera vez en la zona y, otro más corto, en donde se relacionan estos fósiles con los descritos en afloramientos europeos del Oligoceno y Mioceno, especialmente con los del Sarmatiense (Mioceno Medio) de Oensingen (Suiza) que fueron estudiados por Oswald Heer (1855-1859).

En la explicación de la hoja 216 del mapa geológico de España, Solé Sabarís y Llopis Lladó (1947) incluyeron el listado de especies publicado por Villalta y Crusafont en 1945, y la misma relación de yacimientos paleoflorísticos indicando que «la colección recogida estaba constituida por millares de ejemplares, y que era indudable que, proseguidas las exploraciones con perseverancia el lote aumentaría extraordinariamente dada la densidad en restos de las capas fosilíferas de la depresión». Además, figuraron catorce especímenes vegetales (Anexo: Tabla 2), más cuatro atribuidos a insectos (Solé Sabarís y Llopis Lladó, *op. cit.*, lám. 16) que ya lo habían sido previamente (Villalta y Crusafont, 1945, lám. 6). Desde el punto de vista de la historia de la colección de flora ceretana del Museo Geominero, destacan dos ejemplares que aparecen tanto en el trabajo de Villalta y Crusafont como en la memoria del mapa geológico; se trata del MGM-230M que corresponde a la especie *Acer integerrimum*, y del MGM-1064M, asignado a *Quercus drymeja*.

El espécimen de *Acer integerrimum* (MGM-230M; Fig. 6F) es un fragmento de hoja palmada y trilobulada. Falta por rotura parte de los lóbulos central e izquierdo. Su forma era ovada con más de 4 cm de longitud y 8 cm de anchura. Sus ápices fueron atenuados y su base cordada o redondeada. Presenta un pecíolo de unos 2,55 cm y márgenes foliares enteros, aunque se observa la presencia de dos pequeños dentículos en la parte basal del lóbulo derecho. Tiene la nervadura de tipo palmatinervia, pero está mal conservada. No se ha preservado la venación secundaria, ni la de rango inferior a esta.

La revisión de la colección de Fernández de Villalta i Comella que se donó en 1983 al antiguo Museu de Geologia de Barcelona (Museo Martorell del Parc de la Ciutadella de Barcelona), hoy integrado en el Consorci del Museu de Ciènces Naturals de Barcelona (CMCNB) (Vicedo *et al.*, 2015), sacó a la luz la contraparte del ejemplar MGM-230M cuyo número de inventario es el MGB V11718 (Fig. 6C). El que cada una de las partes del mismo ejemplar se encuentren custodiadas en instituciones diferentes pone de manifiesto que hubo intercambios de fósiles entre ellas. Concretamente, parece que a principios de 1944 una pequeña parte de la colección obtenida por Villalta y Crusafont fue enviada al Instituto Geológico y Minero de España, como lo refleja una carta remitida por Crusafont el 5 de diciembre de 1943 al entonces director del IGME, Agustín Marín y Beltrán de Lis (Referencia: AMC O45a/CProf/4342. Archivo de M. Crusafont, ICP, Sabadell). En ella se refería a un lote de más de cien ejemplares de plantas ceretanas, que «aún no habían terminado de clasificar y que incluía especies inéditas». Seguramente, el sentido de mandar colecciones de fósiles a Madrid estuvo relacionado con que el IGME tuviera representación en sus fondos de los materiales utilizados en la confección de la hoja geológica 216 de Bellver. Volviendo al contenido de la carta citada, también se hace referencia a colecciones de fósiles del Silúrico y Triásico que ya debían encontrase en 1943 en el Museo Geominero, así como de una próxima visita a Madrid de Crusafont a principios de 1944 en la que llevaría «algunos mamíferos», parece que del Vallès-Penedès, Nombrevilla (Zaragoza) y el Puente de Vallecas (Madrid).

La donación de fósiles ceretanos está también ratificada por la presencia de un ejemplar de *Quercus drymeja* (MGM-1064M; Fig. 5J) que se encuentra figurado tanto en el trabajo de Villalta y Crusafont (1945) como en la memoria explicativa de Solé Sabarís y Llopis Lladó (1947). Se trata de una hoja estrecha lanceolada de aspecto coriáceo que tiene 9,26 cm de longitud y 1,54 cm de anchura máxima en su parte basal. Posee el ápice foliar atenuado, pero desgraciadamente la base del ejemplar falta por rotura y, consecuentemente, no conserva el pecíolo. Además, presenta una fractura que le atraviesa transversalmente en su parte media inferior. Muestra un margen foliar aserrado con pequeños dientes que no están presentes en el tercio basal de la hoja. La nervadura foliar está mal conservada, pero es de tipo pinnado mixto craspedódromo. Aunque figurado en los trabajos anteriormente mencionados, este ejemplar no tiene una contraparte conservada en la colección del CMCNB, ni en ninguna otra.

Al igual que con el IGME, Villalta y Crusafont también colaboraron con otras instituciones y ayudaron en sus investigaciones a científicos y doctorandos. En el caso que nos ocupa, los preparadores Felipe Carazo y José Viloria, comisionados por la dirección del MNCN que en ese momento detentaba Eduardo Hernández-Pacheco, realizaron al menos dos excursiones a La Cerdaña [cartas del 28 de marzo de 1946 y del 24 de septiembre de 1946 remitidas por F. Carazo a M. Crusafont (Referencias: Carazo 1 y Carazo 2. Archivo de M. Crusafont, ICP, Sabadell)] con el objeto de recolectar «margas fosilíferas» con flora (Carazo y Viloria, 1946). Estas visitas debieron ser organizadas desde Cataluña por Crusafont [carta remitida por Crusafont el 2 de abril de 1946 a F. Carazo (Referencia: AMC O45b/CProf/4519. Archivo de M. Crusafont, ICP, Sabadell)]. Los fósiles recogidos sirvieron de base a la tesis que más adelante desarrolló Josefa Menéndez Amor.

La amistad que mantenían Villalta y Crusafont con Francisco Hernández-Pacheco ayudó a que Menéndez Amor llevara a buen puerto su tesis doctoral, organizando sus campañas de campo en La Cerdaña [carta remitida por F. Hernández Pacheco del 11 de agosto de 1947 a Crusafont (Referencia: AMC O45b/CProf/9066. Archivo de M. Crusafont, ICP, Sabadell)], prestándola ejemplares y permitiendo la figuración de estos en su memoria doctoral (Menéndez Amor, 1955). Como resultado de esta colaboración, en la actualidad algunos ejemplares recogidos por Villalta y Crusafont integran la colección de Menéndez Amor, conservada en el MNCN.

Solé Sabarís y Llopis Lladó (1947) también indicaron que Ramón Margalef López, limnólogo, oceanógrafo y ecólogo, que a finales de los años cuarenta era becario del Instituto de Biología Aplicada, había identificado algas diatomeas asociadas a los sedimentos con fósiles vegetales. Como resultado de este trabajo, una década después Margalef (1957) describió una sucesión de asociaciones de diatomeas centrales procedentes de diferentes afloramientos de la cubeta de Bellver, considerando una estratigrafía poco precisa. Particularmente, el autor indicó que era posible que se cometieran «algunas inexactitudes en la intercalación de las muestras estudiadas».

A MODO DE CONCLUSIÓN

En los fondos del Museo Geominero se conserva una colección de flora miocena de la cuenca de La Cerdaña (Lérida) desde el año 1944. Fue recogida y donada por Josep Fernández de Villalta i Comella y Miquel Crusafont i Pairó a principios de los años cuarenta, y su ingreso en las colecciones del IGME estuvo relacionada con la confección de la hoja n.º 216 de la primera serie del mapa geológico de España a escala 1:50.000.

Esta colección fue utilizada por otros investigadores, como Josefa Menéndez Amor y Eduardo Barrón, para la confección de sus tesis doctorales, lo que la ha actualizado y revalorizado desde un punto de vista científico y patrimonial. La conservación de especímenes figurados y, particularmente, de un ejemplar de *Acer integerrimum*, cuya contraparte se encuentra en la colección Villalta del CMCNB, ratifican la autoría de las campañas de campo que se realizaron en La Cerdaña por Villalta y Crusafont durante los años cuarenta del siglo pasado, y el origen común de las colecciones que hoy se encuentran en el CMCNB y en el Museo Geominero del IGME.

AGRADECIMIENTOS

Este trabajo no se hubiera podido redactar sin la colaboración de los Dres. Antonio Perejón Rincón (Real Sociedad Española de Historia Natural), Celia M. Santos Mazorra (Museo Nacional de Ciencias Naturales, CSIC), Mª Victoria Quiralte Palomar y Enrique Peñalver Mollá (Museo Geominero, IGME), Vicent Vicedo Vicedo (Museu de Ciències Naturals de Barcelona, CMCNB), Ángel Montero Bastarreche (Real Jardín Botánico de Córdoba, IMGEMA), Juan Carlos Gutiérrez Marco (Instituto de Geociencias, CSIC) y José Mª Postigo Mijarra (Facultad de Ciencias Biológicas, UCM). Además, hemos contado con la inestimable ayuda de Juan Manuel Lizarraga Echaire y Fernando Alcón Espín (Biblioteca Histórica «Marqués de Valdecilla», UCM) y de los responsables del archivo del Institut Català de Paleontologia Miquel Crusafont (Sabadell).

BIBLIOGRAFÍA

Altolaguirre, Y.; Postigo-Mijarra, J.Mª; Casas-Gallego, M. y Barrón, E. 2023. Mapping the late Miocene Pyrenean forests of the La Cerdanya Basin, Spain. *Forests*, 14, 1471.

Anadón, P.; Cabrera, L.; Julià, R.; Roca, E. y Rosell, L. 1989. Lacustrine oil-shale basins in tertiary grabens from NE Spain (western european rift system). *Palaeogeography, Palaeoclimatology, Palaeoecology*, 70, 7-28.

Anónimo 2003. In memoriam: Josep Fernández de Villalta i Comella. *Butlletí del Centre d'Estudis de la Natura del Barcelonès-Nord*, 6, 1-2.

Areitio y Larrinaga, A. 1874. Enumeración de plantas fósiles españolas. *Anales de la Sociedad Española de Historia Natural*, 3, 225-259.

Barnolas, A.; Robles, S.; García-Ramos, J.C. y Hernández, J.M. 2004. La Cordillera Pirenaica. En: J.A. Vera (Ed.), *Geología de España*. Sociedad Geológica de España-Instituto Geológico y Minero de España, Madrid, 233-343.

Barrón, E. 1996a. *Estudio tafonómico y análisis paleoecológico de la macro y microflora miocena de la Cuenca de La Cerdaña*. Tesis doctoral, Universidad Complutense de Madrid, 773 pp.

Barrón, E. 1996b. Caracterización del género *Acer* Linné (Magnoliophyta) en el Vallesiense (Neógeno) de la comarca de La Cerdaña (Lérida, España). *Boletín Geológico y Minero*, 107 (1), 38-54.

Barrón, E. 1998. Presencia del género *Quercus* Linné (Magnoliophyta) en el Vallesiense (Neógeno) de La Cerdaña (Lérida, España). *Boletín Geológico y Minero*, 109 (2), 121-150.

Barrón, E. 1999. Estudio paleobotánico, reconstrucción paleoambiental y aspectos tafonómicos del afloramiento vallesiense de Coll de Saig (La Cerdaña, Lérida, España). *Revista Española de Paleontología*, nº extr. Homenaje al Prof. J. Trujols, 77-88.

Barrón, E. y Diéguez, C. 2005. Cuticular study of leaf compressions from the late Miocene (Vallesian) diatomites of Cerdaña Basin (Eastern Pyrenees, Spain). *Neues Jahrbuch für Geologie und Paläontologie, Abhandlungen*, 237, 61-85.

BARRÓN, E.; POSTIGO-MIJARRA, J.M. Y DIÉGUEZ, C. 2014. The late Miocene macroflora from the La Cerdanya Basin (Eastern Pyrenees, Spain): towards a synthesis. *Palaeontographica Abteilung B*, 291 (1-6), 85-129.

BARRÓN, E.; POSTIGO-MIJARRA, J.M. Y CASAS-GALLEGO, M. 2016. Late Miocene vegetation and climate of the La Cerdanya Basin (eastern Pyrenees, Spain). *Review of Palaeobotany and Palynology*, 235, 99-119.

BARRÓN, E.; AVERYANOVA, A.; KVAČEK, Z.; MOMOHARA, A.; PIGG, K.B.; POPOVA, S.; POSTIGO-MIJARRA, J.Mª; TIFFNEY, B.H.; UTESCHER, T. Y ZHOU, Z.K. 2017. The fossil history of *Quercus*. En: E. Gil-Pelegrín; J.J. Peguero-Pina y D. Sancho-Knapik (Eds.), *Oaks Physiological Ecology. Exploring the functional diversity of genus* Quercus *L.* Tree Physiology, 7. Springer, Switzerland, 39-105.

CABRERA, L.; ROCA, E. Y SANTANACH, P. 1988. Basin formation at the end of a strike-slip fault: The Cerdanya Basin (Eastern Pyrenees). *Journal of the Geological Society, London*, 145, 261-268.

CARAZO, F. Y VILORIA, J. 1946. Noticias sobre los yacimientos fosilíferos de las margas miócenas del valle de la Cerdaña. *Boletín de la Real Sociedad Española de Historia Natural*, 44, 575-578.

EZQUERRA DEL BAYO, J. 1850-1857. Ensayo de una descripción general de la estructura geológica del terreno de España en la Península. *Memoria de la Academia de Ciencias Exactas, Físicas y Naturales*, 1 (1), 36-65; 1 (2), 74-107; 1 (3), 162-184; 4 (2), 352-359.

HEER, O. 1855-1959. *Flora tertiaria Helvetiae (Die tertiäre Flora der Schweiz)*. J. Wurster et Company, Winterthur.

MARGALEF, R. 1957. Paleoecología del lago de la Cerdaña. *Publicaciones del Instituto de Biología Aplicada*, 25, 131-137.

MENÉNDEZ AMOR, J. 1955. La depresión ceretana española y sus vegetales fósiles. Característica fitopaleontológica del Neógeno de la Cerdaña española. *Memorias de la Real Academia de Ciencias Exactas, Físicas y Naturales de Madrid. Serie de Ciencias Naturales*, 18, 1-344.

MONTERO, A. 2003. *La paleontología y sus colecciones desde el Real Gabinete de Historia Natural al Museo Nacional de Ciencias Naturales*. Monografías del Museo Nacional de Ciencias Naturales, Consejo Superior de Investigaciones Científicas, Madrid, 383 pp.

MONTERO, A. Y DIÉGUEZ, C. 1993. Types of paleontological collections, interest: the case of the Museo Nacional de Ciencias Naturales (MNCN), Madrid, Spain. *International Symposium and First World Congress on the Preservation and Conservation of Natural History Collection. Congress Book*, 221-227.

PEREJÓN, A. 1988. Josefa Menéndez Amor (1916-1985). *Boletín de la Real Sociedad Española de Historia Natural (Actas)*, 84, 53-60.

PUCHE RIART, O. Y AYALA-CARCEDO, F. J. 2001. Guillermo P. D. Schulz y Schweizer (1800-1877): su vida y su obra en el bicentenario de su nacimiento. *Boletín Geológico y Minero*, 112 (1), 105-122.

RÉROLLE, M.L. 1884a. Études sur les végétaux fossiles de Cerdagne. *Revue des Sciences Naturelles de Montpellier*, 4 (3ème sér.), 167–191.

RÉROLLE, M.L. 1884b. Études sur les végétaux fossiles de Cerdagne (Suite). *Revue des Sciences Naturelles de Montpellier*, 4 (3ème sér.), 252–298.

RÉROLLE, M.L. 1885. Études sur les végétaux fossiles de Cerdagne (Suite et fin). *Revue des Sciences Naturelles de Montpellier*, 4 (3ème sér.), 4, 368–386.

ROCA, E. 2002. Estructura, estratigrafía y evolución tectonosedimentaria de las Cuencas Neógenas de La Cerdanya y Seu d'Urgell (Pirineos Orientales). En: J.A. Vera (ed.),

Geología de España. Sociedad Geológica de España e Instituto Geológico y Minero de España, Madrid, 573-576.

RODRIGO, A. Y BARRÓN, E. 2016. Pasado y presente de las colecciones históricas de macrorrestos vegetales de la cuenca de La Cerdaña (Lérida, España). En: G. Meléndez, A. Núñez y M. Tomás (eds.), *Actas de las XXXII Jornadas de la Sociedad Española de Paleontología*. Cuadernos del Museo Geominero, 20. Instituto Geológico y Minero de España, Madrid, 269-273.

SOLÉ SABARÍS, L. Y LLOPIS LLADÓ, N. 1947. *Mapa Geológico de España. Escala 1:50.000. Explicación de la hoja n.º* 216. Bellver. Instituto Geológico y Minero de España, Madrid, 109 pp.

TRUJOLS I SANTONJA, J. 1986. L'obra científica del Doctor Miquel Crusafont i Pairó (1910-1983). *Butlletí de la Institució Catalana d'Historia Natural*, 53 (*Secció de Geologia*, 4), 19-36.

VICEDO, V.; TROYA, L. Y GALLEMÍ, J. 2015. La colección paleontológica de J.F. de Villalta del Museo de Ciencias Naturales de Barcelona. En: A. Hilario, M. Mendía, M. Monge-Ganuzas, E. Fernández, J. Vegas y A. Belmonte (eds.), *Patrimonio geológico y geoparques, avances de un camino para todos*. Cuadernos del Museo Geominero, 18. Instituto Geológico y Minero de España, Madrid, 459-464.

VILLALTA, J.F. Y CRUSAFONT, M. 1945. La flora miocénica de la depresión de Bellver. *Ilerda*, 3, 339-353.

WAGNER, R.H. Y ÁLVAREZ-VÁZQUEZ, C. 2010. The Carboniferous floras of the Iberian Peninsula: A synthesis with geological connotations. *Review of Palaeobotany and Palynology*, 162, 239-324.

ANEXO

Tabla 1. Ejemplares figurados de la colección de flora miocena de La Cerdaña. Se indican sus identificaciones actuales y antiguas, los yacimientos donde fueron recolectados y las vitrinas del Museo Geominero en donde se encuentran.

Ejemplar	Identificación actual	Yacimiento	Identificación anterior	Vitrina	Figurado
MGM-48M	cf. *Tsuga* sp.	Coll de Saig	*Abies saportana* *Tsuga moenana*	101	Menéndez Amor (1955), lám. 16, fig. 4 Barrón (1996a), text.-fig. 15B, lám. 7, fig. 3 Barrón *et al.* (2014), lám. 1, fig. 7
MGM-48M	*Salix lavateri*	Coll de Saig	–	–	Barrón (1996a), text.-fig. 50, lám. 17, fig. 11
MGM-52M	*Potamogeton orbiculare*	–	*Potamogeton orbiculare*	101	Menéndez Amor (1955), lám. 19, fig. 1
MGM-182M	aff. *Cedrus* sp.	Coll de Saig	*Abies saportana*	101	Menéndez Amor (1955), lám. 16, fig. 3 Barrón (1996a), text.-fig. 11, lám. 7, fig. 5
MGM-227M	cf. *Laurophyllum* sp.	Coll de Saig	*Laurus princeps* *Persea princeps*	101	Menéndez Amor (1955), lám. 34, fig. 1

Ejemplar	Identificación actual	Yacimiento	Identificación anterior	Vitrina	Figurado
MGM-230M (*contraparte: MGB V11718)	*Acer integerrimum*	Santa Eugenia	*Acer decipiens* *Acer laetum var. pliocenica* *Acer cappadocicum*	101	*Villalta y Crusafont (1945), láms. 5, 10 *Solé Sabarís y Llopis Lladó (1947), lám. 12 *Menéndez Amor (1955), lám. 42, fig. 3 Barrón (1996b), lám. 1, fig. 4
MGM-318M	*Abies saportana* (neotipo)	Coll de Saig	aff. *Abies* sp.	–	Barrón *et al.* (2014), Pl. 1, Fig. 4
MGM-1011M	Abietoideae tipo 1	Coll de Saig	*Juniperus drupacea*	101	Menéndez Amor (1955), lám. 17, fig. 4 Barrón (1996a), lám. 7, fig. 4
MGM-1046M	*Quercus hispanica*	Coll de Saig	*Quercus hispanica*	101	Barrón *et al.* (2017), lám. 3.4, fig. 2
MGM-1052M	*Quercus hispanica*	Coll de Saig	*Quercus hispanica*	–	Barrón (1998), lám. 3, fig. 3
MGM-1059M	*Fagus gussonii*	El Pedró	*Fagus pliocenica* var. *Ceretana* *Fagus orientalis*	67	Barrón *et al.* (2016), lám. 2B
MGM-1060M	*Fagus haidingeri*	Coll de Saig	*Fagus pristina*	67	Altolaguirre *et al.* (2023), fig. 2H
MGM-1063M	*Quercus hispanica* (neotipo)	El Pedró	*Quercus hispanica*	–	Barrón (1998), lám. 3, fig. 2 Barrón *et al.* (2014), lám. 2, fig. 4 Altolaguirre *et al.* (2023), fig. 2I
MGM-1064M	*Quercus drymeja*	Coll de Saig	*Quercus drymeia*	101	*Villalta y Crusafont (1945), lám. 8 *Solé Sabarís y Llopis Lladó (1947), lám. 13 Barrón (1998), lám. 2, fig. 6 Barrón *et al.* (2016), lám. 2E Barrón *et al.* (2017), lám. 3.4, fig. 5 Altolaguirre *et al.* (2023), fig. 2E
MGM-1069M	*Zelkova zelkovifolia*	Coll de Saig	*Zelkova ungeri*	–	Altolaguirre *et al.* (2023), fig. 2J
MGM-1071M	*Laurophyllum pseudoprinceps*	Coll de Saig	*Ficus* sp. *Cinnamomum polymorphum* *Ocotea foetens*	67	Barrón (1996a), text.-fig. 22, lám. 8, fig. 10

Ejemplar	Identificación actual	Yacimiento	Identificación anterior	Vitrina	Figurado
MGM-1074M	*Daphnogene polymorpha*	Coll de Saig	*Cinnamomum polymorphum* *Daphnogene* sp.	101	Barrón (1996a), text.-fig. 19B Barrón (1999), lám. 1, fig. 5
MGM-1075M	*Acer integerrimum*	Coll de Saig	*Acer laetum var. pliocenica* *Acer cappadocicum*	–	Barrón (1996b), lám. 1, fig. 5
MGM-1076M	*Acer pyrenaicum*	Coll de Saig	*Acer pyrenaicum*	101	Barrón (1996b), lám. 1, fig. 1 Barrón (1999), lám. 1, fig. 2 Barrón *et al.* (2014), lám. 5, figs. 2-4
MGM-1077M	*Acer pyrenaicum*	Coll de Saig	*Acer magnini* *Acer opalus*	101	Barrón (1996b), lám. 2, fig. 2
MGM-1080M	*Acer* sp. (sámara)	Coll de Saig	*Acer pyrenaicum*	67	Barrón (1996b), lám. 2, fig. 8
MGM-1081M	*Acer pyrenaicum*	Coll de Saig	*Acer sp.* *Acer trilobatum var. Productum* *Acer opalus*	–	Barrón (1996b), lám. 2, fig. 4
MGM-1082M	*Laurophyllum* sp.	Coll de Saig	*Diospyros anceps* *Laurus azorica*	101	Barrón (1999), lám. 1, fig. 11
MGM-1084M	Fabaceae gen. et sp. indet.	Coll de Saig	*Leguminosites ellipticus* *Andromeda tremula* Fabales tipo 1	–	Barrón (1996a), text.-fig. 52, lám. 19, fig. 4
MGM-1097M	*Acer pyrenaicum*	Coll de Saig	*Acer pyrenaicum*	67	Barrón (1996b), lám. 2, fig. 3
MGM-1099M	*Acer* sp. (sámara)	Coll de Saig	*Acer pyrenaicum*	–	Barrón (1996b), lám. 2, fig. 5

Tabla 2. Especies de flora de La Cerdaña figuradas por Villalta y Crusafont (1945) y Solé Sabarís y Llopis Lladó (1947). Los asteriscos indican los ejemplares que se encuentran en la colección del Museo Geominero.

Especie	Identificación antigua	Villalta y Crusafont (1945)	Solé Sabarís y Llopis Lladó (1947)
*Acer integerrimum**	*Acer decipiens*	Láms. 5 y 10	Lám. 12
Acer pyrenaicum	*Acer pseudocraeticum*	Lám. 3	Lám. 11
Acer pyrenaicum	*Acer trilobatum* *Acer pyrenaicum*	Láms. 5 y 9	Lám. 11
Daphnogene polymorpha	*Cinnamommum polymorphum*	Lám. 3	Lám. 13
Fabaceae gen. et sp. indet.	*Cassia berenices*	Lám. 7	Lám. 15

Especie	Identificación antigua	Villalta y Crusafont (1945)	Solé Sabarís y Llopis Lladó (1947)
Fabaceae gen. et sp. indet?	*Leguminosites ellipticus* *Andromeda tremula*	Lám. 8	Lám. 15
Laurophyllum sp.?	*Ficus lanceolata* *Fagus lanceolata*	Lám. 9	Lám. 15
Quercus drymeja	*Quercus drimeia*	Lám. 3	Lám. 13
*Quercus drymeja**	*Quercus drimeia*	Lám. 8	Lám. 13
Quercus drymeja	*Salix tenera*	Lám. 8	Lám. 15
cf. *Quercus* sp.	*Castanea paleopumila*	Láms. 1 y 7	Lám. 11
Quercus neriifolia	*Quercus neriifolia*	Lám. 7	Lám. 15
Zelkova zelkovifolia	*Zelkova crenata*	Lám. 5	Lám. 12
Zelkova zelkovifolia	*Zelkova crenata* *Zelkova planera*	Lám. 5	Lám. 12

FÓSILES DEL ANTIGUO LAGO CASTELLONENSE DE RIBESALBES

Enrique Peñalver Mollá y Eduardo Barrón López

Los lagos del pasado pudieron ser trampas de conservación para los organismos que vivían en sus aguas, en la parte terrestre de la orilla o en áreas más alejadas, arrastrados hasta el lago por los ríos o el viento. Si en lo más profundo de sus aguas se dieron ciertas circunstancias en lo que respecta al ambiente químico, microbiano y sedimentario, se pudo producir una conservación de los restos a muy largo plazo mediante el proceso de fosilización. A nivel peninsular, son pocos los lugares en los que se encuentran expuestas las rocas que se generaron a partir de los sedimentos acumulados lentamente en el fondo de estos lagos. Si tenemos la suerte de encontrarlas, observaremos que son laminadas debido a una sedimentación de tipo estacional y, en algunos casos, al abrir sus laminaciones se pueden descubrir fósiles de plantas, insectos, peces, anfibios, plumas, etc. Si estos conservan detalles increíbles de su anatomía, hallándose en forma de impresiones carbonosas planas, estamos ante un yacimiento de compresión y de conservación excepcional (Martínez-Delclòs *et al.*, 2004). Técnicamente, a estos yacimientos paleontológicos se les denomina con la expresión alemana *Konservat-Lagerstätten* (Seilacher, 1990). Muchos de estos se conocen porque antiguamente sus rocas sedimentarias fueron explotadas, por ejemplo, para la extracción de los hidrocarburos que suelen impregnarlas. En España, el estudio paleontológico de estos yacimientos se inició a finales del siglo XIX (ver Barrón y Rodrigo, 2025).

En 1788, el Marqués de Valera viajó en su carromato hasta un pequeño pueblo de la provincia de Castellón, llamado Ribesalbes, comisionado por la Real Sociedad Económica de Amigos del País de Valencia, corriendo los gastos de su bolsillo. Se conserva el manuscrito de dos páginas, con numerosos tachones, en el que describió lo que vio en la inspección de una extraña mina al lado del pueblo. Particularmente, relata que al golpear dos piedras de la mina se desprendía un olor fétido. Cuatro años más tarde, el ilustrado Antonio José Cavanilles (1745-1804) también visitó esta mina, ya que sabía de su existencia y dejó por escrito que, entre otras cosas, la roca había sido «cieno que las aguas en algun tiempo fueron dexando en zonas de varios gruesos desde un dedo hasta lo sutil de un papel» (Casanova Honrubia, 2009).

En 1910 y 1914 se dejó constancia escrita por primera vez de que en esa roca se encontraban fósiles de plantas y animales. El insigne y polifacético científico José Royo Gómez (1895-1961) tuvo la curiosidad de ver esos fósiles y, a principios de los años 20, ya poseía algunos ejemplares e indicó su intención de estudiarlos. Royo Gómez visitó la mina y realizó varias fotografías de la misma y de los trabajos mineros, que actualmente se encuentran como documentación histórica en el Museo Nacional de Ciencias Naturales. Dicho museo también conserva las fotografías que hizo de algunos de los fósiles encontrados, sobre todo de unos mosquitos conservados con un detalle sin precedentes en España. Este científico no pudo estudiarlos y los cedió a otros investigadores.

En 1926 vieron la luz los dos primeros artículos en donde se describen estos fósiles (Hernández-Sampelayo y Cincúnegui, 1926; Gil Collado, 1926), junto a otro sobre las características de la roca de origen lacustre (Mora, 1926). Concretamente, estos fósiles se encuentran en lutitas laminadas bituminosas que se formaron en el fondo anóxico de un lago meromíctico, que se desarrolló durante el Mioceno Inferior (Burdigaliense, hace unos 19 millones de años) en la cuenca tectónica de Ribesalbes-Alcora (Anadón *et al.*, 1989). Este capítulo trata sobre los fósiles de la mina de Ribesalbes, conocida actualmente como el yacimiento paleontológico de La Rinconada (Fig. 1), que se encuentran depositados en el Museo Geominero. Además, relata cómo este museo estuvo implicado en el estudio y custodia de una parte de los primeros fósiles que se encontraron. Todos los detalles sobre la historia y la investigación moderna, geológica y paleontológica, del paleolago de Ribesalbes se reunieron en un libro editado conjuntamente por el IGME y la Diputación de Castellón (Peñalver *et al.*, 2016).

Figura 1. Yacimiento paleontológico de La Rinconada en Ribesalbes, del Mioceno Inferior (alrededor de 19 millones de años de antigüedad). De izquierda a derecha y de arriba a abajo: vista general. Detalle de los niveles de roca bituminosa fosilífera intercalados con yeso secundario de color grisáceo (cada nivel de roca bituminosa en la imagen tiene un grosor de unos 4 cm). Visita al yacimiento de uno de los autores (izquierda) con un grupo de especialistas de la empresa CEPSA interesados en explotaciones históricas de hidrocarburos en España, en mayo de 2018; los respiraderos de la mina de la que se obtenía la roca con hidrocarburos se encuentran a unos metros al fondo en la fotografía.

LA COLECCIÓN DEL MUSEO GEOMINERO Y SU ORIGEN

El interés tan temprano por la roca laminada de Ribesalbes estuvo relacionado con su contenido en hidrocarburos (Fig. 1). A estas rocas se les denominó disodilas por su aspecto oscuro y su olor fétido. Desde 1788 se tiene constancia de la presencia de querógeno en su composición, y fue durante ese año cuando se hicieron los primeros análisis que determinaron los hidrocarburos. Así mismo, ese año, el Marqués de Valera hizo la primera descripción de las capas rocosas del área de La Rinconada. Tanto el marqués como posteriormente el insigne geólogo Juan Vilanova y Piera (1821-1893) no vieron nada prometedor para proceder a su explotación comercial.

Hasta 1863 no se realizaron las primeras explotaciones formales, al menos de acuerdo con la documentación que se conserva de las denuncias mineras, y en 1914 parece que se produjo el cese definitivo de las actividades extractivas. En Ribesalbes, la minería para obtener hidrocarburos parece que nunca fue muy rentable, pero en varias ocasiones el contenido en hidrocarburos interesó a los ingenieros e investigadores del Instituto Geológico y Minero de España. Esta fue la razón por la que en 1981 se realizó un detallado informe sobre este tema (IGME, 1981), ya que las disodilas que fueron explotadas de manera poco intensa en el área de San Chils, también en la cuenca de Ribesalbes-Alcora, quizá podr*ía*n ser rentables en el futuro. Recientemente, Álvarez-Parra *et al.* (2019b) pusieron de manifiesto la presencia de distintos fósiles en las rocas de San Chils, similares a los de La Rinconada.

En el primer cuarto del siglo XX, los fósiles que la actividad minera había sacado a la luz despertaron un nuevo interés por las rocas de la mina de La Rinconada. Particularmente, José Royo Gómez quiso dedicarse a su estudio. Desafortunadamente no pudo completar la investigación de estos fósiles, que había iniciado en 1920-1921, debido a sus abundantes y diversos proyectos. En 1924 contactó con el entomólogo Juan Gil Collado (1901-1986) y le ofreció estudiar juntos los insectos. Poco después facilitó los fósiles para su investigación, concretamente a dicho investigador y a los ingenieros del Instituto Geológico de España (actual IGME) Primitivo Hernández-Sampelayo (1880-1959) y Manuel de Cincúnegui (1890-1936). Según Gil Collado (1926), Royo Gómez donó los fósiles al Museo de Ciencias Naturales gracias a su mediación y a la de Gabriel Martín Cardoso (1896-1954). No se tiene información de cómo ingresó la otra parte de los fósiles en el IGME. Seguramente los que estudiaron Hernández-Sampelayo y Cincúnegui se quedaron en el Museo Geominero. A estos se unieron otros ejemplares obtenidos posteriormente por los citados investigadores, según relata Gil Collado en 1926.

La colección histórica de Ribesalbes depositada en el Museo Geominero está integrada por ochenta y siete piezas que comprenden fósiles de plantas, insectos, anfibios, una pluma [MGM-241M; figurada en Hernández-Sampelayo y Cincúnegui (1926, fig. 64) como «Pluma de *Gallinacea* de los esquistos disodílices de Ribesalbes»], y restos orgánicos de difícil atribución taxonómica [por ejemplo, MGM-1106M: figurado en Hernández-Sampelayo y Cincúnegui (1926, fig. 42) como «*Abietineas*. Cono de *Pinus pinea*. (Forma oval característica del pino piñonero)»]. En número de ejemplares, considerando los insectos y anfibios, la colección histórica del Museo Nacional de Ciencias Naturales es similar a la del Museo Geominero. Sin embargo, el segundo museo destaca por poseer un mayor número de plantas, y por presentar los únicos restos de rana y la pluma descubiertos por aquel entonces.

Actualmente, en el Museo Geominero se pueden visitar varias vitrinas que contienen fósiles de Ribesalbes. La mayor parte de las plantas, de las que se custodian 76 ejemplares, se encuentran expuestas en la vitrina 67, junto con especímenes de las cuencas lacustres miocenas de La Cerdaña y Rubielos de Mora. De forma excepcional, una semilla alada de *Pinus* sp. y un resto de madera (MGM-161M y MGM-520M) están expuestos en la vitrina 68. En la vitrina 67 destacan ejemplares con una excelente conservación de las coníferas *Sequoia abietina* y *Juniperus* sp. Sección *Sabina* (Barrón y Postigo-Mijarra, 2011; Postigo-Mijarra y Barrón, 2013). Destacan los 8 ejemplares de la primera especie, que se encuentran figurados en Hernández-Sampelayo y Cincúnegui (1926, figs. 22-30) como (i) *Sequoia Langsdorfii*, Heer (figs. 22-23; MGM-1023M y MGM-1024M, respectivamente), (ii) «Ramos terminales de *Taxodium* recordando el *Taxites Otriki*, Heer» (figs. 24-25; MGM-1018M y MGM-1017M, respectivamente), (iii) «*Taxodinea* de hoja ancha» (fig. 26; MGM-1021M), (iv) «*Taxodinea* de hoja estrecha, parecida a la *Sequoia angustifolia*, Heer» (fig. 27; MGM-1022M), (v) «Ejemplar de *Sequoia* muy parecido a la *S. rigida*, Heer» (figs. 28-29; MGM-1019M) y (vi) cono abierto de *Sequoia*, mostrando cuatro escamas del vértice a la inserción, con gran semejanza a *Sequoia couttsiae*, Heer (fig. 30; MGM-1025M). Recientemente, los especímenes MGM-1023M y MGM-1025M han sido figurados con una determinación taxonómica correcta como *Sequoia abietina* por Barrón y Postigo-Mijarra (2011, lám. 1, figs. 2, 4) y Peñalver *et al.* (2016, fig. 79).

Hernández-Sampelayo y Cincúnegui (1926, figs. 31-37, fig. 40) figuraron varios ejemplares de *Juniperus* sp. Sección *Sabina*, aunque, de la misma manera que en el caso de *S. abietina*, asignaron estos restos a diferentes tipos de coníferas: (i) «*Cupresineas*. Ramo frondoso de *Chamaecyparis europaea*, Lap. (?)» (fig. 31; MGM-1031M), (ii) «Ramo de *Chamaecyparis* parecido a la *Biota*. Escamas en cuatro filas con tendencia a hojas» (fig. 32; MGM-1032M), (iii) «*Cupresinea*. Gran parecido con la *Libocedrus saliniana*, Heer» (fig. 33; MGM-1030M), (iv) «Tallo con escamas agudas muy separadas mostrando su tránsito a hojas» (fig. 34), (v) «Fragmento de ramo muy semejante al *Thuyites Oosteri*, Heer. (?)» (fig. 35), (vi) «Ramo parecido al *Thuyites Callitrina*, Ung.» (fig. 36; MGM-1026M), (vii) Ramitos de *Thuyites* (fig. 37; MGM-1035M) y (viii) «*Abietineas*. Braquiblasto con *Cupresineas*» (fig. 40). Muy posteriormente, Fernández Marrón y Álvarez Ramis (1967) identificaron de forma errónea, a partir de los especímenes MGM-1026M y MGM-1031M, los taxones *Taxodium distichum miocenicum* y *Glyptostrobus europaeus*, respectivamente. Así mismo, Fernández Marrón (1971) figuró como *Sequoia couttsiae* la contraparte del ejemplar MGM-1026M, que se encontraba en las colecciones del Instituto Lucas Mallada, CSIC. El espécimen MGM-1031M fue correctamente figurado como *Juniperus* sp. Sección *Sabina* por Peñalver *et al.* (2016, fig. 93).

Entre los restos de angiospermas hay que destacar un buen número de hojas de dicotiledóneas que en general se encuentran incompletas y en mal estado de conservación. Una excepción es el ejemplar MGM-337M, que corresponde a una hoja compuesta de *Sorbus* sp. que presenta un folíolo terminal y cinco pares de folíolos laterales unidos a un raquis. Este espécimen fue figurado y descrito de forma errónea como *Ostrya atlantidis* por Hernández-Sampelayo y Cincúnegui (1926, fig. 51) y Fernández Marrón (1971, lám. 3, fig. 3). Por lo general, los folíolos fosilizados de esta especie se encuentran por separado ya que las hojas compuestas se desarticulan con facilidad. Este es el caso del ejemplar MGM-1088M, que corresponde a un folíolo lateral de *Sophora assimilis*, y que fue previamente asignado a *Salix aquensis* por Hernández-Sampelayo y Cincúnegui (1926, fig. 55). Otra excepción es un ejemplar de *Acer integerrimum* completo y con excelente preservación, una impresión, figurado por Hernández-Sampelayo y Cincúnegui (1926, fig. 57) como «Orden *Esculineas*: familia *Aceracea trifoliada*: especie *Acer pseudoplatanus*» y por Fernández Marrón (1971, lám. 6, fig. 2) como *Acer trilobatum*; el ejemplar se encontraba en los fondos del Museo Geominero, pero en la actualidad está extraviado.

Dentro de las angiospermas, también es interesante el espécimen MGM-1050M correspondiente a dos frutos pedunculados de *Celtis* sp. (Barrón y Postigo-Mijarra, 2011, lám. 2, fig. 6), que originalmente fueron identificados como «Frutos que suponemos de la familia *Amigdalacea*, género *Cerassus*»

(Hernández-Sampelayo y Cincúnegui, 1926, fig. 20) y, posteriormente como una nueva especie, *Prunus preavium*, en Fernández Marrón (1971, pp. 87-88, lám. 4, fig. 16). La especie que se estableció a partir de este ejemplar no tiene validez taxonómica, pero el ejemplar tiene un valor histórico, por lo que se encuentra custodiado en la tipoteca del Museo Geominero.

En el registro fósil de Ribesalbes son relativamente abundantes los restos de hojas lineares paralelinervias de angiospermas monocotiledóneas relacionables con la Subclase Commelinidae. También, se han hallado restos de macrófitos acuáticos del género *Potamogeton* (Barrón y Postigo-Mijarra, 2011, lám. 4, fig. 9). Concretamente, el ejemplar MGM-1004M fue atribuido por Hernández-Sampelayo y Cincúnegui (1926, fig. 38) a una «*Abietinea*», particularmente a un «Ramo de Pino picea (?) [*sic*] con granos y escamas sueltas».

Respecto a los insectos del Museo Geominero que fueron estudiados por Gil Collado (1926), el número total de ejemplares es de 37 y se encuentran en cinco lajas ricas en fósiles. Dos de ellas (MGM-160M y MGM-521M) no se encuentran en exposición y están en los armarios ignífugos de la tipoteca del museo para garantizar su conservación a largo plazo. Incluyen 34 ejemplares sintipo de la especie *Nomochirus sampelayoi* (un mosquito quironómido) y un sintipo de *Hilara royoi* (una mosca empídida). Ambas especies son del orden Diptera y fueron estudiadas en tiempos recientes, durante la investigación para la consecución de la tesis doctoral de uno de los firmantes de este trabajo (Peñalver, 2002).

Los mosquitos quironómidos de la especie *N. sampelayoi* se encuentran por centenares en el yacimiento, tanto hembras como machos, ya que formarían enjambres sobre las aguas del lago para la reproducción y muchos de ellos se ahogaron y hundieron hasta el fondo. Los machos se diferencian fácilmente pues sus abdómenes que terminan en dos lóbulos, mientras que las hembras muestran una terminación redondeada con tres puntos negros que corresponden a las espermatecas. En los ejemplares, generalmente, se conservan muy bien las antenas con su abundante pilosidad, pero en los machos esta pilosidad confiere un aspecto plumoso a las antenas. Desgraciadamente, en estos mosquitos la venación de las alas era originalmente tan tenue que a partir de los fósiles no se ha podido reconstruir satisfactoriamente la disposición y otras características de las venas, por lo que es posible que algunos ejemplares clasificados en esta especie correspondan en realidad a otro tipo de «mosquitos», incluso puede que pertenezcan a otra familia.

Los dos ejemplares de mosca empídida de la especie *H. royoi* que se estudiaron en 1926 parece que presentaban una conservación muy detallada en palabras de Gil Collado, pero el único ejemplar que se conserva se muestra hoy en día muy degradado y la revisión de la especie no es posible a partir del mismo (Fig. 2). No obstante, en las últimas décadas dos entusiastas de la paleontología, Manuel Saura Vilar y Juan Antonio García Vives, descubrieron dos nuevos ejemplares en La Rinconada (Peñalver, 2002). Característicamente presentan, entre otros caracteres, unas antenas cortas y con un estilo, una vena costal que no se extiende por todo el margen del ala, una vena subcostal que se curva fuertemente en su extremo distal, una vena R1 gruesa, recta, y que contacta con la vena costal más allá de la mitad del ala, una vena R4+5 dividida en R4 y R5, una celda r4 alargada y un lóbulo anal bien desarrollado.

Reciben el nombre de sintipos aquellos ejemplares que estudió un especialista cuando describió una nueva especie para la cual no indicó un ejemplar especial, llamado holotipo, que reuniese las características clave, y posteriormente tampoco nadie estableció uno de los sintipos como lectotipo, o ejemplar seleccionado a partir de la colección original cuando no se definió un holotipo. Estas son las dos únicas especies que se describieron como nuevas y que Gil Collado (1926) dedicó a los dos investigadores que habían hecho posible que estudiara fósiles tan peculiares (Fig. 2). Es importante destacar que de los dos ejemplares sintipo de *Hilara royoi* que estudió Gil Collado, el del IGME y otro en la colección del MNCN, sólo se conserva el primero, lo que le hace especialmente interesante desde un punto de vista de la práctica de la taxonomía paleontológica. Estas valiosas lajas históricas se encontraban expuestas en las vitrinas del pasillo de acceso a la sala del Museo Geominero, donde continúan las otras tres lajas (MGM-6475M, MGM-6476M y MGM-6477M) que contienen distintos ejemplares de *N. sampelayoi*. Concretamente, están expuestas en la vitrina 228, que corresponde a la Colección de Paleontología Sistemática de Invertebrados.

Los ejemplares sintipo de *N. sampelayoi* y el de *H. royoi* se muestran muy degradados. Esta degradación se atribuye principalmente a la luz incidente durante décadas, ya que las lajas donde se encuentran dichos ejemplares estuvieron expuestas en una vitrina del museo. La consecuencia de la acción degradante de la luz ha sido la pérdida de gran parte de la película carbonosa en que están fosilizados los especímenes (Peñalver, 2002). Esto también se puede observar en los ejemplares de plantas clasificados como *Juniperus* sp. Sección *Sabina*. Estos ejemplares de plantas podrían haberse descrito como «compresiones carbonosas» en 1926, poco después de descubrirse, debido a la presencia de restos carbonosos y a que seguramente conservaban la cutícula original (ver, por ejemplo, Hernández-Sampelayo y Cincúnegui, 1926, fig. 31). Sin embargo,

Figura 2. Fósiles de Ribesalbes del Mioceno Inferior, alrededor de 19 millones de años de antigüedad, de la colección histórica del Museo Geominero. De izquierda a derecha y de arriba abajo: Mosquito quironómido de la especie *Nomochirus sampelayoi* (macho), de la laja rocosa MGM-521M (sintipo). Mosca empídida de la especie *Hilara royoi* (sintipo), también de la laja MGM-521M. Salamándrido (MGM-233M), expuesto en una de las vitrinas actualizadas. Rama de *Juniperus* sp. Sección *Sabina*, con la sigla MGM-1031M. Escalas gráficas = 1 mm los insectos y 1 cm el salamándrido y la planta.

los ejemplares actualmente están muy degradados (Fig. 2), por lo que tienen aspecto de simples «impresiones».

En la colección de vertebrados del Museo Geominero se conservan cinco salamándridos (Fig. 2), una posible larva de *Tylototriton* (MGM-466M), según la clasificación indicada en la exposición del Museo Geominero, y unas patas traseras de rana (MGM-785M y MGM-799M, parte y contraparte). Estos ejemplares se encuentran expuestos en la vitrina 86 dedicada a los anfibios, en la primera planta del museo. Como curiosidad se puede deducir que las patas traseras de la rana no fueron halladas por Royo Gómez y, por ello, seguramente le fueron entregadas por los mineros, o más bien por algún ingeniero de minas después de requisarlas a los mineros, como era práctica común en aquella época con las ranas fósiles que se encontraban durante las labores extractivas en la mina de Libros en Teruel. La razón de esta inferencia es que se conserva la parte y la contraparte de estas patas, dos impresiones de un mismo ejemplar como es frecuente al exfoliar la roca laminada con fósiles de compresión, pero han estado registradas en el Museo Geominero como dos ejemplares distintos y Hernández-Sampelayo y Cincúnegui (1926) publicaron el ejemplar como si se tratase de dos distintos. Royo Gómez informó en la sesión del 6 de octubre de 1920 de la Real Sociedad Española de Historia Natural sobre «numerosos insectos (Libelúlidos, Dípteros), anfibios anuros y urodelos, así como gran cantidad de vegetales» (Royo Gómez, 1920), como si hubiese más de un anuro, por lo que él no exfolió la roca que contenía el ejemplar o evidentemente lo habría considerado como un único hallazgo.

Gracias a que los fósiles de la colección de Royo Gómez se depositaron en dos museos públicos importantes (Museo Geominero y Museo Nacional de Ciencias Naturales), se ha conservado la mayor parte hasta nuestros días. Ambas colecciones fueron estudiadas conjuntamente, como se refleja en las publicaciones de 1926. Posteriormente a estos conjuntos de fósiles en el IGME y el MNCN, ahora ambos bajo la responsabilidad del CSIC, se depositaron muchos más ejemplares, descubiertos en el siglo XX, en otras instituciones públicas. También se encuentran ejemplares únicos en unas pocas colecciones privadas (Peñalver *et al.,* 2016).

INVESTIGACIÓN PALEONTOLÓGICA REALIZADA POR EL IGME

Los estudios pioneros de Hernández-Sampelayo y Cincúnegui (1926) de los anfibios y plantas, y de Gil Collado (1926) de los insectos, ambos en un mismo volumen del *Boletín del Instituto Geológico de España*, son relevantes y también muy correctos para la época. Hay que destacar que Hernández-Sampelayo fue el primer director del Museo Geominero. Posteriormente, se realizaron varios estudios de los insectos de Ribesalbes, de numerosos ejemplares en diferentes tipos de colecciones, incluyendo la del Museo Geominero, liderados desde la Universitat de València y sin el concurso de investigadores del IGME, siendo una tesis doctoral el principal estudio (Peñalver, 2002).

Hasta hace una década y media no se emprendieron nuevos estudios de los fósiles de Ribesalbes con la participación de investigadores del IGME. En 2008 y 2009 se publicaron dos artículos sobre la conservación excepcional de los anfibios urodelos (salamándridos), que mostraron que los haces musculares de algunos de ellos se habían conservado en tres dimensiones y presentaban con mucho detalle la estructura celular, incluyendo miofilamentos, endomisio, vasos circulatorios del endomisio con restos de sangre y laminación dentro del sarcolema (McNamara *et al.*, 2008, 2009).

En 2011 y 2013 se abordó el estudio moderno de las plantas fósiles, con importante información aportada por la rica colección del Museo Geominero, entre otras, estableciéndose que, durante la primera mitad del Óptimo Climático del Mioceno, en el actual Ribesalbes se desarrolló una vegetación azonal, influenciada por las aguas del antiguo lago, con una notable diversidad de taxones mixtos caducifolios de hoja ancha (alisos, abedules, olmos, arces, serbales, etc.) y coníferas como las secuoyas (Barrón y Postigo-Mijarra, 2011). También se desarrolló una vegetación que estaba ligada a terrenos menos húmedos (vegetación zonal) con pinos, sabinas, arbustos de la familia del lentisco y leguminosas (Postigo-Mijarra y Barrón, 2013). La aplicación de distintas técnicas de análisis a la asociación paleoflorística de La Rinconada ha permitido conocer que el clima que condicionó la vida de los organismos que vivieron en los alrededores del antiguo lago fue cálido y húmedo, con una marcada estacionalidad respecto a las lluvias y a las temperaturas, pero sin veranos secos (Postigo-Mijarra *et al.*, 2022).

En 2016 se publicó un libro divulgativo sobre el paleolago de Ribesalbes liderado desde el Museo Geominero y en el cual se hacía una revisión de todo el registro fósil conocido hasta ese año para completar una reconstrucción de los ecosistemas acuático y terrestre (Peñalver *et al.,* 2016). En 2019 se publicaron dos aportaciones de interés, una primera sobre una visión general de algunos órdenes de insectos no estudiados con detalle hasta entonces, en concreto los coleópteros, mecópteros, tricópteros y lepidópteros (Álvarez-Parra *et al.*, 2019a), y una segunda sobre los primeros fósiles en la roca lacustre laminada de San Chils, otra parte de la Cuenca de Ribesalbes-Alcora en donde también se había practicado la minería (Álvarez-Parra *et al.*, 2019b).

La Rinconada, además de su importante contenido en fósiles, continúa suscitando interés por su papel como reservorio de hidrocarburos y por su importancia histórica en la explotación de este recurso durante épocas de escasez para la industria y la actividad civil en España (Fig. 1).

BIBLIOGRAFÍA

Álvarez-Parra, S. y Peñalver, E. 2019a. Insectos del Mioceno de la Cuenca de Ribesalbes-Alcora (Castellón, España): Coleoptera, Mecoptera, Trichoptera y Lepidoptera. *Zubía.* Monográfico, 31, 83-88.

Álvarez-Parra, S. y Peñalver, E. 2019b. Palaeoentomological study of the lacustrine oil-shales of the lower Miocene San Chils locality (Ribesalbes-Alcora Basin, Castellón province, Spain). *Spanish Journal of Palaeontology*, 34 (2), 187-204.

Álvarez-Parra, S.; Albesa, J.; Gouiric-Cavalli, S.; Montoya, P.; Peñalver, E.; Sanjuan, J. y Crespo, V.D. 2021. The early Miocene lake of Foieta la Sarra-A in eastern Iberian Peninsula and its relevance for the reconstruction of the Ribesalbes-Alcora Basin palaeoecology. *Acta Palaeontologica Polonica*, 66 (3), S13-S30. https://doi.org/10.4202/app.00842.2020

Anadón, P.; Cabrera, L.; Julià, R.; Roca, E. y Rosell, L. 1989. Lacustrine oil shale basins in Tertiary grabens from NE Spain (Western European rift system). *Palaeogeography, Palaeoclimatology, Palaeoecology*, 70, 7-28.

Barrón, E. y Postigo-Mijarra, J.Mª 2011. Early Miocene fluvial-lacustrine and swamp vegetation of La Rinconada mine (Ribesalbes-Alcora basin, Eastern Spain). *Review of Palaeobotany and Palynology*, 165, 11-26. https://doi.org/10.1016/j.revpalbo.2011.02.001

Barrón, E. y Rodrigo, A. 2025. Una colección octogenaria en el Museo Geominero: la flora del Mioceno de la cuenca de La Cerdaña (Pirineos orientales, Cataluña). En: I. Rábano (ed.), *Museo Geominero: colecciones, divulgación, investigación*. Doce Calles, Aranjuez, 161-182.

Casanova Honrubia, J.M. 2009. *La minería y mineralogía del Reino de Valencia a finales del periodo ilustrado (1746-1808).* Tesis doctoral, Universitat de València, 707 pp.

Fernández Marrón, M.T. 1971. *Estudio paleoecológico y revisión de la flora fósil del Oligoceno español.* Tesis doctoral, Universidad Complutense de Madrid, 177 p.

Fernández Marrón, M.T. y Álvarez Ramis, C. 1967. Contribución al estudio de las Gimnospermas fósiles del Oligoceno de Ribesalbes (Castellón). *Estudios Geológicos*, 23, 155-161.

Gil Collado, J. 1926. Nota sobre algunos insectos fósiles de Ribesalbes (Castellón). *Boletín del Instituto Geológico de España*, 6, 3ª ser., 89-107.

Hernández-Sampelayo, P. y Cincúnegui, M. 1926. Cuenca de esquistos bituminosos de Ribesalbes (Castellón). *Boletín del Instituto Geológico de España*, 6, 3ª ser., 3-86.

IGME, 1981. *Investigación de pizarras bituminosas en la cuenca terciaria de Ribesalbes (Castellón).* Informe inédito, Instituto Geológico y Minero de España, Madrid, 48 pp.

Martínez-Delclòs, X.; Briggs, D.E.G. y Peñalver, E. 2004. Taphonomy of insects in carbonates and amber. *Palaeogeography, Palaeoclimatology, Palaeoecology*, 203, 19-64. https://doi.org/10.1016/S0031-0182(03)00643-6

McNamara, M.; Orr, P.J.; Bull, I.D.; Evershed, R.P.; Kearns, S.L.; Alcalá, L.; Anadón, P. y Peñalver, E. 2008. Molecular resolution of organically preserved muscle in a fossil salamander from the Miocene of Ribesalbes, Castellón, Spain. *Quinta Reunión de Tafonomía y Fosilización. Third Meeting on Taphonomy and Fossilization, Taphos'08*, 70-71.

McNamara, M.; Orr, P.J.; Kearns, S.T.; Alcalá, L.; Anadón, P. y Peñalver, E. 2009. Organic preservation of fossil musculature with ultracellular detail. *Proceedings of the Royal Society*, Series B, 277, 423-427.

Mora, A. 1926. Esquistos bituminosos de Ribesalbes (Castellón). *Boletín del Instituto Geológico de España*, 6, 3ª serie, 108-142.

Peñalver, E. 2002. *Los insectos dípteros del Mioceno del Este de la Península Ibérica; Rubielos de Mora, Ribesalbes y Bicorp. Tafonomía y sistemática.* Tesis doctoral. Universitat de València, 548 pp.

Peñalver, E.; Barrón, E.; Postigo-Mijarra, J.Mª; García Vives, J.A. y Saura Vilar, M. 2016. *El paleolago de Ribesalbes. Un ecosistema de hace 19 millones de años.* Diputación de Castellón e Instituto Geológico y Minero de España, Madrid, 201 pp.

Postigo-Mijarra, J.Mª y Barrón, E. 2013. Zonal plant communities of the Ribesalbes-Alcora Basin (La Rinconada mine, eastern Spain) during the early Miocene. *Botanical Journal of the Linnean Society*, 172, 153-174. https://doi.org/10.1111/boj.12035

Postigo-Mijarra, J.Mª; Altolaguirre, Y.; Moreno-Domínguez, R.; Barrón, E. y Casas-Gallego, M. 2022. Climatic reconstruction at the early Miocene La Rinconada mine (Ribesalbes-Alcora Basin, eastern Spain) based on Coexistence Approach, CLAMP and LMA analysis. *Review of Palaeobotany and Palynology*, 304, 104714. https://doi.org/10.1016/j.revpalbo.2022.104714

Royo Gómez, J. 1920. Los yacimientos weáldicos del Maestrazgo. *Boletín de la Real Sociedad Española de Historia Natural*, 20, 261-267.

Seilacher, A. 1990. Taphonomy of Fossil-Lagerstätten. Overview. En: E.C. Briggs y P.R. Crowther (eds.), *Palaeobiology: A synthesis*. Blackwell Scientific Publications, Cambridge, 266-270.

LA COLECCIÓN DE ÁMBAR DEL MUSEO GEOMINERO

Enrique Peñalver Mollá, Rafael P. Lozano Fernández,
Ana Rodrigo Sanz y Eduardo Barrón López

Las resinas antiguas se clasifican en ámbar (con una edad superior a los 2,58 millones de años) y copal (de 2,58 millones de años hasta el año 1760) (Solórzano-Kraemer *et al.*, 2020). Las resinas fósiles en sí mismas son muy poco informativas de las plantas de origen, sin embargo, pueden contener muy bien conservados restos orgánicos (bioinclusiones) de la fauna y flora del ecosistema boscoso, muchas veces artrópodos completos (Grimaldi, 1996; Martínez-Delclòs *et al.*, 2004; Labandeira, 2014). En ocasiones, en una masa de ámbar se encuentran asociaciones que evidencian interesantes relaciones simbióticas, generalmente de carácter trófico (Peñalver *et al.*, 2023), siendo las más interesantes las que cumplen unas características de forma que pueden ser estudiadas bajo el reciente término «eusininclusiones», el cual establece una limitación al estudio conjunto de las bioinclusiones presentes en un mismo flujo de resina original o capa, en vez de en toda la pieza de ámbar (Solórzano-Kraemer *et al.*, 2023). En las dos últimas décadas, se ha producido una explosión de estudios sobre las bioinclusiones descubiertas en ámbar del Cenomaniense (Cretácico) de Myanmar, el llamado ámbar birmano, lo que ha conducido a un conocimiento muy notable y detallado de ciertos aspectos de los bosques cretácicos birmanos, con la descripción de miles de nuevas especies. Sin embargo, dicha investigación, de ámbar obtenido para ser comercializado, ha sido realizada por muy diversos grupos sin una planificación científica, aparte de la simple descripción de taxones, y ocasionalmente por investigadores aficionados.

El ámbar del Albiense de España, unos millones de años más antiguo, también ha sido estudiado intensamente, pero las excavaciones paleontológicas se han realizado a pequeña escala con metodología científica y las bioinclusiones se han estudiado bajo proyectos establecidos con objetivos científicos adecuados (ver Barrón López *et al.*, 2025). Ello ha implicado que el número de taxones descritos y de artículos publicados sea comparativamente mucho más bajo.

La colección de ámbar del Museo Geominero se integra dentro de la colección de resinas fósiles que abarca tanto ámbar como copal. A su vez, el conjunto de ámbar se encuentra dividido en dos partes, la colección paleontológica y la mineralógica. En la primera se concentran los ejemplares con bioinclusiones, como insectos, arácnidos y plantas, mientras que en la segunda los ejemplares no contienen restos fósiles y se les considera un material geológico de origen orgánico.

EJEMPLARES HISTÓRICOS

Durante los trabajos de campo realizados desde antiguo por personal del Instituto Geológico y Minero de España (IGME), por ejemplo, para la realización del mapa geológico nacional a escala 1:50.000 (plan MAGNA), y para la elaboración de informes sobre explotaciones mineras, principalmente de explotaciones de carbones del Cretácico, se encontraron ejemplares de ámbar, parte de los cuales se conservan en el Museo Geominero (Fig. 1A) junto a muchas otras muestras de minerales, rocas y fósiles. Una parte de estos ejemplares de ámbar se ha mostrado históricamente en la exposición permanente del Museo.

Las localidades españolas del Cretácico con representación en el Museo Geominero son: Pola de Siero y Pendueles (Asturias), Reocín y Suances (Cantabria), La Vid (Burgos), Zubielki (Navarra), Torrelapaja, del «pasaje de Vallehermoso» (Zaragoza) (Fig. 1B) y Berga (Barcelona) (Fig. 1C).

Algunos de estos ejemplares son interesantes por la información que proporcionan, aunque no existen muchos datos sobre su localidad exacta. Por ejemplo, el ámbar de Berga (Fig. 1C), en Barcelona, se supone que corresponde al mismo ámbar citado por Calderón (1910) en forma de nódulos de color amarillo y rojo, opacos o translúcidos, dentro de calizas carbonosas de la «Mina de la Exclusa», o quizá puede corresponder al ámbar citado también por Calderón (1898) cerca de Vilada (mina Esperanza). Estas minas hace mucho tiempo que dejaron de explotarse y quizá sea imposible acceder actualmente a los niveles estratigráficos que pueden contener ámbar. Otro ejemplo de localidad hoy día inaccesible, ya que se trata de un antiguo vertedero clausurado,

Figura 1. Vistas de las vitrinas de la exposición del Museo Geominero dedicadas al ámbar. A, ejemplares antiguos de ámbar cretácico (unos 105 millones de años) pertenecientes a las colecciones mineralógicas. B, fragmento de ámbar de color anaranjado de Torrelapaja (Zaragoza). C, fragmentos de una pieza arriñonada de ámbar rojizo de Berga (Barcelona). D, vitrina con una recreación de la formación de exudaciones de resina en un bosque.

es la de Torrelaguna, en la provincia de Madrid, donde aparecían restos de coníferas cubiertos con fragmentos milimétricos de ámbar (este es el caso de un ejemplar de planta, *Araucarites* sp., que se encuentra en los fondos del Museo: MGM-497C). Se trata de una localidad paleobotánica de gran interés que fue descubierta y descrita superficialmente por Menéndez Amor, en 1952, y de la que se pueden encontrar más datos en Diéguez *et al.* (1993, 2000). Un último caso curioso corresponde al ámbar de Pendueles, ya que en la zona aflora el Carbonífero, pero al estar cerca de la costa podría corresponder a ámbar flotante que habría llegado hasta esa costa y, en ese caso, una espectroscopia de infrarrojos podría aclarar el origen si, por ejemplo, se obtuviese un espectro con el típico «hombro báltico». El llamado «hombro báltico» es una parte de la línea del espectro de infrarrojos que muestra una característica meseta o banda horizontal seguida de un fuerte descenso en una posición determinada y que es única del ámbar báltico cuando es analizado.

El ejemplar más antiguo respecto a su registro en la colección corresponde a ámbar de Sicilia (Italia), o simetita, que ingresó en 1919 procedente de la colección Melgar (Lozano *et al.*, 1998). La colección del Museo Geominero cuenta con otros ejemplares que ingresaron hace muchas décadas de otras áreas europeas, por ejemplo, de la región báltica (Eoceno).

LA COLECCIÓN ACTUAL DE ÁMBAR Y SU HISTORIA RECIENTE

La primera revisión de la colección de ámbar se realizó con motivo de la celebración del congreso mundial sobre inclusiones en ámbar celebrado en Vitoria (Álava) en 1998. Este congreso se celebró dos años después del descubrimiento en esta provincia del yacimiento de ámbar de Peñacerrada II con abundantes bioinclusiones. El yacimiento de Peñacerrada I se había descubierto dos años antes, en 1994, al detectarse una primera bioinclusión, una mosca, que además era la primera bioinclusión descubierta en la península. El objetivo de aquel congreso fue dar a conocer a la comunidad científica internacional los resultados obtenidos en estos yacimientos, así como compartir aspectos relacionados con la historia, técnicas de preparación y conservación, química, tafonomía, taxonomía y sistemática del ámbar y sus inclusiones. En esa revisión inicial de la colección del Museo Geominero se contabilizaron cincuenta y tres ejemplares (un tercio de ellos con bioinclusiones). La mayor parte se habían obtenido del extranjero, sobre todo de la República Dominicana (veintidós ejemplares) y de países europeos (siete ejemplares). Además, diecisiete son españoles, procedentes de las provincias de Cantabria, Asturias, Teruel, Barcelona, Zaragoza y Burgos (ya tratados en el apartado anterior). Los siete ejemplares restantes son de procedencia desconocida (Lozano *et al.*, 1998).

Dentro de esta colección se incluían los ejemplares de la República Dominicana recibidos ese mismo año de la mano del entonces director del área de minería del Instituto Tecnológico Geominero de España (ITGE) –denominación del IGME entre 1988 y 2000–, Juan Antonio Espí. En aquella época, el ITGE desarrollaba labores técnicas de análisis y ordenación de la minería artesanal de este país, concretamente de la minería de oro, ámbar y larimar (pectolita azul) (ITGE, INYPSA, PROINTEC, 1998). Durante uno de sus viajes a la República Dominicana, Espí adquirió unos pocos ejemplares de ámbar, la mayoría con bioinclusiones, fundamentalmente insectos. Uno de los autores de este capítulo (R.P.L.F.) talló los ejemplares en bruto ese mismo año, procurando conservar la mayor cantidad de masa de ámbar e intentando a la vez conseguir una buena visualización de su contenido paleontológico. Una vez tallados, se decidió exponerlos para que el público pudiera observar ejemplares de ámbar con fósiles en su interior, considerando que esto produce una especial fascinación en los visitantes. Se diseñó una vitrina con iluminación interior para que el contenido biológico del ámbar se hiciera más patente. Además, dadas las limitaciones de espacio del museo, sólo se pudo instalar en una de las esquinas de la planta baja de la sala principal, sin reparar en la existencia de un radiador de calefacción cercano que aumentaba periódicamente la temperatura de los ejemplares. Esto, junto con la iluminación con radiación UV que recibían, fue la causa de un deterioro incipiente detectado unos años después. Ello motivó un estudio de conservación que culminó con el traslado de los ejemplares a una ubicación de bajo riesgo en lo que concierne a las condiciones ambientales (Baeza *et al.*, 2007). La vitrina asociada al radiador de calefacción se utilizó posteriormente para representar un espacio natural productor de resina, que posteriormente puede fosilizar y convertirse en ámbar, utilizando resinas y otros productos sintéticos estables en las condiciones de la estancia (Fig. 1D).

Durante la realización de este estudio de conservación se produjo la segunda revisión general de la colección de ámbar; en esa época, el Museo Geominero contaba con ciento ochenta y siete ejemplares de ámbar distribuidos entre las colecciones de minerales (cincuenta y nueve ejemplares) y fósiles (ciento veintiocho ejemplares). Este incremento de la colección se debió a varias donaciones y adquisiciones, siendo la más notable la de un conjunto de noventa y nueve ejemplares de la República Dominicana, que el museo adquirió en 2007. El material provenía del encargo de compra de 2 kg de ámbar en bruto a Ricardo

Lablanca, aficionado a la mineralogía que viajaba regularmente a la República Dominicana. El material que trajo constaba de fragmentos con tamaños comprendidos entre 1 y 8 cm. Curiosamente, casi todos los ejemplares completos (con corteza exterior opaca) estaban «saltados», es decir, los habían presionado ligeramente para producir una pequeña fractura concoidea y de ese modo generar una «ventana» para observar el interior en busca de fósiles. Durante el pulido del ámbar, algunos fósiles se destruyeron dada la imposibilidad de localizarlos visualmente debido a la opacidad de la corteza externa. Aun con estos factores, se obtuvieron numerosos ejemplares pulidos con insectos y arácnidos fósiles que finalmente enriquecieron las colecciones del museo. Posteriormente continuó incrementándose el número de los mismos. Hoy en día, la colección de ámbar del museo está formada por 246 ejemplares.

La gran mayoría de los ejemplares de las colecciones paleontológicas se encuentran en los fondos (ciento cuarenta y cinco ejemplares; Fig. 2A) y solo un ejemplar está expuesto. La parte más relevante de la colección pertenece a la República Dominicana (ciento treinta y un ejemplares) y su interés reside en su variedad, constituyendo una representación típica de bioinclusiones (un ejemplo se muestra en la figura 2B). Además, contiene varios ejemplares de insectos únicos o muy escasos en el registro fósil.

Por otra parte, casi un cuarto de los ejemplares de las colecciones mineralógicas se encuentra expuesto (veintitrés ejemplares) (Fig. 1A) mientras

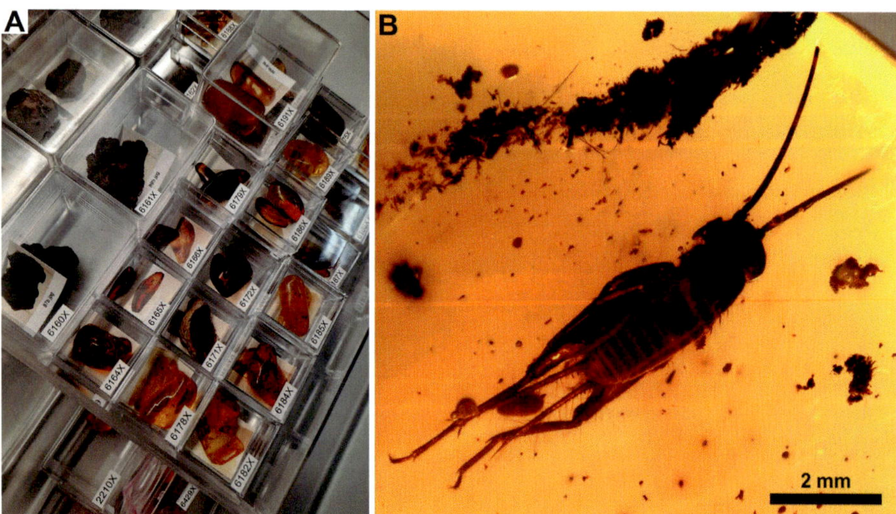

Figura 2. Colección paleontológica de ámbar dominicano, del Mioceno (unos 17-16 millones de años), del Museo Geominero. A, aspecto de una parte de la colección. B, insecto ortóptero del grupo de los grillos en uno de los ámbares de la República Dominicana.

que el resto se conserva en fondos (setenta y siete ejemplares). La parte más relevante es un conjunto de ámbar cretácico español (sesenta y seis ejemplares) en el que están representadas muchas localidades distintas de la península ibérica. También han ingresado algunas muestras de yacimientos extranjeros. Este incremento en la variedad de localidades se ha debido a las propias investigaciones del Museo Geominero (de localidades españolas, como Villel en Teruel y La Hoya en Castellón; y extranjeras, como Le Quesnoy en Francia y New Jersey en EEUU), a hallazgos casuales durante los trabajos geológicos de investigadores del IGME, a donaciones por particulares y por investigadores del IGME (por ejemplo de la localidad de Roda de Isábena en Huesca, por Fernando Gracia Sevilla y Jesús García Valero; de la localidad de Zubielki en Navarra, por Jesús Ganuza; y de ámbar dominicano por Luis Manuel Lozano). Asimismo, se ha incrementado la colección de ámbar dominicano mediante la compra de algunos ejemplares con bioinclusiones de especial interés científico para el Museo Geominero a Luis Manuel Lozano, de la colección comercial de la empresa Lozano Gemólogos (Fig. 3).

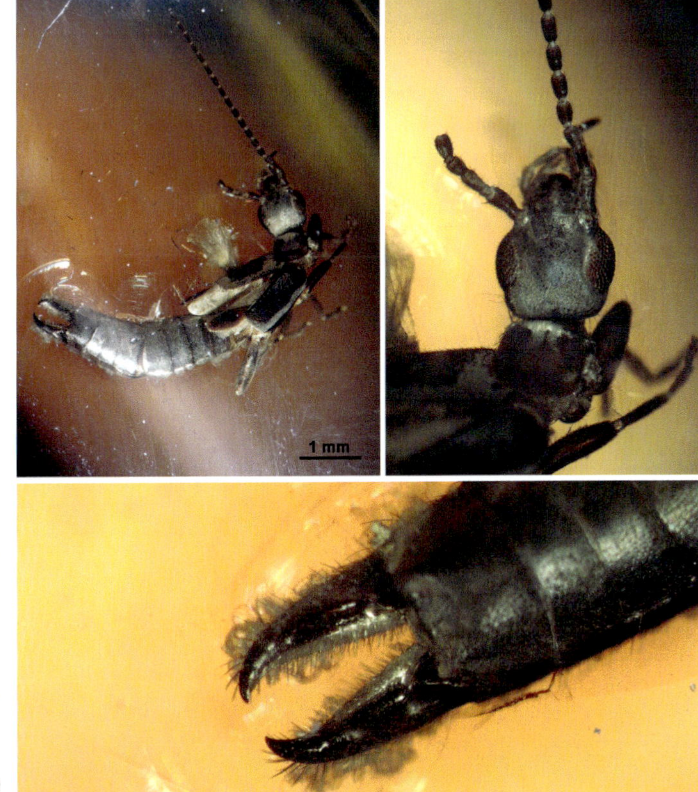

Figura 3. Tijereta (insecto del orden Dermaptera), y detalles anatómicos, preservada en ámbar del Mioceno de República Dominicana, del conjunto de últimas adquisiciones del Museo Geominero (adquirido a Lozano Gemólogos).

LA INVESTIGACIÓN DEL ÁMBAR CRETÁCICO DESDE EL MUSEO GEOMINERO

Desde el Museo Geominero se ha desarrollado una intensa investigación del ámbar cretácico de la península ibérica y sus bioinclusiones a partir de 2007, de forma estrecha con la Universitat de Barcelona.

Fruto de la investigación realizada ha sido el descubrimiento de nuevos yacimientos de ámbar en España, aparentemente sin bioinclusiones, y unos pocos muy fosilíferos y de importancia internacional, como son Santa María de Ariño (Ariño) y San Just (Utrillas), ambos en la provincia de Teruel, y El Soplao en Cantabria. Ariño fue descubierto por Luis Alcalá, San Just por Marcial Marco, un aficionado a la paleontología, y El Soplao por Idoia Rosales y María Najarro, geólogas del IGME; en todos estos casos se informó a uno de los autores (E.P.M.) y se inició la investigación de los mismos. En 2018, el equipo de paleontólogos del Museo Geominero publicó una recopilación de los yacimientos españoles, con sus características principales, con comentarios sobre la protección patrimonial de los mismos y las labores realizadas de divulgación (Rodrigo *et al.*, 2018).

Todo ello ha implicado la dirección de tres tesis doctorales, y una más en curso, la dirección de varias excavaciones paleontológicas, y la implementación de nuevas técnicas de estudio del ámbar como materia (Lozano *et al.*, 2020) y de sus bioinclusiones (McCoy *et al.*, 2019). La parte importante de la investigación ha sido de carácter tafonómico (incluye los análisis geoquímicos), taxonómico y paleoecológico. Como consecuencia de estas investigaciones se han redefinido los términos ámbar y copal (Solórzano-Kraemer *et al.*, 2020). Parte de la investigación ha tenido como foco los cambios antrópicos en los ecosistemas boscosos mediante el estudio de las asociaciones de bioinclusiones (Solórzano-Kraemer *et al.*, 2020, 2022).

Toda esta investigación ha contado con financiación de proyectos del Plan Nacional del Ministerio de Ciencia, Innovación y Universidades y de contratos con Comunidades Autónomas como la de Cantabria (Consejería de Industria, Turismo, Innovación, Transporte y Comercio del Gobierno de Cantabria y la empresa semipública El Soplao S. L.). Asimismo, ha contado con colaboraciones diversas, como la Fundación Conjunto Paleontológico de Teruel-Dinópolis. Pese a esta investigación realizada desde el IGME, con el establecimiento de numerosos nuevos taxones de artrópodos, no hay depositada ni una sola bioinclusión del ámbar cretácico de la península en el Museo Geominero. Esto se debe a las leyes de patrimonio vigentes, según las cuales los ejemplares obtenidos en excavaciones paleontológicas deben depositarse en una institución adecuada de la respectiva Comunidad Autónoma (Rodrigo *et al.*, 2018).

BIBLIOGRAFÍA

Baeza Chico, E.; Lozano, R.P.; de La Fuente, M.; Menéndez, S.; Peñalver, E. y Rodrigo, A. 2007. Proyecto de conservación preventiva y restauración de la colección de ámbar del Museo Geominero (IGME). En: *La conservación infalible: de la teoría a la realidad. III Congreso del Grupo Español del IIC.* Grupo Español del IIC, Madrid, 361-370.

Barrón López, E.; Rodrigo Sanz, A.; Lozano Fernández, R.P. y Peñalver Mollá, E. 2025. Los proyectos AMBERIA y CRE. En: I. Rábano (ed.), *Museo Geominero: colecciones, divulgación, investigación.* Ediciones Doce Calles, Aranjuez, 403-420.

Calderón, S. 1898. Más datos sobre las resinas fósiles españolas. *Actas de la Sociedad Española de Historia Natural*, serie II, tomo séptimo, XXVII, 91-92.

Calderón, S. 1910. *Los minerales de España.* Junta para Ampliación de Estudios e Investigaciones Científicas, Madrid, 2 vols., VIII+416 y 492 pp.

Diéguez, C.; Montero, A. y Barrón, E. 1993. Las floras fósiles de la Comunidad de Madrid. En: *Madrid antes del hombre.* Dirección General de Patrimonio Cultural, Consejería de Educación y Cultura, Madrid, 15-20.

Diéguez, D.; Agut, D.; Caballero, J.; Chicote, G. y Torres, Y. 2000. Patrimonio paleobotánico de la Comunidad de Madrid. Asociaciones vegetales del Cretácico Superior. En: J. Morales (ed.), *Patrimonio paleontológico de la Comunidad de Madrid.* Consejería de Educación, Comunidad de Madrid, Madrid, 66-83.

Grimaldi, D.A. 1996. *Amber: window to the past.* American Museum of Natural History, New York, 215 pp.

[ITGE, INYPSA, PROINTEC] 1998. Análisis y ordenación de la minería artesanal en República Dominicana. Vol. 1. La minería artesanal en República Dominicana, la minería del Larimar, la minería del ámbar. En: *Cartografía geotemática en la República Dominicana. Programa de Desarrollo Geológico Minero (SYSMIN).* ITGE, INYPSA, PROINTEC y Dirección General de Minería, República Dominicana, 155 pp. (Informe inédito).

Labandeira, C. 2014. Why did terrestrial insect diversity not increase during the angiosperm radiation? Mid-Mesozoic, plant-associated insect lineages harbor clues. En: P. Pontarotti (Ed.), *Evolutionary Biology: Genome Evolution, Speciation, Coevolution and Origin of Life.* Springer, Cham, 261-299.

Lozano, R.P.; Rodrigo, A.; Rábano, I. y Arribas, A. 1998. La colección de ámbar del Museo Geominero (ITGE, Madrid). *I World Congress on Amber Inclusion,* Vitoria-Gasteiz, 151.

Lozano, R.P.; Pérez-de la Fuente, R.; Barrón, E.; Rodrigo, A.; Viejo, J.L. y Peñalver, E. 2020. Phloem sap in Cretaceous ambers as abundant double emulsions preserving organic and inorganic residues. *Scientific Reports*, 10, 9751. https://doi.org/10.1038/s41598-020-66631-4

Martínez-Delclòs, X.; Briggs, D.E.G. y Peñalver, E. 2004. Taphonomy of insects in carbonates and amber. *Palaeogeography, Palaeoclimatology, Palaeoecology*, 203, 19-64. https://doi.org/10.1016/S0031-0182(03)00643-6

McCoy, V.E.; Gabbott, S.E.; Penkman, K.E.H.; Collins, M.J.; Presslee, S.; Holt, J.; Grossman, H.; Wang, B.; Solórzano-Kraemer, M.M.; Delclòs, X. y Peñalver, E. 2019. Ancient amino acids from fossil feathers in amber. *Scientific Reports*, 9, 6420. doi.org/10.1038/s41598-019-42938-9

Peñalver, E.; Grimaldi, D.A. y Delclòs, X. 2006. Early Cretaceous Spider Web with Its Prey. *Science*, 312, 1761. https://doi.org/10.1126/science.1126628

Peñalver, E.; Álvarez-Fernández, E.; Arias, P.; Delclòs, X. y Ontañón, R. 2007. Local amber in a Palaeolithic Context in Cantabrian Spain: the case of La Garma A. *Journal of Archaeological Science*, 34, 843-849.

Peñalver, E.; Peris, D.; Álvarez-Parra, S.; Grimaldi, D.A.; Arillo, A.; Chiappe, L.; Delclòs, X.; Alcalá, L.; Sanz, J.L.; Solórzano-Kraemer, M.M. y Pérez-de la Fuente, R. 2023. Symbiosis between Cretaceous dinosaurs and feather-feeding beetles. *Proceedings of the National Academy of Sciences*, 120 (17). https://doi.org/10.1073/pnas.2217872120

Peñalver, E.; Labandeira, C.C.; Barrón, E.; Delclòs, X.; Nel, P.; Nel, A.; Tafforeau, P. y Soriano, C. 2012. Thrips pollination of Mesozoic gymnosperms. *Proceedings of the National Academy of Sciences*, 109 (22), 8623-8628. https://doi.org/10.1073/pnas.1120499109

Pérez-de la Fuente, R.; Delclòs, X.; Peñalver, E.; Speranza, M.; Wierzchos, J.; Ascaso, C. y Engel, M.S. 2012. Early evolution and ecology of camouflage in insects. *Proceedings of the National Academy of Sciences*, 109 (52), 21414-21419. https://doi.org/10.1073/pnas.1213775110

Rodrigo, A.; Peñalver, E.; López del Valle, R.; Barrón, E. y Delclòs, X. 2018. The heritage interest of the Cretaceous amber outcrops in the Iberian Peninsula, and their management and protection. *Geoheritage*, 10, 511-523. https://doi.org/10.1007/s12371-018-0292-1

Solórzano-Kraemer, M.M.; Delclòs, X.; Engel, M. y Peñalver, E. 2020. A revised definition for copal and its significance for palaeontological and Anthropocene biodiversity-loss studies. *Scientific Reports*, 10, 19904. https://doi.org/10.1038/s41598-020-76808-6

Solórzano-Kraemer, M.M.; Kunz, R.; Hammel, J.U.; Peñalver, E.; Delclòs, X. y Engel, M.S. 2022. Stingless bees (Hymenoptera: Apidae) in Holocene copal and Defaunation resin from Eastern Africa indicate Recent biodiversity change. *The Holocene*, 2022, 1-19. https://doi.org/10.1177/09596836221074035

Solórzano-Kraemer, M.M.; Peñalver, E.; Herbert, M.C.M.; Delclòs, X.; Brown, B.V.; Aung, N.N. y Peretti, A. 2023. Necrophagy by insects in *Oculudentavis* and other lizard body fossils preserved in Cretaceous amber. *Scientific Reports*, 13, 2907. https://doi.org/10.1038/s41598-023-29612-x

LA COLECCIÓN MICROPALEONTOLÓGICA DEL DR. JOSÉ RAMÍREZ DEL POZO EN EL MUSEO GEOMINERO

Silvia Menéndez Carrasco, Concha Herrero Matesanz e Isabel Díaz Megías

Sobre la figura del Dr. José Ramírez del Pozo, tanto desde el punto de vista personal como profesional, poco se puede aportar que no se haya indicado ya en las semblanzas, notas necrológicas y homenajes publicados (Granados, 1996, 1997; Pascual, 1996; Villalobos, 1996; Ma, 2020). Sin embargo y atendiendo a la temática de este capítulo, es interesante destacar cómo las circunstancias profesionales de la época guiaron a un joven y recién licenciado José Ramírez del Pozo a convertirse en un reputado micropaleontólogo tras una vida dedicada al estudio de los microfósiles (Fig. 1). Cabe pensar que esto no estaba planeado ya que comenzó a trabajar en una gran compañía petrolera americana, *Richfiels Oil*, respaldado por el profesor Alía Medina, cuya especialidad distaba mucho de la paleontología. Fue el profesor Oriol Riba quien le brindó la oportunidad de comenzar a trabajar en micropaleontología para la compañía petrolera española CEPSA, inicialmente en la filial CIEPSA y posteriormente en la filial Compañía General de Sondeos S. A. (CGS), hasta que en 1990 se establece como consultor independiente. En paralelo a su labor profesional en el mundo del petróleo, desarrolló su tesis doctoral (Ramírez del Pozo, 1971) consolidándose como un especialista en varios grupos de microfósiles. Su trabajo en las empresas petroleras le permitió estudiar materiales muy variados, aunque la mayoría de ellos se centraron en el mesozoico español. Debido a las circunstancias por las cuales tuvo que formarse en el estudio taxonómico de los microfósiles, prácticamente autodidacta, la recopilación y formación de colecciones científicas que ayudaran en esa labor se convirtió en prioridad para él. De hecho, fundó el Laboratorio de Micropaleontología de la empresa CIEPSA, que posteriormente pasó a la empresa CGS, cuando en España, fuera del ámbito universitario, no había más colecciones que la de la Empresa Nacional Adaro de Investigaciones Mineras S. A. (ENADIMSA) y la del Dr. G. Colom en Soller (Mallorca). Por tanto, es de esperar que la colección micropaleontológica de comparación, objeto de este capítulo, fuera recopilada por el Dr. José Ramírez del Pozo durante el transcurso de sus estudios y que proceda de los mismos materiales de las localidades objeto de sus investigaciones y proyectos.

En definitiva, no se puede afirmar que el Dr. Ramírez del Pozo hubiera seguido los mismos pasos si esas primeras opciones profesionales hubieran sido diferentes; las decisiones tomadas van guiando, a veces sin querer o sin saber, la trayectoria y la carrera de una persona. En cualquier caso, la profesión paleontológica está agradecida por las decisiones tomadas, tanto si el Dr. José Ramírez del Pozo dedicara su vida al estudio de la micropaleontología por vocación o por obligación.

A

B

Figura 1. A, imposición en 1976 de una condecoración al Dr. José Ramírez del Pozo por el director de CIEPSA, Rafael Diez Tejeiro. B, el Dr. José Ramírez del Pozo durante una de las excursiones del I Coloquio Internacional de Estratigrafía y Paleogeografía del Jurásico en España, celebrada el 10 de octubre de 1970 en Cameros (La Rioja). Fotos cedidas por Julia Dorado.

LEGADO MICROPALEONTOLÓGICO DEL DR. JOSÉ RAMÍREZ DEL POZO DEPOSITADO EN EL MUSEO GEOMINERO

Origen de la colección

Los primeros estudios bajo criterios estrictamente geológicos para la prospección de hidrocarburos en España tuvieron lugar después de la guerra civil española y fueron llevados a cabo por las empresas CAMPSA y CIEPSA (filial de CEPSA). Pasados los primeros años de condiciones precarias para el desarrollo adecuado del trabajo debido a la falta de equipos y repuestos, así como al aislamiento al que estuvo sometida España durante la posguerra, vinieron tiempos mejores con la promulgación de la Ley de Hidrocarburos en 1958. Se abre la posibilidad de que compañías extranjeras puedan invertir capital en empresas nacionales, de modo que se generalizan las asociaciones de estas empresas con entidades españolas, tanto estatales como privadas (IGME, 1987; Puche Riart y Navarro Comet, 2019). El Dr. José Ramírez del Pozo se incorpora profesionalmente al mundo de la investigación y prospección de hidrocarburos justo en este momento de apertura y prosperidad. El acceso a materiales procedentes de numerosos sondeos para el estudio de fósiles microscópicos le ofrece una valiosa oportunidad de recolectar ejemplares para confeccionar la colección de comparación que nos ocupa. No hay constancia de cuándo y cómo comenzó a compilar y organizar esta colección, pero parece factible pensar que debió compaginar esta labor con el desarrollo de su trabajo habitual.

La promulgación de la Ley 13/1986 de Fomento y Coordinación General de la Investigación Científica y Técnica, impulsa que el Instituto Geológico y Minero de España (IGME) aborde la creación de una litoteca donde se depositen los testigos de sondeos que realicen las entidades o instituciones públicas y participadas a partir de ese momento. Además, se impone la tarea de intentar recuperar los testigos de sondeos obtenidos previamente, con el objeto de convertirse en la institución de referencia para la conservación y custodia de los mismos (IGME, 1987). Es por ello que se ha revisado la información de los sondeos depositados en la litoteca de sondeos del IGME, constatándose la coincidencia de algunos de ellos con la procedencia de las muestras de la colección (Tabla 1). En este caso se pueden rastrear los detalles que acompañan a cada testigo pudiéndose completar si es necesario los datos relativos a las muestras correspondientes recopiladas en la colección de comparación. Desafortunadamente, hasta el momento no ha sido posible correlacionar la información y localización de todos los sondeos de los cuales proceden los ejemplares de la colección, ya que en muchas ocasiones esa información no está referenciada en las preparaciones. Asimismo, es de esperar que la base de datos de la litoteca del IGME siga actualizándose de manera que en el futuro se pueda completar en la medida de lo posible, la correlación de los datos de la colección con los datos de los sondeos y la información referida a los mismos que se encuentran depositados en esta instalación.

Tabla 1. Documentación y sondeos depositados en la Litoteca del IGME que coinciden con la procedencia de ejemplares de la colección de comparación del Dr. José Ramírez del Pozo. IM: *Industria Minera*. NyC: *Notas y Comunicaciones del Instituto Geológico y Minero de España.*

Sondeo	Empresa	Municipio	Provincia	Fecha ejecución (inicio)	Sondeo físico	Documentación	Láminas	Levigados	Publicación
AITZGORRI-1	SHELL	Asparrena	Guipuzcoa	19/10/64	Si	Si	Si	Si	NyC nº79 1965: 106 NyC nº87 1966: 29-30
ALLOZ-1	SHELL/ CEPSA/FINA	Yerri	Navarra	19/1/59	Si	Si	Si	No	NyC nº59 1960: 149-150
AÑASTRO-1	SHELL/ CEPSA	Condado de Treviño	Burgos	18/4/64	Si	Si	Si	Si	NyC nº79 1965: 98
ATAURI-1	SHELL/CEPSA	Maestu	Álava	27/8/67	Si	Si	No	No	IM nº94 1968: 23
BASELLA-1	SHELL/CEPSA Operador CIEPSA	Oliana	Lérida	3/11/61	Si	Si	No	No	NyC nº70 1963: 152
BURGOS-1	CEPSA/CIPSA	Basconcillos del Tozo	Burgos	9/5/66	No	Si	Si	Si	NyC nº93 1967: 30
CASABLANCA-02	SHELL/CEPSA Operador CHEVRON	No procede	Tarragona	6/3/76	Si	Si	Si	Si	IM nº176 1977: 18
CASABLANCA-04	SHELL/ CEPSA Operador CHEVRON	No procede	Tarragona	25/12/76	Si	Si	Si	Si	IM nº176 1977 IM nº177 1978
CORRES-1	SHELL/CEPSA	Bernedo	Álava	13/9/60	Si	Si	Si	Si	NyC nº61 1961: 77
MARINA-1	CEPSA Operador CIEPSA	Elche	Alicante	24/10/50	Si	Si			NyC nº50 1958: 52, 53
LAGRAN-1	SHELL/ CEPSA	Lagrán	Álava	29/1/66	Si	Si			NyC nº93 1966: 28 NyC nº87 1967: 28, 29
LAÑO-1	SHELL/CEPSA	Treviño	Burgos	9/6/56	Si	Si			NyC nº50 1958: 63-64
LAÑO-2	CEPSA	Peñacerrada	Álava	12/2/58	Si	Si			NyC nº59 1960: 144-145
ROJAS-1	CEPSA	Carcedo de Bureba	Burgos	13/12/68	Si	Si			IM nº103 1969: 25 IM nº117 1970: 11
TARRAGONA C-1	CEPSA	No procede	Tarragona	21/10/78	Si	Si			
TUDANCA 1	Operado por CAMPSA			1/5/41	No	No			NyC nº50 1958: 50

La donación

En el año 2016, José Ignacio Ramírez Merino, sobrino e interlocutor de la familia del Dr. José Ramírez del Pozo, contactó con el IGME a través de Ángel Salazar para estimar la posible donación del legado científico del Dr. Ramírez del Pozo. Éste se encontraba en el que había sido el domicilio particular del Dr. Ramírez del Pozo en Boadilla del Monte (Madrid) y había permanecido intacto desde su fallecimiento en 1996. El legado constaba de numerosa documentación, así como infinidad de muestras de levigados y láminas delgadas. El día 19 de diciembre de ese mismo año se realizó una primera visita por parte de una representación del IGME: Ángel Salazar (Patrimonio Geológico), Rafael Rodríguez (Biblioteca), Mª Teresa López (Litoteca) y Silvia Menéndez (Museo Geominero), acompañados por Concha Herrero (micropaleontóloga, Facultad de Ciencias Geológicas, UCM), para valorar el interés de dicho legado y su posible incorporación al patrimonio del IGME. Se llegó a la determinación de que su conjunto presentaba gran interés y utilidad para la comunidad científica, por lo que el IGME procedería con los trámites necesarios para hacerse cargo de su custodia. Un año después, el día 17 de diciembre de 2017, tuvo lugar el acto oficial y formal por el cual se firmaba el documento de donación del legado al IGME. Este comprometía, de una parte, a la familia del Dr. Ramírez del Pozo y, de la otra, al IGME representado por Francisco González Lodeiro, director del IGME en ese momento (Fig. 2A). El legado estaba constituido por tres grupos de material bien diferenciado que pasaría a integrarse en las colecciones de la litoteca (ubicada en Peñarroya-Pueblonuevo, Córdoba), en las del Museo Geominero y en la biblioteca del IGME. A la litoteca se trasladaron numerosos informes de sondeos que en muchas ocasiones referían a láminas delgadas y levigados o a testigos de sondeos, todos ellos localizados físicamente en la infraestructura citada. Muchos de los levigados y láminas delgadas reseñados en estos informes están incluidos en la colección de láminas y levigados «José Ramírez del Pozo y Mariano Aguilar» cedida con anterioridad al IGME por la empresa CGS (Salazar *et al.*, 2021). Un importante conjunto de monografías, revistas y cartografías pasó a ser gestionado por la biblioteca (Fig. 2B). La última parte del legado se refiere a una extensa colección de microfósiles, principalmente foraminíferos, ostrácodos y carofitas, que pasaría a formar parte de los fondos del Museo Geominero y es la que nos ocupa en este capítulo.

El grueso de esta parte del legado está compuesto por una colección de comparación constituida mayoritariamente por muestras de levigados y láminas delgadas donde los ejemplares están organizados alfabéticamente por géneros y especies. Se almacenaba en dos armarios de madera tipo buró de 178 cm x 69,5 cm x 41,5 cm y 71 cm x 69,5 cm x 41,5 cm, respectivamente (Fig. 2C). En el armario más grande se encontraba la colección de foraminíferos, mientras que en el más pequeño la de ostrácodos, carofitas y otros grupos. En la zona frontal de ambos armarios encontramos el cierre que consiste en una especie de persiana de láminas de madera articuladas que se despliega de abajo hacia arriba. El interior de cada uno está dividido en tres módulos iguales separados verticalmente por unas planchas de madera en cuya parte lateral interna se disponen una serie de listones que sirven para sustentar bandejas. Las bandejas son de madera y tienen una dimensión de 33,5 cm x 19 cm y es donde se disponen las preparaciones micropaleontológicas. Se agrupan en conjuntos de un máximo de 8 bandejas con un total de 48 y 18 sets de bandejas para el armario más grande y para el más pequeño, respectivamente. Cada una de las bandejas posee un tirador de tela para poder ser extraída y acceder a las preparaciones. En total, en el armario de los foraminíferos se apilan 384 bandejas mientras que en el otro armario son 106 bandejas. La colección de comparación está acompañada por un fichero con referencias taxonómicas que complementa la colección de comparación constituido por infinidad de fichas ordenadas alfabéticamente (Fig. 2D). Cada ficha contiene las descripciones e imágenes de los ejemplares designados para el establecimiento de una especie nueva (holotipo y serie tipo), además de las sucesivas referencias bibliográficas posteriores, actualizadas hasta los años ochenta. El conjunto de fichas taxonómicas se almacenaba en un armario metálico tipo fichero de cajones con cierre de 130 cm x 54 cm x 64 cm. Por último, una pequeña fracción de esta parte del legado corresponde a una serie de colecciones micropaleontológicas con objetivo exclusivamente didáctico, que le fueron encargadas al Dr. José Ramírez del Pozo por Javier Olivé de la empresa MAGECISA (posteriormente Geonatura S. L.) en el año 1988 y que quedaron inacabadas. La continuación de esta labor didáctica se abordó recientemente mediante la realización de un trabajo fin de máster (Ma, 2020) concluyendo el trabajo emprendido por el Dr. José Ramírez del Pozo.

Estado de conservación de la colección: limpieza e inventario

La colección de comparación en el momento de la recepción resultó ser excepcional. Una vez depositada en el archivo de colecciones de Micropaleontología del Museo Geominero, se procedió a inventariar el contenido de los dos armarios, comenzando con el de mayor tamaño dedicado a los foraminíferos, y

Figura 2. A, Julia Dorado, viuda de José Ramírez del Pozo, y Francisco González Lodeiro, director del IGME, en el momento de la firma de la donación del legado del Dr. Ramírez del Pozo al IGME. B, vista parcial de la ubicación original del legado del Dr. José Ramírez del Pozo en el despacho y área de trabajo de su domicilio particular. En primer plano parte de la colección de revistas y series monográficas que pasaron a formar parte de los fondos de la Biblioteca (IGME) y al fondo la colección micropaleontológica de comparación. C, vista en detalle de los armarios de la colección de foraminíferos (derecha) y de ostrácodos, carofitas y otros grupos (izquierda) en su ubicación original antes del traslado al Museo Geominero. D, fichero taxonómico y detalle de ficha que acompañaban la colección de comparación. E, colección de comparación en sus armarios originales después de su restauración en la ubicación actual en el archivo de colecciones de Micropaleontología del Museo Geominero.

continuado con el correspondiente a ostrácodos, carofitas y otros grupos. De los 3623 registros inventariados, 3181 corresponden a celdillas micropaleontológicas, 420 a láminas delgadas, 21 a cajitas de plástico transparentes con ejemplares, y 1 muestra de mano pequeña incluida en caja de plástico. Los tipos de muestras de la colección de comparación se ilustran en la figura 3.

Las preparaciones micropaleontológicas son de cartón y presentan fondo negro, mate o plastificado, casi todas de un seno y pautadas a ambos lados, aunque las hay sin pautar y de cuatro senos. En su mayoría las dimensiones de las celdillas son de 76 mm x 26 mm x 3 mm con un diámetro de seno de 13 mm (Fig. 3A), aunque las hay de 75 mm x 25 mm x 3 mm (Fig. 3B) con seno de 11 mm de diámetro; las de 4 senos tienen 1 mm menos de anchura (Fig. 3C). También las hay algo más cortas y anchas (74 mm x 30 mm x 2 mm con 12 mm de diámetro de seno, Fig. 3D) o más pequeñas en su conjunto (47 mm x 23 mm x 3 mm con diámetro de seno de 5 mm, Fig. 3E). Las láminas delgadas son más uniformes en tamaño siendo generalmente de 76 mm x 26 mm (Fig. 3F), y poco frecuentes las de 47 mm x 28 mm (Fig. 3G). Las cajitas de plástico que contienen ejemplares aislados o una muestra de mano presentan unas medidas de 55 mm x 35 mm x 14 mm (Fig. 3H).

La información que aparece en las muestras es manuscrita a lápiz (Fig. 3D), plumilla (Fig. 3A) o rotulador (Figs. 3B, 3F) sobre la propia preparación, en pequeños papeles pegados a las láminas delgadas (Fig. 3I), o en papeles sueltos dentro de las cajas de plástico (Fig. 3H). La caligrafía varía de unas muestras a otras (Figs. 3A, 3E, 3J), e incluso, una misma preparación puede presentar varios tipos de letras diferentes (Figs. 3I, 3K). La mayor parte de las preparaciones micropaleontológicas presentan información sólo en el anverso, y a ambos lados del seno donde se ubican los microfósiles; no obstante, hay celdillas que tienen referencias bibliográficas escritas en el reverso (Figs. 3L, 3N). Por último, hay que comentar que hay 17 preparaciones con letra ininteligible parcial o totalmente, y que, por tanto, la información extraída es incompleta o nula (Fig. 3M).

Durante la primera fase de inventario se elaboró una hoja de cálculo en la que se recogió la información referente al siglado y a la limpieza exterior de las preparaciones, que se realizó mediante gamuzas atrapapolvos. En una primera inspección ocular se detectó una preparación micropaleontológica sin el cubreobjetos de vidrio y 1272 con los fondos de los senos cuarteados y a veces rasgados. En el caso de las láminas delgadas, se constata en este primer examen alguna lámina rota y frecuentes etiquetas despegadas o corroídas.

En una segunda fase se preparó otra hoja de cálculo en la que se incorporó a cada registro toda la información que aparecía escrita en cada una de

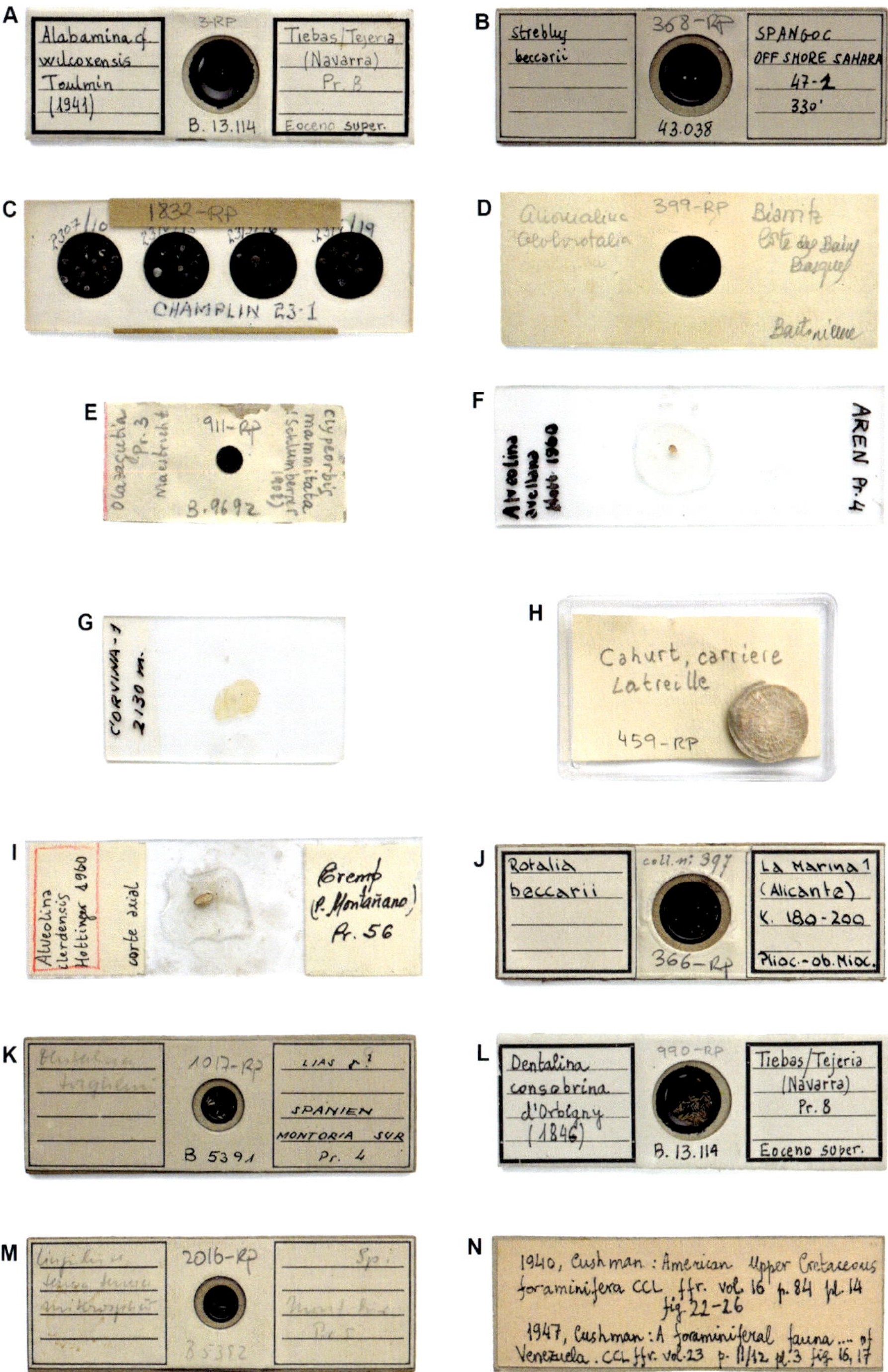

Figura 3. Selección de tipos de preparaciones y caligrafías presentes en la colección de comparación (explicación en el texto).

las muestras, incluyendo observaciones al contenido. Además, se añadió el contenido complementario necesario para el posterior trasvase de los datos al inventario del Museo Geominero.

En una etapa posterior, que se encuentra en ejecución, se procede a la observación del material bajo lupa binocular, realizando las siguientes tareas en el caso de las celdillas micropaleontológicas: limpieza interior de las preparaciones (Fig. 4), que en algunos casos presentan abundantes hifas de hongos (Fig. 5); contaje de los ejemplares con un análisis tafonómico preliminar indicando número de especímenes completos y rotos, y grado de fragmentación, así como otros procesos visibles (presencia de costras, corrosión, ferruginización, piritización, ...); indicación de la necesidad de restauración de la preparación, ya sea del cartón o de la sustitución del cristal cubreobjetos; y por último, se incorporan algunas observaciones taxonómicas preliminares respecto a la clasificación (presencia en la preparación de más de un taxón...). Hasta el momento se ha realizado esta limpieza interna y contaje de los ejemplares en 847 registros, contabilizándose 7565 ejemplares (5175 enteros y 2389 fragmentados), por lo que se estima que la colección de comparación del Dr. José Ramírez del Pozo tendría más de 30.000 ejemplares.

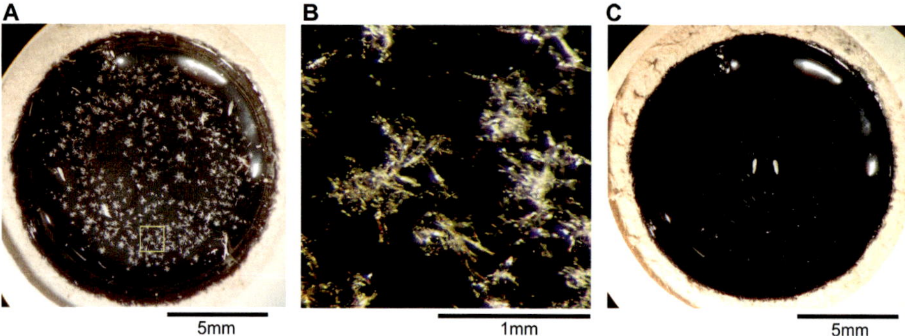

Figura 4. Limpieza del registro MGM-577-RP. A, aspecto general del seno de la celdilla antes de proceder a su limpieza. B, detalle de la suciedad del fondo de la preparación. C, aspecto general de la celdilla después de su limpieza.

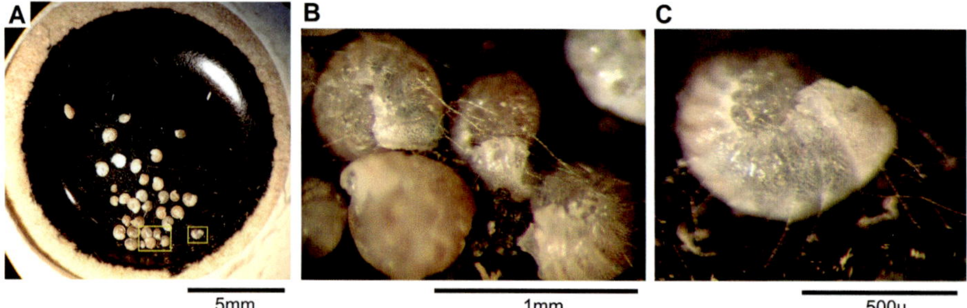

Figura 5. Registro MGM-783-RP con hifas de hongos. A, aspecto general del seno de la celdilla. B y C, detalles de las hifas «sujetando» los ejemplares a la base de la preparación.

La colección didáctica, a su donación, estaba constituida por un total de 284 preparaciones micropaleontológicas y en buen estado de conservación (Fig. 6A). Ma (2020) llevó a cabo la limpieza exterior e interior de las preparaciones, todas ellas de cartón con dimensiones 76 mm x 26 mm x 3 mm y un seno plastificado con 13mm de diámetro. Asimismo, realizó los contajes de los ejemplares, en total 5948, y la revisión de los taxones para montar los sets didácticos necesarios para la impartición de talleres para alumnado de secundaria y bachillerato (Fig. 6B). Cada preparación micropaleontológica incluye entre 2 y 6 ejemplares de cada género seleccionado (Fig. 6C), quedando sujetos a la base de la preparación mediante tragacanto.

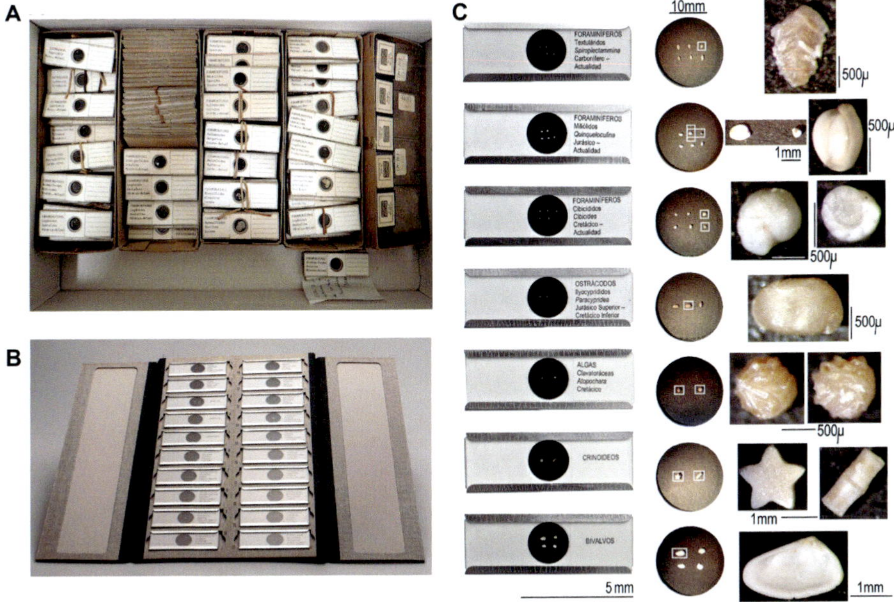

Figura 6. Colección didáctica. A, aspecto de las preparaciones micropaleontológicas en la donación. B, set didáctico n.º 9 depositado en el Museo Geominero. C, ejemplo de siete celdillas del set y parte de su contenido.

En cuanto al estado de conservación de los armarios que alojaban la colección en el domicilio del Dr. José Ramírez del Pozo, constatar que este no era óptimo. La humedad y el paso del tiempo habían propiciado cierto deterioro sobre ellos. A pesar del eficiente y cuidadoso traslado que se llevó a cabo hasta las dependencias del Museo Geominero, este no evitó que el estado de los armarios empeorara. Finalmente, hubo que proceder a su restauración, que consistió básicamente en reemplazar el panel de madera del fondo del armario de mayor tamaño, ya que había perdido su rigidez inicial apareciendo con cierta curvatura. También hubo que ajustar de nuevo las persianas de cierre en ambos armarios, porque estas abrían y cerraban con dificultad, quedando encajadas frecuentemente en los raíles por los que circulan. Igualmente, se llevó a cabo una revisión general y del estado de la madera para evitar cualquier infestación por carcoma, se reemplazaron algunos listones de madera y clavos y finalmente se procedió al barnizado completo de ambos armarios con barniz de poliuretano (Fig. 2E).

Composición de la colección

Con fines sistemáticos, los registros se han agrupado siguiendo la clasificación de Loeblich y Tappan (1964) para los foraminíferos, la de Benson *et al.* (1961) para los ostrácodos y la de Feist y Grambast-Fessard (2005) para las carofitas, todas ellas correspondientes al *Treatise on Invertebrate Paleontology*, que es la clasificación general que utiliza el Museo Geominero en la ordenación de sus colecciones de fósiles.

La colección de comparación se compone de una amplia representación de foraminíferos (3188 registros), y en menor medida de ostrácodos (320 registros), carofitas (75 registros) y otros grupos minoritarios entre los que se encuentran briozoos, equinoideos, dinoflagelados, coprolitos de invertebrados y otolitos; también hay 33 registros que corresponden a preparaciones micropaleontológicas con ejemplares sin clasificar que incluyen foraminíferos, ostrácodos, carofitas, equinoideos, gasterópodos y algún otro grupo. Pese a que la colección presenta 85 registros que tienen sólo clasificación supragenérica, el número total de géneros asciende a 374 y el número de especies a 1966, de los cuales corresponden a foraminíferos 274 y 1691, respectivamente. La distribución de porcentajes de los géneros y las especies en los distintos grupos taxonómicos mayores puede verse en la figura 7A-B.

Dentro de los foraminíferos están representados los cinco subórdenes que separan Loeblich y Tappan (1964) pero en proporción muy desigual. Los subórdenes minoritarios son Allogromiina y Fusulinina, y el suborden mayoritario es Rotaliina (Fig. 7C) del cual hay especies correspondientes a nueve superfamilias (Fig. 7D): Buliminoidea, Cassidulinoidea, Discorboidea, Globigerinoidea, Nodosarioidea, Orbitoidoidea, Robertinoidea, Rotalioidea y Spirillinoidea, siendo las superfamilias mejor representadas Nodosarioidea y Globigerinoidea.

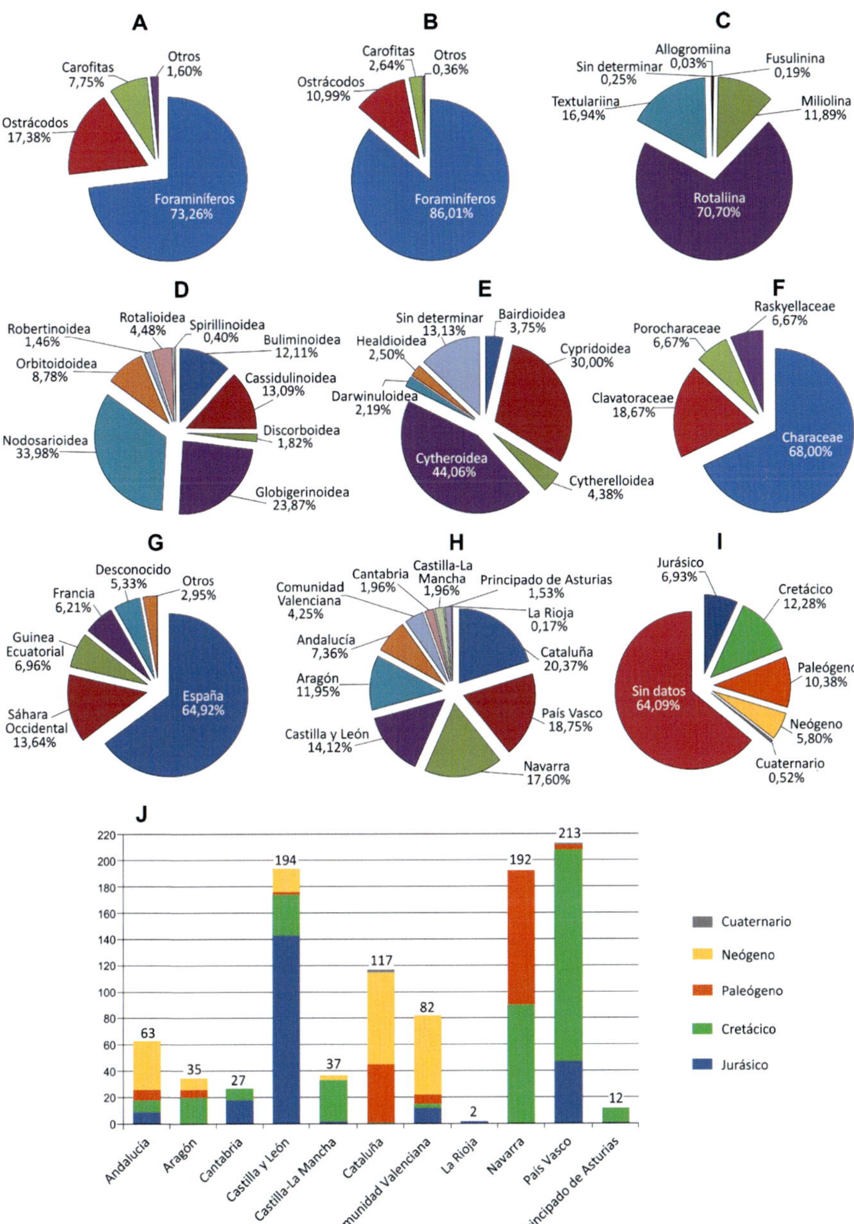

Figura 7. Composición taxonómica, distribución geográfica y temporal de la colección de comparación. A, distribución de géneros por grupos. B, porcentajes de especies por grupos. C, subórdenes de foraminíferos presentes en la colección. D, porcentajes de las superfamilias del suborden Rotaliina representados en las muestras. E, representación de las superfamilias de ostrácodos del orden Podocopida. F, distribución de las familias de carofitas del orden Charales. G, preparaciones micropaleontológicas por países. H, porcentajes de registros por comunidades autónomas. I, distribución de las muestras según los Sistemas. J, muestras por Sistemas y comunidades autónomas (se han eliminado los registros sin asignación de intervalo temporal).

Todos los registros de ostrácodos pertenecen al orden Podocopida, estando representados los subórdenes Podocopina (61 géneros), Metacopina (2 géneros) y Platycopina (2 géneros). La superfamilia más diversa es Cytheroidea (44,06 %) seguida de Cypridoidea (30 %), el resto de las superfamilias presentan porcentajes inferiores al 5 % (Fig. 7E).

Los 29 géneros de carofitas incluidos en las preparaciones micropaleontológicas se distribuyen en cuatro familias; la más diversa es Characeae y representa el 68 % del total. El resto de las familias, Clavatoraceae, Porocharaceae y Raskyellaceae, presentan porcentajes inferiores al 20 % (Fig. 7F).

Respecto a la procedencia geográfica de las muestras de la colección de comparación hay representación de más de 316 localidades de las cuales el 76,90 % son españolas. En la figura 7G se ilustra el número de muestras por país; después de España (64,92 %), el mejor representado es el Sáhara Occidental (13,64 %). Un 5,33% de los registros han quedado deslocalizados debido a diferentes circunstancias (muestras sin localidad, con localidad pero con dificultades de ubicación, sin datos precisos que indiquen la localidad, ...). En España las muestras por comunidades autónomas se recogen en la figura 7H, siendo las regiones mejor representadas en orden descendente: Cataluña (20,37 %), País Vasco (18,75 %), Navarra (17,60 %), Castilla y León (14,12 %) y Aragón (11,95 %).

En relación con la posición estratigráfica hay que señalar que el 64,09 % de los registros aparecen sin datos de edad. En los casos en que sí están consignadas las edades, éstas se distribuyen entre el Jurásico y el Cuaternario (Fig. 7I), siendo el mayor número de muestras las que proceden de materiales cretácicos. Centrándonos en España, de los 2352 registros, más de la mitad no presentan indicación de intervalo temporal (1378); en Andalucía, Aragón, Cataluña, Navarra, País Vasco y Principado de Asturias el número de muestras sin edad supera a las que la tienen asignada. Dentro de los registros de los que se tienen datos y de forma absoluta dentro de cada comunidad autónoma, las muestras jurásicas son más abundantes en Cantabria y Castilla y León; las del Cretácico dominan en Aragón, Castilla-La Mancha, País Vasco y Principado de Asturias; las muestras paleógenas son mayoritarias en Navarra y las neógenas en Andalucía, Cataluña y Comunidad Valenciana (Fig. 7J).

En cuanto a la colección didáctica, Ma (2020) indicó en su TFM que ésta tiene representación de 57 taxones clasificados a nivel de género, que se distribuyen de la siguiente forma: 38 géneros de foraminíferos, de los cuales 12 corresponden al suborden Textulariina, 4 al suborden Miliolina y 22 al suborden Rotaliina; 7 géneros de ostrácodos; 3 géneros de carofitas; y por último, 9 grupos mayores de invertebrados. A partir de este material, Ma (2020) elaboró 10 sets didácticos con 20 preparaciones en cada uno (Fig. 6B-C), y que comprenden 12 preparaciones de foraminíferos, 4 de ostrácodos, 2 de carofitas y 3 de otros grupos menores de la colección; además, los sets van acompañados por fichas didácticas con la siguiente información: género, categorías taxonómicas mayores, fotografía del ejemplar vista en microscopía electrónica, descripción del género o grupo, y distribución estratigráfica y geográfica del taxón correspondiente.

Gestión y catalogación

El inventario y catalogación de la colección de comparación es un proceso arduo y complejo de abordar debido, por un lado, al elevado número de ejemplares que la componen y por otro, al escaso personal dedicado actualmente a estas funciones en el museo. Por ello, para llevar a cabo la ejecución completa de esta actividad imprescindible se ha planificado que conste de varias etapas, teniendo en cuenta que las labores desarrolladas hasta el momento han sido obra del trabajo conjunto de las autoras de este capítulo.

Como fase inicial y para comenzar a establecer los principios elementales de trabajo sobre la colección, se asignó un número de registro para cada preparación según los códigos de numeración y catalogación del Museo Geominero, procediéndose inmediatamente después a su siglado o aplicación manuscrita del código numérico correspondiente mediante mina a base grafito, además de una limpieza básica exterior. En una primera hoja de cálculo se recopiló la siguiente información para cada preparación: sigla asignada; identificación numérica de la ubicación según estante y bandeja del armario en el cual se almacena; nombre del género que aparece manuscrito en la preparación; tipo de muestra; información referente a su estado de conservación y aspectos sobre la limpieza exterior; y un campo final de observaciones.

En una segunda fase, y como ya se ha comentado anteriormente, se creó una hoja de cálculo más completa que recoge toda la información que ofrece la colección de comparación. Los campos abarcan: especie, género, familia y grupos mayores, autor de cada una de las categorías taxonómicas, sistema, serie, piso, localidad, provincia, comunidad autónoma en el caso de España, observaciones y datos adicionales que aparecen en las muestras como nombre de la sección o sondeo, niveles dentro de una sección o sondeo, números de orden, y otras siglas. Como elemento de control cada registro lleva también asociada una fotografía general de la preparación. En una siguiente fase se completaría el contaje total de ejemplares que contiene cada una de las preparaciones, así como una limpieza más exhaustiva, ya que como se ha anotado anteriormente, las observaciones sobre los ejemplares individualizados y especies están pendientes en unas tres cuartas partes de los registros.

A pesar de la carencia, a día de hoy, de toda la información detallada que sería deseable para una gestión más eficaz de la colección, esto no supone un problema insuperable ya que puede ir siendo adicionada según se vaya generando. Esto se podrá hacer de forma rigurosa y sencilla, ya que el grueso de la información recogido hasta ahora en las hojas Excel previas creadas *ex profeso*, podrá ser volcado en su totalidad a la base de datos institucional que gestiona las colecciones del Museo Geominero. Para ello es necesaria la reordenación de los campos de la hoja Excel con los datos de la colección siguiendo el orden de los campos que establece la estructura de la aplicación de la base de datos del museo. Además, se precisa un refinado y homogenización de los datos en varios de los campos ya que se encuentran consignados como listados desplegables en la aplicación, como por ejemplo la procedencia geográfica de localidades y provincias españolas, o los datos referidos a edad como sistema y serie. En otros casos será necesario asignar un valor numérico a cada una de las opciones que represente la información contenida en un campo ya que así lo establecen las relaciones de las tablas de correspondencias entre campos de la aplicación, como por ejemplo discernir si la muestra procede de una sección estratigráfica o un sondeo.

FUTURAS ACCIONES SOBRE LA COLECCIÓN

Con todo lo expuesto hasta el momento sobra decir que el valor de la colección micropaleontológica de comparación del Dr. José Ramírez del Pozo, así como de las colecciones didácticas, es indiscutible además de ser un apreciado recurso científico y didáctico. Probablemente sea una de las colecciones de micropaleontología unipersonales más completa que exista en España, ya que incluye numerosos grupos taxonómicos desde el Paleozoico hasta el Cenozoico. La anexión de esta gran colección a los fondos del Museo Geominero ha sido un hecho notable, ya que su depósito ha ampliado de manera excepcional la colección de micropaleontología que componía los fondos del museo incentivando su remodelación. Se ha determinado y acomodado un espacio específico, el «Archivo de colecciones de Micropaleontología», donde se aloja actualmente la colección de micropaleontología al completo. Se ha dotado esta sala de puestos de trabajo, ordenador y una lupa binocular de calidad para poder acoger adecuadamente las visitas científicas, alumnado en prácticas, etc. Para el cuidado y la futura preservación de la colección es necesaria la implementación de ciertas medidas de conservación preventiva como el control de las variables ambientales y la limpieza. Las variables que más perjudican la integridad de los ejemplares, es decir, los cambios drásticos de humedad y temperatura no tienen lugar en exceso en el espacio seleccionado, ya que es un área interior y los cambios se producen de forma gradual. En cualquier caso, se pretende hacer un seguimiento de estas variables para evitar cualquier alteración rápida de los valores. Además de completar la limpieza interior de las preparaciones y el contaje del número de ejemplares en cada preparación, hay que añadir la necesidad de restauración de muchas de las celdillas, ya sea por el deterioro del cartón al estar los interiores de los senos rotos o rasgados o por que se deba sustituir el cristal cubreobjetos por estar roto. Todo este trabajo resulta inabordable en un tiempo razonable con los medios humanos con que cuenta el Museo Geominero en este momento. Sin embargo, todas las labores pendientes podrían ser abordadas en sucesivas etapas por alumnado universitario en prácticas, con la supervisión necesaria, y mediante los contratos ofertados en las convocatorias de empleo de los programas de garantía juvenil, etc.

La revisión y actualización taxonómica de las colecciones paleontológicas de un museo, ya sea micro o macro, es una tarea esencial que se ha de llevar a cabo en colaboración con especialistas de los grupos taxonómicos correspondientes. Esta es otra labor a tener en cuenta para dotar a la colección de un valor extra. Algunas de las determinaciones taxonómicas a nivel genérico están desactualizadas y otras es posible que necesiten revisión. Realizar estas actualizaciones y revisiones sistemáticas de foraminíferos, así como de ostrácodos y carofitas debe ser un objetivo a medio plazo. Esto sería una magnífica oportunidad de formación de futuros profesionales en micropaleontología ya que, en colaboración con personal docente e investigador en el ámbito de programas universitarios especializados en esta materia, el alumnado podría desarrollar entre otras tareas, la revisión y actualización taxonómica de diferentes grupos fósiles en sus prácticas, trabajos fin de grado, trabajos fin de máster, etc.

Todos los aspectos considerados hasta el momento, así como los que se pudieran determinar más adelante como prioritarios para asegurar la integridad y preservación de la colección tienen como objetivo final la puesta en valor de la misma. Determinar y difundir el valor que posee, así como favorecer la comprensión de su significado son aspectos esenciales para la valoración de un bien patrimonial. En este sentido, todas las acciones didácticas, de divulgación y difusión que se generen en torno a la micropaleontología y a la colección micropaleontológica que nos ocupa, apoyará su puesta en valor. Las colecciones didácticas pueden ser un recurso divulgativo muy valioso para usar en talleres y actividades extraescolares. Del total de 10 sets didácticos que preparó Ma (2020), dos de ellos quedaron depositados en Colecciones Paleontológicas (Área de Paleontología, Facultad de Ciencias Geológicas, UCM) y en el Museo Geominero, respectivamente. Los otros ocho sets fueron donados a la empresa Geosfera que, entre otros trabajos, desarrolla talleres y actividades educativas de divulgación del patrimonio geológico y paleontológico, poseen los sistemas adecuados para la óptima conservación y mantenimiento de las colecciones y un gran potencial a la hora de utilizarlas en talleres monográficos creados *ex profeso*.

AGRADECIMIENTOS

Nuestra gratitud a Mª José Torres Matilla por su más que notable labor a la hora del fotografiado de las preparaciones, elaboración de algunas de las figuras y sus sabios consejos que siempre mejoran la edición digital. A Julia Dorado, «Julita» para las amistades, siempre cariñosa y dispuesta a ayudar, gracias por tu amabilidad. Agradecemos a Isabel Rábano la revisión del manuscrito.

BIBLIOGRAFÍA

Benson, R.H.; Berdan, J.M.; van den Bold, W.A.; *et al.* 1961. Arthropoda 3 (Crustacea, Ostracoda). En: R.C. Moore (ed.), *Treatise on Invertebrate Paleontology*, Part Q. University of Kansas Press y Geological Society of America, New York, 442 p.

Feist, M. y Grambast-Fessard, N. 2005. Protoctista (Charophyta), vol. 1. En: R.C. Moore (ed.), *Treatise on Invertebrate Paleontology*, Part B. University of Kansas Press y Geological Society of America, New York, 170 pp.

Granados, L.F. 1996. In Memoriam. José Ramírez del Pozo (Guadalajara, 1936-Madrid, 1996). *Noticias paleontológicas. Boletín de la Sociedad Española de Paleontología,* 27, 62-63.

Granados, L.F. 1997. José Ramírez del Pozo (1936-1996). Nota Necrológica. *Boletín de la Real Sociedad Española de Historia Natural (Actas),* 94, 75-81.

[IGME] 1987. *Contribución de la exploración petrolífera al conocimiento de la geología de España.* Instituto Geológico y Minero de España, Madrid, 465 pp.

Loeblich, A.R. y Tappan, H. 1964. Protista 2 (Sarcodina chiefly 'Thecamoebians' and Foraminifera), vols. 1 y 2. En: R.C. Moore (ed.), *Treatise on Invertebrate Paleontology*, Part C. University of Kansas Press y Geological Society of America, New York, 900 pp.

Ma, H. 2020. *Continuando con la labor docente del Dr. José Ramírez del Pozo: Preparación de Colecciones Didácticas de microfósiles para enseñanzas pre-universitarias.* Trabajo fin de máster, Máster Interuniversitario en Paleontología Avanzada, Facultad de Ciencias Geológicas, Madrid, 54 pp. (inédito).

PASCUAL, F. 1996. In Memoriam. José Ramírez del Pozo. *Bonanza. Noticias de Boadilla*, 8.

PUCHE RIART, O. Y NAVARRO COMET, J. 2019. Una historia de la exploración y producción de hidrocarburos en España. *De Re Metallica*, 33, 3-32.

RAMÍREZ DEL POZO, J. 1971. *Bioestratigrafía y microfacies del Jurásico y Cretácico del Norte de España (Región Cantábrica).* Trabajos de la Compañía de Investigación y Explotaciones Petrolíferas S.A. (C.I.E.P.S.A.). Instituto Geológico y Minero de España, Madrid, vol. 1, texto, 357 pp.; vol. 2, figuras y cuadros; vol. 3, microfósiles ilustrados y microfotografías.

SALAZAR, Á.; NAVARRO, J.; MUÑOZ, J.J.; GONZÁLEZ-BLÁZQUEZ, J. Y MATA, M.P. 2021. Colección de levigados José Ramírez del Pozo (CIEPSA-CGS). *Geo-Temas*, 18, 717.

VILLALOBOS, L. 1996. En memoria de José Ramírez del Pozo. Fantasía de un caminante. *Boletín informativo. Ilustre Colegio Oficial de Geólogos*, 60.

SOBRE ALGUNOS FÓSILES DE VERTEBRADOS CENOZOICOS DEL MUSEO GEOMINERO: UN RECORRIDO HISTÓRICO

Alfonso Arribas Herrera

Con el inicio de los trabajos para el estudio geológico planificado y sistemático de España, iniciado en el siglo XIX por la Comisión del Mapa Geológico, institución antecesora del Instituto Geológico y Minero de España (IGME), se inició también la colecta de algunos de los fósiles de vertebrados en yacimientos hoy considerados como clásicos en la historia de la paleontología nacional. Al registro documental de estos yacimientos se unió en el tiempo alguna colección de vertebrados de yacimientos recién descubiertos a lo largo del siglo XX (hasta el año 1985). En este capítulo se hace un breve recorrido por algunos de los hallazgos o yacimientos más singulares y desconocidos de vertebrados del cenozoico español custodiados en el Museo Geominero.

EL ORIGEN Y LAS FUENTES

Con la creación en 1849 de la Comisión para la Carta Geológica de Madrid y General del Reino (pronto conocida como Comisión del Mapa Geológico), institución antecesora del Instituto Geológico y Minero de España (IGME), se iniciaron los trabajos sistemáticos de la cartografía geológica nacional. En el siglo XIX pocas formas había de poder datar las rocas sedimentarias y la vía útil para posicionar cuerpos de roca de forma relativa en el tiempo era la bioestratigrafía. Unas formas primitivas de animales, vertebradas y terrestres en este caso, daban lugar en el tiempo a otras formas derivadas. La evolución de la forma orgánica era, en una de sus derivadas, la herramienta para establecer lo primitivo frente a lo derivado, lo antiguo frente a lo moderno.

No se conserva mucha de la información sobre el descubrimiento o de la forma de ingreso en las colecciones del Museo Geominero. Afortunadamente hemos podido obtenerla de otras fuentes, sobre todo en publicaciones con comentarios de contenido paleontológico relacionadas con aquellos estudios y mapas geológicos plasmados a lo largo de siglo y medio en las publicaciones de la institución, como el *Boletín de la Comisión del Mapa Geológico de España* (título anterior del actual *Boletín Geológico y Minero*), *las Memorias de la Comisión del Mapa Geológico de España* o las *Notas y Comunicaciones del Instituto Geológico y Minero de España*. En ellas se encuentran las fuentes escritas, y en ocasiones gráficas, del descubrimiento y estudio inicial de algunos de los fósiles o yacimientos históricos de vertebrados del Cenozoico que trataremos a continuación.

Sólo la localización de descripciones exactas y, definitivamente, la presentación en láminas con figuras de los fósiles es lo que nos permite asignar con total certeza la procedencia y fecha de colecta de estos fósiles históricos.

Finalmente, es necesario destacar que algunos de los yacimientos más conocidos representados en las colecciones del Museo Geominero, como pueden ser los del Oligoceno de Tárrega (Lérida), del Mioceno de Monte de la Abadesa (Burgos), del Plioceno de Villarroya (La Rioja) o del Mioceno de Concud (Teruel), no son objetivo de este breve trabajo por haber sido ya revisados en trabajos específicos (Arribas y Bernad, 1994; Arribas *et al.*, 2001; Pesquero y Arribas, 2002; Baeza y Menéndez, 2016; Rábano *et al.*, 2016; Quiralte y Menéndez, 2018).

HUESOS FÓSILES EN EL SIGLO XIX: UN RECURSO ECONÓMICO, UNA CURIOSIDAD O UNA HERRAMIENTA PARA LA DATACIÓN

Cuando se consultan las fuentes antiguas relacionadas con el estudio geológico del territorio nacional, comenzando por aquellas publicadas desde mediados del siglo XIX y el tratamiento que en ellas se dio a los huesos fosilizados, quedan patentes diversas cuestiones: (i) en la mayoría de los casos los autores de la época estaban al día de las publicaciones más recientes sobre las teorías evolucionistas y los avances en el conocimiento científico; y (ii) los fósiles de vertebrados, los

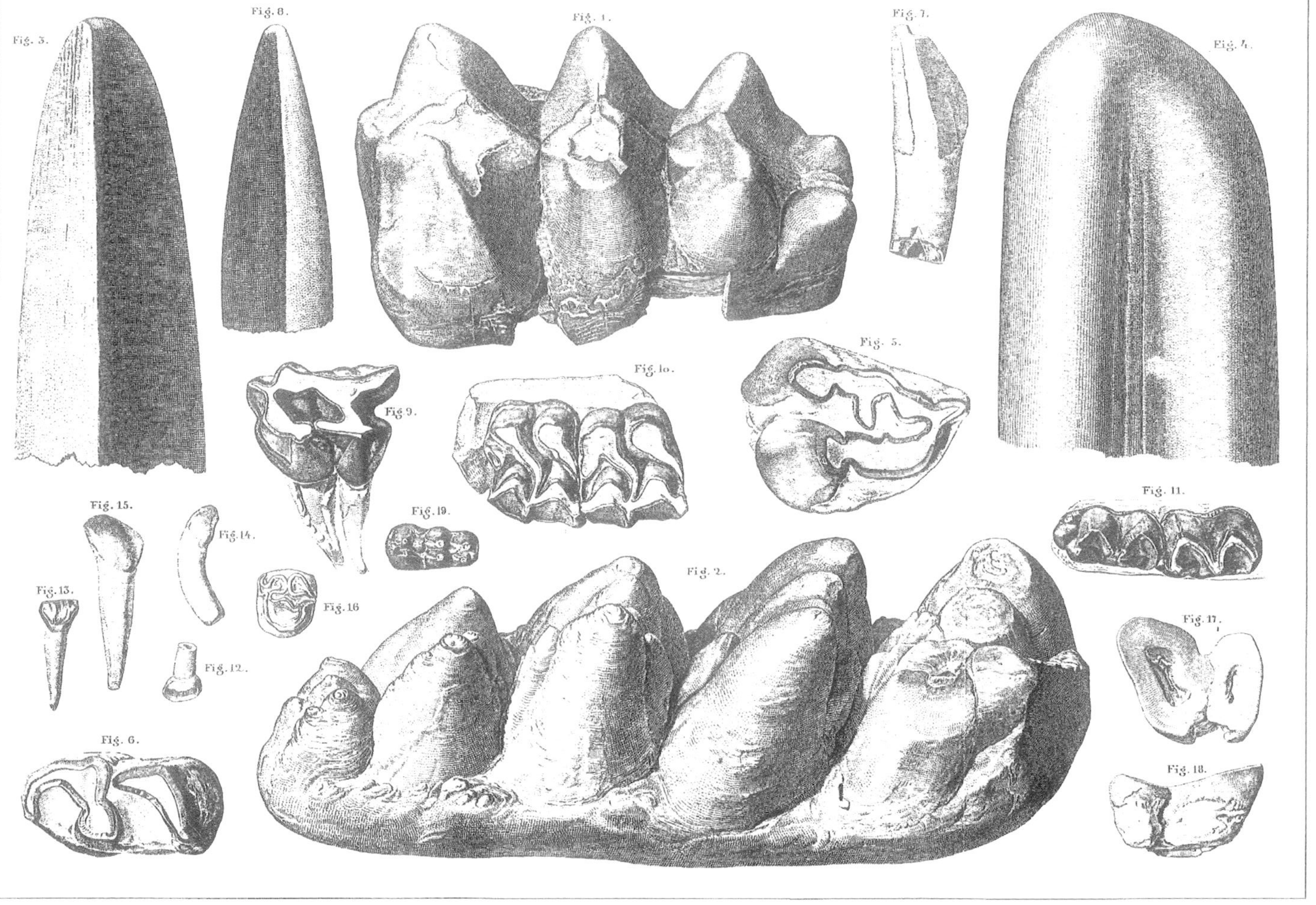

Figura 1. Fósiles de mamíferos del Mioceno de Madrid figurados por Casiano de Prado (1864: lámina 3). Dibujos y litografía de Federico Kraus. Desde los puntos de vista histórico y científico son muy relevantes los molares superiores e inferiores (figuras 5, 6 y 9) y el incisivo (figura 7) del rinoceronte de Madrid.

pocos de los que se habla, se presentan como curiosidad o con el interés de poder estar vinculados con registros relacionados con lo humano, incluido lo histórico.

El primer dato sobre fósiles de vertebrados en la colección histórica puede estar relacionado con algunos dientes fósiles de *Hipparion* del yacimiento mioceno de Concud (Teruel). Casiano de Prado envió en 1852 fósiles de esta localidad al paleontólogo francés François Louis Paul Gervais para su estudio, quien los determinó como *Hipparion prostylum*. Este material se conserva en la actualidad en el Muséum National d'Histoire Naturelle de París, pero parte de los ejemplares que Casiano de Prado no llegó a enviar a Gervais podrían formar parte de la colección del Museo Geominero. Cortázar (1885) citó su presencia y la recogida de nuevo material en el mismo yacimiento e identificó como *Hipparion gracile* al équido de esta localidad. Aunque este autor no figuró los fósiles en cuestión, es muy probable que parte de este material se conserve también en las colecciones del Museo Geominero (Pesquero y Arribas, 2002).

Fue también Prado quien, en su *Descripción física y geológica de la provincia de Madrid*, figuró diferentes fósiles de mamíferos del Mioceno madrileño (Puente de Toledo, San Isidro, Atocha), entre los que destacan el rinoceronte «*Rhinoceros matritensis*», el équido «*Anchitherium aurelianense*», un suido indeterminado y dos proboscídeos («*Mastodon angustidens*» y «*Mastodon tapiroides*») (Prado, 1864) (Fig. 1). Con ejemplares de «*R. matritensis*» de las colecciones del museo del IGME, entre otros, Crusafont y Villalta (1947) definieron el nuevo género *Hispanotherium*. A pesar de estos datos previos, en líneas generales y con notables excepciones como las anteriores de los yacimientos miocenos de Teruel y de Madrid, durante ese siglo los huesos fósiles de vertebrados no fueron todavía un objetivo científico en sí mismos.

En este sentido, los huesos encontrados en superficie (por ej., en muladares) y aquellos recuperados en registro sedimentario de tipo arqueológico o paleontológico, fueron considerados en nuestro país durante el siglo XIX un recurso económico. Amalio Gil y Maestre (1875) aportó datos muy interesantes sobre la cuestión de los «huesos», considerados un recurso económico en entornos rurales en épocas de sequía y de malas cosechas. Se colectaban tanto en superficie como excavando. Se recuperaban principalmente de entre los que se encontraban enterrados, las más de las veces procedentes de basureros históricos y prehistóricos o de necrópolis, y nunca se podrá saber cuántos procedieron de yacimientos paleontológicos *s.s.* ya desaparecidos. El incentivo económico era la exportación a Francia e Inglaterra con el fin de utilizarlos para la clarificación de azúcar (con la parte orgánica de los huesos de animales actuales recolectados en superficie) o en la fabricación de abonos químicos (con la parte inorgánica de los anteriores y con los «huesos de mina», esto es, los enterrados). Recordemos en este punto que hasta finales del siglo XIX la locomoción, el transporte de mercancías y los trabajos agrícolas pesados se realizaba con animales de carga, por lo que la concentración de huesos en superficie y semienterrados en muladares en numerosos lugares de España debía ser muy elevada. En el ámbito de los estudios realizados por miembros de la Comisión del Mapa Geológico, fue en el entorno de la Tierra de Campos, en la que fue Castilla-La Vieja, donde se recogieron, dependiendo del año, alrededor de 2 millones de kg de huesos enterrados al año. De ahí que su importancia fuese más económica que científica o patrimonial desde el punto de vista actual, por lo que la pérdida de registro arqueológico y paleontológico ha debido de ser realmente relevante.

Los primeros icnofósiles de vertebrados registrados en una obra de la Comisión del Mapa Geológico fueron los posibles coprolitos (Fig. 2) neógenos que Felipe Martín Donayre (1873) recogió en el término de Terrer (Zaragoza), estudiados posteriormente por Román de Ingunza (1874). Tres años después, Daniel de Cortázar (1877) figuró el primer hueso fósil de vertebrado del Cenozoico publicado en una obra de la institución, conservado en las colecciones del Museo Geominero. Se trata de un fragmento de hemimandíbula con un diente, identificado entonces como *Mastodon angustidens* (m3 izquierdo: Fig. 3), procedente de Valladolid capital, que fue donado a la Comisión del Mapa Geológico por el ingeniero de montes «Sr. Michelena».

Ha de pasar una década para poder volver a leer información sobre huesos fósiles en publicaciones de la Comisión del Mapa Geológico que pudieron haber pasado en su día a las colecciones de la institución, pero no nos consta su conservación actual. En 1888, en el trabajo sobre la provincia de Santander, Puig y Sánchez (1888) citan, pero no figuran, molares de elefantes y restos óseos de rinocerontes en el valle de Udías. Esta información es mencionada de nuevo en una síntesis de inicios del siglo XX (Harlé, 1911), en la que se incluye la mención de que en Udías (en la Cueva la Buenita, una mina de calamina) se había recuperado un cráneo de *Bison* (bisonte) junto a restos de osos y de ciervo. En 2022 hemos identificado fósiles inéditos de *Ursus* cf. *deningeri*, procedentes de un nuevo afloramiento del interior de la Cueva-mina de La Buenita.

Continuaron los años con los estudios geológicos del territorio nacional y no es hasta 1896 cuando se figuran de nuevo fósiles de vertebrados del Cenozoico español: un diente de tiburón (determinado entonces como *Oxyrhina hastalis*) del Plioceno de Garrucha (Almería) (Schrodt, 1896) y los huevos de aves fósiles descubiertos por el vecino Críspulo Ebolaín en Cevico de la Torre

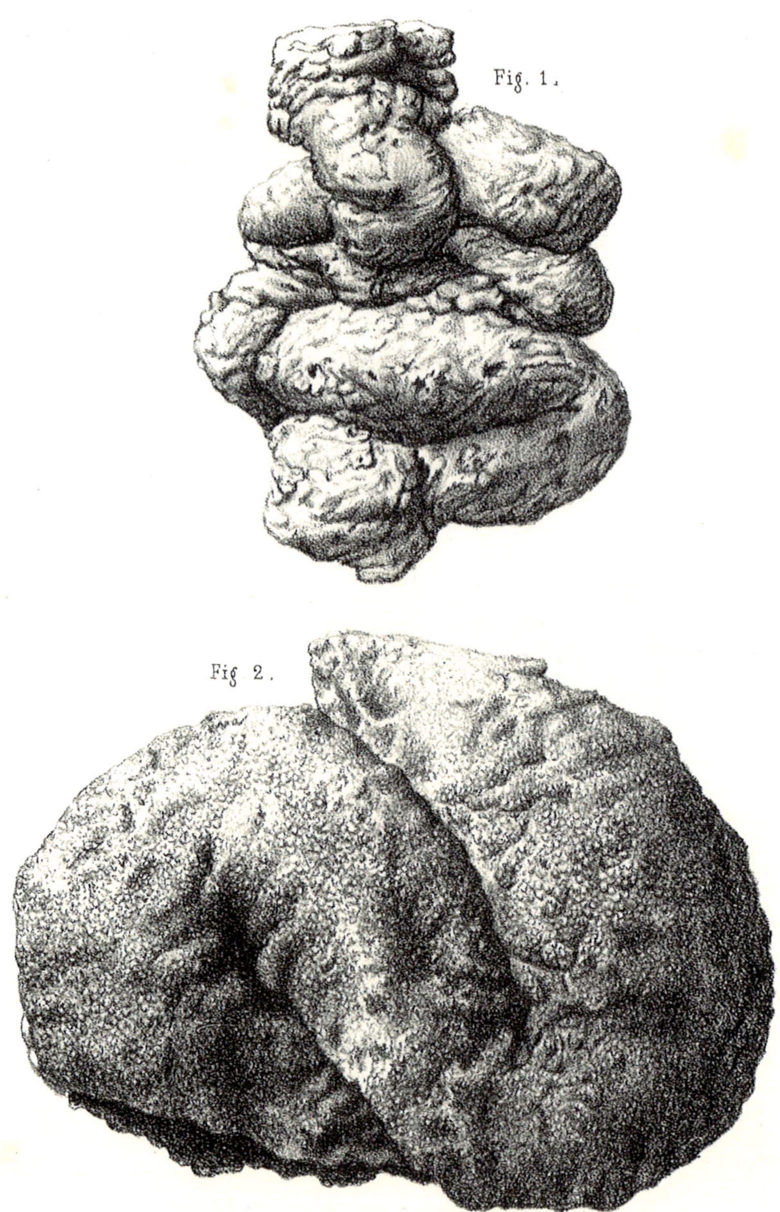

Figura 2. Coprolitos de Terrer en Ingunza (1874: lámina 3). Dibujos de Teresa Madasú y litografía de Gustavo Pfeiffer.

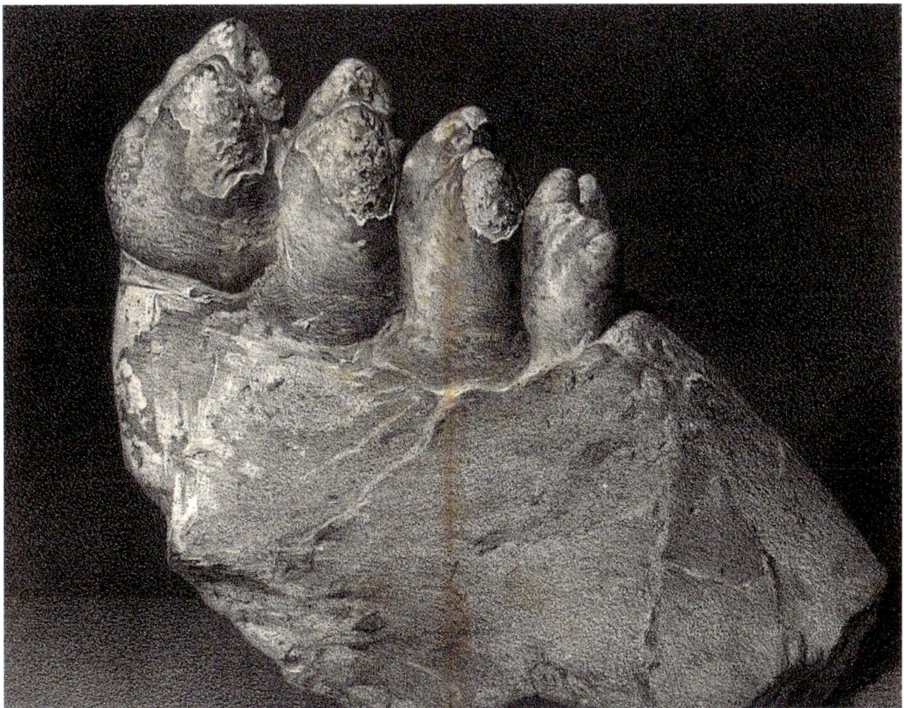

Figura 3. Vista lateral de un molariforme de proboscídeo del Mioceno de Valladolid, figurado en Cortázar (1877: lámina 2). Dibujo de Jesús Cebrián y litografía de Gustavo Pfeiffer.

(Palencia), que fueron descritos por Marcial de Olavarría (1898). Al autor le llamó fuertemente la atención lo curioso o singular del objeto natural en el caso de estos huevos (Fig. 4) y discute su posible origen. Descartó el origen reptiliano, asignando su génesis a aves del grupo de los ánsares. Hay que indicar lo infrecuente, entonces y actualmente, del hallazgo de este tipo de icnofósiles en el registro ibérico.

Como se ha podido comprobar, a lo largo del siglo XIX apenas se figuraron huesos fósiles en el conjunto de publicaciones de la Comisión del Mapa Geológico y sí que se ilustraron profusamente fósiles de invertebrados marinos. Esto se explica por la abundancia de estos últimos y por la aplicación práctica de la bioestratigrafía marina en la resolución de problemas geológicos de interés. Sin duda también se debió a la baja frecuencia de hallazgos de vertebrados fósiles terrestres.

Figura 4. Huevos fósiles de Cevico de la Torre figurados por Olavarría (1898: lámina V). Litografía de José María Mateu.

HUESOS FÓSILES EN EL SIGLO XX: MÁS ALLÁ DE UNA HERRAMIENTA PARA LA GEOLOGÍA

El siglo XX se inicia con los estudios geológicos de España en plena ejecución. Y, como ocurría en el siglo anterior, la mención a hallazgos de yacimientos o de fósles de vertebrados continentales son poco frecuentes en las memorias de los mapas geológicos de España o en los estudios relacionados con la minería.

Ahora bien, a lo largo del siglo XX y hasta el año 1985, cuando se promulgó la Ley 16/1985 del Patrimonio Histórico, se incorporaron al Museo Geominero fósiles de vertebrados de yacimientos que pasarían a ser relevantes para la paleontología, siendo considerados algunos de ellos históricos hoy en día (muchos de ellos por haber desaparecido, bien el yacimiento o bien el propio fósil de nuestras colecciones, como se verá más adelante). Entre estos yacimientos históricos destacan el de Libros (Teruel) con sus famosas ranas (*Pelophylax pueyoi,* procedentes de las minas de azufre); Tárrega (Lérida), cuyos fósiles conservados en el Museo Geominero fueron descritos y figurados en 1941 (Quiralte y Menéndez, 2018); Villarroya (colección Carvajal, descritos y figurados en Carvajal, 1926; Rábano *et al.*, 2016); el yacimiento de mamíferos del Cuaternario de Villarroya es un LIG con código IB245 del Inventario Español de Lugares de Interés Geológico del IGME; el de Alcoy (Alicante), con mamíferos pliocenos conservados en sus minas de lignitos (con fósiles de *Anancus arvernensis* y *Alephis boodon* en las colecciones del Museo Geominero); el de Coin (Málaga) y sus peces en diatomitas; o los mamíferos miocenos del yacimiento segoviano de Los Valles de Fuentidueña (descritos y figurados en 1944, como se verá más adelante).

Los primeros datos sobre posibles ingresos de materiales, publicados en fuentes propias de la institución durante el siglo XX se refieren a cavernas en Segovia debido a Tomás Llorente (1900). Se trata de un estudio muy completo sobre las exploraciones de dicho autor, desarrolladas durante el siglo XIX, incluyendo un catálogo final de restos óseos de la Caverna de la Solana de la Angostura (la mayoría arqueológicos humanos, incluyendo varios cráneos). El autor menciona que todos los materiales recogidos por él, tanto en esta cueva como en las restantes de la provincia exploradas por él en Segovia, los donó en 1880 al Museo de Antropología, que poco tiempo después pasaron al Museo de Ciencias Naturales. Aun así, este autor comenta dos aspectos importantes en relación con la Villa de Pedraza y sus cuevas. Llorente (1900) menciona una cueva innominada –la tercera en su listado de Pedraza– que en 2001 identificamos como una de las que prospectamos (Cueva de Antonio López) en el marco de una investigación sobre el karst del Sistema Central español. En su texto, Llorente (1900) refiere una brecha de 15 cm de espesor medio «como si fuese una capa de hielo, lo que manifestaba su origen estalagmítico». Se trata de la misma que una de las que tuvimos la ocasión de evaluar a inicios del siglo XXI (Fig. 5A). La describe llena de huesos, aunque actualmente su registro está casi destruido en su totalidad, tan sólo queda la porción de esa neoformación (brillante y durísima) adherida a las paredes de la pequeña caverna. Este suelo estalagmítico original se encuentra totalmente cuajado de secciones de coprolitos de hienas pleistocénicas (este testigo kárstico puede tener interés científico a futuro en relación con el estudio del Cuaternario en la cuenca de Duero). Ninguno de los huesos de esta cueva llegó a las colecciones de la Comisión del Mapa Geológico.

Figura 5. Cuevas pleistocenas de Pedraza (Segovia). Imágenes de su inspección por miembros del Museo Geominero en el año 2001. A, cueva innominada tercera por Llorente (1900), Cueva de Antonio López. El testigo estalagmítico adherido a sus paredes puede ser fuente de interesantes proxys paleoclimáticos en estudios del Cuaternario. La unidad permite su datación por técnicas geocronológicas, se pueden analizar isótopos para obtener datos plaeoclimáticos (temperatura y humedad) y el análisis de los coprolitos de hiénidos puede aportar información paleobotánica relevante (en el caso de que representen a excrementos relacionados con la evisceración de cadáveres de herbívoros y no con la ingesta de paquetes musculares). B, cueva innominada cuarta por Llorente (1900), Cueva de la Puerta de la Villa, de la que se supone proceden los restos fósiles conservados de *Crocuta crocuta spelaea*. Prado (1864) mencionó que Torrubia la hizo explorar en el siglo XVIII sin que se localizasen vestigios. En el macizo kárstico de la Villa de Pedraza se abren distintas cavidades, por lo que es posible que exista confusión histórica entre algunas de ellas.

Al tratar sobre la cuarta y última de las cuevas de Pedraza visitadas por Llorente (también entonces innominada y que, por su descripción y contenido, asignamos a la llamada Cueva de la Puerta de la Villa), este autor remite a Cortázar (1891), quien menciona que Prado la visitó en 1853 e identificó una mandíbula de «*Hiena Spelaea*». Las colecciones del Museo Geominero conservan distintos dientes inferiores en muy buen estado (algunos de ellos parecen pertenecer al mismo individuo) de *Crocuta crocuta spelea* procedentes de Pedraza (Cueva de la Puerta de la Villa, Fig. 5B) que bien pudieran ser los elementos dentales de aquella mandíbula recogida por Prado.

Las primeras décadas del siglo XX aportan pocos elementos documentados a las colecciones científicas. Únicamente consta en nuestras fuentes un estudio de Dupuy de Lôme y Fernández de Caleya (1918) con hallazgos novedosos en la provincia de Valencia.

Aún restaba mucha parte del territorio nacional por ser estudiado desde un punto de vista geológico, estando además en parte supeditado en aquellos años de guerras mundiales, periodo de entre guerras, revoluciones y guerra civil a la búsqueda de criaderos y yacimientos de distintos tipos de minerales (muchos de ellos metálicos), sin dejar por ello la continuación de las memorias del mapa geológico de España. Se observa una clara tendencia (objetivo ya claro en el siglo XX) a la utilidad práctica del conocimiento geológico con fines industriales.

La baja tendencia inicial en la investigación paleontológica de vertebrados de las décadas 1910 a 1940, se incrementó radicalmente a partir de 1945, tras la finalización de la II Guerra Mundial, con el inicio de la publicación de artículos estrictamente científicos sobre paleontología de vertebrados en los medios escritos del IGME. Ello se debe fundamentalmente a las aportaciones de José F. de Villalta y Miquel Crusafont, incluso con donaciones personales al IGME, entre otras la que realizó Villalta de parte de su colección de los fósiles recogidos en Villarroya (La Rioja) (Arribas y Bernad, 1994; Rábano *et al.*, 2016).

Es este punto, resumiremos como ejemplos de ingreso de fósiles de vertebrados en las colecciones del Museo Geominero cuatro singularidades paleontológicas del siglo XX, una ocurrida en las primeras décadas y tres ejemplos o aspectos relacionados con las colecciones posteriores a la Segunda Guerra Mundial.

En 1918, Dupuy de Lôme y Fernández de Caleya dieron cuenta en un extenso artículo de una colección de fósiles de macromamíferos asociados a una explotación minera, la Mina San José en Mas del Olmo (Valencia). Dos años antes, en 1916, el colapso del techo de una de las galerías de transporte en esta mina de lignito libró numerosos restos óseos de mamíferos del Mioceno, recuperados gracias a la diligencia del entonces ingeniero director de la mina, Fernández de Caleya. La mina era propiedad de la Sociedad Industrial Química de Zaragoza, que la explotaba con el objeto de suministrar combustible a los hornos de sublimación de azufre que poseía en sus minas de Libros, en Teruel. A instancias de Fernández de Caleya, la empresa donó los fósiles de mamíferos al Instituto Geológico de España (IGE), como se denominó a partir de 1910 la Comisión del Mapa Geológico. Estos datos son importantes pues indican que esta empresa era en aquellos años propietaria de ambas minas y, por tanto, de ambos yacimientos paleontológicos (Mas del Olmo y Libros). De esta forma podemos estimar que los fósiles de las ranas de Libros que se conservan en las colecciones del Museo Geominero pudieron ingresar en las colecciones del IGE de la misma forma.

Volviendo con los fósiles de mamíferos de Mas del Olmo, se trata de una pequeña colección, formada básicamente por elementos dentales (Fig. 6) con una fosilización y conservación de gran calidad gracias a su recuperación de una matriz arcillosa entre el lignito. La diligencia exigida en la extracción de los fósiles por Fernández de Caleya, quien recompensaba a los trabajadores por hallazgo de hueso entero, ejerciendo además una supervisión personal en las extracciones delicadas, así como la conservación preventiva que realizó sobre ellos Dupuy de Lôme tras su extracción [consolidación con técnicas de restauración adecuadas para la época (baño de silicato de potasio bruto en disolución)], ha permitido que se configure como una colección histórica especial del Museo Geominero.

Entre las especies identificadas se encuentra un carnívoro mustélido (*Trochictis*; no conservado hoy día en las colecciones), dos perisodáctilos (un rinoceronte asignado a la especie «*R. simorrensis*» y un équido asignado a la especie «*A. aurelianense*»), un suido identificado como «*L. splendens*», así como numerosos restos del mastodonte «*M. longirostris*», entre los que destacan los grandes molares (Fig. 6).

Figura 6. Algunos de los fósiles de proboscídeos de Más del Olmo figurados por Dupuy de Lôme y Fernández de Caleya (1918: lámina IV).

Este estudio resulta modélico para la época por el tipo de hallazgo, casual en minería, y la sensibilidad en la conservación y custodia de los fósiles, por el estudio del contexto geológico del yacimiento y por el propio estudio paleontológico, que los autores acompañan de un importante apartado gráfico de primera magnitud, compuesto por seis grandes láminas con fotografías de ejemplares seleccionados (Fig. 6).

En 1944 se dio a conocer el hallazgo de unos de los yacimientos más significativos del Mioceno de la Cuenca del Duero, el de Los Valles de Fuentidueña, en Segovia (Bataller y Hernández-Sampelayo, 1944). El yacimiento había sido descubierto «por el Sr. Arévalo» un año antes y proporcionó importantes datos sobre el Mioceno superior en este contexto geográfico, aportando una lista faunística con *Hipparion*, *«Rhinoceros»*, un jiráfido indeterminado, *«Mastodon» angustidens*, «*Pseudaelurus*» y el félido con dientes de cimitarra *Machairodus*, tan poco frecuente en las colecciones de entonces (Fig. 7), ejemplares que se conservan en el Museo Geominero. La situación geográfica del yacimiento, su cronología –inicialmente circunscrita al Pontiense y posteriormente al Vallesiense–, así como la paleobiodiversidad de la asociación faunística, hizo que muchas décadas después se plantease un programa de excavaciones sistemáticas dirigidas por la Dra. María Teresa Alberdi desde el Museo Nacional de Ciencias Naturales (Alberdi, 1981). El yacimiento de vertebrados miocenos de Los Valles de Fuentidueña es un LIG con código DU101 del Inventario Español de Lugares de Interés Geológico del IGME.

Finalizamos este capítulo tratando sobre las historias opuestas de dos holotipos de vertebrados del Cenozoico de las colecciones del Museo Geominero. Y decimos opuestas en relación con su conservación, pues hoy uno se conserva en nuestros registros, mientras que el otro desapareció de las colecciones del IGME en algún momento no determinado de la historia del museo.

En 1945 se publicó un estudio sobre los équidos tridáctilos fósiles del Mioceno del yacimiento histórico de Nombrevilla (Zaragoza), en el que se definió una nueva especie, *Anchitherium sampelayoi* Villalta y Crusafont, 1945. Sus autores, José Fernández de Villalta y Miquel Cusafont, relevantes especialistas de la paleontología de vertebrados en nuestro país, dedicaban la especie a Primitivo Hernández-Sampelayo, un ingeniero de minas del IGME y director de su museo. Se trata de un *Anchitherium* de talla gigante, una forma muy avanzada con marcada hipsodoncia con un gran desarrollo de la serie premolar. Desde entonces el Museo Geominero conserva en sus colecciones el holotipo (Fig. 8) y un paratipo (denominado cotipo por los autores) de la especie.

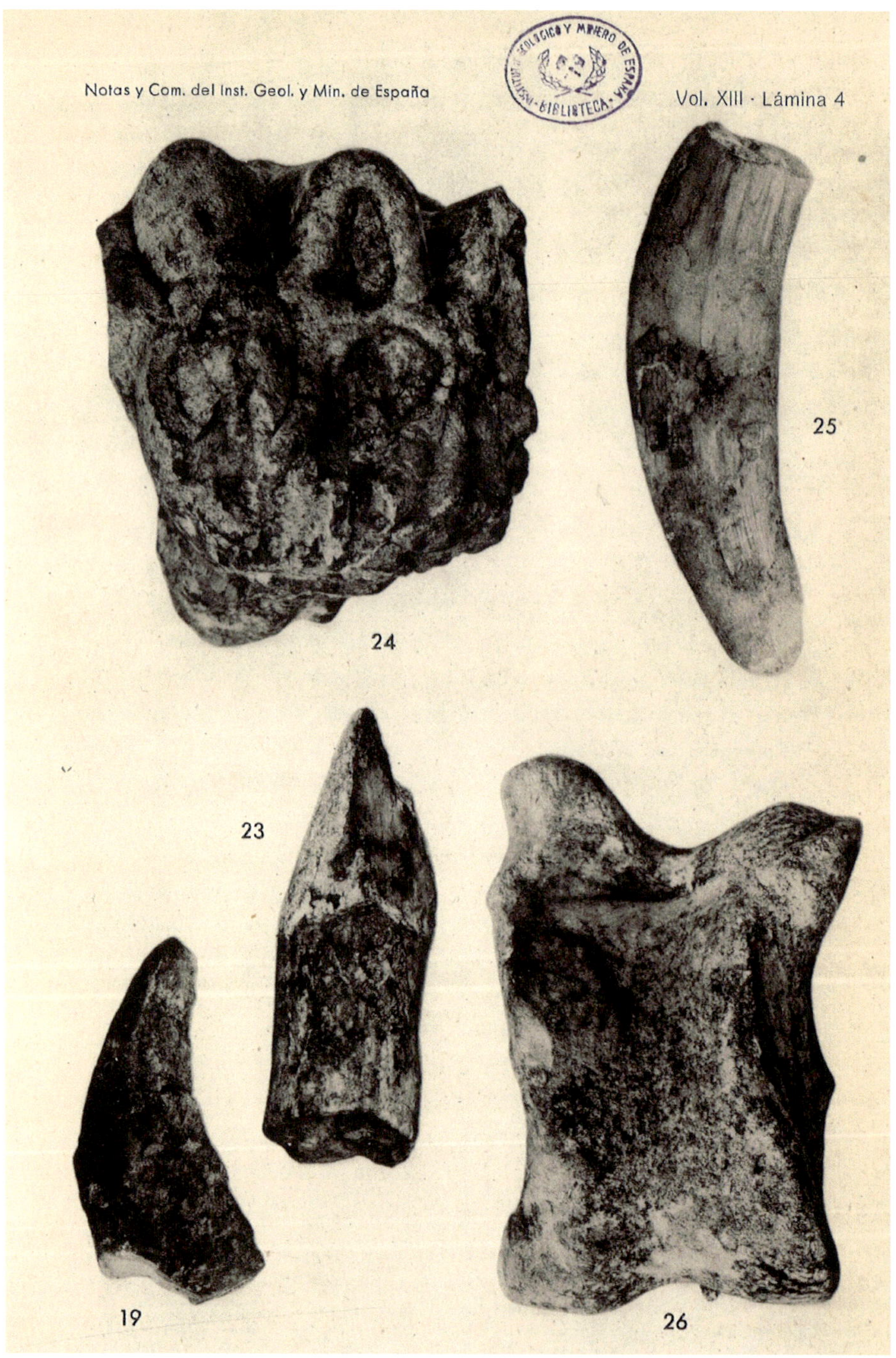

Figura 7. Fósiles de mamíferos de Los Valles de Fuentidueña figurados por Bataller y Hernández-Sampelayo (1944, lámina 4).

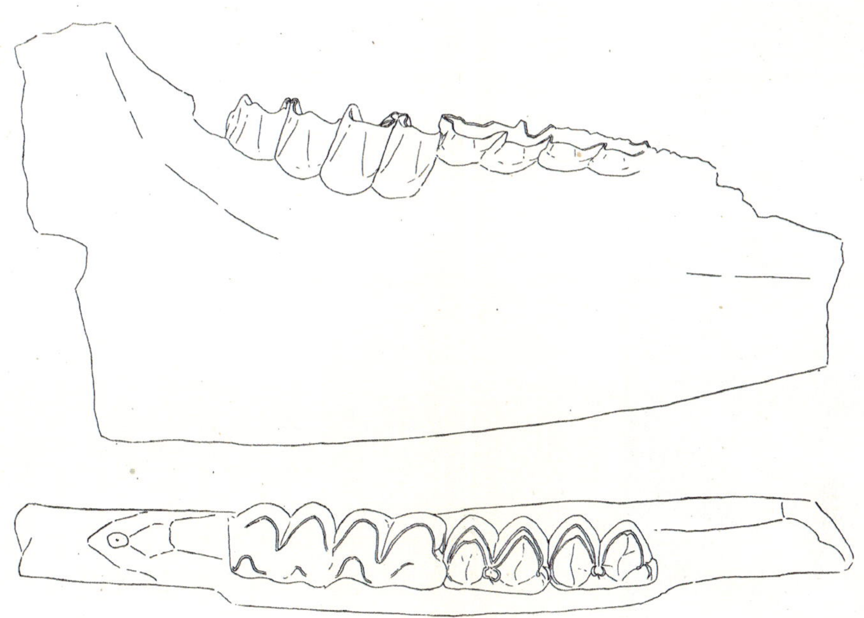

Figura 8. Dibujos del holotipo de *Anchitherium sampelayoi* (hemimandíbula derecha en vistas labial –arriba– y oclusal –abajo–) tal y como aparece figurado en la obra de Villalta y Crusafont (1945).

Un año antes de la publicación de la especie anterior, los mismos autores y en el mismo medio (Villalta y Crusafont, 1944) dieron a conocer dos nuevas especies de simios procedentes de dos conocidas localidades fosilíferas catalanas del Mioceno: Hostalets de Pierola y Viladecaballs (La Tarumba). En la primera localidad definieron la nueva especie *Sivapithecus occidentalis*, mencionando de forma expresa que el holotipo se encontraba en la colección Crusafont del Museo de Sabadell.

El segundo taxón, un nuevo género y una nueva especie, definido en la segunda de las localidades mencionadas con anterioridad, fue *Hispanopithecus laietanus* (Villalta y Crusafont, 1944). El holotipo lo constituyó una serie inferior derecha (p2-m2) (ver Villalta y Crusafont, 1944: figura 3 y lámina II), indicando que el fósil pertenecía a la colección Villalta-Crusafont (sin más datos de depósito). Posteriormente, en un estudio de síntesis sobre los nuevos mamíferos del Neógeno español (Crusafont y Villalta, 1951), al presentar al primate *Hispanopithecus laietanus* (figura 13 en esa obra) citaron que el holotipo designado originalmente se encontraba en la colección del IGME, en Madrid (Fig. 9). Sin embargo, este ejemplar no se encuentra en las colecciones del Museo Geominero, por lo que desconocemos si llegó a integrarse originalmente en ellas. Alba *et al.* (2012) revisaron el holotipo, depositado actualmente en el Instituto Catalán de Paleontología Miquel Crusafont.

Hispanopithecus (nov. gen.) *laietanus* Vill. et Crus. (26). (figura 13).

Pongidae caracterizado por la extraordinaria reducción de los índices de anchura de los molares inferiores, de los

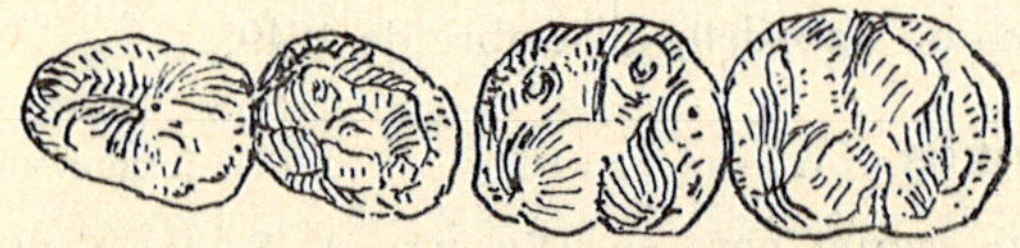

Fig. 13.—*Hispanopithecus laietanus* VILL. et CRUS. Serie inferior derecha. Tam. 2/1. Col. Instituto Geológico y Minero de España. Madrid. Genotipo.

cuales el M2 es el más ancho, excediendo en muchas unidades al índice de los otros dos, aunque casi equidistante; corona baja; relieve somero y con valles de pendientes suaves; M3 neopitecoide; cíngulo obsoleto y reducido a un hoyo bucal. Mandíbula comprimida. Región premolar retraída, pero con piezas de estructura bastante primitiva.

Localidad típica: La Tarumba (Barcelona), cuenca del Vallés-Penedés.

Nivel: Meótico o Vallesense (Pontiense inf.).

Tipo: Instituto Geológico y Minero de España (Madrid).

Figura 9. Texto de Crusafont y Villalta (1951, pág. 147) en el que se menciona el lugar de depósito del holotipo de *Hispanopithecus laietanus*.

CONCLUSIONES

El Museo Geominero custodia una pequeña, pero importante, colección histórica de vertebrados fósiles del Cenozoico español. Están representados muchos de los yacimientos importantes del registro ibérico (varios de ellos catalogados como LIG), junto con ejemplares singulares y únicos que proceden de yacimientos desaparecidos. La presencia en las colecciones del Museo Geominero de este patrimonio paleontológico mueble es el resultado de una suma de intereses de personas notables de la ciencia española vinculadas al IGME desde el siglo XIX, junto con el constante y metódico trabajo de gestión de las colecciones científicas desarrollado, fundamentalmente, a partir de la década de 1990. Personas tan relevantes como Prado, Cortázar, Ezquerra, Dupuy de Lôme, Fernández de Caleya, Carvajal, Hernández-Sampelayo o Villalta, han contribuido con su trabajo y su conocimiento no sólo al progreso de disciplinas como la geología y la paleontología, sino también a la conservación de elementos patrimoniales de yacimientos singulares españoles. Fósiles que de otra forma no hubiesen contado las historias sobre la evolución de los vertebrados que cuentan, ni podrían ser admirados por generaciones presentes y futuras.

AGRADECIMIENTOS

Este trabajo está dedicado a las generaciones que nos han precedido en el estudio de las ciencias de la Tierra y en la gestión de las colecciones científicas. Su profesionalidad y su afán han permitido que hoy en día contemos con este importante legado científico y natural en el Museo Geominero.

BIBLIOGRAFÍA

Alba, D.M.; Almécija, S.; Casanovas-Vilar, I.; Méndez, J.M. y Moyà-Solà, S. 2012. A partial skeleton of the fossil great ape *Hispanopithecus laietanus* from Can Feu and the mosaic evolution of crown-hominoid positional behaviors. *PLoS ONE,* 7 (6), e39617. https://doi.org/10.1371/journal.pone.0039617

Alberdi, M.T. (coord.) 1981. Geología y paleontología del yacimiento Neógeno continental de Los Valles de Fuentidueña (Segovia). *Estudios Geológicos*, 37 (5-6), 337-516.

Arribas, A. y Bernad, J. 1994. Catálogo de mamíferos pliocenos del yacimiento de Villarroya (La Rioja), en la colección del Museo Geominero. *Boletín Geológico y Minero*, 105, 236-248.

Arribas, A.; Pesquero, D. y Rábano, I. 2001. Fósiles de vertebrados terrestres del Cenozoico español en las colecciones del Museo Geominero (IGME, Madrid). En: G. Meléndez, Z. Herrera, G. Delvene y B. Azanza (eds.), xvii *Jornadas de la Sociedad Española de Paleontología. Los fósiles y la paleogeografía.* Publicaciones del Seminario de Paleontología de Zaragoza, 5 (2). Universidad de Zaragoza, 587-593.

Baeza, E. y Menéndez, S. 2016. La colección de proboscídeos fósiles del «Monte de la Abadesa» (Burgos) del Museo Geominero (IGME, Madrid). Tratamientos de conservación. En: G. Meléndez, A. Núñez y M. Tomás (eds.), *Actas de las* xxxii *Jornadas de la Sociedad Española de Paleontología.* Cuadernos del Museo Geominero, 20. Instituto Geológico y Minero de España, Madrid, 101-106.

Bataller, J.R. y Hernández-Sampelayo, P. 1944. Contribución al estudio del Mioceno de la Cuenca del Duero en la zona leonesa (con una nota paleontológica de A. Almela, J.R. Bataller y P. Hernández-Sampelayo: Un nuevo yacimiento de vertebrados fósiles miocenos). *Notas y Comunicaciones del Instituto Geológico y Minero de España*, 13, 20-46.

CARVAJAL, E. 1926. Nota sobre un yacimiento de fósiles vertebrados en el Plioceno de la provincia de Logroño. *Boletín del Instituto Geológico de España*, 47 (segunda parte), 319-333.

CORTÁZAR, D. 1877. Descripción física, geológica y agrológica de la provincia de Valladolid. *Memorias de la Comisión del Mapa Geológico de España*, 5, 1-211.

CORTÁZAR, D. 1885. Bosquejo físico-geológico y minero de la provincia de Teruel. *Boletín de la Comisión del Mapa Geológico de España*, 12, 263-607.

CORTÁZAR, D. 1891. Descripción física y geológica de la provincia de Segovia. *Boletín de la Comisión del Mapa Geológico de España*, 17, 1-234.

CRUSAFONT, M. Y VILLALTA, J.F. DE 1947. Sobre un interesante rinoceronte (*Hispanotherium* nov. gen) del Mioceno del Valle del Manzanares. *Anales de la Asociación Española para el Progreso de las Ciencias*, 12, 869-883.

CRUSAFONT, M. Y VILLALTA, J.F. DE 1951. Los nuevos mamíferos del Neógeno de España. *Notas y Comunicaciones del Instituto Geológico y Minero de España,* 22, 129-151.

DONAYRE, F.M. 1873. Bosquejo de una descripción física y geológica de la provincia de Zaragoza. *Memorias de la Comisión del Mapa Geológico de España*, 1, 128 pp.

DUPUY DE LÔME, E. Y FERNÁNDEZ DE CALEYA, C. 1918. Nota acerca de un yacimiento de mamíferos fósiles en el Rincón de Ademuz (Valencia). *Boletín del Instituto Geológico de España,* 19 (segunda serie), 297-348.

GIL Y MAESTRE, A. 1875. Depósitos de huesos en Castilla la Vieja, y principalmente en la parte llamada Tierra de Campos. *Boletín de la Comisión del Mapa Geológico de España*, 2, 361-368.

HARLÉ, E. 1911. Ensayo de una lista de mamíferos y aves del Cuaternario conocidos hasta ahora en la Península Ibérica. *Boletín del Instituto Geológico de España,* 12 (segunda serie), 135-163.

INGUNZA, R. DE 1874. Algunas indicaciones sobre la extraña naturaleza de los coprolitos de Terrer, en la provincia de Zaragoza. *Boletín de la Comisión del Mapa Geológico de España*, 1, 257-265.

LLORENTE, T. 1900. Datos referentes a diversas cavernas de la provincia de Segovia, y particularmente de la conocida con el nombre de Cueva de la Solana de la Angostura, en el término de Encinas. *Boletín de la Comisión del Mapa Geológico de España*, 5 (segunda serie), 349-375.

OLAVARRÍA, M. DE 1898. Huevos fósiles encontrados en Cevico de la Torre (Provincia de Palencia). *Boletín de la Comisión del Mapa Geológico de España*, 3 (segunda serie), 133-138.

PESQUERO, M.D. Y ARRIBAS, A. 2002. Los restos de *Hipparion* (Equidae, Mammalia) en las colecciones de vertebrados del Museo Geominero (IGME): aspectos históricos y actualización taxonómica. *Boletín Geológico y Minero*, 113 (1), 97-108.

PRADO, C. DE 1864. *Descripción física y geológica de la provincia de Madrid.* Junta General de Estadística, Imprenta Nacional, Madrid, 219 pp.

PUIG, G. Y SÁNCHEZ, R. 1888. Datos para la geología de la provincia de Santander. *Boletín de la Comisión del Mapa Geológico de España*, 15, 251-329.

QUIRALTE, M.V. Y MENÉNDEZ, S. 2018. Fósiles del yacimiento oligoceno de Tàrrega-El Talladell (Lérida, España) en el Museo Geominero (Instituto Geológico y Minero de España). En: N. Vaz y A. A. Sá (eds.), *Yacimientos paleontológicos excepcionales en la península Ibérica*. Cuadernos del Museo Geominero, 27. Instituto Geológico y Minero de España, Madrid, 101-110.

RÁBANO, I.; MENÉNDEZ, S. Y BRAVO, A.M. 2016. Colecciones de vertebrados fósiles del yacimiento villafranquiense de Villarroya (La Rioja) en el Museo Geominero (Instituto Geológico y Minero de España, Madrid). En: M.T. Alberdi, B. Azanza y E. Cervantes (eds.), *Villarroya, yacimiento clave de la paleontología riojana*. Ciencias de la Tierra, 34. Instituto de Estudios Riojanos, Logroño, 217-228.

SCHRODT, J. 1898. Datos para el estudio de la fauna pliocena del Sur de España. *Boletín de la Comisión del Mapa Geológico de España*, 3, 65-131. [Traducción del alemán por Pedro Palacios del artículo publicado en 1890 en *Zeitschrift der deutschen geologischen Gesellschaft*].

VILLALTA, J.F. DE Y CRUSAFONT, M. 1944. Dos nuevos antropomorfos del Mioceno español y su situación dentro de la moderna sistemática de los simidos (vertebrados fósiles del Vallés-Panadés V. Simios, Anthropoidea). *Notas y Comunicaciones del Instituto Geológico y Minero de España,* 13, 89-139.

VILLALTA, J.F. DE Y CRUSAFONT, M. 1945. Un *Anchitherium* en el Pontiense español: *Anchitherium sampelayoi* nova sp. *Notas y Comunicaciones del Instituto Geológico y Minero de España,* 14, 50-83.

UN MASTODONTE, UN OSO Y UNA CABRA EN EL MUSEO GEOMINERO

Mª Victoria Quiralte Palomar, Silvia Menéndez Carrasco, Eleuterio Baeza Chico, Xoan Moreno Paredes, Alfonso Arribas Herrera, Ana Rodrigo Sanz, Rafael P. Lozano Fernández y Trinidad de Torres Pérez-Hidalgo

El Museo Geominero muestra al público, desde hace décadas, tres particulares montajes con esqueletos fósiles de animales muy característicos en tiempos pretéritos en España. Son exhibiciones muy llamativas y emblemáticas de este museo, que aún provocan la admiración del público que lo visita. A continuación, contaremos sus historias.

UN GRAN MASTODONTE DE HACE TRES MILLONES DE AÑOS

En la planta baja de la sala central del Museo Geominero puede observarse una excavación idealizada donde se hallan los huesos fosilizados auténticos de un proboscídeo (Fig. 1A). Se trata del mastodonte *Anancus arvernensis,* procedente del yacimiento de Las Higueruelas (Ciudad Real), con una antigüedad de unos tres millones de años. Los restos exhibidos en el Museo Geominero proceden de excavaciones sistemáticas realizadas en el yacimiento de Las Higueruelas entre los años 1984 y 1991. En la figura 1B puede verse la explicación didáctica del montaje, donde se identifica cada uno de los veintidós restos expuestos. Debe señalarse que todas las piezas son un depósito temporal del Museo de Ciudad Real. Este montaje es uno de los más icónicos y fotografiados del Museo Geominero.

El yacimiento de Las Higueruelas: descubrimiento y estudio

El yacimiento de Las Higueruelas se encuentra en Alcolea de Calatrava (Ciudad Real, España), en una zona natural conocida como «Campo de Calatrava», una región geológica destacada por un extenso vulcanismo que abarca desde el Mioceno Inferior hasta el Pleistoceno (Badiola *et al.*, 2007). La edad de este yacimiento se ha establecido en base a diferentes investigaciones, combinando su fauna fósil y estudios radiométricos de restos volcánicos asociados. Con una antigüedad en torno a los 3 millones de años, se sitúa en el Plioceno Superior, en el piso continental europeo Villafranquiense (Mazo, 1993; Badiola *et al.*, 2007), equivalente al piso Piacenziense en la escala cronoestratigráfica internacional. El yacimiento se desarrolló sobre un antiguo «maar», que es una laguna formada en el interior del cráter de un volcán. Estas estructuras son frecuentes en esta región volcánica del «Campo de Calatrava».

Los primeros hallazgos fósiles los realizó en 1935 Casimiro Plaza, el agricultor propietario de la finca donde se sitúa el yacimiento. Estos primeros restos llegaron hasta D. Fidel Fuidio (religioso, maestro y arqueólogo), quien visitó la finca y publicó sus primeros hallazgos en la prensa local (Alberdi *et al.*, 1984). Sin embargo, tras el fusilamiento de Fuidio durante la Guerra Civil, el yacimiento quedó en el olvido durante décadas hasta la realización de la tesis doctoral de Eloy Molina (1975).

Emiliano Aguirre, célebre paleontólogo español, y Édouard Boné, profesor de la Universidad de Lovaina (Bélgica) que además aportó financiación de la *Wenner-Gren Foundation for Anthropological Research*, dirigieron la primera excavación sistemática en 1971 (Mazo, 1999). Debido a la abundancia y calidad de los restos recuperados en el yacimiento de Las Higueruelas, las excavaciones sistemáticas continuaron hasta 1991 dirigidas por dos paleontólogas del Museo Nacional de Ciencias Naturales (MNCN). En primer lugar, por M. T. Alberdi, de 1980 a 1983, y, en segundo lugar, por A. Mazo, en 1984, y de 1986 a 1991 (Alberdi *et al.*, 1984; Mazo, 1999). Entre las personas que participaron en dichas excavaciones se encuentra uno de los firmantes, E. Baeza, que excavó en la campaña de 1984.

Los estudios faunísticos realizados durante décadas con el material extraído de Las Higueruelas han proporcionado listados completos de macro y microvertebrados que pueden consultarse de manera detallada en diversas publicaciones (Alberdi *et al.*, 1984; Mazo, 1999; Badiola *et al.*, 2007). Destacan los grandes mamíferos como el mastodonte *Anancus arvernensis*, el rinoceronte *Stephanorhinus etruscus* (que está entre los registros europeos más antiguos de esta especie), diversas

Figura 1. A, montaje de la excavación idealizada de los restos fósiles de *Anancus arvernensis* del yacimiento plioceno de Las Higueruelas (Ciudad Real) situado en la sala central de la planta baja del Museo Geominero. Todas las piezas son un depósito temporal del Museo de Ciudad Real (Castilla-La Mancha). B, explicación didáctica donde se identifican cada uno de los veintidós restos anatómicos expuestos. C, reconstrucción del aspecto de *Anancus arvernensis*.

especies de cérvidos, una gacela y un équido y cuatro taxones de carnívoros, entre ellos un tipo de guepardo de gran talla, *Acinonyx pardinensis* (Arribas y Antón, 1997). Entre los pequeños mamíferos pueden citarse dos insectívoros (musaraña y quiróptero) y tres especies de roedores (entre ellos un puercoespín). El grupo de las aves es notoriamente diverso en Las Higueruelas y se han identificado más de una veintena de especies (Sánchez-Marco, 2005). Completan los listados dos especies de quelonios (como la tortuga gigante terrestre *Titanochelon bolivari*), diversos anfibios y peces. Recientemente se ha publicado un trabajo en el que se actualiza la lista de pequeños vertebrados fósiles de Las Higueruelas y donde además se indica la presencia de ostrácodos, foraminíferos y restos de plantas (Blain *et al.*, 2023). El conjunto de la fauna de vertebrados de Las Higueruelas indica un clima seco y cálido y un paisaje de tipo estepario compatible con biotopos perilagunares (Mazo, 1999; Badiola *et al.*, 2007).

El yacimiento de Las Higueruelas está incluido en el «Inventario Español de Lugares de Interés Geológico» del Instituto Geológico y Minero de España con el código TM133. También representa un Lugar de Interés Geológico a nivel mundial (*Geosite*, código VP-013) con la denominación «Yacimiento paleontológico plioceno de Las Higueruelas».

El mastodonte Anancus arvernensis *(Croizet y Jobert, 1828)*

Anancus arvernensis (Croizet y Jobert, 1828) es la especie tipo del género *Anancus,* un proboscídeo perteneciente a la familia Anancidae. *A. arvernensis* fue el último representante de los mastodontes en España. Llegó como inmigrante a la península ibérica procedente de Asia y se extinguió poco después de la llegada a Europa de los mamuts primitivos, hace unos 2,6-2,7 Ma. *A. arvernensis* fue bastante común en los ecosistemas europeos durante el Plioceno y se encuentra ampliamente representado en una veintena de localidades españolas, desde el Mioceno Superior hasta el Plioceno Superior-Pleistoceno (Mazo y van der Made, 2012; Garrido y Arribas, 2014).

Al igual que en la mayoría de los mastodontes, los molares de *Anancus arvernensis* no se componían de crestas como las de los verdaderos elefantes, sino que tenían cúspides redondeadas, como los tapires y los suidos. *A. arvernensis* poseía un cráneo corto y alto y fue de gran tamaño, con una altura en la cruz de unos tres metros. Son muy característicos de esta especie sus incisivos superiores, ligeramente curvados y larguísimos, de hasta 4 m de longitud (Fig. 1C). Sin embargo, a diferencia de otros mastodontes, carecía de defensas inferiores (Mazo y van der Made, 2012).

La historia de esta reconstrucción: cómo se hizo

El montaje actual de la excavación de Las Higueruelas que podemos observar en la sala central del Museo Geominero se remonta al año 1997. Se pretendía representar una cuadrícula de la excavación real con la finalidad de atraer la atención del público visitante. Fue diseñado y llevado a cabo por tres de los firmantes, A. Arribas, R.P. Lozano y A. Rodrigo, pertenecientes al equipo del museo. Es preciso destacar que la realización de este montaje no contó con un presupuesto propio, y fue realizado con materiales de bajo coste.

Las piezas fósiles se seleccionaron entre el material mejor preservado de *Anancus arvernensis* procedente de las excavaciones originales y conservado en los fondos del Museo de Ciudad Real. La colaboración del personal de esta institución fue total e inestimable. Casualmente, gran parte de las piezas finalmente seleccionadas fueron excavadas y sigladas en la campaña de campo de 1984 por E. Baeza antes de su incorporación al Museo Geominero.

Con las piezas fósiles de *Anancus* elegidas (Fig. 2A) se diseñó el montaje general, la distribución y colocación de los restos a lo largo del mismo, se seleccionaron los materiales para construir el armazón de madera y los acabados, y se redactó la información para las cartelas informativas. La superficie del montaje fue la apropiada para situar los fósiles seleccionados y permitir el paso y movimiento adecuado de los visitantes.

Para la construcción del armazón, primero se cortaron los tableros de madera y se atornillaron entre sí para montar la estructura (Fig. 2B). Después se cubrió con varias capas de planchas de poliestireno expandido blanco (Fig. 2C), sobre las que se excavaron a medida, con cúter, los huecos que albergarían los huesos (Fig. 2D). La plancha se pintó con una pintura gris adecuada y se recubrió con zahorra para darle el acabado final (Figs. 2E-F). Durante muchos años, y como método disuasorio, este montaje estuvo rodeado con un cordón rojo enganchado a postes metálicos de señalización. En la actualidad este sistema ha sido sustituido por unas láminas de metacrilato colocadas por encima de la estructura de madera, con el fin de aumentar la protección de los fósiles y mejorar el montaje desde el punto de vista estético (Fig. 1A).

UN OSO DE LAS CAVERNAS DE UNA CUEVA VASCA

En la vitrina 87 de la primera planta del Museo Geominero puede contemplarse el montaje de un esqueleto del oso de las cavernas *Ursus spelaeus,* procedente

Figura 2. Fases de construcción del montaje de la excavación de *Anancus arvernensis* de Las Higueruelas en la sala principal del Museo Geominero por Alfonso Arribas, Ana Rodrigo y Rafael Lozano (por entonces becarios del IGME). A, llegada de las piezas fósiles. B, construcción del armazón de madera. C, colocación de las planchas de poliestireno expandido blanco. D, socavación con cúter de los huecos a medida para los fósiles. E, pintado, esparcido y pegado de zahorra. F, resultado final. Fotografías de Isabel Rábano.

de un yacimiento del Pleistoceno Superior del País Vasco (cueva de Troskaeta, Ataun, Guipúzcoa) (Fig. 3). Ni su ubicación ni su aspecto actual son los mismos que ha tenido a lo largo de su historia en el museo, como veremos más adelante.

El yacimiento de la cueva de Troskaeta

La cueva de Troskaeta se sitúa a 580 m de altitud en un macizo escarpado al oeste del barrio de San Martín de Ataun, un municipio ubicado al sur de la provincia de Guipúzcoa (Torres *et al.,* 1991). A la cueva se accede desde el flanco norte de una sucesión de crestas formadas por las peñas de Aizkoate y de Intzarzu, en el extremo oriental del sistema kárstico de la Sierra del Aralar. La presencia de restos de osos de las cavernas en esta cueva se conoce desde mediados del siglo XX (Laborde y Elosegui, 1946). Estos hallazgos propiciaron posteriores estudios geológicos de la cueva y su contenido fósil, poniendo de manifiesto el gran interés científico que presentaba y, en particular, la abundancia de restos de osos de las cavernas.

Figura 3. Esqueleto del oso de las cavernas *Ursus spelaeus* del yacimiento del Pleistoceno Superior de la cueva de Troskaeta (Ataun, Guipúzcoa), situado en la primera planta del Museo Geominero.

En 1987 y 1988 se realizaron dos campañas de excavación en la cueva de Troskaeta, dirigidas por uno de los firmantes, T. Torres, y en las que se recuperaron miles de restos fósiles, mayoritariamente de osos de las cavernas. Según indica Torres (2013), la excavación en este yacimiento fue difícil debido a la falta de espacio, dado que se encontraba en un área muy estrecha. Esto hizo suponer a los investigadores que, tras su muerte, los restos de *Ursus spelaeus* debieron caer por una sima vertical profunda, larga y estrecha, cuyo fondo fueron colmatando. Los elementos fósiles estaban desordenados, aunque en alguna ocasión se recuperaron partes en conexión anatómica. Debido a la gran cantidad de restos de osos recuperados, ha podido deducirse que la cueva estuvo habitada durante un lapso de tiempo importante (Torres *et al.,* 1991).

La población de oso de las cavernas de la cueva de Troskaeta incluye individuos de ambos sexos (aunque con mayoría de hembras) y de todas las edades, siendo especialmente abundantes los fetos, los recién nacidos y los individuos juveniles (Torres *et al.*, 1991).

El oso de las cavernas Ursus spelaeus *Rosenmüller, 1794*

El oso de las cavernas *Ursus spelaeus* fue un imponente mamífero del orden Carnivora y uno de los representantes más genuinos de la megafauna del Pleistoceno Superior. Esta especie fue exclusivamente euroasiática, habitando una franja que abarcaba Europa occidental desde la península ibérica y Europa central hasta la región del Cáucaso al oeste, incluyendo Italia, Grecia, Turquía e Israel (Torres, 2013). *U. spelaeus* hibernaba exclusivamente en las cuevas, a diferencia de otras especies como el oso pardo. Su nombre deriva de esta característica, ya que la vasta mayoría de los restos de *U. spelaeus* se han encontrado en cuevas. Esta especie de oso apareció hace unos 250.000 años y su extinción definitiva coincide con el último enfriamiento climático del Pleistoceno, hace unos 25.000 años (Pacher y Stuart, 2009; Stiller *et al.*, 2010). Hoy en día las evidencias indican que su extinción no se debió solamente a un factor, sino a un conjunto de ellos, tales como la influencia del cambio climático y sus consecuentes efectos sobre la flora y todo el ecosistema, y la competencia con el hombre, ya que convivió con diversas especies del género *Homo* (Stiner, 1999).

Ursus spelaeus exhibía un dimorfismo sexual más marcado que en otras especies del género *Ursus*, de tal manera que los ejemplares machos eran más grandes y robustos que las hembras, que eran más gráciles (Grandal-d'Anglade y López-González, 2005; Torres *et al.*, 2013). Morfológicamente, *U. spelaeus* tenía un cráneo ancho, masivo y abovedado, y una frente abrupta y alta respecto al borde superior del hocico, que era menos pronunciado que el de otras especies de osos contemporáneas. Sus restos fósiles (cráneo, dentición y elementos postcraneales) han sido objeto de numerosos estudios de todo tipo: anatómicos, filogenéticos, ontogenéticos, tafonómicos, paleodieta, genoma, causas de su extinción, etc. Aunque todos los indicios apuntan a una dieta fundamentalmente herbívora (Kurtén, 1976; Bocherens *et al.*, 1994; Grandal-d'Anglade y López-González, 2005; Noonan *et al.,* 2005), muchos trabajos han señalado cierta variabilidad intraindividual o según las poblaciones en relación con una dieta más omnívora (Stiner, 1999; Richards *et al.,* 2008; Peigné *et al.,* 2009; Stiller *et al.,* 2010), incluso con ciertos casos de comportamiento carroñero (Rabal-Garcés *et al.*, 2011).

Se han descrito varias subespecies de *Ursus spelaeus.* En concreto, las particulares características morfológicas de ciertos elementos del esqueleto postcraneal de la población de osos de las cavernas de la cueva de Troskaeta permitió la asignación de esta forma a una nueva subespecie: *U. spelaeus parvilatipedis* (Torres *et al.,* 1991).

El montaje del oso de las cavernas del Museo Geominero: su historia

Las primeras referencias a este montaje pueden encontrarse en las memorias generales del IGME de 1952 y 1953, donde se menciona un viaje realizado al Museo de San Telmo (San Sebastián) para recoger un esqueleto fósil de oso de las cavernas *Ursus spelaeus* de la cueva de Troskaeta (Ataun, Guipúzcoa). En contraprestación, el IGME entregó a esta institución una selección de setenta y cinco fósiles de sus colecciones (IGME, 1953). Este ejemplar de oso de las cavernas, junto con otros dos exhibidos en el propio Museo de San Telmo, muy posiblemente forma parte del abundante material recogido en dicha cueva antes de 1947 (Torres *et al.,* 1991). Después de limpiar y restaurar los restos, el esqueleto fue montado y expuesto en el museo del IGME (IGME, 1952). Hay que puntualizar que no se trata del esqueleto de un solo individuo, sino que está formado por elementos de varios ejemplares.

El emplazamiento original de este esqueleto de oso de las cavernas en el museo era distinto del actual, ya que se situó en la planta baja de la sala principal (Fig. 4). En sus orígenes, el cráneo y la mandíbula estaban completos y contenían íntegra la dentición. Sin embargo, en algún momento a lo largo de los años, este ejemplar sufrió la pérdida de la mandíbula y el canino superior derecho (Fig. 5). La ubicación que tiene en la actualidad, en la primera planta del Museo Geominero, se produjo a raíz de la remodelación y el montaje de la exposición permanente de vertebrados fósiles, que de forma inicial fue realizada por uno de los firmantes de este capítulo (T.T.P.-H.) hacia 1967-1968 cuando era becario en el IGME. El esqueleto del oso de las cavernas fue subido mediante cuerdas de la planta baja a la planta primera.

Figura 4. Aspecto y ubicación original que presentaba en 1952-1953 el esqueleto de oso de las cavernas *Ursus spelaeus* de la cueva de Troskaeta (Guipúzcoa). Por entonces se situaba en la planta baja del museo. Fotografía de Trinidad de Torres Pérez-Hidalgo.

Figura 5. Aspecto que presentaba el cráneo de oso de las cavernas *Ursus spelaeus* de la cueva de Troskaeta (Guipúzcoa) expuesto en el Museo Geominero antes de 2018, mostrando la pérdida de la mandíbula y el canino superior derecho.

En 2018 se tomó la decisión de completar el aspecto original del ejemplar mediante el replicado del canino superior derecho y las dos hemimandíbulas. Para ello se contó con la colaboración y asesoramiento de Trinidad de Torres, catedrático de Paleontología de la Universidad Politécnica de Madrid en la Escuela Técnica Superior de Ingenieros de Minas de Madrid (ETSIMM). Primero se abrió la vitrina y se tomaron diversas medidas en el ejemplar del Museo Geominero, como las del canino superior izquierdo, la longitud de la serie dental superior y otras medidas craneales de utilidad. Después se tomaron prestadas dos hemimandíbulas fósiles de *Ursus spelaeus* de las colecciones de la ETSIMM, atendiendo a que tuvieran unas dimensiones similares a la mandíbula perdida del ejemplar montado del Museo Geominero. El proceso de replicado fue llevado a cabo en el Laboratorio de Restauración del Museo Geominero por E. Baeza, conservador de este museo y firmante de este trabajo. Se empleó para ello la patente de invención registrada por IGME-Museo Geominero en 2005 «Proceso de reproducción de fósiles, rocas y minerales y producto obtenido» (nº ES.2.273.577.A1). Las copias o réplicas, basadas en este método, constan de varias fases y, al contrario que las copias habituales, están fundamentadas en la coexistencia de dos o más sustancias en una misma pieza replicada.

Antes de empezar con el proceso de moldeo y replicado en sí mismo, se hizo un examen cuidadoso de todos los originales prestados y se realizaron tareas previas como: limpieza del polvo acumulado; eliminación con bisturí de los restos antiguos de plastilina, masillas y silicona blanca adheridos a los dientes, hueso y forámenes mandibulares (Figs. 6A-B); protección de zonas con tejido esponjoso expuesto con una resina acrílica sin diluir (Fig. 6C); pegado de algunas piezas dentales sueltas (Figs. 6B y 6D) y relleno de zonas huecas y perforadas con cera.

El proceso de replicado de estas piezas fue largo y laborioso e implicó la utilización de diversas metodologías y componentes químicos, tanto para la primera fase de realización de los moldes y las carcasas (Fig. 6), como para la posterior fase de vaciado (Fig. 7). En nuestro caso se comenzó replicando primero la dentición, para posteriormente realizar las réplicas de las hemimandíbulas. En la fase de fabricación de los moldes de tipo bivalvo de las hemimandíbulas se usó una combinación de silicona tixotrópica para molde para rellenar las fisuras de los originales (Fig. 6H) y silicona para moldeo por colada para cubrir toda la pieza (Fig. 6I). Las dos carcasas se hicieron con escayola (Figs. 7A y 7F). En el caso de la dentición, no fueron necesarias carcasas y el material elegido para los moldes fue igualmente silicona flexible (Figs. 6E-F). Por su parte, en la fase de vaciado, los materiales utilizados en ambos casos fueron distintos, ya que para los dientes se utilizó poliuretano de alta densidad (Figs. 7B-C) y para las hemimandíbulas escayola de alta dureza (Figs. 7E-G). Antes de realizar las réplicas de las hemimandíbulas, las copias de la dentición obtenidas previamente en poliuretano de alta densidad se encajaron en el lugar correspondiente del molde mandibular (Fig. 7D).

Al final de todo el proceso de replicado, que duró cerca de un mes y medio, se obtuvieron unas piezas que conservan un color distinto al de los elementos originales y que se decidió no policromar (Fig. 7G; Fig. 8). La razón de ello es que se siguieron los principios actuales en restauración, en concreto el de diferenciación, el cual señala que tienen que poder distinguirse las partes originales de las replicadas y/o restauradas. Las nuevas réplicas fueron colocadas en la vitrina en su lugar correspondiente en el cráneo, volviendo a recuperar el aspecto que tenía originalmente, tal y como puede observarse hoy en día en el montaje mostrado en el Museo Geominero (Fig. 3).

UN ÍBICE DEL PLEISTOCENO EN UNA CUEVA MADRILEÑA

El esqueleto del íbice alpino *Capra ibex* expuesto en la vitrina 95 de la primera planta del Museo Geominero (Fig. 9) fue montado en 1971 por el experimenta-

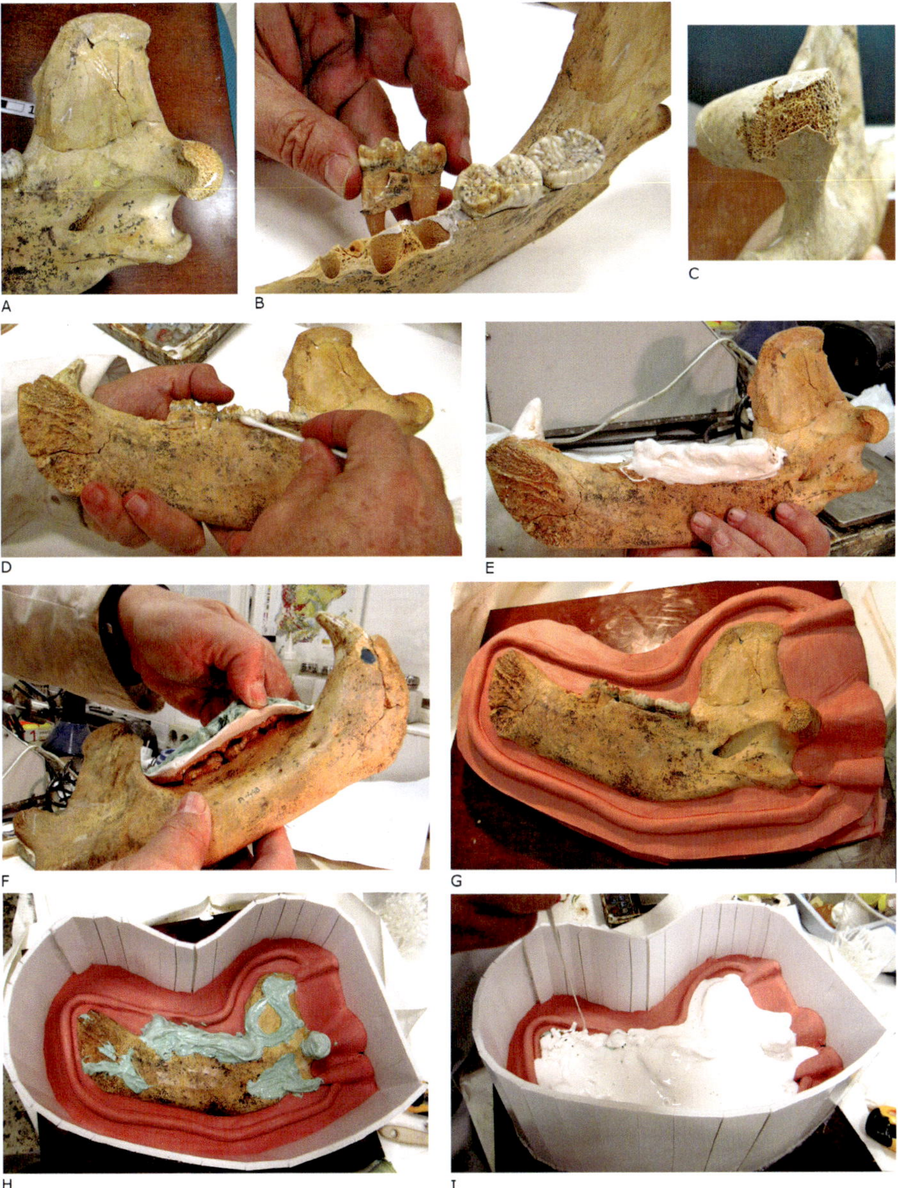

Figura 6. Fase de preparación de los moldes de la mandíbula y dentición del oso de las cavernas *Ursus spelaeus* de la cueva de Troskaeta (Guipúzcoa) expuesto en el Museo Geominero. A-C, aspecto de los fósiles originales tomados como modelo para el replicado donde se observa el aspecto agrietado de la superficie, zonas porosas, huecos, dentición suelta y restos de masillas adheridas. D, pegado previo de piezas dentales sueltas. E-F, aplicación de silicona por moldeo en la dentición y retirado del molde terminado. G, preparación de la hemimandíbula derecha para la fase de moldeo. H, aplicación de silicona tixotrópica para molde para rellenar las fisuras. I, vertido de silicona para moldeo por colada para cubrir toda la pieza.

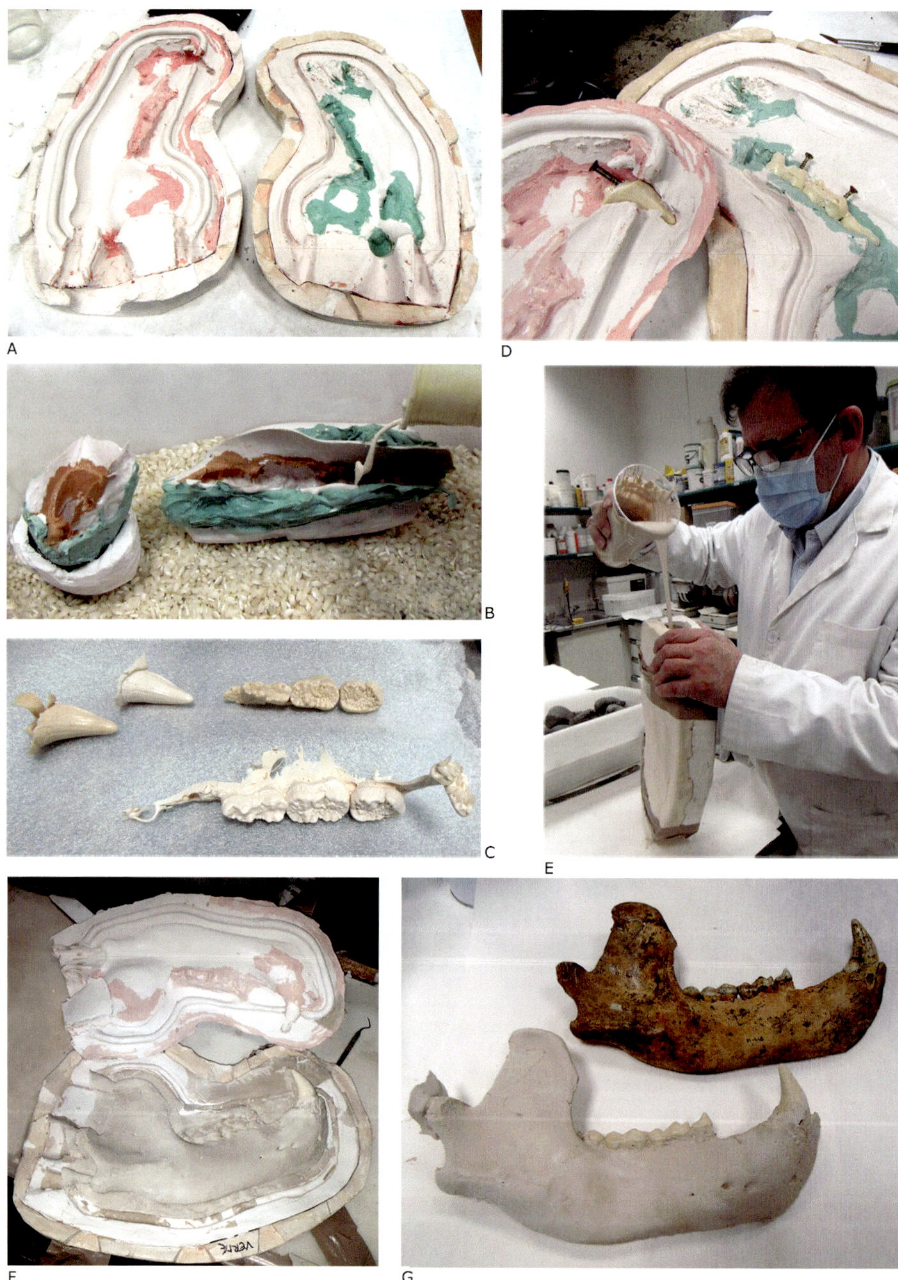

Figura 7. Fase de replicado de la mandíbula y dentición del oso de las cavernas *Ursus spelaeus* de la cueva de Troskaeta (Guipúzcoa) expuesto en el Museo Geominero. A, carcasas realizadas con escayola de alta dureza y moldes de silicona flexible de las dos mitades de una de las hemimandíbulas originales. B-C, vaciado y obtención de las réplicas de la dentición en poliuretano de alta densidad. D, colocación de las réplicas de la dentición en los moldes de la hemimandíbula. E, vaciado de la escayola de alta dureza. F, aspecto de la réplica obtenida de una de las hemimandíbulas dentro de su molde y la carcasa. G, comparación de la réplica obtenida y el original (nótese que no está policromada y que, a su vez, la dentición se distingue de la hemimandíbula replicada debido al uso de compuestos diferentes).

Figura 8. Aspecto que presenta en la actualidad el cráneo de oso de las cavernas *Ursus spelaeus* de la cueva de Troskaeta (Guipúzcoa) expuesto en el Museo Geominero. Nótese la diferenciación entre material original y replicado.

do taxidermista y naturalista G. Arbañir, y bajo la supervisión de T. Torres. Este ejemplar pleistoceno procede de la Cueva del Reguerillo (Patones, Madrid).

La cueva del Reguerillo: paleontología, arqueología y arte rupestre

La cueva del Reguerillo se encuentra en el cerro del Pontón de la Oliva (a unos 850 m de altitud), en el término municipal de Patones, y es una de las cuevas más importantes de la Comunidad de Madrid. En la actualidad cuenta con más de 8 km de recorrido.

Figura 9. Esqueleto de un ejemplar pleistoceno de *Capra ibex* procedente de la cueva del Reguerillo (Patones, Madrid) expuesto en la primera planta del Museo Geominero. Fue encontrado en 1966 en la cueva y montado en el museo en 1971 por G. Arbañir. Aspecto que presenta actualmente después de una primera revisión realizada en 2019 por los conservadores del Museo Geominero.

Se tiene constancia del conocimiento de esta cueva por parte del ser humano desde el Paleolítico superior, ya que en su interior se han encontrado grabados rupestres de la cultura Auriñaciense (Breuil, 1920; Maura, 1952). En la década de 1940 se realizaron excavaciones en la denominada «sala del vestíbulo», en las que se recuperaron restos arqueológicos de distinta antigüedad y naturaleza (Vega *et al.*, 2008). El descubrimiento de materiales paleontológicos se produjo años después, en los años 1966-1967, por parte del Grupo Espeleológico Querneto y del Grupo Espeleológico de Minas, del que formaba parte T. Torres (en aquel momento estudiante de la Escuela Técnica Superior de Ingenieros de Minas de Madrid). Fue entonces, en 1966, cuando se encontraron en el «segundo piso» de la cueva, y sumergidos bajo una lámina de agua de 30 cm, dos esqueletos completos de ejemplares adultos de *Capra ibex* (Fig. 10A). En este «pozo de las cabras montesas» también se hallaron restos más fragmentados de otro individuo adulto y de dos crías (Torres, 1996;

Fig. 10B). La extracción de estos materiales conllevó muchas dificultades y los espeleólogos tuvieron que diseñar un sistema de trineos para arrastrar las cajas con el material excavado fuera de la cueva. La noticia de estos descubrimientos fue comunicada a Emiliano Aguirre, aunque los fósiles encontrados fueron finalmente trasladados al Laboratorio de Paleontología del IGME bajo la dirección del profesor Indalecio Quintero, del que era becario y estudiante T. Torres. Allí se procedió a la limpieza de los restos de las concreciones calcáreas y a su consolidación mediante goma laca, que era el producto empleado en aquella época de forma rutinaria.

A

B

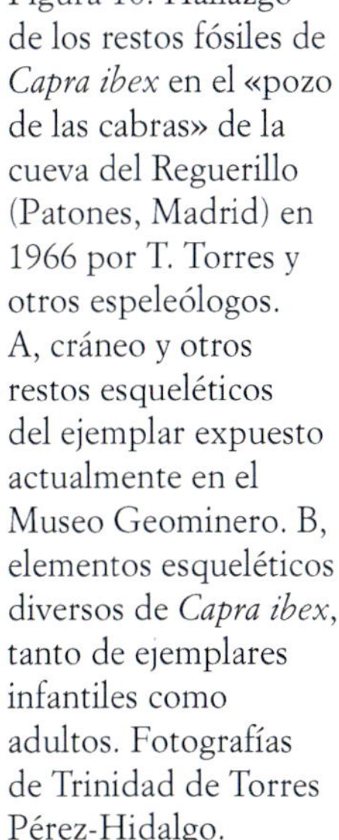

Figura 10. Hallazgo de los restos fósiles de *Capra ibex* en el «pozo de las cabras» de la cueva del Reguerillo (Patones, Madrid) en 1966 por T. Torres y otros espeleólogos. A, cráneo y otros restos esqueléticos del ejemplar expuesto actualmente en el Museo Geominero. B, elementos esqueléticos diversos de *Capra ibex*, tanto de ejemplares infantiles como adultos. Fotografías de Trinidad de Torres Pérez-Hidalgo.

Uno de los ejemplares adultos, como ya se ha comentado, fue montado para exhibición en 1971. El resto de materiales originales (Fig. 11) sufrió pérdidas y deterioros en el transcurso de los años, de manera que actualmente el Museo Geominero sólo conserva parte del material extraído en 1966. Por las perforaciones y marcas halladas en el cráneo y otros elementos esqueléticos, los investigadores han determinado que la acumulación de estos restos de *Capra ibex* fue antrópica y no producida por depredadores (Torres, 1996).

Figura 11. Laboratorio de Paleontología del IGME donde se trasladaron y limpiaron los restos de *Capra ibex* extraídos de la cueva del Reguerillo (Patones, Madrid). Fotografía de Trinidad de Torres Pérez-Hidalgo.

En la década de los 70 del siglo XX continuaron las excavaciones paleontológicas en la cueva del Reguerillo, dirigidas por T. Torres desde 1971 hasta 1976 (Torres, 2013). Durante estos trabajos se encontraron más restos de mamíferos pleistocenos en «la galería del oso de las cavernas». Este nuevo yacimiento es especial porque en él no solo abundaban los restos de *Ursus spelaeus,* sino que aparecen además restos de otros taxones de carnívoros (hiena de las cavernas: *Crocuta crocuta spelaea*) y no carnívoros, como *Capra ibex* y *Cervus elaphus* (Torres, 1996). La población de *U. spelaeus* de la cueva del Reguerillo es relevante por ser una de las más antiguas de la península ibérica y la más meridional de Europa, y ha sido extensamente estudiada (Torres, 1984; Torres *et al.,* 1991; Torres, 1996; Torres, 2003; Torres *et al,*.2014). En esta cueva, además de los restos fósiles, se han encontrado conservadas oseras, huellas de osos en el suelo y marcas de zarpazos en las paredes, aunque algunas de estas señales fueron destruidas durante incursiones posteriores en la cueva (Torres y Puch, 1994; Torres, 2013).

Es importante indicar que la edad obtenida por racemización de aminoácidos para ambos yacimientos de la cueva del Reguerillo es diferente; los restos de *Ursus spelaeus* son más antiguos (Pleistoceno Medio, Torres *et al,*.2014) que los de *Capra ibex*, datados como Pleistoceno Medio final (datos inéditos).

Ya en el siglo XXI se retomaron las investigaciones en la cueva del Reguerillo, junto a las de otros emplazamientos arqueológicos y paleontológicos de la Sierra Norte de Madrid, por iniciativa de la Dirección General de Patrimonio Histórico de la Comunidad de Madrid (Vega *et al.*, 2008). Se realizaron varios sondeos en distintos puntos de la cueva en 2007 y 2008, que han puesto de manifiesto nuevos hallazgos arqueológicos (Edad del Bronce) y un nuevo yacimiento con fauna pleistocena (Vega *et al.*, 2008), el cual complementa la información paleontológica que se conocía del «segundo piso».

La cueva del Reguerillo fue declarada Monumento Histórico-Artístico en 1944 por albergar pinturas y grabados rupestres del Paleolítico superior. Desde el año 2006 la cueva se encuentra cerrada al público por la Dirección General de Patrimonio de la Comunidad de Madrid, con el fin de protegerla de los accesos incontrolados y actos vandálicos que han producido importantes daños a lo largo de décadas.

El íbice de los Alpes Capra ibex *Linnaeus, 1758*

Capra ibex es una especie de rumiante (orden Artiodactyla) que vive sólo en la zona montañosa europea de los Alpes. En el siglo XIX estuvo a punto de extinguirse, pero ha sido reintroducida con éxito en partes de su área de distribución histórica a partir de poblaciones exclusivamente italianas (Parrini *et al.*, 2009). Esta especie, al igual que la cabra montés ibérica (*Capra pirenaica*), posee un marcado dimorfismo sexual, que se aprecia tanto en el tamaño corporal como en la longitud de los cuernos, que son mucho mayores en los machos. Ambas especies presentan diferencias morfológicas en la cornamenta, que se refiere principalmente a la divergencia y forma de los estuches córneos. En *C. ibex* los cuernos tienen forma de arco (o de espada cimitarra) y están relativamente juntos. Sin embargo, en *C. pyrenaica* los cuernos muestran una triple curvatura: hacia afuera, hacia atrás y hacia dentro al final (García-González, 2011).

Existe registro fósil de *Capra ibex* en Europa desde finales del Pleistoceno Medio, aunque son muy escasos hacia finales del Pleistoceno (Fosse *et al.*, 2021). Los especímenes fósiles muestran que los ejemplares actuales de *C. ibex* son más pequeños que las formas anteriores al Holoceno (Parrini *et al.*, 2009).

El montaje de Capra ibex *del Museo Geominero: pasado, presente y futuro*

Desde que se montó este ejemplar de *Capra ibex* en el museo en 1971, ha permanecido sin revisarse durante casi cincuenta años. Fue en diciembre de 2019, y aprovechando la visita de un investigador interesado en estudiar el cráneo, cuando se procedió a actualizar algunos aspectos del montaje. Algunos años antes se habían detectado ciertas incorrecciones anatómicas, como las orientaciones erróneas que presentaban el metápodo posterior derecho y la rótula derecha. Se decidió entonces abrir la vitrina para que los restauradores del Museo Geominero, E. Baeza y X. Moreno, procedieran a realizar las tareas de revisión y restauración pertinentes, además de retirar el cráneo para su estudio (Figs. 12A-B), colocar la rótula en su posición y orientación anatómica correcta (Figs. 12C-D) y sustituir algunos de los sistemas antiguos de sujeción de las piezas, consistentes en un cableado grueso de color verde, por unos más eficaces, estéticos y menos invasivos (Figs. 12B, 12E y 12H). Cuando se examinaron más de cerca los fósiles, se pudieron limpiar y consolidar algunos restos que presentaban deterioro. También se reforzó el vástago metálico que tenía la mandíbula (Fig. 12G), además de retirar en algunos casos parte de la pátina superficial anaranjada correspondiente a tratamientos antiguos hechos con goma laca (Fig. 12F). Ahora el montaje que puede contemplarse está en mejores condiciones, algo más «saneado» (Fig.12H, Fig.9), si bien queda pendiente limpiar en profundidad todas las piezas y aplicar los correspondientes métodos de conservación y restauración, más modernos y reversibles. Esta intervención integral se plantea como necesaria desde la propia área de Restauración del museo, de cara a preservar en las mejores condiciones posibles los restos y garantizar la permanencia de este montaje tan emblemático. Esperamos que este ambicioso proyecto pueda ser realizado en los próximos años.

Figura 12. Intervenciones realizadas en 2019 en el esqueleto de *Capra ibex* por E. Baeza y X. Moreno, conservadores del museo. A-B, extracción del cráneo, mandíbula y columna cervical. C-D, corrección de la orientación de la rótula derecha. E, aspecto de los sistemas de sujeción originales consintientes en un grueso cable metálico con plástico verde en la superficie. F, aspecto de la pátina anaranjada superficial de la goma laca aplicada originalmente en una vértebra. G, refuerzo del vástago metálico interno de la mandíbula y adhesión del fragmento roto. H, sustitución parcial de los sistemas antiguos de sujeción de las piezas.

AGRADECIMIENTOS

Los autores de este capítulo agradecen a Isabel Rábano su invitación a participar en este volumen. Asimismo, agradecen a María José Torres Matilla la realización de varias de las fotografías de este capítulo.

BIBLIOGRAFÍA

ALBERDI, M.T.; JIMÉNEZ, E.; MAZO, A.V.; MORALES, J.; SESÉ, C. Y SORIA, D. 1984. Paleontología y bioestratigrafía de los yacimientos Villafranquienses de Las Higueruelas y Valverde de Calatrava II (Campo de Calatrava, Ciudad Real). *Actas de la I Reunión de Estudios Regionales de Castilla-La Mancha*, 255-277.

ARRIBAS, A. Y ANTÓN, M. 1997. Los carnívoros de los yacimientos pliocenos de Las Higueruelas y Piedrabuena (Ciudad Real, España). *Boletín Geológico y Minero*, 108 (2), 111-120.

BADIOLA, E.R.; MAZO, A.V. Y RUIZ, P.R. 2007. El yacimiento de Las Higueruelas, Alcolea de Calatrava (Ciudad Real): procesos diagenéticos y volcanismo asociado. *Estudios Geológicos*, 63 (2), 67-86.

BLAIN, H-A.; PŘIKRYL, T.; PIÑERO, P.; SÁNCHEZ-BANDERA, C.; MARTÍNEZ-MONZÓN, A. Y FAGOAGA, A. 2023. Small vertebrates from the Late Pliocene Las Higueruelas locality of central Spain with new biochronological and palaeoecological inferences. *Palaeogeography, Palaeoclimatology, Palaeoecology*, 635. https://doi.org/10.1016/j.palaeo.2023.111929

BOCHERENS, H.; FIZET, M. Y MARIOTTI, A. 1994. Diet, physiology and ecology of fossil mammals as inferred from stable carbon and nitrogen isotope biogeochemistry: implications for Pleistocene bears. *Palaeogeography, Palaeoclimatology, Palaeoecology*, 107, 213-225.

FOSSE, P.; ALTUNA, J.; CASTAÑOS, P.; CRÉGUT-BONNOURE, E.; FOURVEL, J-B.; MADELAINE, M.; MAGNIEZ, P.; NADAL, J. Y VIGNE, J.D. 2021. Le bouquetin dans la Préhistoire: paléoécologie d'un animal emblématique. En: A. Averbouh, V. Feruglio, F. Plassard y G. Sauvet (eds.), *Bouquetins et Pyrénées. I- De la Préhistoire à nos jours: offert à Jean Clottes, conservateur général du Patrimoine honoraire.* Presses Universitaires de Provence, Aix-en-Provence, 65-78.

GARCÍA-GONZÁLEZ, R. 2011. Elementos para una filogeografía de la cabra montés ibérica (*Capra pyrenaica* Schinz, 1838). *Pirineos,* 166, 87-122.

GARRIDO, G. Y ARRIBAS, A. 2014. The last Iberian gomphothere (Mammalia, Proboscidea): *Anancus arvernensis mencalensis* nov. ssp. from the earliest Pleistocene of the Guadix Basin (Granada, Spain). *Palaeontologia Electronica*, 17 (1), 1-16.

GRANDAL-D'ANGLADE, A. Y LÓPEZ-GONZÁLEZ, F. 2005. Sexual dimorphism and ontogenetic variation in the skull of the cave bear (*Ursus spelaeus* Rosenmüller) of the European Upper Pleistocene. *Geobios,* 38 (3), 325-337.

[IGME] 1952. *Memoria General del Instituto Geológico y Minero de España 1952*. Tipografía y Litografía Coullaut, Madrid, 92 pp.

[IGME] 1953. *Memoria General del Instituto Geológico y Minero de España 1953*. IGME, Madrid, 131 pp.

KURTÉN, B. 1976. *The Cave Bear Story. Life and Death of a Vanished. Animal.* Columbia University Press, New York, 163 pp.

LABORDE, M. Y ELOSEGUI, J. 1946. Sobre el yacimiento de *Ursus spelaeus* de la Cueva de Troskaeta en el término municipal de Ataun, estribaciones de Aralar (Guipúzcoa). *Anales de la Asociación Española para el Progreso de las Ciencias,* 12, 884-886.

MAURA, M. 1952. Los dibujos rupestres de la Cueva del Reguerillo (Torrelaguna). Provincia de Madrid. En: *II Congreso Nacional de Arqueología*, Madrid, 73-76.

MAZO, A.V. 1993. Piedrabuena y las Higueruelas: Aportación a la cronoestratigrafía del Villafranquiense del Campo de Calatrava (Ciudad Real). *Revista Española de Paleontología*, 8, 133-139.

MAZO, A.V. 1999. Vertebrados fósiles del Campo de Calatrava (Ciudad Real). En: E. Aguirre e I. Rábano (coords.), *La huella del pasado. Fósiles de Castilla-La Mancha*. Junta de Comunidades de Castilla-La Mancha, Toledo, 283-291.

MAZO, A.V. Y VAN DER MADE, J. 2012. Iberian mastodonts: Geographic and stratigraphic distribution. *Quaternary International,* 255, 239-256.

MOLINA, E. 1975. Estudio del Terciario superior y del Cuaternario del Campo de Calatrava (Ciudad Real). *Trabajos sobre Neógeno/Cuaternario*, 3, 1-106.

NOONAN, J.P.; HOFREITER, M.; SMITH, D.; PRIEST, J.R.; ROHLAND, N.; RABEDER, G.; KRAUSE, J.; DETTER, J.C.; PÄÄBO, S. Y RUBIN, E.M. 2005. Genomic sequencing of Pleistocene cave bears. *Science*, 309 (5734), 597-599.

PACHER, M. Y STUART, A. J. 2009. Extinction chronology and palaeobiology of the cave bear (*Ursus spelaeus*). *Boreas*, 38 (2), 189-206.

PARRINI, F.; CAIN, J.W. Y KRAUSMAN, P.R. 2009. *Capra ibex* (Artiodactyla: Bovidae), *Mammalian Species*, 830, 1-12.

PEIGNÉ, S.; GOILLOT, C.; GERMONPRÉ, M.; BLONDEL, C.; BIGNON, O. Y MERCERON, G. 2009. Predormancy omnivory in European cave bears evidenced by a dental microwear analysis of *Ursus spelaeus* from Goyet, Belgium. *Proceedings of the National Academy of Sciences*, 106 (36), 15390-15393.

RABAL-GARCÉS, R.; CUENCA-BESCÓS, G.; CANUDO, J.I. Y DE TORRES, T. 2011. Was the European cave bear an occasional scavenger? *Lethaia*, 45, 96-108.

RICHARDS, M.P.; PACHER, M.; STILLER, M.; QUILÈS, J.; HOFREITER, M.; CONSTANTIN, S. Y TRINKAUS, E. 2008. Isotopic evidence for omnivory among European cave bears: Late Pleistocene *Ursus spelaeus* from the Peştera cu Oase, Romania. *Proceedings of the National Academy of Sciences*, 105 (2), 600-604.

SÁNCHEZ MARCO, A. 2005. Aves del Plioceno superior de la meseta sur ibérica: una asociación ornítica aparentemente cuaternaria. *Revista Española de Paleontología*, 20 (2), 143-157.

STILLER, M.; BARYSHNIKOV, G.; BOCHERENS, H.; GRANDAL D'ANGLADE, A.; HILPERT, B.; MÜNZEL, S.C.; PINHASI, R.; RABEDER, G.; ROSENDAHL, W.; TRINKAUS, E.; HOFREITER, M. Y KNAPP, M. 2010. Withering Away-25,000 Years of Genetic Decline Preceded Cave Bear Extinction. *Molecular Biology and Evolution*, 27 (5), 975-978.

STINER, M. C. 1999. Cave bear ecology and interactions with Pleistocene humans. *Ursus*, 41-58.

TORRES, T. 1984. *Úrsidos del Pleistoceno-Holoceno de la Península Ibérica*. Tesis Doctoral, Universidad Politécnica de Madrid, 653 pp.

Torres Pérez-Hidalgo, T. 1996. El yacimiento paleontológico de la Cueva del Reguerillo. En: *La cueva del Reguerillo y su entorno: un estudio multidisciplinar*. Federación Madrileña de Espeleología, Madrid, 7-18.

Torres, T. 2013. *Ursus spelaeus* «el oso de las cavernas». Una introducción divulgativa. En: T. de Torres (Ed.), *La historia del Oso de las Cavernas: vida y muerte de un animal desaparecido*. Escuela Técnica Superior de Ingenieros de Minas, Madrid, 11-41.

Torres Pérez-Hidalgo, T. y Puch, C. 1994. Cueva del Reguerillo. Patones (Madrid). *Mundo subterráneo,* 113-120.

Torres, T.; Cobo, R. y Salazar, A. 1991. La población de oso de las cavernas (*Ursus spelaeus parvilatipedis* n. ssp.) de Troskaeta'ko-Kobea (Ataun- Gipuzkoa) (Campañas de excavación de 1987 y 1988). *Munibe* (Antropologia - Arkeologia), 43, 3-85.

Torres, T.; Cobo, R.; Ortiz, J.E.; García-Redondo, A.; de Hoz, P.; Grün, R. y Juliá, R. 2013. El yacimiento paleontológico. En: T. de Torres (Ed.), *La historia del Oso de las Cavernas: vida y muerte de un animal desaparecido*. Escuela Técnica Superior de Ingenieros de Minas, Madrid, 73-146.

Torres, T.; Ortiz, J.E.; Fernández, E.; Arroyo-Pardo, E.; Grün, R. y Pérez-González, A. 2014. Aspartic acid racemization as a dating tool for dentine: a reality. *Quaternary Geochronology*, 22, 43-56.

Vega, G.L.; Sevilla, P.; Colino, F.; de la Peña, P.; Rodríguez, R.; Gutiérrez, F. y Bárez, S. 2008. Nuevas investigaciones sobre los yacimientos paleolíticos de la Sierra Norte de la Comunidad de Madrid. *Actas de las quintas jornadas de Patrimonio Arqueológico en la Comunidad de Madrid,* 115-132.

CONSERVACIÓN Y RESTAURACIÓN EN EL LABORATORIO DEL MUSEO GEOMINERO

Eleuterio Baeza Chico y Xoan Moreno Paredes

Las colecciones del museo del Instituto Geológico y Minero de España fueron en el pasado objeto de restauración una vez instaladas a partir de 1926 en la gran sala que ocupa actualmente el Museo Geominero. Esto se ha podido apreciar en actuaciones realizadas en algunos momentos del siglo XX sobre algunos ejemplares de vertebrados fósiles, cuyos resultados no parecen actualmente muy afortunados, si bien hay que tener siempre en cuenta los métodos aplicados en aquellas fechas.

Los orígenes del actual Laboratorio del Museo Geominero, atendido por profesionales especializados, se remontan a 2001 con el inicio de la excavación del yacimiento paleontológico Fonelas P-1, en Fonelas (Granada), por investigadores del propio museo (Arribas *et al.*, 2001). Se intervinieron para su restauración y conservación preventiva alrededor de tres mil piezas de huesos fósiles de este yacimiento excepcional (Baeza Chico, 2002).

CONSERVACIÓN PREVENTIVA, CONSERVACIÓN INTERVENTIVA Y RESTAURACIÓN

A través de la conservación preventiva se proporciona a las piezas el ambiente más adecuado posible, sin llegar a intervenir directamente sobre los ejemplares expuestos o almacenados en los fondos. Esto se implementa mediante el control de los factores ambientales –intensidad lumínica, radiación ultravioleta, humedad, temperatura y pH–, así como los contaminantes ambientales, tanto externos –contaminantes atmosféricos por quema de combustibles fósiles–, como los internos del propio museo relativos a los ácidos y vapores orgánicos volátiles procedentes de soportes o materiales de exposición, el polvo o los elementos geológicos inestables.

En cuanto a la conservación interventiva hay ocasiones en las que resulta necesario crear una barrera física directamente entre la pieza y el exterior mediante la aplicación de un consolidante o de productos inhibidores de la corrosión. En este caso sí se actúa directamente sobre la pieza, pero dicha intervención va encaminada a evitar posibles alteraciones sin modificar su aspecto.

Cuando todas las actuaciones anteriores no son suficientes, hay que proceder a la restauración propiamente dicha. Las causas son muy numerosas: roturas, pulverulencias, riesgo de pérdida de material o inestabilidad manifiesta de la pieza, pérdida de parte del volumen o elementos extraños que hay que eliminar porque hacen difícil entender la pieza en su conjunto. Estos factores obligan a intervenir directamente sobre la pieza, llevando a cabo limpiezas, consolidaciones, reintegraciones estructurales o pictóricas, etc., que en definitiva permitan conservar estos ejemplares para ser mostrados al público o ser manipulados y estudiados por parte de los investigadores.

Además de la dedicación a los materiales del museo, periódicamente se trabaja en excavaciones paleontológicas, y allí mismo se comienzan a aplicar diversos tratamientos, generalmente de limpieza y consolidación, además de realizar un embalaje adecuado hasta llegar al museo y terminar los tratamientos en el laboratorio, que exigen más meticulosidad, y que finalizan con el fotografiado, siglado e inventariado.

En conservación-restauración hay tres principios que configuran un código deontológico a la hora de intervenir sobre las piezas: (i) máxima reversibilidad de las intervenciones, utilizando materiales y tratamientos altamente probados, compatibles e inertes con los originales, químicamente neutros y de larga duración; (ii) las intervenciones deben ser las mínimas e imprescindibles, asegurando además que sean reconocibles incluso para los no expertos; y (iii) documentación exhaustiva de todos los tratamientos y actuaciones realizadas.

Tras la intervención sobre los huesos fósiles extraídos inicialmente en el yacimiento granadino de Fonelas P-1 (Fig. 1), comenzó la conservación preventiva de las colecciones de fósiles y minerales del Museo Geominero por parte de profesionales. Ello implicó la intervención directa de muchas de las piezas en exposición. Para ello se implementó un sistema de control mediante *dataloggers* o monitores móviles, ubicados estratégicamente en vitrinas de las diferentes plantas, y uno en la calle. Tras varios años de recopilación de datos, se han podido conocer las condiciones ambientales básicas que afectan a las muestras, como la intensidad lumínica, la radiación ultravioleta, la humedad y la temperatura, así como el pH ambiental (Baeza Chico y Lozano, 2011).

Figura 1. Vista oblicuo ventral izquierda del cráneo restaurado de *Equus* cf. *major*, del yacimiento Fonelas P-1 (Pleistoceno inferior; Fonelas, Granada). Fotografía: Alfonso Arribas Herrera-Proyecto Fonelas.

El Museo Geominero cuenta pues con un laboratorio dedicado a múltiples funciones. La más importante es la conservación de las diferentes colecciones de material geológico (fósiles, minerales, rocas, así como otros materiales como instrumentos científicos), ya sea a través de la conservación preventiva, de la interventiva o de la restauración. Cuando las piezas son muy delicadas o no se les puede proporcionar las condiciones mínimas de estabilidad, se conservan en armarios ignífugos, fuera de la luz y con las mínimas oscilaciones ambientales. Si resulta importante su exhibición, se muestra en su lugar una réplica de alta calidad. En todos los casos se trata de alargar la vida de los objetos, parar su deterioro y que sean comprensibles para los visitantes del Museo.

LAS RÉPLICAS COMO HERRAMIENTAS PARA LA INVESTIGACIÓN, DIFUSIÓN Y CONSERVACIÓN DEL PATRIMONIO GEOLÓGICO Y PALEONTOLÓGICO

La utilización de las réplicas es una práctica muy antigua ya que desde tiempos pasados se ha perseguido la reproducción de elementos culturales por diversos motivos. La técnica ha evolucionado mucho desde la década de 1950 y la utilización de las siliconas con curado a temperatura ambiente (RTV o *Room Vulcanizing Temperature*) ha constituido un progreso notable, de forma similar a como la imprenta revolucionó la escritura, pues la fidelidad en la reproducción y la facilidad de uso, así como la obtención de piezas en serie, supuso un avance indiscutible. Sin embargo, las réplicas han sido denostadas, no solo por su carácter de objeto «no original», sino también por la mala calidad de las reproducciones o bien por los daños producidos sobre los originales por falta de conocimientos de la técnica o de los materiales.

Las réplicas en paleontología, o copias idénticas de los originales, se comenzaron a considerar a partir de la década de 1990 una herramienta muy valiosa, no solo por la garantía de conservación como carácter único de un ejemplar, sino también por su aplicación en la investigación, conservación y difusión del patrimonio mueble paleontológico (Baeza Chico, 1995, 2000; Baeza Chico *et al.*, 2013).

En el Museo Geominero se generalizó su utilización desde comienzos del siglo XXI gracias a la posibilidad de poder moldear los originales sin producirles ningún daño. A modo de ejemplo, mediante la réplica se evitó la posible pérdida de ejemplares debido a la inestabilidad intrínseca de los materiales constitutivos, como ammonites formados por sulfuros (pirita o marcasita) con un alto grado de anisotropía, arcillas expansivas o ciertos materiales orgánicos (Baeza Chico y Menéndez, 2005). En otros casos, la inestabilidad a agentes ambientales, como el deterioro del ámbar por la luz y temperaturas inadecuadas, determinó la confección de una vitrina expositiva con réplicas de resina que incluían insectos y la retirada y custodia de las piezas originales en un armario ignífugo (Baeza Chico *et al.*, 2007). En este sentido, hay que valorar las piezas inestables que deberían replicarse y retirarse si las condiciones son claramente inadecuadas (Baeza Chico y Lozano, 2011).

Figura 2. Réplica policromada de una concentración de huellas de *Scolicia prisca*, producida por equínidos irregulares en la base de una capa de *flysch* arenoso del Eoceno de los acantilados de Zumaia (Guipúzcoa), en el Geoparque Mundial de la UNESCO de la Costa Vasca. Fotografía: Geoparkea.

Otra razón importante para el uso de copias fue el poder mostrar al público objetos singulares muy efímeros y susceptibles de desaparición por la acción del hombre, como la aparición de una geoda en La Cabrera (Madrid) durante los trabajos de extracción en una cantera de granitos. Mediante fotografías de detalle y la recuperación de algunas muestras cristalinas, se pudo recrear una cavidad, perdida para siempre por la maquinaria (Baeza Chico *et al.*, 2006). O bien preservar la memoria de una muestra destruida por la acción de la naturaleza, como una icnita de una gran superficie en el Geoparque de la Costa Vasca, en Zumaia (Fig. 2), desaparecida actualmente por la acción del mar, pero conservada *in extremis* en una gran réplica de resina (Baeza Chico *et al.*, 2018).

Otra actuación importante se produjo en las inmediaciones del Parque Nacional de Cabañeros (Boquerón del Estena, Navas de Estena, Ciudad Real), donde una placa de grandes dimensiones con icnitas producidas por trilobites era sistemáticamente vandalizada, además de soportar los rigores de la meteorización por heladas y la acción de los líquenes (Fig. 3). También, al encontrarse a extraplomo, la realización de una gran réplica de calidad permitió estudiarla por los especialistas bajo cubierta y con la luz adecuada (Baeza Chico *et al.*, 2013).

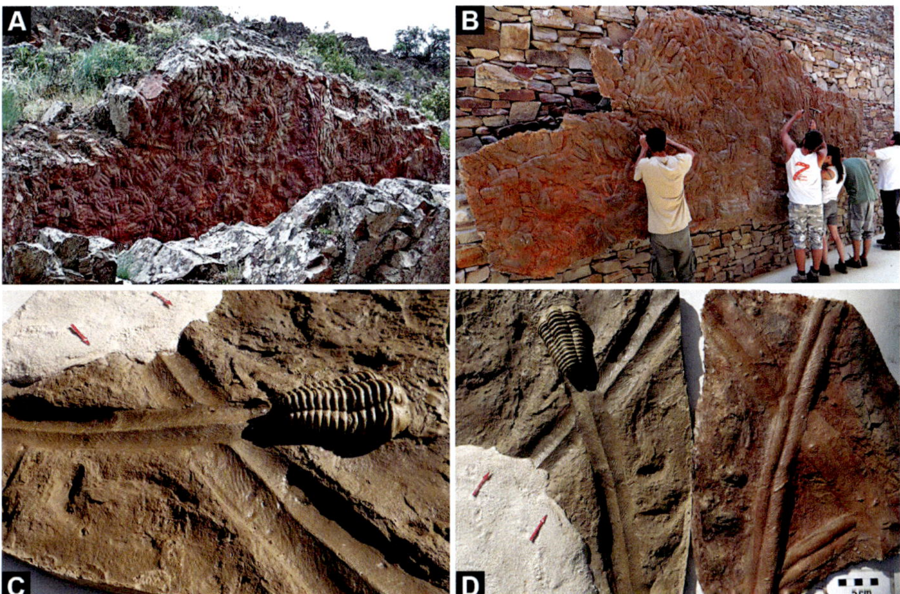

Figura 3. A-B, replicado de una gran placa con numerosos ejemplares del icnogénero *Cruziana* en el Parque Nacional de Cabañeros para su estudio científico y preservación del vandalismo y agentes meteorológicos. A, original. B, réplica. C, reconstrucción de un trilobites generando una *Cruziana*. D, conservación de la icnita como un relieve positivo. Fotografías: Eleuterio Baeza.

Una aplicación muy útil de las copias es la salvaguarda de los ejemplares tipo paleontológicos. Proteger el material tipo es una cuestión básica y de gran importancia para cualquier entidad que tenga entre sus competencias custodiar elementos del patrimonio natural (Baeza Chico *et al.*, 2016). No es recomendable que estos originales se exhiban de forma permanente o temporal, por los riesgos que pueden correr, como accidente por manipulación, vandalismo, robo e incluso, en un hipotético incendio, podrían no estar suficientemente protegidos. Esto suele plantear un problema de observación a visitantes e interesados en contemplar de cerca ejemplares fósiles de nuevas especies, que siempre suscitan curiosidad e interés. El material tipo debe custodiarse en las mejores condiciones posibles, preferiblemente en armarios ignífugos, eliminando muchos de los riesgos anteriormente mencionados y permaneciendo en unas condiciones ambientales de conservación más adecuadas y estables.

Otra aplicación reciente de las técnicas de replicado ha sido la de realizar arranques de estructuras sedimentarias en La Caldera de Taburiente (isla de La Palma, Canarias) con gran precisión y fidelidad. Con el fin de lograr la conservación *ex situ* de secuencias singulares de tefra (ceniza y lapilli) tras la erupción volcánica, los firmantes del presente artículo, integrados en el equipo científico que trabajó en la erupción volcánica de La Palma en 2021, optaron por la técnica de extracción de láminas estratigráficas (*lacquer peels*) para su estudio científico en gabinete (Vegas *et al.*, 2022).

En resumen, una vez preservado el original, las copias pueden ser utilizadas en diferentes fines, como la difusión a otros centros para su exhibición temporal o permanente, hasta el estudio científico, el uso didáctico, el intercambio entre instituciones, la comercialización o la propia conservación de los originales.

LA PATENTE DE INVENCIÓN

La investigación sobre los materiales utilizados para la realización de las réplicas en el Laboratorio del Museo Geominero, y con el fin de obtener copias exactas, llevó a que uno de los autores de este texto (EB) registrase en la Oficina Española de Patentes y Marcas la patente de invención «Proceso de reproducción de fósiles, rocas y minerales y producto obtenido», que fue licenciada en 2005 a favor del IGME-Museo Geominero con el n.º ES.2.273.577.A1. La técnica patentada permite obtener réplicas de un realismo extraordinario al hacer coexistir dentro de la misma copia materiales muy diferentes en color, brillo, transparencia y composición (Baeza Chico y Rodrigo, 2024).

Una de las oportunidades que ofrece esta metodología es la reproducción de elementos muy sensibles, tales como minerales inestables, entre los que se encuentran los sulfuros, algunos elementos nativos, los meteoritos (en especial los sideritos), así como algunos sulfatos y sales hidratadas (Baeza Chico y

Lozano, 2013), o espeleotemas. En este último caso, se han realizado moldes de estas formaciones en cuevas de Huelva (Aracena: Gruta de Las Maravillas) y Cantabria (El Soplao, La Buenita), tanto para su exhibición como para su estudio, replicando los originales en el laboratorio con resinas y reinsertándolos posteriormente en la cueva en la misma posición para que continuasen sus crecimientos (Baeza Chico y Durán Valsero, 2014; Baeza Chico *et al.*, 2017).

Para dar a conocer la nueva patente, se diseñó la exposición «¿Original o réplica?», en la que se muestran cuarenta y cinco piezas de fósiles y minerales, de las que cuarenta y una son réplicas y cuatro son originales. Los visitantes deben averiguar, a través de una ficha de trabajo, cuáles son las originales y cuales las copias. Se inauguró en 2010 en la sede del Museo Geominero y desde entonces, y hasta 2024, ha itinerado en dieciocho ocasiones por la geografía nacional. Una segunda muestra para difundir este método innovador, se ha instalado de forma permanente en la sala del Museo Geominero. En una vitrina diseñada al efecto se pueden apreciar las distintas fases por las que pasa un mineral inestable (Fig. 4). En este sentido, se han seleccionado especies sensibles y afectadas por la luz, la humedad o contaminantes ambientales, en las que, manteniendo la forma, pueden apreciarse cambios de color y, a través de la información proporcionada por las cartelas, apreciar el cambio del nombre del mineral, de estructura química y de composición a medida que se va degradando la especie mineral inicial.

Figura 4. Vitrina del Museo Geominero con una colección de réplicas de minerales inestables. Se muestran, para varios ejemplares de las colecciones del museo, las réplicas de los minerales en su estado original y después de haberse transformado tras haber sufrido afecciones por la humedad relativa del aire, de la luz o una combinación de estos dos últimos factores junto con la acción de los contaminantes. Archivo del Museo Geominero.

BIBLIOGRAFÍA

Arribas, A.; Riquelme, J.A.; Palmqvist, P.; Garrido, G.; Hernández, R.; Laplana, C.; Soria, J.; Viseras, C.; Durán, J.J.; Gumiel, P.; Robles, F.; López-Martínez, J. y Carrión, J. 2001. Un nuevo yacimiento de grandes mamíferos villafranquienses en la Cuenca de Guadix (Granada): Fonelas P-1, primer registro de una fauna próxima al límite Plio-Pleistoceno en la Península Ibérica. *Boletín Geológico y Minero*, 112 (4), 3-34.

Baeza Chico, E. 1995. Las réplicas en Paleontología. Técnicas y materiales de moldeo y vaciado. *Tierra y Tecnología*, 11, 7-13.

Baeza Chico, E. 2000. El uso de copias y réplicas de objetos singulares. Su justificación en la actualidad. *Boletín de Productos de Conservación*, 46, 2-3.

Baeza Chico, E. 2002. Fósiles de mamíferos: estado de conservación y metodología de intervención en el yacimiento de Fonelas P-1 (Cuenca de Guadix Baza, Granada). En: J. Civis, J. y J.A. González Delgado (eds.), *Libro de Resúmenes, XVII Jornadas de la Sociedad Española de Paleontología y II Congreso Ibérico de Paleontología.* Sociedad Española de Paleontología y Universidad de Salamanca, Salamanca, 21-22.

Baeza Chico, E. y Durán Valsero, J.J. 2014. Proceso de realización de moldes y réplicas de un espeleotema singular: el caso de la «Palmatoria», Gruta de las Maravillas, Aracena (Huelva). En: Calaforra, J.M. y Durán, J.J. (eds.), *Cuevatur. Primer Congreso Iberoamericano y Quinto Congreso Español sobre Cuevas Turísticas.* Asociación de Cuevas Turísticas Españolas, Aracena, 243-252.

Baeza Chico, E. y Lozano, R.P. 2011. Environment conservation problems in the geological collections of the Museo Geominero (IGME, Geological Survey of Spain, Madrid). *Paleontologia i Evolució*, Memòria especial 4, 11-26.

Baeza Chico, E. y Lozano, R.P. 2013. La conservación de colecciones geológicas en museos: el ejemplo del Museo Geominero. En: I. Rábano y A. Rodrigo (eds.), *Libro de Resúmenes, XX Bienal de la Real Sociedad Española de Historia Natural.* Real Sociedad Española de Historia Natural, Madrid, 5-6.

Baeza Chico, E. y Menéndez, S. 2005. Conservación y restauración de ammonites piritizados del Museo Geominero (IGME, Madrid). En: *II Congreso del Grupo Español del IIC.* Museu Nacional d'Art de Catalunya, Barcelona, 385-391.

Baeza Chico, E. y Rodrigo, A. 2024. Fósiles, minerales y rocas con derecho a réplica. En: I. Rábano y Á. Salazar (eds.), *Instituto Geológico y Minero de España. 175 aniversario.* Consejo Superior de Investigaciones Científicas, Madrid.

Baeza Chico, E.; Gutiérrez-Marco, J.C. y Rábano, I. 2013. Obtención de grandes réplicas de elementos singulares del patrimonio geológico del Parque Nacional de Cabañeros (Castilla-La Mancha). En: J. Vegas, Á. Salazar, Díaz-Martínez, E. y C. Marchán (eds.), *Patrimonio geológico, un recurso para el desarrollo.* Cuadernos del Museo Geominero, 15. Instituto Geológico y Minero de España, Madrid, 591-599.

Baeza Chico, E.; Lozano, R.P. y Rossi, C. 2017. Replicado y reinserción de estalagmitas muestreadas para estudios paleoclimáticos. En: J.M. de Luis Ruiz, R. Pérez Álvarez y G. Fernández Maroto (eds.), *Libro de Actas. I Congreso Científico Internacional de cuevas y minas «El Soplao».* El Soplao, S. L., Celis, Cantabria, 249.

Baeza Chico, E.; Rodrigo, A. y Lozano, R.P. 2013. La importancia de las réplicas en la investigación, conservación y difusión del patrimonio geológico mueble. En: I. Rábano y A. Rodrigo (eds.), *Libro de Resúmenes, XX Bienal de la Real Sociedad Española de Historia Natural.* Real Sociedad Española de Historia Natural, Madrid, 6-7.

Baeza Chico, E.; Lozano, R.P., de Frutos, M.C. y de La Fuente, M. 2006. Reproducción de una cavidad miarolítica del granito de La Cabrera (Madrid) en el Museo Geominero (Instituto Geológico y Minero de España). *Boletín Geológico y Minero*, 117 (3), 457-465.

Baeza Chico, E.; Lozano, R.P.; de La Fuente, M.; Menéndez, S.; Peñalver, E. y Rodrigo, A. 2007. Proyecto de conservación preventiva y restauración de la colección de ámbar del Museo Geominero (IGME). En: *La conservación infalible: de la teoría a la realidad. III Congreso del Grupo Español del IIC.* Grupo Español del IIC, Madrid, 361-370.

Baeza Chico, E.; Menéndez, S.; Bravo, A. y Ruiz, L. 2016. Past preparation procedures and contemporary conservation techniques applied on an holotype (Museo Geominero, Madrid, Spain). *Journal of Paleontological Techniques*, Special volume 15, 133-143.

Baeza Chico, E.; Menéndez, A.; Hilario, A.; Torre, G.; Manterola, I.; Garcia, Z.; Basurko, A.; Azurmendi, M. y Zabaleta, G. 2018. Moldeo y vaciado de una gran superficie de icnitas del Eoceno del Flysch de Zumaia en el Geoparque de la Costa Vasca (Gipuzcoa). En: N. Vaz y A.A. Sá (eds.), *XXXIV Jornadas de Paleontología y IV Congreso Ibérico de Paleontología.* Cuadernos del Museo Geominero, 27. Instituto Geológico y Minero de España, Madrid, 392-400.

Vegas, J.; Díez-Herrero, A.; Galindo, I.; Sánchez, N.; Mediato, J.F.; Martínez-Martínez, J.; López, J.; Rodríguez-Pascua, M.A.; Perucha, M.Á.; Moreno, X.; Pérez, R. y Baeza, E. 2022. Geoconservación *ex situ* de patrimonio geológico efímero durante una emergencia volcánica: la erupción de La Palma 2021. *Geo-Temas,* 19, 93-96.

Divulgación

UN MUSEO INTEGRADOR DE LA CULTURA: PROGRAMAS PÚBLICOS Y CIENCIA + ARTE

Ana Rodrigo Sanz

Los museos juegan un importante papel como centros educativos capaces de fomentar la curiosidad, la creatividad y el pensamiento crítico. Son espacios de crecimiento que conservan, entre otros, elementos procedentes del mundo del arte, la antropología, la historia, la ciencia y la tecnología para, mediante la educación y la investigación, modelar nuestra comprensión de lo que nos rodea.

No hay nada novedoso en afirmar que los museos son el recurso más apropiado para la educación informal de la ciudadanía: su capacidad de transmitir conocimiento y generar oportunidades de aprendizaje está fuera de toda duda. Por estas razones se desarrollaron los denominados Programas Públicos del Museo Geominero. Comprenden un extenso panorama de actividades de muy diversa índole que incluye talleres, charlas, visitas guiadas, atención a la discapacidad, creación de recursos educativos (audiovisuales, cuadernos de trabajo, maletas didácticas, etc.), participación en diversos eventos de ciencia... (Rábano y Rodrigo, 2003; Rodrigo y Rábano, 2005; Rodrigo, 2008, 2013, 2015, 2016). Todas estas actividades ponen el foco en temáticas geológicas específicas y desarrollan estrategias educativas concretas para complementar el discurso medular del museo centrado principalmente en sus colecciones. Su finalidad es conseguir una sociedad alfabetizada en ciencias de la Tierra (Pedrinaci *et al.*, 2013) que pueda conocer, conservar, valorar y disfrutar su patrimonio geológico. O, dicho de otro modo: potenciar el valor de las ciencias de la Tierra con el objetivo de concienciar a la sociedad de la necesidad de crear un futuro equilibrado y sostenible en armonía con nuestro planeta.

En este capítulo desgranamos la mayoría de las acciones que han formado y forman parte de los programas públicos del museo. En función de sus características las hemos recogido en seis categorías: i) actividades periódicas, ii) recursos didácticos, iii) actividades inclusivas, iv) actividades puntuales, v) colaboraciones y vi) charlas formativas. En la última parte del capítulo haremos referencia a la dimensión artística del museo como espacio de acogida para exposiciones de pintura, escultura o moda, además de para conciertos y talleres de ilustración.

El Museo Geominero recibió el 12 de noviembre de 2003 el premio a las Mejores Prácticas en la Administración General del Estado (III Edición) por sus programas públicos.

PROGRAMAS PÚBLICOS

Actividades periódicas

Incluimos aquí la participación en actividades de divulgación, tanto de diseño y ejecución propios como de colaboración con iniciativas externas, cuyo denominador común es estar sujetas a repetición con una frecuencia generalmente anual.

ACTIVIDADES PERIÓDICAS	Feria Madrid por la Ciencia
	Semana de la Ciencia
	Talleres de verano
	Talleres de Navidad
	Talleres de primeros domingos de mes

Tabla 1. Relación de actividades periódicas.

1. Feria Madrid por la Ciencia (2000-actualidad).

Se trata de una feria científica organizada por la Consejería de Educación de la Comunidad de Madrid con el objetivo de promocionar la ciencia en el entorno educativo. El museo participó en esa primera edición del año 2000 que se organizó en diferentes carpas colocadas *ad hoc* en la Casa de Campo. A partir de 2007 cambió su denominación por Feria de Madrid es Ciencia. Desde su origen en el arranque del siglo XX le han seguido hasta el momento 25 ediciones más con diferentes sedes y designaciones. Entre 2001 y 2008 la feria se realizó en la Institución Ferial de Madrid (IFEMA) y el museo participó con las siguientes actividades:

- El cristal misterioso (2001)
- Encuentra la mina (2002)
- ¡Esos lagartos terribles! (2003)
- Madrid en roca viva (2004, Fig. 1A)
- Viajes imposibles (2005)
- La Tierra: una historia de película (2006)
- Minerales con historia (2007, Fig. 1B)
- A lomos del agua (2008, Fig. 1C).

La sede madrileña del Museo Nacional de Ciencia y Tecnología (MUNCYT) acogió la realización de las siguientes cinco ediciones bajo la denominación de *Finde científico*. El museo participó en 2009 con *Huellas desde África* (Fig. 1D) y en 2013 con *Moldes recién hechos*. A partir de 2014 el Finde científico se trasladó a la nueva sede del MUNCYT en Alcobendas, donde se desarrolló hasta 2018 auspiciado por la Fundación Española para la Ciencia y la Tecnología (FECYT). El Geominero participó en 2015 y 2017 con un vídeo fórum sobre el documental *Gea y los fósiles* y *La piel de la Tierra*, respectivamente; en 2016 con la exposición temporal *Una mirada a través del cuarzo*. A partir de 2019 el Finde Científico modificó su nombre por Feria de Madrid por la Ciencia y la Innovación, organizándose nuevamente en el recinto ferial IFEMA bajo la dirección de la Comunidad de Madrid. En la actualidad el museo carece de personal dedicado a la divulgación, razón por la cual se ha visto muy mermada la participación en estas actividades.

2. Semana de la Ciencia (2001-2021).

En noviembre de 2001 arrancó este evento científico organizado por el Ministerio de Ciencia, en cuya edición madrileña participaba la Comunidad de Madrid. Sus objetivos, el acceso y la inmersión de la ciudadanía en una cultura científica, determinante en una sociedad que hace del conocimiento y la creatividad los puntos cardinales del propio desarrollo (Semana, 2001). Hasta el año 2021 inclusive, el museo participó con diversas actividades: talleres de reconocimiento de fósiles, minerales (Fig. 1E) y rocas, talleres de recursos minerales, visitas guiadas a las colecciones, excursiones urbanas y excursiones geológicas a entornos naturales. Algunos ejemplos de excursiones fueron: *Parque Nacional de Cabañeros: un pasado marino de hace 500 millones de años* (2008), *Los minerales del Keuper en Guadalajara* (2009), *Geología en las paredes: las rocas de tu ciudad* (2010) o *Excursión mineralógica al granito de La Cabrera* (2012, Fig. 1F). Las últimas actividades organizadas por el museo en el marco de la Semana de la Ciencia tuvieron lugar en 2021: la excursión *Cristales en el granito de La Cabrera (N de la Comunidad de Madrid)* y el taller *Recursos minerales*. Las carencias de personal no nos han permitido participar desde 2022.

Figura 1. Algunas de las actividades periódicas desarrolladas en el museo. A, maqueta con la geología de la Comunidad de Madrid diseñada para la actividad *Madrid en Roca Viva* en la V edición de la Feria de Madrid por la Ciencia (IFEMA, 2004). B, aspecto de la instalación preparada para la actividad *Minerales con historia* presentada en la Feria Madrid es Ciencia (IFEMA, 2007). C, *A lomos del agua* se diseñó con motivo de la coincidencia de la Feria con la celebración del Día Mundial del agua (IFEMA, 2008). D, la actividad *Huellas desde África* (2009) fue la primera de las realizadas en el Museo Nacional de Ciencia y Tecnología bajo la denominación de *Finde Científico*. E, taller de reconocimiento de minerales en el marco de la

II edición de la *Semana de la Ciencia* (2002). F, asistentes a la *Excursión mineralógica al granito de La Cabrera* organizada durante la XII edición de la *Semana de la Ciencia*. Foto realizada en la localidad de Valdemanco (2012). G-J, talleres de verano. G, preparación de escayola en el laboratorio para realizar una réplica de ammonites dentro de la actividad *Fósiles idénticos* (2005). H, realización de pastillas de jabón con forma de trilobites en el taller *Sin agua, no hay vida* (2009). I, juego de preguntas y respuestas por equipos en el taller *El tiempo de la Tierra* (2011). J, preparación de una maqueta simulando erupciones volcánicas en el taller *Los volcanes* (2018). K-M, talleres de Navidad. K, reconstruyendo puzles de dinosaurios (2009). L, conocer de cerca la dentición de nuestro tyranosaurio *Stan* nunca puede faltar en los talleres de Navidad (2011). M, trillizos amantes de los dinosaurios con sus fichas de trabajo (2013). N-O, talleres de primeros domingos de mes. N, identificación de fósiles con público familiar (2009). O, niños y niñas en un taller de recursos minerales (2023).

3. Talleres de verano (2002- 2019)

Los talleres de verano han sido, probablemente, la actividad estrella del museo dentro de sus programas públicos. Se desarrollan desde el año 2002 con periodicidad quincenal en los meses de julio y agosto. Sus destinatarios: escolares de entre 9 y 12 años. Los objetivos principales son estimular el interés y la curiosidad del alumnado por las ciencias de la Tierra a través de la realización de experiencias sencillas. Las actividades se diseñaron para profundizar en conceptos básicos de la geología y para potenciar la participación y el trabajo en grupo de niñas y niños. Los talleres combinan una parte teórica que supone el marco conceptual de la actividad, y otra práctica, generalmente realizada en el laboratorio, en la que se aplican los conceptos aprendidos cada día. Se articulan en dos grandes bloques: «Minerales, rocas y fósiles», donde se desarrollan actividades enfocadas en los dinosaurios y otros fósiles menos conocidos, en el reconocimiento de los principales tipos de minerales y rocas, en la fabricación de réplicas en escayola de fósiles (Fig. 1G) y en la obtención de cristales en el laboratorio; y el bloque «La Tierra», donde se incide en aspectos relacionados con su composición, su estructura y su edad, así como con los distintos procesos que tienen lugar en ella (el vulcanismo, los terremotos, etc.), con la actividad de las aguas subterráneas o con el desarrollo de la minería (Figs. 1H-J). Se contempla un último taller sobre la geología de los planetas de nuestro Sistema Solar (Tabla 2).

MINERALES, ROCAS Y FÓSILES	LA TIERRA
Atrapa al Tyranosaurio	El tiempo de la Tierra
Dinosaurios y otros animales	Las aguas subterráneas/Sin agua no hay vida
Fósiles idénticos	Soy minero
Minerales, rocas y réplicas	Los volcanes
Cristales en el laboratorio	Geología extraterrestre

Tabla 2. Actividades desarrolladas en los talleres de verano.

Durante sus 18 años de duración pasaron por estos talleres más de mil niños y niñas. Tenemos constancia de que al menos uno de ellos concluyó sus estudios de Grado en Geología. Los talleres de verano se interrumpieron en 2020 por la pandemia asociada al COVID-19 y hasta la fecha no han vuelto a retomarse.

4. Talleres de Navidad (2004-2018)

El buen funcionamiento de los talleres de verano nos hizo pensar en nuevas actividades dirigidas a los más pequeños. Así nacen los talleres de Navidad para escolares de 6 y 7 años, con una temática única: los dinosaurios. Las actividades se desarrollan entre el 25 de noviembre y el 6 de enero coincidiendo con las vacaciones navideñas. Se trabaja sobre diversos aspectos de este atractivo grupo de reptiles fósiles: alimentación, tamaño, morfología, locomoción, dentición, etc. Para ello se utilizan estrategias de aprendizaje adaptadas a la edad de los participantes: juegos, puzles (Fig. 1K), recortables, observación y montaje de esqueletos (Fig. 1L), fichas de trabajo... (Fig. 1M). Las dificultades para la contratación de personal fueron la causa de su suspensión en 2018 y 2019. La pandemia por la COVID-19 declarada en marzo de 2020 hizo el resto. En la actualidad se está intentando retomar tanto los talleres de Navidad como los de verano.

5. Talleres de primeros domingos de mes (desde 2009 hasta 2023).

Tras el éxito de los talleres dirigidos a público escolar nos propusimos diseñar actividades para público familiar. El planteamiento fue que madres, padres, hijas e hijos pudieran participar a la vez en diversos talleres compartiendo tiempo libre y aprendizaje. Se eligió el primer domingo de mes por ser el día de celebración de un mercadillo de fósiles y minerales en la vecina Escuela Técnica Superior de Ingenieros de Minas y Energía. La gran afluencia de público a la Escuela podía revertir en el museo favoreciendo de este modo el desarrollo de los talleres (realizados de febrero a junio y de septiembre a diciembre), que consisten en la identificación de rocas, fósiles (Fig. 1N) o minerales con ayuda de claves de manejo sencillo (Rodrigo *et al.*, 2008). Uno de los últimos talleres implementados para el aprendizaje en familia es el de recursos minerales (Fig. 1O). Comienzan su andadura en 2009, continuando hasta 2023 con el parón del COVID-19 en 2020 y 2021. Hasta la fecha, más de 14.000 personas han podido disfrutar de ellos.

Recursos didácticos

Desde el museo se desarrollan herramientas de aprendizaje de la geología en diferentes formatos como apoyo al profesorado de primaria, secundaria y bachillerato. Otros de estos recursos se destinan a un segmento más amplio de la población denominado específicamente público general. A continuación, enumeramos algunos de ellos (Tabla 3).

RECURSOS DIDÁCTICOS	Visitas guiadas
	Guías didácticas
	CD didáctico sobre las colecciones del museo
	Visitas-taller
	Audiovisuales
	Unidades y fichas didácticas exposición Planeta Tierra
	Maleta didáctica
	Hojas de sala
	Sistema de guiado inteligente
	Geología en las paredes

Tabla 3. Recursos didácticos del Museo Geominero.

1. Visitas guiadas (desde 1995)

Comenzaron a realizarse sistemáticamente en 1995 gracias a la participación del museo en el programa «Voluntarios Culturales Mayores para enseñar los Museos de España» (Rábano *et al.*, 2019, 2025). Consisten en recorridos organizados por las colecciones de la exposición permanente que se adaptan a las necesidades de cada grupo (Figs. 2A-C). Tienen lugar de lunes a viernes. Los públicos son muy diversos: grupos escolares (primaria, secundaria y bachillerato), universitarios, asociaciones culturales, centros de día, particulares, participantes en cursos, congresos, etc. En 2023 se realizaron 475 visitas guiadas dirigidas a cerca de 10.000 personas.

2. Guías didácticas del museo (desde 2001)

Las visitas guiadas para los centros educativos se complementan con dos documentos redactados en 2001 (y actualizados en los años posteriores) que se descargan en la web: la *Guía del Profesorado* (https://www.igme.es/ZonaInfantil/guiasDida.htm#Prof), que describe los contenidos de la exposición permanente y su adecuación al currículo; y el *Cuaderno de trabajo del alumnado* (https://www.igme.es/ZonaInfantil/guiasDida.htm#Alum), que incluye un extenso repertorio de preguntas que se pueden resolver a partir de la información contenida en las vitrinas (Fig. 2D). Todas las preguntas que se recogen en él pueden contestarse a partir de la información contenida en las vitrinas. Es un complemento de apoyo a la visita guiada muy utilizado por el profesorado. Está especialmente diseñado para reforzar y/o ampliar los conocimientos aprendidos durante la visita guiada.

3. CD didáctico sobre las colecciones del Museo (2003-2019)

Este Compact Disc sobre la historia del Museo Geominero, que contiene una visita virtual a sus colecciones y dos juegos educativos denominados *Geotrivial* y *Evolución,* ha cumplido ya más de 20 años. Fue una de las primeras apuestas del museo en pos de la modernización a la hora de mostrar los contenidos. Se presentaba en dos ordenadores táctiles situados en la sala principal que permitían al público visitante consultar información y jugar. Asimismo, se disponía de una versión online alojada en la web del museo. El CD y los ordenadores quedaron obsoletos hace unos años y se eliminaron de la sala, pero no queremos dejar de señalar su funcionalidad durante sus años de vida útil.

4. Visitas-taller (desde 2010)

Diseñadas específicamente para el alumnado de primaria, se componen de una visita al museo de 30 minutos de duración y un taller (*Aprendiz de geólogo* o *Aprendiz de paleontólogo*) en el que se trabaja sobre minerales y rocas o sobre fósiles, respectivamente (Figs. 2 E-F). Tanto el contenido de la visita como los aspectos abordados en el taller están adaptados a los currículos de primaria. Las visitas-taller comenzaron a realizarse de manera ocasional a partir 2012; a la vista de su gran demanda, desde hace varios años se desarrollan sistemáticamente durante dos días a la semana, previa reserva (https://www.igme.es/ZonaInfantil/visitasTaller.htm).

5. Audiovisuales

Uno de los retos a los que nos enfrentamos a la hora de elaborar recursos didácticos fue la realización de audiovisuales destinados en principio a público general, pero planteados en casos concretos (*Gea y la formación de las rocas*) como una ayuda al profesorado de Educación Secundaria para impartir contenidos de geología. Hasta la fecha el equipo del museo ha producido cinco audiovisuales:

- *La Tierra, planeta vivo: fósiles a través del tiempo* (2004). Su objetivo es transmitir de forma sencilla y didáctica un número mínimo de conceptos básicos en paleontología y geología. Recreando un viaje al pasado se muestran las faunas de los mares paleozoicos, los caminos que recorrieron los dinosaurios en el Mesozoico y el mundo de los mamíferos poco antes de que los humanos habitaran en nuestras latitudes. Disponible en lenguaje de signos (https://www.igme.es/museo/GeologiaSinBar/DVDsignos.htm).

- *Gea y la formación de las rocas* (2007). Se explican las características más importantes de los diferentes tipos de rocas (sedimentarias, ígneas y metamórficas), incidiendo en su génesis y en conceptos básicos sobre el ciclo de las rocas o la tectónica de placas (https://www.igme.es/ZonaInfantil/Mascotas/GeaRocas.htm).
- *Gea y el ámbar* (2010). Este audiovisual explica el origen del ámbar, los yacimientos españoles más importantes, las bioinclusiones más frecuentes que se pueden encontrar (insectos, arañas, plumas, ácaros…) y su importancia en la investigación paleontológica (Fig. 2H). Disponible en español e inglés (https://www.igme.es/ZonaInfantil/Mascotas/GeaAmbar.htm).
- *Gea y los fósiles* (2015). Esta es la última entrega de la serie Gea hasta el momento. Se explica la información que proporcionan los fósiles, su importancia para entender el origen y la evolución de la vida en nuestro planeta, los procesos de fosilización, tanto en medio acuático como terrestres, además de algunos de los yacimientos españoles más singulares (Fig. 2I). Disponible en español e inglés (https://www.igme.es/ZonaInfantil/Mascotas/GeaFosiles.htm).
- *Planeta ámbar. Los asombrosos bosques del Cretácico* (2024). Se trata de un vídeo divulgativo que recoge la investigación desarrollada por un equipo multidisciplinar en torno a un episodio de producción masiva de resina que tuvo lugar a escala global durante el Cretácico (CREI: Cretaceous Resinous Interval). Se explican los principales factures bióticos y abióticos que pueden estar implicados, así como el estado actual de la investigación (Fig. 2J). Está disponible en tres idiomas: español (https://youtu.be/wF4pk2arQn4), inglés (https://youtu.be/DzffV_HVnz0) y chino (https://youtu.be/Bcz6r87AdNU).

El personaje de la geóloga virtual Gea ha sido especialmente concebido para introducir conceptos básicos sobre geología en cada una de las historias (Rodrigo *et al.*, 2015). Los dos últimos audiovisuales de la serie Gea fueron galardonados con sendos premios en las correspondientes ediciones del certamen Ciencia en Acción (años 2011 y 2015).

6. Unidades y fichas didácticas de la Exposición Planeta Tierra (2009)

El 2008 fue nombrado Año Internacional del Planeta Tierra bajo el lema *Ciencias de la Tierra para la Sociedad.* Con ese motivo, desde el IGME se diseñó una exposición en torno a diez temas de especial relevancia en el ámbito de las ciencias de la Tierra (Fig. 2K):

- Aguas subterráneas, ¿la solución para un planeta sediento?
- Riesgos geológicos: investigar para prevenir.
- Tierra y salud: por un entorno más confortable y seguro.
- Cambio climático: una responsabilidad de todos
- Recursos naturales: por un consumo responsable.
- Megaciudades: nuestro futuro global.
- Tierra profunda: de la corteza al núcleo.
- Océanos: un planeta azul.
- Suelos: la piel de la Tierra.
- Tierra y vida: evolución conjunta.

Para poder profundizar sobre estos contenidos, se han desarrollado unidades y fichas didácticas que permiten trabajar en tres niveles educativos: segundo y tercer ciclo de primaria, secundaria y bachillerato (Crespo y Rodrigo, 2009).

7. Maleta didáctica (desde 2009)

Fue diseñada para servir de apoyo a los profesores en sus centros escolares. La maleta se presta durante un mínimo de un mes, centralizándose en el museo la entrega y devolución. Contiene un taller de recursos minerales que puede realizarse de forma autónoma en el aula con la ayuda de un par de personas (alumnado o profesorado). El taller consta de diez minerales y de diez objetos fabricados a partir de ellos (Fig. 2L). Se plantea como un juego en el que el alumnado debe competir en dos grupos para ser el primero en relacionar todos los objetos con los minerales de los que derivan. Se cuenta con diversas pistas que ayudan a resolver el juego. Hasta el momento, las tres maletas didácticas del museo se han prestado en más de un centenar de ocasiones. Una de ellas está en préstamo permanente desde noviembre de 2014 en la Casa de las Culturas del Museo Alto Bierzo (Bembibre, León), donde la Asociación Mineralógica Aragonito Azul realiza asiduamente el taller con los centros escolares de la comarca. En la actualidad, la maleta didáctica también se presenta de forma virtual (www.thebriefcasegame.eu): el juego está traducido a 38 idiomas, se presenta en tres niveles educativos (de 6 a 9 años, de 10 a 14 años y de 15 a 18) y además añade una explicación para los profesores. La versión online recibió el premio Ciencia en Acción en 2020.

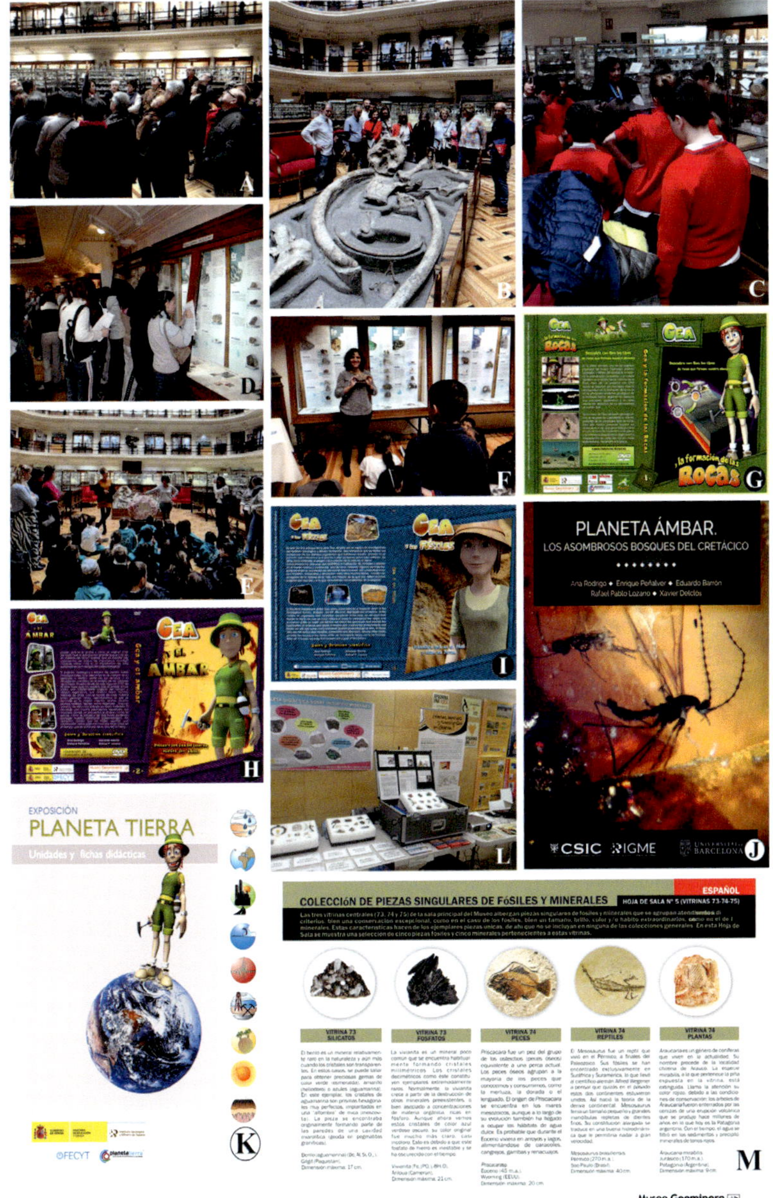

Figura 2. Algunos de los recursos didácticos del museo. A-C, visitas guiadas realizadas por el personal voluntario de CEATE para distintos públicos. A, alumnado de la Universidad de Mayores. B, grupo cultural. C, escolares de secundaria. D, alumnas utilizando el Cuaderno de Trabajo en su visita al museo. E-F, visitas-taller dirigidas al alumnado de primaria. G-J, audiovisuales producidos por el Museo Geominero. G, *Gea y la formación de las rocas* (2007). H, *Gea y el ámbar* (2010). Premio Ciencia en Acción en su XI edición (2011). I, *Gea y los fósiles* (2015). Premio Ciencia en Acción en su XV edición (2015). J, Vídeo divulgativo *Planeta ámbar. Los asombrosos bosques del Cretácico*. K, unidades y fichas didácticas diseñadas a propósito de la celebración del Año Internacional Planeta Tierra (2008). L, maleta didáctica en formato portátil. M, hoja de sala con algunos de los especímenes singulares de las colecciones del museo.

8. Hojas de sala (desde 2010)

Su objetivo es proporcionar información adicional sobre algunas de las piezas más singulares de las colecciones. Hay 10 hojas de sala con las siguientes temáticas: paleontología sistemática de invertebrados, fósiles extranjeros, invertebrados y plantas de España, sistemática mineral, gemas, rocas y meteoritos, yacimiento de Las Higueruelas (Ciudad Real), piezas singulares (Fig. 2M), vertebrados y minerales de las comunidades y ciudades autónomas. En cada una de las hojas se describen entre 10 y 12 especímenes de su respectiva colección (con excepción de la hoja de sala de Las Higueruelas, que únicamente recoge el mastodonte *Anancus arvernensis*). Están disponibles en español e inglés y pueden descargarse directamente de la web (https://www.igme.es/ZonaInfantil/MateDidac/Hojas/hojaSala.htm).

9. Sistema de guiado por las colecciones (2016-2023)

Consiste en un sistema de guiado inteligente a partir de una aplicación móvil que se descarga de forma gratuita en el teléfono o tableta. Esta tecnología denominada Bemuseums funciona por Bluetooth, de manera que no consume datos y es válida para todo tipo de público. Se instalaron 100 dispositivos en el museo que recogen información complementaria de piezas y exposiciones en diversos formatos: textos, imágenes, vídeos, artículos de investigación... De este modo el visitante puede realizar una visita guiada autónoma profundizando en aquellos aspectos que eligiese. En 2024 dejamos de usarla porque su funcionamiento requería un mantenimiento constante por la descarga de las baterías que alimentaban los dispositivos. En la actualidad estamos trabajando en aplicaciones de consulta de las colecciones desde teléfonos inteligentes y tabletas.

10. Geología en las paredes: las rocas de tu ciudad (desde 2010)

Esta actividad se diseñó como complemento a los talleres realizados en el museo durante la Semana de la Ciencia de 2010. Está disponible en la web del museo desde entonces (https://www.igme.es/ZonaInfantil/GeoParedes.htm). Su objetivo es conseguir que el público asistente se familiarice con diversos tipos de rocas presentes en fachadas y establecimientos de los alrededores de la sede principal del IGME en Madrid. Esta ruta geológica urbana permite aprender algo más sobre las rocas que habitualmente vemos en nuestro entorno.

En 2020, ante la imposibilidad de realizar esta actividad debido al confinamiento por el COVID-19, el equipo del museo preparó una variante en forma de vídeo (https://www.igme.es/museo/didactica/Geolodia%202020_Visita%20virtual%20a%20las%20rocas%20del%20hogar.mp4). En él se muestran los diferentes materiales pétreos del interior de nuestras viviendas que forman parte de nuestra vida cotidiana. Este audiovisual recibió un premio de Ciencia en Acción en 2021.

Actividades inclusivas

Nuestra idea de «museo para todas y todos» todavía no ha conseguido tomar forma en lo que a la eliminación de barreras arquitectónicas se refiere, si bien estamos trabajando activamente en este sentido. Al desafío de la accesibilidad en un edificio histórico se le suman también los retos de facilitar la inclusión a personas con discapacidad, implementando textos en lectura fácil, bucles magnéticos, actividades con diseño universal... Afortunadamente, tenemos cierto camino recorrido porque hace casi 20 años que en el museo empezamos a preocuparnos por poner en marcha actividades accesibles e integradoras (Tabla 4), conscientes de que las limitaciones físicas o psíquicas de las personas no siempre se relacionan con colectivos concretos y especiales.

ACTIVIDADES INCLUSIVAS	Itinerario ONCE
	Ciencia inclusiva
	Día de la mujer y la niña en la ciencia

Tabla 4. Relación de actividades inclusivas.

1. Itinerario ONCE (desde 2005)

En 2005 se firmó un convenio de colaboración entre la Organización Nacional de Ciegos de España (ONCE) y el IGME con objeto de conseguir la plena integración de personas ciegas o con discapacidad visual grave en edificios de contenidos históricos, culturales o científicos. De este modo, se diseñó una ruta por algunas piezas significativas del museo seleccionadas por su accesibilidad, así como por su capacidad de resumir el discurso museológico y de sintetizar lo más relevante del conjunto patrimonial expuesto. Todos los elementos que integran el recorrido por las piezas accesibles están señalizados mediante cartelas en braille y macrocaracteres (Fig. 3A). Además, se ha editado en braille una guía que incluye la descripción de las piezas y del itinerario, así como las referencias espaciales de la sala. Por último, se ha realizado en relieve un plano general de la planta baja del museo en el que se indica el recorrido propuesto. El listado de piezas accesibles incluye 24 minerales y 13 fósiles, además del montaje del mastodonte plioceno de Las Higueruelas (Ciudad Real).

2. Ciencia inclusiva (desde 2006)

En el museo hemos realizado algunas experiencias de divulgación científica para colectivos de personas con discapacidad, ya que la participación cultural y social es un derecho fundamental de la persona con independencia de sus capacidades (Rodrigo, 2017). Además del itinerario accesible para personas ciegas, en 2010 realizamos una actividad de reconocimiento de fósiles para personas con parálisis cerebral severa. La colaboración con el proyecto de Innovación de Mejora de la Calidad Docente de la UCM *Geodivulgar: geología y sociedad* nos permitió desarrollar en 2014 un taller con alumnas y alumnos del centro María Corredentora afectados por síndrome de Down (Fig. 3B). Algunas propuestas divulgativas de contenido científico para personas con discapacidad se han recogido en García Frank *et al.* (2014). En 2015, implementamos unos talleres de fósiles y minerales para trabajar con el alumnado del Colegio Público de Educación Especial (CPEE) Joan Miró y del Princesa Sofía de Madrid. Animados con los buenos resultados, en 2016 hicimos una actividad específica para un Centro de Día especializado en la atención de personas adultas con discapacidad (Centro de Día San Alfonso de la Fundación ANDE, Fig. 3C). También en 2016 participamos en el proyecto *ConCiencia Inclusiva*, financiado por la Real Sociedad Española de Química (RSEQ), donde el alumnado del colegio de educación especial Estudio 3 colaboró con el alumnado de un centro de educación ordinaria, el Ramón y Cajal (Fig. 3E). El objetivo fue trabajar la inclusión a través del acercamiento a la ciencia mediante experimentos de crecimiento cristalino. Asimismo, desde 2019 en el museo se han realizado diversos talleres para personas con discapacidad intelectual en colaboración con las asociaciones Fundación Inclusión y Apoyo (Aprocor), Afanías y Fundación Raíles.

3. Día de la mujer y la niña en la ciencia (2019-2023)

Nuestro propósito es reivindicar la figura de mujeres geólogas cuya trascendencia científica no fue reconocida en su momento. Para ello hemos realizado dos marcapáginas con una semblanza de Mary Anning (2019) y, al año siguiente, de Florence Bascom (2020, Fig. 3D). Se distribuyeron gratuitamente en el museo para las alumnas y alumnos que nos visitaron en esas fechas. La previsión era realizar un marcapáginas cada año, pero el cierre del Museo por la COVID-19 y las posteriores restricciones, como la retirada de folletos informativos, hicieron que aparcásemos este proyecto. Como otro de los objetivos en la celebración de este día es lograr el acceso equitativo de las mujeres y niñas en la ciencia, en 2021 explicamos el oficio de la paleontología a un nutrido grupo de alumnas y alumnos de primaria mediante sesiones de-

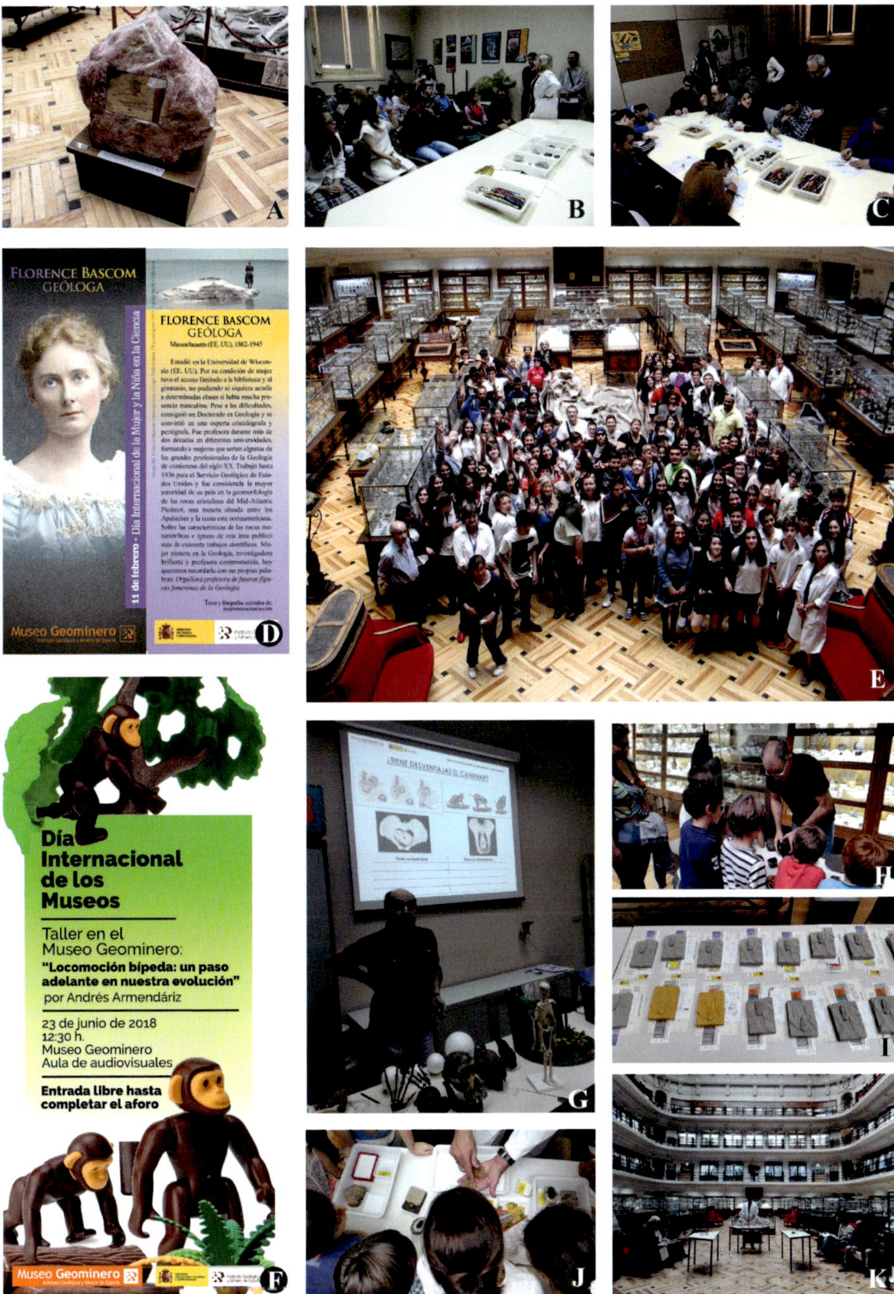

Figura 3. Selección de actividades inclusivas y puntuales realizadas en el Museo Geominero. A, itinerario accesible para personas con discapacidad visual. La fotografía ilustra el cuarzo rosa que ocupa el centro de la sala, punto de partida del recorrido. Posee una cartela en braille sobre la peana. B-C, actividades inclusivas para personas con discapacidad intelectual.

B, taller adaptado realizado con alumnas y alumnos del colegio María Corredentora en colaboración con el grupo Geodivulgar de la UCM (2014). C, taller adaptado para las personas del Centro de Día San Alfonso (Fundación ANDE) (2016). D, con motivo del Día de la mujer y la niña en la Ciencia, diseñamos marcapáginas con la semblanza de la geóloga norteamericana Florence Bascom, una de las pioneras de comienzos del siglo XX (2020). E, foto final de la actividad *ConCiencia Inclusiva* (2016). F-G, Día Internacional de los Museos. F, marcapáginas recordando la actividad de ese día. G, taller *Locomoción bípeda: un paso adelante en nuestra evolución*, realizado con motivo del Día Internacional de los Museos (2018). H-J, La Noche Europea de los Investigadores. Durante el trienio 2013-2015 se desarrolló la actividad *Meteoritos y fósiles: entre el cielo y la Tierra*. H, taller de meteoritos. El público tuvo la oportunidad de ver y tocar ejemplares de la colección del museo. I, réplicas realizadas por los asistentes. Se trata de una *Cruziana* o huella de desplazamiento de un trilobites. J, taller de fósiles. K, La Noche de los Libros con la actividad *Los minerales en la poesía de Lorca: oírlos, tocarlos, sentirlos...* (2019).

nominadas *Charlas con Geocientíficas*. Por último, en 2023, en colaboración con el grupo de Igualdad del IGME, realizamos una actividad para alumnado de primaria mostrando la diversidad de trabajos que realizamos las mujeres geólogas: cartografía, hidrogeología, geofísica, paleontología, etc.

Actividades puntuales

El museo no siempre ha dispuesto ni de personal ni de medios para participar en eventos de periodicidad anual. Por ese motivo, bajo la denominación de actividades puntuales hacemos referencia a la contribución no regular en acciones periódicas organizadas bien por instituciones, bien con motivo de diversas efemérides (Tabla 5).

ACTIVIDADES PUNTUALES	Día Internacional de los Museos
	La Noche Europea de los Investigadores
	Madrid Otra Mirada
	La Noche de los Libros

Tabla 5. Relación de actividades puntuales en las que el museo ha participado.

1. Día Internacional de los Museos (2009-2010; 2017-2018)

El Día Internacional de los Museos se celebra el 18 de mayo. Generalmente, en esa fecha los museos ofertan jornadas de puertas abiertas y actividades gratuitas en diversos formatos. Al ser la entrada libre en el Geominero, nosotros hemos optado por otro tipo de actividades, tales como visitas guiadas improvisadas (sin necesidad de apuntarse previamente) y charlas y talleres de diferentes temáticas. En 2018 realizamos un taller sobre la manera en que los homínidos consiguieron la locomoción bípeda (Figs. 3F y 3G).

2. La Noche Europea de los Investigadores (2013-2015)

El museo ha participado durante tres años consecutivos con un taller para público general denominado *Meteoritos y fósiles: entre el cielo y la tierra*. El objetivo es explicar a través de ejemplares de las colecciones –que además se pueden manipular– qué son los fósiles y los meteoritos, dónde se encuentran, qué información proporcionan a los profesionales de la geología, las leyes que regulan su recogida y su importancia en el estudio de la edad de la Tierra (Figs. 3H y 3J). Asimismo, los niños y niñas de entre 6 y 12 años realizan una réplica en escayola de un trilobites de las colecciones del museo (Fig. 3I). La Noche Europea de los Investigadores está organizada por la Comunidad de Madrid y financiada por la Unión Europea dentro del Programa Horizonte Europa de investigación e innovación.

3. Madrid Otra Mirada (2016-2019; 2022)

Esta iniciativa promovida por el Ayuntamiento de Madrid tiene como objetivo que madrileñas y madrileños conozcan lugares de interés patrimonial. Ya se ha comentado que el edificio del IGME es un Bien de Interés Cultural con categoría de monumento. Por esa razón participamos en estas cuatro ediciones mostrando, no solo el museo y el edificio del IGME mediante una visita guiada, sino también parte de su oferta educativa proyectando el vídeo *Gea y los fósiles*.

4. La Noche de los Libros (2019)

En 2019 participamos por primera y única vez hasta el momento en la XIV edición de La Noche de los Libros, organizada por la Comunidad de Madrid. Ese año se celebró el Año Lorca porque se cumplían 100 años de su llegada a Madrid. Se nos ocurrió relacionar la poesía de Lorca con los minerales presentes en ella. Así nació la actividad *Los minerales en la poesía de Lorca: oírlos, tocarlos, sentirlos*. A través de la lectura en voz alta de algunos de sus poemas se identificaron diversos minerales y/o rocas en el texto (talco, mármol, oro, azabache, sal, cobre, yeso, ámbar…), que luego pudieron tocarse y aprender más sobre ellos (Fig. 3K). Hasta el momento el museo no ha vuelto a participar en esta iniciativa por la dificultad que entraña relacionar el mundo de la geología con el escritor homenajeado cada año. Pero no descartamos colaborar en más ediciones.

Colaboraciones

Diferentes instituciones públicas y privadas han solicitado la colaboración del museo para el desarrollo de sus propias actividades. En este apartado repasamos algunas de ellas (Tabla 6).

COLABORACIONES	Rutas Científicas de la Comunidad de Madrid
	Ruta de los Museos: Pasaporte a la Ciencia
	Erasmus Science Museum
	Libros de la colección Planeta Tierra (Editorial Catarata)
	Estancias educativas 4º ESO + Empresa
	Yincana de los mares y océanos
	Reportero DOC
	Cómic *Vongy: una aventura entre científicos*
	Dinoscience 3D
	Roca lunar
	Hi Score Science
	Fiestas de Chamberí
	Científic@s en prácticas
	Jornadas de la Administración Abierta

Tabla 6. Colaboraciones del Museo Geominero con otras instituciones.

1. Rutas científicas de la Comunidad de Madrid (2006-2012)

Este programa, liderado por la Consejería de Educación de la Comunidad de Madrid, tiene como objetivo mejorar y presentar de forma más atractiva la formación que el alumnado recibe en sus aulas a través de entornos más experimentales y visuales. En el periodo comprendido entre 2007 y 2012 el museo participó activamente con este programa, recibiendo anualmente a grupos de 30 alumnas y alumnos de toda España. Se trabajaba con ellos sobre la historia de la vida a través de los fósiles utilizando charlas y talleres (Fig. 4A). El programa diario del alumnado es muy extenso y la visita al museo siempre se realiza en horario de tarde. Esta actividad sigue vigente en la actualidad bajo la denominación de *Rutas científicas, artísticas y literarias*.

2. Ruta de los Museos: Pasaporte a la Ciencia (2010-2012)

Esta actividad se realiza en colaboración con Cosmocaixa Madrid (este centro está clausurado a día de hoy, ocupando su antigua sede de Alcobendas el MUNCYT), Real Jardín Botánico (RJB), Museo Nacional de Ciencias Naturales (MNCN), Museo Nacional de Ciencia y Tecnología (MUNCYT), Museo Nacional de Antropología (MNA) y Museo del Ferrocarril, además

Figura 4. Algunas de las colaboraciones realizadas entre el Museo Geominero y diferentes instituciones públicas y privadas. A, Rutas científicas de la Comunidad de Madrid (2008). B-D, Ruta de los Museos: Pasaporte a la Ciencia. B, sellado de pasaportes en la entrada al museo (2010). C, publicidad de la ruta de los museos. D, aspecto del pasaporte con publicidad del Metro de Madrid. E, libros breves de divulgación escritos por personal del museo y publicados por la editorial Catarata. F-G, Estancias educativas 4° ESO + Empresa. F, alumnas y alumnos con la tarea del día (2014). G, visita a la tercera planta del museo para conocer algunos de sus fondos y foto de familia (2015). H-J, Yincana de los mares y los océanos (2015). H, algunas de las pruebas que debió realizar uno de los equipos participantes. I, foto de grupo de la corriente de Brasil. J, cartel anunciador de la yincana en la entrada del IGME. K, colaboración con la revista de divulgación juvenil Reportero DOC.

de Metro de Madrid y el apoyo de la Fundación Española para la Ciencia y la Tecnología (FECYT). A los visitantes se les proporciona un pasaporte con todos esos museos de ciencia que deben sellar cuando acudan a visitarlos (Figs. 4B-D). Los participantes debían desvelar un enigma: ¿cuál es la piedra de más de 100 kg de peso que ocupa el lugar central de la sala? Una vez completada la ruta al conseguir todos los sellos, el pasaporte se presenta en Cosmocaixa y se consigue la Tarjeta Amiga de ese centro. El objetivo es movilizar al público familiar a acudir a los museos de ciencia utilizando el transporte público.

3. Erasmus Science Museum (2011-2012)

En colaboración con el Aula de las Artes de la Universidad Carlos III de Madrid y el Instituto Cervantes. La actividad tiene como objetivo atraer a los museos al alumnado Erasmus que llega a Madrid para realizar su programa formativo. A la sazón se calculaba que el grupo estaría constituido por unas 4000 personas en cursos de contenido científico. Se les animó a ello proporcionándoles un carnet ESN (Erasmus Social Network) y regalándoles merchandising del Instituto Cervantes como bienvenida a su llegada a los museos participantes. A pesar de que tanto esta actividad como la anterior finalizaron en 2012, hemos querido dejar constancia de ellas porque supusieron una excelente experiencia colaborativa entre centros públicos y privados unidos para alcanzar de forma coordinada un objetivo común.

4. Libros de la colección Planeta Tierra (Editorial Catarata) (2012-2014)

En 2012 el IGME inició una colaboración con la editorial Catarata a través de la colección Planeta Tierra. El proyecto tiene como objetivo divulgar de forma rigurosa y amena las ciencias de la Tierra en diversas áreas, tales como la hidrogeología, el impacto ambiental, los recursos naturales, la dinámica terrestre, el patrimonio natural… Su público diana son lectoras y lectores no especializados, pero con curiosidad por aprender sobre nuestro planeta. Entre 2012 y 2014 parte del personal investigador adscrito en aquel momento al museo publicó cuatro libros dentro de esta colección, que tuvieron una excelente acogida (Fig. 4E): *El ámbar* (Peñalver, 2012), *Los dinosaurios* (Moratalla, 2013), *Piedras preciosas* (Lozano, 2014) y *La edad de la Tierra* (Rodrigo, 2014).

5. Estancias educativas 4° ESO + Empresa (2012-2019, 2021-2022)

Se trata de un programa educativo liderado por la Comunidad de Madrid que pretende acercar el sistema educativo y el mundo laboral. Las estancias, de entre 3 y 5 días, facilitan que el alumnado esté mejor preparado para tomar decisiones sobre su futuro académico y profesional. Empezamos a acoger chicos y chicas de este programa en 2012, en grupos no superiores a 6 personas. Durante tres días conocen de primera mano el trabajo realizado en un museo (Figs. 4F y 4G): algunas de las actividades de conservación y restauración (gestión de las colecciones, medidas de parámetros como la humedad y la temperatura en la sala principal, realización de moldes de piezas...); la investigación, a través de explicaciones por parte del personal científico del museo sobre sus publicaciones y muestreos; y la divulgación, participando en las visitas guiadas, los talleres, etc.

6. Yincana de los mares y los océanos (2015)

A propuesta del CSIC y de la Obra Social La Caixa, el Museo Geominero participó en esta actividad diseñada por personal investigador del Instituto de Ciencias del Mar. El objetivo fue convertir a la ciudad de Madrid en un océano virtual por el que los participantes, 300 estudiantes de 4° de ESO y Bachillerato repartidos en 10 ubicaciones madrileñas, «navegan» mientras aprenden sobre los ecosistemas marinos, el funcionamiento global de los océanos y, por tanto, del planeta. En el museo confluyeron diferentes corrientes oceánicas y se realizaron talleres de batimetría (Figs. 4H-J).

7. Reportero Doc (2015-2016)

En 2015 nos proponen la colaboración con una revista digital denominada Reportero Doc (Editorial Bayard), cuyo público objetivo son niñas y niños de entre 9 y 12 años. La revista es interactiva e incluye vídeos y juegos para profundizar en los temas que aborda. Desde el museo preparamos contenidos para dos números: el oro, con ejemplos españoles, las pepitas más grandes, extracción mediante bateo, etc. (2015, Fig. 4K); y los meteoritos, describiendo su tipología, características, ejemplos, grandes cráteres, curiosidades, etc., (2016).

8. Cómic *Vongy: una aventura entre científicos* (desde 2016)

Este cómic es fruto de una colaboración entre National Geographic, la fundación alemana Senckenberg de colecciones de Historia Natural, la Universidad de Barcelona y el IGME (Solórzano-Kraemer *et al.*, 2016). Nace con la intención de explicar de forma sencilla y lúdica los procesos de atrape por resina y de dispersión de las especies (Figs. 5A y 5B). El protagonista es Vongy, un escarabajo intrépido y curioso que vive en Madagascar. Su nombre deriva de la voz *voangory* que significa escarabajo en malgache. Conocerá a un grupo de científicas y científicos que buscan artrópodos, arañas y resinas en la gran isla roja y se verá inmerso en una gran aventura que le trasladará flotando sobre un tronco a miles de km de su hogar. Está disponible online en cuatro idiomas: español, inglés, francés y alemán (https://www.igme.es/ZonaInfantil/ComicVONGY/comic.htm).

9. DinoScience 3D (2018-2021)

En 2018 estrenamos nueva aplicación sobre la diversidad y la evolución de los dinosaurios: DinoScience 3D, también disponible para descarga en el móvil. Incluye una base de datos con más de 700 géneros de dinosaurios, su historia evolutiva resumida, su distribución mundial y 14 dinosaurios animados en 3D. Una visión innovadora, divulgativa, rigurosa y educativa del mundo de los dinosaurios. Estuvo disponible para su consulta entre 2018 y 2021 a través de una pantalla táctil situada a la entrada de la sala principal del museo. Fue un elemento muy atractivo para el público, fundamentalmente para niños y niñas.

10. Roca lunar (2019-2020)

Con motivo del 50 aniversario de la llegada del hombre a la Luna, en septiembre de 2019 presentamos en el museo un fragmento de roca del valle lunar Taurus Littrow cedido en calidad de préstamo por el Museo Naval de Madrid (Fig. 5C). Se trata de un basalto de grano grueso con una edad de 3700 millones de años regalado por Richard Nixon a Francisco Franco en 1973. Procede de la misión espacial Apolo XVII enviada al espacio entre el 7 y el 19 de diciembre de 1972, la primera que incluyó un geólogo entre su personal de a bordo. El fragmento de roca, del tamaño de una aceituna, está embutido en una esfera de plástico bajo la que puede leerse: «Este fragmento es una porción de una roca del valle de la Luna Taurus Littrow. Se entrega como símbolo de la unidad del esfuerzo humano y lleva consigo la esperanza del pueblo estadounidense de un mundo en paz». En la actualidad solo existen dos rocas lunares accesibles al público: la expuesta en el Museo Naval y la conservada en el Centro de Visitantes de la Estación Espacial de Robledo de Chavela en Madrid (Lozano *et al.*, 2019).

11. Hi Score Science (desde 2020)

Se trata de un videojuego científico para dispositivos móviles y ordenadores desarrollado por el Instituto de Ciencia de Materiales de Aragón (ICMA) y el Instituto de Síntesis Química y Catálisis Homogénea (ISQCH), centros mixtos de la Universidad de Zaragoza y el CSIC. El objetivo es llevar la divulgación de la ciencia a los más jóvenes, inmersos en el momento actual en la era digital y los videojuegos. Hi Score Science no solo es un juego de preguntas y respuestas de temática, científica, sino que incluye explicaciones divulgativas de la ciencia que se esconde tras cada respuesta, buscando incentivar la curiosidad de los participantes. A propuesta de los creadores de esta aplicación, el museo colaboró elaborando decenas de preguntas relacionadas con la geología. Ver opciones de descarga gratuita en http://hiscorescience.org.

Figura 5. Continuación de las colaboraciones del museo y ejemplos de algunas de las charlas formativas realizadas. A-B, Cómic Vongy. A, portada del cómic *Vongy: una aventura entre científicos*. B, familia disfrutando de su lectura. C, vitrina con la roca lunar procedente de la misión Apolo XVII. D, Científic@s en prácticas realizan réplicas en el taller de restauración

del Museo Geominero (2023). E-F, Jornadas de la Administración Abierta (2023). E, visita guiada por la colección de gemas. F, taller de replicado de fósiles. G, portada del folleto anunciador de *Las Charlas del Geominero*. H-I, Cursos de formación del profesorado. H, clase en el curso Geología de España a través de su patrimonio geológico (2013). I, clase en el curso Los museos como recurso educativo (2021). J-L, clases en el máster de Paleontología Aplicada de la UCM. J, charla sobre el *Anancus arvernensis* de la exposición permanente (2019). K, visita al laboratorio de restauración del museo (2024). L, explicación sobre la vitrina que recoge diversos ejemplos de alteración de minerales inestables (2024). M-N, participación con el programa PUMA (2020). M, foto de familia del grupo asistente en la puerta principal de acceso al IGME. N, taller sobre fosilización impartido tras la charla. O, alumnos ganadores de la fase nacional de las XV Olimpiadas de Geología en su visita al museo para reforzar conocimientos sobre minerales y rocas (2024).

12. Fiestas de Chamberí (desde 2021)

El Museo Geominero pertenece geográficamente al madrileño distrito de Chamberí. A petición de la Junta de Distrito, desde el año 2021 el museo colabora con la realización de visitas guiadas y talleres con motivo de la celebración de las fiestas del Carmen, patrona de Chamberí. De este modo, desde hace tres años recibimos en el mes de julio a vecinas y vecinos del barrio para que disfruten de la belleza del edificio y sus colecciones.

13. Científic@s en prácticas (desde 2023)

Desde 2023 el museo colabora con el programa de divulgación *Científic@s en prácticas*, coordinado por el CSIC. Se trata de un proyecto que proporciona estancias de una semana en centros de investigación a jóvenes de 3º de la ESO y 2º de PMAR (Programa de Mejora del Aprendizaje y Rendimiento), que se encuentren en condiciones desfavorecidas y muestren interés y esfuerzo. Se pretende, de este modo, fomentar el talento científico entre los y las jóvenes de zonas vulnerables. El museo colabora ofreciendo dos talleres al alumnado participante (Fig. 5D).

14. Jornadas de la Administración Abierta (desde 2023)

Nuestra colaboración más novedosa a día de hoy. Tiene lugar en el mes de junio. Se trata de una iniciativa promovida a nivel internacional por la Alianza para el Gobierno Abierto (OGP), con la finalidad de acercar las administraciones a la ciudadanía y promover la transparencia, la rendición de cuentas y la participación ciudadana. Participamos en las ediciones de 2023 y 2024 organizando talleres y visitas guiadas para asociaciones culturales (Figs. 5E y 5F). De este modo hemos visibilizado el trabajo que se realiza en dependencias de la Administración General del Estado (en el museo en nuestro caso), desconocidas muchas veces por la ciudadanía.

Charlas formativas

Consciente de las carencias generales en conocimientos de geología, el equipo del museo siempre ha mostrado una excelente disposición para participar en actividades formativas, tanto para el alumnado como para el profesorado y el público general. En este apartado se mencionan algunas de ellas (Tabla 7).

CHARLAS FORMATIVAS	Conferencias *Las charlas del Geominero*
	Cursos de formación del profesorado
	Colaboración con másteres
	Programa de Universidad de Mayores (PUMA)
	Olimpiadas de Geología

Tabla 7. Relación de charlas formativas.

1. Conferencias *Las charlas del Geominero* (2005-2009)

En 2005 iniciamos un nuevo reto ofreciendo charlas didácticas monotemáticas concentradas en un mes destinadas a público general (Fig. 5G). Por nuestra experiencia en el museo, arrancamos con el concepto «tiempo de la Tierra», ya que con frecuencia recibimos preguntas acerca de cómo calculamos la edad del planeta, de las rocas o de los fósiles.

- El tiempo de la Tierra (2005)
  - El calendario de la Tierra.
  - Dataciones absolutas: ¿cómo se calcula la edad de las rocas?
  - Dataciones relativas: los fósiles como indicadores del tiempo geológico.
  - Los procesos geológicos y el tiempo.

Después de este primer bloque, en los años siguientes asociamos las charlas a las exposiciones temporales que cada año inaugurábamos en el IGME (Rodrigo *et al.*, 2025):

- Minerales, un universo cristalino (2006)
  - Variedad mineralógica de la Comunidad de Madrid.
  - Las fluoritas de Asturias: forma, color y encanto natural.
  - Yacimientos de aragonito en el Triásico español.
  - Diamantes, tan bellos como escasos.
- El ámbar (2007)
  - Ámbar: instantes del pasado.
  - Los bosques del pasado y el ámbar.
  - Telarañas y chupadores de sangre en el ámbar.

    - El ámbar: mucho tiempo para formarse y poco para alterarse.
- Los lagos del pasado (2008)
    - Los dinosaurios de La Rioja: ¿más famosos que su vino?
    - Safari fotográfico por los lagos del Terciario español.
    - Lagos cretácicos de la península ibérica: ¡peligro bañarse!
    - Buceando en las rocas: ecología del pasado en lagos del Terciario.
- ¿Original o réplica? (2009)
    - Las colecciones de paleontología del Museo Geominero: una historia de más de 150 años.
    - ¿Conservar, restaurar o replicar?
    - Un paseo por las colecciones mineralógicas históricas del Museo Geominero.
    - De la mina al museo: los mejores minerales de la Comunidad de Madrid.

Todas las conferencias fueron grabadas y subidas a la web para facilitar su visionado a las personas que no pudieron asistir. Este programa de charlas finalizó en 2009 a consecuencia de las dificultades para conseguir público interesado en temas tan específicos de la geología en un lugar como Madrid, donde la oferta cultural es muy amplia. Sin embargo, no descartamos retomarlo.

2. Cursos de formación del profesorado (2006-actualidad)

El Museo Geominero colabora con el Centro de Formación del Profesorado de la Consejería de Educación de la Comunidad de Madrid en la realización de cursos. Los objetivos son dar a conocer los recursos educativos del museo y actualizar los conocimientos en geología. Entre los cursos impartidos hasta el momento podemos destacar:

- Los museos de Madrid: un recurso didáctico (2006).
- Paleontología y mineralogía: itinerarios didácticos por los museos de Madrid (2008).
- Diversos museos para públicos diversos (2009).
- Las Ciencias de la Tierra en la Educación Primaria (2010).
- Investigación y divulgación del patrimonio en los museos (2011).
- Geología de España a través de su patrimonio geológico (2013) (Fig. 5H).
- Los museos: su función científica y educativa (2015).
- Geología de actualidad: del fracking al cambio climático (2017)
- Aplicaciones de la geología en diferentes ámbitos (2019).
- Los museos como recurso educativo (2021) (Fig. 5I).

3. Colaboración con *másteres* (2006-actualidad)

El personal del equipo del museo imparte desde 2006 charlas de formación y talleres prácticos de restauración en el marco de diversos másteres:

- Máster en Periodismo y Comunicación de la Ciencia, la Tecnología y el Medio Ambiente de la Universidad Carlos III de Madrid (2006-2012).
- Máster de Didácticas Específicas en el aula, museos y espacios naturales de la Universidad Autónoma de Madrid (2015- 2020).
- Formación del profesorado de Enseñanza Secundaria, Obligatoria, Bachillerato, Formación Profesional y Enseñanza de Idiomas de la Universidad de Alcalá de Henares (desde 2011).
- Máster de Paleontología Aplicada de la Universidad Complutense de Madrid (desde 2016) (Figs. 5J, 5K y 5L).

4. Programa de Universidad para los Mayores (PUMA) (2007-actualidad)

El museo participa desde 2007 con el Programa PUMA de la Universidad Autónoma de Madrid (UAM), dirigido a personas mayores de 50 años (Fig. 5M). Su objetivo es dotar de una formación básica y actualizada en Ciencias, Ciencias Sociales y Humanidades, así como promover el aprendizaje a lo largo de la vida y fomentar el intercambio intergeneracional. En el contexto de la asignatura *Evolución biológica y diálogo con la naturaleza*, se imparte una charla y un taller (Fig. 5N), además de realizarse una visita guiada con el alumnado. Desde 2013 el museo recibe también al alumnado de la Universidad de Mayores de la Universidad de Alcalá de Henares (UAH), realizando actividades similares.

5. Olimpiadas de Geología (2016-actualidad)

El museo colabora activamente con las Olimpiadas de Geología impartiendo charlas y realizando visitas a las colecciones con los alumnos y alumnas ganadores de la fase nacional (Fig. 5O). El objetivo es apoyarles en el reconocimiento de fósiles, rocas y minerales para facilitarles la competición en la fase internacional. En 2024 ha tenido lugar la XV edición de la Olimpiada Española de Geología. Ganadoras y ganadores pasaron a la competición internacional que tuvo lugar en Pekín (China).

CIENCIA Y ARTE

Aunque diferentes en su punto de partida y metodología, la ciencia y el arte configuran dos caras de la misma moneda que se complementan en su contribución al conocimiento. Como ya plantease el científico y novelista británico C.P. Snow en su conferencia de 1959 titulada «The Two Cultures and the Scientific Revolution», no debería existir esa separación entre culturas –una de ciencias y otra de humanidades–, dado que ambas disciplinas en su conjunto nos aportan una visión más completa de la realidad. Mientras la ciencia lo hace proporcionando una comprensión estructurada y empírica del mundo, el arte nos ofrece una interpretación emocional y subjetiva. La diferencia de enfoque (analítico en el caso de la ciencia, expresivo en el del arte) no debe dividirlas en doctrinas antagónicas, puesto que ambas forman parte de lo que entendemos por cultura.

Con este planteamiento, desde hace dos décadas el museo se ha redefinido como un espacio de acogida para distintas expresiones artísticas: música, escultura, fotografía, dibujo, diseño de moda... Los objetivos: sugerir un diálogo entre el trabajo artístico y el carácter científico y didáctico del museo, así como visibilizar el binomio ciencia + arte como parte de una definición más integradora de cultura. A continuación, se recogen algunas de las intervenciones que han tenido lugar en él (Tabla 8).

<table>
<tr><td rowspan="12">PROYECTOS ARTÍSTICOS</td><td>Música artística y Ciencia en el siglo XXI</td></tr>
<tr><td>Proyecto Nuevos creadores, nuevos públicos. Arte de todos, para todos</td></tr>
<tr><td>Actuación del coro Quo Pereo</td></tr>
<tr><td>Exposición fotográfica Piedras en Movimiento</td></tr>
<tr><td>Exposición colección de moda</td></tr>
<tr><td>Taller de ilustración</td></tr>
<tr><td>Concierto de música góspel</td></tr>
<tr><td>Curso de dibujo 1 pieza, 1 técnica</td></tr>
<tr><td>Grupo Menhir: Concierto para meteoritos y otras piedras</td></tr>
<tr><td>Exhibición de la escultura Historia Natural</td></tr>
<tr><td>Navidades en la Onda</td></tr>
<tr><td>Taller de divulgación e ilustración paleontológica</td></tr>
</table>

Tabla 8. Proyectos artísticos realizados en el Museo Geominero.

1. Ciclo de Música artística y Ciencia en el siglo XXI (2005)

Entre febrero y marzo de 2005 se organizó un ciclo de conferencias y audiciones en torno a la música y la ciencia en colaboración con PACTHUM (Plataforma Artística, Científica, Tecnológica y Humanística). Las conferencias se dictaron en la sala de audiovisuales del museo. Los ponentes fueron músicos de reconocido prestigio, entre los que se encontraba Joaquín Moratalla, investigador del museo y también músico (Fig. 6A):

- Joaquín Moratalla: *¿Vivimos en un Universo Musical?*

- Consuelo Díez: *Nuevos conceptos instrumentales en la música del siglo XX.*
- Adolfo Núñez: *Matemáticas y Música.*
- Joaquín Medina: *Composición con ordenador y síntesis de sonido.*
- Francisco Otero: *La complejidad estética del siglo XX en la música artística.*

La música pudo escucharse en la sala principal del museo a través de unos potentes altavoces situados en la tercera planta. El programa contó con las siguientes audiciones:

- *Balada de lejanía* de Blas Sancho.
- *Water Boulder Music* de Adolfo Núñez.
- *Naggareth* de Consuelo Díez.
- *Boreal 3* de Francisco Otero.
- *Velobits* de Joaquín Medina.

2. Proyecto *Nuevos Creadores, nuevos públicos. Arte de todos, para todos* (2015)

Desde el Departamento de Atención a la Diversidad de la Unidad de Programas Educativos del Área Territorial de Madrid Capital (Consejería de Educación de la Comunidad de Madrid) se nos propuso participar en este proyecto. El objetivo es vincular al alumnado y profesorado de Centros de Educación Especial con otros procedentes de Institutos de Educación Secundaria. Para ello, el Coro Organum del Conservatorio Profesional Arturo Soria, trabajó con chicas y chicos del Colegio de Educación Especial Princesa Sofía de Madrid. Mediante un acercamiento a través de la música, se busca fomentar la cooperación, el aprendizaje mutuo y la convivencia entre escolares con distintas capacidades, además de motivar a la comunidad educativa a generar estrategias pedagógicas inclusivas y creativas. El resultado fue un concierto celebrado en el museo el 14 de marzo de 2015 (Figs. 6B y 6C).

3. Actuación del coro Quo Pereo (2016)

Con motivo de la celebración de las fiestas de Chamberí, el coro de cámara Quo Pereo presentó en el museo el programa *Amor Volat Undique* (el amor vuela por todas partes) el 12 de julio de 2017. La buena acústica de la sala permitió que los cantantes se situasen en el primer piso mientras el director guiaba al coro desde la planta baja (Fig. 6D). Interpretaron temas que nos hablan del amor en sus más diversas formas y manifestaciones.

4. Exposición de fotografía *Moving Stones/Piedras en movimiento* (2017)

Entre el 21 de enero y el 11 de marzo de 2017 el museo abrió sus puertas al arte contemporáneo de la mano de la artista donostiarra Maider López. La instalación fotográfica, situada en la segunda planta del museo, hacía alusión a la transformación invisible del paisaje. A lo largo de un recorrido por fotografías dispuestas en 34 pares se mostraba su movimiento. La artista recorrió diferentes lugares de Capadocia (Turquía) documentando con coordenadas GPS y fotografías los movimientos involuntarios de las piedras por la acción de sus propios pies (Fig. 6E). La exposición formó parte de un proyecto en tres localizaciones: la galería Espacio Mínimo, ARCO_MADRID 2017 y el Museo Geominero (Fig. 6F).

5. Exposición de colección de moda (2017)

Del 11 al 24 de febrero de 2017, la diseñadora Leyre Valiente presentó su colección de primavera-verano en el museo, dentro de la iniciativa Madrid es Moda de la Asociación de Creadores de Moda de España (ACME). Su colección, denominada *Crystal Clouds*, se inspiró en las ilustraciones de cristales del dibujante francés Moëbius (Figs. 6G y 6H). Esta fue la razón por la que Leyre contactó con nosotros para pedirnos mostrar sus prendas en la sala principal del museo. Los vestidos que portan las maniquíes llevan cristales de cuarzo teñidos en cuello y cintura. Bañadores, sudaderas, vestidos de fiesta, camisetas... compartieron espacio durante dos semanas con las colecciones geológicas del museo.

6. Taller de ilustración (2017)

El Consejo General del Libro organizó un taller de iniciación a la ilustración científica en colaboración con el museo. Tuvo lugar el 24 de abril de 2017 con motivo de la celebración del Día del Libro. Se reunieron unas 50 personas para inmortalizar en sus dibujos algunos de los ejemplares de la exposición permanente.

7. Concierto de música góspel (2017)

En colaboración con el centro cultural Galileo, el 23 de diciembre de 2017 tuvo lugar un concierto de música góspel a cargo del coro polifónico Villa de Vallecas dirigido por su fundador, Rostislav Fedorov (Fig. 6I). Se realizó un recorrido musical por las diez obras espirituales más destacadas del pueblo afroamericano, terminando con cinco villancicos populares.

8. Curso de dibujo *1 pieza, 1 técnica* (2017-2019)

Durante tres años consecutivos tuvo lugar en el museo un curso práctico de dibujo empleando diferentes técnicas para dibujar *in situ* a través de la observación directa. El impulsor de esta actividad fue el arquitecto Richard Câmara, colaborador con varios museos de España y Portugal para promover el dibujo en cuaderno como herramienta de investigación, aprendizaje y ocio. El curso tuvo una duración anual y las clases se impartieron el tercer domingo de mes en horario de 10 a 13h.

9. Concierto del grupo Menhir (2018)

El domingo 21 de enero de 2018 tuvo lugar en el museo un concierto de música experimental a cargo del grupo Menhir, integrado por Coco Moya e Iván Cebrián (Fig. 6J). El propósito del grupo es explorar la música y el arte como un proceso de relación con el paisaje, los territorios y los espacios. Menhir compuso una pieza *ad hoc* para esta experiencia denominada *Concierto para meteoritos y otras piedras*. Puede verse en https://www.youtube.com/watch?v=HSliN5FuH4U.

10. Exhibición de la escultura *Historia Natural* (2019-2021)

El 12 de febrero de 2019 presentamos la escultura *Historia Natural* realizada en mármol blanco por el artista francés André Allar. La obra pertenece a la colección privada de Julio Alberto Plaza Pérez, quien amablemente nos cedió la pieza para integrarla entre las vitrinas de la colección «Fósiles de invertebrados y flora fósiles españoles» (Fig. 6K). Esta escultura es una alegoría de la ciencia tomada del personaje central del altorrelieve que preside la entrada de la Galería de Paleontología, Antropología y Anatomía Comparada del Museo de Historia Natural de París, que Allar realizó entre 1894 y 1896 (Fig. 6L). La finalización del préstamo debía producirse en marzo de 2020, pero el cierre del museo hasta octubre de ese año a consecuencia del COVID-19 propició la ampliación hasta el 13 de octubre de 2021.

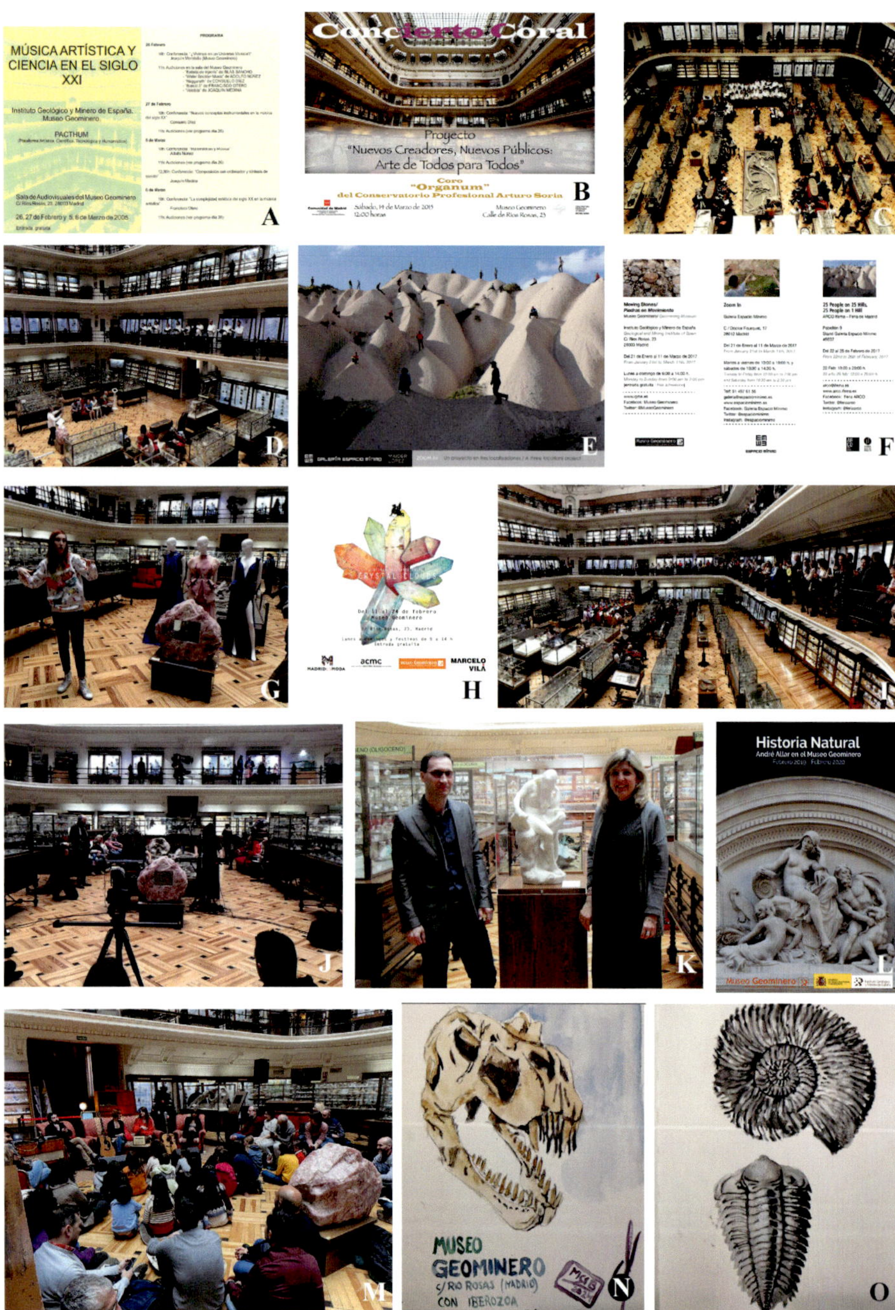

Figura 6. Algunas de las intervenciones artísticas realizadas en el Museo Geominero. A, programa del Ciclo de Música Artística y Ciencia en el siglo XXI, organizado por el museo en 2005. B-C, proyecto *Nuevos creadores, nuevos públicos. Arte de todos para todos* (2015). B, información del concierto a cargo del coro Organum. C, imagen de la actividad en la que

compartieron programa musical el coro Organum del Conservatorio Profesional Arturo Soria con alumnas y alumnos del colegio de educación especial Princesa Sofía de Madrid. D, actuación del coro Quo Pereo (2017). E-F, exposición fotográfica *Piedras en Movimiento* (2017). E, una fotografía de la artista Maider López tomada en la Capadocia (Turquía). F, programa de fechas y lugares de la exposición: Museo Geominero, Galería Espacio Mínimo y ARCO. G-H, presentación de la colección de moda Crystal Clouds (2017). G, Leyre Valiente explicando sus diseños inspirados en las ilustraciones de cristales de Moëbius. H, cartel anunciador de la exposición. I, concierto de música góspel (2017). J, concierto de música experimental a cargo del grupo Menhir con la obra *Concierto para meteoritos y otras piedras*, compuesta ex profeso (2018). K-L, exhibición de la escultura *Historia Natural*. K, inauguración de la vitrina con la escultura en el Museo Geominero. A la izquierda, Julio Alberto Plaza, su propietario y artífice del préstamo. L, portada del díptico que explica el origen de la escultura, obra de André Allar. M, actividad *Navidades en la Onda* (2023). Música en directo para público familiar en un entorno hogareño con la navidad de fondo. N-O, taller de divulgación e ilustración paleontológica (2024). Algunas de las ilustraciones realizadas en acuarela por los participantes: *Tyrannosaurus rex* (N) y ammonites + trilobites (O).

11. Navidades en la Onda (2023)

El 17 de diciembre de 2023 tuvo lugar en el museo la actividad *CSIC X+ Navidad en la onda* con la participación de los músicos María Rodés, Tulsa y Bronquio. El formato elegido se inspiró en la realización de un programa de radio en directo con cantantes, músicos y un presentador que amenizó la jornada interactuando con el público asistente (Fig. 6M). El museo se decoró como el salón de una vivienda familiar donde sus integrantes se reúnen para pasar juntos las navidades. La propuesta tuvo lugar durante tres domingos consecutivos del mes de diciembre en los tres grandes espacios de divulgación que el CSIC tiene en Madrid: Museo Nacional de Ciencias Naturales, Real Jardín Botánico y Museo Geominero. Estos espacios se convirtieron en un punto de encuentro dentro del *Barrio de las Ciencias* para la transferencia de conocimiento y el entretenimiento.

12. Taller de divulgación e ilustración paleontológica (2024)

El 27 de abril de 2024 tuvo lugar un taller liderado por la asociación sin ánimo de lucro Iberozoa, destinado a personas amantes de la naturaleza y el dibujo. A lo largo de la mañana los y las participantes pasearon por la exposición permanente eligiendo especímenes de las colecciones, que posteriormente ilustraron utilizando distintas técnicas (Figs. 6N y 6O).

Finalmente, el Museo Geominero también ha sido el escenario de rodajes de películas, series, anuncios, grabación de documentales o de entrevistas y programas de televisión. La majestuosidad de su sala principal, una joya arquitectónica y auténtico festín para los sentidos, ha despertado desde siempre gran interés en productoras que han querido reflejar en sus creaciones su luminoso magnetismo. Destacamos algunas intervenciones:

- Película *Todo es mentira*, de Álvaro Fernández Armero (1994).
- Anuncio de la vuelta al cole de El Corte Inglés (2008).
- Corto de animación *Tadeo Jones en el Museo Geominero*, de Enrique Gato. (2013). *Descubre con Tadeo*, capítulo 7 (www.descubrecontadeo)
- https://www.youtube.com/watch?v=NQBqng0L4V4
- Serie *El tiempo entre costuras*, de Ignacio Mercero, Iñaki Peñafiel y Norberto López Amado (2012).
- Serie *Traición*, de Ramón Campos y Gema R. Neira (2017).
- Programa de Telemadrid *Mi cámara y Yo: Acceso restringido*, de Paloma Ferre (2018). Minuto 15:37. https://www.youtube.com/watch?v=MzweEB8aSH4
- Película *CampeoneX*, de Javier Fesser (2023).

NUESTROS VISITANTES OPINAN

Desde el año 2012 utilizamos unas sencillas tarjetas de cartulina para que nuestros visitantes de todas las edades se expresen libremente en relación a su percepción del museo. Es una manera de conocer sus intereses, necesidades, dificultades con la exposición, además de ayudarnos a detectar errores, conceptos que no se entienden o problemas infraestructurales (la accesibilidad, por ejemplo). Hemos recibido multitud de comentarios en diversos formatos (dibujos, frases, fotografías, canciones, versos…) y de índole muy variada (felicitaciones, observaciones, riñas, correcciones a las cartelas, sugerencias…). Pero la inmensa mayoría de las tarjetas que el público nos deja son de agradecimiento, respeto y consideración por nuestro trabajo de divulgación y conservación de las colecciones. En la figura 7 se muestra una pequeña selección de las tarjetas escritas entre enero y julio de 2024 (más de 600). Más dibujos y comentarios de nuestros visitantes se pueden ver en: https://www.igme.es/ZonaInfantil/opiniones.htm.

Figura 7. Ante la pregunta ¿Qué te sugiere el Museo Geominero? Piensa, escribe, dibuja, imagina... y déjanos tu impresión, estos son algunos de los comentarios que hemos recabado entre enero y julio de 2024.

CONCLUSIONES

El equipo del Museo Geominero está integrado por personas apasionadas y comprometidas con su trabajo. Esta vocación se manifiesta también en la entrega de sus profesionales para prestar un servicio público de calidad. No en vano uno de los objetivos de mayor calado y responsabilidad del museo es cumplir con su función social, lo que implica que la institución no solo garantiza la conservación y exhibición pública del patrimonio que custodia, sino que también se compromete a tener un impacto positivo en la sociedad. El museo debe ser una institución dinámica y comprometida con el bienestar y el desarrollo cultural de la ciudadanía, que dé respuesta a sus necesidades y expectativas en la medida de sus posibilidades.

AGRADECIMIENTOS

En febrero de 1996 me incorporé como becaria del IGME a la entonces exigua plantilla del Museo Geominero. Llegué rebosante de ilusión por poder trabajar al fin en mi gran pasión: la paleontología. Que además ese trabajo pudiera desarrollarse entre las vitrinas de un museo fue una felicidad añadida. Recuerdo que Miguel Rodrigo, mi padre, vino a verme en aquellos primeros meses de joven aprendiz. Él ya conocía el museo porque lo había visitado en varias ocasiones durante la década de los cincuenta del pasado siglo. Al entrar de nuevo y conmigo en la sala principal, se dejó llevar por la belleza de la sala y la emoción del momento, diciéndome algo que nunca he olvidado: «Hija, aquí se debería pagar por poder trabajar, no deberíais tener sueldo». Si bien el circunstancial síndrome de Stendhal de mi padre no tuvo (afortunadamente) repercusión en mi apretada nómina de becaria, no puedo dejar de agradecerle sus palabras por toda la verdad que contienen: ha sido, es y será un privilegio formar parte del proyecto que ha hecho del Museo Geominero una institución viva, con personalidad propia, participativa y cercana al conjunto de la sociedad, convirtiéndole en un referente en conservación, restauración, investigación, educación y divulgación. Este trabajo es una contribución al proyecto PID2022-137316NB-C2, AEI/FEDER, UE.

BIBLIOGRAFÍA

CRESPO, A. Y RODRIGO, A. 2009. *Exposición Planeta Tierra. Unidades y fichas didácticas.* Instituto Geológico y Minero de España, Madrid, 133 pp.

GARCÍA-FRANK, A.; GÓMEZ-HERAS, M.; GONZALO PARRA, L.; CANALES FERNÁNDEZ, M.L.; MUÑOZ-GARCÍA, M.B.; GONZÁLEZ-ACEBRÓN, L.; GARCÍA HERNÁNDEZ, R.; HONTECILLAS, D.; IGLESIAS ÁLVAREZ, N.; SALAZAR RAMÍREZ, R.W.; FESHARAKI, O.; NAVALPOTRO, T.; REVIEJO, M.; RODRIGO SANZ, A.; DEL MORAL, B.; SARMIENTO, G.N. Y URETA, S. 2014. Ready-to-serve Geology! Portable kits for scientific divulgation to people with functional diversity. *Proceedings of ICERI, 7th International Conference of Education, Research and Innovation*. IATED Academy, 4666-4672.

LOZANO, R.P. 2014. *Piedras preciosas.* Colección Planeta Tierra, 10. Editorial Catarata, Madrid, 136 pp.

LOZANO, R.P.; RODRIGO, A.; TORRES-MATILLA, M.J.; BAEZA, E.; GONZÁLEZ-LAGUNA, R.; HERNÁNDEZ-PINILLA, M.P. Y MORENO, X. 2019. La exposición de la roca lunar del Apolo XVII en el Museo Geominero (IGME, Madrid). *Enseñanza de las Ciencias de la Tierra*, 27 (2), 225-228.

MORATALLA, J. 2013. *Los dinosaurios.* Colección Planeta Tierra, 7. Editorial Catarata, Madrid, 120 pp.

PEDRINACI, E.; ALCALDE, S.; ALFARO, P.; BARRERA, J.L.; BELMONTE, Á.; BRUSI, D.; CALONGE, A.; CARDONA, A.; CRESPO, A.; FEIXAS, J.C.; FERNÁNDEZ-MARTÍNEZ, E.M.; GONZÁLEZ-DÍEZ, A.; JIMÉNEZ-MILLÁN, J.; LÓPEZ-RUIZ, J.; MATA-PERELLÓ, J.M.; PASCUAL, J.A.; QUINTANILLA, L.; RÁBANO, I.; REBOLLO, L.; RODRIGO, A.; ROQUERO, E. Y RUIZ DE ALMODÓVAR, G. 2013. Alfabetización en Ciencias de la Tierra. *Enseñanza de las Ciencias de la Tierra*, 21 (2), 117-129.

PEÑALVER, E. 2012. *El ámbar.* Colección Planeta Tierra, 4. Editorial Catarata, Madrid, 134 pp.

RÁBANO, I. Y RODRIGO, A. 2003. Talleres didácticos del Museo Geominero: aproximación de las Ciencias de la Tierra al gran público. *Revista de Museología*, 27-28, 46-50.

RÁBANO, I.; RODRIGO, A. Y PARDILLA, I. 2019. La transmisión de la experiencia: el programa «Voluntarios Culturales Mayores» en el Museo Geominero (Instituto Geológico y Minero de España, Madrid). En: L. Mansilla y J.M. Mata Perelló (eds.), *El patrimonio geológico y minero. Identidad y motor de desarrollo.* Cuadernos del Museo Geominero, 29. Instituto Geológico y Minero de España, Madrid, 1237-1246.

RÁBANO, I.; RODRIGO, A. Y CAMPESINO, M. 2025. El programa «Voluntarios culturales mayores para enseñar los museos de España» de la Confederación Española de Aulas de Tercera Edad: una colaboración indispensable. En: I. Rábano (ed.), *Museo Geominero: colecciones, divulgación, investigación.* Doce Calles, Aranjuez, 345-352.

RODRIGO, A. 2008. La enseñanza de las Ciencias de la Tierra: el ejemplo del Museo Geominero (Instituto Geológico y Minero de España). *Memorias de la Real Sociedad Española de Historia Natural (2ª época)*, 5, 85-104.

RODRIGO, A. 2013. Enseñar a mirar: la función social de los museos de Historia Natural. *Memorias de la Real Sociedad Española de Historia Natural (2ª época)*, 11, 99-113.

RODRIGO, A. 2014. *La edad de la Tierra.* Colección Planeta Tierra, 11. Editorial Catarata, Madrid, 119 pp.

RODRIGO, A. 2015. Recursos didácticos del Museo Geominero: hacia una alfabetización en Ciencias de la Tierra. *Revista de Museología*, 64, 31-43.

RODRIGO, A. 2016. El Museo Geominero: un museo histórico en el siglo XXI. *ICOM Digital, Revista del Comité Español de ICOM*, 13, 66-77.

RODRIGO, A. 2017. Actividades para público con diversidad funcional en el Museo Geominero (IGME). *Aula, Museos y Colecciones*, 4, 21-28.

RODRIGO, A. Y RÁBANO, I. 2005. *Un taller de paleontología en el Museo Geominero.* Alambique. Didáctica de las Ciencias Experimentales, 44. Monografía Aprender con fósiles. Editorial Graó, Madrid, 77-84.

RODRIGO, A.; LOZANO FERNÁNDEZ, R.P. Y BAEZA CHICO, E. 2008. Talleres didácticos en el Museo Geominero (IGME, Madrid): identificación de fósiles, minerales y rocas. *Enseñanza de las Ciencias de la Tierra*, 16 (1), 92-98.

RODRIGO, A.; PEÑALVER, E.; BARRÓN, E. Y LOZANO, R.P. 2015. Los documentales de la serie Gea como recurso educativo y divulgativo sobre patrimonio geológico. En: A. Hilario, M. Monge-Ganuzas, E. Fernández, J. Vegas y A. Belmonte (eds.*), Patrimonio geológico y geoparques, avances de un camino para todos*. Cuadernos del Museo Geominero, 18. Instituto Geológico y Minero de España, Madrid, pp. 437-441.

RODRIGO, A.; LOZANO, R.P.; ARRIBAS, A.; BAEZA, E.; MENÉNDEZ, S.; PEÑALVER, E.; BARRÓN, E.; GONZÁLEZ, R. Y RÁBANO, I. 2025. Las exposiciones temporales del Museo Geominero. En: I. Rábano (ed.), *Museo Geominero: colecciones, divulgación, investigación.* Doce Calles, Aranjuez, 321-344.

[SEMANA] 2001. *Semana de la Ciencia*. Consejería de Educación, Comunidad de Madrid, Madrid, 167 pp.

SOLÓRZANO-KRAEMER, M.M.; DELCLÒS, X.; PEÑALVER, E. Y RODRIGO, A. 2016. *Vongy. Una aventura entre científicos*. National Geographic Global Exploration Fund Northern Europe. Ministerio de Economía y Competitividad, Fundación Senckenberg Frankfurt, 13 pp.

LAS EXPOSICIONES TEMPORALES DEL MUSEO GEOMINERO

Ana Rodrigo Sanz, Rafael P. Lozano Fernández, Alfonso Arribas Herrera, Eleuterio Baeza Chico, Silvia Menéndez Carrasco, Enrique Peñalver Mollá, Eduardo Barrón López, Ruth González-Laguna, Ramón Jiménez Martínez e Isabel Rábano Gutiérrez del Arroyo

Entre 1997 y 2017 el equipo del museo, integrado por personal científico y técnico, llevó a cabo catorce exposiciones temporales en su mayor parte itinerantes. Veinte años atravesados por un enorme y continuo trabajo de divulgación pensado para la ciudadanía, cuya filosofía se sostiene en un aforismo formulado ya en el Renacimiento: «Solo es ciencia la ciencia transmisible» (Leonardo da Vinci).

Nuestro propósito común fue entonces –y continúa en la actualidad– sacar el museo fuera del museo para transmitir a la sociedad la importancia y la utilidad de la investigación en geología. Con un objetivo doble: por un lado, aumentar el interés social por la ciencia dando a conocer nuestro trabajo y visibilizando al Instituto Geológico y Minero de España (IGME); por otro, devolver a la ciudadanía una parte de lo que de ella recibimos en forma de financiación pública para desarrollar en el museo los cometidos relacionados con la investigación, conservación, difusión y educación que se nos han encomendado.

Universidades, museos, centros de investigación, jardines botánicos, planetarios, palacios, centros culturales municipales, colegios mayores, centros de educación ambiental, teatros, salas de exposiciones, fundaciones, centros de interpretación, Instituto Ferial de Madrid (IFEMA), casas de las ciencias, cuevas turísticas, parques nacionales, centros escolares…, más de cien sedes acogieron fuera del IGME nuestras exposiciones entre febrero de 1997 (*Tesoros en las rocas*) y febrero de 2022 (*¿Original o réplica?*), mostrándolas a visitantes con intereses y expectativas diversas: público escolar, universitario, familiar, especializado, turístico, tercera edad, asociaciones culturales, ...

Tesoros en las rocas fue la primera exposición que realizó el equipo del museo. Se inauguró en 1997 en Torrelavega (Cantabria). De todas las diseñadas fue la que reunió un mayor número de piezas y de paneles, la que más sedes visitó y la que más tiempo itineró. La última exposición, *Amberia: el ámbar de Iberia*, se inauguró en el hall de la sede principal del IGME en diciembre de 2017, desmontándose en febrero de 2019. Las consecuencias de la pandemia generada por la COVID-19 y la integración del IGME en el CSIC (Real Decreto 202/2021 de 30 de marzo), que supuso en la práctica el desmantelamiento del grupo de trabajo del museo al separar al personal investigador del resto del equipo técnico, no han permitido la realización de más exposiciones por nuestra parte.

VEINTE AÑOS DE EXPOSICIONES TEMPORALES

A continuación, se detallan cronológicamente todas las exposiciones temporales realizadas por el equipo del Museo Geominero entre los años 1997 y 2017.

Tesoros en las rocas (1997-2012)

En 1993 comenzó a realizarse la revisión sistemática de los especímenes del museo, tarea que puso de manifiesto que muchos de los materiales en exposición eran excepcionales. Esta excepcionalidad (integridad, estado de conservación, anatomía, interés histórico y cronológico, rareza, representatividad geográfica) también la presentaban miles de piezas ocultas en los cajones y armarios de los fondos.

Se observó que la colección de fondos tenía representación de todos los hitos paleontológicos y mineralógicos de España, desde el Cámbrico hasta la actualidad, por lo que se decidió hacer una selección de estos materiales sin alterar los contenidos de la exposición permanente. El público procedente de Madrid y alrededores podía visitarnos y disfrutar del extraordinario legado patrimonial del museo; pero para los habitantes de zonas alejadas de la capital era más difícil conocerlo. Por eso el objetivo de esta exposición estuvo claro desde su origen: trasladar una parte representativa del museo a diversas ubicaciones de la geografía española.

Tanto los contenidos como el diseño de la exposición *Tesoros en las rocas* fueron ideados para servir de soporte a la docencia reglada y a la divulgación, dando a conocer el patrimonio geológico del museo y por extensión, la geología, como ciencia útil para el conjunto de la sociedad. La muestra estaba constituida por los siguientes elementos (Tesoros, s.f.):

- Paleontología: 220 fósiles distribuidos en 17 vitrinas que abarcan del Cámbrico al Pleistoceno, 7 elementos fósiles singulares de grandes dimensiones, además de 17 paneles explicando la evolución de la vida a través del tiempo geológico (Menéndez y Rábano, 2004).
- Mineralogía: 215 minerales agrupados en 15 vitrinas bajo los criterios de la sistemática mineral, así como 15 paneles explicativos.
- Petrología: 21 rocas de diferentes tipos (sedimentarias, ígneas y metamórficas) ubicadas en una vitrina.
- Taller de paleontología.

Figura 1. Portada del catálogo de la exposición *Tesoros en las rocas*.

Tesoros en las rocas fue la primera exposición temporal del Museo Geominero (Fig. 1). También la más emblemática y ambiciosa. Se inauguró el 3 de febrero de 1997 en el Centro de Investigación del Medio Ambiente de Torrelavega (Cantabria), siendo su última sede el Museo Elder de Las Palmas de Gran Canaria (2012). Durante sus 15 años de vida, se expuso en un total de 30 sedes (Tabla 1).

Fechas	Lugar	Localidad
03-23/02/1997	Centro de Investigación del Medio Ambiente	Torrelavega (Cantabria)
21/04/1998 - 21/05/1998	Planetario	Pamplona
20/05/1999 - 17/06/1999	Museo de Mineralogía	Peñarroya-Pueblonuevo (Córdoba)
10/03/2000 - 16/04/2000	Colegio Fonseca, Universidad	Salamanca
22/10/2000 - 23/11/2000	Escuela Universitaria Politécnica	Linares (Jaén)
15/03/2001 - 29/04/2002	Sala Municipal de Exposiciones	Motril (Granada)
05-07/05/2001	Instituto Ferial de Madrid	Madrid
08/10/2001 - 13/01/2002	Museo de Las Ciencias de Castilla-La Mancha	Cuenca
29/01/2002 - 07/04/2002	Casa de las Ciencias	Logroño
13/05/2002 - 25/06/2002	Casa de la Cultura	Sepúlveda (Segovia)
16/09/2002 - 03/11/2002	Centro Cultural Municipal	Almazán (Soria)
15/11/2002 - 15/12/2002	Escuela Universitaria Politécnica	Almadén (Ciudad Real)
17/01/2003 - 27/04/2003	Museo de la Ciencia y del Agua	Murcia
08/05/2003 - 31/08/2003	Museo de Paleontología	Estepona (Málaga)
05/09/2003 - 28/11/2003	Cueva de Nerja	Nerja (Málaga)
05/12/2003 - 28/04/2004	Sala de Exposiciones, Universidad	Alicante
14/05/2004 - 18/07/2004	Museo de Adra	Adra (Almería)
24/07/2004 - 03/10/2004	Cueva de Valporquero	Valporquero del Torío (León)
08/10/2004 - 31/03/2005	Museo de Ciencias Naturales	Viso del Marqués (Ciudad Real)
08/04/2005 - 26/06/2005	Cueva del Tesoro	Rincón de la Victoria (Málaga)
16/09/2005 - 16/10/2005	Sala «Palacio de Pimentel»	Valladolid
27/10/2005 - 08/01/2006	Centro Cultural San Clemente	Toledo
13/01/2006 - 31/03/2006	Escuela Politécnica de Ingeniería de Minas y Energía	Torrelavega (Cantabria)
19/04/2006 - 28/05/2006	Sala de Exposiciones «Pintores»	Cáceres
02/05/2006 - 02/07/2006	Sala de Exposiciones «Europa»	Badajoz
14/05/2007 - 10/06/2007	Palacio de los Guzmanes	León
06/06/2009 - 26/07/2009	Depósitos de Mendillori	Pamplona
26/10/2009 - 16/12/2009	Ámbito Cultural El Corte Inglés (Encuentros con la Ciencia)	Málaga
01/12/2010 - 08/01/2012	Museo Elder	Las Palmas de Gran Canaria

Tabla 1. Cronología, lugar y localidad de la exposición *Tesoros en las rocas*.

Un tesoro geológico en la autovía del Cantábrico: el túnel ordovícico de Ribadesella (2003-2006)

Esta exposición surgió a raíz de las investigaciones geológico-paleontológicas llevadas a cabo durante las obras del Túnel del Fabar, que atravesó las rocas ordovícicas de la Sierra del Sueve-Fito en el término asturiano de Ribadesella (Gutiérrez-Marco y Bernárdez, 2003).

Se encontraron fósiles en muy buen estado de conservación de una antigüedad comprendida entre los 457 y 490 millones de años, pertenecientes a dos centenares de especies distintas representadas por trilobites, graptolitos, moluscos, braquiópodos, equinodermos, además de icnofósiles.

Con idea de dar a conocer estos hallazgos, además de explicar el día a día de la excavación, se realizó una exposición itinerante organizada en torno a cuatro bloques: (i) la obra y el túnel; (ii) el marco temporal de la exposición; (iii) la geología del túnel; y (iv) los fósiles del túnel. El discurso expositivo se articuló a través de 20 paneles, 13 vitrinas con fósiles y dos maquetas: una bola del mundo mostrando la paleogeografía del Ordovícico, así como uno de los trilobites del túnel, *Neseuretus tristani*, realizado a escala 1:25 (Fig. 2).

Figura 2. Aspecto de la exposición *Un tesoro geológico en la autovía del Cantábrico: el túnel ordovícico de Ribadesella*, expuesta en 2006 en el hall principal de la sede central del IGME (Madrid). En primer plano se puede observar la escultura del trilobites *Neseuretus tristani*.

La exposición se inauguró en el Museo El Carmen de Ribadesella el 15 de noviembre de 2003, donde permaneció hasta el 28 de febrero de 2005. Su último destino fue la Facultad de Ciencias de la Universidad de Granada (octubre de 2006). En total se expuso en 5 sedes (Tabla 2). En el Museo El Carmen de Ribadesella ha quedado una pequeña muestra permanente de fósiles.

Fechas	Lugar	Localidad
15/11/2003 - 28/02/2005	Museo El Carmen	Ribadesella (Asturias)
10/03/2005 - 31/08/2005	Museo de la Universidad de Tras os Montes e Alto Douro	Vila Real (Portugal)
30/09/2005 - 31/01/2006	Museu de Arte Pré-Histórica y del Sagrado del Tajo	Maçao (Portugal)
23/03/2006 - 31/08/2006	Sede central del IGME	Madrid
06-31/10/2006	Facultad de Ciencias, Universidad	Granada

Tabla 2. Cronología, lugar y localidad de la exposición *Un tesoro geológico en la autovía del Cantábrico: el túnel ordovícico de Ribadesella.*

El largo viaje hacia Occidente. Fauna ibérica de hace 1.800.000 años (2003-2009)

Otra exposición surgida a partir de la investigación, en este caso la realizada en el yacimiento paleontológico del Pleistoceno inferior Fonelas P-1 situado en Fonelas (cuenca de Guadix, Granada). Sucesivas excavaciones pusieron de manifiesto que, hace un millón ochocientos mil años, en el sur de la actual península ibérica, coexistían félidos con dientes en forma de sable, cebras primitivas, antílopes de cuernos espiralados, rinocerontes y guepardos gigantes, con jabalíes de río de origen africano, hienas pardas, jirafas del grupo de los okapis y antepasados de lobos y chacales.

El descubrimiento de este importante patrimonio paleontológico se trasladó a la sociedad mediante una exposición itinerante en la que, a partir de un registro fósil excepcional, se evidencia una de las dispersiones más desconocidas protagonizada por mamíferos terrestres.

Los objetivos de la exposición fueron divulgar la progresión de un proyecto paleontológico en curso, sus aspectos científico-técnicos y su contexto paleobiológico. Para ello se diseñaron 20 paneles que recogían diferentes aspectos sobre la investigación realizada: el proyecto científico y su equipo, la excavación, la restauración de los ejemplares, la geología de la cuenca, la tafonomía (cómo se pudo formar el yacimiento), la bioestratigrafía (cómo se pueden datar las rocas a partir de su contenido fósil), así como la presentación de las especies de grandes mamíferos más significativas identificadas hasta el momento (Rego, 2003).

Figura 3. Inauguración de la exposición *El largo viaje hacia Occidente. Fauna ibérica de hace 1.800.000 años* en Alcalá de Henares, Madrid, el 4 de diciembre de 2008.

Además, se presentaron en vitrinas diversos ejemplares fósiles de mamíferos ya extintos. Algunos destacan por su conservación excepcional, otros por ser especies nuevas para la ciencia o incluso por tratarse de los únicos fósiles conocidos de animales considerados hasta este descubrimiento exclusivos de otros continentes. Es destacable la presencia de una pieza formada por la asociación de huesos fósiles roídos por hienas conservada en su sedimento original.

La exposición se inauguró en septiembre de 2003 en la Facultad de Ciencias de la Universidad de Granada en el marco del V Congreso del Grupo Español del Terciario y tuvo su última sede en la Quinta de Cervantes (Alcalá de Henares), donde finalizó el 1 de febrero de 2009 (Fig. 3). Se expuso en un total de 7 sedes (Tabla 3).

En 2010 el IGME adquirió la finca que contiene el yacimiento Fonelas P-1, el Proyecto Fonelas se transforma en la Estación Paleontológica «Valle del río Fardes» y finaliza la itinerancia de esta exposición pues se prevé la divulgación de estos y otros aspectos *in situ*, en lo que será del Centro Paleontológico Fonelas P-1 en la Estación Paleontológica «Valle del río Fardes» (inaugurado en 2013 y abierto al público de forma permanente en 2014).

Fechas	Lugar	Localidad
23/09/2003 - 02/10/2003	Facultad de Ciencias, Universidad	Granada
17/11/2003 - 28/12/2003	Fundación Francisco Giner de los Ríos (Institución Libre de Enseñanza)	Madrid
02/07/2007 - 30/09/2007	Oficina de Turismo	Guadix (Granada)
23/10/2007 - 05/01/2008	Museo Arqueológico	Cartagena
01/02/2008 - 30/04/2008	Museo Arqueológico	Puerto de Santa María (Cádiz)
07/05/2008 - 30/06/2008	Museo Municipal Jerónimo Molina	Jumilla (Murcia)
04/12/2008 - 01/02/2009	Quinta de Cervantes	Alcalá de Henares (Madrid)

Tabla 3. Cronología, lugar y localidad de la exposición *El largo viaje hacia Occidente. Fauna ibérica de hace 1.800.000 años.*

El rostro del agua (2004-2017)

Javier Navas, compañero del IGME, nos hizo saber que una de sus grandes pasiones era la fotografía. Y que había recorrido multitud de países, principalmente aquellos en vías de desarrollo, con el objetivo de captar las emociones de personas en sus actividades cotidianas.

Así nació *El rostro del agua*, una exposición fotográfica compuesta por 70 instantáneas montadas sobre cartón pluma (FOAM) y enmarcadas en aluminio. En ella se muestra un recorrido multicultural a lo largo de tres continentes con el agua como hilo conductor y el contenido humano como protagonista (El rostro, s.f.).

Figura 4. Cartel anunciador de la exposición *El rostro del agua* en su primera edición (Madrid, 2004-2005).

La exposición se inauguró el 13 de diciembre de 2004 en el IGME (Fig. 4) y finalizó su andadura el 30 de marzo de 2017 en la sala de exposiciones del Centro Cultural Gabriel Celaya de San Fernando de Henares (Madrid). En total se expuso en 28 sedes (Tabla 4).

Fechas	Lugar	Localidad
13/12/2004 - 28/02/2005	Sede central del IGME	Madrid
18/04/2005 - 31/05/2005	Colegio Fonseca, Universidad	Salamanca
02/07/2005 - 16/07/2005	Centro de Interpretación, P.N. Cabo de Gata	Rodalquilar (Almería)
17/07/2005 - 04/09/2005	Sala Municipal de Exposiciones	Rágol (Almería)
12/09/2005 - 13/11/2005	Sala Municipal de Exposiciones	Roquetas de Mar (Almería)
17/11/2005 - 17/01/2006	Artium	Vitoria-Gasteiz
22/03/2006 - 30/04/2006	C.C. San Clemente	Toledo
04/05/2006 - 20/05/2006	Escuela de Ingeniería y Arquitectura, Universidad	Zaragoza
21/05/2007 - 09/06/2007	Casa de la Cultura	Almansa (Albacete)
02-27/07/2008	Casa de la Cultura	Benavente (Zamora)
01-29/04/2009	C.C. Pedro de Lorenzo	Soto del Real (Madrid)
01/05/2010 - 12/06/2010	Depósitos de Mendillori	Pamplona
21/06/2010 - 25/07/2010	C.C. Villa de San Roque	La Cabrera (Madrid)
01-28/08/2010	Asociación Cultural Río Mesa	Jaraba (Zaragoza)
27/09/2010 - 27/03/2011	Propuestas Ambientales Educativas, JCYL	Valladolid
05-27/04/2011	Aula de Medio Ambiente	Serranillos del Valle (Madrid)
07-28/05/2011	Museo del Agua	El Berrueco (Madrid)
16/09/2011 - 11/11/2011	Centro Municipal de la Naturaleza	San Sebastián de los Reyes (Madrid)
11/01/2012 - 28/02/2012	CTIF Madrid Oeste	Collado Villalba (Madrid)
06/07/2012 - 30/09/2012	Centro Nacional de Educación Ambiental	Valsaín (Segovia)
01/10/2012 - 15/12/2012	Centro del P.N. Fuentes Carrionas	Cervera de Pisuerga (Palencia)
01/02/2013 - 31/03/2013	CEA Valle del Lozoya	El Cuadrón (Madrid)
03/04/2013 - 27/05/2013	CEA El Águila	Chapinería (Madrid)
01-30/06/2013	CEA Valle de la Fuenfría	Cercedilla (Madrid)
10/09/2013 - 05/10/2013	Depósitos de Mendillori	Pamplona
05/11/2013 - 08/12/2013	C.C. Santo Domingo	Cifuentes (Guadalajara)
18/03/2016 - 22/04/2016	Sala Municipal de Exposiciones	El Ejido (Almería)
02-30/03/2017	C.C. Gabriel Celaya	San Fernando de Henares (Madrid)

C.C.: Centro Cultural. CTIF: Centro Territorial de Innovación y Formación del Profesorado. CEA: Centro de Educación Ambiental

Tabla 4. Cronología, lugar y localidad de la exposición *El rostro del agua*.

Guillermo Schulz, un inquieto innovador en la España del XIX *(2005-2007)*

Guillermo Schulz, ingeniero de minas de origen alemán, fue uno de los representantes más destacados de la geología y minería españolas del siglo XIX. Entre 1854 y 1857 fue director de la Escuela Especial de Ingenieros de Minas de Madrid, y presidente de la Comisión encargada de formar el Mapa Geológico de Madrid y el general del Reino, germen de las actuales colecciones del Museo Geominero. De hecho, el museo conserva la colección Schulz de rocas de Galicia, constituida por 184 ejemplares que fueron reunidos durante los trabajos realizados en esta provincia por su autor entre 1832 y 1834 (Lozano *et al.*, 2005).

Con el objetivo de mostrar la influencia que tuvo en la geología el ingeniero alemán, se diseñó una exposición temporal compuesta por los siguientes elementos (Fig. 5): 12 paneles en los que se glosaba su vida profesional, con especial relevancia sobre los trabajos realizados en España (Galicia y Asturias); dos reproducciones de mapas realizados por Schulz: uno petrográfico del Reino de Galicia y otro topográfico de la provincia de Oviedo; varias publicaciones y ocho rocas de la colección Schulz de rocas de Galicia.

Figura 5. Díptico anunciando la exposición *Guillermo Schulz, un inquieto innovador en la España del* XIX en Ribadeo, Lugo (diciembre 2006-enero 2007).

La exposición se inauguró el 15 de noviembre de 2005 en el IGME, finalizando su itinerancia el 3 de mayo de 2007 en la Escuela Técnica Superior de Ingenieros de Minas de la Universidad de Vigo. En total se expuso en nueve sedes (Tabla 5).

Fechas	Lugar	Localidad
15/11/2005 - 15/12/2005	Sede central del IGME	Madrid
25/04/2006 - 05/05/2006	Facultad de Ciencias, Universidad	Granada
10/05/2006 - 10/06/2006	Escuela Politécnica Superior «Guillermo Schulz»	Mieres (Asturias)
02-20/10/2006	Instituto de Cerámica, Universidad	Santiago de Compostela (A Coruña)
24/10/2006 - 23/11/2006	Instituto de Geología «Isidro Parga Pondal», Universidad	A Coruña
28/11/2006 - 15/12/2006	Archivo Histórico Provincial	Lugo
21/12/2006 - 07/01/2007	Sala Municipal de Exposiciones	Ribadeo (Lugo)
01/02/2007 - 09/03/2007	Faculta de Geología, Universidad	Oviedo
16/03/2007 - 03/05/2007	ETSI Minas, Universidad	Vigo

Tabla 5. Cronología, lugar y localidad de la exposición *Guillermo Schulz, un inquieto innovador en la España del XIX.*

Cuevas de cristal en el granito de La Cabrera (Madrid) (2006-2008)

Esta exposición monográfica se inauguró en la VII Feria de Madrid por la Ciencia celebrada en el recinto ferial IFEMA en 2006. Su objetivo fue mostrar una colección de minerales pegmatíticos e hidrotermales generados en las cavidades miarolíticas del granito de La Cabrera (Lozano *et al.*, 2008). De este modo, se pretendió hacer llegar al público los distintos tipos de granitos, las pegmatitas con geodas donde crecen cristales y los diferentes minerales que se pueden encontrar en ellas.

La exposición constaba fundamentalmente de dos partes complementarias: la primera con información tanto textual como gráfica soportada en 13 paneles y la segunda consistió en una selección de 72 minerales del granito de La Cabrera distribuidos en 4 vitrinas (Fig. 6). Además, se incluyó una simulación a escala real de una geoda con las paredes tapizadas de cristales de cuarzo y ortosa (Baeza Chico *et al.*, 2006). Esa geoda se exhibe actualmente (2024) en uno de los pasillos de acceso al museo.

Cuevas de cristal en el granito de La Cabrera recorrió diversos pueblos de la Sierra de Guadarrama hasta el 29 de mayo de 2008, donde finalizó su itinerancia en la Sala de Exposiciones CITECO de Patones (Madrid). En total se expuso en nueve sedes (Tabla 6).

Figura 6. Exposición *Cuevas de cristal en el granito de la Cabrera (Madrid)* en la Casa de la Cultura de San Agustín de Guadalix (Madrid), año 2007.

Fechas	Lugar	Localidad
20-23/04/2006	VII Feria Madrid por la Ciencia	Madrid
18/05/2007 - 28/06/2007	Centro de Innovación Turística «Villa San Roque»	La Cabrera (Madrid)
30/06/2007 - 30/07/2007	Museo Etnológico	Horcajuelo de la Sierra (Madrid)
01/08/2007 - 28/09/2007	Aula de la Naturaleza	El Molar (Madrid)
01-30/10/2007	Casa de la Cultura	Cadalso de los Vidrios (Madrid)
02-29/11/2007	Casa de la Cultura	San Lorenzo del Escorial (Madrid)
30/11/2007 - 17/12/2007	Casa de la Cultura	San Agustín de Guadalix (Madrid)
09/01/2008 - 28/02/2008	Complejo Prado Real	Soto del Real (Madrid)
01/04/2008 - 29/05/2008	Sala CITECO	Patones (Madrid)

Tabla 6. Cronología, lugar y localidad de la exposición *Cuevas de cristal en el granito de La Cabrera (Madrid).*

Insectos en ámbar: atrapados en el tiempo (2007-2010)

Es indudable que el ámbar ejerce una poderosa fascinación en el ser humano, como nos lo demuestra la evidencia más antigua de ámbar manipulado por humanos que se remonta al Paleolítico, hace unos 30.000 años. Incluso la nave espacial Discovery, que despegó en 1998 de Cabo Cañaveral (Florida) con Pedro Duque, el primer astronauta español en atravesar la atmósfera, llevaba a bordo una pieza de ámbar dominicano.

El interés del público general sobre el ámbar, unido a la existencia en el museo de ejemplares de esta resina fósil con inclusiones biológicas, condujo a la realización de esta exposición (Fig. 7). Su diseño contó con 10 paneles que recogían los mitos y leyendas sobre el ámbar, el proceso de fosilización –que actúa como una auténtica cápsula del tiempo que en ocasiones facilita el registro del comportamiento animal–, los yacimientos a escala mundial, además del ámbar en España. Asimismo, se incluyó una vitrina con piezas con bioinclusiones y fotos a gran escala del contenido animal y/o vegetal de los fragmentos de ámbar.

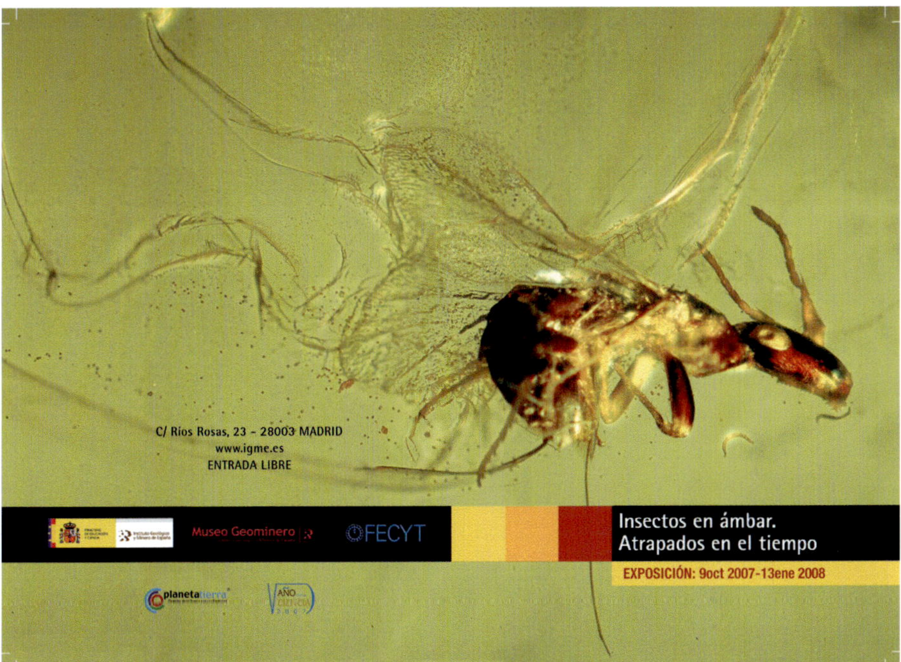

Figura 7. Díptico anunciando la exposición *Insectos en ámbar: atrapados en el tiempo (2007-2008).* Se observa una avispa polinizadora conservada en ámbar dominicano.

Insectos en ámbar se inauguró en la sede central del IGME el 9 de octubre de 2007, finalizando su itinerancia el 21 de marzo de 2010 tras su exhibición en el Centro de Información Ambiental de la Dehesa de la Villa (Madrid). Estuvo expuesta en 11 sedes (Tabla 7).

Fechas	Lugar	Localidad
09/10/2007 - 13/01/2008	Sede central del IGME	Madrid
19/01/2008 - 26/06/2008	Museo de Ciencias Naturales	Valencia
15/09/2008 - 30/11/2008	Jardín Botánico	Córdoba
05/12/2008 - 14/01/2009	Ámbito Cultural El Corte Inglés (Encuentros con la Ciencia)	Málaga
16/01/2009 - 25/04/2009	Museo Paleontológico	Estepona (Málaga)
02/05/2009 - 23/06/2009	Museo de Ciencias Naturales	Viso del Marqués (Ciudad Real)
08/07/2009 - 26/08/2009	Cristina Enea Fundazioa	Donostia-San Sebastián
15/09/2009 - 21/09/2009	Sala Municipal de Exposiciones	Andújar (Jaén)
25/10/2009 - 11/01/2010	Teatro Municipal «Alcalde Juan Manuel Santana»	Lepe (Huelva)
15/01/2010 - 21/02/2010	Sala de Exposiciones	Soto del Real (Madrid)
24/02/2010 - 21/03/2010	Centro de Información Ambiental Dehesa de la Villa	Madrid

Tabla 7. Cronología, lugar y localidad de la exposición *Insectos en ámbar: atrapados en el tiempo.*

Los lagos del pasado (2008-2009)

El objetivo de esta exposición temporal fue dar a conocer la interesante historia paleontológica que nos cuentan los lagos que se han generado hace millones de años en España. Muchas de las rocas sedimentarias que constituyen las formaciones geológicas de nuestro país tuvieron su origen en lagos y se han utilizado para distintos fines, como por ejemplo la explotación de lignitos y carbones.

En la exposición se muestran los primeros lagos ibéricos. Por ejemplo, los de la zona de Villablino (León), donde durante el Carbonífero se acumularon multitud de restos vegetales (colas de caballo gigantes, helechos con semillas, etc.), además de artrópodos asociados a estas plantas; el lago cretácico de Las Hoyas (Cuenca), en cuyo fondo se depositaron lodos muy finos que permitieron la conservación de animales y plantas que vivían en ese ecosistema (dinosaurios, cocodrilos, anfibios, cangrejos, moluscos, insectos, algas carofitas, etc); o el famoso lago de la localidad de Libros (Teruel), que dio lugar a una importante explotación de lignito y azufre en la que se encontraron miles de anfibios (ranas y salamandras) que vivieron hace unos 10 millones de años (Mioceno Inferior), así como insectos, arácnidos, hojas, frutos y semillas.

Figura 8. Aspecto de la exposición *Los lagos del pasado* en su primera edición (IGME, 2008).

La muestra se inauguró en el IGME el 10 de noviembre de 2008 (Fig. 8), finalizando su exhibición en el Jardín Botánico de Córdoba el 15 de noviembre de 2009. Se expuso en tres sedes (Tabla 8).

Fechas	Lugar	Localidad
10/11/2008 - 28/02/2009	Sede central del IGME	Madrid
13/03/2009 - 13/09/2009	Museo de Ciencias Naturales	Valencia
15/10/2009 - 15/11/2009	Jardín Botánico	Córdoba

Tabla 8. Cronología, lugar y localidad de la exposición *Los lagos del pasado.*

¿Original o réplica? (2009-2020)

Esta exposición tuvo como objetivo mostrar a la sociedad la importancia de la patente de invención *Proceso de reproducción de fósiles, rocas y producto obtenido* (ES.2.273.577.A1), desarrollada por Eleuterio Baeza, conservador del museo. La patente está basada en una idea innovadora que permite generar réplicas de alta calidad formadas por varios materiales y en distintas fases, lo que habilita la obtención de copias idénticas de cualquier ejemplar.

La exhibición contó con seis paneles que explican la utilidad de las réplicas, la metodología de obtención de moldes y vaciados (Fig. 9) y la importancia de las patentes (Baeza *et al.*, 2016). La idea que permea toda la exposición es que la realización de réplicas nace de la obligación de conservar el carácter único de la pieza entre los elementos que forman parte del patrimonio. Se incluyó también una vitrina con réplicas exactas de fósiles y minerales originales junto con ejemplares reales. A la hora de visitar la exposición se propuso la realización de un juego: descubrir qué ejemplares eran los auténticos y cuáles las copias perfectas. De entre los 45 ejemplares expuestos entre fósiles y minerales, el desafío consistía en encontrar las cuatro réplicas.

Figura 9. Díptico anunciador de la exposición *¿Original o réplica?* donde se muestra el vaciado del ammonoideo *Quenstedticeras* sp. del Jurásico Superior de Saratov (Rusia).

¿Original o réplica? se inauguró el 11 de noviembre de 2009 en el IGME. Se exhibió por última vez en Jaraba (Zaragoza), donde sufrió las consecuencias del confinamiento, ya que se abrió al público el 7 de marzo de 2020, una semana antes de que se decretara el estado de alarma en España para la gestión de la crisis sanitaria ocasionada por el virus COVID-19. Una vez finalizado el confinamiento, la exposición volvió a poderse visitar hasta el 25 de febrero de 2022. Estuvo en 19 sedes (Tabla 9).

Fechas	Lugar	Localidad
11/11/2009 - 30/04/2010	Sede central del IGME	Madrid
01/06/2010 – 31/07/2010	Casa Rural Boquerón de Estena	Navas de Estena (Ciudad Real)
17-21/05/2011	Museo del Instituto Catalán de Paleontología «Miquel Crusafont»	Sabadell (Barcelona)
27-29/05/2011	Museo Nacional de Ciencia y Tecnología	Madrid
05-20/10/2011	Museo de la Minería	Hiendelaencina (Guadalajara)
01/03/2012 - 09/05/2012	CTIF Madrid Oeste	Collado Villalba (Madrid)
13/05/2012 - 08/10/2012	Museos de Molina	Molina de Aragón (Guadalajara)
11/10/2012 - 20/01/2013	Casa de las Ciencias	Logroño
06/04/2013 - 26/05/2013	Batán de Villava	Villava (Navarra)
12/06/2013 - 27/06/2013	Salones Castillo de la Cruz	Caravaca de la Cruz (Murcia)
29/10/2013 - 02/12/2013	Sala Municipal de Exposiciones	La Garganta (Cáceres)
03/12/2013 - 29/12/2013	Universidad de Extremadura	Plasencia (Cáceres)
31/01/2014 - 28/02/2014	Casa de la Cultura	Don Benito (Badajoz)
05/03/2014 - 30/04/2014	Facultad de Ciencias, Universidad de Extremadura	Badajoz
15/01/2015 - 04/05/2015	Parque del Humedal	Coslada (Madrid)
21/05/2018 - 29/06/2018	Centro de Interpretación Algorri	Zumaia (Guipúzcoa)
17/07/2018 - 22/12/2018	Aula Geológica Robles de Laciana. Museo de la Minería	Robles de Laciana (León)
01/04/2019 - 14/10/2019	Museo de Ciencias Naturales (AVAN)	Viso del Marqués (Ciudad Real)
07/03/2020 - 25/02/2022	Museo del Juguete Recortable	Jaraba (Zaragoza)

CTIF: Centro Territorial de Innovación y Formación del Profesorado.
Tabla 9. Cronología, lugar y localidad de la exposición *¿Original o réplica?*

Una mirada a través del cuarzo (2012-2019)

El cuarzo es, probablemente, el mineral más conocido y uno de los más abundantes en la corteza terrestre. Esta exposición monográfica consistió en 10 paneles que abordaban diferentes aspectos de este fascinante mineral: los mitos y leyendas, el tamaño de sus cristales, su presencia en las rocas, los usos industriales y ornamentales, su utilización en herramientas primitivas, los yacimientos españoles, la variedad cromática y la presencia de inclusiones en su interior.

Los paneles se acompañaron de 188 minerales distribuidos en nueve vitrinas. Los rasgos geométricos típicos del cuarzo se aprecian en las variedades macrocristalinas como el cristal de roca o el cuarzo ahumado; en las variedades microcristalinas como el ágata o el jaspe, los cristales son tan diminutos que

Figura 10. Uno de los ejemplares de la exposición *Una mirada a través del cuarzo*: cuarzo variedad Jacinto de Compostela (Chella, Valencia).

solo pueden observarse con técnicas microscópicas. Una de sus propiedades físicas, como es su peculiar fractura concoidea, fue aprovechada por nuestros antepasados humanos para fabricar herramientas primitivas de sílex o cuarcita. En la actualidad se utilizan otras propiedades más sofisticadas, como por ejemplo la piezoelectricidad, indispensable para fabricar instrumentos científicos y relojes de cuarzo.

En la exposición se mostraron también algunos de los cristales de cuarzo más emblemáticos, como el Jacinto de Compostela del sureste peninsular (Fig. 10), o una representación de los conocidos «diamantes de San Isidro» encontrados en el siglo pasado dentro del actual casco urbano de Madrid. Se trata de cantos rodados de cuarzo transparente.

La exposición se inauguró en diciembre de 2012 en el IGME y se expuso por última vez en Málaga en abril de 2019. Itineró por siete sedes (Tabla 10).

Fechas	Lugar	Localidad
12/2012 – 06/2013	Sede central del IGME	Madrid
17/10/2013 - 01/12/2013	Sala de Exposiciones Juan Carlos I	San Fernando de Henares (Madrid)
05/04/2014 - 25/05/2014	Batán de Villava	Villava (Navarra)
15/06/2014 - 30/11/2014	Museo de las Ciencias de Castilla-La Mancha	Cuenca
07/05/2915 - 30/06/2015	Centro de Educación Ambiental Naturalario	Coslada (Madrid)
21-23/10/2016	Museo Nacional de Ciencia y Tecnología (VII Finde Científico)	Alcobendas (Madrid)
11/01/2019 - 26/04/2019	Ámbito Cultural El Corte Inglés (Encuentros con la Ciencia)	Málaga

Tabla 10. Cronología, lugar y localidad de la exposición *Una mirada a través del cuarzo.*

Miradas en plata y ámbar (2014-2016)

Una nueva exposición fotográfica de Javier Navas vio la luz en octubre de 2014 hasta finales de diciembre de ese año. Diez años después de la inauguración de la exposición *El rostro del agua*, el IGME volvió a acoger otra exposición fotográfica del mismo autor: *Miradas en plata y ámbar*.

Figura 11. Mujer de Gorón Gorón (Burkina Faso) mostrando sus adornos y colgantes de crisoprasa y plata. Fotografía perteneciente a la exposición *Miradas en plata y ámbar*.

La muestra se compone de 50 retratos femeninos realizados en un recorrido multicultural a lo largo de nueve países de tres continentes (Asia, África y América). El hilo conductor es el uso de ornamentos naturales en los atuendos de diferentes grupos étnicos dentro del canon impuesto por sus diversas culturas. Las mujeres portan collares, pendientes, tocados y abalorios realizados con elementos minerales como ámbar, alabastro, turquesas, etc. (Fig. 11). En las imágenes se apreciaban desde modestas cuentas de concha a elaborados engarces de plata y piedras semipreciosas (Miradas, 2014).

La última exhibición pública de *Miradas en plata y ámbar* tuvo lugar entre agosto y octubre de 2016 en Pamplona. Itineró por cuatro sedes (Tabla 11).

Fechas	Lugar	Localidad
15/09/2014 - 15/02/2015	Sede central del IGME	Madrid
01/03/2016 - 05/04/2016	C.C. Gabriel Celaya	San Fernando de Henares (Madrid)
05/05/2016 - 04/06/2016	C.C. Galileo	Madrid
Agosto/sept/oct 2016	Depósitos de Mendillori	Pamplona

Tabla 11. Cronología, lugar y localidad de la exposición *Miradas de plata y ámbar*.

Detrás de las vitrinas: fondos del Museo Geominero (2015)

El objetivo de esta exposición fue mostrar parte de aquellas colecciones del museo que son inaccesibles para el público general. Tales colecciones constituyen los denominados fondos, especímenes catalogados a lo largo de la historia de la institución que permanecen ocultos, dado que no es posible exhibir todo el legado patrimonial que conserva el museo.

Esta exposición reunió una cuidada selección de minerales y fósiles de sus fondos, brindando al visitante la oportunidad de disfrutar observando ejemplares no expuestos hasta la fecha. Como rezaba el texto promocional de esta exposición, «el Museo Geominero enseña su fondo de armario».

Detrás de las vitrinas se exhibió en la sede central del IGME entre el 18 de febrero y el 24 de abril de 2015. Fue, junto con *El oro bajo tus pies* y *Amberia: el ámbar de Iberia,* una de las exposiciones temporales del museo que no itineró.

El oro bajo tus pies (2015-2016)

Esta exposición temporal giró en torno a las pepitas de oro españolas. Hasta el momento nunca se había mostrado al público una colección tan completa de oro natural español, con pepitas de hasta 135 gramos, cuarzos repletos de oro y delicados cristales dorados de llamativas formas geométricas. El conjunto de pepitas mostradas fue excepcional, tanto por el número de ejemplares como por su tamaño y calidad. Para reunir este volumen de material contamos con la colaboración de los mayores coleccionistas de oro de este país, quienes generosamente prestaron sus mejores ejemplares para hacer posible el disfrute de miles de visitantes: colección Rivas Sanabria, colección José Manuel Jurado, colección Javier David y Antonio Daniel Arguas, colección José Vicente Casado, colección José Manuel Paino y colección Salvador Mirete (Fig. 12).

Uno de los principales atractivos de las pepitas de oro es su morfología, que depende en gran medida de la forma original de cada fragmento en el yacimiento, el filón de cuarzo aurífero. El transporte posterior de estos fragmentos en medio acuoso determinará la morfología final. Al tratarse de un material muy blando (2,5-3 en la escala de Mohs), es frecuente encontrar la superficie de las pepitas cubierta de arañazos producidos por el roce con otros elementos más duros, como el cuarzo (dureza 7 en la escala de Mohs).

Para mostrar la enorme belleza y diversidad morfológicas de las pepitas de oro expuestas, se elaboró un catálogo de forma paralela a la exposición

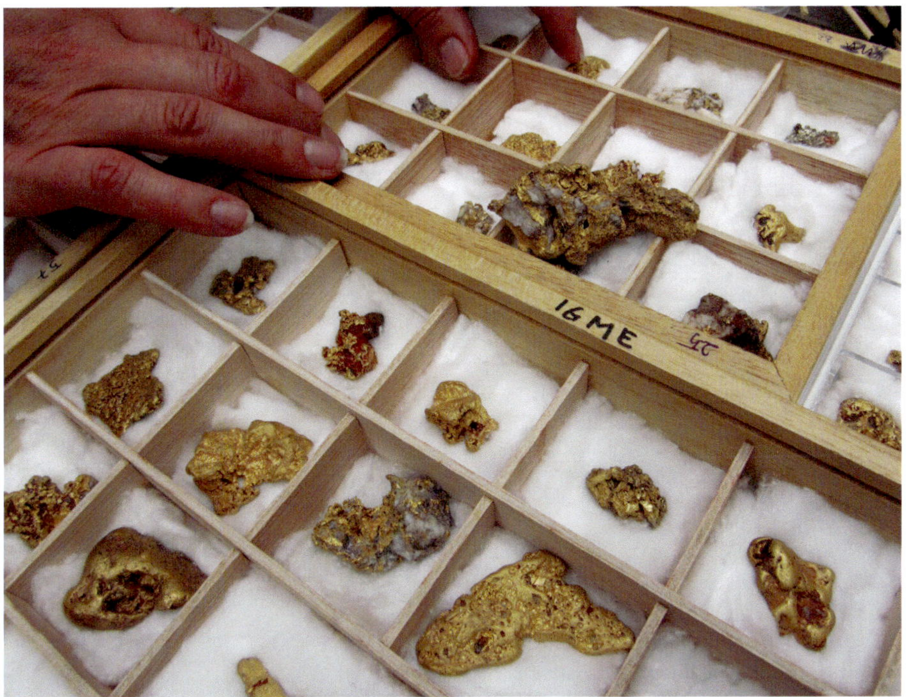

Figura 12. Algunas de las pepitas de oro pertenecientes a colecciones privadas que se mostraron en la exposición *El oro bajo tus pies*.

con imágenes espectaculares de 95 de las 118 piezas de oro natural mostradas (Lozano *et al.*, 2016).

La exposición se exhibió de forma continuada en el IGME entre el 1 de julio de 2015 y el 1 de julio de 2016. Las características especiales de esta muestra (el elevado valor de las pepitas de oro habría encarecido mucho el seguro *clavo a clavo* necesario para su transporte) no hicieron posible su itinerancia.

Amberia: el ámbar de Iberia (2017-2019)

La idea de realizar esta exposición surgió como manera de divulgar a la ciudadanía los resultados de la investigación realizada en el marco del proyecto AMBERIA (igme.es/Amberia/default.htm), iniciada en 2006 y desarrollada (hasta la fecha de inauguración de la muestra) a través de tres proyectos centrados en la taxonomía de artrópodos fósiles y en la búsqueda de nuevos afloramientos de ámbar en el Cretácico de España.

La existencia de ámbar en España se conoce desde hace más de dos siglos y medio, si bien hasta hace tres décadas no se supo de su abundancia en algunos afloramientos del Cretácico. A finales del siglo XX se descubrió el yacimiento de Peñacerrada (Álava), con un enorme potencial científico por la cantidad de ámbar encontrado y por la abundancia y calidad de sus inclusiones biológicas, principalmente artrópodos (Rodrigo *et al.*, 2016). Este fue el punto de partida de la investigación sistemática, exhaustiva y rigurosa sobre el ámbar que mostramos en esta exposición y que prosigue en la actualidad.

Entre los resultados que se trasladaron al público, cabe destacar la descripción de 150 especies nuevas, el descubrimiento de dos yacimientos de relevancia internacional (El Soplao, en Cantabria, y San Just, en Aragón), la producción de un audiovisual educativo español-inglés y de un cómic traducido a cuatro idiomas, la inauguración de una vitrina permanente sobre el ámbar en el museo, además de la realización de cinco tesis doctorales y la publicación de más de 250 artículos en prestigiosas revistas científicas tanto nacionales como internacionales.

Figura 13. Vitrina con muestras de ámbar y copal. Exposición *Amberia: el ámbar de Iberia* en el hall de la sede central del IGME (Madrid, 2017).

Fue la última exposición temporal diseñada y ejecutada por el equipo del Museo Geominero. También es la que más tiempo ha estado expuesta, ya que se inauguró en la sede central del IGME el 22 de diciembre de 2017 y se mantuvo hasta el 20 de febrero de 2019 (Fig. 13).

BIBLIOGRAFÍA

BAEZA, E.; RODRIGO, A. Y LOZANO, R.P. 2016. La importancia de las réplicas en la investigación, conservación y difusión del patrimonio mueble. En: I. Rábano y A. Rodrigo (eds.), *Libro de Resúmenes, XX Bienal de la Real Sociedad Española de Historia Natural.* Real Sociedad Española de Historia Natural, Madrid, 6-7.

BAEZA CHICO, E.; LOZANO, R.P.; DE FRUTOS, M.C. Y DE LA FUENTE, M. 2006. Reproducción de una cavidad miarolítica del granito de La Cabrera (Madrid) en el Museo Geominero (Instituto Geológico y Minero de España). *Boletín Geológico y Minero*, 117 (3), 457-465.

[EL ROSTRO] s.f. *El rostro del agua.* Instituto Geológico y Minero de España. Madrid, 82 pp. Disponible en: https://www.igme.es/museo/exposiciones/rostro_agua/CATALOGO_EL%20ROSTRO%20DEL%20AGUA.pdf

GUTIÉRREZ-MARCO, J.C. Y BERNÁRDEZ, E. 2003. *Un tesoro geológico en la Autovía del Cantábrico: el túnel ordovícico del Fabar en Ribadesella, Asturias.* Ministerio de Fomento, Madrid, 398 pp.

LOZANO, R.P.; DE LA FUENTE, M. Y ABAD, A. 2008. Divulgación de las Ciencias de la Tierra a través de las exposiciones itinerantes del Museo Geominero (IGME): cristales en el granito de La Cabrera, Madrid. En: A. Calonge, L. Rebollo, M.D. López-Carrillo, A. Rodrigo e I. Rábano (eds.), *Actas del XV Simposio sobre Enseñanza de la Geología.* Cuadernos del Museo Geominero, 11. Instituto Geológico y Minero de España, Madrid, 267-273.

LOZANO, R.P.; MENÉNDEZ, S. Y RÁBANO, I. 2005. La colección Schulz de rocas de Galicia conservada en el Museo Geominero (Instituto Geológico y Minero de España, Madrid). En: I. Rábano y J. Truyols (eds.), *Miscelánea Guillermo Schulz (1805-1877).* Cuadernos del Museo Geominero, 5. Instituto Geológico y Minero de España, Madrid, 191-206.

LOZANO, R.P.; BARRIOS, S.; BAEZA, E.; GONZÁLEZ-LAGUNA, R.; RIVAS, A. Y TORRES, M.J. 2016. *Catálogo de la exposición: El oro bajo tus pies.* Museo Geominero, Instituto Geológico y Minero de España, Madrid, 122 pp.

MENÉNDEZ, S. Y RÁBANO, I. 2004. Tesoros en las rocas: las colecciones fuera del museo. En: *Libro de Resúmenes, XX Jornadas de la Sociedad Española de Paleontología.* Universidad de Alcalá, Alcalá de Henares, 125-126.

[MIRADAS] 2014. *Miradas en plata y ámbar.* Instituto Geológico y Minero de España, Madrid, 58 pp. Disponible en: https://www.igme.es/museo/exposiciones/miradas/CATALOGO_JAVIER_NAVAS_web.pdf

REGO, F. 2003. *El largo viaje hacia Occidente. Fonelas P-1.* El Mundo-Magazine e Instituto Geológico y Minero de España, Madrid, 8 pp.

RODRIGO, A.; PEÑALVER, E.; LÓPEZ DEL VALLE, R.; BARRÓN, E. Y DELCLÓS, X. 2016. El interés patrimonial de los yacimientos de ámbar cretácico de la Península Ibérica. En: G. Meléndez, A. Núñez y M. Tomás (eds.), *Actas de las XXXII Jornadas de la Sociedad Española de Paleontología*. Cuadernos del Museo Geominero, 20. Instituto Geológico y Minero de España, Madrid, 275-279.

[TESOROS] s.f. *Tesoros en las rocas*. Museo Geominero, Instituto Geológico y Minero de España, Madrid, 23 pp. Disponible en: https://www.igme.es/museo/exposiciones/catalogo_rocas.pdf

EL PROGRAMA «VOLUNTARIOS CULTURALES MAYORES PARA ENSEÑAR LOS MUSEOS DE ESPAÑA» DE LA CONFEDERACIÓN ESPAÑOLA DE AULAS DE TERCERA EDAD: UNA COLABORACIÓN INDISPENSABLE

Isabel Rábano Gutiérrez del Arroyo, Ana Rodrigo Sanz y Marta Campesino Izquierdo

El envejecimiento de la población constituye actualmente una realidad que afecta a todos los países, como lo demuestran los cambios demográficos a los que estamos asistiendo, origen de una transformación social progresiva. En España, la pirámide poblacional continúa mostrando un aumento de la edad promedio, con un incremento de la proporción de personas mayores, que en 2021 constituían el 19,65 % sobre el total de la población (Pérez Díaz *et al.,* 2022). Entre los países de la Unión Europea, el número de personas mayores de sesenta y cinco años en 2020 en España se encontraba, con un 19,6 %, ligeramente por debajo de la media, siendo Italia, con un 23,2 %, el país que presentaba el mayor porcentaje. Según la proyección del Instituto Nacional de Estadística para el periodo 2022-2035, al final del mismo las personas mayores podrían componer el 26,5 % del total de la población.

Resulta indiscutible que el voluntariado constituye actualmente el soporte fundamental de muchos programas sociales, entre ellos los que implican a las personas mayores que persiguen un envejecimiento activo. El enfrentamiento a una jubilación o, lo que resulta hoy en día más frecuente, a una prejubilación, «con sentimientos encontrados, miedo de abandonar la vida activa del trabajo, emoción por el escenario que se abría ante mí, lleno de posibilidades» (http://prejubiladasinfronteras-glo.blogspot.com/), ha conducido a la búsqueda de un adecuado empleo del ocio para alcanzar una mayor satisfacción vital. Como consecuencia de ello, desde diferentes instancias se promueven programas de voluntariado dirigidos a personas mayores en relación con la cultura y la educación, así como con aspectos sociales y medioambientales, que fomentan además la solidaridad intrageneracional.

EL MUSEO GEOMINERO Y LOS GUÍAS VOLUNTARIOS CULTURALES MAYORES

La Confederación Española de Aulas de Tercera Edad (CEATE) fue constituida en 1983 por José Luis Jordana Laguna, quien había pasado por diferentes vaivenes laborales en España y Perú, todos ellos relacionados con la educación, y en especial la de adultos (CEATE, 2018). Ese año fue nombrado director del departamento de Educación y Acción Cultural del Museo de América, cargo que ejerció hasta su jubilación en 2001, y desde donde siguió impulsando las actividades de CEATE. Jordana ha ocupado la secretaría general de esta organización durante 40 años y fue el impulsor de uno de los programas que ha alcanzado mayor éxito, el de «Voluntarios Culturales Mayores para enseñar los Museos de España», iniciado en 1993 con motivo del *Año Europeo de las Personas Mayores y de la Solidaridad entre las Generaciones*. Cuando nos referimos a guías voluntarios culturales mayores a lo largo de este capítulo, estamos incluyendo a las mujeres y hombres que constituyen este grupo de apoyo a los museos. Al programa se han adherido un centenar y medio de museos y de espacios culturales repartidos por toda la geografía española, y más de 1500 voluntarios mayores, entre cincuenta y cinco y noventa años, colaboran a transmitir el arte, la ciencia y la cultura que atesoran los museos. Otros programas de CEATE relacionados con los museos son los ciclos de conferencias «Acercamos los Museos a las Residencias de Mayores y Centros de Día de la Comunidad de Madrid», «¡Vamos al Museo!» dirigido a los Menores Tutelados de la Comunidad de Madrid, «Voluntarios Culturales para enseñar las Exposiciones Itinerantes de la Comunidad de Madrid» o «Voluntarios Culturales Mayores para enseñar los Museos a personas con discapacidad y a otros grupos sociales marginados del disfrute de los bienes culturales».

El Museo Geominero fue uno de los primeros en adherirse al programa «Voluntarios Culturales Mayores para enseñar los Museos de España» (Fig. 1), con el que viene colaborando desde mayo de 1995 (Rábano *et al.*, 2019). Los programas públicos del museo han sido muy ambiciosos desde sus inicios, persiguiendo conseguir una ciudadanía alfabetizada en ciencias de la Tierra, que

Figura 1. Bartolomé Pérez Ramos en abril de 2024. Es el decano de los guías voluntarios culturales del Museo Geominero. Formó parte del primer grupo de guías que se incorporó al museo en mayo de 1995.

pueda de esta forma conocer, valorar y disfrutar su patrimonio geológico. Para ello se diseñaron recursos divulgativos y educativos en distintos formatos, como visitas guiadas, exposiciones temporales, talleres, cursos, charlas, audiovisuales, hojas de sala o maletas didácticas. Todos ellos se articularon en torno a las colecciones del museo y a los proyectos de investigación desarrollados en el mismo (Rodrigo, 2015).

Desde 1995 han sido muchos los guías voluntarios culturales que han pasado por el Museo Geominero (Figs. 2 y 3), contando en la actualidad con diecinueve personas participantes en el programa de CEATE. De acuerdo a sus preferencias y disponibilidad, se programa el calendario de atención de los grupos que acuden de lunes a viernes al museo. Su labor, indispensable para alcanzar los objetivos de divulgación que se han citado anteriormente, consiste en proporcionar a los grupos explicaciones acerca de la exposición permanente, así como de posibles exposiciones temporales. De esta forma, tanto los estudiantes, desde niveles de primaria a grupos universitarios, como todo tipo de asociaciones, disponen de un apoyo fundamental en las visitas a las diferentes colecciones del museo que se encuentran en exhibición (Fig. 4): (i) flora e invertebrados fósiles españoles, (ii) vertebrados fósiles, (iii) paleontología sistemática de invertebrados, (iv) fósiles extranjeros, (v) sistemática mineral, (vi) recursos minerales, (vii) minerales de las comunidades y ciudades autónomas, (viii) colección de rocas, (ix) colección de gemas, (x) colección de vidrios naturales, (xi) colección de meteoritos y (xii) vitrinas monográficas (propiedades físicas de los minerales y sistemas cristalinos).

Figura 2. Grupo de voluntarios culturales en diciembre de 2015, junto con personal del Museo Geominero. En primera fila, Paloma Sainz García. En segunda fila, y de izquierda a derecha, María Ávila Martínez, Blanca Cabrera Andonaegui, Isabel Rábano y Ernesto Romo Barrios. En tercera fila, y de izquierda a derecha, Ángel Arévalo Caballero, Miguel de Vargas, Bartolomé Pérez Ramos y Rafael Aguado Sebastián.

Figura 3. Grupo de voluntarios culturales en diciembre de 2023. De izquierda a derecha, Jaime Suárez Alba, Jesús Martín-Montalvo Recio, Fernando Pérez Rosado, Vicenta Cañadilla Pérez, Víctor Romero Herrero, Isabel Pardilla Domínguez, Juan Mata Hernández, Mercedes Hernández González, Sagrario Jiménez Galán, Carmen González Andúes y José Antonio Gonzalo Sobrino.

Para que los guías voluntarios se vayan familiarizando con las colecciones de la exposición permanente, desde el museo se les proporciona un material especialmente diseñado para su aprendizaje consistente en sendas guías de fósiles y minerales. En la primera guía se recogen, entre otros, los siguientes contenidos: definición de fósil, normas de nomenclatura, mecanismos de fosilización, usos de los fósiles, las eras geológicas, la escala cronoestratigráfica, el tiempo geológico, así como una selección de fósiles paleozoicos, mesozoicos y cenozoicos de la colección «flora e invertebrados fósiles españoles». La guía de minerales incluye la definición de mineral, las propiedades físicas de los minerales y su clasificación, las condiciones de formación, así como todos los grupos en los que se dividen según criterios cristaloquímicos, desde los elementos nativos hasta los silicatos. Todos los ejemplos que se incluyen en las guías corresponden a ejemplares expuestos en el museo.

En muchos casos, en las visitas escolares son las profesoras y los profesores quienes indican al guía voluntario el tipo de recorrido a realizar entre las colecciones, de acuerdo con los contenidos curriculares tratados en el aula. De esta forma la visita guiada se convierte en una visita a la carta. En otros, y en relación con el alumnado de Educación Primaria, los guías colaboran con otro tipo de visita, la denominada visita-taller. Consiste en un recorrido sencillo y de corta duración ligado a uno de los dos talleres para este nivel educativo que oferta el museo: *aprendiz de geólogo* y *aprendiz de paleontólogo*.

Una oportunidad interesante es la colaboración del Museo Geominero con el Programa de Universidad para los Mayores (PUMA) de universidades madrileñas, como la Autónoma de Madrid o la de Alcalá. Alumnas y alumnos son todos mayores de cincuenta años y en general desconocen el proyecto de CEATE. Una vez que han entrado en contacto con los voluntarios culturales del museo, muchos de ellos muestran interés por formar parte del programa.

NUESTRAS VOLUNTARIAS Y VOLUNTARIOS CULTURALES: 1995-2024

Para finalizar, queremos dejar constancia aquí de las personas que nos han acompañado desde el inicio del programa a lo largo de estos años: Rafael Aguado Sebastián, María Luisa Amigo, Ángel Arévalo Caballero, María Ávila Martínez, Belén Asensio Pérez, Luis Budía Marigil, Vicenta Cañadilla Pérez, José Luis Cereceda González, María Jesús Cimiano, Ángel Espinosa Merino, Modesto Gil García-Aranda, Carmen González Andúes, José Antonio González Sobrino, Mercedes Hernández González, Sagrario Jiménez Galán, Sol

Lamarca Moreno, María Luisa López, Quiterio Luis, Jesús Martín-Montalvo Recio, Concha Martínez Garrido, Juan Mata Hernández, Luis del Moral, Fernando Moreno Alborán, Enrique Ocharán, Isabel Pardilla Domínguez, Elvira Parrilla González, María Encarnación Perera Carmona, Bartolomé Pérez Ramos, Fernando Pérez Rosado, Víctor Romero Herrero, Paloma Sainz García, Ramón Salguero Arroyo, María del Carmen Santisteban, Visitación Santos Vega, Jaime Suárez Alba, Ramón Trenado Palacios, Miguel de Vargas y Antonio Villaverde Cuevas.

Figura 4. A, Isabel Pardilla, en marzo de 2024, atendiendo a un grupo de adultos. B, Elvira Parrilla en los años 90 del siglo XX con estudiantes de Educación Secundaria. Formó parte del primer grupo de guías que se incorporó al museo en 1995. C, Rafael Aguado con un grupo de Educación Infantil en junio de 2006.

AGRADECIMIENTOS

El presente trabajo se enmarca en el proyecto PID2021-123323NB-I00 / AEI/10.13039/501100011033/ FEDER, UE del Ministerio de Ciencia, Innovación y Universidades.

BIBLIOGRAFÍA

[CEATE] 2018. *Cuatro mayores. De la utopía a CEATE.* Confederación Española de Aulas de Tercera Edad, Madrid, 140 pp. Disponible en: https://ceate.es/wp-content/uploads/2021/03/n8-CUATRO-MAYORES-web.pdf

Pérez Díaz, J.; Ramiro Fariñas, D.; Aceituno Nieto, P.; Muñoz Díaz, C.; Bueno López, C.; Ruiz-Santacruz, J.S.; Fernandez Morales, I.; Castillo Belmonte, A.B.; de las Obras-Loscertales Sampériz, J. y Villuendas Hijosa, B. 2022. *Un perfil de las personas mayores en España, 2022. Indicadores estadísticos básicos.* Madrid, Informes Envejecimiento en red, 29, 40 pp. Disponible en: http://envejecimiento.csic.es/documentos/documentos/enred-indicadoresbasicos2022.pdf

Rábano, I.; Rodrigo, A. y Pardilla, I. 2019. La transmisión de la experiencia: el programa «Voluntarios Culturales Mayores» en el Museo Geominero (Instituto Geológico y Minero de España, Madrid). En: L. Mansilla y J.M. Mata Perelló (eds.), *El patrimonio geológico y minero. Identidad y motor de desarrollo.* Cuadernos del Museo Geominero, 29. Instituto Geológico y Minero de España, Madrid, 1237-1246.

Rodrigo, A. 2015. Recursos didácticos del Museo Geominero: hacia una alfabetización en Ciencias de la Tierra. *Revista de Museología*, 64, 31-43.

LA ESTACIÓN PALEONTOLÓGICA «VALLE DEL RÍO FARDES»: UNA INFRAESTRUCTURA SINGULAR DE CAMPO PARA LA CONSERVACIÓN DEL PATRIMONIO, LA DIVULGACIÓN Y LA DOCENCIA

Alfonso Arribas Herrera, Guiomar Garrido Álvarez-Coto, José Antonio Garrido García y Josefina Sánchez Valverde

Cuando en 2001 iniciamos las excavaciones sistemáticas y la investigación integral del yacimiento Fonelas P-1, en la localidad de Fonelas (Granada), llevábamos ya tiempo trabajando en el Museo Geominero de una forma profesional, combinando siempre las actividades científicas con aquellas relacionadas con la gestión del patrimonio y de transferencia de información y divulgación a la sociedad. Esta forma de proceder se planteó desde el inicio de la investigación en el yacimiento de Fonelas P-1: las investigaciones científicas deberían avanzar en paralelo con las actividades divulgativas. De esta forma, en el año 2002 nos planteamos diseñar una exposición itinerante sobre el proyecto y sus resultados preliminares, e iniciamos la planificación de una futura estación paleontológica de campo en la Hoya de Guadix, pues sus registros paleontológicos y geológicos y sus paisajes nos sorprendieron y nos cautivaron con fuerza desde el primer momento.

EL ANTECEDENTE: UNA EXPOSICIÓN ITINERANTE DE UN PROYECTO DE INVESTIGACIÓN PALEONTOLÓGICA

Durante el mes de julio del año 2001 se inició la excavación e investigación del nuevo yacimiento paleontológico de grandes mamíferos en la granadina subcuenca de Guadix. Este yacimiento, descubierto un año antes, contenía miles de huesos fósiles de animales poco conocidos o totalmente desconocidos que habitaron en Europa cuando el Neógeno llegaba a su fin y se iniciaba el Cuaternario, el periodo geológico caracterizado por intensos cambios climáticos en los que se enmarca la historia de la humanidad. Esto es, hablamos de hace un millón ochocientos mil años, según el límite Neógeno/Cuaternario aceptado por la Unión Internacional de Ciencias Geológicas (IUGS en sus siglas en inglés) hasta 2009, que estaba situado en 1,8 millones de años de antigüedad.

La historia evolutiva y ambiental de este periodo era prácticamente desconocida en Europa occidental, más aún en la península ibérica, donde no se conocían registros con información fidedigna sobre los ecosistemas que habitaron un conjunto de grandes mamíferos, muchos de ellos precursores de especies actuales, que configuraron un mundo salvaje peculiar, peligroso, que poco tiene ya que ver con la naturaleza de la Iberia actual.

Félidos con dientes en forma de sable y de cimitarra, cebras primitivas, antílopes de cuernos espiralados, rinocerontes y guepardos gigantes coexistieron con jabalíes de río de origen africano, hienas pardas, jirafas del grupo del okapi y antepasados de lobos y chacales, formando parte de un paisaje imposible hoy día en nuestras latitudes. Más de treinta especies de mamíferos, algunas de ellas nuevas para la ciencia y otras identificadas por primera vez fuera de África, se habían caracterizado ya en 2003 en la asociación de este rico y espectacular yacimiento. Esta concentración de abundantes huesos en una capa de limos se había conservado en el registro geológico gracias a la actividad recolectora y modificadora de cadáveres realizada en el pasado por las hienas gigantes extinguidas, que habitaron aquí, en el sureste de España.

Muy pronto, en 2002, se abordó el diseño de una exposición itinerante que divulgase, casi en tiempo real, el resultado de estas investigaciones, exposición que titulamos «El largo viaje hacia Occidente, fauna ibérica hace 1.800.000 años». Ésta presentaba, tras tan sólo dos años de investigaciones, los resultados científicos y técnicos obtenidos por el equipo de profesionales involucrados en la investigación del más rico de los yacimientos, Fonelas P-1. El proyecto, liderado desde el Museo Geominero del Instituto Geológico y Minero de España (IGME), tenía como fin completar el vacío de información geológica, paleontológica y paleoambiental que existía para este periodo cronológico en Europa occidental.

La muestra estaba compuesta por veinte paneles informativos sobre los distintos aspectos relacionados con la investigación. Tras introducir al espectador en el marco faunístico conocido previamente para el límite Plio-Pleistoceno en Eurasia y África, se presentaban las características propias de este yacimiento y de su investigación, tales como su reciente historia, la presentación de otros yacimientos paleontológicos próximos geográfica y cronológicamente, la estructura del proyecto científico y de su equipo, aspectos sobre la excavación, la restauración de los fósiles, el diseño de una novedosa aplicación informática para la gestión e investigación, la geología, la tafonomía (o cómo se pudo formar el yacimiento), la bioestratigrafía (o cómo podemos datar el registro geológico sobre la base de su contenido paleontológico) y la presentación de las especies de grandes mamíferos más significativas identificadas hasta aquel momento, destacando, finalmente, la importancia de las mismas en el conocimiento de la paleobiología del inicio del Cuaternario.

Como material expositivo se mostraban diversos ejemplares fósiles de mamíferos extintos únicos en el planeta, bien por su excepcional estado de

Figura 1. Inauguración en el año 2003 de la exposición «El largo viaje hacia Occidente» en la Fundación Francisco Giner de los Ríos [Institución Libre de Enseñanza]. De izquierda a derecha, Emilio Custodio, director del IGME, Julián de Zulueta, presidente de la Fundación, y Gonzalo León, secretario general de Política Científica del Ministerio de Ciencia y Tecnología.

conservación, bien por representar especies nuevas para la ciencia, o bien por ser los únicos testimonios directos conocidos de animales considerados hasta este descubrimiento como exclusivos de otros continentes. La muestra fósil se presentaba en distintas vitrinas y urnas con algunos de estos fósiles excepcionales, junto a una impresionante asociación de huesos fósiles roídos por hienas en su sedimento original. Finalmente, destacaba una muestra con distintas imágenes en gran formato del paisaje desértico actual de la subcuenca de Guadix, la zona de investigación del proyecto.

El objetivo de esta exposición fue el de transmitir a la sociedad, aun cuando los estudios estaban en progreso, los avances obtenidos en una investigación reciente, continua y novedosa, y mostrar un registro fósil que es testimonio directo de una de las dispersiones protagonizadas por los mamíferos terrestres –el largo viaje hacia occidente– en el Viejo Mundo más desconocidas y espectaculares, un conjunto paleobiológico hasta entonces ignoto en la historia evolutiva del planeta.

La exposición se inauguró en 2003 en la Facultad de Ciencias de la Universidad de Granada, en el marco del v Congreso del Grupo Español del Terciario, con gran éxito en su presentación. Entre 2003 y 2010 itineró por distintos lugares de la geografía española: (i) la Fundación Giner de los Ríos (Madrid), en 2003. La exposición fue inaugurada por el director del IGME, Emilio Custodio, y por el secretario general de Política Científica del Ministerio de Ciencia y Tecnología, Gonzalo León (Fig. 1); (ii) la Oficina de Turismo de Guadix, en 2007; (iii) el Museo Arqueológico de Cartagena, entre 2007-2008; (iv) el Museo Arqueológico del Puerto de Santa María (Cádiz), en 2008; (v) el Museo Municipal «Jerónimo Molina» de Jumilla (Murcia), en 2008 y (vi) la Quinta de Cervantes (Alcalá de Henares, Madrid), entre 2008 y 2009.

Por otra parte, como complemento divulgativo se consideró desde el inicio del proyecto Fonelas que resultaba fundamental aportar los avances de la investigación y los datos sobre el contexto paleontológico del Cuaternario ibérico en abierto y sin restricciones (*open access*). Por ello, iniciamos también en el año 2002 la dotación de contenidos y, entre 2003 y 2004, el desarrollo de la base de datos para, en 2004, publicar la web del Proyecto Fonelas (mejorada y ampliada en 2010), que se ha configurado como un compendio de información. Se trata de un portal que consta de 171 subpáginas y de 1233 imágenes, con la posibilidad de realizar 34 descargas, sobre la paleontología de mamíferos del Cuaternario en España. El objetivo principal de este *website* fue el de disponer de un contenedor de información sobre el yacimiento de Fonelas P-1 y su contexto geológico y cronológico con un enfoque divulgativo y científico, de modo que sirviese de referencia y consulta tanto a investigadores como a la sociedad en general.

Durante aquella primera década se realizaron igualmente otras muchas actividades relacionadas con la puesta en valor del yacimiento, tanto divulgativas (Arribas y Garrido, 2006), como docentes y trabajos relacionados con el patrimonio geológico o formación de personal, que se detallan a continuación.

Desde el año 2007 es un Lugar de Interés Geológico español de relevancia internacional al haber sido catalogado en el marco del Proyecto Global Geosites España.

En 2010 Fonelas P-1 es catalogado (código AND303) como georrecurso cultural por el gobierno regional de la Junta de Andalucía, en el marco de la estrategia andaluza de gestión integrada de la geodiversidad de la Consejería de Medio Ambiente.

El 28 de diciembre de 2010 el IGME compra la finca de 25 h que contiene al yacimiento Fonelas P-1. De esta forma obtiene la máxima protección legal al pasar a formar parte del Patrimonio del Estado.

Desde 2001 se produjeron tres docenas de publicaciones científicas nacionales y comunicaciones a congresos especializados.

En 2008 se editó una monografía paleontológica específica sobre el yacimiento Fonelas P-1 y las generalidades del proyecto (Arribas, 2008).

En 2003 se produjo el DVD divulgativo *La Tierra, Planeta vivo: Fósiles a través del Tiempo*, financiado por la Fundación Española para la Ciencia y la Tecnología, en el que Fonelas P-1 constituyó el referente para exponer distintos aspectos y conceptos sobre el Cenozoico y la evolución de la forma orgánica.

En 2007 se organizó y dirigió el Curso de Verano de la Universidad Internacional Menéndez Pelayo *Los primeros humanos en el viejo continente y la revolución faunística del Plioceno al Pleistoceno*.

La información sobre el proyecto apareció en distintos reportajes en prensa en papel o electrónica, de carácter local, nacional e internacional. El impacto social fue notable desde sus inicios: *National Geographic*, mayo de 2002; *El Semanal*, septiembre de 2002; *El Mundo, Magazine*, domingo 19 de octubre de 2003; Grupo Joly, noviembre de 2009.

Por su relevancia científica, la web de Fonelas P-1 fue seleccionada para formar parte de los contenidos del proyecto *The Paleobiology Database*, síntesis científica internacional e independiente sobre los yacimientos paleontológicos más significativos en relación con la evolución de la vida en el planeta.

A pesar de que los recursos económicos de este proyecto fueron limitados, se obtuvieron becas de formación de personal investigador del IGME: Guiomar

Garrido Álvarez-Coto, doctora por la Universidad Complutense de Madrid en 2006; Sila Pla Pueyo, doctora por la Universidad de Granada en 2009; y Elena Fierro Enrique, doctora por la Universidad de Murcia en 2014. Además, el IGME adjudicó tres contratos para tareas técnicas y científicas a (i) Eleuterio Baeza Chico, para la restauración de colecciones paleontológicas de Fonelas P-1 (2002-2005); (ii) Guiomar Garrido Álvarez-Coto, para la investigación paleontológica de Fonelas P-1 (2006-2009) y (iii) José Antonio García Solano, para la restauración de colecciones científicas (2006-2009).

Se difundió el conocimiento del yacimiento de Fonelas P-1 a través de conferencias invitadas y visitas al mismo: Facultad de Ciencias, Universidad de Granada, en 2003; Feria Madrid por la Ciencia, en 2005; Centro de Estudios «Pedro Suárez», Guadix (Granada) e Instituto de Estudios Ceutíes (Ceuta), en 2005; Universidades de Valencia y Sevilla, en 2006; Fundación Séneca (Murcia), en 2007; visita al yacimiento en el marco del *3rd Meeting on Taphonomy and Fossilization* (Granada, 2008) y de la reunión de la Subcomisión de Estratigrafía del Cuaternario (INQUA), en 2009.

Dado el interés del sitio paleontológico y del territorio geológico, fue también en 2003 cuando el equipo investigador planteó que ese era el lugar idóneo donde instalar una estación de campo del IGME y se iniciaron las gestiones para la compra del yacimiento. Asimismo, y junto con el Grupo de Desarrollo Rural de la Comarca de Guadix y su gerente Juan José Manrique López, se comenzaron a sentar las bases de un futuro geoparque mundial de la UNESCO para este territorio.

EN LA ESTACIÓN PALEONTOLÓGICA Y HACIA EL CENTRO PALEONTOLÓGICO FONELAS P-1 (2011-2013)

La adquisición por parte del IGME en diciembre de 2010 de la finca en la que se encuentra el yacimiento Fonelas P-1, permitió iniciar los pasos para crear una estación científica de campo, la Estación Paleontológica «Valle del Río Fardes» (Fig. 2). Surge como un centro dedicado al estudio e investigación, divulgación y docencia de la geología del Cuaternario, en sus aspectos de estratigrafía, sedimentología, paleontología, tafonomía y geomorfología, todo ello con el yacimiento paleontológico de grandes mamíferos de Fonelas P-1 como eje de este nuevo proyecto (Arribas y Garrido, 2013). El objetivo era el de alcanzar un modelo I+3D, es decir, realizar Investigación + Desarrollo (social y cultural en un territorio) a través de la Divulgación y la Docencia, en este caso en el ámbito rural. A esta idea habría que sumar la conservación *in situ* de un patrimonio paleontológico que pudiera difundirse a la sociedad.

Figura 2. Primera visita a la zona de reserva geológica del IGME (Estación Paleontológica «Valle del Río Fardes») con la directora del IGME Rosa de Vidania Muñoz tras la compra del yacimiento y finca en diciembre de 2010. Fotografía tomada en Fonelas, en la entrada de la finca del IGME, el 23 de febrero de 2011.

En ese sentido, el yacimiento de Fonelas P-1 posee varios valores fundamentales en relación con su divulgación y el fomento de la cultura científica. Es evidente el interés general que despiertan los grandes animales extinguidos, que en este caso hablan de mundos perdidos de hace dos millones de años, donde la lucha por la supervivencia era la única condición reinante, con félidos con dientes de sable acechando a las grandes manadas de proboscídeos, cebras o incluso humanos, ya que el contexto cronológico de este yacimiento es el de la primera colonización humana de Eurasia. No obstante, los intereses divulgativos de la Estación Paleontológica y de su Centro Paleontológico Fonelas P-1 iban mucho más allá. Se trataba de un enclave accesible en el que se han recuperado miles de fósiles de grandes mamíferos en un estado de conservación excepcional, fácilmente distinguibles sin necesidad de instrumentos ópticos o grandes conocimientos previos, y con una diversidad faunística espectacularmente variada. Una vez protegido y acondicionado el yacimiento, se pretendía que parte de ellos permanecieran *in situ* en una infraestructura de campo musealizada. De esta forma se conseguiría que jugasen un doble papel, el de la investigación científica y el de servir como recurso museográfico de elevado valor patrimonial. De esta forma, la divulgación se llevaría a a cabo en el mismo yacimiento, mostrando los fósiles junto a paneles informativos que contextualizasen su presencia, no solo en el yacimiento sino también en su periodo geológico, el Cuaternario. Se acompañarían por informaciones estratigráficas y sedimentológicas utilizando los perfiles vistos del yacimiento, en donde es posible identificar con facilidad las diferentes capas o niveles estratigráficos y vislumbrar la interpretación y significado que tienen en relación con el yacimiento y el paisaje: ríos, llanuras y pantanos plagados de grandes y extraordinarios mamíferos extinguidos en el pasado, como la actual vega fluvial y los *badlands* (cárcavas) de la Hoya de Guadix. Igualmente, las excelentes condiciones de observación del paisaje desde el propio yacimiento de Fonelas P-1 facilitaban mostrar la evolución geológica de la comarca, constituyendo un ejemplo muy atractivo para comprender los procesos de relleno de una cuenca continental (endorreísmo) y su posterior vaciado (exorreísmo), erosión y puesta al descubierto de antiguas capas fosilíferas. En definitiva, el conjunto permitiría una fácil y atractiva transmisión a la sociedad de la geología de la comarca, siendo un recurso turístico y sociocultural indiscutible en este territorio.

El yacimiento ofrecía también un interés para la docencia. Su accesibilidad a los estratos geológicos a través de cortes normalizados a lo largo de un eje vertical, permitirían al alumnado interpretar su significado estratigráfico y sedimentológico. En segundo lugar, se disponía de información magnetoestratigráfica del conjunto del relleno sedimentario de la cuenca geológica, por lo que resultaba posible contextualizar en el tiempo esas interpretaciones. Estos dos valores unidos al conjunto de información paleontológica asociada, hacen de este enclave, sin dificultades orográficas notables, un lugar de gran interés docente.

Una cuestión relevante también era la decisión del nombre que identificaría a la nueva infraestructura. Se decidió por el de «Valle del Río Fardes» por dos motivos. En primer lugar, por no restringir la identificación de la nueva estación de campo con un municipio concreto, y utilizar uno de los claros y evidentes elementos del paisaje en todo el territorio, el valle del río Fardes, el elemento constructor y destructor de paisajes a lo largo de todo el Cuaternario; y, en segundo lugar, al incluir estos elementos, «valle» y «río», se emulaban grandes contextos africanos de interés paleontológico internacional, conocidos desde el siglo XX en relación con el Cuaternario, como el Valle del río Awash, el Valle del río Omo, la Garganta de Oldupai –la planta, así se llamó siempre y no Olduvai, la mariposa–, u otros.

Por tanto, siendo el yacimiento ya en el año 2010 *geosite* (ámbito nacional) y georrecurso cultural (ámbito autonómico), el 28 de diciembre de 2010 el

IGME compró la finca de 25 h (Fonelas, polígono 5, parcela 216; ref. catastral: 18078A00500216PH; Fig. 2) que contiene al yacimiento. El precio de compra fue el solicitado por la anterior propiedad, 60.000 €, mientras que la tasación de la finca fue de 117.862,84 €. De esta forma, la localidad obtuvo la máxima protección legal al pasar a formar parte del Patrimonio del Estado.

Tras ello se iniciaron los trabajos de planificación a futuro de distintas actuaciones en relación con las infraestructuras y los equipamientos (Arribas *et al.*, 2013). En septiembre de 2011 el IGME abordó el apoyo a una nueva etapa de investigación y difusión (2011-2015) para el desarrollo de la primera fase del proyecto de estación científica de campo: el Centro Paleontológico Fonelas P-1 (CPFP-1) (Arribas y Garrido, 2016). Como consecuencia de ello, en 2012 se encargó y realizó la topografía detallada a escala 1:250 (curvas de nivel cada 0,25 m) de 6000 m^2 en torno a la futura zona de actuación en el yacimiento; se acondicionó mecánicamente la parte superior del yacimiento (entre los sondeo B y A, ambos incluidos) a través de un movimiento de tierras con control paleontológico (1174 metros cúbicos de rocas estériles evacuadas un metro por encima de la unidad fosilífera, que se sitúa en la cota 927 m.s.n.m., ver Fig. 3); se instaló una empalizada semirrígida de protección frente a posibles desprendimientos rocosos en cotas superiores del barranco (atendiendo al informe sobre riesgos geológicos realizado por Mercedes Ferrer Gijón, del IGME); se diseñó un proyecto de obra conforme a los requisitos técnicos (posición, superficie, configuración, elevación en pasarelas, cristalera/mirador, apoyos en zapatas, etc.) y se adquirieron distintos tipos de equipamiento (técnico, científico, caseta/almacén de campo y energético mediante energías renovables consistentes en placas solares y un aerogenerador) para dotar al futuro CPFP-1. También, y gracias al apoyo y orientación del GDR Comarca de Guadix, se solicitó una subvención de 460.793,51 € al Grupo de Cooperación provincial de Granada para la construcción del Centro Paleontológico Fonelas P-1, una instalación estable para la geoconservación del patrimonio.

La subvención fue aprobada el 19 de diciembre de 2012. Se trataba de construir una protección de parte de la superficie de excavación de Fonelas P-1, que permitiría un cerramiento del yacimiento, su conservación frente a los agentes atmosféricos y biológicos, así como el desarrollo de unas actividades permanentes de estudio paleontológico, divulgación y docencia. La subvención fue aprobada por el Grupo de Cooperación de la provincia de Granada (Dirección General de Desarrollo Sostenible del Medio Rural) en la categoría Protección y Conservación del Patrimonio Cultural, y fue cofinanciada por el Fondo Europeo de Desarrollo Regional y la Junta de Andalucía. La infraestruc-

Figura 3. A, vista del yacimiento Fonelas P-1 durante la campaña de 2007. B, vista del yacimiento en el año 2012, una vez realizada la instalación de la empalizada semirrígida para la protección frente a desprendimientos y finalizado el movimiento controlado de tierras en previsión de pasos futuros en el desarrollo.

tura (Fig. 4A) fue ejecutada en 2013 a través de una encomienda a TRAGSA y constituye actualmente el Centro Paleontológico Fonelas P-1 (1020 m^2 de superficie protegida), la primera fase de la Estación Paleontológica «Valle del Río Fardes» (Fig. 4B).

EL CENTRO PALEONTOLÓGICO FONELAS P-1 ES UNA REALIDAD PARA LA GEOCONSERVACIÓN Y LA DIFUSIÓN DE CONOCIMIENTO (2014-ACTUALIDAD)

El Centro Paleontológico Fonelas P-1 permite garantizar la protección del yacimiento ante los agentes ambientales y la custodia del patrimonio paleontológico, así como el desarrollo de acondicionamientos sistemáticos para asegurar la posterior conservación y análisis de las fósiles *in situ*, y la conservación de los cortes estratigráficos, necesarios para una correcta interpretación tridimensional de los procesos que generaron el yacimiento y para ser utilizados como recurso científico y museográfico. Se trata, pues, de una infraestructura relevante para la divulgación y la docencia en el propio yacimiento sobre aspectos relacionados con las ciencias de la Vida y de la Tierra en el Cuaternario (Arribas *et al.*, 2017).

Figura 4. Vistas generales del Centro Paleontológico Fonelas P-1 en 2013. A, aspecto del montaje de la estructura prefabricada para la protección del yacimiento. B, vista general de la fachada principal del Centro Paleontológico Fonelas P-1, preparado para su recepción por parte del IGME tras las obras ejecutadas por TRAGSA.

Una vez finalizada la obra de la cubierta el personal investigador de la EPVRF y del Museo Geominero diseñó el proyecto museográfico del centro paleontológico, encargando la ejecución material a la empresa Paleoymás. El objetivo era el de poder disponer en el centro de los elementos necesarios (mesas de interpretación, banderas, módulos divulgativos, urnas, reconstrucciones de animales extintos a tamaño natural, vitrinas, maquetas, hitos magnetoestratigráficos, dioramas, cráneos, etc.) y contenidos, ajustados al discurso científico ya publicado en revistas especializadas. Ello permitiría mostrar los aspectos más relevantes tanto del propio yacimiento Fonelas P-1, como de las singularidades de la paleontología de los mamíferos del Cuaternario en el Viejo Mundo. Además, se realizó un acondicionamiento en partes concretas del afloramiento dejando *in situ*, como recurso museográfico, diferentes elementos geológicos de interés didáctico. De esta forma todos los elementos proporcionan información por sí mismos para una visita no guiada, pero, y más importante, también constituyen herramientas para una visita guiada sobre diferentes aspectos sobre la vida y la Tierra a lo largo de los últimos millones de años de la historia del planeta (Fig. 5). En resumen, esta instalación permite mostrar las maravillosas singularidades del Sistema Tierra en el que hemos vivido los representantes del género *Homo* durante los últimos 2,5 millones de años.

Ante esta nueva etapa, con nuevos objetivos relacionados también con los años previos de investigación, durante el bienio 2014-2015 se dotó de contenidos la web de la Estación Paleontológica «Valle del Río Fardes». Esta web presenta todos los resultados relevantes de las investigaciones realizadas hasta ese momento, así como distintos productos divulgativos y los datos necesarios para preparar la visita al yacimiento. También en 2015 la EPVRF inició su andadura en las redes sociales.

El año 2016 fue importante en la evolución de la infraestructura pues se alcanzaron dos hitos relevantes. En diciembre de 2016, y hasta diciembre de 2019, se dotó a la EPVRF de personal de campo y se abrió definitivamente al público durante todo el año. Además, se iniciaron los trabajos científico-técnicos del inventario de la biodiversidad en la EPVRF. Por otro lado, el pleno de la Diputación de Granada había aprobado por unanimidad en 2014 una resolución de apoyo a la estación paleontológica. Este hecho tuvo su culminación en octubre de 2016 con la firma de un convenio de colaboración entre el IGME y la Diputación de Granada para el desarrollo de actividades en la EPVRF. La duración fue de tres años (hasta octubre de 2019) y esta cooperación arrojó importantes frutos patrimoniales, divulgativos y didácticos.

Figura 5. Vista del interior del Centro Paleontológico Fonelas P-1 una vez musealizado. A, vista hacia el oeste (posición del sondeo A). B, vista de la sección central, con el gran panel sobre la evolución de mamíferos durante el Pleistoceno inferior. C, vista hacia el este (posición del sondeo B) donde destacan las maquetas de la hoya de Guadix hace dos millones de años (izquierda) y en la actualidad (derecha), donde se explica el modo de vida de los vertebrados en estos paisajes geológicamente cambiantes a lo largo del tiempo.

A modo de resumen, se exponen a continuación de forma somera distintas actividades y productos realizados entre 2016 y 2019 que caracterizan esta etapa de la infraestructura.

En 2016 Fonelas P-1 fue catalogado como Lugar de Interés Geológico (LIG) del proyecto de Geoparque en Granada (código LIG GG-08).

Entre los años 2015 y 2019 desde la estación paleontológica se organizan o coordinan distintos cursos de verano de paleontología de la cuenca de Guadix o del ámbito del Geoparque en Granada. Fueron cinco los cursos de verano organizados por la EPVRF con la colaboración del Ayuntamiento de Fonelas, el Ayuntamiento de Guadix, el Centro Mediterráneo de la Universidad de Granada y el proyecto Geoparque de Granada.

En el intervalo comprendido entre los años 2015 y 2018, el personal investigador de la Estación Paleontológica «Valle del Río Fardes» diseña y define científica y técnicamente lo que será el futuro Geoparque de Granada, que había sido denominado inicialmente como Geoparque del Cuaternario Valles del Norte de Granada (Arribas *et al.*, 2018). Esta propuesta se inició en la Hoya de Guadix en 2003 de forma conjunta por el Proyecto Fonelas (IGME, Alfonso Arribas) y el GDR Comarca de Guadix (Juan José López Manrique).

En 2018 se publicaron dos documentos divulgativos: *Centro paleontológico Fonelas P-1 (EPVRF). Una ventana al origen del Cuaternario*, y *Guía de campo de los grandes mamíferos de Fonelas P-1 (Fonelas, Granada)* (Arribas y Garrido 2018a, 2018b).

El 12 de mayo de 2018 la EPVRF organizó el Geolodía de Granada (evento coordinado por la Sociedad Geológica de España) y fueron los protagonistas tanto el yacimiento paleontológico Fonelas P-1 como la geología del teatro romano de Guadix (rocas utilizadas en su construcción, localización de canteras e inundaciones históricas). La actividad resultó un éxito con la asistencia de cerca de quinientas personas.

En 2018 se trabajó intensamente en el inventario zoológico y botánico, así como en la monitorización ambiental de la EPVRF. En 2019 se diseñaron dos nuevas ofertas divulgativas y docentes, fruto de la cooperación entre la EPVRF y la Diputación de Granada. Por un lado, se implantó en la estación paleontológica la *Ruta geológica de campo en la EPVRF*, en la que, a través de un itinerario de 1 km señalizado con balizas de madera y cartelas sobre la flora del contexto semidesértico, se observa el espectacular paisaje y se interpretan distintos aspectos pasados y actuales. El discurso se apoya en seis mesas interpretativas (Fig. 6) y dos tótems relacionados con la magnetoestratigrafía identificada en esas rocas, para conocer más sobre: (i) la geología del valle del río Fardes (en el contexto del Geoparque de Granada); (ii) las unidades del paisaje; (iii) los aspectos básicos sobre la fauna y la flora actual; (iv) el resumen de la ocupación humana y la explotación histórica del territorio; (v) datos sobre la etapa endorreica en la historia geológica del territorio; (vi) se podrá pasar del Plioceno al Pleistoceno, entrando en el Cuaternario y (vii) el recorrido finaliza mostrando generalidades sobre el último medio millón de años de un paisaje vivo (exorreísmo).

Figura 6. Vista hacia el este del valle del río Fardes desde la estación paleontológica (al fondo, sobre los llanos, se observa la sierra de Baza). En primer término, una de las mesas interpretativas sobre el último medio millón de años en la historia de este paisaje de la *Ruta geológica de campo* de la EPVRF en la propia finca del IGME.

Por otro, se instaló en el centro paleontológico el nuevo módulo divulgativo *Historia de la Tierra y de la Vida* (Fig. 7) para complementar el discurso divulgativo, y también como apoyo a la docencia. El módulo muestra, a través de nueve paneles, los hitos principales relacionados con la historia de la Tierra y de la Vida durante el Paleozoico, el Mesozoico y el Cenozoico. Comienza en el Cámbrico, hace 541 millones de años, y finaliza en el Plioceno, hace 2,58 millones de años, con el matiz final de la coexistencia de los últimos mastodontes del Plioceno (*Anancus*) con los primeros mamuts del Pleistoceno (Cuaternario; *Mammuthus*) hace 2,4 millones de años en la Hoya de Guadix.

El año 2020 fue un año distinto por diferentes motivos. Se inició el declive de la tendencia positiva en la suma del conjunto de actividades realizadas años atrás. A pesar de que el año se inició con buenas noticias, ya que en febrero se había alcanzado la cifra de 10.000 visitantes a la estación paleontológica en tres años y el Geoparque de Granada pasó a pertenecer a la Red mundial de Geoparques de la UNESCO, distintos hechos afectaron de forma negativa al desarrollo de la estación paleontológica. En marzo de 2020 hubo que cerrarla al público por la pandemia producida por la COVID-19. No se volvió a abrir hasta el segundo semestre de 2021, aunque las actividades científico-técnicas de gabinete continuaron con normalidad. Estando cerrada al público, en octubre se produjo una intrusión con robo de parte de la museografía del centro, en particular las réplicas y los fósiles del nuevo módulo sobre historia de la Vida y de la Tierra que iba a ser inaugurado en breve. Y, de forma sorprendente, la nueva dirección del IGME manifestó su desinterés por la estación paleontológica, sus antecedentes y su plan de desarrollo.

Figura 7. Fotocomposición con todos los elementos museográficos con que se dotó el módulo divulgativo *Historia de la Tierra y de la Vida* del Centro Paleontológico Fonelas P-1.

Aun así, la estación paleontológica continuó sus actividades divulgativas y didácticas. Se participó en el curso de verano 2020 del Geoparque de Granada y se publicó un nuevo documento sobre la EPVRF, *Guía de campo. La vida en el semidesierto de Granada. La biodiversidad actual en la Estación paleontológica Valle del río Fardes del IGME en Fonelas (Granada)* (Garrido, 2020). Se continuaron los estudios, inventarios y divulgación de la flora y fauna actuales de las zonas semidesérticas de la Cuenca de Guadix. El patrimonio biológico actual de la finca incluye poblaciones de especies botánicas endémicas en riesgo crítico de extinción (*Clypeola eriocarpa* y *Limonium majus*), con un inventario provisional de 486 especies de animales, entre las que se han identificado cuatro centenares de especies de invertebrados y tres centenares de especies de plantas. En 2021 se colaboró con un monográfico especial sobre paleontología en geoparques europeos, presentando una revisión actualizada del patrimonio paleontológico del Geoparque de Granada, con especial hincapié en el único *geosite* conservado (Arribas *et al.,* 2021). Se participó en la convocatoria 2022 del Proyecto IUGS-Global Geosites *IUGS Geological Heritage Sites* con una propuesta relacionada con Fonelas P-1 y el Pleistoceno inferior de la cuenca de Guadix-Baza. Fue considerada de forma preliminar para ser publicada en 2023, aunque desestimada finalmente en 2024. El 10 de marzo de 2022 el yacimiento paleontológico Fonelas P-1 fue destacado entre los «17 yacimientos paleontológicos que pintan el pasado de la península ibérica», en el artículo publicado en la revista *National Geographic.* Se colaboró en la organización del XXI Simposio sobre la Enseñanza de la Geología (AEPECT, Guadix, 4 al 9 de julio de 2022) con dos actividades: un taller sobre *Anatomía comparada: estudio de vertebrados en yacimientos arqueológicos y paleontológicos*, y una excursión, *De la «sabana africana» con grandes mamíferos del Cuaternario al paisaje actual de badlands.* Se participó igualmente en la *Guía geológica del Geoparque de Granada* (Arribas, 2022; Arribas *et al.,* 2022) y, al formar parte la EPVRF de la Red de Centros de Divulgación del Geoparque de Granada, se está trabajando en el estudio de necesidades de los centros de divulgación («Plan de Sostenibilidad Turística del Geoparque de Granada») con el fin de identificar mejoras en infraestructuras y discursos expositivos o museografías. La Estación Paleontológica «Valle del Río Fardes» es la infraestructura paleontológica y geológica fundamental y más visitada en el Geoparque de Granada, aunque carece por el momento de un plan de difusión a nivel nacional.

En el año 2023 la estación paleontológica recibe en depósito un conjunto escultórico con la recreación a tamaño natural de una hembra y un cachorro de la especie *Pachycrocuta brevirostris.* Esta instalación paleoartística fue realizada por el graduado en Bellas Artes Víctor García en el marco de su trabajo fin de máster *Métodos y estrategias de divulgación científica aplicadas a la Paleontología: el paleoarte como medio de transmisión y representación de estudios científicos.*

Fue defendido en el curso 2019-2020 en el marco del Máster Universitario de Paleontología Avanzada de la Universidad Complutense de Madrid. Las esculturas recrean por primera vez en la historia, y de forma fidedigna, la fisonomía y el aspecto corporal de este animal extinguido, que coevolucionó con los humanos primitivos y fue el verdadero protagonista de los ecosistemas del Viejo Mundo durante el Pleistoceno inferior. Alfonso Arribas, director científico de la estación paleontológica viene colaborando con este máster con una ponencia anual sobre geoconservación aplicada desde hace 7 años (última edición en 2024).

El IGME ha celebrado el 175 aniversario de su fundación en 2024 y la Estación Paleontológica «Valle del Río Fardes» ha estado presente, tanto en el libro conmemorativo de esta larga historia como en el documental producido a tal efecto. La última actividad técnica de difusión se ha realizado en el marco de las XXIII Jornadas de la Asociación para la Interpretación del Patrimonio, *Interpretación del patrimonio: una herramienta para la conservación en Geoparques y Espacios Naturales Protegidos* (Guadalupe, Cáceres, febrero de 2024), en la que uno de los autores de este texto (A.A.) presentó la ponencia «Aplicaciones prácticas de la conservación para la ciudadanía, el ejemplo de Fonelas (Granada)».

Para concluir, no queremos dejar de mencionar que se está iniciando una novedosa línea de investigación en paleoproteómica, que podría arrojar interesantes resultados que vendrían a reforzar algunos de los elementos del discurso divulgativo de la estación paleontológica en relación con los ecosistemas ibéricos. El objetivo es intentar resolver definitivamente el origen de los linajes de dos animales emblemáticos del Paleártico: los lobos euroasiáticos (*Canis lupus*) y las cabras montés (*Capra pyrenaica*), dado que en Fonelas P-1, con 2 millones de años de antigüedad, se encuentras los fósiles de los primeros lobos de Europa (*Canis etruscus*) y el primer registro, por el momento, a nivel internacional de las primeras cabras montés (*Capra baetica*).

AGRADECIMIENTOS

En reconocimiento a su voluntad y visión dedicamos este texto a Rosa de Vidania Muñoz y José Gibert Clols. Personas como ellas han hecho crecer los corazones que dieron lugar a esta idea y a esta realidad, que otros verán culminada pues nuestros ojos sólo han visto su nacimiento. La Estación Paleontológica «Valle del Río Fardes» se ha hecho realidad con mucho esfuerzo y dedicación, a la vez que ha sido anhelada y celebrada tanto por los municipios de Fonelas y Guadix, como por la Comarca de Guadix. Entre los premios y reconocimientos recibidos, fueron los otorgados por el Ayuntamiento de Fonelas, el Centro de Estudios «Pedro Suárez», la Asociación Intersectorial de Empresarios de Guadix o el Ayuntamiento de Guadix, con el Premio Tótem. A todos ellos nuestra gratitud más sincera por apoyar la iniciativa y valorar el trabajo realizado.

En la adquisición del terreno en el que se encuentra la EPVRF, expresamos nuestro agradecimiento a Rosa de Vidania Muñoz y a Diana Alonso García, directora del IGME y directora de su Departamento de Infraestructura Geocientífica, respectivamente, entre 2010 y 2012. A los antiguos propietarios del terreno, Rosendo Carrión Gómez, José Manuel Carrión Gómez, Trinidad Carrión Gómez, Manuel Carrión Gómez, María Dolores Carrión Gómez, Manuel Sánchez Gómez, María Sánchez Gómez, Modesto Juan Sánchez Gómez, Trinidad Sánchez Gómez, Eleuterio Manuel Gómez Galindo, Anunciación Gómez Rueda, María del Carmen Gómez Jiménez, Julia María Palenzuela Gómez y José Luis Palenzuela Gómez. A ellos hemos de unir la gratitud a Salvador (Salva), párroco de Fonelas en aquellos años, hombre excepcional donde los haya, siempre al servicio de toda la comunidad.

Durante la etapa de desarrollo de la infraestructura nos debemos a Manuel Cano Alonso (alcalde de Fonelas) y Torcuato Espínola Contreras (teniente de alcalde de Fonelas); Juan José Manrique López, Raquel Jiménez Lozano y Francisco Pleguezuelos Sierra (GDR Comarca de Guadix); GDR del Poniente Granadino (Grupo Coordinador de la provincia de Granada); Margarita Kaiser y Juan Roda (Cortijo del Conejo/Condado de los Nogales); FEDER (Unión Europea); Asociación de Empresarios de Guadix; Consejería de Agricultura, Pesca y Medio Ambiente (Junta de Andalucía), Delegación Territorial de Granada; Consejería de Cultura y Deporte (Junta de Andalucía), Delegación Territorial de Granada; Manuel Cano Gómez; Silvia Marcos Expósito, Maribel Requena Varón y Francisco Rivera Navarro (Cuevas La Granja, Benalúa); Cauchil Construcciones y Edificaciones S. L.; Servitop S. L.; Grupo Salmerón; ENAIR; TRAGSA (Santos Elola Jiménez y Guillermo Martínez Pelayo); Excelentísima Diputación Provincial de Granada; y por el IGME, a Jorge Civis Llovera (director del IGME), José María Álvarez Pérez (secretario general del IGME), Isabel Rábano (directora del Museo Geominero), así como a numerosos compañeros y compañeras de distintos departamentos y áreas del IGME.

Agradecemos especialmente a Isabel Rábano la edición de este libro sobre el Museo Geominero, parte importante de nuestras vidas, e invitarnos a participar en él plasmando años importantes de nuestra vocación por la paleontología y por el servicio público.

BIBLIOGRAFÍA

ARRIBAS, A. (ed.) 2008. *Vertebrados del Plioceno superior terminal en el suroeste de Europa: Fonelas P-1 y el Proyecto Fonelas.* Cuadernos del Museo Geominero, 10. Instituto Geológico y Minero de España, Madrid, 608 pp.

ARRIBAS, A. 2022. Los grandes mamíferos fósiles del Geoparque. En: J. García Tortosa (ed.), *Guía Geológica.* Geoparque de Granada, Granada, 189-198.

ARRIBAS, A. Y GARRIDO, G. 2006. En los orígenes del Pleistoceno: Faunas de las dos Iberias (mediterránea y caucásica). En: J.S. Carrión; S. Fernández, y N. Fuentes (coords.), *Paleoambientes y cambio climático.* Fundación Séneca, Murcia, 165-175.

ARRIBAS, A. Y GARRIDO, G. 2013. La primera Estación paleontológica de campo estatal en España. El Centro paleontológico Fonelas P-1 (Cuenca de Guadix, Granada). *Enseñanza de las Ciencias de la Tierra*, 21 (3), 339-342.

ARRIBAS, A. Y GARRIDO, G. 2016. Los primeros lobos, linces y cabras monteses de la fauna ibérica. *Quercus*, 359, 58-61.

ARRIBAS, A. Y GARRIDO, G. 2018a. *Centro paleontológico Fonelas P-1 (EPVRF): Una ventana al origen del Cuaternario.* Instituto Geológico y Minero de España, Madrid, 28 pp.

ARRIBAS, A. Y GARRIDO, G. 2018b. *Guía de campo de los grandes mamíferos de Fonelas P-1 (Fonelas, Granada). Fauna ibérica hace 2 millones de años.* Instituto Geológico y Minero de España, Madrid, 24 pp.

ARRIBAS, A.; GARRIDO ÁLVAREZ, G. Y GARRIDO GARCÍA, J.A. 2022. La vida hace dos millones de años: el yacimiento paleontológico de Fonelas-P1. En: J. García Tortosa (ed.), *Guía Geológica.* Geoparque de Granada, Granada, 209-216.

ARRIBAS, A.; GARRIDO, G.; LORENZO, C. Y GARRIDO, J.A. 2107. El valle del río Fardes y la Estación paleontológica de Fonelas: un laboratorio del Cuaternario. *Enseñanza de las Ciencias de la Tierra*, 25 (1), 82-87.

ARRIBAS HERRERA, A.; GARRIDO ÁLVAREZ, G.; GARRIDO GARCÍA, J.A.; GARCÍA TORTOSA, J.A. Y MEDIALDEA PÉREZ, C. 2021. Quaternary large mammals from the Granada Geopark: a magnificent record with examples of geoconservation. *Geoconservation Research*, 4 (2), 663-674. https://doi.org/10.30486/gcr.2021.1929773.1093

ARRIBAS, A.; GARRIDO, G.; HERNÁNDEZ, R.; LORENZO, C.; PRIETO, A.; FERRER, M.; LÓPEZ, J.C. Y RODRIGO, A. 2013. El Centro paleontológico Fonelas P-1 (CP FP-1): primera fase en las infraestructuras de campo de la Estación paleontológica Valle del río Fardes (EPVRF) del Instituto Geológico y Minero de España en Fonelas (Cuenca de Guadix, Granada). En: J. Vegas, Á. Salazar, E. Díaz-Martínez y C. Marchán (eds.), *Patrimonio geológico, un recurso para el desarrollo.* Cuadernos del Museo Geominero, 15. Instituto Geológico y Minero de España, Madrid, 29-38.

ARRIBAS, A. Y COLABORADORES, 2018. *Geoparque del Cuaternario Valle del Norte de Granada.* Dossier de candidatura a Geoparque Mundial de la UNESCO. Proyecto Geoparque, Diputación de Granada, 80 pp.

GARRIDO GARCÍA, J.A. 2020. *Guía de campo. La vida en el semidesierto de Granada. La biodiversidad actual en la Estación paleontológica Valle del río Fardes (EPVRF) de IGME en Fonelas (Granada).* Instituto Geológico y Minero de España, Madrid, 50 pp.

Investigación

LA INVESTIGACIÓN PALEONTOLÓGICA DEL PALEOZOICO INFERIOR EN EL MUSEO GEOMINERO

Samuel Zamora Iranzo, Jorge Colmenar Lallena, Isabel Rábano Gutiérrez del Arroyo, Silvia Menéndez Carrasco y Juan Carlos Gutiérrez-Marco

El estudio de los fósiles del Paleozoico español ha tenido un gran protagonismo durante buena parte de la historia del Instituto Geológico y Minero de España, desde su misma fundación a mediados del siglo XIX como la Comisión del Mapa Geológico. Entre las principales figuras que se ocuparon de ello cabe mencionar a Casiano de Prado, Lucas Mallada y Primitivo Hernández-Sampelayo, autores de importantes investigaciones paleontológicas y bioestratigráficas, muchas de ellas orientadas a los materiales del Paleozoico inferior que iban descubriéndose en el transcurso de la realización del mapa geológico nacional, así como de los grandes estudios provinciales u otros aplicados a ciertas cuencas mineras (Alastrué, 1983; González Fabre, 2005; Rábano y Gutiérrez-Marco, 2022). Gran parte del material original de sus publicaciones se halla depositado en el Museo Geominero, propiciando modernos estudios de revisión taxonómica e histórica (Rábano *et al.*, 1989; Babin *et al.*, 1999; Rábano y Arbizu, 1999; Perejón *et al.*, 2014; entre otros).

La incorporación progresiva de paleontólogos especialistas al Museo Geominero, así como la colaboración continuada de éstos con proyectos propios o de otras instituciones, posibilitó el desarrollo de grupos de trabajo multidisciplinares en torno a la investigación geológica y paleontológica del Paleozoico inferior en España y un variado conjunto de países, tanto europeos (Austria, Bélgica, Bulgaria, Italia, Francia, Portugal) como africanos (Marruecos, Libia,

Namibia), americanos (Argentina, Perú, Estados Unidos) y la Antártida. El eje esencial de estas investigaciones persigue la reconstrucción del margen del antiguo continente de Gondwana, que en el Paleozoico inferior estaba rodeado por amplias plataformas marinas en latitudes altas a intermedias, donde se producía un activo intercambio faunístico entre todos los territorios antes mencionados y conectados mucho antes de su colisión con Laurusia para formar Pangea, con la subsiguiente fragmentación y deriva del mismo, dando lugar a los continentes actuales. Asimismo, el estudio de diversas asociaciones de braquiópodos del Ordovícico de Perú ha permitido demostrar que existía un intercambio faunístico activo de braquiópodos entre Perú, Avalonia y otros terrenos situados a lo largo del Océano Iapetus, como *Ganderia*, durante la mayor parte del Ordovícico, posiblemente mediante «saltos» sucesivos de isla en isla durante su etapa larvaria y favorecidos por las corrientes oceánicas (Villas *et al*, 2015; Colmenar y Hodgin, 2020; Hodgin *et al.*, 2021). Además de Gondwana, el grupo de investigación desarrolló trabajos puntuales en otras áreas paleocontinentales como Laurentia y Báltica, restringidos a grupos concretos como equinodermos y braquiópodos, respectivamente.

El fruto de esta renovada etapa en la investigación del Paleozoico inferior son numerosas e importantes publicaciones científicas, la mayoría de ellas aparecidas en revistas internacionales de prestigio, de las que a continuación se seleccionan algunos logros destacados referidos a fósiles de los tres sistemas geológicos Cámbrico, Ordovícico y Silúrico. Igualmente, y de manera esencial por las investigaciones desarrolladas en el extranjero, se depositó en el Museo Geominero el material tipo de especies nuevas y otros elementos ilustrados en las publicaciones, que vinieron a enriquecer cualitativamente las colecciones de la institución.

Como actividades de prestigio vinculadas con la paleontología del Paleozoico inferior, desde el museo se han organizado, o contribuido decisivamente a su organización, reuniones científicas internacionales (Sixth International Graptolite Conference, 1998; 4th International Trilobite Conference, 2008; 11th International Symposium on the Ordovician System, 2011; Progress in Echinoderm Palaeobiology, 2015; 8th International Brachiopod Congress, 2018; Palass Anual Meeting, 2019) y una nacional (XV Jornadas de la Sociedad Española de Paleontología, 1999) (Fig. 1). Igualmente, algunos miembros del grupo han ocupado u ocupan cargos de relevancia en organizaciones científicas (por ejemplo, dos son miembros con voto de la Subcomisión Internacional de Estratigrafía del Cámbrico, ICS-IUGS), y son o han sido editores de revistas internacionales o nacionales, como *Journal of Paleontology*, *Palaios*, *Spanish Journal of Palaeontology*, *Boletín Geológico y Minero* y *Revista Española de*

Figura 1. Imágenes de actividades relacionadas con la difusión de la paleontología en ámbitos internacionales. A, imagen de grupo durante la reunión del IGCP 503 que se desarrolló en Zaragoza en septiembre de 2007. B, imagen de campo durante el *11th International Symposium on the Ordovician System* celebrado en Alcalá de Henares en 2011. Juan Carlos Gutiérrez-Marco a la izquierda, en el centro Jorge Colmenar y a la derecha con la lupa en la mano Enrique Villas. C, visita al Cámbrico de Purujosa (Zaragoza) durante el congreso *Progress in Echinoderm Palaeobiology* celebrado en Zaragoza en junio de 2015. Izquierda, Kyle Hartshorn, derecha Jennifer E. Bauer y en el centro Samuel Zamora. D, salida de campo al Cámbrico de Murero (Zaragoza) durante el congreso de la *Palaeontological Association* celebrado en Valencia en diciembre de 2019.

Micropaleontología. Entre las actividades científico-divulgativas más destacadas, podemos mencionar también las exposiciones «Un tesoro geológico en la autovía del Cantábrico», relacionada con los fósiles ordovícicos descubiertos durante la construcción de un túnel de la A-8 (año 2003); «Estromatolitos: las rocas construidas por microrganismos», muestra que dio como resultado la creación de una vitrina en el Museo Geominero dedicada exclusivamente a estos fósiles en 2009 (Rodríguez-Martínez *et al.*, 2010); o colaboraciones tanto con los geoparques españoles de la red mundial de la UNESCO, como con el Organismo Autónomo Parques Nacionales. Ejemplo de esta última es la caracterización como Lugar de Interés Geológico (LIG) internacional de la sección del Boquerón del Estena en el Parque Nacional de Cabañeros, que entre otros puntos integra el de las «huellas de gusanos» gigantes del Ordovícico (Fig. 2).

Figura 2. Excavaciones dejadas por organismos de cuerpo blando en sedimentos marinos someros del Ordovícico Inferior, descubiertas en las investigaciones sobre la geología y paleontología del Parque Nacional de Cabañeros (Gutiérrez-Marco *et al.*, 2010, 2015b). Arenigiense inferior, Boquerón del Estena. Navas de Estena (Ciudad Real).

LA EXPLOSIÓN DE LA VIDA EN EL CÁMBRICO

El Cámbrico, con una antigüedad comprendida entre los 541 y los 485 millones de años, es uno de los periodos más importantes de la historia de la vida y donde se registran cambios radicales en los seres que hasta entonces habitaban nuestro planeta. El registro fósil muestra que antes del Cámbrico las formas de vida eran predominantemente simples, organismos microscópicos, como bacterias, además de otras formas enigmáticas de mayor tamaño y que se conocen como biota de Ediacara. Sin embargo, durante el Cámbrico empiezan a aparecer por primera vez y en unos pocos millones de años animales complejos con partes duras (conchas, caparazones e incipientes esqueletos internos). Estos incluían representantes de la mayoría de los grupos actuales de animales. Esta aparición brusca, en términos geológicos, de los principales grupos de organismos que habrán de dominar la Tierra se conoce como la «Explosión Cámbrica».

El mundo cámbrico era muy diferente al actual, con gran parte de las masas continentales concentradas en el hemisferio sur, cerca del ecuador. Éstas incluían a Gondwana (que englobaba lo que es actualmente parte de Europa, África y Sudamérica), Laurentia (gran parte de la actual Norteamérica), Báltica (Escandinavia y Europa del Este) y Siberia. El clima era bastante suave, sin casquetes polares significativos en los polos y un nivel del mar superior al actual.

La «Explosión Cámbrica» de los animales ha sido estudiada de manera significativa desde el Museo Geominero, atendiendo principalmente a la descripción de nuevos fósiles y yacimientos críticos para entender este periodo. Durante el Cámbrico inferior, en las plataformas carbonáticas marinas someras se desarrollaban profusamente bioconstrucciones formadas por arqueociatos y comunidades bentónicas microbianas, que llegaron a alcanzar gran relevancia. Los arqueociatos fueron un grupo fósil de poríferos marinos, bentónicos, sésiles y filtradores, que adquirieron tempranamente la capacidad de secretar un esqueleto calcáreo y un hábito de crecimiento modular, lo que dio lugar a la aparición de un tipo de bioconstrucciones marinas semejantes a montículos arrecifales en su asociación con microorganismos primitivos. Estos organismos vivieron exclusivamente durante el Cámbrico, extinguiéndose al final de este periodo. Su máximo desarrollo tuvo lugar exclusivamente durante el Cámbrico inferior, por ello su estudio desde el punto de vista bioestratigráfico es muy útil. Además, su amplia distribución geográfica les confiere gran valor para los análisis paleobiogeográficos. El trabajo que desde el Museo Geominero se ha venido realizando ha ampliado el registro fósil de los arqueociatos del Cámbrico inferior español, determinando nuevos taxones, describiendo yacimientos inéditos, reconstruyendo las condiciones ambientales en las que vivían y estableciendo equiparaciones bioestratigráficas a escala global (Creveling *et al.,* 2013; Perejón *et al.,* 2012; Menéndez, 2014; Menéndez *et al.*, 2017) (Fig. 3).

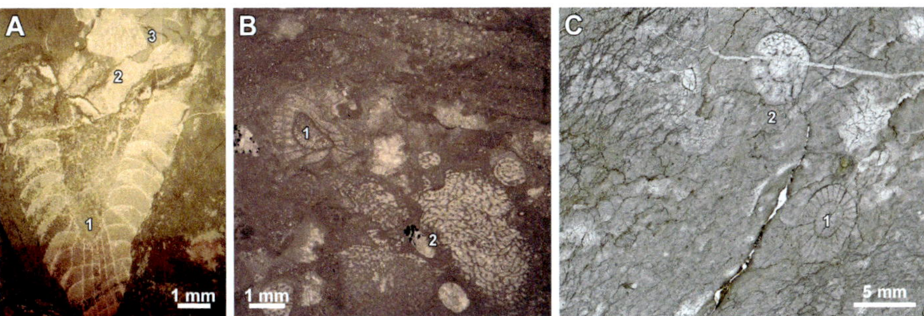

Figura 3. Ejemplares de arqueociatos de las colecciones del Museo Geominero. A, 02UC-17a. 1, *Coscinocyathus* cf. *dianthus*. 2, *Nochoroicyathus* sp. 1. 3, *Afiacyathus* sp. 1. Los Campilllos (Urda, Toledo). Menéndez (2014). B, MGM-1179K. 1, *Erismacoscinus lucanoi* Menéndez *et al.* (2017). Paratipo. 2, *Protopharetra bigoti* Debrenne (1958). Carretera Córdoba-Villaviciosa (Córdoba). Menéndez *et al.* (2017). C, MGM-7236X. 1, *Buggischicyathus microporus* Perejón, Menéndez y Moreno-Eiris (2022). 2, *Archaeopharetra irregularis* (Taylor, 1910). Oldhamia Terraces, Shackleton Range (Antártida). Rodríguez-Martínez *et al.* (2022).

Fuera del ámbito de la península ibérica se colaboró decisivamente en la investigación de arqueociatos hallados en clastos calcáreos cámbricos, como los descubiertos por vez primera en depósitos glaciales carboníferos en Namibia (Perejón *et al.,* 2019), así como en conglomerados cámbricos y tillitas cenozoicas en la Antártida (Rodríguez-Martínez *et al.,* 2022) (Fig. 3C). En ambos casos, el análisis de los arqueociatos y de las facies que los contienen han sido clave para apuntar posibles reconstrucciones de la situación de distintas plataformas marinas asociadas al margen sur de Gondwana durante el Cámbrico.

Uno de los grupos de invertebrados más estudiados desde el Museo Geominero son los equinodermos. Durante el Cámbrico este grupo fue especialmente diverso, mostrando una disparidad enorme comparada con los rangos conocidos en los grupos actuales. Mientras que los equinodermos vivientes muestran una marcada simetría pentarradial, en el Cámbrico tenían otros planes corporales que incluían formas bilaterales, asimétricas, espiraladas o pseudopentarradiadas (Fig. 4). Todas estas formas han sido estudiadas en profundidad para entender cómo los equinodermos adquirieron su forma actual y los principales resultados han sido publicados en dos trabajos de síntesis (Zamora y Rahman, 2014; Rahman y Zamora, 2024). Para llegar a muchas de estas conclusiones fue necesario trabajar sobre equinodermos del Cámbrico de España (Zamora, 2010), pero con la incorporación de esta línea de trabajo en el museo a partir de 2014 fue necesario considerar otro material de diferentes países incluyendo China (Zhu *et al.*, 2014; Zamora *et al.*, 2017a; Zhao *et al.*, 2022), USA (Zamora *et al.*, 2015a, 2022a) (Fig. 4D), Canadá (Sumrall y Zamora, 2015), Turquía (Zamora *et al.*, 2015b) o la República Checa (Zamora *et al.*, 2023).

Estudiar los equinodermos del Cámbrico requiere no sólo conocer su anatomía sino también diferentes aspectos de su paleoecología. Muchas de estas formas fueron sésiles (vida fija) e hipotéticamente se las creía relacionadas con tapices microbianos a los cuales se fijaban (Dornbos, 2006). Con el incremento de la bioturbación en el Cámbrico, en lo que se conoce como la Revolución de los Substratos Cámbricos o «Gran Revolución Agronómica» en los mares, muchos de estos tapices desaparecieron y esto conllevó a la extinción de algunos grupos de equinodermos (Dornbos y Bottjer, 2000). Sin embargo, nuestros trabajos basados en la revisión de todos los taxones de equinodermos del Cámbrico, revelaron unas conclusiones muy diferentes, sugiriendo que la mayoría de los equinodermos se fijaban a partes esqueléticas de otros organismos (Fig. 4D) y que sólo algunos edrioasteroideos fueron afectados por esta revolución en los substratos marinos (Zamora *et al.*, 2017b). El estudio morfológico de los equinodermos del Cámbrico ha contribuido a entender mejor la disparidad del grupo en este momento clave para la evolución de la vida (Deline *et al.*, 2020).

Figura 4. Equinodermos del Cámbrico con diferentes planes corporales. A, el cincta *Protocinctus mansillanesis* del Cámbrico de Purujosa (Zaragoza) con simetría casi bilateral. Rahman y Zamora (2009). B, el estilóforo *Ceratocystis* sp., del Cámbrico de Purujosa, totalmente asimétrico. Zamora (2010). C, el blastozoo *Dibrachicystis purujoensis* con dos brazos complejos. Zamora y Smith, 2012. D, asociación del recientemente descrito edrioasteroideo *Sprinkleoglobus spencensis* (derecha), con el eocrinoideo *Gogia* sp. (abajo) y un pigidio del trilobites *Zacanthoides* (arriba a la izquierda). Cámbrico de la Formación «Spence Shale» de Utah, EEUU. Imagen cortesía de Tomas Guensburg. Zamora *et al.* (en prensa).

Figura 5. Yacimientos de conservación excepcional del Cámbrico de Mesones de Isuela en la Comarca del Aranda (Zaragoza) descritos recientemente por Pates y Zamora (2023). A, euartrópodo indeterminado de grandes dimensiones. B, trilobites *Eccaparadoxides brachyrhachis*. C, paleoescolécido *Wronascolex*?

De manera paralela, desde el museo se ha contribuido a la presentación y descripción de tres nuevos yacimientos de conservación excepcional del Cámbrico; dos de ellos situados en China (Zhu *et al.*, 2016; Peng *et al.*, 2020) y uno en España (Pates y Zamora, 2023). Este último es especialmente significativo ya que ha proporcionado restos de euartrópodos poco biomineralizados de considerable tamaño y es, además, una de las pocas ventanas preservacionales que nos permite conocer estas faunas en latitudes altas (Fig. 5).

EL GRAN EVENTO DE DIVERSIFICACIÓN DEL ORDOVÍCICO

El Ordovícico (desde los 485 a los 443 millones de años) es el periodo geológico en el que los organismos marinos sufrieron el incremento en diversidad más significativo de todo el Fanerozoico, sobre todo en los rangos taxonómicos más discretos, con la rápida multiplicación en la aparición de nuevas especies, géneros y familias (Servais y Harper, 2018). Este importante incremento llevó a la comunidad científica a acuñar el término «Gran Evento de Biodiversificación Ordovícica», conocido por sus siglas inglesas GOBE (Webby, 2004). Desde hace años se investiga de manera cuantitativa, tratando de caracterizar y describir los numerosos organismos ordovícicos nuevos que aún restan por conocer en las distintas áreas mundiales, pero también analizando el enorme volumen de información para entender cómo se produjo este evento de diversificación en las diferentes regiones, latitudes o ambientes. De hecho, a día de hoy existen discrepancias importantes sobre si el GOBE es una continuación de la explosión del Cámbrico o un evento con entidad propia (Harper *et al.*, 2020). Sea como fuere, en los últimos años se ha puesto de manifiesto la importancia de redoblar las investigaciones primarias y de campo como fuente de fósiles inéditos para tratar de aportar a los datos de diversidades globales, las diferencias que derivan de cada región (Hammer, 2003). Y poniendo un énfasis especial en aquellas áreas paleogeográficas menos estudiadas, por cuyo motivo se interviene también en un proyecto del Programa Internacional de Geociencias IUGS-UNESCO (PICG 735: *Rocks and the Rise of Ordovician Life*), en cuyo desarrollo participan varios investigadores del museo. Nuestros objetivos se agrupan en dos líneas esenciales de investigación: por un lado se trabajan distintos grupos fósiles en diferentes regiones perigondwánicas poco (o incluso nada) investigadas, por lo que resultan susceptibles de aportar todo tipo de detalles nuevos de nivel taxonómico, paleobiogeográfico o para precisar las correlaciones; y, por otro, se abordan estudios recopilatorios para contribuir a incrementar y depurar los datos encaminados al desarrollo de curvas de diversidad globales, que nos permitan entender mejor la dinámica de los organismos durante el Ordovícico.

De la primera línea destacan los trabajos en áreas norteafricanas (Marruecos y Libia), Sudamérica (Argentina, Perú, Bolivia, Colombia y Venezuela) y europeas (Fig. 6), desglosadas estas últimas en contribuciones importantes en países del área balcánica (Gutiérrez-Marco *et al.*, 2002b; Ferretti *et al.*, 2023), Portugal (Sá *et al.*, 2011, con compendio de trabajos previos). También en diversas regiones españolas, entre las que destacamos los avances en el conocimiento del Ordovícico del noroeste peninsular (Gutiérrez-Marco *et al.*, 1999, 2003a; Bernárdez *et al.*, 2022) y del casi inexplorado Dominio Obejo-Valsequillo (Gutiérrez-Marco *et al.*, 2002a, 2010, 2014b, 2016), en ambos casos con interesantes repercusiones paleogeográficas. De todos modos, la mayoría de las contribuciones ibéricas se recogen en obras de síntesis como *The Geology of Spain* (Sociedad Geológica de Londres, 2002), *Geología de España* (SGE-IGME, 2004) y *The Geology of Iberia: a Geodynamic Approach* (Springer Nature, 2019).

Figura 6. Las investigaciones paleontológicas del equipo del museo contribuyen a la reconstrucción de los márgenes del antiguo continente de Gondwana en el Paleozoico inferior, cuya geología debe analizarse a partir de datos dispersos hoy día por montañas, selvas y desiertos de Sudamérica, África, Oriente Medio y Europa, por citar regiones representativas de paleolatitudes altas a intermedias. Como ejemplo de estos lugares de trabajo en materiales ordovícicos, las imágenes corresponden al desierto del Sáhara al sur de Libia (A), a los Andes orientales del noroeste argentino (B) y a la selva peruana (C).

Como avances más puramente paleontológicos en las faunas ordovícicas cabe resaltar los resultados obtenidos en el grupo de los trilobites, como por ejemplo las formas gigantes de Arouca (Fig. 7) y otras localidades centroibéricas (Sá *et al.*, 2006, 2021; Gutiérrez-Marco *et al.*, 2009), estudios sobre trilobites ordovícicos de Marruecos, especialmente de las biotas de Fezouata y Tafilalt (Rábano *et al.*, 2010, 2014; Pereira *et al.*, 2017, 2024; Gutiérrez-Marco *et al.*, 2019, 2022), o algunas contribuciones sobre faunas sudamericanas (Tortello *et al.*, 1999; Gutiérrez-Marco *et al.*, 2015c). También las investigaciones más puramente paleobiológicas, que incluyen el descubrimiento de trilobites con endopoditos morfológicamente diferenciados y parte del sistema digestivo (Gutiérrez-Marco *et al.*, 2017b: Fig. 8), así como análisis del sistema visual (Aceñolaza *et al.*, 2001); formas larvarias (Bernárdez *et al.*, 2019) y aspectos relacionados con el enrollamiento del caparazón (Esteve *et al.*, 2018), entre otros.

Figura 7. Exhibición de trilobites de gran tamaño del Ordovícico Medio en el yacimiento de la cantera de Valério (Formación Valongo, Oretaniense inferior, Canelas, Portugal), como ejemplo de los «trilobites gigantes de Canelas». La publicación de Gutiérrez-Marco *et al.* (2009) sirvió de estímulo para la creación de un geoparque mundial de la UNESCO (Arouca Geopark), así como para la designación del yacimiento, en 2022, como uno de los primeros 100 lugares relevantes del patrimonio geológico mundial de la Unión Internacional de Ciencias Geológicas.

Otro grupo fósil particularmente estudiado es el de los equinodermos, si bien gran parte del material recogido en estos años o aquel conservado en las colecciones del Museo Geominero, permanece aún sin publicar. Entre los artículos sobre el grupo cabe citar Gutiérrez-Marco y Baeza (1996), Gutiérrez-Marco y Colmenar (2011), Jacinto *et al.* (2015), Álvaro *et al.* (2015), Cole *et al.* (2017) y Gutiérrez-Marco y Zamora (2020); además de varios capítulos con participación de los autores en el libro publicado por la *Geological Society of London* sobre la biota de Tafilalt (Marruecos) (Hunter *et al.*, 2022). También los braquiópodos ordovícicos del suroeste de Europa, Marruecos y Perú han sido objeto de investigación detallada en artículos como los de Reyes-Abril *et al.* (2013), Colmenar y Álvaro (2015), Villas *et al.* (2015), Colmenar (2016), Colmenar y Hodgin (2021), Colmenar *et al.* (2013, 2014, 2017a, 2017b, 2022, en prensa), Mergl *et al.* (2018) o Villas y Colmenar (2022), entre otros.

Además de los tres grupos fósiles anteriormente citados, se han realizado estudios puntuales en la Zona Centroibérica sobre conodontos de las calizas kralodvorienses y macaeridios (anélidos acorazados) del Dobrotiviense. También sobre algunos icnofósiles, entre los que destaca el descubrimiento de los llamados «gusanos gigantes de Cabañeros» (ver Fig. 2), registrado durante el desarrollo de varios proyectos de investigación en dicho parque nacional (Gutiérrez-Marco *et al.*, 2010, 2015b; Carcavilla *et al.*, 2019).

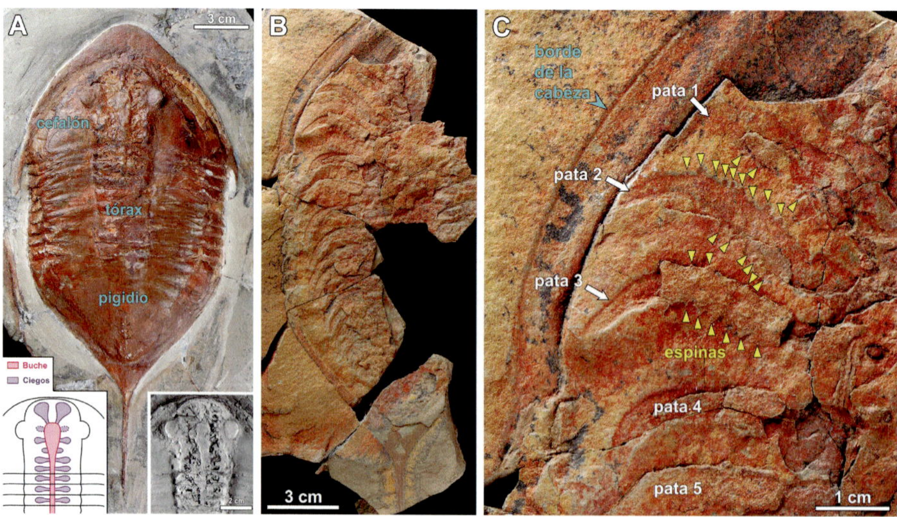

Figura 8. Ejemplos de conservación excepcional en un trilobites asáfido [*Megistaspis (Ekeraspis) hammondi*] con algunas partes blandas y apéndices, procedente de la biota de Fezouata (Ordovícico Inferior del Anti-Atlas central, Marruecos). A, ejemplar con parte del sistema digestivo anterior conservado (buche y glándulas asociadas). B-C, ejemplar fosilizado ventralmente mostrando los endópodos (patas marchadoras), de las cuales los tres primeros pares son espinosos (C). Imágenes adaptadas de Gutiérrez-Marco *et al.* (2017b).

Entre las derivadas de estas investigaciones paleontológicas y bioestratigráficas llevadas a cabo por el Museo Geominero, se contribuyó activamente al desarrollo y perfeccionamiento de una escala cronoestratigráfica regional del Ordovícico, con el fin de dotar de una mayor precisión a las dataciones y correlaciones dentro del ámbito perigondwánico europeo, norteafricano y del Oriente próximo (Gutiérrez-Marco *et al.*, 2002a, 2008a, 2014a, 2015a, 2017a; Colmenar *et al.*, 2017a). La misma ha sido adoptada hoy en día por buen número de países y es equiparable a otras escalas regionales mundiales de mucha mayor tradición (Bergström *et al.*, 2009).

La segunda línea de investigación científica sobre el Paleozoico marino en el museo se orienta al análisis de los cambios de biodiversidad durante el Ordovícico y Silúrico mediante el estudio de asociaciones fósiles nuevas o revisadas y complementada con datos bibliográficos globales recogidos en la *Paleobiology Database*. Las contribuciones más relevantes de esta línea de investigación han permitido por ejemplo descifrar cuándo se produjo el «Gran Evento de Biodiversificación del Ordovícico» (GOBE) en Gondwana (Fig. 9), dilucidar cuáles fueron sus posibles factores desencadenantes y discutir las principales diferencias observadas respecto a los datos publicados en estudios de otras regiones paleogeográficas (Colmenar y Rasmussen, 2017; Colmenar *et al.*, 2022). También se ha podido estudiar en detalle cuándo ocurrió el Evento Boda de calentamiento global, a partir del cual se observa un cambio drástico en las asociaciones de baja diversidad endémicas de Gondwana, típicas de aguas frías, tras la llegada de taxones inmigrantes procedentes de latitudes más cálidas (Colmenar, 2015). Esta línea de investigación ha permitido además conocer los patrones de extinción de los braquiópodos en las proximidades del Polo Sur Ordovícico, donde se desarrolló la glaciación que provocó la gran extinción finiordovícica, así como evaluar los patrones de recuperación de la fauna tras la extinción durante el tránsito Ordovícico-Silúrico (Colmenar *et al.*, 2018; Pereira *et al.*, 2021). Dichos estudios derivaron en la construcción de la curva de diversidad global para el Paleozoico inferior más precisa y detallada hasta la fecha (Rasmussen *et al.*, 2019), duplicando la resolución de la obtenida por Jack Sepkoski en su trabajo pionero y cuadruplicando la de John Alroy. Esta curva de paleodiversidad ha permitido correlacionar de manera precisa con los posibles factores extrínsecos desencadenantes de los principales eventos de biodiversificación y extinción del Paleozoico inferior.

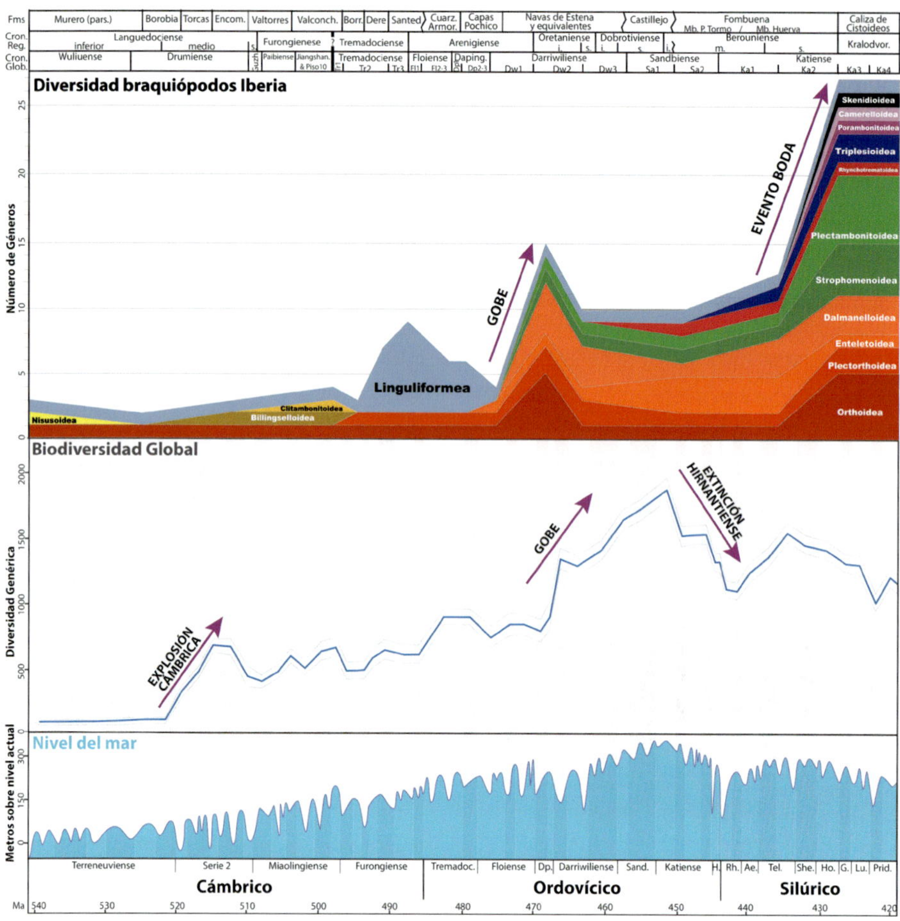

Figura 9. Curvas de diversidad de invertebrados marinos para el Paleozoico inferior mostrando los principales eventos bióticos. Arriba, curva de diversidad acumulada de géneros de braquiópodos en Iberia para el intervalo Cámbrico Medio-Ordovícico Superior. Los géneros de braquiópodos rinconeliformes están agrupados en superfamilias. Los grupos relacionados filogenéticamente comparten tonos del mismo color. Modificada de Colmenar y Rasmussen (2018). Centro, curva global de biodiversidad acumulada de géneros de invertebrados marinos para el intervalo Cámbrico-Silúrico. Modificada de Rasmussen *et al.* (2019). Abajo, curva del nivel del mar para el intervalo Cámbrico-Silúrico. Modificada de Rasmussen *et al.* (2019) y basada en los trabajos de Nielsen (2004, 2011), Haq y Schutter (2008) y Peng *et al.* (2012). Abreviaturas: Ae., Aeroniense; Armor., Armoricana; Borr., Borrachón; Cron., Cronoestratigrafía; Cuarz., Cuarcita; Dp. y Daping., Dapingiense. Encom., Encomienda; Fms, Formaciones; G., Gorstiense; Guzh., Guzhangiense; H., Hirnantiense; Ho., Homeriense; i., inferior; Jiang., Jiangshaniense; Lu., Ludfordiense; m., medio; Mb., Miembro; P. Tormo, Peña del Tormo; Prid., Pridoliense; Reg., Regional; Rh., Rhuddaniense; s., superior; She., Sheinwoodiense; Tel., Telychiense.

LA GRAN EXTINCIÓN Y LA RECUPERACIÓN DE FAUNAS

A finales del Ordovícico, aproximadamente hace unos 445 millones de años, se produjo la segunda mayor extinción en masa de todos los tiempos (Brenchley *et al.*, 1995; Hallam y Wignall, 1997, 1999). Esta extinción conllevó la desaparición de aproximadamente el 85 % de las especies, el 60 % de los géneros y entre el 12 y 24 % de las familias de organismos marinos (Brenchley *et al.*, 2001 y referencias allí citadas). La extinción se desarrolló al menos en dos pulsos diferentes. El primero está relacionado con un enfriamiento generalizado asociado a una gran glaciación centrada en el Polo Sur, que provocó un importante descenso del nivel del mar. Los supervivientes del primer pulso se conocen como la Fauna de *Hirnantia*, nombre derivado del taxón de braquiópodos oportunista, adaptado a vivir en aguas frías, dominante en esos momentos. El segundo pulso se produjo tras el deshielo del casquete polar, lo que propició un aumento repentino del nivel del mar e indujo condiciones anóxicas marinas generalizadas, que ocasionaron la extinción de gran parte de los supervivientes al primer pulso.

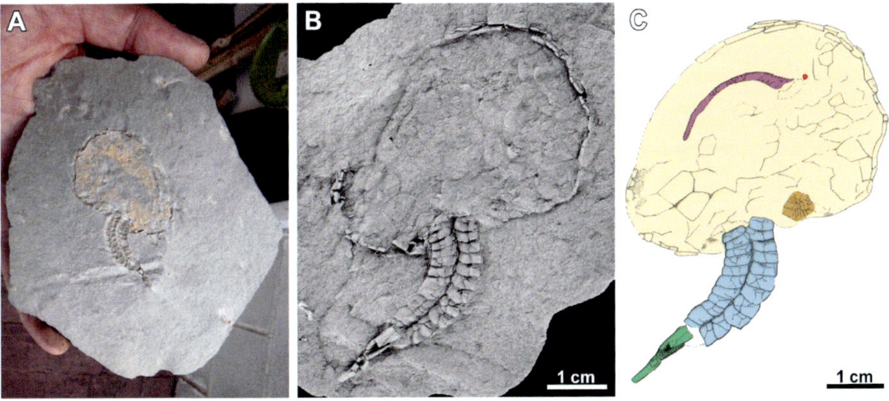

Figura 10. Reconstrucción de *Dehmicystis ariasi*, una nueva especie de equinodermo soluta cuyo descubrimiento en el Silúrico de El Bierzo (León) vino a llenar un vacío de más de 35 millones de años en el registro de este grupo de equinodermos, hasta entonces conocidos en el Cambro-Ordovícico y en el Devónico. A, fósil original. B, molde de látex. C, dibujo a cámara clara indicando los principales elementos anatómicos. Imagen adaptada de Zamora y Gutiérrez-Marco (2023).

Desde el Museo Geominero se ha trabajado intensamente en este episodio concreto, en parte gracias al importante registro de rocas finiordovícicas y silúricas que existen en la península ibérica y Marruecos. En primer lugar, nos encontramos estudiando nuevos e importantes registros de la Fauna de *Hirnantia* en el Hirnantiense de la cordillera Cantábrica, Aragón y región surcentroibérica, cuyos resultados han sido avanzados en algunos congresos internacionales, pero aún no han sido sometidos a publicación. En Portugal, la presencia de la Fauna de *Hirnantia* ha sido revisada recientemente por Colmenar *et al.* (2019), y el análisis de unas localidades con la misma asociación de braquiópodos encontrada en Bélgica se ha logrado datar por graptolitos, que sorprendentemente demostraron la segunda pervivencia mundial de esta fauna oportunista y cosmopolita a comienzos del Silúrico (Pereira *et al.*, 2021).

Entre los estudios de fósiles silúricos llevados a cabo por investigadores del museo merece destacarse el descubrimiento de trilobites de afinidades bohémicas en el Ludlow-Pridoli del noroeste peninsular (Rábano *et al.*, 1993; Gutiérrez-Marco *et al.*, 2001), de un trilobites conocido en el Llandovery del Pirineo registrado por vez primera en la región surcentroibérica (García Palacios y Rábano, 1996) y de un nuevo equinodermo (Fig. 10) que vino a llenar un vacío de muchos millones de años en el registro fósil de los Soluta cámbrico-devónicos (Zamora y Gutiérrez-Marco, 2023).

PALEONTOLOGÍA VIRTUAL Y NACIMIENTO DE LA PALEOBIÓNICA

El desarrollo de nuevas tecnologías de visualización de fósiles, sobre todo durante las últimas décadas, como la tomografía computarizada (escáner CT) o el acelerador de partículas (sincrotrón) han proporcionado a los paleontólogos herramientas de observación muy potentes y que permiten ver aquello que antes era imposible, como el interior de un cráneo de un dinosaurio, insectos incluidos en ámbar opaco o el interior de embriones de más de 500 millones de años. Desde el Museo Geominero no queríamos estar ajenos a esa revolución y desde el principio hemos tratado de aportar nuestra parte al estudio de los organismos del Paleozoico Inferior.

Uno de los primeros fósiles españoles estudiados mediante escáner CT fue el carpoideo *Protocinctus mansillaensis* del Cámbrico de Purujosa (Rahman y Zamora, 2009) (Fig. 11C). En una primera etapa estas técnicas se usaron sólo para conocer la anatomía de organismos extintos. Sin embargo, poco a poco la paleontología virtual ha evolucionado para convertirse en una herramienta que proporciona los datos morfológicos que son posteriormente utilizados para contrastar hipótesis desde diferentes disciplinas.

En el Museo Geominero hemos sido pioneros en dos líneas principales. Por un lado, hemos trabajado para comprender el modo de vida de algunos

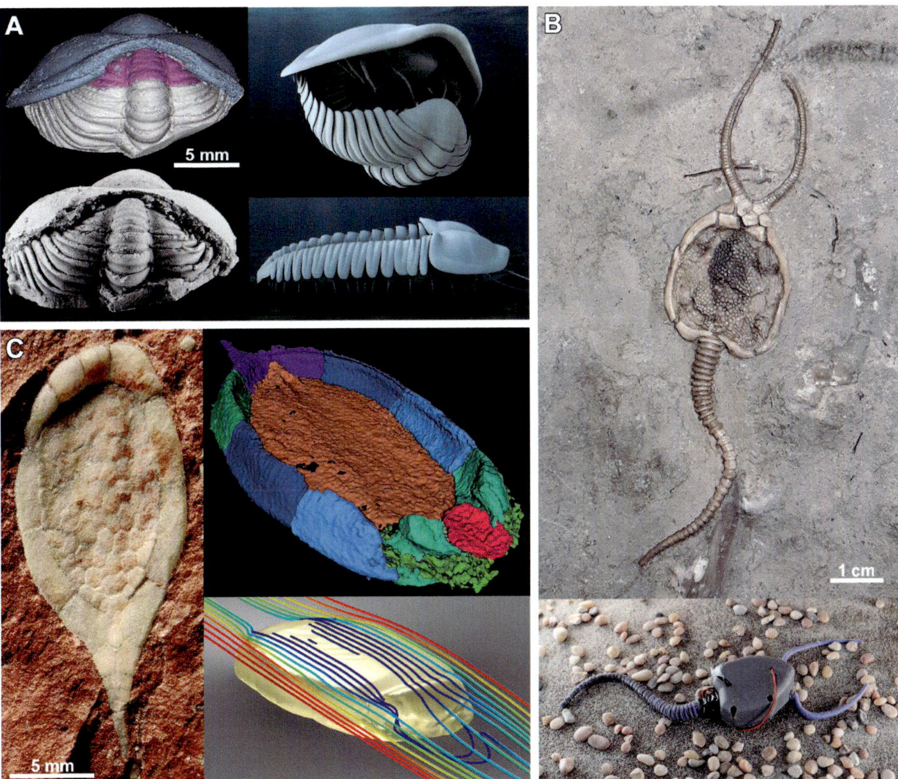

Figura 11. A, modelización del enrollamiento en trilobites descubiertos en el Cámbrico de Purujosa (Zaragoza). Imágenes de Esteve *et al.* (2017). B, equinodermo pleurocystítido del Ordovícico de Canadá junto al robot (Rhombot) inspirado en el diseño paleontológico. Desatnik *et al.* (2023). C, modelización de flujos sobre el cincta *Protocinctus mansillaensis* para entender cómo se alimentaba. Rahman *et al.* (2020).

equinodermos del Paleozoico utilizando dinámica de fluidos computerizada (Fig. 11C). De esta manera hemos indagado sobre el modo de alimentación de los primeros deuteróstomos en el Cámbrico (Rahman *et al.*, 2015) y entender su modo de alimentación en un contexto filogenético (Rahman *et al.*, 2020). Paralelamente, se han utilizado estas técnicas para entender el modo de vida de otros invertebrados del Paleozoico, como los trilobites (Fig. 11A).

Quizás nuestra mayor y más reciente aportación es la utilización de modelos morfológicos para crear robots que replican exactamente la morfología de organismos extintos (Fig. 11B). A partir de un fósil del equinodermo ordovícico *Pleurocystites*, que fue uno de los primeros miembros de este filo en adoptar una vida activa gracias al movimiento de un apéndice muscular, fuimos capaces de crear un robot para entender su movimiento. El robot se creó con materiales blandos (*soft robotics*) que permiten dotarlos de mayor elasticidad. Este estudio pionero ha permitido acuñar el término paleobiónica, disciplina científica que combina paleontología y robótica para entender mejor a los organismos extintos que no tienen análogos actuales (Desatnik *et al.*, 2023).

HACIA UN CONOCIMIENTO INTEGRADO DE LA INVESTIGACIÓN DEL PALEOZOICO EN EL MUSEO GEOMINERO

A lo largo de estas líneas hemos contado cómo el estudio de fósiles recogidos en el campo o depositados en colecciones tiene una importancia crítica para entender los primeros pasos en la evolución de la vida sobre la Tierra. En este aspecto es imperativo que, desde el Museo Geominero, se siga trabajando en la conservación y estudio de sus colecciones, ya que éstas son la base del conocimiento científico posterior. Al igual que existe un esfuerzo a nivel global para conservar la biodiversidad, el mismo esfuerzo debe realizarse para proteger e investigar la enorme paleodiversidad que se custodia en museos como el nuestro. A fin de cuentas, la paleontología proporciona una visión en profundidad de cómo y por qué hemos alcanzado la diversidad actual. En cuanto a la investigación en el Paleozoico inferior, cada vez resulta más patente que es necesario seguir buscando y describiendo nuevos fósiles para tener un mejor conocimiento de todo lo que ocurrió en ese momento relativamente temprano de la historia de la Vida. En ese sentido, los paleontólogos y las paleontólogas del IGME y sus colaboradores acreditan el descubrimiento de decenas de especies y géneros nuevos y han contribuido a esclarecer la posición sistemática de grupos fósiles enigmáticos, exclusivamente paleozoicos. Y todo ello por su acreditada capacidad en la exploración de zonas remotas y otras ya conocidas, para seguir aportando nuestros datos a iniciativas más globales.

En cuanto al empleo de nuevas tecnologías, desde el Museo Geominero hemos sido pioneros en aplicar las técnicas de visualización más modernas al estudio de fósiles del Paleozoico. El desarrollo de nuevas disciplinas como la paleobiónica, va a permitir contrastar de forma novedosa diferentes hipótesis y «devolver a la vida» organismos que se extinguieron hace centenares de millones de años. Ante la falta de material genético en los restos fósiles de los organismos más antiguos, quizás sea la combinación de paleontología y robótica, con la implementación de la inteligencia artificial, la que nos permita entender mejor el pasado y proponer nuevos retos para el futuro.

Otro aspecto destacado y derivado de las investigaciones, es nuestra contribución permanente a la caracterización de elementos importantes del patrimonio geológico y paleontológico del Paleozoico inferior, tanto a escala peninsular y nacional (por ejemplo, Gutiérrez-Marco *et al.*, 2007, 2008b; García Cortés *et al.*, 2011), como en espacios protegidos (Parque Nacional de Cabañeros) y en distintos geoparques de la Red Mundial de la UNESCO. En este sentido, mantenemos un compromiso activo en el estudio de fósiles ordovícicos y silúricos de varios geoparques españoles (Montañas do Courel, Molina-Alto Tajo, Villuercas-Ibores-Jara y Sierra Norte de Sevilla) y uno portugués (Arouca), que ha fructificado en diversas publicaciones y guías divulgativas.

En 2021 se produjeron cambios en la estructura científica nacional que han supuesto la incorporación del IGME al Consejo Superior de Investigaciones Científicas. Ante ello, los paleontólogos del museo hemos tenido que adaptarnos a una nueva realidad institucional que abre nuevas posibilidades científicas y plantea nuevos retos. Nuestro objetivo para los próximos años es el de abordar los nuevos desafíos y aprovechar las oportunidades que se planteen, para que la paleontología siga incrementando su visibilidad en la estructura científica del país.

AGRADECIMIENTOS

Agradecemos a Isabel Pérez Urresti su ayuda en la preparación de las figuras. Este capítulo es una contribución a los proyectos PID2021-125585NB-I00 y PID2021-123323NB-I00 del Ministerio de Ciencia, Innovación y Universidades, e IGCP 735 (Rocks 'n' ROL) de la IUGS-UNESCO.

BIBLIOGRAFÍA

Aceñolaza, G.F.; Tortello, M.F. y Rábano, I. 2001. The eyes of the early Tremadoc olenid trilobite *Jujuyaspis keideli* Kobayashi, 1936. *Journal of Paleontology*, 75 (2), 346-350.

Alastrué, E. 1983. *La vida fecunda de Don Lucas Mallada.* Asociación Nacional de Ingenieros de Minas, Madrid, 111 pp.

Álvaro, J.J.; Gutiérrez-Marco, J.C. y Zamora, S. 2015. Early Palaeozoic echinoderm faunas from the Luna valley. En: S. Zamora e I. Rábano (eds.), *Progress in Echinoderm Palaeobiology*. Cuadernos del Museo Geominero, 19. Instituto Geológico y Minero de España, Madrid, 249-260.

Babin, C.; García-Alcalde, J.; Gutiérrez-Marco, J.C. y Martínez-Chacón, M.L. 1999. Rostroconches Conocardiacea du Dévonien et du Carbonifère d'Espagne. *Revue de Paléobiologie*, 18 (1), 173-186.

Bergström, S.M.; Chen, X.; Gutiérrez-Marco, J.C. y Dronov, A.V. 2009. The new chronostratigraphic classification of the Ordovician System and its relations to major regional series and stages and $\delta^{13}C$ chemostratigraphy. *Lethaia*, 42 (1), 97-107. https://doi.org/10.1111/j.1502-3931.2008.00136.x

Bernárdez, E.; Gutiérrez-Marco, J.C. y Rábano, I. 2022. Una nueva sección fosilífera de la Formación Sueve (Ordovícico Medio) al suroeste del Túnel Ordovícico del Fabar (Ribadesella, Asturias, NO de España). *Geogaceta*, 72, 59-62. https://doi.org/10.55407/geogaceta98376

Bernárdez, E.; Esteve, J.; Laibl, L.; Rábano, I. y Gutiérrez-Marco, J.C. 2019. Early post-embryonic trilobite stages and possible eggs from the «Túnel Ordovícico del Fabar» (Middle Ordovician, northwestern Spain). *Fossils and Strata*, 64, 23-33. https://doi.org/10.10002/9781119564232

Carcavilla, L.; Díez-Herrero, A.; Diaz Martínez, E.; García Cortés, A.; Baeza, E.; Rábano, I.; Martín Serrano, A.; Gutiérrez-Marco, J.C. y Gómez Heras, M. 2019. Sistema de indicadores para el seguimiento del estado de conservación del patrimonio geológico en la Red de Parques Nacionales. En: P. Amengual (ed.), *Proyectos de investigación en Parques Nacionales: 2013-2017.* Serie Investigación en la Red. Organismo Autónomo Parques Nacionales, Madrid, 95-115.

Cole, L.; Ausich, W.; Colmenar, J. y Zamora, S. 2017. Filling the Gondwanan gap: paleobiogeographic implications of new crinoids from the Castillejo and Fombuena formations (Middle and Upper Ordovician, Iberian Chains, Spain). *Journal of Paleontology*, 91 (4), 715-734.

Colmenar, J. 2015. The arrival of brachiopods of the *Nicolella* Community to the Mediterranean margin of Gondwana during the Late Ordovician: palaeogeographical and palaeoecological implications. *Palaeogeography, Palaeoclimatology, Palaeoecology*, 428, 12-20. https://doi.org/10.1016/j.palaeo.2015.03.030

Colmenar, J. 2016. Ordovician Rafinesquininae (Brachiopoda, Rhynchonelliformea) from peri-Gondwana. *Acta Palaeontologica Polonica*, 61 (2), 293-326.

Colmenar, J. y Alvaro, J.J. 2015. Integrated brachiopod-based bioevents and sequence-stratigraphic framework for a Late Ordovician subpolar platform, eastern Anti-Atlas, Morocco. *Geological Magazine*, 152 (4), 603–620.

Colmenar, J. y Hodgin, E. 2021. First evidence of Lower-?Middle Ordovician (Floian-?Dapingian) brachiopods from the Peruvian Altiplano and their paleogeographical significance. *Journal of Paleontology*, 95 (1), 56-74. https://doi.org/10.1017/jpa.2020.72

Colmenar, J. y Rasmussen, C.M.Ø. 2017. A Gondwanan perspective on the Ordovician Radiation constrains its temporal duration and suggests first wave of speciation, fuelled by Cambrian clades. *Lethaia,* 51, 286-295. https://doi.org/10.1111/let.12238

Colmenar, J.; Gutiérrez-Marco, J.C. y Chacaltana, C.A. En prensa. Lower-Middle Ordovician brachiopods from the Eastern Cordillera of Peru: biostratigraphical and palaeobiogeographical significance. *Papers in Paleontology.*

Colmenar, J.; Villas, E. y Vizcaïno, D. 2013. Upper Ordovician brachiopods from the Montagne Noire (France): Endemic Gondwanan predecessors of prehirnantian low-latitude immigrants. *Bulletin of Geosciences*, 88 (1), 153-174.

COLMENAR, J.; SÁ, A.A. Y VAZ, N. 2014. A draboviid brachiopod association from the Upper Ordovician of Portugal: Palaeoecological and palaeogeographical significance. *GFF*, 136 (1), 60–64.

COLMENAR, J.; VILLAS, E. Y RASMUSSEN, C.M.Ø. 2022. A synopsis of Late Ordovician brachiopod diversity in the Anti-Atlas, Morocco. En: A.W. Hunter, J.J. Álvaro, B. Lefebvre, P. Van Roy y S. Zamora (Eds.), *The Great Ordovician Biodiversification Event: Insights from the Tafilalt Biota, Morocco*. Geological Society, London, Special Publications, 485, 153-163. https://doi.org/10.1144/SP485.3

COLMENAR, J.; PEREIRA, S.; SÁ, A.A.; SILVA, C.M. DA Y YOUNG, T.P. 2017a. A Kralodvorian (upper Katian, Upper Ordovician) benthic association from the Ferradosa Formation (Central Portugal) and its significance for the redefinition and subdivision of the Kralodvorian Stage. *Bulletin of Geosciences*, 92 (4), 443-464.

COLMENAR, J.; PEREIRA, S.; SÁ, A.A.; SILVA, C.M. DA Y YOUNG, T.P. 2017b. The highest-latitude Foliomena Fauna (Upper Ordovician, Portugal) and its palaeogeographical and palaeoecological significance. *Palaeogeography, Palaeoclimatology, Palaeoecology*, 485, 774–783.

COLMENAR, J.; PEREIRA, S.; YOUNG, T.P.; SILVA, C.M. DA, Y SÁ, A.A. 2019. First report of Hirnantian (Upper Ordovician) high-latitude peri-gondwanan macrofossil assemblages from Portugal. *Journal of Paleontology*, 93 (3), 460-475. https://doi.org/10.1017/jpa.2018.88

COLMENAR, J.; PEREIRA, S.; YOUNG, T.P.; SILVA, C.M. DA, Y SÁ, A.A. 2018. First report of Hirnantian (Upper Ordovician) high-latitude peri-gondwanan macrofossil assemblages from Portugal. *Journal of Paleontology*, 93 (3), 460-475. https://doi.org/10.1017/jpa.2018.88

CREVELING, J.R.; FERNÁNDEZ-REMOLAR, D.; RODRÍGUEZ-MARTÍNEZ, M.; MENÉNDEZ, S.; BERGMANN, K.D.; GILL, B.C.; ABELSON, J.; AMILS, R.; EHLMANN, B.L.; GARCÍA-BELLIDO, D.C.; GROTZINGER, J.P.; HALLMANN, C.; STACK, K.M. y KNOLL, A.H. 2013. Geobiology of a lower Cambrian carbonate platform, Pedroche Formation, Ossa Morena Zone, Spain. *Palaeogeography, Palaeoclimatology, Palaeoecology*, 386, 459-478. https://doi.org/10.1016/j.palaeo.2013.06.015

DELINE, B.; THOMPSON, J.R.; SMITH, N.S.; ZAMORA, S.; RAHMAN, I.A.; SHEFFIELD, S.L.; AUSICH, W.I.; KAMMER, T.W. Y SUMRALL, C.D. 2020. Evolution and development at the Origin of a Phylum. *Current Biology*, 30 (9), 1672-1679. https://doi.org/10.1016/j.cub.2020.02.054

DESATNIK, R.; PATTERSON, Z.; GORZELAK, P.; ZAMORA, S.; LEDUC, P. Y MAJIDI, C. 2023. Soft robotics informs how an early echinoderm moved. *Proceedings of the National Academy of Sciences*, 120 (46), 1-7. https://doi.org/10.1073/pnas.230658012

DORNBOS, S.Q. 2006. Evolutionary palaeoecology of early epifaunal echinoderms: Response to increasing bioturbation levels during the Cambrian radiation. *Palaeogeography, Palaeoclimatology, Palaeoecology*, 237, 225-239.

DORNBOS, S.Q. Y BOTTJER, D.J. 2000. Evolutionary paleoecology of the earliest echinoderms: Helicoplacoids and the Cambrian substrate revolution. *Geology*, 28, 839-842.

ESTEVE, J.; RUBIO, P.; ZAMORA, S. Y RAHMAN, I.A. 2017. Modelling enrolment in Cambrian trilobites. *Palaeontology*, 60 (3), 423-432.

ESTEVE, J.; GUTIÉRREZ-MARCO, J.C.; RUBIO, P. Y RÁBANO, I. 2018. Evolution of trilobite enrolment during the Great Ordovician Biodiversification Event: insights from kinematic modelling. *Lethaia*, 51 (2), 207-217. https://doi.org/10.1111/let.12242.

Ferretti, A.; Schönlaub, H.-P.; Sachanski, V.; Bagnoli, G.; Serpagli, E.; Vai, G.B.; Yanev, S.; Radonjić, M.; Balica, C.; Bianchini, L.; Colmenar, J. y Gutiérrez-Marco, J.C. 2023. A global view on the Ordovician stratigraphy of south-eastern Europe. En: D.A.T. Harper, B. Lefebvre, I.G. Percival y T. Servais, T. (eds.), *A Global Synthesis of the Ordovician System, Part 1.* The Geological Society, London, Special Publication, 532, 465-499. https://doi.org/10.1144/SP532-2022-174

García Cortés, A.; Rábano, I.; Locutura, J.; Bellido, F.; Fernández Gianotti, J.; Martín Serrano, A.; Quesada, C.; Barnolas, A. y Durán, J.J. 2001. First Spanish contribution to the Geosites Project: list of the geological frameworks established by consensus. *Episodes*, 24 (2), 79-92. https://doi.org/10.18814/epiiugs/2001/v24i2/002

García Palacios, A. y Rábano, I. 1996. Hallazgo de trilobites en pizarras negras graptolíticas del Silúrico inferior (Telychiense, Llandovery) de la Zona Centroibérica (España). *Geogaceta*, 20 (1), 239-241.

González Fabre, M. 2005. *Aportación científica del Ingeniero de Minas D. Casiano de Prado (1797-1866) en su contexto histórico.* Tesis doctoral, Universidad Politécnica de Madrid, 689 pp. Disponible en: https://oa.upm.es/416/1/06200417.pdf

Gutiérrez-Marco, J.C. y Baeza, E. 1996. Descubrimiento de *Aristocystites metroi* Parsley y Prokop, 1990 (Echinodermata, Diploporita) en el Ordovícico medio centroibérico (España). *Geogaceta*, 20 (1), 225-227.

Gutiérrez-Marco, J.C. y Colmenar, J. 2011. Biostratigraphy of the genus *Calix* (Echinodermata, Diploporita) in the Middle Ordovician of the southern Central Iberian Zone (Spain). En: J.C. Gutiérrez-Marco, I. Rábano y D.C. García-Bellido (eds.), *Ordovician of the World.* Cuadernos del Museo Geominero, 14. Instituto Geológico y Minero de España, Madrid, 189-197.

Gutiérrez-Marco, J.C. y Zamora, S. 2020. Primer registro de un ofiuroideo (Asterozoa, Echinodermata) en el Ordovícico Medio del sinclinal del Guadarranque (Geoparque Mundial UNESCO Villuercas-Ibores-Jara, Extremadura, España). *Geogaceta*, 68, 43-46.

Gutiérrez-Marco, J.C.; Rábano, I. y García-Bellido, D.C. 2019. The nileid trilobite *Symphysurus* from upper Tremadocian strata of the Moroccan Anti-Atlas: taxonomic reappraisal and palaeoenvironmental implications. *Fossils and Strata*, 64, 155-171. https://doi.org/10.10002/9781119564232

Gutiérrez-Marco, J.C.; Aramburu, C. ; Arbizu, M.; Bernárdez, E.; Hacar Rodríguez, M.P.; Méndez-Bedia, I.; Montesinos López, R.; Rábano, I.; Truyols, J. y Villas, E. 1999. Revisión bioestratigráfica de las pizarras del Ordovícico Medio en el noroeste de España (Zonas Cantábrica, Asturoccidental-leonesa y Centroibérica septentrional). *Acta Geologica Hispanica*, 34 (1), 3-87.

Gutiérrez-Marco, J.C.; Sarmiento, G.N.; Robardet, M.; Rábano, I. y Vaněk, J. 2001. Upper Silurian fossils of Bohemian type from NW Spain and their palaeogeographical interest. *Journal of the Czech Geological Society*, 46 (3-4), 247-258.

Gutiérrez-Marco, J.C.; Robardet, M.; Rábano, I.; Sarmiento, G.N.; San José Lancha, M.A.; Herranz Araújo, P. y Pieren Pidal, A.P. 2002a. Ordovician. En: W. Gibbons y T. Moreno (eds.), *The Geology of Spain.* The Geological Society, London, 31-49.

Gutiérrez-Marco, J.C.; Yanev, S.; Sachanski, V.; Rábano, I. y Lakova, I. 2002b. Novi nahodki na trilobiti i graptoliti v ordovika na Bulgaria. *Review of the Bulgarian Geological Society*, 63 (1-3), 51-58.

Gutiérrez-Marco, J.C.; Bernárdez, E.; Rábano, I.; Sarmiento, G.N.; Sendino, M.C.; Albani, R. y Bagnoli, G. 2003a. Ordovician on the move: geology and paleontology of the «Túnel Ordovícico del Fabar» (Cantabrian free highway A-8, N Spain). INSUGEO, *Serie Correlación Geológica,* 17, 71-77.

Gutiérrez-Marco, J.C.; Destombes, J.; Aceñolaza, F.G.; Sarmiento, G.N.; Rábano, I. y San José, M.A. 2003b. El Ordovícico Medio del Anti-Atlas marroquí: paleobiodiversidad, actualización bioestratigráfica y correlación. *Geobios*, 36 (2), 151-177. https://doi.org/10.1016/S0016-6995(03)00004-4

Gutiérrez-Marco, J.C.; Rábano, I.; Sá, A.A.; San José, M.A.; Pieren Pidal, A.P.; Sarmiento, G.N.; Piçarra, J.M.; Durán, J.J.; Baeza, E. y Lorenzo, S. 2007. Public dissemination of knowledge regarding Ordovician geological and palaeontological heritage in protected natural areas of Iberia. *Acta Palaeontologica Sinica*, 46 (Suppl.), 163-169.

Gutiérrez-Marco, J.C.; Sá, A.A. y Rábano, I. 2008a. Ordovician time scale in Iberia: Mediterranean and global correlation. En: *Development of Early Paleozoic biodiversity: role of biotic and abiotic factors, and event correlation*. KMK Scientific Press, Moscow, 46-49.

Gutiérrez-Marco, J.C.; Rábano, I.; Liñán, E.; Gozalo, R.; Fernández Martínez, E.; Arbizu, M.; Méndez-Bedia, I.; Pieren Pidal, A. y Sarmiento, G.N. 2008b. Las sucesiones estratigráficas del Paleozoico inferior y medio del Macizo Hespérico. En: A. García-Cortés (ed.), *Contextos Geológicos españoles. Una aproximación al patrimonio geológico español de relevancia internacional.* Instituto Geológico y Minero de España, Madrid, 31-43.

Gutiérrez-Marco, J.C.; Sá, A.A.; García-Bellido, D.C.; Rábano, I. y Valério. M. 2009. Giant trilobites and trilobite clusters from the Ordovician of Portugal. *Geology*, 37 (5), 443-446. https://doi.org/10.1130/G25513A.1

Gutiérrez-Marco, J.C.; San José Lancha, M.A.; Pieren Pidal, A.P.; Rábano, I.; Baeza Chico, E.; Sá, A.A.; Perejón Rincón, A. y Sarmiento, G.N. 2010. Geología y Paleontología del Parque Nacional de Cabañeros. En: L. Ramírez y B. Asensio (eds.), *Proyectos de investigación en parques nacionales: 2006-2009*. Serie investigación en la red, 3. Organismo Autónomo Parques Nacionales, Madrid, 29-54.

Gutiérrez-Marco, J.C.; Sá, A.A.; García-Bellido, D.C. y Rábano, I. 2014a. The extent of the Middle Ordovician Dapingian Stage in peri-Gondwanan Europe and North Africa. Stratigraphic record, biostratigraphic tools, and regional chronostratigraphy. *GFF*, 136 (1), 90-94. https://doi.org/10.1080/11035897.2013.865667.

Gutiérrez-Marco, J.C.; Sarmiento, G.N. y Rábano, I. 2014b. Un olistostroma con cantos y bloques del Paleozoico Inferior en la cuenca carbonífera del Guadalmellato (Córdoba). Parte 2: Bioestratigrafía y afinidades paleogeográficas. *Revista de la Sociedad Geológica de España*, 27 (1), 27-45.

Gutiérrez-Marco, J.C.; Sá, A.A.; Rábano, I.; Sarmiento, G.N.; García-Bellido, D.C.; Bernárdez, E.; Lorenzo, S.; Villas, E.; Jiménez-Sánchez, A.; Colmenar, J. y Zamora, S. 2015a. Iberian Ordovician and its international correlation. *Stratigraphy*, 12 (3-4), 257-263.

Gutiérrez-Marco, J.C.; Rábano, I.; Sá, A.A.; Baeza Chico, E.; Sarmiento, G.N.; Herranz Araújo, P. y San José Lancha, M.A. 2015b. Geodiversidad e itinerarios geológicos en el Parque Nacional de Cabañeros. En: P. Amengual y B. Asensio (eds.), *Proyectos de investigación en parques nacionales: 2010-2013*. Serie investigación en la red, 7. Organismo Autónomo Parques Nacionales, Madrid, 105-142.

Gutiérrez-Marco. J.C.; Rábano, I.; Aceñolaza, G.F. y Chacaltana, C.A. 2015c. Trilobites epipelágicos del Ordovícico de Perú y Bolivia. *Boletín de la Sociedad Geológica del Perú*, 110, 1-7.

Gutiérrez-Marco, J.C.; Lorenzo, S.; Rábano, I.; Sarmiento, G.N. y Carlorosi, J. 2016. Fósiles ordovícicos del Dominio de Obejo-Valsequillo (Complejo de Ossa Morena, Zona Galicia-Ossa Morena), suroeste de España. *Geo-Temas*, 16 (2), 211-214.

Gutiérrez-Marco, J.C.; Sá, A.A.; García-Bellido, D.C. y Rábano, I. 2017a. The Bohemo-Iberian regional chronostratigraphic scale for the Ordovician System and palaeontological correlations within South Gondwana. *Lethaia*, 50 (2), 258-295. https://doi.org/10.111/let.12197

Gutiérrez-Marco, J.C.; García-Bellido, D.C.; Rábano, I. y Sá, A.A. 2017b. Digestive and appendicular soft-parts, with behavioural implications, in a large Ordovician trilobite from the Fezouata Lagerstätte, Morocco. *Scientific Reports*, 7, 39728. https://doi.org/10.1038/srep39728

Gutiérrez-Marco, J.C.; Lorenzo, S.; Pereira, S. y Rábano, I. 2020. Nuevos hallazgos de fósiles ordovícicos en el Dominio de Obejo-Valsequillo (provincias de Badajoz y Córdoba, suroeste de España). *Geogaceta*, 67, 71-74.

Gutiérrez-Marco, J.C.; Pereira, S.; García-Bellido, D.C. y Rábano, I. 2022. Ordovician trilobites from the Tafilalt Lagerstätte: new data and reappraisal of the Bou Nemrou assemblage. En: A.W. Hunter, J.J. Álvaro, B. Lefebvre, P. van Roy y S. Zamora (eds.), *The Great Ordovician Biodiversification Event: Insights from the Tafilalt Biota, Morocco*. The Geological Society, London, Special Publications, 485, 97-137. https://doi.org/10.1144/SP485-2018-126

Hammer, Ø. 2003. Biodiversity curves for the Ordovician of Baltoscandia. *Lethaia*, 36(4), 305-313.

Hallam, A. y Wignall, P.B. 1997. *Mass Extinctions and Their Aftermath*. Oxford University Press, Oxford, 1-307.

Hallam, A. y Wignall, P.B. 1999. Mass extinctions and sea-level changes. *Earth-Science Reviews*, 48, 217-250.

Harper D.A.T.; Cascales-Miñana, B. y Servais, T. 2020. Early Palaeozoic diversifications and extinctions in the marine biosphere: a continuum of change. *Geological Magazine*, 157, 5-21. https://doi.org/10.1017/ S0016756819001298

Haq, B.U. y Schutter, S.R. 2008. A chronology of Paleozoic sea-level changes. *Science*, 322, 64-68.

Hodgin, E.B.; Gutiérrez-Marco, J.C.; Colmenar, J.; Macdonald, F.A.; Carlotto, V.; Crowley, J.L. y Newmann, J.R. 2021. Cannibalization of a late Cambrian backarc in southern Peru: New insights into the assembly of southwestern Gondwana. *Gondwana Research*, 92, 202-227. https://doi.org/10.1016/j.gr.2021.01.004

Hunter, A.W.; Álvaro, J.J.; Lefebvre, B.; Van Roy, P. y Zamora, S. (eds.). 2022. The Great Ordovician Biodiversification Event: Insights from the Tafilalt Biota, Morocco. *Geological Society of London, Special Publications*, 485, 615 p.

Jacinto, A.F.M.; Gutiérrez-Marco, J.C. y Zamora, S. 2015. Upper Ordovician exchinoderms from Buçaco, Portugal. En: S. Zamora e I. Rábano (eds.), *Progress in Echinoderm Palaeobiology*. Cuadernos del Museo Geominero, 19. Instituto Geológico y Minero de España, Madrid, 75-78.

MENÉNDEZ, S. 2014. *El registro de arqueociatos del Cámbrico en los Montes de Toledo (España).* Cuadernos del Museo Geominero, 17. Instituto Geológico y Minero de España, Madrid, 1-204.

MENÉNDEZ, S.; PEREJÓN, A.; MORENO-EIRIS, E. Y RODRÍGUEZ-MARTÍNEZ, M. 2017. Arqueociatos del Cámbrico inferior de la Sierra de Córdoba (Sierra Morena, España). *Boletín de la Real Sociedad Española de Historia Natural. Sección Geológica,* 110 (2016), 89-101.

MERGL, M.; HOŞGÖR, İ.; YILMAZ, İ.O.; ZAMORA, S. Y COLMENAR, J. 2018. Divaricate patterns in the Cambro-Ordovician obolid brachiopods from Gondwana. *Historical Biology,* 30 (7), 1015-1029. http://dx.doi.org/10.1080/08912963.2017.1327531

NIELSEN, A.T. 2004. Ordovician sea level changes: A Baltoscandian perspective. En: B.D. Webby, F. Paris, M.L. Droser y I.C. Percival (eds.), *The Great Ordovician Biodiversification Event.* Columbia University Press, New York, 84-93.

NIELSEN, A.T. 2011. A re-calibrated revised sea-level curve for the Ordovician of Baltoscandia. En: J.C. Gutiérrez-Marco, I. Rábano y D.C. García-Bellido (eds.), *Ordovician of the World.* Cuadernos del Museo Geominero, 14. Instituto Geológico y Minero de España, Madrid, 399-401.

PATES, S. Y ZAMORA, S. 2023. Large euarthropod carapaces from a high latitude Cambrian (Drumian) deposit in Spain. *Royal Society Open Science,* 10, 230935. https://doi.org/10.1098/rsos.230935

PENG, S.-C.; BABCOCK, L.E. Y COOPER, R.A. 2012. The Cambrian period. En: F.M. Gradstein, J.G. Ogg, M. Schmitz y G.M. Ogg (eds.), *The Geologic Time Scale 2012.* Elsevier, Amsterdam, 437-488.

PENG, S.C.; YANG, X.F.; LIU, Y.; ZHU, X.J.; SUN, H.J.; ZAMORA, S.; MAO, Y.Y. Y ZHANG, Y.C. 2020. Fulu biota, a new exceptionally-preserved Cambrian fossil assemblage from the Longha Formation in southeastern Yunnan. *Palaeoworld,* 29 (3), 453-461. https://doi.org/10.1016/j.palwor.2020.02.001

PEREIRA, S.; RÁBANO, I. Y GUTIÉRREZ-MARCO, J.C. 2024. The trilobite assemblage of the *Declivolithus* Fauna (lower Katian, Ordovician) of Morocco: a review with new data. *Journal of Paleontology.* https://doi.org/10.1017/jpa.2023.77

PEREIRA, S.; COLMENAR, J.; MORTIER, J.; VANMEIRHAEGHE, J.; VERNIERS, J.; ŠTORCH, P.; HARPER, D.A.T. Y GUTIÉRREZ-MARCO, J.C. 2021. *Hirnantia* Fauna from the Condroz Inlier, Belgium: another case of a relict Ordovician shelly fauna in the Silurian? *Journal of Paleontology,* 95 (6), 1189-1215. https://doi.org/10.1017/jpa.2021.74

PEREIRA, S.; MARQUES DA SILVA, C.; SÁ, A.A.; PIRES, M.; MARQUES GEDES, A.; BUDIL, P.; LAIBL, L. Y RÁBANO, I. 2017. The illaenid trilobites *Vysocania* (Vanek & Vokac, 1997) and *Octillaenus* (Barrande, 1846) from the Upper Ordovician of the Czech Republic, Portugal, Spain and Morocco. *Bulletin of Geosciences,* 92 (4), 465-490. https://doi.org/10.3140/bull.geosci.1642

PEREJÓN, A.; MENÉNDEZ, S.; RÁBANO, I., Y MORENO-EIRIS, E. 2014. Nuevos datos documentales sobre la colección de arqueociatos del Cerro de las Ermitas de Córdoba del Museo Geominero (Instituto Geológico y Minero de España). *Boletín Geológico y Minero,* 125 (1), 53-63.

PEREJÓN, A.; MORENO-EIRIS, E.; BECHSTÄDT, T.; MENÉNDEZ, S. Y RODRÍGUEZ-MARTÍNEZ, M. 2012. New Bilbilian (early Cambrian) archaeocyath-rich thrombolitic microbialite from the Láncara Formation (Cantabrian Mts., northern Spain). *Journal of Iberian Geology* 38 (2), 313-330. http://dx.doi.org/10.5209/rev_JIGE.2012.v38.n2.40461

PEREJÓN, A.; RODRÍGUEZ-MARTÍNEZ, M.; MORENO-EIRIS, E.; MENÉNDEZ, S. Y REITNER, J. 2019. First microbial-archaeocyathan boundstone record from early Cambrian erratic cobbles in glacial diamictite deposits of Namibia (Dwyka Group, Carboniferous). *Journal of Systematic Palaeontology* 17, 881-910. https://doi.org/10.1017/S1755691022000111

RÁBANO, I. Y ARBIZU, M. 1999. Casos de malformaciones en trilobites de España. *Revista Española de Paleontología*, nº extr. Homenaje al Prof. J. Truyols, 109-113.

RÁBANO, I. Y GUTIÉRREZ-MARCO, J.C. 2022. Primitivo Hernández-Sampelayo (1880-1959): hierros y fósiles paleozoicos. *Boletín Geológico y Minero*, 133 (2), 7-43. http://dx.doi.org/10.21701/bolgeomin/133.2/001

RÁBANO, I.; GUTIÉRREZ-MARCO, J.C. Y ESTEBAN ARLEGUÍ, J. 1989. Los primeros fósiles encontrados en Galicia, redescubiertos en la colección Schulz del Museo Geominero (ITGE, Madrid). *Cuadernos do Laboratório Xeolóxico de Laxe*, 13, 159-166.

RÁBANO, I.; GUTIÉRREZ-MARCO, J.C. Y GARCÍA-BELLIDO, D.C. 2014. A remarkable illaenid trilobite from the Middle Ordovician of Morocco. *Bulletin of Geosciences*, 89 (2), 365-374. https://doi.org/10.3140/bull.geosci.1467.

RÁBANO, I.; GUTIÉRREZ-MARCO, J.C. Y ROBARDET, M. 1993. Upper Silurian trilobites of Bohemian affinities from the West Asturian-Leonese Zone (NW Spain). *Geobios*, 26 (3), 361-376. https://doi.org/10.1016/S0016-6995(93)80027-O

RÁBANO, I.; SÁ, A.A.; GUTIÉRREZ-MARCO, J.C. Y GARCÍA BELLIDO, D.C. 2010. Two more Bohemian trilobites from the Ordovician of Portugal and Morocco. *Bulletin of Geosciences*, 85 (3), 415-424. https://doi.org/10.3140/bull.geosci.1173.

RAHMAN, I.A. Y ZAMORA, S. 2009. The oldest cinctan carpoid (stem-group Echinodermata) and the evolution of the water vascular system. *Zoological Journal of the Linnean Society*, 157, 420-432. https://doi.org/10.1111/j.1096-3642.2008.00517.x

RAHMAN, I.A. Y ZAMORA, S. 2024. Origin and Early evolution of echinoderms. *Annual Review of Earth and Planetary Sciences*. https://doi.org/10.1146/annurev-earth-031621-113343

RAHMAN, I.A.; O'SHEA, J.; LAUTENSCHLAGER, S. Y ZAMORA, S. 2020. Potential evolutionary trade-off between feeding and stability in Cambrian cinctan echinoderms. *Palaeontology*, 63 (5), 689-701. https://doi.org/10.5061/dryad.12jm63xth

RAHMAN, I.A.; ZAMORA, S.; FALKINGHAM, P.L. Y PHILLIPS, J.C. 2015. Cambrian cinctan echinoderms shed light on feeding in the ancestral deuterostome. *Proceedings of the Royal Society B*, 282, 20151964. https://doi.org/10.1098/rspb.2015.1964

REYES-ABRIL, J.; VILLAS, E.; GUTIÉRREZ-MARCO, J.C.; JIMÉNEZ-SÁNCHEZ, A. Y COLMENAR, J. 2013. Middle Ordovician harknessellid brachiopods (Dalmanellidina) from the Mediterranean region of Gondwana. *Bulletin of Geosciences*, 88 (4), 813-828. https://doi.org/10.3140/bull.geosci.1433.

RODRÍGUEZ-MARTÍNEZ, M.; BUGGISCH, W.; MENÉNDEZ, S.; MORENO-EIRIS, E. Y PEREJÓN, A. 2022. Reconstruction of a Ross lost Cambrian Series 2 mixed siliciclastic-carbonate platform from carbonate clasts of the Shackleton Range, Antarctica. *Earth and Environmental Science Transactions of the Royal Society of Edinburgh,* 113 (3), 175-226. https://doi.org/10.1017/S1755691022000111

RODRÍGUEZ-MARTÍNEZ, M.; MENÉNDEZ, S.; MORENO-EIRIS, E.; CALONGE, A.; PEREJÓN, A. Y REITNER, J. 2010. Estromatolitos: las rocas construidas por microorganismos. *Reduca (Geología). Serie Paleontología*, 2 (5), 1-25.

SÁ, A.A.; RÁBANO, I. Y GUTIÉRREZ-MARCO, J.C. 2006. As trilobites. En: A.A. Sá y J.C. Gutiérrez-Marco (coords.), *Trilobites gigantes das ardósias de Canelas (Arouca)*. Ardósias Valerio y Figueiredo, Madrid, 46-143.

SÁ, A.A.; PEREIRA, S.; RÁBANO, I. Y GUTIÉRREZ-MARCO, J.C. 2021. Giant trilobites and other Middle Ordovician invertebrate fossils from the Arouca UNESCO Global Geopark, Portugal. *Geoconservation Research*, 4 (1), 121-130. https://doi.org/10.30486/gcr.2021.1913689.1057

SÁ, A.A.; PIÇARRA, J.M.; VAZ, N.; SEQUEIRA, A. Y GUTIÉRREZ-MARCO, J.C. 2011. *Ordovician of Portugal*. Pre-Conference Field Trip Guide. 11th International Symposium on the Ordovician System, Vila Real de Trás-os-Montes, 80 pp.

SERVAIS, T. Y HARPER, D.A.T. 2018. The Great Ordovician Biodiversification Event (GOBE): definition, concept and duration. *Lethaia*, 51 (2), 151-164. https://doi.org/10.1111/let.12259

SUMRALL, C.D. Y ZAMORA, S. 2015. A columnal-bearing eocrinoid from the Cambrian Burgess Shale (British Columbia, Canada). *Journal of Paleontology*, 89 (2), 366-368. https://doi.org/10.1017/jpa.2014.54

TORTELLO, M.F.; RÁBANO, I.; RAO, R.I. Y ACEÑOLAZA, F.G. 1999. Los trilobites de la transición Cámbrico-Ordovícico en la Quebrada Amarilla (Sierra de Cajas, Jujuy, Argentina). *Boletín Geológico y Minero*, 110 (5), 555-572

VILLAS, E. Y COLMENAR, J. 2022. Brachiopods from the Upper Ordovician of Erfoud (eastern Anti-Atlas, Morocco) and the stratigraphic correlation of the bryozoan-rich Khabt-el Hajar Formation. En: A.W. Hunter, J.J. Álvaro, B. Lefebvre, P. Van Roy y S. Zamora (eds.), *The Great Ordovician Biodiversification Event: Insights from the Tafilalt Biota, Morocco*. Geological Society, London, Special Publications, 485, 165-176. https://doi.org/10.1144/SP485.2

VILLAS, E.; COLMENAR, J. Y GUTIÉRREZ-MARCO, J.C. 2015. Late Ordovician brachiopods from Peru and their palaeobiogeographical relationships. *Palaeontology*, 58, 455-487. https://doi.org/10.1111/pala.12152

WEBBY, B.D.; PARIS, F.; DROSER, M.L. Y PERCIVAL, I.G. (eds.) 2004. *The Great Ordovician Biodiversification Event*. Columbia University Press, New York, 484 pp.

ZAMORA, S. 2010. Middle Cambrian echinoderms from North Spain show echinoderms diversified earlier in Gondwana. *Geology*, 38, 507-510.

ZAMORA, S. Y GUTIÉRREZ-MARCO, J.C. 2023. Filling the Silurian gap of solutan echinoderms with the description of new species of *Dehmicystis* from Spain. *Acta Palaeontologica Polonica*, 68 (2), 185-192. https://doi.org/10.4202/app.01054.2023

ZAMORA, S. Y RAHMAN, I. 2014. Deciphering the early evolution of echinoderms with Cambrian fossils. *Palaeontology*, 57 (6), 1105-1119. https://doi.org/10.1111/pala.12138

ZAMORA, S. Y SMITH, A. B. 2012. Cambrian stalked echinoderms show unexpected plasticity of arm construction. *Proceedings of the Royal Society B*, 279, 293-298.

ZAMORA, S.; GUENSBURG, T. E. Y SPRINKLE, J. En prensa. Redescription of the Cambrian edrioasteroid *Sprinkleoglobus spencensis* comb. nov. (Wen et al., 2019) from the Spence Shale (Utah, USA). *Journal of Paleontology*.

ZAMORA, S.; SUMRALL, C.D. Y SPRINKLE, J. 2015a. New long-stemmed eocrinoid from the Furongian Point Peak Shale Member of the Wilberns Formation, central Texas. *Journal of Paleontology*, 89 (1), 189-193. https://doi.org/10.1017/jpa.2014.16

Zamora, S.; Wright, D.F. y Hohejlovà, M. 2023. Phylogenetic position of *Bohemiacinctus* n. gen. (Cincta, Echinodermata) from the Cambrian of Bohemia: implications for macroevolution and the role of taxon sampling in palaeobiological systematics. *Papers in Palaeontology*, e1482. https://doi.org/10.1002/spp2.1482

Zamora, S.; Deline, B.; Álvaro, J.J. y Rahman, I.A. 2017b. The Cambrian Substrate Revolution and the early evolution of attachment in suspension-feeding echinoderms. *Earth-Science Reviews*, 171, 478-491. https://doi.org/10.1016/j.earscirev.2017.06.018

Zamora, S.; Nardin, E.; Esteve, J. y Gutiérrez-Marco, J.C. 2022b. New rhombiferan blastozoans (Echinodermata) from the Late Ordovician of Morocco. En: A.W. Hunter, J.J. Álvaro, B. Lefebvre, P. van Roy y S. Zamora (eds.), *The Great Ordovician Biodiversification Event: Insights from the Tafilalt Biota, Morocco*. The Geological Society, London, Special Publications, 485, 587-602. https://doi.org/10.1144/SP485.10

Zamora, S.; Sumrall, C.D.; Zhu, X-J. y Lefebvre, B. 2017a. A new stemmed echinoderm from the Furongian of China and the origin of Glyptocystitida (Blastozoa, Echinodermata). *Geological Magazine*, 154 (3), 465-475. https://doi.org/10.1017/S001675681600011X

Zamora, S.; Rahman, I.A.; Sumrall, C.D.; Gibson, A.P. y Thompson, J.R. 2022a. Cambrian edrioasteroid reveals new mechanism for secondary reduction of the skeleton in echinoderms. *Proceedings of the Royal Society B*, 289, 20212733. https://doi.org/10.1098/rspb.2021.2733

Zamora, S.; Lefebvre, B.; Hosgör, I.; Franzen, C.; Nardin, E.; Fatka, O. y Álvaro, J.J. 2015b. The Cambrian edrioasteroid *Stromatocystites* (Echinodermata): Systematics, palaeogeography, and palaeoecology. *Geobios*, 48, 417-426. https://doi.org/10.1016/j.geobios.2015.07.004

Zhao, J.; Rahman, I.A.; Zamora, S.; Chen, A. y Cong, P. 2022. The first edrioasteroid echinoderm from the lower Cambrian Chengjiang biota of Yunnan Province, China. *Papers in Paleontology*, 8 (4), e1465. https://doi.org/10.1002/spp2.1465

Zhu, X.; Zamora, S. y Lefebvre, B. 2014. Morphology and palaeoecology of a new edrioblastoid (Edrioasteroidea) from the Furongian of China. *Acta Palaeontologica Polonica*. 59 (4), 921-926. http://dx.doi.org/10.4202/app.2012.0116

Zhu, X.; Peng, S.; Zamora, S.; Lefebvre, B. y Chen, G. 2016. Furongian (upper Cambrian) Guole Konservat-Lagerstätte from South China. *Acta Geologica Sinica*, 90 (1), 30-37. https://doi.org/10.1111/1755-6724.12640

LOS PROYECTOS AMBERIA Y CRE

Eduardo Barrón López, Ana Rodrigo Sanz,
Rafael P. Lozano Fernández y Enrique Peñalver Mollá

Las actividades encomendadas al Museo Geominero, del Instituto Geológico y Minero de España (IGME), hasta la publicación del Real Decreto 202/2021 del 30 de marzo, que supuso la integración del IGME en el Consejo Superior de Investigaciones Científicas (CSIC), incluían la conservación, investigación y divulgación de su patrimonio paleontológico, mineralógico y petrológico. A partir de enero de 2022, la dirección del IGME desmanteló el sólido equipo de trabajo del museo (constituido por investigadores, técnicos y ayudantes), reuniendo a sus investigadores en el grupo de investigación «Paleontología de ecosistemas terrestres y marinos: respuestas a las crisis bióticas y ambientales del Fanerozoico». El grupo se adscribió al Departamento de Geología y Subsuelo de la Vicedirección Científica, que agrupa especialidades tan dispares como la cartografía, la geofísica y la geología marina. El personal restante del museo fue asignado a la Vicedirección Técnica.

Retrocediendo algo más de treinta años, en 1993, la Dra. Isabel Rábano ocupó la dirección del Museo Geominero y comenzó la modernización de sus estructuras, teniendo en consideración la definición de museo del Consejo Internacional de Museos (ICOM en sus siglas en inglés), por la que «Un museo es una institución sin ánimo de lucro, permanente y al servicio de la sociedad, que investiga, colecciona, conserva, interpreta y exhibe el patrimonio material e inmaterial. Abiertos al público, accesibles e inclusivos, los museos fomentan la diversidad y la sostenibilidad. Con la participación de las comunidades, los museos operan y comunican ética y profesionalmente, ofreciendo experiencias variadas para la educación, el disfrute, la reflexión y el intercambio de conocimientos». De esta manera, el equipo del Museo Geominero se enriqueció con la contratación y la promoción al funcionariado de personal investigador, técnico y ayudante, llegándose a constituir un sólido equipo de diecinueve personas (Rodrigo *et al.*, 2022). La creación de un grupo consolidado de investigadores, paleontólogos en su mayoría, permitió la solicitud de proyectos competitivos de investigación financiados por los Presupuestos Generales del Estado.

La especialidad científica de varios paleontólogos del museo estaba ligada a los estudios del ámbar cretácico de la península ibérica, ya que, desde el año 2006, estuvieron vinculados a tres proyectos de investigación del Plan Nacional de I+D+i, liderados por el Profesor Xavier Delclòs desde la Universitat de Barcelona (UB): (i) CGL2005-00046/BTE: El ámbar del Cretácico de España: Paleobiología, Tafonomía y Biogeoquímica (01.01.2006-31.12.2008), (ii) CGL2008-00550/BTE: Ámbar del Cretácico de España: un estudio multidisciplinar (01.01.2009-31.12.2011) y (iii) CGL2011-23948/BTE: Ámbar del Cretácico de España: un estudio multidisciplinar II (01.01.2012-31.12.2014). El ámbar ibérico resultó ser excepcionalmente interesante, ya que es uno de los más antiguos con abundantes y diversas inclusiones de artrópodos y otros organismos (bioinclusiones). El equipo que se formó, en lugar de centrarse únicamente en el estudio y descripción de estas bioinclusiones, amplió su investigación estudiando los yacimientos con ámbar también desde un punto de vista geológico, prospectando nuevos yacimientos, datándolos mediante el uso de la paleopalinología, tratando de conocer las plantas cretácicas productoras de resina e infiriendo los procesos tafonómicos que actuaron. Todos estos estudios permitieron empezar a conocer con cierta profundidad las biotas que se desarrollaron en los bosques resiníferos del Cretácico.

EL PROYECTO AMBERIA (2015-2017)

El hecho de que varios paleontólogos formaran parte de estos proyectos iniciales del Plan Nacional, fue el motivo de una nueva solicitud en 2014. El proyecto estaría coordinado entre la UB y la Unidad de Apoyo a la Dirección del IGME, a la que estaba adscrito en ese momento el Museo Geominero. El proyecto «CGL2014-52163-C2-2-P: AMBERIA: El ámbar de Iberia: un excepcional registro de los bosques cretácicos en los albores de los ecosistemas terrestres modernos» fue subvencionado con 90.000 € (polo IGME) y tuvo una duración de tres años (01.01.2015-31.12.2017).

Los objetivos propuestos, además de dar continuidad a las investigaciones ya iniciadas sobre el ámbar español, se centraron en la reconstrucción de la dinámica ecológica de los bosques resiníferos que originaron los depósitos de ámbar del Cretácico de Iberia. Para su consecución, y tras realizar estudios paleobotánicos de las sucesiones estratigráficas con ámbar y de las bioinclusiones, se evaluó el potencial de los diversos indicadores geoquímicos y sedimentológicos obtenidos de muestras de los yacimientos para registrar variaciones paleoambientales y paleoclimáticas. Como novedad, se inició una nueva línea de estudio en la que se estableció una colaboración con arqueólogos (por ejemplo, Murillo-Barroso *et al.*, 2018). De forma adicional, se tuvo muy en cuenta la dimensión social de la investigación, dando a conocer el ámbar cretácico español a la ciudadanía mediante exposiciones, conferencias y seminarios, mostrando así los logros obtenidos y la importancia científica y social de los descubrimientos realizados.

El equipo de investigación del IGME estuvo liderado por el Dr. Eduardo Barrón López e integrado por los Dres. Enrique Peñalver Mollá, Ana Rodrigo Sanz, Rafael Pablo Lozano Fernández y, como personal externo, José Luis Viejo Montesinos, catedrático de Entomología de la Universidad Autónoma de Madrid. En el equipo de trabajo se incluyeron tres paleobotánicos (Dres. Daniel Peyrot de la Universidad del Oeste de Australia; Mário M. Mendes de la Universidad de Évora, Portugal, y Jiří Kvaček del Museo Nacional de Praga, República Checa), dos geoquímicos (Dres. César Menor Salván del Instituto de Tecnología de Georgia, USA, y Guido Roghi de la Universidad degli Studi de Pádova, Italia), un microbiólogo (Dr. Alexander Roland Schmidt de la Universidad de Göttingen, Alemania), un ecólogo (Dr. Luis Lassaletta Coto del Netherlands Environmental Assessment Agency, Países Bajos) y un especialista en las interacciones animal-planta (Conrad Cristopher Labandeira del Smithsonian Institute, EE.UU.). Este grupo internacional y multidisciplinar de investigadores se ocupó de los estudios sobre paleobotánica, geoquímica, quimiotaxonomía, paleoecología y reconstrucción paleoambiental, así como de la divulgación al público general de los resultados obtenidos.

En el marco de AMBERIA se desarrolló por primera vez una investigación sobre diferentes piezas de ámbar de los yacimientos cretácicos de El Soplao (Cantabria) y San Just (Teruel), con el objetivo de caracterizar químicamente las inclusiones oscuras que presentan. Este tipo de inclusiones en otros ámbares cretácicos habían sido interpretadas erróneamente por otros equipos de investigación como microorganismos fósiles. Se descubrió que presentaban moléculas orgánicas diferentes a las del ámbar y que en realidad se trataba de savia elaborada del mismo árbol que se liberó mezclada con la resina (Fig. 1A). Por otra parte, los hongos presentes en el suelo de los bosques colonizaron rápidamente la superficie externa de los exudados de resina que se produjeron en las raíces; los estudios tafonómicos que se realizaron en el marco de este proyecto indicaron que estas cortezas fúngicas se formaron sobre las masas bajo tierra de resina aún no endurecida (Speranza *et al.*, 2015). Las cortezas opacas que se encuentran comúnmente en el ámbar cretácico son crecimientos fosilizados de densas redes de hifas de los hongos resinícolas (Fig. 1C). Debido a la gran abundancia de piezas de ámbar con estas cortezas fúngicas, se indicó que estos hongos jugaron un papel muy relevante en el reciclado de la materia orgánica.

Para estudiar la relación entre la distribución espacial de los hongos que metabolizaban y degradaban las resinas y las bandas más ricas en inclusiones oscuras, se tuvieron que desarrollar un nuevo conjunto de técnicas. Debido a esto, se propuso un nuevo protocolo para el desarrollo de estudios geoquímicos del ámbar que incluye: (i) realización de secciones gruesas bipulidas de ámbar, (ii) espectroscopía de infrarrojos, (iii) microscopía electrónica de barrido, (iv) petrografía de luz transmitida y (v) microscopía confocal.

Desde un punto de vista paleobotánico, se relacionaron los trabajos paleopalinológicos desarrollados en los yacimientos con ámbar con los que trataban la sedimentología del Cretácico Inferior de la cuenca Vasco-Cantábrica (Álava). De esta forma, se han podido comparar los paleoambientes del Albiense superior de la cuenca con los que ahora se desarrollan en áreas costeras de la península arábiga y el oeste de África (Rodríguez-López *et al.*, 2020). Además, se comenzó el estudio de distintos afloramientos con ámbar del Cretácico Inferior del Maestrazgo (cuenca Ibérica, Teruel), lo que permitió la presentación de un trabajo de fin de máster (TFM) durante el curso 2014-2015 en el marco del programa de Paleontología Avanzada de la Universidad Complutense de Madrid (UCM), por el estudiante Yul Altolaguirre Zancajo. El trabajo, titulado «Estudio palinológico preliminar del Cretácico Inferior de la sección de Cortes de Arenoso (Castellón)», obtuvo una calificación de sobresaliente (9,6), y fue codirigido por Eduardo Barrón, investigador principal del polo IGME de AMBERIA, y las Dras. Nieves Meléndez y M.ª José Comas, de la UCM.

Se organizó una salida de campo, en el año 2016, a los principales yacimientos españoles de ámbar (Fig. 1B) con los paleobotánicos del equipo de

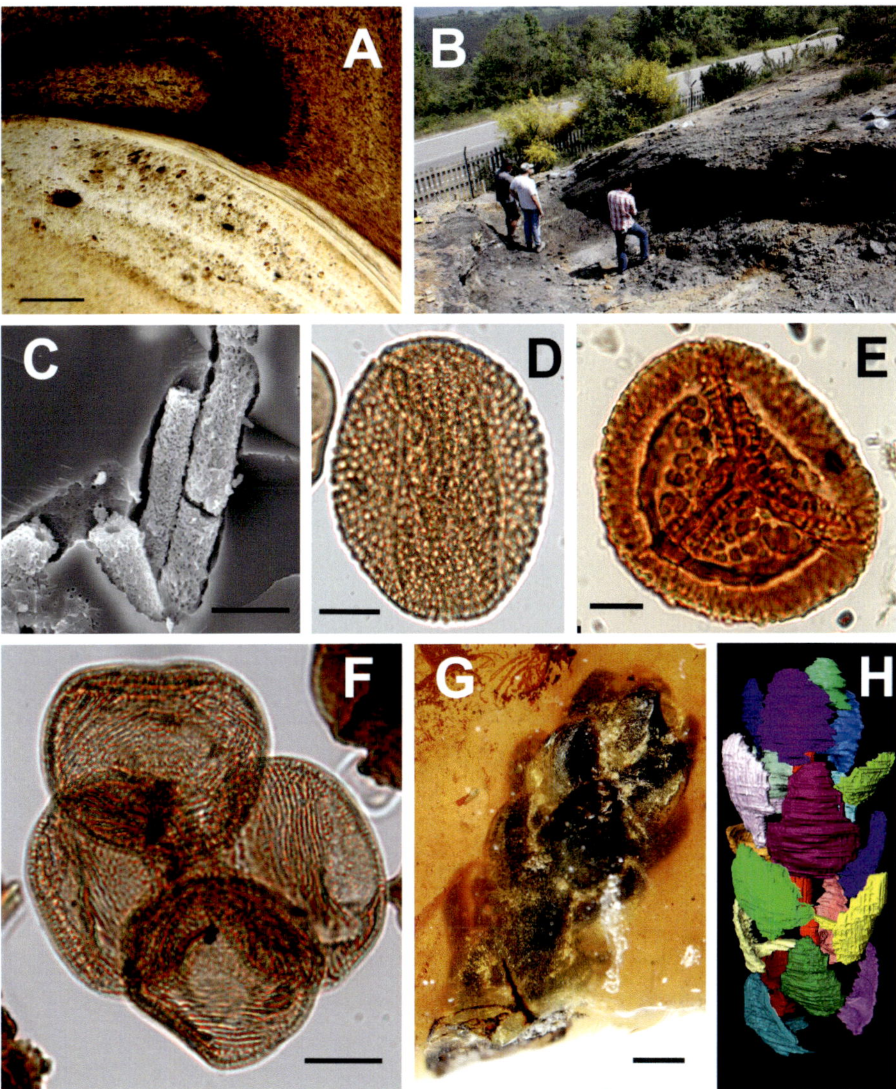

Figura 1. A, Bandeado en el interior del ámbar de El Soplao (Albiense medio), formado por pseudoinclusiones oscuras de savia (dobles emulsiones). Microfotografía realizada por Rafael P. Lozano. B, Aspecto del yacimiento de Rábago-El Soplao durante una visita realizada en junio de 2016. Fotografía de E. Peñalver. C, Hifas de hongos resinícolas en un fragmento de ámbar del afloramiento cenomaniense inferior de El Caleyu (Asturias). Fotografía realizada con un microscopio electrónico de barrido HITACHI modelo S-4100 y extraída de Speranza *et al.* (2015). D-F, Miosporas presentes en las rocas con ámbar del Cretácico de España. Fotografías tomadas por E. Barrón con una cámara Colow View IIIu acoplada a un microscopio óptico Olympus BX51. (D) Grano de polen tricolpado de una angiosperma eudicotiledónea (*Tricolpites* cf. *maximus*) del afloramiento del Albiense superior de Cortes de Arenoso (Castellón). (E) Espora trilete de un briófito (*Taurocusporites segmentatus*) del

Albiense superior del afloramiento de San Just (Teruel). (F) Tétrade de granos de polen de una conífera de la extinta familia Cheirolepidiaceae (*Classopollis* sp.) del yacimiento cenomaniense inferior de El Caleyu (Asturias). G, Paratipo de la especie *Rabagostrobus hispanicus* (espécimen MCNA 13684). Se trata de la bioinclusión de un fragmento de un cono masculino de Araucariaceae (Coniferales) encontrado en una pieza de ámbar del Albiense superior de Peñacerrada 1 (Álava). Fotografía realizada por Jiří Kvaček en el Museo Nacional de Praga (República Checa) con un microscopio óptico binocular Olympus SZX 12, y extraída de Kvaček *et al.* (2018). H, Reconstrucción en tres dimensiones de un cono de *R. hispanicus* en donde se observa la disposición helicoidal de los esporófilos (cortesía de J. Kvaček). Escalas gráficas: A: 500 µm, C-F: 10 µm, G: 1 mm.

trabajo de AMBERIA, Jiří Kvaček y Mário M. Mendes, y como resultado se estudiaron las asociaciones de macrorrestos y mesofósiles vegetales relacionados con el ámbar. Durante el período de duración del proyecto AMBERIA, estos estudios se centraron en los restos de araucariáceas (Figs. 1G-H) que aparecen tanto en la roca que contiene el ámbar, como en el mismo ámbar en forma de bioinclusiones (Kvaček *et al.*, 2018).

Para la obtención de datos tafonómicos de campo en bosques resiníferos actuales, similares a los que produjeron el ámbar mioceno de República Dominicana y el ámbar cretácico de España, se realizaron tres campañas de exploración en Madagascar (años 2015 y 2017) y Nueva Caledonia (año 2016), respectivamente. La expedición a Madagascar en 2015 fue financiada por National Geographic (grant GEFNE127-14) en su programa Global Exploration Fund, con el proyecto «Are fossil communities preserved in amber a real image of ancient ecosystems, and can inform us about loss of biodiversity? The Malagasy copal». En los árboles resiníferos de ambos tipos de bosques se instalaron trampas pegajosas (Fig. 2C) que son un correlato artificial de las exudaciones de resina que atrapan y engloban insectos, plantas y otros ejemplares del ecosistema. En Madagascar, la especie de árbol explorada fue *Hymenaea verrucosa*, una angiosperma (Fig. 3B), y en Nueva Caledonia se realizaron estudios de varias especies del género *Agathis*, una conífera (Fig. 2C). Se hicieron descubrimientos inesperados, como que el copal de Madagascar en realidad es resina actual comercializada como resina fósil, y otros esperados, como la fuerte selección de organismos que ocurrió y ocurre durante el proceso de atrape de organismos por las exudaciones de resina. Algunas de las publicaciones más notables sobre estas investigaciones son las de Solórzano-Kraemer *et al.* (2018, 2022) y Delclòs *et al.* (2020).

Durante el desarrollo de AMBERIA se consideró estudiar tres aspectos que tienen que ver con las relaciones paleoauto y paleosinecológicas que se

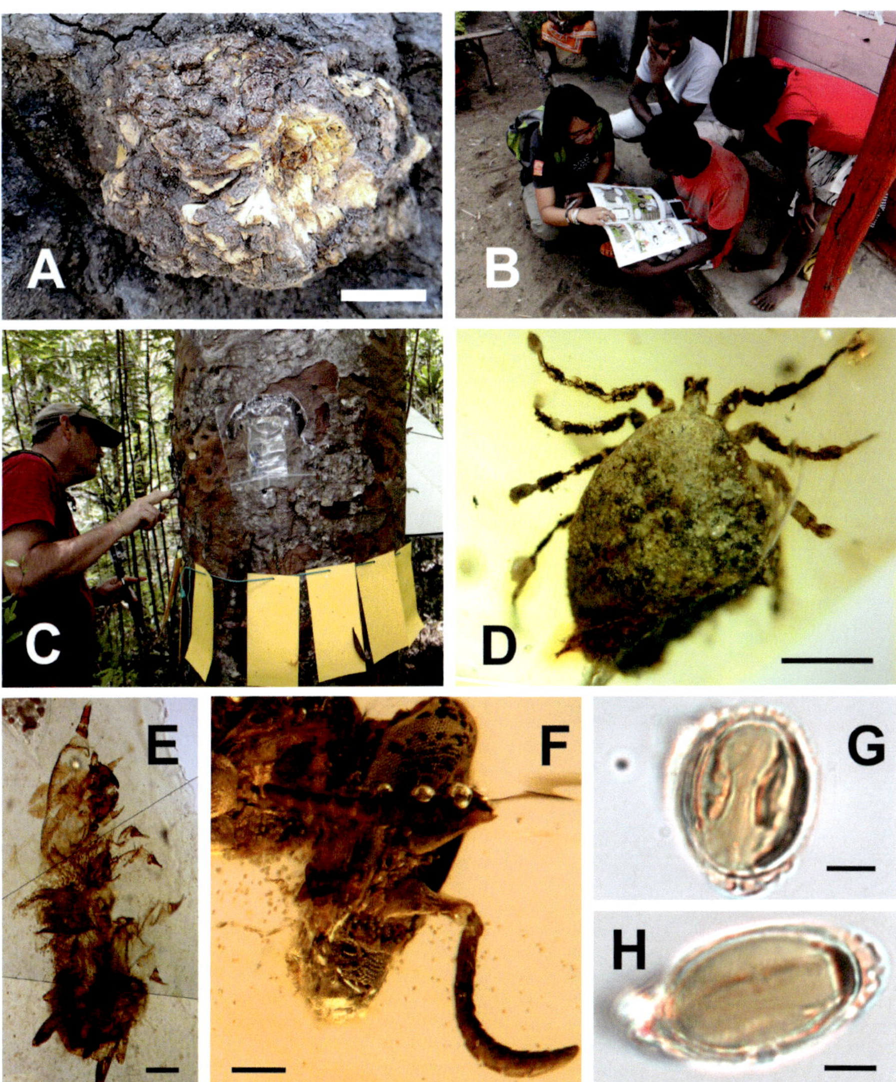

Figura 2. A, Pieza de ámbar de Ariño con forma arriñonada (*kidney-shaped*) producida a partir de una efusión radicular de resina. Fotografía de campo realizada en los niveles del Albiense inferior de la mina de Santa María (Ariño, Teruel), y extraída de Álvarez-Parra *et al.* (2021). B, Difusión de la cultura científica en Madagascar. Presentación del cómic «Vongy. Una aventura entre científicos» a escolares malgaches en 2017. Fotografía de E. Peñalver. C, Trabajo de campo en Nueva Caledonia durante la campaña de campo de 2016. Colocación de trampas pegajosas (*sticky traps*) sobre un tronco de *Agathis ovata* (Araucariaceae) para conocer cómo la resina del Cretácico atrapaba diferentes tipos de artrópodos y otros organismos. Fotografía de E. Peñalver. D, Paratipo de *Deinocroton draculi* (ejemplar AMNH Bu-SA5b). Bioinclusión en ámbar del Cenomaniense inferior de Myanmar. Fotografía realizada por E. Peñalver con una cámara Colow View IIIu acoplada a un microscopio óptico Olympus BX51, extraída

de Peñalver *et al.* (2017). E, Vista ventral-oblicua de una exuvia de larva queratinófaga de coleóptero (ejemplar SJNB2012-11). Bioinclusión en ámbar del Albiense medio del yacimiento de Rábago-El Soplao (Cantabria). Fotografía de E. Peñalver. Tomada de Peñalver *et al.* (2023). F, Detalle de la cabeza del holotipo de la avispa *Prosphex antophilos*, incluida en ámbar del Cenomaniense inferior de Kachin, Myanmar (ejemplar AMNH Bu-KL18-31). Se observan granos de polen de angiospermas alrededor de ésta. Fotografía de E. Peñalver con una cámara Canon EOS 650D. Extraída de Grimaldi *et al.* (2019). G-H, Aspecto tricolporoidado de dos de los granos de polen que aparecen asociados a *P. antophilos*. Fotografías de E. Barrón con una cámara Colow View IIIu acoplada a un microscopio óptico Olympus BX51. Escalas gráficas: A: 2 cm, D, F: 0,2 mm, E: 0,1 mm, G-H: 5 µm.

infieren a partir de las bioinclusiones. Estos estudios obtuvieron un conjunto de resultados que dieron gran visibilidad internacional a este proyecto:

1. El estudio de las cortezas fúngicas nos llevó a interrogarnos sobre si la resina era capaz de atrapar una pequeña porción de la hojarasca y de los habitantes que se encuentran tanto en ella como en el suelo del bosque. Así, se descubrió una interesante comunidad de artrópodos entre los que se encontraban ácaros, colémbolos, chinches, crustáceos tanaidáceos (Fig. 3C) y cochinillas de la humedad. El estudio de estas comunidades llevó a la realización de una tesis doctoral con mención Doctorado Europeo por Alba Sánchez García que se tituló «Paleobiología de los artrópodos edáficos y acuáticos del ámbar del Cretácico Inferior de España». Fue codirigida por Enrique Peñalver (miembro del equipo de investigación del polo IGME) y Xavier Delclòs (investigador principal del polo UB de AMBERIA) y defendida en 2017 en la Universitat de Barcelona. Posteriormente fue galardonada con el premio extraordinario de doctorado.

2. Dentro del proyecto AMBERIA se estudiaron fósiles que evidencian los casos de polinización directa más antiguos conocidos. Se trata de insectos fósiles que presentan el cuerpo cubierto por granos de polen y que pertenecen a grupos que actualmente son importantes polinizadores de angiospermas. Estos insectos coincidieron en el tiempo con la diversificación explosiva de las plantas con flores y, sin embargo, todos presentan polen de gimnospermas. Lo curioso es que hoy en día son escasas las gimnospermas que son polinizadas por los insectos. Concretamente, durante el desarrollo de este proyecto se estudió una mosca de la familia Zhangsolvidae, con polen del tipo *Exesipollenites*, y un escarabajo Oedemeridae, con polen del género *Monosulcites*. Ambos palinomorfos son de gimnospermas y pudieron ser producidos por plantas del extinto orden Bennettitales (Peñalver *et al.*, 2015; Arillo *et al.*, 2015; Peris *et al.*, 2017).

3. La existencia de hematofagia en las comunidades cretácicas de artrópodos está demostrada por el descubrimiento de garrapatas en el ámbar cretácico de Myanmar (Fig. 2D) asociadas a plumas de dinosaurio. Parece plausible que

Figura 3. A, Sucesión sedimentaria del Albiense-Cenomaniense inferior en la localidad de Valdecabras (serranía de Cuenca) mostrando una tendencia general transgresiva. La sucesión comienza con los depósitos continentales a transicionales del Grupo Utrillas y cambia hacia techo a las margas verdes de la Formación Chera, de carácter marino somero, sobre los cuales se superponen los carbonatos marinos del Cretácico Superior (cortesía de Carlos A. Bueno). B, Rama de *Hymenaea verrucata* (Fabaceae) con abundantes emisiones de resina (Madagascar, 2015; cortesía de X. Delclòs). C, Hábito lateral de un tanaidáceo (*Alavatanis carabe*; espécimen CES 380) del ámbar albiense medio del afloramiento de Rábago El Soplao (Cantabria). Fotografía extraída de Sánchez-García *et al.* (2015). Escala gráfica: 0,2 mm. D, Uno de los carteles de la exposición temporal «AMBERIA: el ámbar de Iberia» (diciembre, 2017; fotografía de E. Peñalver). E, Trabajos de campo en la mina Santa María (Ariño, Teruel, 2019; fotografía de E. Peñalver).

estos arácnidos se alimentaran de la sangre de los dinosaurios, y que uno de ellos rozara una masa de resina y allí quedara atrapada una pluma con uno de estos ectoparásitos enganchado. Se pudieron identificar dos morfotipos de la nueva familia Deinocrotonidae, descrita en el mismo estudio y que al parecer se extinguió durante el Cretácico, y una garrapata de la familia actual Ixodidae (Peñalver *et al.*, 2017).

Como consecuencia de la investigación de estas bioinclusiones, principalmente de artrópodos, se han descrito nuevos géneros y especies (por ejemplo, Delclòs *et al.*, 2016).

Durante los tres años de duración del proyecto AMBERIA se desarrolló una gran labor de diseminación de la cultura científica, en nuestro caso relacionada con la singular existencia de ámbares cretácicos con bioinclusiones en España. Entre las muchas actividades realizadas hay que destacar:

1. La colaboración del National Geographic Global Exploration Fund Northern Europe, de la Deutsche Forschungsgemeinschaft y del Ministerio de Economía y Competitividad por medio del proyecto AMBERIA, permitió el desarrollo de un cómic en el que se explica la formación de ámbar y la dispersión de las especies, en este caso desde Madagascar hasta la República Dominicana (Fig. 2B). Este cómic titulado *Vongy. Una aventura entre científicos* se editó en varios idiomas: español, inglés, alemán y francés. En la confección de su guion intervinieron Ana Rodrigo y Enrique Peñalver, ambos miembros del equipo de investigación del polo IGME, y Mónica Solórzano-Kraemer y Xavier Delclòs del polo UB.

2. Se inauguró la exposición temporal «AMBERIA: el ámbar de Iberia», que estuvo expuesta desde el 22 de diciembre de 2017 hasta el 25 de septiembre del siguiente año en la sede central del IGME (Fig. 3D). Esta recogía los logros científicos del proyecto AMBERIA que se expusieron de forma divulgativa para el público general. La exposición estaba dividida en cuatro conjuntos temáticos: (i) El ámbar, una sustancia fascinante, (ii) Bosques cretácicos en la antigua Iberia, (iii) Retratos en ámbar, y (iv) Los resultados de la investigación.

3. Por último, se publicó el artículo «The heritage interest of the Cretaceous amber outcrops in the Iberian Peninsula, and their management and protection» en la revista *Geoheritage*, en donde se presenta el interés patrimonial de los yacimientos de ámbar del Cretácico español y las normas de protección que desarrollan las diferentes comunidades autónomas en donde estos se hallan (Rodrigo *et al.*, 2018).

EL PROYECTO CRE (2018-2022)

En continuidad con el proyecto AMBERIA, los investigadores del Museo Geominero desarrollaron uno nuevo coordinado con la UB, también del Plan Nacional, CRE: «Evento cretácico de resina: un bioevento global de producción en masa de resina en los albores de los ecosistemas terrestres modernos» (CGL2017-84419-C2-2-P). Tuvo una subvención de 108.900 € y se desarrolló durante cuatro años (01.01.2018-31.12.2021) con una prórroga de nueve meses, hasta el 30 de septiembre de 2022, debido a la epidemia de SARS-CoV-2 y la imposibilidad de trabajar durante el confinamiento.

El objetivo fundamental de este proyecto fue, a partir del estudio de diversos ámbares de la mitad del Cretácico, establecer las bases de la existencia del paleobioevento global CRE (*Cretaceous Resinous Event*), que se desarrolló durante el Cretácico a lo largo de unos 54 millones de años, desde el Barremiense al Campaniense. Este proyecto tuvo cuatro hipótesis principales: (i) el CRE fue un único evento a lo largo de un periodo dilatado de tiempo en el cual estuvo implicado un mismo linaje de gimnospermas, (ii) el CRE fue un evento global que implicó la presencia de depósitos de ámbar tanto en el Hemisferio Norte como en el Hemisferio Sur, (iii) el linaje de gimnospermas productoras de resina tuvo su propia asociación de organismos, y (iv) independientemente del linaje de las gimnospermas, el CRE estuvo determinado/gobernado por más de un factor abiótico. Posteriormente, por motivos de la investigación, se ha considerado denominarlo como un intervalo en vez de un evento (actualmente: *Cretaceous Resinous Interval* o CREI, ver Delclòs *et al.*, 2023).

El equipo de investigación del CRE contó con los mismos integrantes del proyecto anterior más el Dr. César Menor Salván, especialista en quimiotaxonomía, que había participado en el anterior proyecto en el equipo de trabajo, y Carlos Alberto Bueno Cebollada, contratado FPI en el IGME. Por su parte, el equipo de trabajo se enriqueció con una especialista en tafonomía molecular de ámbares (Dra. Victoria E. McCoy, de la Universidad de Leicester, Reino Unido), un geoquímico (Dr. Jacopo Dal Corso, del Leibniz Center for Tropical Marine Ecology, Alemania), un paleodendrólogo (Dr. José Mª Postigo Mijarra, de la Universidad Politécnica de Madrid) y un especialista en paleodiversidad (Dr. Carlos Jaramillo, del Smithsonian Tropical Research Institute - STRI, EE.UU.), causando baja en este los Dres. Guido Roghi, Alexander Roland Schmidt y Luis Lassaletta Coto. Los subobjetivos que se coordinaron desde el Museo Geominero en el marco del proyecto CRE fueron: (i) el estudio de la paleoflora asociada con el ámbar y la existencia de posibles organismos patógenos asociados con la producción de resinas, (ii) la paleoecología de la biota, y (iii) la divulgación de los resultados obtenidos.

Durante el desarrollo del CRE se publicó una caracterización físico-química de las inclusiones oscuras que aparecen abundantemente en el ámbar cretácico de El Soplao (Cantabria), investigación que se inició en el anterior proyecto (Fig. 1A); se detectó por primera vez savia fosilizada que estaba compuesta por azúcares procedentes de los vasos liberianos de la planta productora (Lozano *et al.*, 2020). Las investigaciones se ampliaron al ámbar albiense de la mina de Ariño (Teruel) (Fig. 3E), que es diferente al ámbar de El Soplao. En la publicación de Álvarez-Parra *et al.* (2021) se presentaron los aspectos preliminares de este ámbar (Fig. 2A) y se reveló la presencia de pirita cubo-octaédrica en los espacios vacíos dejados por inclusiones fluidas en forma de burbuja, lo que parece relacionado con la diagénesis temprana en medios reductores con actividad de bacterias anaeróbicas. Por otra parte, hay que destacar la ausencia de micelios de hongos en forma de cortezas en las piezas de ámbar de Ariño. Tanto la presencia de pirita como la falta de crecimientos fúngicos podrían estar relacionadas con la probable inundación parcial del suelo del bosque de Ariño, típica de ambientes pantanosos (Álvarez-Parra *et al.*, 2024).

Este trabajo, junto con otras investigaciones, constituyó el núcleo de la tesis doctoral con mención Doctorado Europeo de Sergio Álvarez Parra titulada «Estudio del contenido paleobiológico del ámbar del Albiense (Formación Escucha) de la Cuenca del Maestrazgo», que fue codirigida por Enrique Peñalver y Xavier Delclòs, y defendida en 2023 en la Universitat de Barcelona. Posteriormente fue galardonada con el premio extraordinario de doctorado.

El ámbar como elemento sedimentario se encuentra depositado junto con otros restos vegetales fósiles (macrorrestos, mesofósiles y palinomorfos). El estudio de estos restos complementa el de las inclusiones vegetales. Por esta razón, se continuaron las investigaciones palinológicas de los yacimientos con ámbar iniciadas en anteriores proyectos (Figs. 1D-F). Concretamente, en la Cuenca del Maestrazgo debemos destacar los estudios bioestratigráficos y paleoambientales de las secciones de San Just, Arroyo de la Pascueta y Cortes de Arenoso, de edades Albiense superior-Cenomaniense inferior (Barrón *et al.*, 2023). Ello ha llevado a la descripción de la vegetación que se desarrolló en el este de Iberia, la cual estuvo condicionada por un erg y el mar del Tethys. Por otra parte, el descubrimiento en el ámbar cenomaniense de Myanmar de inclusiones de insectos con granos de polen en su superficie (Figs. 2G-H) tuvo como resultado la publicación de un conjunto de estudios en los que se definieron diferentes especies nuevas de los órdenes Hymenoptera y Coleoptera, las cuales se alimentaban de granos de polen de angiospermas primitivas. Esta investigación llevó a la descripción de un nuevo género y especie de insecto himenóptero (*Prosphex anthophilos*; Fig. 2F) que se publicó en la revista *Communications Biology* (Grimaldi *et al.*, 2019) y un nuevo género y especie de polen de una Nymphaeaceae primitiva (*Praenymphaeapollenites cenomaniensis*) que se publicó en la revista *iScience* (Peris *et al.*, 2020b).

El polo del IGME del proyecto CRE fue dotado con un contrato para la formación de personal investigador. Se diseñó un tema de tesis doctoral que tenía como objetivo fundamental el estudio de inclusiones de plantas en ámbar cretácico, para intentar dilucidar las plantas productoras de resina. Este contrato le fue concedido a Carlos Alberto Bueno Cebollada. Desafortunadamente, la pandemia y las medidas de confinamiento no le permitieron viajar a las instituciones y museos en donde se custodian ámbares con este tipo de inclusiones. Por esta razón, hubo que cambiar la temática de la tesis, que finalmente analizó, desde los puntos de vista paleobotánico, estratigráfico y sedimentológico, secciones estratigráficas similares, tanto en edad como en litología, a las que contienen ámbar en el Maestrazgo, pero en la serranía de Cuenca (Fig. 3A). El día 7 de noviembre de 2022, Carlos Alberto Bueno defendió su tesis doctoral «The sedimentary record of the Albian–Cenomanian transgression in the Cuenca Basin (Iberian Ranges, Spain): palaeogeographical evolution and palaeoflora» en la UCM, que fue codirigida por las Dras. Nieves Meléndez Hevia y María Antonia Fregenal Martínez, de la UCM, y por el Dr. Eduardo Barrón.

Respecto a la tafonomía del ámbar, se realizó una investigación geoquímica en la que se detectaron aminoácidos en especímenes de plumas fósiles conservadas como inclusiones procedentes de Rábago-El Soplao (Cantabria), Myanmar y el Báltico, observándose que la composición de esos aminoácidos era similar a la de plumas degradadas de aves actuales, y que la escasa proporción encontrada de estos aminoácidos correspondía a un proceso de degradación sufrido en el interior del ámbar durante la fosildiagénesis (McCoy *et al.*, 2018). Otras investigaciones también tenían como objetivo determinar algunas características del proceso de fosilización y conservación en ámbar, como, por ejemplo, Álvarez-Parra *et al.* (2020) y Peris *et al.* (2020a).

Por otra parte, respecto a los estudios sobre paleobiología, se publicó el primer estudio sobre los artrópodos que se desarrollaron en los nidos de dinosaurios emplumados, a partir de inclusiones preservadas en ámbares cretácicos de España y Myanmar (Peñalver *et al.*, 2023). En él se presenta una relación simbiótica, probablemente de comensalismo, entre larvas queratinófagas (que se alimentan de plumas, pelo, cuernos, etc.; Fig. 2E) de escarabajos derméstidos y dinosaurios emplumados. Otros ejemplos de esta temática se encuentran en Pérez-de la Fuente *et al.* (2018) y Sánchez-García *et al.* (2018), entre otros.

Como ocurrió en el proyecto anterior, como consecuencia de estas investigaciones sobre diversos aspectos del ámbar y sus bioinclusiones, algunas únicamente de carácter taxonómico, se han descrito nuevos géneros y especies (por ejemplo, Sánchez-García *et al.*, 2021).

Durante el desarrollo del Proyecto CRE se fueron reuniendo muchos datos sobre yacimientos cretácicos con ámbar a nivel mundial y de sus bioinclusiones, y sobre geología, tafonomía, paleobotánica, paleoclimatología y paleobiogeografía relacionados con ellos. La inclusión de toda esta información en complejas matrices y su análisis mediante el software «Modelado de Nicho Ecológico» está permitiendo conocer la relevancia del Intervalo Cretácico de Resina (CREI) y las causas que lo provocaron, lo cual es objeto de estudio actualmente de un nuevo proyecto del Plan Nacional. De esta forma, se publicó un primer artículo en la revista *Earth-Science Reviews*, que recoge la importancia de las coníferas en los bosques resiníferos y las principales causas abióticas y bióticas que pudieron estar relacionadas con la producción en masa de resina durante ese intervalo (Delclòs *et al.*, 2023). Así mismo, en el marco del proyecto, y como consecuencia de esta investigación a nivel mundial, se han publicado nuevos yacimientos de ámbar del extranjero, por ejemplo, del extremo sur del hemisferio sur (Stilwell *et al.*, 2020).

De forma paralela, y debido a que para nuestro equipo de investigación la divulgación y difusión científica al público general ha sido fundamental en la proyección social de nuestro trabajo, los aspectos generales del CREI se exponen en el vídeo «Planeta Ámbar. Los asombrosos bosques del Cretácico» (2024). Se trata de una producción original del IGME y de la UB realizada por la empresa Render Área. Este vídeo se gestó durante el proyecto, pero fue completado y divulgado durante el año 2024, y se presenta en tres idiomas: castellano, inglés y chino mandarín (Peñalver *et al.*, 2024).

CONCLUSIONES

El desarrollo de los proyectos AMBERIA y CRE por personal investigador adscrito al Museo Geominero supuso una gran visibilidad nacional e internacional desde un punto de vista científico, ya que en total se publicaron más de sesenta artículos en revistas científicas indexadas y alrededor de cuarenta entre artículos en revistas no indexadas y capítulos de libro (Tabla 1). En este capítulo únicamente se ha hecho referencia a una parte de estos estudios y publicaciones. Así mismo, se dirigieron y defendieron tres tesis doctorales. Respecto a la presentación de resultados en congresos, se alcanzaron más de cuarenta comunicaciones orales y pósteres, y, como hemos indicado a lo largo del capítulo, se realizó una intensa divulgación de los resultados al público general en forma de comics, exposiciones, videos didácticos, así como numerosas conferencias.

	AMBERIA CGL2014-52163-C2-2-P	CRE CGL2017-84419-C2-2-P
Publicaciones indexadas peer review	23	41
Publicaciones no indexadas	9	18
Capítulos de libro	2	10
Tesis doctorales	1	2
Conferencias/workshop	13	2
Contribuciones en congresos/reuniones nacionales	7	10
Contribuciones en congresos/reuniones internacionales	6	22

Tabla 1. Número de aportaciones científicas realizadas durante el desarrollo de los proyectos de investigación AMBERIA y CRE.

Durante la dirección del IGME por el Dr. José Pedro Calvo Sorando, ya se produjo una segregación del equipo investigador del Museo Geominero, que fue adscrito al área de Patrimonio Geológico. Esto supuso una desmotivación para el personal investigador y una merma de la productividad científica. Esta situación se revirtió cuando la dirección siguiente, encabezada por la Dra. Rosa de Vidania, comprendió la importancia del trinomio investigación + conservación + divulgación en el Museo y permitió el regreso de las investigadoras e investigadores a su seno, para volver a integrarse en un equipo de trabajo con unos objetivos coherentes y bien establecidos.

La integración del IGME en el CSIC en 2021, un proyecto que se inició desde el Ministerio de Ciencia e Innovación siendo ministro Pedro Duque, ha supuesto una nueva disgregación del equipo investigador y técnico del museo. La pérdida de recursos humanos y la desaparición de la investigación en el Museo socava su mismo funcionamiento y naturaleza. En la actualidad, con escasos recursos económicos, con un mermado grupo de técnicas y técnicos y sin personal dedicado a la investigación y la divulgación científica, las características y funciones de lo que es un museo según el ICOM, tal y como se especificaba al principio de este capítulo, no se cumplen en gran medida. Por ello, y como conclusión principal, el Museo Geominero precisa de una reestructuración ambiciosa que le permita ser de nuevo un referente de las ciencias de la Tierra en nuestro país, con más razón en los tiempos actuales en los que hay que afrontar importantes desafíos ambientales y sociales que tienen que ver de manera directa con el conocimiento integral de lo que llamamos Litosfera.

BIBLIOGRAFÍA

Álvarez-Parra, S.; Pérez-de la Fuente, R.; Peñalver, E.; Barrón, E.; Alcalá, L.; Pérez-Cano, J.; Martín-Closas, C.; Trabelsi, K.; Meléndez, N.; López Del Valle, R.; Lozano, R.P.; Peris, D.; Rodrigo, A.; Sarto i Monteys, V.; Bueno-Cebollada, C.A.; Menor-Salván, C.; Philippe, M.; Sánchez-García, A.; Peña-Kairath, C.; Arillo, A.; Espílez, E.; Mampel, L. y Delclòs, X. 2021. Dinosaur bonebed amber from an original swamp forest soil. *eLife*, 10, e72477. https://doi.org/10.7554/eLife.72477

Álvarez-Parra, S.; Delclòs, X.; Solórzano-Kraemer, M.M.; Alcalá, L. y Peñalver, E. 2020. Cretaceous amniote integuments recorded through a taphonomic process unique to resins. *Scientific Reports*, 10, 19840. https://doi.org/10.1038/s41598-020-76830-8

Arillo, A.; Peñalver, E.; Pérez-de la Fuente, R.; Delclòs, X.; Criscione, J.; Barden, P.M.; Riccio, M.L. y Grimaldi, D.A. 2015. Long-proboscid brachyceran flies in Cretaceous amber (Diptera: Stratiomyomorpha: Zhangsolvidae). *Systematic Entomology*, 40, 242-267. https://doi.org/10.1111/syen.12106

Barrón, E.; Peyrot, D.; Bueno-Cebollada, C.A.; Kvaček, J.; Álvarez-Parra, S.; Altolaguirre, Y. y Meléndez, N. 2023. Biodiversity of ecosystems in an arid setting: The late Albian plant communities and associated biota from eastern Iberia. *PLoS ONE*, 18 (3), e0282178. https://doi.org/10.1371/journal.pone.0282178

Delclòs, X.; Peñalver, E.; Arillo, A.; Engel, M.S.; Nel, A.; Azar, D. y Ross, A. 2016. New mantises (Insecta: Mantodea) in Cretaceous ambers from Lebanon, Spain and Myanmar. *Cretaceous Research*, 6, 91-108. https://doi.org/10.1016/j.cretres.2015.11.001

Delclòs, X.; Peñalver, E.; Ranaivosoa, V. y Solórzano-Kraemer, M.M. 2020. Unravelling the mystery of "Madagascar copal": Age, origin and preservation of a Recent resin. *PLoS ONE*, 15(5), e0232623. ttps://doi.org/10.1371/journal.pone.0232623

Delclòs, X.; Peñalver, E.; Barrón, E.; Peris, D.; Grimaldi, D.A.; Holz, M.; Labandeira, C.C.; Saupe, E.E.; Scotese, C.R.; Solórzano-Kraemer, M.M.; Álvarez-Parra, S.; Arillo, A.; Azar, D.; Cadena, E.A.; Dal Corso, J.; Kvaček, J.; Monleón-Getino, A.; Nel. A.; Peyrot, D.; Bueno-Cebollada, C.A.; Gallardo, A.; González-Fernández, B.; Goula, M.; Jaramillo, C.; Kania-Kłosok, I.; López-Del Valle, R.; Lozano, R.P.; Meléndez, N.; Menor-Salván, C.; Peña-Kairath, C.; Perrichot, V.; Rodrigo, A.; Sánchez-García, A.; Santer, M.; Sarto I Monteys, V.; Uhl, D.; Viejo, J.L. y Pérez-de la Fuente, R. 2023. Amber and the Cretaceous Resinous Interval. *Earth-Science Reviews*, 243, 104486. https://doi.org/10.1016/j.earscirev.2023.104486

Grimaldi, D.A.; Peñalver, E.; Barrón, E.; Herhold, H.W. y Engel, M.S. 2019. Direct evidence for eudicot pollen-feeding in a Cretaceous stinging wasp (Angiospermae; Hymenoptera, Aculeata) preserved in Burmese amber. *Communications Biology*, 2, 408. doi.org/10.1038/s42003-019-0652-7

Kvaček, J.; Barrón, E.; Hermanová, Z.; Mendes, M.M.; Karch, J.; Zemlicka, J. y Dudák, J. 2018. Araucarian conifer from late Albian amber of northern Spain. *Papers in Palaeontology*, 4 (4), 643-656. https://doi.org/10.1002/spp2.1223

Lozano, R.P.; Pérez-de la Fuente, R.; Barrón, E.; Rodrigo, A.; Viejo, J.L. y Peñalver, E. 2020. Phloem sap in Cretaceous ambers as abundant double emulsions preserving organic and inorganic residues. *Scientific Reports*, 10, 9751. https://doi.org/10.1038/s41598-020-66631-4

McCoy, V.E.; Gabbott, S.E.; Penkman, K.; Collins, M.J.; Presslee, S.; Holt, J.; Grossman, H.; Wang, B.; Solórzano-Kraemer, M.M.; Delclòs, X. y Peñalver, E. 2018. Ancient amino acids from fossil feathers in amber. *Scientific Reports*, 9, 6420. https://doi.org/10.1038/s41598-019-42938-9

Murillo-Barroso, M.; Peñalver, E.; Bueno, P.; Barroso, R.; de Balbín, R. y Martinón-Torres, M. 2018. Amber in Prehistoric Iberia: New data and a review. *PLoS ONE*, 29, 36 pp. doi.org/10.1371/journal.pone.0202235

Peñalver, E.; Arillo, A.; Pérez de la Fuente, R.; Riccio, M.; Delclòs, X.; Barrón, E. y Grimaldi, D.A. 2015. Long-proboscid flies as pollinators of Cretaceous gymnosperms. *Current Biology*, 25 (14), 1917-1923. https://doi.org/10.1016/j.cub.2015.05.062

Peñalver, E.; Arillo, A.; Delclòs, X.; Peris, D.; Grimaldi, D.A.; Anderson, S.R.; Nascimbene, P.C. y Pérez-de la Fuente, R. 2017. Ticks parasitised feathered dinosaurs as revealed by Cretaceous amber assemblages. *Nature Communications*, 8, 1924. https://doi.org/10.1038/s41467-017-01550-z

Peñalver, E.; Peris, D.; Álvarez-Parra, S.; Grimaldi, D.A.; Arillo, A.; Chiappe, L.; Delclòs, X.; Alcalá, L.; Sanz, J.L.; Solórzano-Kraemer, M.M. y Pérez de la Fuente, R. 2023. Symbiosis between Cretaceous dinosaurs and feather-feeding beetles. *Proceedings of the Academy of Sciences of USA*, 120 (17), 1-9. https://doi.org/10.1073/pnas.2217872120

Peñalver, E.; Delclòs, X.; Rodrigo, A.; Barrón, E. y Lozano, R.P. 2024. «Amber Planet. The Astonishing Cretaceous Forests», a documentary about the Cretaceous Resinous Interval. *The 9th International Conference on Fossil Insects, Arthropods and Amber*, Abstract Book, April 18-25, Xi´an, China: p. 73.

Pérez-de la Fuente, R.; Engel, M.S.; Azar, D. y Peñalver, E. 2018. The hatching mechanism of 130-million-year-old insects: an association of neonates, egg shells and egg bursters in Lebanese amber. *Palaeontology*, 1-13. https://doi.org/10.1111/pala.12414

Peris, D.; Pérez de la Fuente, R.; Peñalver, E.; Delclòs, X.; Barrón, E. y Labandeira, C.C. 2017. False blister beetles and the expansion of gymnosperm-insect pollination modes before angiosperm dominance. *Current Biology*, 27 (6), 897-904. https://doi.org/10.1016/j.cub.2017.02.009

Peris, D.; Janssen, K.; Jonas Barthel, H.; Bierbaum, G.; Delclòs, X.; Peñalver, E.; Solórzano-Kraemer, M.M.; Jordal, B.H. y Rust, J. 2020a. DNA from resin-embedded organisms: Past, present and future. *PLoS ONE*, 15(9), e0239521. https://doi.org/10.1371/journal.pone.0239521

Peris, D.; Labandeira, C.C.; Barrón, E.; Delclòs, X.; Rust, J. y Wang, B. 2020b. Generalist Pollen-Feeding Beetles during the Mid-Cretaceous. *iScience*, 23, 100913. https://doi.org/10.1016/j.isci.2020.100913

Rodrigo, A.; Peñalver, E.; López del Valle, R.; Barrón, E. y Delclòs, X. 2018. The heritage interest of the Cretaceous amber outcrops in the Iberian Peninsula, and their management and protection. *Geoheritage*, 10, 511-523. https://doi.org/10.1007/s12371-018-0292-1

Rodrigo, A.; Menéndez, S.; Baeza, E.; Garrido, J.A.; González, R.; Hernández, P.; Moreno, X.; Torres, M.J.; de la Calle, L.; Campesino, M. y Pascual, J. 2022. Geominero Museum: past, present and... the future? *1st Scientific-Technical Conference of the Geological and Mining Institute of Spain-National Center (IGME, CSIC)*, 145-150. http://doi.org/10.5281/ZENODO.7092555

Rodríguez-López, J.P.; Peyrot, D. y Barrón, E. 2020. Complex sedimentology and palaeohabitats of Holocene coastal deserts, their topographic controls, and analogues for the mid-Cretaceous of northern Iberia. *Earth-Science Reviews*, 201, 103075. https://doi.org/10.1016/j.earscirev.2019.103075

Sánchez-García, A.; Peñalver, E.; Pérez-de la Fuente, R. y Delclòs, X. 2015. A rich and diverse tanaidomorphan (Crustacea: Tanaidacea) assemblage associated with Early Cretaceous resin-producing forests in North Iberia: palaeobiological implications. *Journal of Systematic Palaeontology*, 13 (8), 645-676. https://doi.org/10.1080/14772019.2014.944946

Sánchez-García, A.; Peñalver, E.; Delclòs, X. y Engel, M.S. 2018. Mating and aggregative behaviors among basal hexapods in the Early Cretaceous. *PLoS ONE*, 13(2), e0191669. https://doi.org/10.1371/journal.pone.0191669

Sánchez-García, A.; Peñalver, E.; Delclòs, X. y Engel, M.S. 2021. Terrestrial isopods from Spanish amber (Crustacea: Oniscidea): insights into the Cretaceous soil biota. *American Museum Novitates*, 3974, 1-32. https://doi.org/10.1206/3974.1

Solórzano-Kraemer, M.M.; Delclòs, X.; Clapham, M.; Arillo, A.; Peris, D.; Jäger, P.; Stebner, F. y Peñalver, E. 2018. Arthropods in modern resins reveal if amber accurately recorded forest arthropod communities. *PNAS,* 115 (26), 6739-6744. https://doi.org/10.1073/pnas.1802138115

Solórzano-Kraemer, M.M.; Kunz, R.; Hammel, J.U.; Peñalver, E.; Delclòs, X. y Engel, M.S. 2022. Stingless bees (Hymenoptera: Apidae) in Holocene copal and Defaunation resin from Eastern Africa indicate Recent biodiversity change. *The Holocene*, 2022, 1-19. https://doi.org/10.1177/09596836221074035

Speranza, M.; Ascaso, C.; Delclòs, X. y Peñalver, E. 2015. Cretaceous mycelia preserving fungal polysaccharides: Taphonomic and paleoecological potential of microorganisms preserved in fossil resins. *Geologica Acta*, 13 (4), 363-385. http://dx.doi.org/10.1344/GeologicaActa2015.13.4.8

Stilwell, J.D.; Langendam, A.; Mays, C.; Sutherland, L.J.M.; Arillo, A.; Bickel, D.J.; De Silva, W.T.; Pentland, A.H.; Roghi, G.; Price, G.D.; Cantrill, D.J.; Quinney, A. y Peñalver, E. 2020. Amber from the Triassic to Paleogene of Australia and New Zealand as exceptional preservation of poorly known terrestrial ecosystems. *Scientific Reports*, 10, 5703. https://doi.org/10.1038/s41598-020-62252-z

BIVALVOS: LOS FÓSILES QUE GUIARON MIS PASOS

Graciela Delvene

Me produce nostalgia y me saca una sonrisa cuando recuerdo mis comienzos en el Museo Geominero. Soy madrileña, del barrio de Chamberí, y puedo constatar lo desconocido que era este museo hace más de treinta años. Mi abuelo me llevaba frecuentemente a visitar el Museo Nacional de Ciencias Naturales. Sin embargo, no supe de la existencia del Museo Geominero hasta mis años de estudios universitarios. Durante el desarrollo de mi tesis doctoral contacté con el museo para pedir en préstamo varios registros de fósiles jurásicos, bivalvos, concretamente. Quien me iba a decir a mí en aquel momento que aquellos fósiles que con tanto mimo acomodé en mi mochila, serían mi herramienta de trabajo unos años después.

Cumplí los plazos protocolarios para realizar la tesis doctoral y aun sin haberla leído, pero ya estando depositada, solicité todo de tipo de beca (sí, becas, porque no existían los contratos para recién licenciados) que uno pueda imaginar. Las casualidades (o causalidades, vaya usted a saber) de la vida me llevaron a un anuncio publicado por IBERPAL, un foro sobre paleontología ibérica e iberoamericana, donde se ofertaba una beca para trabajar en colecciones paleontológicas del Museo Geominero. Obtuve la beca, después varias más, la última postdoctoral, y cuando quise darme cuenta el Museo Geominero formaba parte de mi vida.

Cuando me incorporé por primera vez al museo, atravesar la sala principal me pareció mágico, y esa sensación perduró durante muchos años después.

Mis primeras labores fueron de conservadora o, mejor dicho, de aprendiz de conservadora. Trabajaba con la base de datos del inventario y con los fósiles mano a mano. Siglaba, daba de alta registros, empaquetaba y etiquetaba piezas. Aprendí a trabajar con y para las colecciones paleontológicas, pero sobre todo aprendí a cuidar y respetar nuestro patrimonio paleontológico desde dentro. Meter y sacar fósiles de cajones y vitrinas me parecía un privilegio del que disfruté intensamente aquellos años. Mi labor la combiné todo el tiempo con las actividades del museo en las que se me ofrecía participar: semanas de la ciencia, talleres, exposiciones temporales, … El Museo Geominero estaba en pleno crecimiento cuando yo llegué en el año 2001 y pude formarme en un ámbito multidisclipinar, que sentó las bases para mi posterior carrera científica.

El presente capítulo se centra exclusivamente en los bivalvos fósiles ligados al Museo Geominero. He aprovechado la circunstancia para rememorar mi camino con los colegas con los que lo he recorrido. Se quedan en mi retina muchos otros temas, colegas, fósiles y anécdotas para compartir en otra ocasión.

CATÁLOGOS DE BIVALVOS Y COLECCIONES HISTÓRICAS

Los mares mesozoicos

Mi experiencia en bivalvos jurásicos me proporcionó, a partir de mi tesis doctoral (Delvene, 2001a, 2002, 2003), las bases para trabajar cómodamente en los registros mesozoicos de la colección. Mi línea de investigación hasta el momento había sido la taxonomía y paleoecología de los bivalvos del Jurásico Medio y Superior; en concreto me había dedicado a los materiales comprendidos entre el Bathoniense y el Kimmeridgiense. Geográficamente hablando me había centrado en la rama aragonesa de la cordillera Ibérica, en las provincias de Zaragoza y Teruel. Me formé como geóloga en la Universidad de Zaragoza y, como consecuencia, el conocimiento y cumplimiento con las leyes de patrimonio paleontológico lo llevaba de serie (Meléndez *et al.*, 2002a, 2002b, 2002c). Este hecho condicionó también mis futuras líneas de trabajo en el Instituto Geológico y Minero de España en general, y en el Museo Geominero en particular. Mi primera publicación relacionada con material fósil del Museo Geominero fue un catálogo sobre los bivalvos del Jurásico Medio y Superior de la colección de «invertebrados y plantas fósiles de España» (Delvene y

Fürsich, 2002). Este trabajo fue muy especial porque pude poner en práctica lo recientemente aprendido en mi tesis doctoral (Delvene 2001b) y además realizarlo junto a mi mentor, el Prof. Franz T. Fürsich, de la Universidad bávara de Würzburg (Alemania), quien ha sido un referente en mi carrera investigadora desde mis comienzos hasta el día de hoy. Trabajamos en el material del museo aprovechando su visita a España para la lectura de mi tesis doctoral. La colección de bivalvos españoles del Jurásico Medio y Superior (sesenta y cinco registros) del Museo Geominero es bastante representativa, los ejemplares proceden mayoritariamente de las cordilleras Ibérica y Cantábrica. Indagamos sobre el origen de este material fósil, atribuyendo algunos ejemplares a Lucas Mallada (1885, 1892), constatando un registro ingresado por Primitivo Hernández-Sampelayo en 1946, varios ejemplares recogidos por José de la Revilla en 1957, y una donación de Carmina Virgili en el año 1958, resultado de la realización de varias hojas del mapa geológico nacional a escala 1:50.000.

Posteriormente llevamos a cabo otros trabajos de revisión de bivalvos jurásicos. Una vez examinada la colección de fósiles extranjeros desde un punto de vista general (Menéndez y Delvene, 2001), en colaboración con Silvia Menéndez, la conservadora de las colecciones de paleontología, se realizaron estudios concretos sobre los bivalvos jurásicos. En Delvene *et al.* (2002, 2004) tratamos básicamente la taxonomía y origen de los fósiles bivalvos no españoles del Jurásico Inferior, tanto de la colección «fósiles extranjeros» (cuarenta registros) como de la colección «paleontología sistemática de invertebrados» (doce registros). En estos trabajos tuve la suerte de colaborar con mi amigo y colega Matthias Gahr, compañero del Instituto de Paleontología de la Universidad de Würzburg (Alemania). Ambos coincidimos durante la realización de nuestras tesis doctorales en Würzburg mientras yo realizaba mis estancias, y en Teruel mientras él realizaba su trabajo de campo. Cuando yo estaba trabajando con mi beca en el Museo Geominero no dudé en invitarle a colaborar para revisar la colección de bivalvos del Jurásico Inferior, edad en la que él se había especializado. La mayoría de los bivalvos que estudiamos son del Sinemuriense y del Toarciense, si bien hay algunos ejemplares del Pliensbachiense. El buen estado de conservación en general, tanto desde el punto de vista tafonómico como de los caracteres diagnósticos, les ha otorgado un buen valor expositivo. La mayor parte del material procede de Francia (cuarenta y siete registros), existiendo un solo registro de Alemania, Suiza y Reino Unido, respectivamente. El origen de estas colecciones es bastante incierto y, de acuerdo a nuestras investigaciones, el tipo de etiquetas que conservan podrían corresponder a colecciones privadas. Otro origen atribuible a los bivalvos no españoles podría ser un posible intercambio o donación de ejemplares por parte de una institución oficial, probablemente francesa, por ser éste el origen mayoritario de los ejemplares.

En Delvene (2007) revisé los bivalvos (ciento noventa y siete) del Jurásico Medio y Superior conservados en el Museo Geominero, tanto los de la colección «invertebrados y plantas fósiles de España» (Delvene y Fürsich, 2002) como los de la colección «fósiles extranjeros». Los ejemplares extranjeros proceden de Francia, Alemania, Reino Unido y Suiza abarcando una edad desde el Aaleniense hasta el Kimmeridgiense. Identifiqué cuarenta y cuatro especies, describiendo y figurando los mejor conservados (Fig. 1).

El segundo catálogo que realicé corresponde a los bivalvos triásicos (ciento sesenta y nueve registros) de las colecciones de fósiles españoles y extranjeros (Márquez-Aliaga *et al.*, 2001, 2002). Este trabajo fue muy enriquecedor porque desconocía completamente esta fauna fósil y, junto a la especialista en el tema, la Dra. Ana Márquez Aliaga, revisamos la taxonomía y actualizamos la información de los registros triásicos de la colección. Ella fue una pionera en el estudio de bivalvos fósiles de España, dedicó su tesis doctoral a los bivalvos triásicos de la península ibérica (Márquez-Aliaga, 1983), un material escaso y complejo de estudiar. Fue un privilegio tenerla en el Museo Geominero para revisar la colección. En el trabajo también participaron Sonia Ros Franch y Anna García Forner, compañeras de la Universidad de Valencia. La mayor parte de los ejemplares españoles proceden de las facies del Muschelkalk de la cordillera Ibérica y la parte externa de las Béticas en materiales del Triásico Medio. Los ejemplares extranjeros proceden de Francia y Alemania. Los datos de procedencia y origen de la colección son bastante escasos y el trabajo realizado fue fundamentalmente una revisión taxonómica.

Del mar al continente

Varios fósiles de las colecciones del Museo Geominero supusieron un gran cambio en mi investigación. Del mar al continente, de las plataformas carbonatadas marinas del Jurásico a la conquista de los continentes, de las aguas dulces, y a la supervivencia en los ambientes salobres. La llegada de las náyades a mi vida, los bivalvos de agua dulce, fueron un hito en mi carrera investigadora. Y tuve la suerte de comenzar esta línea de investigación con material histórico. El que trabaja en paleontología conoce muy bien y valora esa sensación de tocar el material tipo. Esos fósiles especiales que sirvieron para definir taxones nuevos. Cuando además esos taxones los definieron pioneros en geología y en

Figura 1. A-B, vista posterior (A) y derecha (B) de ejemplar articulado (MGM670X) de *Gryphaea (Bilobissa) lituola* del Oxfordiense de Calvados (Basse Normandie, Francia). C, vista izquierda (MGM1433X) de *Isognomon (I.) promytiloides* Oxfordiense de Côte d'Or (Bourgogne, Francia). D-E, vista posterior (D) y anterior (D) de un molde interno (MGM679X) de *Eodiceras* sp. del Kimmeridgiense de Orne (Basse Normandie, France). F, vista de dos ejemplares articulados (MGM682X) de *Actinostreon gregareum* (J. Sowerby 1815) del Oxfordiense de Calvados (Basse Normandie, Francia). G, vista derecha de molde compuesto de ejemplar articulado (MGM464X) de *Pleuromya uniformis* del Bajociense de (Basse Normandie, France). H, vista derecha de molde compuesto de ejemplar articulado (MGM494J) de *Pholadomya (Bucardiomya) protei* del Bajociense-Calloviense de La Rioja. I, molde compuesto de valva derecha (MGM474J) de *Ceratomyopsis striata* del Bajociense de Aguilón (Zaragoza). J, valva izquierda (MGM691X) de *Plicatula (P.) armata* del Oxfordiense de Francia. Escala gráfica 1 cm. Imágenes tomadas de Delvene y Fürsich (2002) y Delvene (2007).

paleontología todo cobra más valor, y cuando se está comenzando una carrera investigadora, todas esas experiencias son una gran motivación.

Hago un breve inciso para explicar mi trabajo en el museo en aquellos momentos: de manera rutinaria y ordenada, las personas que trabajábamos en la colección, revisábamos los cajones de las vitrinas de la sala principal. Estas vitrinas de la parte central de la sala contienen la colección ya mencionada, «invertebrados y flora fósil de España». Del mismo modo, las vitrinas de los pasillos laterales, situados en la antesala de la sala principal, contienen la colección «fósiles extranjeros» también citada en el apartado anterior. En ambas colecciones la metodología era la misma. Revisábamos los ejemplares, sus siglas, sus etiquetas y cotejábamos la información con la de la base de datos (Menéndez y Delvene, 2001). Una compañera encargada de los registros cretácicos advirtió sobre la aparición de unos ejemplares históricos de bivalvos del Cretácico de La Rioja. Por aquel entonces estaba comenzando una nueva línea de trabajo. Mi interés científico se centraba en aquel momento en los bivalvos del Cretácico Inferior, en los medios continentales (dulces y salobres) de yacimientos españoles. Había trabajado intensamente en ecosistemas marinos y sentía mucha curiosidad por estudiar los bivalvos de ecosistemas terrestres. Los fósiles que localizó mi compañera del museo eran nada más y nada menos que los ejemplares con los que Pedro Palacios y Rafael Sánchez habían definido nuevos taxones de la cuenca de Cameros en 1885. Los ejemplares correspondían al material tipo de las especies que ellos denominaron «*Unio*» *numantinus* y «*Unio*» *idubedae*, encontradas durante el desarrollo de un trabajo de la Comisión del Mapa Geológico de España (Palacios y Sánchez, 1885). De acuerdo con la época, los autores no designaron holotipo y paratipos para cada una de las especies que definieron. Por ello aproveché este hallazgo para designar la serie tipo (lectotipos y paralectotipos) de «*Unio*» *numantinus* y de «*Unio*» *idubedae* en Delvene (2005), de acuerdo al Código Internacional de Nomenclatura Zoológica, figurando los ejemplares más representativos, aunque no discutiendo la validez de ambas especies, que serían objeto de futuros trabajos (Fig. 2).

Figura 2. A-B, material tipo de *Margaritifera idubedae* (Palacios y Sánchez, 1885). A, vista derecha. B, vista dorsal de ejemplar articulado (MGM7414C). Sierra de Alcarama, Navajún (La Rioja). C-D, material tipo de *Protopleurobema numantina* (Palacios y Sánchez, 1885). C, vista externa. D, vista interna de valva derecha fragmentada en la región posterior (MGM1781C). Peña de las Huecas, Villarijo (Soria).

¡LOS BIVALVOS TAMBIÉN EXISTIERON EN LOS TIEMPOS DE LOS DINOSAURIOS!

Desde este momento de mi investigación traté de reivindicar la importancia de trabajar en los fósiles de invertebrados asociados a yacimientos de vertebrados e inicié una línea muy específica: el estudio de los moluscos asociados a yacimientos de dinosaurios. Esta línea de investigación se vio materializada con la obtención de un proyecto de investigación de la Comunidad de Madrid (GR/AMB/0036/2004) y una beca postdoctoral MEC/Fullbright del Ministerio de Ciencia, la primera de estas características que se otorgaba a la institución y que pude disfrutar en el Museo Geominero.

Las campañas de campo son lo que más valoro de mi trabajo. El trabajo de campo me ayuda a tomar el norte cuando me desvío, me motiva y me recuerda por qué quise ser geóloga y por qué quise dedicarme a la investigación en paleontología. Las campañas de campo organizadas desde el Museo Geominero entre los años 2005 a 2010 en la sierra de Cameros y en la cuenca Vasco-Cantábrica fueron una gran oportunidad de trabajo. Un grupo del equipo del Museo Geominero obtuvimos un proyecto oficial (CGL2006-10380/BTE) y, con toda la ilusión del mundo, comencé a trabajar en los moluscos asociados a los yacimientos de dinosaurios de La Rioja y Cantabria. Por aquel entonces acababa de ser mamá, me estaba preparando una oposición para científica titular de Organismos Públicos de Investigación y mi primera campaña de campo en materiales mesozoicos continentales fue inolvidable. Mi familia (consorte, hijo «mayor» y bebé) me acompañó, en aquel julio caluroso, a las Capas de *Viviparus* de Vega de Pas en Cantabria, al Grupo Enciso de los Cayos en Cornago y al Grupo Urbión en Valdehierro, ambas en La Rioja. Fue el germen de las líneas de investigación que propuse en el ejercicio de mi oposición y que he ido desarrollando a lo largo de los últimos 18 años.

Las campañas de campo de ese periodo de tiempo (Fig. 3) dieron lugar a una colección única de bivalvos cretácicos de agua dulce, que se depositarán en sus correspondientes centros receptores de acuerdo a la legislación de patrimonio, nacional y autonómica, pero que de manera temporal están depositadas en el Museo Geominero.

Figura 3. A, conciliación familiar en campaña de campo (Vega de Pas, Cantabria). B, con Rafael Lozano y Javier Hernán en el yacimiento de lumaquelas de Cornago (La Rioja, Cretácico Inferior). C, Miembro Capas de *Viviparus* del yacimiento Vega de Pas-1 (Cantabria, Cretácico Inferior). D, lumaquelas del Grupo Enciso en Cornago (La Rioja, Cretácico Inferior).

Colección Sañudo

Durante esos años, el Museo Geominero recibió la colección de Jose Luis Sañudo. Valga este capítulo para mostrarle agradecimiento y rendirle homenaje. No solo por la donación de la colección, sino porque nos dio a conocer yacimientos fosilíferos muy destacables del Cretácico Inferior de la cuenca Vasco-Cantábrica, y nos ayudó, acompañado de su familia, en nuestras jornadas de campo. Es justo señalar que las condiciones en las que se entregó esta colección están fuera de lo común, al menos en lo que a mi experiencia se refiere. La entrega de los fósiles fue acompañada de una base de datos con todos los registros previamente numerados y una gran mayoría de ellos, fotografiados. Cada fósil estaba embolsado e identificado con su etiqueta correspondiente, y todos los ejemplares distribuidos en cajas, la mayor parte identificadas por grandes grupos taxonómicos o localización geográfica. La colección contiene miles de ejemplares de fósiles, de los cuales el 59 % son moluscos y de éstos, el 40 % pertenecen a la Clase Bivalvia. En lo que respecta a mi investigación, el material más relevante es el procedente del yacimiento Vega de Pas-1 (Vega de Pas, Cantabria) descubierto por el propio J.L. Sañudo. En esa sección estratigráfica, tanto los gasterópodos como los bivalvos de agua dulce están muy bien representados en los ambientes donde habitaron los dinosaurios (Bermúdez-Rochas *et al.*, 2006; Moratalla *et al.*, 2007) (Fig. 4).

Figura 4. A, Jose Luis Sañudo junto a su colección antes de ser donada al Museo Geominero. B, yacimiento Vega de Pas-1 (Cantabria), descubierto por Jose Luis Sañudo, donde aflora el Miembro de Capas de *Viviparus* del Cretácico Inferior.

MIS LÍNEAS DE INVESTIGACIÓN

Como dije anteriormente, no creo en las casualidades sino más bien en las causalidades. El hecho es que, en esa misma época, Rafael Araujo, del Museo Nacional de Ciencias Naturales, contactó conmigo porque en el museo estaba expuesto un bivalvo fósil que era muy similar a *Margaritifera auricularia*, una especie de bivalvo de agua dulce actual en peligro de extinción. Nosotros ya nos conocíamos, porque tuve la oportunidad de inventariar un material arqueológico de *Margaritifera auricularia* que había sido incorporado a las colecciones del museo de paleontología de la Universidad de Zaragoza a finales de los 90. Sin embargo, aquello había quedado en una anécdota que dio lugar a un trabajo divulgativo (Alvarez-Halcón *et al.*, 2000). El reencuentro con Rafael Araujo en el Museo Geominero fue una revelación. Él, que lo sabía todo sobre los bivalvos de agua dulce, o náyades como él prefería llamarlas, me enseñó todo lo que yo ahora sé de las náyades actuales. Rafa nos dejó en noviembre de 2021, me quedé bastante huérfana, nos quedaban muchas ideas y proyectos por materializar. Desde aquí lanzo un recuerdo para él y sirvan estas líneas de homenaje y agradecimiento sincero.

El trabajo con Rafa Araujo siempre fue muy controvertido porque él era «muy» biólogo y yo «muy» geóloga, y eso de que habláramos de millones de años le resultaba casi exótico. También fue un trabajo muy productivo cuyos resultados llevamos a varios congresos nacionales e internacionales y después publicamos más extensamente (Delvene y Araujo, 2008, 2009a, 2009b). En el primer trabajo juntos (Delvene y Araujo, 2009a) describimos las grandes náyades de las facies Weald (Cretácico Inferior) del norte de España. Estudiamos más de trescientos ejemplares pertenecientes al Orden Unionida, e identificamos *Margaritifera idubedae* (Palacios y Sánchez, 1885) del Grupo Urbión (de edad Hauteriviense-Barremiense) y *Margaritifera valdensis* (Mantell, 1844) del Grupo Enciso (de edad Aptiense) en la cuenca de Cameros. También definimos un nuevo género y especie, *Protoanodonta conchae* Delvene y Araujo, 2009, procedente del Miembro Capas de *Viviparus* (Formación Vega de Pas) de edad Hauteriviense-Barremiense de la cuenca Vasco-Cantábrica. Rafa fue muy generoso porque dedicamos la especie a mi madre que había fallecido recientemente y desde aquel momento *Protoanodonta conchae* (Fig. 5) se convirtió en mi fósil favorito de todos los tiempos.

En un trabajo posterior (Delvene y Araujo, 2009a) definimos un nuevo género, *Protopleurobema*, a partir del estudio de más de 800 ejemplares procedentes del Grupo Urbión (Unidad D), cuya edad es Barremiense Superior-Aptiense Inferior (Cretácico Inferior). Así, definimos este nuevo género (Fig. 2) cuya especie tipo es «*Unio*» *numantinus* de Palacios y Sánchez (1885), que en su momento ocupaba un lugar en la vitrina del Cretácico Inferior de la sala principal del Museo Geominero, y hoy es un lectotipo celosamente guardado en su tipoteca.

Y así es la «dura vida» de los bivalvos fósiles... para cobrar importancia es necesario que los subamos de categoría y, sobre todo, que los relacionemos con los vertebrados. El caso del ejemplar de *Protopleurobema numantina* tuvo gran fortuna porque, además de ser un lectotipo, podría haber sido el alimento de algunos cocodrilos del Cretácico Inferior (Bermúdez Rochas *et al.*, 2013).

Aprecio colaborar con colegas, aprender de ellos, considero que esta forma de trabajar produce trabajos más completos y que aportan conocimientos más rigurosos al mundo de la ciencia. Nunca fui parte de un equipo, en el sentido estricto de la palabra y mi forma de trabajar de manera individual se fue forjando con el paso de los años. Me fui especializando en temas concretos y fui colaborando con diferentes equipos de investigación a lo largo de mi trayectoria científica. De lo que parecía un inconveniente hice una oportunidad, y esta forma de trabajo me ha permitido colaborar con un amplio grupo de personas y de equipos, aprendiendo de todos ellos y forjando más de una amistad. Esta forma de trabajo me ha permitido estudiar los bivalvos cretácicos de las cuencas de Galve y Maestrazgo en Teruel (Delvene *et al.*, 2022a), el yacimiento *Fossil*

Figura 5. A, Vistas izquierda (A) y dorsal (B) del paratipo (MGM10730C) de *Protoanodonta conchae* Delvene y Araujo, 2009 del Miembro de Capas de *Viviparus* de Vega de Pas (Cantabria, Cretácico Inferior). Tomado de Delvene y Araujo (2009a).

Lagerstätte de Las Hoyas en Cuenca (Delvene y Munt, 2016) y los bivalvos de los yacimientos de huellas de dinosaurios del Jurásico Superior de Asturias (Delvene *et al.*, 2016), entre muchos otros. Durante los trabajos realizados he tratado de depositar las réplicas de los ejemplares más relevantes, en lo que a bivalvos mesozoicos se refiere, en el Museo Geominero. Siempre en colaboración con Eleuterio Baeza y, desde su incorporación, con Xoan Moreno, ambos restauradores-conservadores del museo.

De mi investigación en Teruel deposité las réplicas de un género nuevo, *Iberanaia iberica* (Delvene *et al.*, 2011). Fue una colaboración bastante peculiar ya que Luis Miguel Sender, estudiante de la Universidad de Zaragoza en aquel momento, hoy investigador de la Fundación Conjunto Paleontológico de Teruel-Dinópolis, me había enseñado esos fósiles de bivalvos diez años antes de su publicación durante la realización de mi tesis doctoral. Yo le respondí honestamente que no sabía lo que eran y que los guardara para el futuro. Y el futuro llegó cuando comencé a estudiar un grupo muy particular de bivalvos ornamentados, los de la superfamilia Trigonioidoidea (Delvene y Munt, 2011). Estos bivalvos de agua dulce (Orden Unionida) tienen una amplia distribución en Asia, especialmente en el sudeste asiático, Japón y Corea. Hasta los años 90 del siglo pasado solo se habían registrado en Europa a partir de ejemplares procedentes de la Formación Wessex del Grupo Wealden (Barremiense, Cretácico Inferior) de la isla de Wight en el sur de Inglaterra (Barker y Munt, 1997). Sin embargo, pudimos encontrar varios taxones, alguno nuevo, en el Grupo Enciso (Aptiense) en La Rioja (cuenca de Cameros, España) y en el yacimiento de Las Hoyas (Delvene y Munt, 2011, 2016). El hallazgo de Luis Miguel Sender en los materiales del Albiense, de la Formación Escucha (Miembro «Barriada») en Utrillas (Teruel) dio lugar al primer registro de Trigonioidoidea del Cretácico Inferior de Teruel, asociado a ambientes fluvio-palustres (Delvene *et al.*, 2011) (Fig. 6).

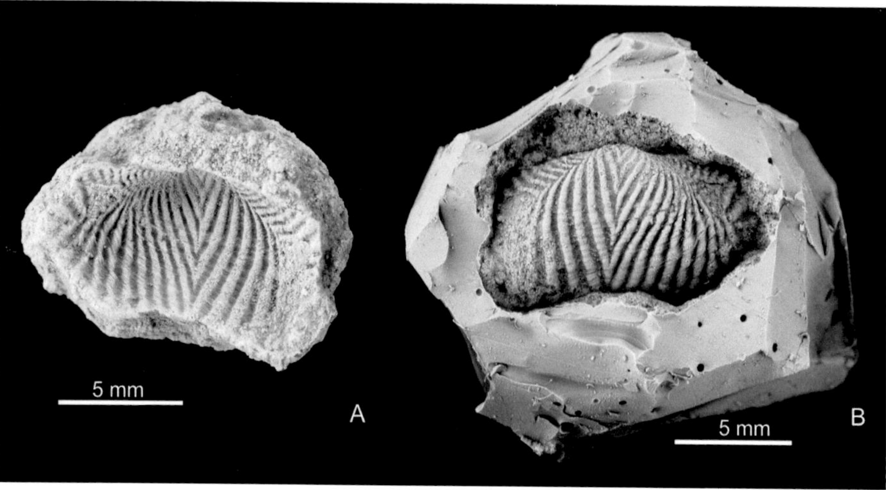

Figura 6. A, molde externo de valva derecha (MPZ 2009/851) de *Iberanaia iberica* depositado en el Museo de Paleontología de la Universidad de Zaragoza. B, réplica en silicona del mismo ejemplar. Tomado de Delvene *et al.* (2011).

Mi relación con el Jurásico asturiano ha sido una de las cosas bonitas que te regala la vida y es la oportunidad de haber podido trabajar con Laura Piñuela y José Carlos García Ramos, el equipo científico del Museo del Jurásico de Asturias (MUJA). Apasionados de su tierra y conocedores como nadie de su geología, nuestra colaboración se materializó en un proyecto liderado por mí misma desde el Museo Geominero en el año 2009 (518/2009 CANOA: 74.6.00.17.00). Las campañas de campo (Fig. 7) de aquellos años fueron un auténtico lujo y es que trabajar en el acantilado no tiene rival. Me reencontré y trabajé mano a mano con mi director de tesis, Franz Fürsich, y con Winfried Werner, dos grandísimas personas y grandes especialistas de bivalvos a nivel mundial (Fürsich *et al.*, 2012).

Figura 7. A, panorámica de la playa de La Griega (Colunga, Asturias). B-E, diversos momentos compartidos en campañas de campo en el Jurásico de Asturias. B, José Carlos García Ramos (MUJA), Martin Munt (Museo de los Dinosaurios de isla de Wight (Inglaterra), Laura Piñuela (MUJA). C, con Franz Fürsich (Friedrich-Alexander Universität Erlangen-Nürnberg, Alemania). D, Winfried Werner (Bayerische Staatssammlung für Palaeontologie und Geologie, Munich, Alemania). D, José Carlos García Ramos y Laura Piñuela.

Respecto a mi trabajo en el Jurásico asturiano, el material replicado y depositado en el Museo Geominero es muy significativo. Son los moldes de unos bivalvos que constituyen a día de hoy el mejor registro de bivalvos de agua dulce del Jurásico español (Delvene *et al.*, 2016). Estos bivalvos coexistieron con los dinosaurios en los mismos hábitats, como lo demuestran las huellas de saurópodos que desplazan los bivalvos en el yacimiento de El Talameru (al norte de Colunga): ¡los bivalvos fueron pisoteados por los dinosaurios! El estudio dio a conocer nuevos géneros y especies de bivalvos cuyos nombres se dedicaron y rinden homenaje a localidades costeras asturianas: Colunga, Lastres, Abeu, playa de La Griega, así como al propio MUJA: *Asturianaia colunghensis, Asturianaia lastrensis* (Fig. 8) y *Mujanaia abeuensis*. El descubrimiento de estas nuevas especies y géneros del Orden Unionida demostraron la primera aparición de este grupo en España en el Jurásico, nunca antes conocido, y ampliaron la distribución paleogeográfica de las familias Margaritiferidae y Unionidae en Europa. En colaboración con Eleuterio Baeza y tras la solicitud de permisos pertinentes a la Consejería de Educación, Cultura y Deporte del Gobierno del Principado de Asturias, hicimos (yo solo de ayudante) las réplicas de todos los ejemplares en un tiempo récord (Baeza *et al.*, 2019). El proceso de reproducción de las piezas siguió todas las medidas de seguridad necesarias para que no sufrieran ningún deterioro. A partir del molde de silicona se obtuvo un máster de escayola sin colorear de cada pieza, que se conserva en el Museo Geominero para poder realizar futuras réplicas si es preciso.

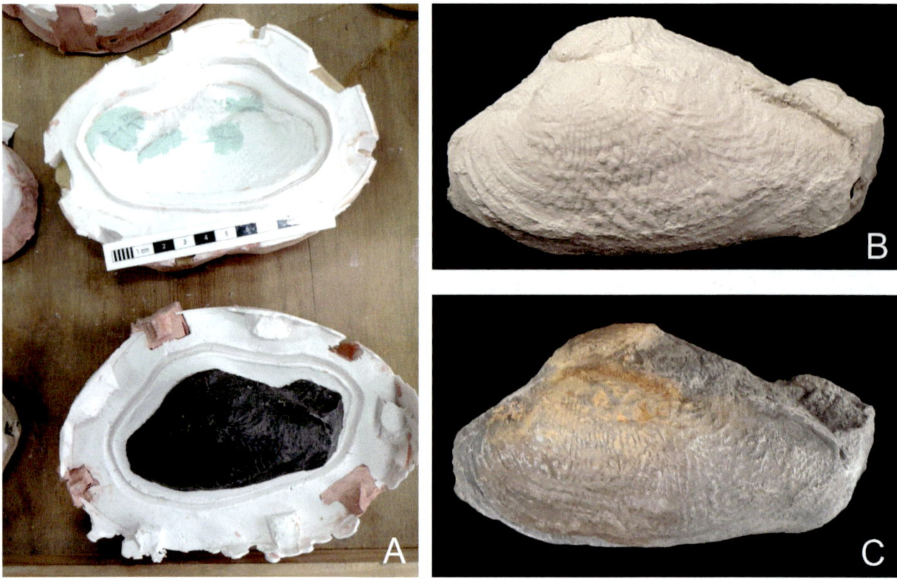

Figura 8. A, molde silicona y ejemplar original del holotipo de *Asturianaia lastrensis* (MUJA-4492). B, réplica en escayola del mismo ejemplar. C, réplica policromada del ejemplar anterior.

Trabajar con colecciones paleontológicas es imprescindible y ponerlas en valor es nuestra obligación como paleontólogos. Desde el Museo Geominero tuve la libertad suficiente para desarrollar esta faceta y visitar colecciones en Reino Unido, Francia, Alemania, Portugal y poder comparar el material fósil español con el del resto de Europa.

Y en uno de mis viajes a Reino Unido, siendo becaria del Museo Geominero, tuve la gran suerte de que el destino pusiera en mi camino a Martin Munt, conservador de las colecciones de invertebrados fósiles del Museo de Historia Natural de Londres durante más de una década y actual director del Museo de los Dinosaurios de la isla de Wight (sur de Inglaterra), curiosamente hermanado con Dinópolis. Desde que nos conocimos en el año 2008 no hemos dejado de colaborar estrechamente, tanto en Inglaterra como en España (Fig. 9). Hemos compartido viajes, largas jornadas de campo, de laboratorio e infinitas discusiones sobre taxonomía de bivalvos. Nuestra amistad nos lleva a seguir trabajando y publicando juntos (y para muestra, la bibliografía de este capítulo) y espero que así sea durante muchos años más porque es un privilegio aprender a su lado. Fruto de esta colaboración es el material fósil que he podido depositar en el Museo Geominero procedente del Cretácico y Paleoceno de la isla de Wight. Entre el material depositado sin duda destaco varios ejemplares de *Margaritifera valdensis* (Fig. 9), fósil emblemático del Weald inglés por tener la localidad tipo coincidente con el gran *Iguanodon* (Delvene y Munt, 2019).

Figura 9. A, con Martin Munt en Sandown (isla de Wight, Reino Unido). Vistas izquierda (B) y dorsal (C) de un ejemplar articulado de *Margaritifera valdensis* procedente de Chilton Chine (Brighstone, Bay, isla de Wight, Reino Unido) depositado en el Museo Geominero (MGM7193X) (tomado de Delvene y Munt, 2019).

Trabajar en bivalvos fósiles y pertenecer a un grupo minoritario de especialistas me ha llevado a recibir consultas y fósiles de todo tipo, origen y nacionalidad. Entre los últimos registros que he recibido se encuentran unos fósiles del Daniense (Paleoceno) del distrito de Shahpura en India Central. Cuando recibí aquel paquete forrado de tela y sellado con lacre (Fig. 10) me pareció anacrónico y su contenido no se quedaba atrás en cuanto a lo único que era. Del estudio de este material han resultado varios taxones nuevos de moluscos de agua dulce. Se han hecho dos copias de réplicas en silicona de todas las muestras, bastante complejas de realizar, una de ellas será depositada en el Museo Geominero cuando el trabajo (Delvene *et al*. 2024, aceptado) se publique.

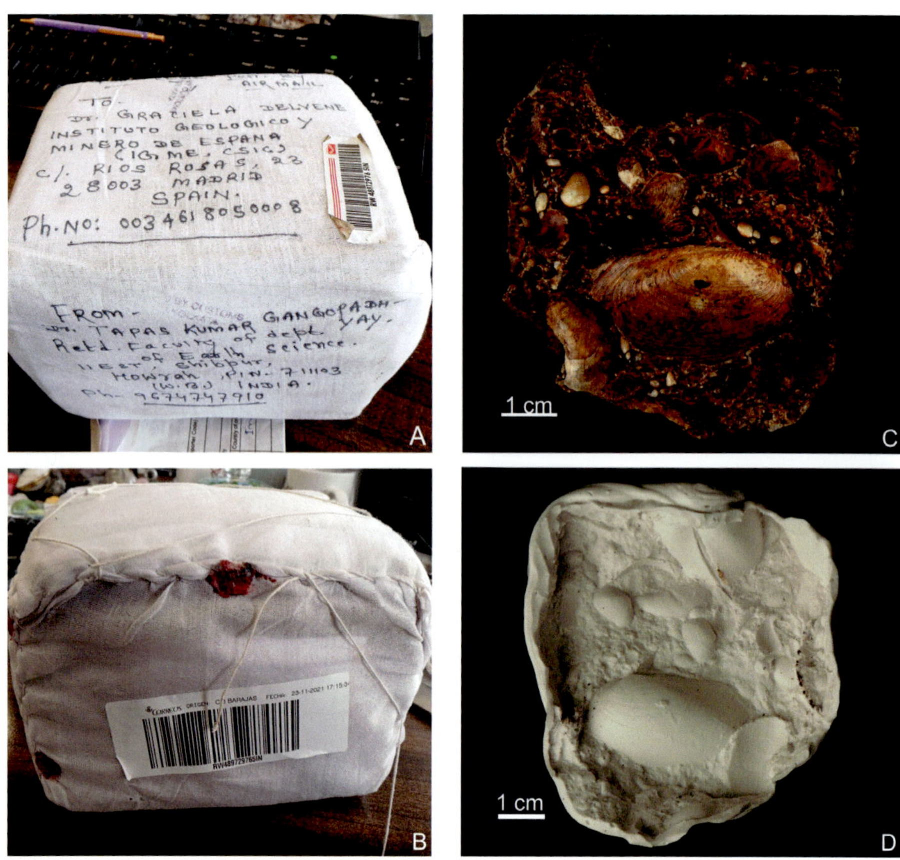

Figura 10. A-B, paquete de muestras con moluscos procedentes del Instituto Indio de Ingeniería, Ciencia y Tecnología (Shibpur, India). C, muestra con moluscos conservada en sílice del Daniense (Paleoceno) del distrito de Shahpura en India Central. D, réplica en silicona de una de las muestras de moluscos figurada en la figura C.

Otro registro muy interesante que llegó a mis manos, y más cercano geográficamente, corresponde a unos ejemplares de *Unio tumidiformis* (Fig. 11), procedentes de las Tablas de Daimiel (Ciudad Real). Realicé un estudio junto a Rafael Lozano sobre sobre las microperforaciones producidas por microorganismos fotoautótrofos euendolíticos en las conchas de estos bivalvos de agua dulce. Rafa «se hace» el paleontólogo, yo «me hago» la petróloga, y juntos formamos un tándem perfecto. Llevamos trabajando juntos desde que llegué al Museo Geominero y hemos compartido diversas campañas de campo mesozoicas, pero en los últimos ocho años nos hemos centrado en una línea de investigación novedosa sobre la microestructura de la concha de bivalvos de agua dulce y las microbialitas asociadas a bivalvos continentales (Lozano *et al.*,

2016; Delvene *et al.*, 2019). El material de *Unio tumidiformis* procedente de las Tablas de Daimiel y las láminas delgadas que ha generado su estudio han sido depositadas en el Museo Geominero. El estudio que realizamos con microscopía láser confocal (Delvene *et al.* 2022b) comparaba estas conchas con otras procedentes del Jurásico asturiano. En ambas conchas, las microperforaciones más habituales son fluorescentes con los láseres de menor longitud de onda, emitiendo en la región del azul-verde, lo que indica la presencia de restos de pigmentos propios de las cianobacterias como son el NADPH (Nicotinamida Adenina Dinucleotido) o el FAD (Flavin Adenina Dinucleotido).

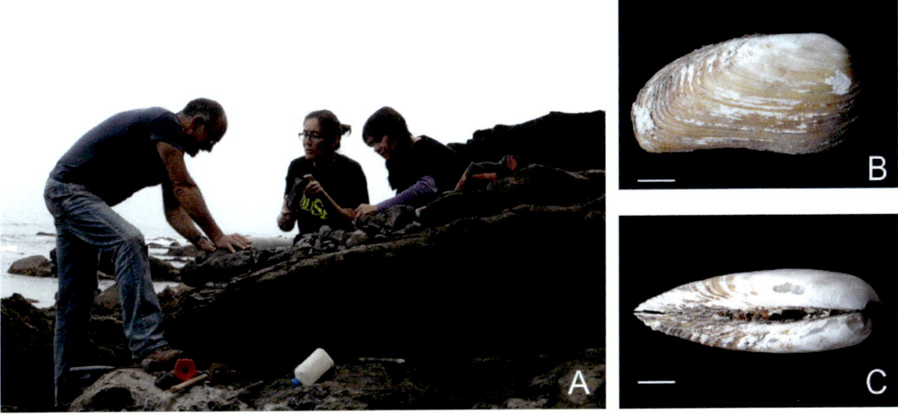

Figura 11. A, con Rafael Lozano, del Instituto Geológico y Minero de España, y Laura Piñuela, del MUJA, tomando muestras en el yacimiento de Abeu (Ribadesella, Asturias). B-C, vistas derecha (B) y dorsal (C) de *Unio tumidiformis,* procedente de las Tablas de Daimiel (Ciudad Real).

Por último, resaltaría la réplica realizada por Eleuterio Baeza de una estela funeraria con bivalvos fósiles, un hallazgo único (Delvene *et al.,* 2020). Mi colaboración en el yacimiento arqueológico del Calcolítico de Castillejo del Bonete (Terrinches, Ciudad Real) de donde procede la estela, comenzó de una manera fortuita. Luis Benítez de Lugo, arqueólogo, se puso en contacto conmigo porque habían encontrado una estela funeraria con fósiles, que pensaban que eran bivalvos jurásicos. Así que organizamos una pequeña expedición (Fig. 12) a la que se unieron Eleuterio Baeza, que no solo es restaurador del Museo Geominero, si no también geólogo, y gran conocedor de la geología de esta zona de Castilla La-Mancha, y dos profesores de la Universidad de Alcalá, expertos en arte rupestre. Pudimos constatar que la estela estaba formada por una biocalcarenita muy diferente a la naturaleza de las rocas de la cueva (enterramiento) donde se ubicaba y por tanto no pertenecía al Jurásico. Posteriormente planificamos e hicimos un estudio geológico y paleontológico para averiguar el origen de la

Figura 12. A, con Rodrigo de Balbin-Behrmann, Primitiva Bueno Ramírez (Universidad de Alcalá), Eleuterio Baeza (Instituto Geológico y Minero de España) y Luis Benítez de Lugo Enriche (Universidad Complutense de Madrid) en Castillejo del Bonete (Terrinches, Ciudad Real). B, con Eleuterio Baeza durante el trabajo de campo en la sierra de Alcaraz. C, estela funeraria con fósiles del yacimiento arqueológico Castillejo del Bonete (Terrinches, Ciudad Real). D, réplicas de la estela funeraria con fósiles para el Museo Geominero, Museo de Ciudad Real, Ayuntamiento de Terrinches y Museo AVAN de Ciencias Naturales (Viso del Marqués, Ciudad Real).

estela funeraria que estaba asociada a una mujer, y desde dónde podía haber sido trasladada hasta la cueva. Elaboramos una hipótesis respecto a la distancia existente entre el lugar ceremonial donde aparece la estela funeraria y el área fuente de su procedencia, abriendo nuevas vías de interpretación sobre el origen, trayectoria y recorrido de la pieza litológica hasta llegar a la cueva.

PARA FINALIZAR

Y aquí termina este capítulo que ha supuesto casi una catarsis. Tantos recuerdos agolpados mientras escribía estas líneas me hacen ser consciente de que actualmente, en la nueva organización del IGME tras su incorporación al CSIC en 2021, no pertenezco ya orgánicamente al Museo Geominero, lo que ocurre es que se me olvida constantemente. Mi última colaboración con el Museo Geominero ha sido un taller de bivalvos (Fig. 13) en el Museo AVAN de Ciencias Naturales del Viso del Marqués (Ciudad Real). De la mano de Silvia Menéndez, que, aunque nuestras líneas de trabajo divergen, siempre buscamos y encontramos un nexo común para poder colaborar. Con la premisa de que el Museo AVAN y el Museo Geominero están hermanados desde el año 2018 y para contribuir a que esta relación fluya, organizamos una charla-taller con estudiantes del Colegio de Educación Infantil y Primaria «Nuestra Señora del Valle», y el Instituto de Educación Secundaria «Los Batanes» del Viso del Marqués. Mediante la charla-taller denominada «Soy un bivalvo: vivo aquí porque soy así» (Menéndez y Delvene, 2003; Delvene *et al.*, 2024) presentamos una parte teórica y otra práctica, con el objetivo de mostrar las destrezas básicas del trabajo científico (observación y experimentación) y acercar el Museo AVAN al alumnado y al personal docente, para que lo tengan presente en sus programas y lo visiten con mayor frecuencia.

Figura 13. A, ejemplares actuales y fósiles del taller «Soy un bivalvo: vivo aquí porque soy así» realizado en el Museo AVAN de Ciencias Naturales (Viso del Marqués, Ciudad Real). B, desarrollo de la parte teórica del taller. C, con Silvia Menéndez y Eleuterio Baeza (del Instituto Geológico y Minero de España) en la fachada del museo junto a la placa conmemorativa de su hermanamiento con el Museo Geominero.

AGRADECIMIENTOS

Los trabajos mencionados siempre han sido financiados por becas, proyectos y ayudas a la investigación: GR/AMB/0036/2004, CGL2006-10380, CGL2009-11838, 518/2009 CANOA: 74.6.00.17.00, CGL 2013-42643P, PGC2018-094034-B-C22, PID2019-104625RB-I00, PID2022-137316NB-C22. Las fotografías de fósiles teñidos con cloruro de amonio han sido realizadas por Zarela Herrera (Universidad de Zaragoza), las de fósiles sin tinción por María José Torres Matilla (IGME). Agradezco a Isabel Rábano la oportunidad que me dio y que me hace estar hoy aquí, y a todos los compañeros del Museo Geominero por el tiempo compartido, especialmente a los del «desayuno con diamantes». Dedico este trabajo a mi tribu: Raúl, mi compañero de vida, mis hijos, Bruno y Silke que son mi norte, y a mi hermana del alma y la familia tan bonita que ha creado.

BIBLIOGRAFÍA

Álvarez-Halcón, R.M.; Araujo, R. y Delvene, G. 2000. *Margaritifera auricularia*, un bivalvo de agua dulce amenazado en Aragón. *Naturaleza Aragonesa,* 5, 29-37.

Baeza, E., Delvene, G.; Piñuela, L. y García-Ramos, J.C. 2019. Replicando la serie tipo de los bivalvos de agua dulce del Jurásico asturiano. xxxv *Jornadas de Paleontología. Libro de resúmenes*, 29-31.

Barker, M.J.; Munt, M.C. y Radley, J.D. 1997. The first recorded Trigonioidoidean bivalve from Europe. *Palaeontology,* 80, 955-963.

Bermúdez-Rochas, D.D.; Delvene, G. y Hernán, J. 2006. Estudio preliminar del contenido paleontológico del Grupo Urbión (Cretácico Inferior, Cuenca de Cameros, España): restos ictiológicos y malacológicos. *Boletín Geológico y Minero,* 117, 531-536.

Bermúdez-Rochas, D.D.; Delvene, G. y Ruiz-Omeñaca, J.I. 2013. Evidence of predation in Early Cretaceous unionoid bivalves from freshwater sediments in the Cameros Basin, Spain. *Lethaia*, 46, 57-70.

Delvene, G. 2001a. Middle and Upper Jurassic bivalves from the Iberian Range (Spain). *Beringeria*, 28, 43-127.

Delvene, G. 2001b. *Taxonomie und Palökologie der Bivalven im Mittel- und Oberjura der Keltiberischen Ketten (Spanien).* Bayerischen Julius-Maximilians-Universität Würzburg, 199 pp. Disponible en: https://opus.bibliothek.uni-wuerzburg.de/opus4-wuerzburg/frontdoor/deliver/index/docId/262/file/delvene.pdf

Delvene, G. 2002. Revisión histórica de las especies de bivalvos citadas en el Jurásico de la Cordillera Ibérica, España. *Revista Española de Paleontología*, 17 (2), 199-210.

Delvene, G. 2003. Middle and Upper Jurassic bivalve associations from the Iberian Range (Spain). *Geobios*, 36, 519-531.

Delvene, G. 2005. El material tipo de las especies de «*Unio*» (Bivalvia) del Cretácico Inferior del Museo Geominero (IGME, Madrid). *Boletín Geológico y Minero*, 116 (2), 167-172.

Delvene, G. 2007. Middle and Upper Jurassic bivalves from the Geomining Museum collections (IGME, Geological Survey of Spain). *Beringeria,* 37, 11-31.

Delvene, G. y Araujo, R. 2008. A new freshwater bivalve association from the Lower Cretaceous of Spain. *Documents des Laboratoires de géologie Lyon*, 164, 37-39.

Delvene, G. y Araujo, R. 2009a. Early Cretaceous non-marine bivalves from the Cameros and Basque-Cantabrian basins of Spain. *Journal of Iberian Geology,* 35 (1), 19-34.

Delvene, G. y Araujo, R. 2009b. *Protopleurobema*: a new genus of freshwater bivalve from the Lower Cretaceous of the Cameros basin (NW Spain). *Journal of Iberian Geology,* 35 (2), 169-178.

Delvene, G. y Fürsich, F.T. 2002. Catálogo de los bivalvos españoles del Jurásico Medio y Superior depositados en el Museo Geominero (IGME, Madrid). *Boletín Geológico y Minero,* 113 (2), 199-210.

Delvene, G. y Munt, M. 2011. New Trigonioidoidea (Bivalvia; Unionoida) from the Early Cretaceous of Spain. *Palaeontology*, 54 (3), 631-638.

Delvene, G. y Munt, M. 2016. Mollusca. En: F.J. Poyato-Ariza y A.D. Buscalioni (eds.), *Las Hoyas: A Cretaceous Wetland. A multidisciplinary synthesis after 25 years of research on an exceptional fossil Lagerstätte from Spain.* Verlag Dr. Friedrich Pfeil, Múnich, 57-63.

Delvene, G. y Munt, M. 2019. A reappraisal of the type series of the early Cretaceous margaritiferid *'Unio' valdensis* Mantell, 1844. *Proceedings of the Geologists´Association*, 131 (3–4), 287-292.

Delvene, G.; Gahr, M.E. y Menéndez, S. 2002. Los bivalvos del Jurásico Inferior de la Colección Fósiles Extranjeros del Museo Geominero (IGME, Madrid): Ejemplo de revisiones museística y taxonómica. xviii *Jornadas de la Sociedad Española de Paleontología. II Congreso Ibérico de Paleontología*, 167-168.

Delvene, G.; Menéndez, S. y Gahr, M.E. 2004. Revisión taxonómica y origen de la colección de bivalvos no españoles del Jurásico Inferior del Museo Geominero (IGME, Madrid). *Geo-Temas*, 6 (4), 95-98.

Delvene, G.; Munt, M. y Sender, L.M. 2011. *Iberanaia iberica*: The first record of the Trigonioidoidea Bivalvia: Unionoida from the Lower Cretaceous of Teruel, Spain. *Cretaceous Research*, 32, 591-596.

Delvene, G.; Munt, M.; Paul, S. y Gangopadhyay, T. 2024. A new fauna from the deccan intertrappean sediments of central India reveals KP extinction and survivorship, and origins of asiatic freshwater molluscs. *Journal of the Geological Society of India,* 100 (12).

Delvene, G.; Munt, M.; Piñuela, L. y García-Ramos, J.C. 2016. New freshwater bivalves from the Jurassic of Spain and their palaeogeographical implications. *Papers in Palaeontology*, 2, 1-21.

Delvene, G.; Munt, M.C.; Royo-Torres, R. y Cobos, A. 2022a. *Monginaia*, a new genus of endemic bivalve from the lower Barremian of Teruel, eastern Spain, and the distribution of unionid bivalves in Spanish Cretaceous. *Cretaceous Research* https://doi.org/10.1016/j.cretres.2022.105268

Delvene, G.; Baeza Chico, E.; Usera, J.; Fuentes Sánchez, J.L. y Benítez de Lugo Enrich, L. 2020. Procedencia de la estela funeraria con fósiles de Castillejo del Bonete (Terrinches, Ciudad Real, España). *De Re Metallica*, 35, 3-10.

Delvene, G.; Lozano, R.P.; Munt, M.; Royo-Torres, R.; Cobos, A. y Alcalá, L. 2019. Bivalves and oncoids at Late Jurassic and Early Cretaceous dinosaur sites from Spain. *Proceedings of the Geologists´Association*, 130, 87-102.

DELVENE, G.; LOZANO, R.P.; PIÑUELA, L.; MEDIAVILLA, R. Y GARCÍA-RAMOS, J.C. 2022b. Autofluorescence of microborings in fossil freshwater bivalve shells. *Lethaia*, 55-4, 1-12.

DELVENE, G.; MENÉNDEZ, S.; BAEZA, E. Y LAGUARTA, S. 2024. Propuesta didáctica de una charla-taller de bivalvos: experiencia en el Museo de Ciencias Naturales AVAN (Viso del Marqués, Ciudad Real). *Geo-Temas*, 20, 512-515.

FÜRSICH, F.T.; WERNER, W.; DELVENE, G.; GARCÍA-RAMOS, J.C.; BERMÚDEZ-ROCHAS, D.D. Y PIÑUELA, L. 2012. Taphonomy and palaeoecology of high-stress benthic associations from the Upper Jurassic of Asturias, northern Spain. *Palaeogeography, Palaeoclimatology, Palaeoecology*, 358-360, 1-18.

LOZANO, R.P.; DELVENE, G.; PIÑUELA, L. Y GARCÍA-RAMOS, J.C., 2016. Late Jurassic biogeochemical microenvironments associated with microbialite-coated unionids (Bivalvia), Asturias (N Spain). *Palaeogeography, Palaeoclimatology, Palaeoecology*, 443, 80-97.

MALLADA, L. 1885. *Sinopsis de las especies fósiles que se han encontrado en España. Tomo II. Terreno Mesozoico (Sistemas Triásico y Jurásico)*. Imprenta y Fundición de Manuel Tello, Madrid, 16 pp., láms. 1-3 (Triásico); iii-xii, 150 pp., láms. 1-28, 28A-F, 29, 29A-B, 30, 30A-C, 31-34 (Jurásico).

MALLADA, L. 1892. Catálogo general de las especies fósiles encontradas en España. *Boletín de la Comisión del Mapa Geológico de España*, 18, 253 pp.

MANTELL, G.A. 1844. On the Unionidae of the river of the country of the Iguanodon. *The American Journal of Science and Arts*, 47 (1), 402-406.

MÁRQUEZ-ALIAGA, A. 1983. *Bivalvos del triásico medio del sector meridional de la Cordillera Ibérica y de los Catalánides*. Tesis doctoral, Universidad Complutense de Madrid, 429 pp.

MÁRQUEZ-ALIAGA, A.; DELVENE, G.; GARCÍA-FORNER, A. Y ROS, S. 2002. Catálogo de los bivalvos del Triásico depositados en el Museo Geominero (IGME, Madrid). *Boletín Geológico y Minero*, 113, 429-444.

MÁRQUEZ-ALIAGA, A.; GARCÍA-FORNER, A.; DELVENE, G. Y ROS, S. 2001. La colección de bivalvos del Triásico de Serra, área de Sagunto (Valencia), depositada en el Museo Geominero (IGME), Madrid. *Publicaciones del Seminario de Paleontología de Zaragoza*, 5.2, 614-620, Universidad de Zaragoza.

MELÉNDEZ, G.; DELVENE, G.; GOY, A.; PÉREZ-URRESTI, I. Y SORIA, M. 2002a. Los yacimientos paleontológicos del Jurásico en el Parque Cultural del Río Martín: evaluación patrimonial y medidas de gestión. *El Patrimonio Paleontológico de Teruel, IET Teruel*, 169-199.

MELÉNDEZ, G.; FERNÁNDEZ-LÓPEZ, S.; PÉREZ-URRESTI, I.; DELVENE, G.; COMAS-RENGIFO, M.J. Y GOY, A. 2002b. Los yacimientos paleontológicos del Jurásico en el Valle del Jiloca (Rama Castellana de la Cordillera Ibérica): valoración patrimonial y medidas de protección. *El Patrimonio Paleontológico de Teruel, IET Teruel*, 137-168.

MELÉNDEZ, G.; FERNÁNDEZ-LÓPEZ, S.; SORIA LLOP, C.; PÉREZ-URRESTI, I.; BELLO, J.; DELVENE, G.; COMAS-RENGIFO, M.J.; GOY, A.; CLEMENTE, E. Y RODRÍGUEZ MORA, M. 2002c. Los yacimientos paleontológicos del Jurásico de la Sierra de Albarracín (Rama Castellana de la Cordillera Ibérica): aspectos estratigráficos y patrimoniales. *El Patrimonio Paleontológico de Teruel, IET Teruel*, 81-136.

MENÉNDEZ, S. Y DELVENE, G., 2001. Revisión y reestructuración de la Colección Fósiles Extranjeros del Museo Geominero (IGME, Madrid): Mesozoico. *Publicaciones del Seminario de Paleontología de Zaragoza,* 5.2, 621-626.

MENÉNDEZ, S. Y DELVENE, G. 2003. Soy un bivalvo: vivo aquí porque soy así. *Genoma, revista para profesores de biología y geología*, 2-3.

MORATALLA, J.J.; DELVENE, G.; BERMÚDEZ-ROCHAS, D.D.; DE LA FUENTE, M. Y HERNÁN, J. 2007. Fossil association from Vega de Pas site (Lower Cretaceous, Basque-Cantabrian Basin, Spain). *4th International Limnogeology Congress ILIC 2007*, 87-88.

PALACIOS, P. Y SÁNCHEZ, R. 1885. La formación Wealdense en las provincias de Soria y Logroño. *Boletín de la Comisión del Mapa Geológico de España*, 12, 1-32.

EL MESOZOICO IBÉRICO VISTO A TRAVÉS DE LAS HUELLAS DE SUS GRANDES REPTILES: UN MUNDO AL ALCANCE DE TODOS

José Joaquín Moratalla García

El estudio de las huellas de los organismos del pasado se denomina paleoicnología, término que procede de la palabra griega *icnos*, que significa huella o impresión. Por ello, técnicamente a las huellas las denominamos «icnitas», término que hace unos años parecía en España algo extraño pero que, con el tiempo, se ha ido extendiendo y hoy en día forma parte del acervo lingüístico de muchas personas, especialmente de aquéllas que viven –por ejemplo, en ciertas comarcas españolas– cerca de yacimientos de huellas de dinosaurios, algunos de ellos muy bien conocidos hoy en día.

Aunque en sus orígenes, la paleoicnología de vertebrados estuvo históricamente relegada a un segundo plano dentro de la paleontología, poco a poco fue perdiendo esta condición secundaria, especialmente a partir de la segunda mitad del siglo XX. Esto se debió principalmente a dos aspectos: (i) la presencia de numerosos yacimientos de huellas y (ii)) el tipo de información que éstos generaban. Así, el ingente número de hallazgos de yacimientos de icnitas extendidos por todos los continentes (excepto la Antártida –en el momento de redactar estas líneas–), puso sobre el tapete la necesidad de cuidar y estudiar un patrimonio natural que parecía merecer una mayor atención. De repente, las huellas de los vertebrados (especialmente las de dinosaurios) despertaron el interés tanto de investigadores como de aficionados, hasta el punto de ser conscientes de que las icnitas proporcionaban una información que podía ser muy importante para entender ciertos aspectos de la vida en el pasado. Esa información, además, parecía exclusiva y característica de este tipo de material fósil y, por consiguiente, difícil de inferir a partir de los restos esqueléticos. El proceso a seguir parecía claro: investigar este impresionante patrimonio cultural y científico, lo que implicaba cuidarlo, protegerlo, divulgarlo y, por supuesto y no menos importante, estudiarlo a fondo exprimiéndolo al máximo.

En principio parece claro que cualquier grupo de vertebrados es capaz de producir huellas causadas por su actividad vital que puedan potencialmente preservarse y llegar a formar parte del registro fósil. Sin embargo, aunque poseemos icnitas de muchos grupos de vertebrados, son los dinosaurios, sin ninguna duda, los que «ganan esta carrera», y podríamos decir que de forma abusiva. Así, desde el momento en el que los dinosaurios aparecen en escena (durante el Triásico), encontramos abundantes yacimientos de icnitas en prácticamente todos los ecosistemas continentales. Y a pesar de que aves y mamíferos (ambos grupos como principales representantes de los dinosaurios no avianos tras su extinción) son capaces de producir huellas de forma abundante, curiosamente los grandes yacimientos de huellas fósiles desaparecen con el final de aquellos enormes colosos, hace unos 66 millones de años. Por razones todavía no muy bien entendidas, ni aves, ni mamíferos ni otros reptiles han sido capaces, durante el Cenozoico, de generar tal cantidad de yacimientos paleoicnológicos. Así, tal ingente cantidad de yacimientos de icnitas de dinosaurios ha hecho que algunos paleontólogos se hayan especializado en su estudio, para tratar de entender su naturaleza, su significado.

Si bien los dinosaurios han sido históricamente los principales productores de icnitas, lo cierto es que este dominio no se detiene aquí. Hoy en día se conocen numerosos yacimientos de huevos y nidos de dinosaurios que han arrojado una nueva y vigorosa luz para entender su biología reproductiva y, en algunos casos, entender cómo fueron los primeros estadios de su ontogenia. Aunque el registro de huevos y nidos de dinosaurios está tal vez escorado hacia el Cretácico superior, cada vez se producen nuevos hallazgos en todo su espectro temporal. Podríamos decir que los dinosaurios han legado un impresionante triple registro fósil, caracterizado por la tremenda abundancia de huesos, huellas y huevos, a lo que algunos paleontólogos denominamos la triple H (Moratalla, 2008; Moratalla, 2013). Este registro, tan abundante en los tres aspectos, es absolutamente único entre los vertebrados. Ningún otro grupo zoológico puede competir con los dinosaurios en este sentido. Son los campeones del registro fósil continental y, hasta la fecha, nadie parece estar dispuesto a disputarles tal honor.

INFORMACIÓN QUE PROPORCIONAN LAS ICNITAS DE VERTEBRADOS

Y, ¿cuál es esa información que obtenemos de las icnitas fósiles? Podemos dividirla en dos grandes bloques: (i) la información paleobiológica y (ii) la información paleoecológica (Fig. 1). Ambos aspectos están a su vez integrados por diversos niveles informativos, como si fuesen muñecas katiuskas que encajaran unas en otras configurando un fascinante escenario por multiniveles que constituyen una auténtica pirámide informativa (Moratalla *et al.*, 1997).

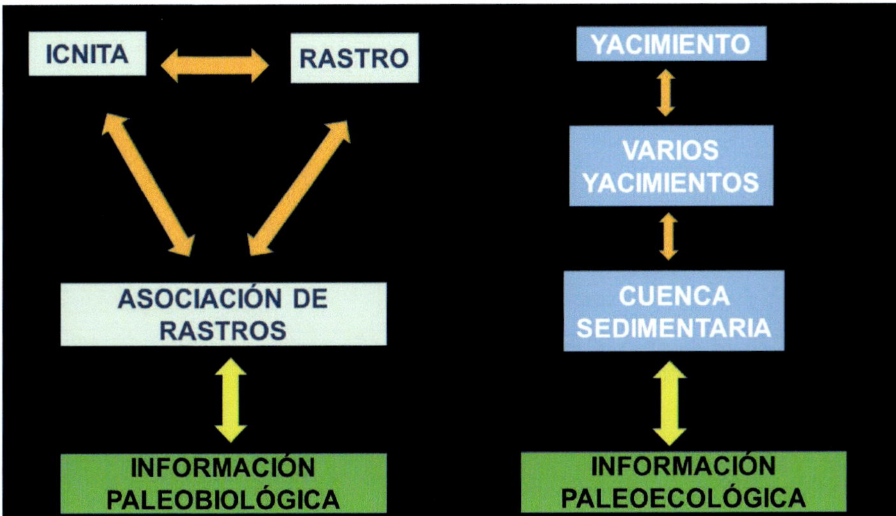

Figura 1. Esquema de la información paleobiológica y paleoecológica que aporta el estudio de las icnitas de vertebrados en general y de dinosaurios en particular.

Información paleobiológica

El primer nivel que podemos considerar atañe simplemente al estudio de una icnita individual, es decir, qué tipo de información es la que básicamente proporciona una huella por sí misma. Así, parece evidente el hecho de que la forma de una huella proporciona información inmediata sobre las características del autópodo (pie o mano) que la ha producido. Sin embargo, hay que hacer notar el hecho de que la forma final de la icnita dependerá de la suma de diversos factores que hay que considerar: por ejemplo, la fuerza del apoyo autopodial en el sustrato, el ángulo de ataque, el modo de retirada del autópodo, la velocidad del autor, etc. Además, hay que tener en cuenta también la respuesta del sedimento, que dependerá de factores como la plasticidad, el grado de humedad y otras muchas condiciones que no son fáciles de evaluar en un yacimiento fósil (Lockley, 1986). De modo que la transferencia de información anatómica pie-sustrato se ve alterada por una multitud de factores de difícil evaluación. Es por ello que no podemos –en la mayoría de los casos– identificar una determinada icnita con un género o especie en concreto. Así, las icnitas fósiles se suelen clasificar a nivel de grandes grupos, es decir, taxones de más alto rango.

El siguiente nivel de información se refiere a la presencia de rastros. En efecto, las icnitas no suelen aparecer solas en los yacimientos sino, por el contrario, formando alineaciones producto de la locomoción de un animal determinado. Un rastro se puede definir como una serie de huellas producidas por la locomoción de un animal que contenga al menos la reimpresión del mismo autópodo (sea éste el pie o la mano) (Sarjeant, 1975). Así, en un rastro bípedo necesitamos la presencia de al menos 3 icnitas. El estudio de un rastro permite especular con ciertos aspectos sobre cómo ha sido la progresión del dinosaurio responsable: su velocidad, su dirección de movimiento, el patrón de distribución de las pisadas, la orientación de las mismas respecto al eje de progresión, etc. Los rastros de los dinosaurios son elementos clave para nuestra comprensión de las capacidades locomotoras y biodinámicas de estos organismos. Además de poder calcular la velocidad de progresión podemos también estimar el estado dinámico del animal, es decir, si simplemente andaba, trotaba o corría a gran velocidad. Un aspecto muy notable es el patrón de pista. En efecto, la práctica totalidad de los mismos evidencia un patrón muy estrecho, sin apenas espacio entre las huellas del lado izquierdo y derecho. Esto sugiere una locomoción muy eficaz y, tal vez lo más importante, permite confirmar uno de los caracteres más significativos de los dinosaurios: la condición parasagital (vertical) de sus extremidades. Este carácter (entre otros) les permitió una biodinámica extraordinariamente eficaz que supuso una gran ventaja adaptativa frente a otros grupos de vertebrados mesozoicos. Tal vez esto fue una de las claves de su tremendo éxito evolutivo, que les permitió un dominio casi absoluto en todos los ecosistemas continentales durante más de 140 millones.

Así como las icnitas no aparecen aisladas, muchas veces los rastros tampoco lo hacen, y es muy común que éstos se encuentren en los yacimientos formando conjuntos de rastros producidos por distintos animales. En estos casos, es posible analizar la interacción de diversos individuos en un mismo nivel sedimentario, por ejemplo, si existe evidencia de una dirección común de movimiento, si son rastros producidos por el mismo tipo de dinosaurio, evaluar sincronías o asincronías de paso, etc. La presencia de rastros de dinosaurios del mismo tipo mostrando un sentido común de progresión sugiere un comportamiento gregario, algo bastante habitual en muchos yacimientos de icnitas de dinosaurios.

Información paleoecológica

Las icnitas se encuentran en yacimientos cuyo contexto sedimentario ha permitido, no solamente su formación en el pasado, sino –y mucho más importante–- su preservación en el registro fósil. Así, la mayoría de los yacimientos de icnitas de vertebrados se han formado en zonas húmedas, tales como lagos, humedales, ríos de muy baja energía, zonas costeras, etc. Hoy en día, podemos contemplar paisajes relativamente semejantes en donde se generan diariamente numerosas pisadas (de reptiles, mamíferos o aves) y que, en su inmensa mayoría, no se van a preservar para el futuro registro geológico. Para ello son necesarias unas condiciones favorables. Por ejemplo, es más fácil que se preserven si las icnitas se cubren con relativa rapidez y evitan así que puedan ser destruidas por una amplia serie de factores diversos. Lo normal es que de los millones de huellas que se producen diariamente en los sedimentos actuales, tal vez no se conserve ninguna o, excepcionalmente, algún caso aislado. Por ello, cuando contemplamos esos enormes yacimientos de icnitas de dinosaurios, se tiene la sensación de estar en presencia de un «milagro» preservacional. Por alguna razón, parece que durante el Mesozoico existieron grandes extensiones de sedimentos aptos para la producción de huellas de vertebrados y, lo más importante, lugares donde se dieron las condiciones adecuadas para su preservación. En muchos casos, estas condiciones favorables estaban relacionadas con grandes áreas donde existía una alta tasa de sedimentación que hizo posible que las icnitas formadas se conservaran hasta nuestros días. Estas condiciones se debieron de producir –durante muchos millones de años–- en el área de la actual cordillera Ibérica, donde se instauró un gran valle de rift de muchos km^2. Alguno de sus segmentos, como la Cuenca de Cameros, fue especialmente afortunado dando lugar a una gran colección de yacimientos de icnitas de dinosaurios.

Por otro lado, mencionar que al igual que las icnitas y los rastros no suelen aparecer aislados, los yacimientos de huellas de dinosaurios tampoco. Lo más habitual es que distintos yacimientos formen parte de una determinada cuenca sedimentaria y, ya sean sincrónicos o no, compartan una historia geológica común. En consecuencia, su estudio ha de abordarse de forma global y su análisis en conjunto puede proporcionar información adicional sobre diferentes aspectos paleoambientales y paleogeográficos.

Por último, mencionar que es muy habitual que los grandes yacimientos de huellas de dinosaurios sean lugares donde escasean los restos esqueléticos. Esto está relacionado con las probabilidades de preservación. En efecto, para que se conserven las icnitas fósiles son necesarias unas condiciones generales de baja energía (lagos, charcas, canales sin un excesivo flujo). En este ambiente es difícil que el esqueleto de un gran animal se conserve ya que, tras su muerte, será destruido por elementos meteorológicos y/o por carroñeros. Por el contrario, este esqueleto se podrá conservar más fácilmente en ambientes de alta energía, como una riada, una inundación o un río muy energético. Aquí, tras la muerte, el animal puede quedar enterrado con relativa rapidez y tendrá más posibilidades de fosilizar. Sin embargo, en estas condiciones de alta energía las huellas producidas no se conservarán ya que serán destruidas con rapidez. Es por ello que los grandes esqueletos y las huellas necesitan de condiciones opuestas respecto a su probabilidad de preservación en el registro fósil. De modo que cuando estudiamos las huellas de dinosaurios de una gran cuenca, como la Cuenca de Cameros, hemos de tener en cuenta que poseemos mucha más cantidad de huellas que de huesos, por lo que el análisis de las comunidades de vertebrados presentará sus limitaciones en cuanto a la identificación de las especies que formaban parte del ecosistema. Así, en nuestro caso, no vamos a hablar de especies concretas de dinosaurios identificados a partir de sus huellas (algo impensable), sino de icnitas que pertenecen a grandes grupos tales como terópodos, ornitópodos, saurópodos, tireóforos, etc. Y esto incluso en aquellos casos en los que algunos autores han propuesto nombres referidos a determinadas huellas (icnogéneros y/o icnoespecies). En realidad, estos nombres son icnotaxones que se refieren a las propias huellas y no a los organismos que las han producido, cuya identidad concreta se desconoce en la inmensa mayoría de los casos. Aun así, el estudio de las huellas va a proporcionar una información tremendamente relevante sobre cómo estaban constituidas las comunidades de vertebrados del Mesozoico en la Península Ibérica.

LA PALEOICNOLOGÍA DE DINOSAURIOS EN EL MUSEO GEOMINERO

El Instituto Geológico y Minero de España (IGME) es tal vez la institución española referente para diversos campos dentro de las ciencias de la Tierra, como, por ejemplo, la cartografía, los recursos minerales, la hidrología y, por supuesto, la geología y la paleontología. Esta última disciplina está localizada principalmente en el Museo Geominero, tanto por su actividad actual como por la herencia de importantes colecciones históricas. Estas colecciones, reunidas por grandes naturalistas, son un referente universal. De hecho, algunos de estos ilustres personajes estuvieron implicados en trabajos pioneros para la Comisión del Mapa Geológico, es decir, la institución predecesora del actual IGME (Rábano, 2015).

Sin embargo, mucho antes de que la Comisión del Mapa Geológico se pusiera en marcha, habían sido ya descubiertas las primeras icnitas de dinosaurios. Fue en el año 1802, cerca de Boston (Estados Unidos), cuando Pliny Moddy, el hijo de un granjero, encontró unas extrañas huellas en la roca, cerca de casa (Sarjeant, 1975; Lockley, 1991; Moratalla, 1993). Esto se produjo incluso antes de que se descubrieran y se identificaran los primeros huesos de ese grupo de reptiles en el año 1824 (Buckland, 1824). A partir de entonces, los hallazgos de huellas se fueron incrementando exponencialmente en el tiempo, especialmente, en los últimos 30 años. España, al menos en este último tramo, ha sido un país muy activo, aunque es cierto que se incorporó muy tarde al estudio de las huellas de dinosaurios. En efecto, el primer trabajo científico llegó en el año 1971, con la descripción de un yacimiento de icnitas de dinosaurios de la localidad riojana de El Villar (Casanovas y Santafé, 1971). Al poco tiempo, se dieron a conocer nuevas huellas en localidades muy cercanas como son Enciso y Navalsaz (Casanovas y Santafé, 1974). Tras estos trabajos, fue evidente el potencial que representaba el registro español y realmente constituyó un punto de arranque muy prometedor para esta disciplina.

A pesar de lo comentado anteriormente, hay que mencionar que ya se conocían icnitas fósiles de vertebrados mesozoicos en España, eso sí, algo más antiguas y no precisamente de dinosaurios. La primera cita bibliográfica de la que tenemos constancia procede del Triásico de Molina de Aragón (Guadalajara) (Calderón, 1897), donde se describe una icnita denominada *Chirotherium*, a lo que hay que añadir la interesante publicación de Navás (1907). Fueron las primeras contribuciones que, tras la gran revisión de Leonardi (1959) dieron lugar a que hoy en día poseamos un registro más que interesante de este período anterior a los dinosaurios (Demathieu y Saiz-Omeñaca, 1976, 1977, 1979; Demathieu *et al.*, 1978; Fortuny *et al.*, 2011; Díaz-Martínez y Pérez-García, 2012; Díaz-Martínez *et al.*, 2015; Mujal *et al.*, 2017; Díez-Herrero *et al.*, 2017; Berrocal-Casero *et al.*, 2016, 2018; Díaz-Martínez *et al.*, 2021; Navarro y Moratalla, 2018, 2023). El icnogénero *Chirotherium* (Fig 2A) es el más conocido de un grupo muy popular de huellas producidas por un reptil rauisuquio, tal vez el género *Ticinosuchus*. Otras huellas como *Brachychirotherium* se identifican con el género *Batrachopus* o incluso con un reptil aetosaurio. El icnogénero *Synaptichnium*, por el contrario, se identifica con un reptil parecido al género *Euparkeria* y, finalmente, el icnogénero *Isochirotherium* (un icnogénero muy abundante) (Fig. 2B), con algún miembro de los poposáuridos.

A

B

Figura 2. A, icnita de tipo *Chirotherium* en la localidad de Rillo de Gallo (Guadalajara) en las típicas facies Buntsandstein (Triásico inferior). B, rastro de un reptil cuadrúpedo en el yacimiento de Los Arroturos (Paredes de Sigüenza, Guadalajara), de edad Ladiniense (Triásico medio).

El Instituto Geológico y Minero de España, y especialmente el Museo Geominero, se unió a la investigación de la paleoicnología de dinosaurios a partir del año 2002, con la incorporación de personal especialista en esta disciplina que procedía del Departamento de Paleontología de la Universidad Autónoma de Madrid, que dirigía por aquel entonces uno de las mayores figuras españolas en el terreno de los dinosaurios: el catedrático José Luis Sanz. Este hecho ha implicado una gran vinculación entre ambas instituciones que ha durado hasta nuestros días y, como resultado, nuestra actuación se ha centrado, aunque no exclusivamente, en dos grandes áreas de trabajo: (i) la Cuenca de Cameros (La Rioja y Soria) y (ii) el yacimiento de Las Hoyas (Cuenca), ambas excelentes representantes –cada una en su ámbito– del Cretácico Inferior, uno de los períodos clave en la evolución de los vertebrados continentales.

EL YACIMIENTO DE LAS HOYAS (CUENCA)

El yacimiento de Las Hoyas es uno de los referentes actuales de la paleontología española. Descubierto hacia el año 1984, está situado en el término municipal de La Cierva, a unos 30 km al noreste de la ciudad de Cuenca. Desde el comienzo de las excavaciones sistemáticas, iniciadas en 1986, Las Hoyas ha proporcionado una impresionante colección de fósiles de vegetales, invertebrados, vertebrados, etc., tanto en número de especímenes como en biodiversidad, como puede comprobarse en numerosas publicaciones científicas y en alguna monografía resumen (Poyato-Ariza y Buscalioni, 2016). Los restos de vertebrados, dejando aparte los peces que presentan un registro muy numeroso, son tal vez menos abundantes, pero han sido muy significativos para entender la paleoecología de este inmenso humedal cretácico. Con respecto a los arcosaurios, destacan los restos directos de cocodrilos (Buscalioni y Chamero, 2016), dinosaurios no avianos (Llandres *et al.*, 2013, 2016; Escaso *et al.*, 2016), aves (Sanz *et al.*, 2016) y pterosaurios (Vullo y Marugán-Lobón, 2016). Las aves de Las Hoyas son muy conocidas porque, en un tiempo en el que no existía un registro tan rico como el actual, los hallazgos de Las Hoyas arrojaron luz sobre el proceso de adquisición del vuelo activo, con el género *Iberomesornis* (Sanz *et al.*, 1988), así como la presencia de ciertas estructuras muy importantes para ello. Destaca en este punto el álula de *Eoalulavis*, que le permitía incrementar notablemente la estabilidad durante el vuelo a baja velocidad (Sanz *et al.*, 1996): algo similar a lo que realizan nuestros modernos aviones con el despliegue de los flaps y slats para los despegues y, especialmente, para los aterrizajes.

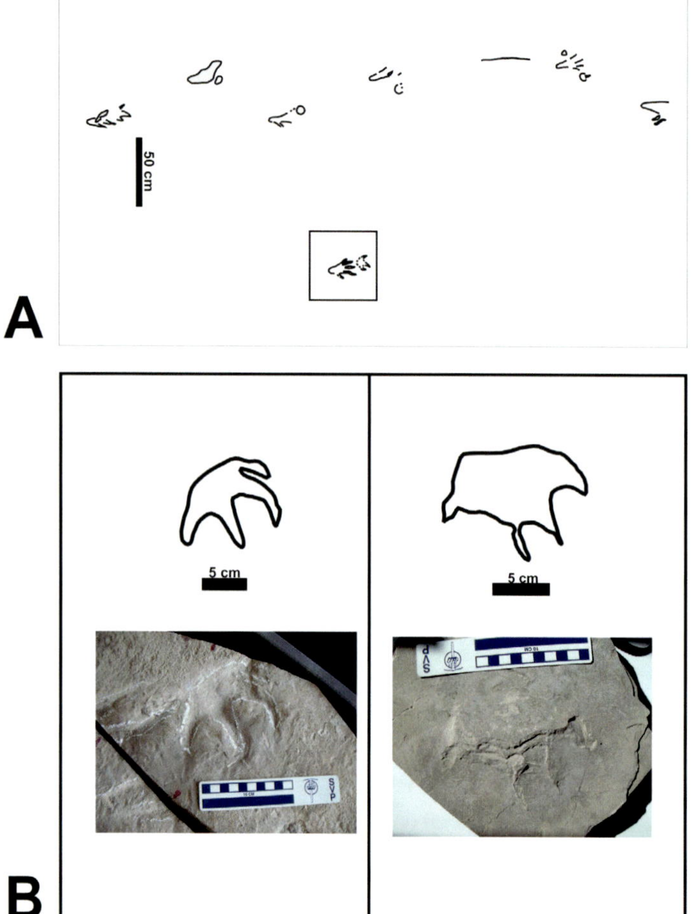

Figura 3. A, esquema del primer rastro descubierto en el yacimiento de Las Hoyas (Cuenca), que fue la clave para reinterpretar este yacimiento como formado en un antiguo humedal del Barremiense superior (Cretácico Inferior). B, diversas icnitas aisladas de manos de cocodrilos procedentes de Las Hoyas (véase Gibert *et al.*, 2016).

Los grandes vertebrados, como los dinosaurios y los pterosaurios, fueron probablemente una fauna incidental debido a las condiciones de este ecosistema y tal vez sólo penetraran en él (salvo algunos cocodrilos) en los períodos estacionales más secos. Aun así, existen interesantes restos fósiles de cocodrilos (Buscalioni, 1986), de dinosaurios ornitomimosaurios e iguanodóntidos (Pérez-Moreno *et al.*, 1994; Buscalioni y Fregenal, 2010), así como un esqueleto muy completo de un terópodo denominado *Concavenator* (Ortega *et al.*, 2010). No hemos de olvidarnos de los pterosaurios, con la presencia de algunos dientes aislados (Vullo *et al.*, 2009) o incluso un fragmento craneal con el que se propuso un nuevo género: *Europejara* (Vullo *et al.*, 2012).

Desde el punto de vista paleoicnológico, tanto cocodrilos como dinosaurios se disputan un sitio de honor. El primer rastro de cocodrilo de Las Hoyas fue descubierto en el año 1993 y supuso una gran revolución respecto al modelo ecológico del yacimiento (Moratalla *et al.*, 1995) (Fig. 3A). En efecto, el equipo de investigación hubo de cambiar el modelo lacustre, que era el paradigma original, e interpretar Las Hoyas como un humedal, planteamiento que se mantiene hasta la fecha (Poyato-Ariza y Buscalioni, 2016; Marugán-Lobón *et al.*, 2023). Después de este hallazgo se descubrieron diversas icnitas aisladas pertenecientes a cocodrilos de media talla (Fig. 3B). Estas icnitas son mayoritariamente huellas de manos y están aisladas, es decir, no forman parte de ningún rastro, tal como se puede comprobar en Gibert *et al.* (2016). Sin embargo, recientemente se descubrió un nuevo rastro de un cocodrilo cuyos primeros resultados fueron publicados de forma preliminar durante 2022 (Moratalla *et al.*, 2022a, 2022b). Estos trabajos llevados a cabo por parte de miembros del IGME y de la Universidad Autónoma de Madrid fueron sólo un pequeño adelanto ya que, actualmente, el conjunto se encuentra en proceso de un estudio más profundo y completo.

Los dinosaurios, siempre bien representados en el registro fósil del Mesozoico, no iban a ser menos en Las Hoyas. Además de los restos osteológicos mencionados con anterioridad, sus huellas se conocen desde 1993. Sin embargo, algunas de estas icnitas tridáctilas aisladas no fueron bien entendidas en su momento ya que muestran una clara deformación. En principio, se pensó que podrían haber sido causadas por algún pterosaurio de gran tamaño (aunque esta hipótesis generaba muchas dudas). Posteriormente, conforme se fueron comprendiendo mejor las condiciones especiales del humedal de Las Hoyas, que presentaba un fondo cubierto por espesos tapetes bacterianos (Guerrero *et al.*, 2016; Poyato-Ariza y Buscalioni, 2016), se puso de manifiesto que algunas icnitas estaban deformadas por esta causa y, en realidad, eran huellas tridáctilas de dinosaurios, algo que ya habíamos sugerido previamente (Vullo *et al.*, 2009; Moratalla, 2014). Y, efectivamente, esta hipótesis se vio fuertemente reforzada por la presencia de dos nuevos rastros de dinosaurios terópodos, esta vez con una identificación fuera de toda duda. Ambos rastros muestran ciertas peculiaridades ya que el primero presenta las icnitas del lado izquierdo fuertemente deformadas, mostrando un apoyo irregular, así como una evidente dislocación del dedo medial (II) (Figs. 4A y 4B). Además de esto, el rastro es anormalmente ancho si lo comparamos con el patrón típico de un dinosaurio bípedo: entre las icnitas del lado izquierdo y las del derecho, existe un gran espacio probablemente provocado por la lesión del pie izquierdo. Podemos hablar de un dinosaurio cojeando, pero no en el sentido clásico esbozado por Lockley *et al.*, (1994) ya que en el caso de Las Hoyas, pasos y zancadas

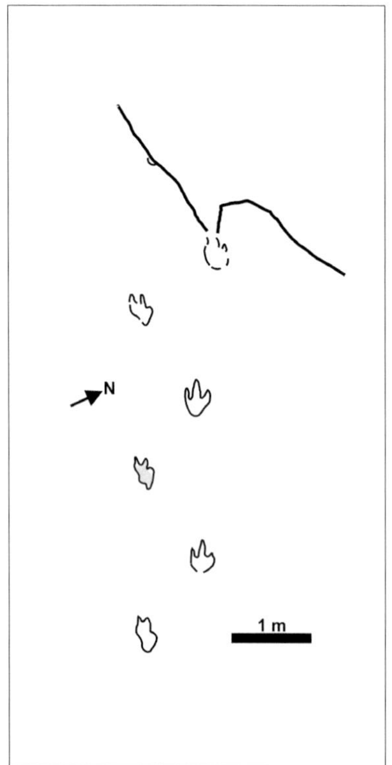

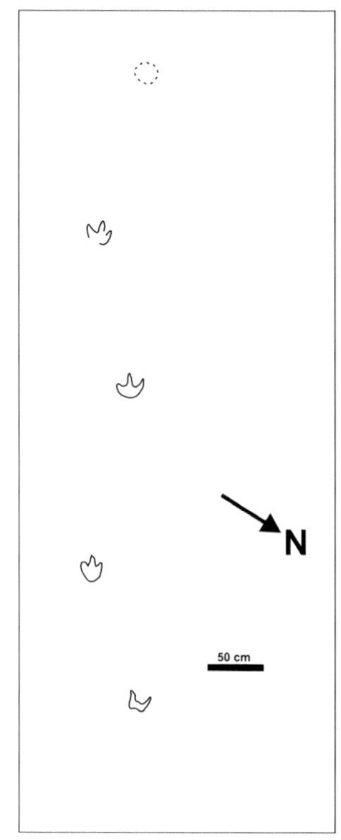

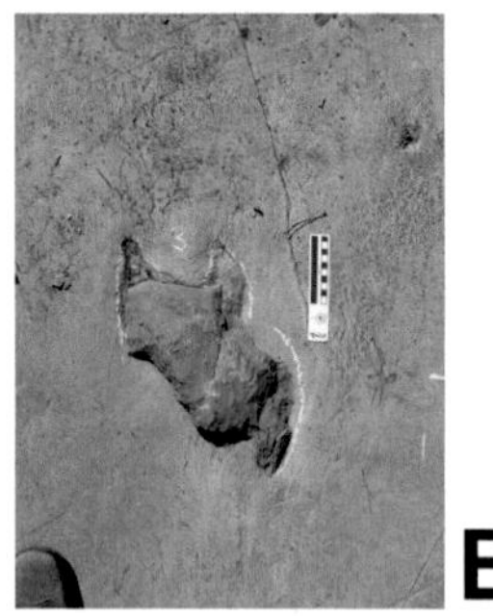

Figura 4. A, rastro de un dinosaurio terópodo en el Cretacico Inferior de Las Hoyas mostrando un patrón de pista muy ancho e icnitas del pie izquierdo muy deformadas, especialmente con una morfología muy extraña del dedo II (medial). B, fotografía de la icnita n.º 2 del mencionado pie izquierdo. C, rastro de un dinosaurio terópodo moviéndose prácticamente al trote, cuyas huellas, en forma y tamaño, podrían haber sido producidas por el terópodo *Concavenator*, terópodo carcarodontosáurido procedente del mismo yacimiento.

son muy constantes sugiriendo una locomoción estable y firme. En la misma superficie estratigráfica donde se encuentran estas huellas, existen pequeños rastros sinusoidales (*Undichna*), producidos por peces, probablemente Picnodontiformes, así como evidencia de tapetes bacterianos, claramente visibles en preparaciones microscópicas (Herrera *et al.*, 2022).

El otro rastro de dinosaurio procedente del yacimiento de Las Hoyas ha sido causado también por un dinosaurio terópodo. En este caso, las cinco huellas son algo más pequeñas (Fig. 4C). Este rastro presenta las icnitas muy alineadas entre sí, es decir, sin dejar espacio entre los lados derecho e izquierdo y muestran una zancada relativamente elevada, sugiriendo que el dinosaurio causante se movía a una buena velocidad, cercana probablemente al trote (Moratalla *et al.*, 2017). Con estos datos, nos atrevimos a sugerir, además, la idea de que tanto la forma como el tamaño de estas icnitas serían semejantes a las que podría haber producido el terópodo carcarodontosaurio *Concavenator*, curiosamente hallado en Las Hoyas unos años antes (Ortega *et al.*, 2010; Cuesta *et al.*, 2015). Durante las últimas campañas de excavación han sido halladas nuevas icnitas, que están siendo a fecha de hoy estudiadas y, sin duda, van a ser protagonistas de información muy interesante.

LA CUENCA DE CAMEROS

La Cuenca de Cameros es inmensa, más de 7000 km^2, a pesar de que es tan sólo uno de los segmentos más septentrionales del gran rift ibérico que estuvo presente desde el Paleozoico (Mas *et al.*, 1993, 2002) (Fig. 5A). Hoy en día, todo este complejo constituye la cordillera Ibérica, pero durante el Jurásico terminal y durante el Cretácico Inferior, los paisajes y los ecosistemas eran muy diferentes a los actuales. A comienzos del Cretácico (durante el Berriasiense) se instauró un sistema lacustre, con un lago permanente, alrededor del cual había amplias planicies fluviales, ríos de baja energía, llanuras de inundación, así como pequeños lagos y charcas distribuidos aquí y allá. Un paisaje sin grandes relieves, donde las faunas de vertebrados predominantes eran, cómo no, los dinosaurios, pero sin olvidarnos de otros vertebrados de gran relevancia: pterosaurios, cocodrilos, diversos tipos de reptiles y, tal vez, algún mamífero como fauna menos abundante. En estas llanuras y en estas charcas, algunas de carácter efímero, los animales más activos, más móviles, más dinámicos imprimieron numerosas huellas algunas de las cuales podemos contemplar en diversos yacimientos. Este episodio dio lugar a los sedimentos que hoy llamamos Grupo Oncala con sus yacimientos de icnitas distribuidos mayoritariamente por la provincia de Soria.

Unos cuantos millones de años más tarde, durante el Barremiense-Aptiense, se volvió a repetir otro gran episodio lacustre (aunque no exactamente bajo las mismas condiciones), pero sí con la presencia de un lago permanente al que denominamos Lago Enciso. Este lago, y el área de drenaje circundante, dio lugar a los sedimentos del Grupo Enciso, que incluye un gran número de

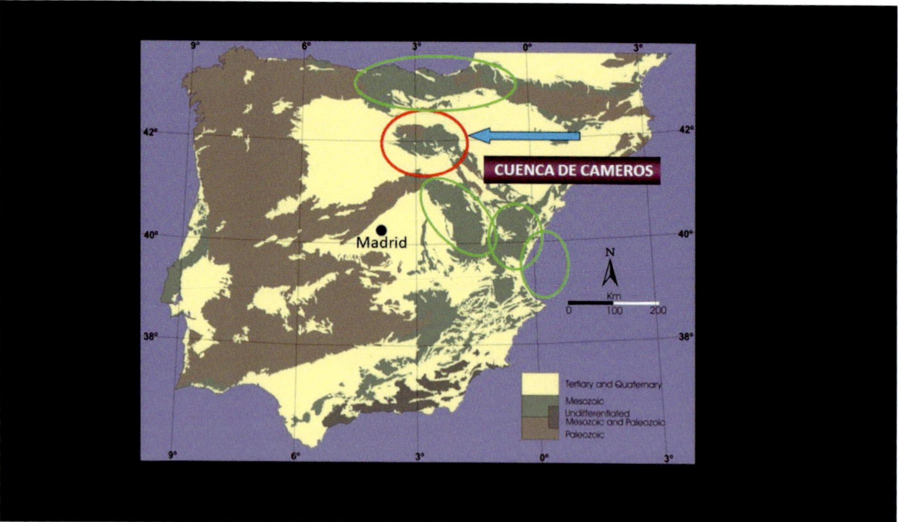

A

B

Figura 5. A, mapa de la península ibérica mostrando la situación de la Cuenca de Cameros, así como otras áreas del Mesozoico situadas casi todas dentro del complejo del rift ibérico. B, miembros de parte del equipo del Museo Geominero en el yacimiento de La Magdalena (Enciso): a la izquierda de la imagen, Javier Hernán; en el centro, Santiago Jiménez y a la derecha, el autor de estas líneas.

yacimientos de huellas de dinosaurios distribuidos en su inmensa mayoría por la provincia de La Rioja.

La Cuenca de Cameros está dividida en dos grandes subcuencas, la occidental (mayoritariamente extendida por la provincia de Burgos) y la oriental (en las provincias de Soria y La Rioja). Ambas zonas tienen condiciones sedimentarias, tectónicas y estratigráficas completamente diferentes (Hernán, 2018; Mas *et al.*, 2002). La región burgalesa ha proporcionado interesantes yacimientos de icnitas (Platt y Meyer, 1991; Moratalla *et al.*, 1994a; Torcida *et al.*, 1999) pero se caracteriza más bien por su abundancia en restos óseos, algunos muy significativos en el mundo de los saurópodos (Pereda-Suberbiola *et al.*, 2003; Torcida *et al.*, 2011; Torcida *et al.*, 2017). En este trabajo, vamos a tratar únicamente de la zona oriental.

La subcuenca de Cameros oriental, desde finales del Jurásico hasta bien entrado el Cretácico (Aptiense) está dividida en cinco grandes episodios denominados Grupos: Tera, Oncala, Urbión, Enciso y Oliván (Tischer, 1966). Los Grupos impares de esta serie presentan un carácter más fluvial, por consiguiente, son sistemas más energéticos con menor probabilidad de preservación de icnitas y, como consecuencia, con un menor número de yacimientos de huellas fósiles. De modo que, aunque existen icnitas de dinosaurios en todos ellos, los más interesantes son los Grupos Oncala y Enciso ya que representan dos grandes sistemas lacustres donde la probabilidad de preservación de las huellas fue muy superior.

Cuando el equipo de investigación del Museo Geominero inició sus trabajos en el Mesozoico de la Cuenca de Cameros nos planteamos muy seriamente estudiar las características de esas formaciones lacustres que tantos yacimientos de icnitas habían proporcionado, cómo era el paisaje, qué faunas y floras acompañaban a tanto dinosaurio suelto y, cuáles eran las condiciones físicas, climatológicas y, en definitiva, paleoecológicas, de esos lagos tan fascinantes (Fig. 4B). Para ello, establecimos un equipo multidisciplinar integrado por especialistas en invertebrados, peces, otros vertebrados, huellas, análisis geoquímico y estratigráfico. Pronto se hizo evidente que las condiciones paleogeográficas del Grupo Oncala (Berriasiense) y del Grupo Enciso (Barremiense superior-Aptiense inferior) eran completamente diferentes. Ambos eran de origen lacustre, pero bastante distintos.

El lago del Berriasiense (yacimientos de Soria)

Los yacimientos de la provincia de Soria proceden mayoritariamente del área situada alrededor de un gran lago que se instauró en esta región a comienzos del Cretácico, durante el período Berriasiense. Estos yacimientos se sitúan principalmente en la parte sur de la provincia de Soria, algunos cerca de la cuenca del río Cidacos, otros en la comarca de las Tierras Altas y otros más hacia el este, cerca de la localidad de San Pedro Manrique.

La mayoría de las icnitas de estos yacimientos sorianos pertenecen a dinosaurios terópodos. Son huellas tridáctilas, con los dedos en general largos y delgados y conspicuas terminaciones distales acuminadas, debido a la presencia de garras que servían como poderosas armas para cazar (Fig. 6). En algunos yacimientos, como en Fuente Lacorte (Bretún) (Fig. 6D), por ejemplo, existen numerosos rastros con icnitas tetradáctilas, en las que quedaron marcadas las impresiones producidas por el dedo I (hallux) (Fig. 6C).

Salvo excepciones, las huellas de terópodos del Grupo Oncala presentan un menor tamaño que las que veremos posteriormente en el Grupo Enciso, aunque existen también ejemplos de gran talla. Los ornitópodos forman un pequeño porcentaje entre las icnitas de estos yacimientos, con formas tridáctilas de dedos distalmente redondeados, como, por ejemplo, las icnitas de Los Tormos (Santa Cruz de Yanguas). También es minoritario el registro de icnitas de saurópodos. A pesar de ello, existe un impresionante rastro producido por un saurópodo de gran talla en el yacimiento de Salgar de Sillas (Los Campos) (Meijide Fuentes *et al.*, 2004) (Fig. 6A), testigo del paso de un impresionante dinosaurio que causó un rastro estrecho (*narrow gauge*), con un bajo índice de heteropodia, sugiriendo la presencia de un saurópodo no titanosauriforme. Otro yacimiento interesante con huellas de saurópodos es Fuentes de Magaña (Pascual Arribas *et al.*, 2005), con un gran número de ejemplares, evidenciado el hecho de que, a pesar de su menor número con respecto a los dominantes terópodos, los saurópodos eran una parte muy importante del ecosistema del Berriasiense de Cameros. Hay que añadir aquí la importante presencia de algunas icnitas de tireóforos estegosaurios. Contrasta con su ausencia en el Grupo Enciso, lo que probablemente se deba a que o bien se habían extinguido o bien eran ya un grupo muy minoritario. Sin embargo, en el Grupo Oncala, se han descubierto algunas icnitas de tireóforos (Pascual *et al.*, 2012) y, para completar el registro de este grupo, se encontró –en Aguilar del Río Alhama– la terminación distal del fémur de un tireóforo próximo al género *Dacentrurus* (Moratalla y Lozano, 2023) (Fig. 6E).

Figura 6. A, icnitas de un saurópodo de gran tamaño en el yacimiento de Salgar de Sillas (Los Campos, Soria). B, icnitas tridáctilas de terópodos en el mismo yacimiento. C, icnita tetradáctila de un terópodo en el yacimiento de Virgen del Prado (Inestrillas-Aguilar del Río Alhama, la Rioja). D, icnita tetradáctila de un terópodo en el yacimiento de Fuente Lacorte (Bretún, Soria). E, fragmento distal del fémur de un dinosaurio estegosaurio procedente del yacimiento de La Llana (Aguilar del Río Alhama, La Rioja).

Una de las grandes diferencias en el registro paleoicnológico entre el Berriasiense del Grupo Oncala y el Barremiense-Aptiense del Grupo Enciso, es el registro de icnitas de pterosaurios. En efecto, llama la atención la impresionante cantidad de icnitas de pterosaurios en los yacimientos de la provincia de Soria. De hecho, algunos de los afloramientos (Los Tormos, en Santa Cruz de Yanguas) (Moratalla, 1993), fueron material de estudio muy útil para definitivamente proponer que estas icnitas, denominadas *Pteraichnus*, eran efectivamente causadas por pterosaurios (Lockley *et al.*, 1995), identificación que se mantiene vigente hoy en día. Esta gran abundancia de huellas de pterosaurios ha servido para proponer una serie de icnoespecies, algunas de dudosa validez (Fuentes, 2001; Fuentes-Vidarte *et al.*, 2004; Pascual Arribas *et al.*, 2000, 2016) y que fueron inicialmente cuestionadas por Moratalla y Hernán (2009): tal vez necesiten ahora una nueva revisión. Las mismas dudas existen sobre posibles icnitas de aves del yacimiento de Serrantes (Villar del Río), que fueron denominadas *Archaeornithipus* (Fuentes, 1996), pero que representan una identificación muy dudosa (Castanera *et al.*, 2016).

Además del registro paleoicnológico, como siempre dominado por los dinosaurios y especialmente por los terópodos, el Berriasiense de Cameros ha proporcionado una gran cantidad de fósiles de moluscos que han sido estudiados por miembros del equipo del Museo Geominero y cuyo trabajo llevó a proponer un nuevo género de bivalvo (*Protopleurobema*) procedente de la localidad riojana de Valdeperillo (Cornago) (Delvene y Araujo, 2009a). Y también restos de peces semionotiformes, como el nuevo género *Camerichtys* (Bermúdez-Rochas y Poyato-Ariza, 2015).

En definitiva, el conjunto de yacimientos de icnitas de dinosaurios del Grupo Oncala fueron producidos mayoritariamente en la zona de drenaje de un lago permanente, un ecosistema con escasa influencia marina (Gómez-Fernández y Meléndez, 1994) a diferencia de lo que veremos a continuación en el Grupo Enciso.

El lago Enciso (yacimientos de la provincia de La Rioja)

Durante el Barremiense superior-Aptiense inferior se instauró en la Cuenca de Cameros un sistema lacustre muy extenso que reunió unas condiciones favorables para la formación y preservación de huellas de vertebrados. Como consecuencia, hoy tenemos la suerte de poder contemplar una gran cantidad de yacimientos de icnitas de dinosaurios. Las características estratigráficas, sedimentológicas y paleoecológicas del lago Enciso han sido estudiadas por diversos equipos de investigación, pero tal vez los resultados más interesantes se pueden comprobar en Hernán (2018). En este trabajo, se estudiaron los yacimientos paleoicnológicos del Grupo Enciso desde el punto de vista estratigráfico y sedimentológico, y sus resultados aclararon muchos aspectos sobre las condiciones paleo-biogeográficas de toda la Cuenca de Cameros.

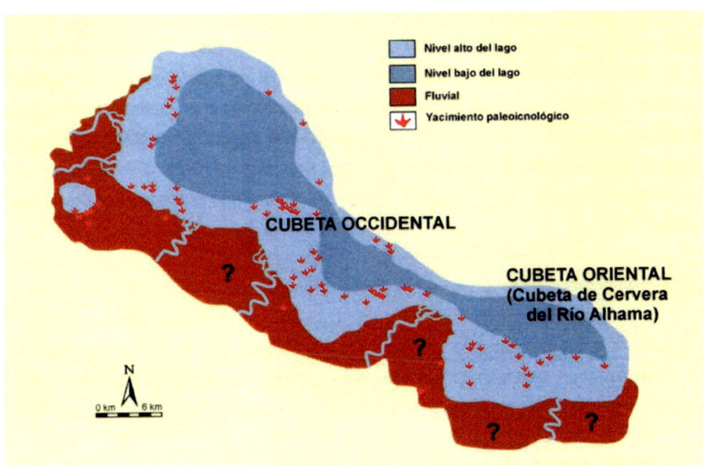

Figura 7. Esquema del lago Enciso mostrando las dos áreas depocentrales (de mayor profundidad), así como la situación de muchos de los yacimientos de icnitas de dinosaurios conocidos (icnitas en rojo) (según Hernán, 2018).

El lago Enciso se encontraba situado en la mitad derecha de la actual provincia de La Rioja (Fig. 7). Con unas dimensiones de unos 52-55 km de longitud y unos 26 km de anchura, era un lago de carácter permanente. Presentaba dos zonas depocentrales, una más profunda cerca de la localidad de Préjano y otra más somera situada en el área de Cervera del Río Alhama (Hernán, 2018), ésta más cerca del mar que la de Préjano. Este lago estaba situado en una amplia área de drenaje de unos 5000 km^2 y era poco profundo, de escasas pendientes, en un paisaje sin apenas relieve, muy cerca del mar, con un nivel de oxígeno disuelto en agua menor que en los lagos actuales (también menos oxígeno en la atmósfera que hoy en día), clima cálido y húmedo, localizado mucho más al sur de lo que estamos hoy (cerca del paralelo 32°), con vientos predominantes del NO-SE y un mar cercano con aguas mucho más ricas en calcio que en los mares actuales (Hernán, 2018). Helechos, helechos arborescentes (Barale y Viera, 1991), cicas, araucarias, equisetos, ginkgos, gimnospermas, carófitas (Martín-Closas y Alonso, 1998) y algunas plantas con flores (las primeras de la historia), pero nada de hierbas por el suelo. Las herbáceas (plantas C4) aún no habían hecho su aparición. Tal era el paisaje continuamente visitado por gran cantidad de dinosaurios.

Los yacimientos de icnitas de dinosaurios de La Rioja se formaron bajo dos condiciones paleogeográficas y paleoecológicas muy importantes:

(i) Por un lado, se produjo una transgresión marina que inundó la Cuenca Vasco-Cantábrica con lo que el mar se aproximó no muy lejos del borde norte del lago Enciso. Pero también, como consecuencia de esta transgresión, el mar de Tethys se aproximó desde el sureste. La consecuencia fue que, si los dinosaurios querían viajar o transitar desde el Macizo Ibérico hasta el Macizo del Ebro y viceversa, habían de hacerlo forzosamente a través del lago Enciso y/o de su área de drenaje.

(ii) Además, este lago sufría cambios estacionales en su nivel freático. Así, los animales podían aprovechar estas bajadas de nivel de agua para moverse por determinadas zonas. De este modo, se formaron muchas huellas de pisadas en zonas inundadas, en márgenes de charcas, en pequeños deltas que desembocaban en el lago, en márgenes de pequeños canales fluviales, etc. Muchas de estas huellas se borraron, pero otras, más afortunadas, se cubrieron con nuevos sedimentos y, fuera ya de los peligros de destrucción meteorológica o biológica, se consolidaron y litificaron hasta preservarse. Y aquí hay que señalar un aspecto muy importante que supone una gran diferencia con respecto al lago del Berriasiense de Soria. Mientras que, en aquél, los yacimientos se sitúan en la región circundante al mismo, en el lago Enciso ocurre todo lo contrario. Casi todos los yacimientos se produjeron en el interior del lago, en períodos de bajo nivel freático, al igual que ocurre hoy en día en lagos relativamente similares de algunas regiones de rift, como es el sistema de lagos de África oriental.

Esta situación paleo-geográfica del lago Enciso como nexo de unión de dos masas continentales, obligaba a los animales a tomar direcciones de movimiento fuertemente condicionadas por las características geográficas de la región. Por ello, nuestro equipo de investigación midió el sentido de movimiento de numerosos rastros de icnitas de dinosaurios del Grupo Enciso, llegando a la conclusión de que mayoritariamente presentan un patrón bidireccional que coincide en gran medida con la situación de las dos áreas continentales. En efecto, durante el Barremiense-Aptiense, la mayor parte de los dinosaurios de Cameros se movieron preferentemente en un sentido este-oeste y viceversa, según un patrón estadísticamente bidireccional (Moratalla y Hernán, 2010).

Además de la actividad de los dinosaurios y de otros grandes vertebrados, el lago Enciso estaba «lleno de vida», con abundantes moluscos, especialmente bivalvos y gasterópodos, peces semionotiformes y tiburones del grupo de los hibodóntidos. Estos restos de organismos han sido estudiados por miembros del Museo Geominero dando lugar a interesantes publicaciones donde se puede profundizar mucho más en las características de estas faunas (Delvene 2002; Delvene y Araujo, 2009b; Bermúdez-Rochas *et al.*, 2005, 2012; Bermúdez-Rochas y Poyato-Ariza, 2015).

A diferencia del Grupo Oncala soriano, las huellas de pterosaurios son realmente escasas en el lago Enciso. Tan solo han sido halladas en las cercanías del yacimiento de Los Cayos (Moratalla *et al.*, 1994b y 2009) (Fig. 8A), a pesar de que se conocen restos esqueléticos bastante completos de un pterosaurio procedente de Préjano: *Prejanopterus* (Fuentes Vidarte y Meijide Calvo, 2010; Pereda-Suberbiola *et al.*, 2012). Los quelonios, habituales de zonas lacustres, hicieron también su presencia en el lago Enciso, y han proporcionado algunas icnitas en el área de Los Cayos. De hecho, ya se conocía una icnita aislada de quelonio (Moratalla *et al.*, 1990), pero es digno de observar un pequeño nivel estratigráfico situado en Los Cayos C (Cornago), donde existe un buen número de icnitas de tortugas junto a diversas icnitas de dinosaurios terópodos (Moratalla y Hernán, 2009) (Fig 8B y Fig. 11A).

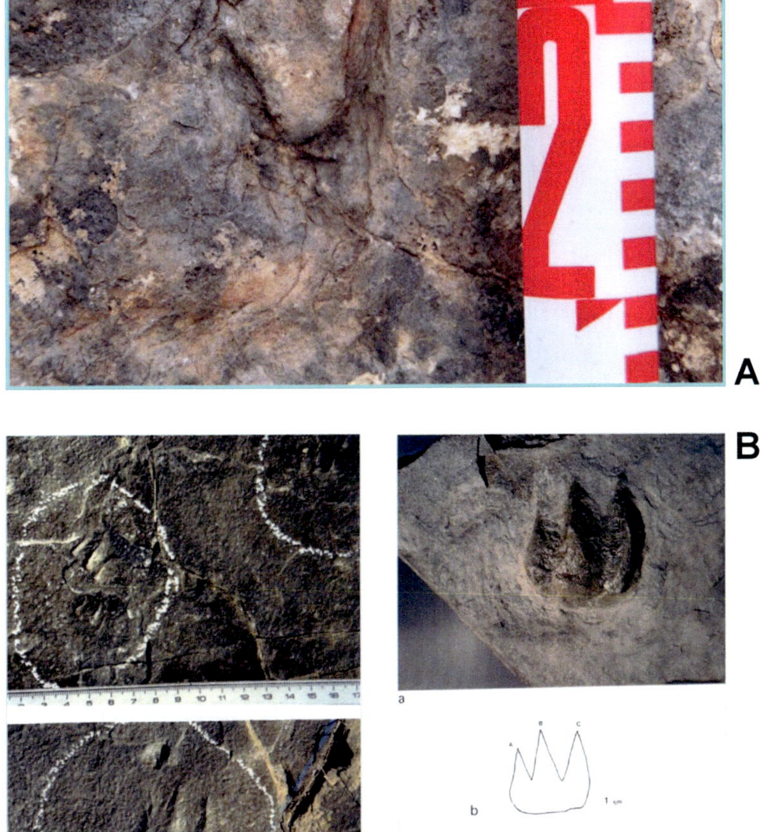

Figura 8. A, icnita (*Pteraichnus*) producida por la mano izquierda de un pterosaurio en Los Cayos C (Cornago, La Rioja). B, icnitas de tortugas en el yacimiento de Los Cayos C (Cornago, La Rioja).

La mayor parte de las huellas de dinosaurios del Grupo Enciso son, igual que ocurría en el Grupo Oncala, de dinosaurios terópodos. Aunque parezca una paradoja desde el punto de vista ecológico, esta proporción es solo aparente, ya que no refleja la composición faunística de una población. En realidad, es un reflejo directo de la tasa de actividad. Los animales más activos, tendrán potencialmente más posibilidades de producir huellas que los animales menos activos. Y probablemente, los dinosaurios terópodos fueron formas estadísticamente más activas que otros grupos conocidos de dinosaurios como puedan ser ornitópodos, saurópodos o tireóforos. De hecho, la coincidencia de estos porcentajes tanto en el Grupo Oncala, como en el Grupo Enciso, apuntan a esta hipótesis, que no es única en el registro fósil mundial, ya que existen grandes áreas de yacimientos de icnitas de dinosaurios que presentan resultados parecidos (Lockley, 1991).

Un aspecto curioso de los rastros de dinosaurios de la Cuenca de Cameros es que de los miles de casos la mayoría muestran una locomoción muy tranquila, dentro de lo que denominamos caminar o marchar. Casi todos están dentro de un rango tranquilo, sin correr, tanto los dinosaurios de gran tamaño como los de menor talla. Este hecho llama la atención porque sabemos que la mayoría de estos dinosaurios bípedos eran capaces de correr, pero, sin embargo, en los fangos y sedimentos, tanto del lago Enciso como del lago Berriasiense, no solían hacerlo. Tal vez pulular por zonas fangosas, llenas de barro, en ocasiones cubiertas de agua, no invitase a demostraciones de alta energía cinética. A pesar de ello, existen algunas excepciones, por ejemplo, en la localidad de Igea, con algún rastro que muestra una clara locomoción de carrera (Navarro-Lorbés *et al.*, 2021).

Existen muchas evidencias, sobre todo procedentes del registro osteológico, de que algunos dinosaurios eran formas gregarias. También existen testimonios de ello en algunos yacimientos de la Cuenca de Cameros. Destacan aquí, probablemente, los yacimientos de Los Cayos A y B (Cornago), con una gran cantidad de rastros paralelos que muestran un sentido de progresión común (Fig. 9). Además, estas icnitas de dinosaurios terópodos son muy similares en morfología y talla, presentan un espaciado regular entre los diferentes rastros y muestran una velocidad de progresión similar. Todo indica que se trataba de un grupo de terópodos moviéndose de forma gregaria. Aunque hemos mencionado que las huellas de los rastros de Los Cayos son similares, en realidad no todas son así. En ocasiones –dependiendo del grado de penetración de autópodo en el sustrato– el hallux (o dedo I del pie) podía contactar con el sedimento

Figura 9. A, impresionante rastro de un gran terópodo en Los Cayos A (Cornago, La Rioja). B, algunos de los rastros de Los Cayos A muestran un sentido de progresión común a la vez que un espaciamiento regular entre los mismos sugiriendo un comportamiento gregario, al igual que ocurre en el yacimiento de Valdebrajes (fotografía de abajo a la derecha) (véase también la figura 11B).

dejando su marca en él dando lugar a un dedo corto orientado en sentido postero-medial (Moratalla, 1993; Moratalla y Hernán, 2008).

La presencia de agua era también algo muy habitual en estos ambientes y, de hecho, en ocasiones, algunos de nuestros dinosaurios con capacidad natatoria (Balter, 2014) podrían ejercer este privilegio para desplazarse de un lado a otro (Ezquerra *et al.*, 2007; Navarro-Lorbés *et al.*, 2023). El agua está tan presente en estos ambientes que es muy frecuente la presencia, en muchos yacimientos de huellas de dinosaurios, de rizaduras de oleaje o *ripple-marks*. Estas rizaduras suelen ser de oscilación, es decir, no están provocadas por una corriente de agua, sino más bien por un oleaje tranquilo. Existen muchos ejemplos en La Rioja, pero Los Cayos A es tal vez uno de los casos paradigmáticos, donde se pueden observar los *ripples* tanto fuera como en el interior de las icnitas. Estudiando la altura y la longitud de onda de los *ripple-marks* se pueden deducir diversos aspectos como, por ejemplo, la probable profundidad del agua. Así, se han estimado ciertas variables batimétricas del lago Enciso que arrojan resultados como, por ejemplo, una profundidad máxima de 3 metros en la zona de Munilla, 1,6 m en la zona de Enciso o 2,5 m en el área de Cornago (Hernán, 2018). Por otro lado, sabemos que el lago Enciso contenía agua con poca salinidad, tal y como sugieren los restos de diversas especies de ostrácodos, de bivalvos como *Unio*, de gasterópodos como *Viviparus* o de peces Semionotiformes (Bermúdez-Rochas *et al.*, 2012). Sin embargo, también hay episodios donde la influencia del cercano mar fue mucho más patente, como sugiere la presencia de algas dasycladáceas (Alonso y Mas, 1993; Suárez-González *et al.*, 2015), o de faunas con más tolerancia a aguas salobres como el bivalvo *Eomiodon*, el gasterópodo *Paraglauconia* e incluso el tan conocido género *Cerithium* (Viera *et al.*, 1984).

Y ¿quiénes fueron los dinosaurios que causaron tal cantidad de huellas? Ya hemos mencionado que la mayoría de estas icnitas pertenecen a dinosaurios terópodos. Sabemos que en Iberia predominaron dos grupos principales de terópodos: los carcarodontosaurios y los espinosaurios. No los únicos, pero sí los más abundantes. Los primeros eran formas robustas con una dentición de dientes poderosos, afilados, comprimidos y crenulados, adaptados para cortar carne. Un ejemplo notable es *Concavenator* (Cuesta *et al.*, 2015), del yacimiento de Las Hoyas (Cuenca). Pero también parecen cada vez más abundantes los miembros del grupo de los espinosaurios, incluso hallados en la localidad de Igea (Arizmendi *et al.*, 2024). Sin duda, diversos miembros de estos dos grupos (carcarodontosaurios y espinosaurios) fueron los responsables de la mayoría de las icnitas de terópodos de yacimientos como Enciso, Munilla, Igea, Cornago, etc. (Fig. 10A).

A

B C

Figura 10. A, rastro de un terópodo de gran talla en el yacimiento de Valdecevillo (Enciso, La Rioja). B, icnita de un gran dinosaurio ornitópodo en el yacimiento de La Magdalena (Enciso). C, icnita producida por la mano derecha de un saurópodo en el yacimiento de Los Cayos S (Cornago, La Rioja); su morfología sugiere la presencia de un saurópodo titanosauriforme.

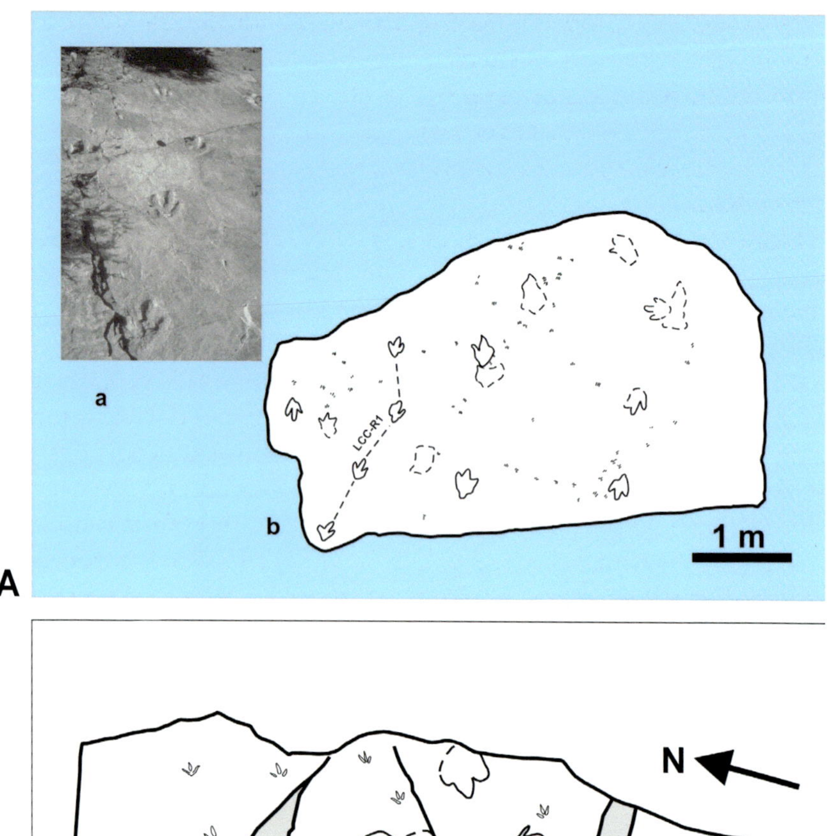

B

N

1 m

Figura 11. A, planimetría de uno de los niveles de Los Cayos C (Cornago, La Rioja) mostrando pequeñas marcas producidas por quelonios (b); la imagen de la izquierda muestra el rastro de terópodo LCC-R1 en el mismo nivel (a) (véase también la figura 8B). B, planimetría del yacimiento de Valdebrajes (Cervera del Río Alhama, La Rioja), que muestra diversos rastros paralelos muy cortos de icnitas tridáctilas producidas por dinosaurios ornitópodos. En el mismo nivel existen también diversas icnitas de terópodos y ornitópodos de mayor talla.

Dentro de los ornitópodos, tanto *Iguanodon* como *Mantellisaurus*, los dos géneros más abundantes en el Cretácico Inferior europeo, deberían de ser los responsables de las icnitas de ornitópodos presentes en algunos yacimientos, donde destacan sobremanera los de La Canal (Munilla) (Viera *et al.*, 1984), o La Magdalena (Enciso) (Moratalla *et al.*, 1988) (Fig. 10B). Los rastros de saurópodos no son especialmente abundantes en el Grupo Enciso, aunque destaca por encima de todo el rastro de saurópodo del yacimiento de Valdecevillo (Enciso), así como un pequeño rastro en Los Cayos S (Cornago), donde la impresión de una mano muy bien conservada, con una clara estructura pentadáctila, sugiere la presencia de un dinosaurio titanosauriforme de gran tamaño (Moratalla y Hernán, 2008) (Fig. 10C). Además de las típicas icnitas de media y gran talla producidas por terópodos, ornitópodos y saurópodos, existen otras icnitas de menor tamaño. Estas impresiones, también tridáctilas, aparecen en yacimientos como Los Cayos B y C, Peña Portillo o El Villar de Enciso. En principio, parecen icnitas producidas por dinosaurios terópodos de pequeña talla. De parecido tamaño son las icnitas del yacimiento de Valdebrajes (Cervera del Río Alhama), donde existen una serie de rastros, muy cortos mostrando un sentido de progresión común. Sin embargo, en este caso no se trata de terópodos, sino de pequeños dinosaurios ornitópodos cercanos al género *Hypsilophodon* o incluso *Valdosaurus* (Fig. 11B).

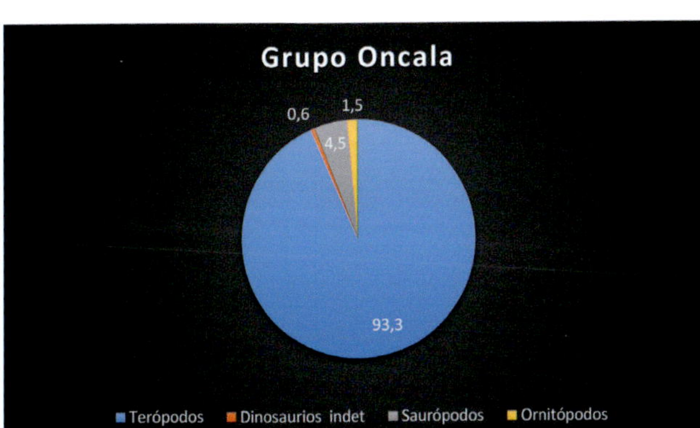

Figura 12. Porcentajes de los principales tipos de icnitas características del Grupo Oncala (Berriasiense) (A) dominados por los dinosaurios terópodos, al igual que ocurre con las icnitas del Grupo Enciso (Barremiense-Aptiense) (B). Nótese que en el Grupo Enciso desciende la proporción de icnitas de dinosaurios saurópodos y aumentan significativamente los ornitópodos, lo que parece ir en detrimento de los terópodos que, aunque dominantes, no lo son tanto como en el Grupo Oncala.

Conclusiones

Las icnitas de vertebrados de la Cuenca de Cameros proporcionan, desde el punto de vista paleoecológico, información sobre cómo eran las comunidades de vertebrados de todo este complejo ecosistema. Vemos que estas comunidades estaban ampliamente dominadas por los dinosaurios y, dentro de éstos, por los dinosaurios terópodos (Fig. 12). No obstante, se trata de una evidencia indirecta que ha de ser considerada con mucha cautela ya que, debido a su potencial actividad, el dominio de los terópodos puede ser totalmente ficticio. A pesar de estas limitaciones, el registro paleoicnológico puede constituir un complemento muy útil para estudiar las comunidades de vertebrados, sobre todo en aquellas zonas con pocos restos osteológicos. La región oriental de la Cuenca de Cameros es un ejemplo de ello, por lo que las icnitas fósiles han de tenerse en cuenta de forma inexcusable.

Por último, hay que destacar las aparentes diferencias entre las comunidades de vertebrados entre el Grupo Oncala (Berriasiense) y el Grupo Enciso (Barremiense-Aptiense). Estas diferencias se centran en una menor proporción de ornitópodos, así como de una mayor actividad de los pterosaurios, durante el Berriasiense. La escasez de estos últimos llama la atención en el ecosistema del lago Enciso (Fig. 12). Si estas diferencias se deben a cuestiones temporales (hay una distancia de unos 15-20 millones de años), geográficas o exclusivamente ecológicas, es algo que habrá que resolver en el futuro.

AGRADECIMIENTOS

Este trabajo es un breve resumen de una labor de años en la que han colaborado muchas personas, tanto profesionales de la paleontología como aficionados, quienes han ayudado y protagonizado numerosos descubrimientos y trabajos de campo. Quisiera expresar mi más profundo agradecimiento a los miembros de la Unidad de Paleontología de la Universidad Autónoma de Madrid, especialmente involucrados en el yacimiento de Las Hoyas y, por supuesto, a todas las personas de la plantilla del Museo Geominero, quienes han contribuido notoriamente a una mejor comprensión de las condiciones paleobiogeográficas y paleoecológicas de la compleja Cuenca de Cameros.

A Santiago Jiménez, descubridor de numerosos yacimientos de icnitas de dinosaurios en La Rioja, trabajador y divulgador infatigable. Y a Martin G. Lockley (Universidad de Colorado en Texas, EEUU), con quien tuve el privilegio de trabajar y de aprender el duro camino del estudio de los yacimientos de icnitas de dinosaurios.

Durante estos años se han completado y llevado a cabo diversos proyectos I+D+i de investigación financiados por el Ministerio de Ciencia. Los más importantes en el campo que hace referencia a este trabajo son: CGL2006-10380 (implicado en el estudio de la Cuenca de Cameros), CGL2013-42643-P y PID 2019-105546 GBI00 (estos dos últimos dedicados al estudio del yacimiento de Las Hoyas).

BIBLIOGRAFÍA

ALONSO, A. Y MAS, R. 1993. Control tectónico e influencia del eustatismo en la sedimentación del Cretácico inferior de la cuenca de Cameros. *Cuadernos de Geología Ibérica*, 17, 285-310.

ARIZMENDI, E.; CUESTA, E.; DÍAZ-MARTÍNEZ, I.; COMPANY, J.; SÁEZ-BENITO, P.; VIERA, L.I.; TORICES, A. Y PEREDA-SUBERBIOLA, X. 2024. Increasing the theropod record of Europe: a new basal spinosaurid from the Enciso Group of the Cameros Basin (La Rioja, Spain). Evolutionary implications and palaeobiodiversity. *Zoological Journal of the Linnean Society*. https://doi.org/10.1093/zoolinnean/zlad193

BALTER, H. 2014. Giant dinosaur was a terror of Cretaceous waterways. *Science*, 345, 1232.

BARALE, G. Y VIERA, L.I. 1991. Description d'une nouvelle paléoflore dans le Crétacé inférieur du Nord de l'Espagne. *Munibe*, 43, 21-35.

BERMÚDEZ-ROCHAS, D. Y POYATO-ARIZA, F.J. 2015. A new semionotiform actinopterygian fish from the Mesozoic of Spain and its phylogenetic implications. *Journal of Systematic Palaeontology*, 13 (4), 265-285.

BERMÚDEZ-ROCHAS, D.; DELVENE, G. Y RUIZ-OMEÑACA, J.I. 2012. Evidence of predation in Early Cretaceous unionid bivalves from freshwater sediments in the Cameros Basin, Spain. *Lethaia*, 46, 57-70.

BERMÚDEZ-ROCHAS, D.; DELVENE, G.; MORATALLA, J.J. Y POYATO-ARIZA, F.J. 2005. Valdehierro (Navajún, La Rioja): un yacimiento con restos ictiológicos y malacológicos del Cretácico Inferior de la Cuenca de Cameros. *XXII Jornadas de la Sociedad Española de Paleontología*, Sevilla, 97-98.

BERROCAL-CASERO, M.; ARRIBAS, M. Y MORATALLA, J.J. 2016. Didactic and divulgative resources of the Middle Triassic vertébrate tracksite of Los Arroturos (Guadalajara province, Spain). En: *Actas de las XXX Jornadas de la Sociedad Española de Paleontología.* Cuadernos del Museo Geominero, 20. Instituto Geológico y Minero de España, Madrid, 111-116.

BERROCAL-CASERO, M.; ARRIBAS, M. Y MORATALLA, J.J. 2018. Didactic and Divulgative Resources of the Middle Triassic Vertebrate Tracksite of Los Arroturos (Province of Guadalajara, Spain). *Geoheritage*, 10, 375-384. https://doi.org/10.1007/s12371-017-0244-1

BUCKLAND, W. 1824. Notice on *Megalosaurus* or great fossil lizard of Stonesfield. *Geological Society of London*, 21, 390-397.

BUSCALIONI, A.D. 1986. Los cocodrilos fósiles del registro español. *Paleontologia i Evolució*, 20, 93-98.

BUSCALIONI, A.D. Y CHAMERO, B. 2016. Crocodylomorpha. En: F.J. Poyato-Ariza y A.D. Buscalioni (eds.), *Las Hoyas: A Cretaceous Wetland. A multidisciplinary synthesis after 25 years of research on an exceptional fossil Lagerstätte from Spain*. Verlag Dr. Friedrich Pfeil, Múnich, 162-169.

BUSCALIONI, A.D. Y FREGENAL-MARTÍNEZ, M.A. 2010. A holistic approach to the palaeoecology of Las Hoyas Konservat-Lagerstätte (La Huérguina Formation, Lower Cretacous, Iberian Ranges, Spain). *Journal of Iberian Geology*, 36 (2), 297-326.

CALDERÓN, S. 1897. Una huella de *Cheirotherium* de Molina de Aragón. *Actas de la Sociedad Española de Historia Natural,* 26, 27-29.

CASANOVAS, M.L. Y SANTAFÉ, J.V. 1971. Icnitas de reptiles mesozoicos en la provincia de Logroño. *Acta Geologica Hispanica*, 9 (2), 45-49.

CASANOVAS, M.L. Y SANTAFÉ, J.V. 1974. Dos nuevos yacimientos de icnitas de Dinosaurios. *Acta Geologica Hispanica*, 9 (3), 88-91.

CASTANERA, D.; CANUDO, J.I.; BARCO, J.L. Y RAUHUT, O.W.M. 2016. Avian or dinosaur tracks? The Serrantes tracksite (Huérteles Fm., Berriasian, Soria, Spain) revisited. En: VII *Jornadas Internacionales sobre Paleontología de Dinosaurios y su Entorno*. Salas de los Infantes, Burgos, 47-48.

CUESTA, E.; DÍAZ-MARTÍNEZ, I.; ORTEGA, F. Y SANZ, J.L. 2015. Did all theropod have chicken-like feet? First evidence of a non-avian dinosaur podotheca. *Cretaceous Research*, 56, 53-59.

DELVENE, G. 2002. Revisión histórica de las especies de bivalvos citadas en el Jurásico de la Cordillera Ibérica, España. *Revista Española de Paleontología*, 17 (2), 199-210.

DELVENE, G. Y ARAUJO, R. 2009a. *Protopleurobema*: a new genus of freshwater bivalve from the Lower Cretaceous of Cameros basin (NW Spain). *Journal of Iberian Geology*, 35 (2), 169-178.

DELVENE, G. Y ARAUJO, R. 2009b. Early Cretaceous non-marine bivalves from the Cameros and Basque-Cantabrian basins of Spain. *Journal of Iberian Geology*, 35 (1), 19-34.

DEMATHIEU, G.R. Y SAIZ DE OMEÑACA, J. 1976. Le faune ichnologique du Trias de Puentenansa dans son environment paléogéographique (Santander, Espagne). *Bulletin de la Société Géologique de France,* 18, 1251-1256.

DEMATHIEU, G.R. Y SAIZ DE OMEÑACA, J. 1977. Estudio de *Rhyncosauroides santanderiensis*, n. sp., y otras nuevas huellas de pisadas en el Trias de Santander, con notas sobre el ambiente paleogeográfico. *Acta Geologica Hispanica*, 12, 49-54.

DEMATHIEU, G.R. Y SAIZ DE OMEÑACA, J. 1979. Características y significado del *Rhynchosauroides extraneus* n. sp., *Rh. simulans* n. sp. y otras nuevas huellas del Triásico de Cantabria. *Boletín de la Real Sociedad Española de Historia Natural, Sección Geológica*, 77, 91-99.

DEMATHIEU, G.R.; RAMOS, A. Y SOPEÑA, A. 1978. Fauna icnológica del Triásico del extremo noroccidental de la Cordillera Ibérica (Prov. de Guadalajara). *Estudios Geológicos*, 34, 175-186.

DÍAZ-MARTÍNEZ, I. Y PÉREZ-GARCÍA, A. 2012. Historical and comparative study of the first Spanish vertebrate paleoichnological record and bibliography review of the Spanish chiroteroiid footprints. *Ichnos*, 19, 141-149.

DÍAZ-MARTÍNEZ, I.; CASTANERA, D.; GASCA, J.M. Y CANUDO, J.I. 2015. A reappraisal of the Middle Triassic chirotheriid *Chirotherium ibericus* Navás, 1906 (Iberian Range NE

Spain), with comments on the Triassic stage boundary definitions through correlation to Tethyan sections. *Palaeogeography, Palaeoclimatology, Palaeoecology*, 229, 158-177.

Díaz-Martínez, I.; Pérez-García, A.; Ortega, F.; Sánchez-Moya, Y. y Sopeña, A. 2021. Huellas de vertebrados triásicos del Geoparque Molina-Alto Tajo. En: *Guía de Fósiles del Geoparque Molina-Alto Tajo*. Asociación de Amigos del Museo de Molina. Molina de Aragón, Guadalajara, 85-104.

Díez-Herrero, A.; Luengo, J.; Vegas, J.; Hernández, M.; Carcavilla, L.; Sopeña, A.; Sánchez-Moya, Y.; Moratalla, J.J.; Baeza, E. y García-Cortés, A. 2017. Propuesta de monitorización instrumental para la geoconservación del LIG «Icnitas de reptiles triásicos» en el Geoparque de la Comarca de Molina-Alto Tajo (Guadalajara). En: L. Carcavilla, J. Duque-Macías, J. Giménez, A. Hilario, M. Monge-Ganuzas, J. Vegas y A. Rodríguez (eds.), *Patrimonio geológico gestionando la parte abiótica del patrimonio natural*. Cuadernos del Museo Geominero, 21. Instituto Geológico y Minero de España, Madrid, 155-161.

Escaso, F.; Ortega, F. y Sanz, J.L. 2016. Dinosauria (non-avian Saurischia). En: F.J. Poyato-Ariza y A.D. Buscalioni (eds.), *Las Hoyas: A Cretaceous Wetland. A multidisciplinary synthesis after 25 years of research on an exceptional fossil Lagerstätte from Spain*. Verlag Dr. Friedrich Pfeil, Múnich, 177-182.

Ezquerra, R.; Doublet, S.; Costeur, L.; Galton, P.M. y Pérez-Lorente, F. 2007. Were non-avian theropod dinosaurs able to swim? Supportive evidence from an Early Cretaceous trackway, Cameros Basin (La Rioja, Spain). *Geology*, 35 (6), 507-510.

Fortuny, J.; Bolet, A.; Sellés, A.G.; Cartanyá, J. y Galobart, A. 2011. New insights on the Permian and Triassic vertebrates from the Iberian Peninsula with emphasis on the Pyrenean and Catalonian basins. *Journal of Iberian Geology*, 37, 65-86.

Fuentes, C. 1996. Primeras huellas de aves en el Weald de Soria (España). Nuevo icnogénero, *Archaeornithipus* y nueva icnoespecie, *A. meijidei*. *Estudios Geológicos*, 52, 63-75.

Fuentes, C. 2001. A new species of *Pteraichnus* for the Spanish Lower Cretaceous: *Pteraichnus cidacoi*. *Strata*, 11, 44-46.

Fuentes-Vidarte, C. y Meijide Calvo, M. 2010. Un nuevo pterosaurio (Pterodactyloidea) en el Cretácico Inferior de La Rioja. *Boletín Geológico y Minero*, 121 (3), 311-328.

Fuentes-Vidarte, C.; Meijide Calvo, M.; Meijide Fuentes, M. y Meijide Fuentes, F. 2004. Huellas de pterosaurios en la Sierra de Oncala (Soria, España). Nuevas icnoespecies: *Pteraichnus vetustior, Peraichnus parvus, Pteraichnus manueli*. *Celtiberia*, 54 (98), 471-490.

Gibert, J.M.; Moratalla, J.J.; Mángano, G. y Buatois, L.A. 2016. Ichnoassemblage (trace fossils). En: F.J. Poyato-Ariza y A.D. Buscalioni (eds.), *Las Hoyas: A Cretaceous Wetland. A multidisciplinary synthesis after 25 years of research on an exceptional fossil Lagerstätte from Spain*. Verlag Dr. Friedrich Pfeil, Múnich, 195-101.

Gómez-Fernández, J.C. y Meléndez, N. 1994. Climatic control on Lower Cretaceous sedimentation in a playa-lake system of a tectonically active basin (Huérteles Alloformation, Eastern Cameros Basin, North-Central Spain). *Journal of Paleolimnology*, 11, 91-107.

Guerrero, M.C.; López-Archilla, A.I. e Iniesto, M. 2016. Microbial mats and preservation. En: F.J. Poyato-Ariza y A.D. Buscalioni (eds.), *Las Hoyas: A Cretaceous Wetland. A multidisciplinary synthesis after 25 years of research on an exceptional fossil Lagerstätte from Spain*. Verlag Dr. Friedrich Pfeil, Múnich, 220-228.

Hernán, J. 2018. *Estratigrafía y sedimentología de las Formaciones con icnitas de dinosaurios del Grupo Enciso (Cameros, La Rioja, Aptiense).* Tesis doctoral, Escuela Técnica Superior de Ingenieros de Minas y Energía, Universidad Politécnica de Madrid, 490 pp.

Herrera, C.; Moratalla, J.J.; Belaústegui, Z.; Marugán-Lobón, J.; Martín-Abad, H.; Nebreda, S.M.; López-Archilla, A.I. y Buscalioni, A.D. 2022. A theropod trackway providing evidence of a pathological foot from the exceptional locality of Las Hoyas (upper Barremian, Serranía de Cuenca, Spain). *Plos ONE* 17 (4), e0264406. https://doi.org/10.1371/journal.pone0264406

Leonardi, P. 1959. Orme chirotheriane triassiche spagnole. *Estudios Geológicos*, 15, 235-245.

Llandres, M.; Vullo, R. y Ortega, F. 2016. Dinosauria (Ornithischia). En: F.J. Poyato-Ariza y A.D. Buscalioni (eds.), *Las Hoyas: A Cretaceous Wetland. A multidisciplinary synthesis after 25 years of research on an exceptional fossil Lagerstätte from Spain.* Verlag Dr. Friedrich Pfeil, Múnich, 175-176.

Llandres, M.R.; Vullo, R.; Marugán-Lobón, J.; Ortega, F. y Buscalioni, A.D. 2013. An articulated hindlimb of a basal iguanodont (Dinosauria, Ornithopoda) from the Early Cretaceous Las Hoyas Lagerstätte (Spain). *Geological Magazine*, 150, 572-576.

Lockley, M.G. 1986. The paleobiological and paleoenvironmental importance of dinosaur footprints. *Palaios*, 1, 37-47.

Lockley, M.G. 1991. *Tracking Dinosaurs.* Cambridge University Press, Cambridge, 250 pp.

Lockley, M.G.; Hunt, A.; Moratalla, J.J. y Matsukawa, M. 1994. Limping Dinosaurs? Trackway evidence for abnormal gaits. *Ichnos*, 3, 193-202.

Lockley, M.G.; Logue, T.J.; Schultz, R.; Moratalla, J.J.; Hunt, A.P.; Robinson, J.W. y Wahl, B. 1995. The fossil trackway *Pteraichnus* is pterosaurian, not crocodilian: implications for the global distribution of pterosaur tracks. *Ichnos*, 4, 7-20.

Martín-Closas, C. y Alonso, A. 1998. Estratigrafía y bioestratigrafía (Charophyta) del Cretácico Inferior en el sector occidental de la Cuenca de Cameros (Cordillera Ibérica). *Revista de la Sociedad Geológica de España*, 11 (3-4), 253-269.

Marugán-Lobón, J.; Martín-Abad, H. y Buscalioni, A.D. 2023. The Las Hoyas Lagerstätte: a palaeontological view of an Early Cretaceous wetland. *Journal of the Geological Society*, 180 (3). https://doi.org/10.1144/jgs2022-079

Meijide Fuentes, F.; Fuentes Vidarte, C.; Meijide Calvo, M. y Meijide Fuentes, M. 2004. Rastro de un dinosaurio saurópodo en el Weald de Soria (España). *Brontopodus oncalensis* nov. icnosp. *Celtiberia*, 54 (98), 501-515.

Mas, R.; Alonso, A. y Guimerà, J. 1993. Evolución tectonosedimentaria de una cuenca extensional intraplaca: La cuenca finijurásica-eocretácca de Los Cameros (La Rioja-Soria). *Revista de la Sociedad Geológica de España*, 6 (3-4), 129-144.

Mas, R.; Benito, M.I.; Arribas, J.; Serrano, A.; Guimerà, J.; Alonso, A. y Alonso-Azcárate, J. 2002. La Cuenca de Cameros: desde la extensión finijurásica-eocretácica a la inversión terciaria, implicaciones en la exploración de hidrocarburos. *Zubía*, monográfico 14, 9-64.

Moratalla, J.J. 1993. *Restos indirectos de dinosaurios del registro español: Paleoicnología de la Cuenca de Cameros (Jurásico superior-Cretácico inferior) y Paleoología del Cretácico superior.* Tesis doctoral, Universidad Autónoma de Madrid, 727 pp.

Moratalla, J.J. 2008. *Dinosaurios, un paseo entre gigantes*. Editorial EDAF, Madrid, 319 pp.

Moratalla, J.J. 2009. Sauropod tracks of the Cameros Basin (Spain): identification, trackway patterns and change over the Jurassic-Cretaceous. *Geobios*, 42, 797-811.

Moratalla, J.J. 2013. *Los Dinosaurios, el rastro de unos gigantes que llegaron a dominar la Tierra*. Los Libros de la Catarata, Madrid, 110 pp.

Moratalla, J.J. 2014. Crocodile and dinosaur tracks from the Las Hoyas fossil Lagerstätte (Lower Cretaceous, Cuenca province, Spain). En: *74th Annual Meeting of the Society of Vertebrate Paleontology*, Berlín, 235.

Moratalla, J.J. y Hernán, J. 2008. Los Cayos S y D: dos afloramientos con icnitas de saurópodos, terópodos y ornitópodos en el Cretácico inferior del área de Los Cayos (Cornago, La Rioja, España). *Estudios Geológicos*, 64 (2), 161-173.

Moratalla, J.J. y Hernán, J. 2009. Turtle and pterosaur tracks from the Los Cayos Dinosaur Tracksite, Cameros Basin (Cornago, La Rioja, Spain): tracking the Lower Cretaceous bio-diversity. *Revista Española de Paleontología*, 24 (1), 59-77.

Moratalla, J.J. y Hernán, J. 2010. Probable palaeogeographic influences of the Lower Cretaceous Iberian rifting phase in the Eastern Cameros Basin (Spain) on dinosaur trackway orientations. *Palaeogeography, Palaeoclimatology, Palaeoecology*, 295, 116-130.

Moratalla, J.J. y Lozano, R.P. 2023. A distal femur end of a Stegosauria dinosaur from the Upper Jurassic (Tithonian) of the Cameros Basin (Aguilar del Río Alhama, La Rioja province, Spain). *Boletín Geológico y Minero,* 134 (2), 43-55. https://dx.doi.org/10.211701/bolgeomin/134.2/003

Moratalla, J.J.; Buscalioni, A.D. y Marugán-Lobón, J. 2022a. Crocodylomorph trackways and body fossils from the Lower Cretaceous of the Las Hoyas fossil site: insights on the paleoecology of this Iberian wetland (Cuenca province, Spain). *Journal of Taphonomy*, 16 (1-4), 127-128.

Moratalla, J.J.; Buscalioni, A.D. y Marugán-Lobón, J. 2022b. Crocodylomorph trackway and body fossils from the Lower Cretaceous of the Las Hoyas fossil site: insights on the paleoecology of this Iberian wetland (Cuenca province, Spain). En: *Taphos*, 2022; 5-12 junio de 2022, Alcalá de Henares, Madrid.

Moratalla, J.J.; Sanz, J.L. y Jiménez, S. 1988. Nueva evidencia icnológica de Dinosaurios en el Cretácico inferior de La Rioja (España). *Estudios Geológicos*, 44, 119-131.

Moratalla, J.J.; Sanz, J.L. y Jiménez, S. 1990. Una icnita de quelonio en el Cretácico inferior de La Rioja (España). En: *Actas de las IV Jornadas de la Sociedad Española de Paleontología*. Salamanca, 255-261.

Moratalla, J.J.; Sanz, J.L. y Jiménez, S. 1994a. Dinosaur tracks from the Lower Cretaceous of Regumiel de la Sierra (province of Burgos, Spain): inferences on a new quadrupedal ornithopod trackway. *Ichnos*, 3, 89-97.

Moratalla, J.J.; Sanz, J.L. y Jiménez, S. 1997. Información paleobiológica y paleoambiental inferida a partir de las icnitas de dinosaurios: problemas, límites y perspectivas. *Revista Española de Paleontología*, 12 (2), 185-196.

Moratalla, J.J.; Sanz, J.L.; Jiménez, S. y Ortega, F. 1994b. Restos de un cocodrilo e icnitas de pterosaurios en el Cretácico inferior de la Cuenca de Cameros. *Estrato*, 6, 90-93.

Moratalla, J.J.; Lockley, M.G.; Buscalioni, A.D.; Fregenal, M.; Meléndez, N.; Pérez-Moreno, B.P.; Pérez-Asensio, E.; Sanz, J.L. y Schultz, R.J. 1995. A preliminary note on the first tetrapod trackways from the lithographic limestones of Las Hoyas (Lower Cretaceous, Cuenca, Spain). *Geobios*, 28 (6), 777-782.

Moratalla, J.J.; Marugán-Lobón, J.; Martín-Abad, H.; Cuesta, E. y Buscalioni, A.D. 2017. A new trackway possibly made by a trotting theropod at the Las Hoyas fossil site (Early Cretaceous, Cuenca Province, Spain: Identification, bio-dynamics, and palaeoenvironmental implications. *Paleontologia Electronica*, 20.3.58A, 1-14. https://doi.org/10.26879/770

Mujal, E.; Fortuny, J.; Bolet, A. Oms, O. y López, J.A. 2017. An archosauromorph dominated ichnoassemblage in fluvial settings from the late Early Triassic of the Catalan Pyrenees (NE Iberian Peninsula). *Plos One*, 12 (4), e0174693.

Navarro, O. y Moratalla, J.J. 2018. Swimming reptile prints from the Keuper Facies (Carnian, Upper Triassic) of Los Gallegos new tracksite (Iberian Range, Valencia province, Spain). *Journal of Iberian Geology*, 44, 479-496. https://doi.org/10.1007/s41513-018-0068-0

Navarro, O. y Moratalla, J.J. 2023. El Barrancazo: a new locality of posible semi-aquatic turtle tracks from the Upper Triassic of Cortes de Pallás (Eastern Iberia). *Journal of Iberian Geology,* 49, 169-188. https://doi.org/10.1007/s41513-023-00212-y

Navarro-Lorbés, P.; Díaz-Martínez, I.; Valle-Melón, J.M.; Rodríguez-Miranda, A.; Moratalla, J.J.; Ferrer-Ventura, M.; San Juan-Palacios, R. y Torices, A. 2023. Dinosaur swim tracks from the Lower Cretaceous of La Rioja, Spain: An ichnological approach to non-common behaviours. *Cretaceous Research*, 147, 105516. https://doi.org/10.1016/j.cretes.2023.105516

Navás, L. 1906. El *Chirosaurus ibericus* sp. nov. *Boletín de la Sociedad Aragonesa de Ciencias Naturales,* 5, 208-213.

Ortega, F.; Escaso, F. y Sanz, J.L. 2010. A bizarre, humped Charcarodontosauria (Theropoda) from the Lower Cretaceous of Spain. *Nature*, 467, 203-206.

Pascual Arribas, D. y Hernández-Medrano, N. 2016. Huellas de *Pteraichnus* en La Muela (Soria, España): consideraciones sobre el icnogénero y sobre la diversidad de huellas de pterosaurios en el Cuenca de Cameros. *Revista de la Sociedad Geológica de España*, 29 (2), 89-105.

Pascual Arribas, C. y Sanz-Pérez, E. 2000. Huellas de pterosaurios en el Grupo Oncala (Soria, España). *Pteraichnus palaciei-saenzi*, nov. icnosp. *Estudios Geológicos*, 56, 73-100.

Pascual, C.; Canudo, J.I.; Hernández, N.; Barco, L.L. y Castanera, D. 2012. First record of stegosaur dinosaur tracks in the Lower Cretaceous (Berriasian) of Europe (Oncala group, Soria, Spain). *Geodiversitas*, 34 (2), 297-312.

Pascual, D.; Latorre, P.; Hernández, N. y Sanz-Pérez, E. 2005. Las huellas de dinosaurios de los yacimientos del Arroyo Miraflores (Fuentes de Magaña-Cebrón-Magaña, Soria). *Celtiberia*, 55 (99), 413-442.

Pereda-Suberbiola, X.; Torcida, F.; Izquierdo, L.A.; Huerta, P.; Montero, D. y Pérez, G. 2003. First rebbachisaurid dinosaur (Sauropoda, Diplodocoidea) from the early Cretaceous of Spain: palaeobiogeographical implications. *Bulletin de la Société Géologique de France*, 174 (5), 471-479.

Pereda-Suberbiola, X.; Knoll, F.; Ruiz-Omeñaca, J.I.; Company, J. y Torcida, F. 2012. Reassessment of Prejanopterus curvirostris, a Basal Pterodactyloid Pterosaur from the Early Cretacous of Spain. *Acta Geologica Sinica*, 86 (6), 1389-1401.

Pérez-Moreno, B.P.; Buscalioni, A.D.; Moratalla, J.J.; Ortega, F. y Rasskin-Gutman, D. 1994. A unique multitoothed ornithomimosaur dinosaur from the Lower Cretaceous of Spain. *Nature*, 370, 363-367.

Platt, N.H. y Meyer, C. 1991. Dinosaur footprints from the Lower Cretaceous of northern Spain: their sedimentological and palaeoecological context. *Palaeogeography, Palaeoclimatology, Palaeoecology*, 86, 321-333.

Poyato-Ariza, F.J. y Buscalioni, A.D. (eds.) 2016. *Las Hoyas: A Cretaceous Wetland. A multidisciplinary synthesis after 25 years of research on an exceptional fossil Lagerstätte from Spain*. Verlag Dr. Friedrich Pfeil, Múnich, 262 pp.

Rábano, I. 2015. *Los cimientos de la geología: la Comisión del Mapa Geológico de España (1849-1910)*. Instituto Geológico y Minero de España, Madrid, 329 pp.

Sanz, J.L.; Bonaparte, J.F. y Lacasa, A. 1988. Unusual Early Cretaceous birds from Spain. *Nature*, 331, 433-435.

Sanz, J.L.; Chamero, B.; Chiappe, L.M.; Marugán-Lobón, J.; O'Connor, J.K.; Ortega, F. y Escaso, F. 2016. Aves. En: F.J. Poyato-Ariza y A.D. Buscalioni (eds.), *Las Hoyas: A Cretaceous Wetland. A multidisciplinary synthesis after 25 years of research on an exceptional fossil Lagerstätte from Spain*. Verlag Dr. Friedrich Pfeil, Múnich, 183-189.

Sanz, J.L.; Chiappe, L.M.; Pérez-Moreno, B.P.; Buscalioni, A.D.; Moratalla, J.J.; Ortega, F. y Poyato-Ariza, F.J. 1996. An Early Cretaceous bird from Spain and its implications for the evolution of avian flight. *Nature*, 382, 442-445.

Sarjeant, W.A.S. 1975. Fossil tracks and impressions of vertebrates. En: Frey, R.W. (Ed.), *The study of Trace Fossils*. Springer Verlag, Berlin, 283-324.

Suárez-González, P.; Quijada, I.E.; Benito, M.I. y Mas, R. 2015. Sedimentology of ancient coastal wetlands: insights from a Cretaceous multifaceted depositional system. *Journal of Sedimentary Research*, 85, 95-117.

Tischer, G. 1966. Über die Wealden-Ablagerung und die Tektonik der östlichen Sierra de los Cameros in den nordwestlichen Iberischen Ketten (Spanien). *Beihefte zum Geologischen Jahrbuch*, 44, 123-164.

Torcida, F.; Canudo, J.I.; Huerta, P.; Montero, D.; Pereda-Suberbiola, X. y Salgado, L. 2011. *Demandasaurus darwini*, a new rebbachisaurid sauropod from the Early Cretaceous of the Iberian Peninsula. *Acta Palaeontologica Polonica*, 56 (3), 535-552.

Torcida, F.; Canudo, J.I.; Huerta, P.; Moreno-Azanza, M. y Montero, D. 2017. *Europatitan eastwoodi*, a new sauropod from the Lower Cretaceous of Iberia in the initial radiation of somphospondylans in Laurasia. *Peer Journal*, 5, e3409. https://doi.org/10.107717/peer-j-3409

Torcida, F.; Izquierdo, L.A.; Montero, D.; Pérez, G. y Urién, V. 1999. Primera cita de huellas de saurópodos en Burgos (España). En: *Actas de las I Jornadas Internacionales sobre Paleontología de Dinosaurios y su entorno*. Salas de Los Infantes, Burgos, 427-434.

Viera, L.I.; Torres, J.A. y Aguirrezabala, L.M. 1984. El Weald de Munilla (La Rioja) y sus icnitas de dinosaurios (II). *Munibe*, 36, 3-22.

Vullo, R. y Marugán-Lobón, J. 2016. Pterosauria. En: F.J. Poyato-Ariza y A.D. Buscalioni (eds.), *Las Hoyas: A Cretaceous Wetland. A multidisciplinary synthesis after 25 years of research on an exceptional fossil Lagerstätte from Spain*. Verlag Dr. Friedrich Pfeil, Múnich, 170-174.

VULLO, R.; BUSCALIONI, A.D.; MARUGÁN-LOBÓN, J. Y MORATALLA, J.J. 2009. First pterosaur remains from the Early Cretaceous Lagerstätte of Las Hoyas, Spain: palaeoecological significance. *Geological Magazine*, 146 (6), 931-936.

VULLO, R.; KELLNER, A.W.A.; BUSCALIONI, A.D.; GÓMEZ, B.; DE LA FUENTE, M. Y MORATALLA, J.J. 2012. A new crested pterosaur from the Early Cretaceous of Spain: The first European tapejarid (Pterodactyloidea, Azhdarchoidea). *Plos ONE,* 7, e38900.

INVESTIGACIÓN PALEONTOLÓGICA DEL YACIMIENTO FONELAS P-1 (PLEISTOCENO INFERIOR, GRANADA)

Alfonso Arribas Herrera y Guiomar Garrido Álvarez-Coto

Se presenta una recopilación secuencial de los trabajos científicos y técnicos realizados desde el descubrimiento en la localidad de Fonelas (Granada) del yacimiento Fonelas P-1, en el año 2000, hasta la transformación, una década después, del Proyecto Fonelas en la Estación Paleontológica «Valle del Río Fardes». El primer proyecto, nacido y desarrollado desde el Museo Geominero para la comprensión y socialización del registro, se transformó a partir del año 2010 en el proyecto para el desarrollo de una estación paleontológica de campo. Los objetivos científico-técnicos iniciales fueron la conservación del patrimonio paleontológico y su oferta didáctica y divulgativa, la caracterización e inventario del patrimonio geológico y la propuesta de un geoparque de la UNESCO. Ambos proyectos han desarrollado interesantes actividades de divulgación, docencia y de ciencia para la ciudadanía. La segunda propuesta nace pues, y se nutre, de los resultados de la primera, pues es la evolución profesional de un proyecto científico que, en su primera década de andadura, dejó sentadas las bases del conocimiento de este importante yacimiento paleontológico del Pleistoceno inferior [catalogado como patrimonio geológico español de relevancia internacional: *Geosite* VP014 en IGME (s.f.)], de su entorno y de los contextos geográfico, geológico, cronológico y paleoambiental.

SÍNTESIS DEL DESARROLLO DE LAS ACTIVIDADES DE CAMPO Y SUS CONDICIONANTES

Se presentan a continuación los datos y el desarrollo cronológico de las actividades relacionadas con la investigación del yacimiento Fonelas P-1 con grandes mamíferos del Cuaternario antiguo (Fig. 1A), desde la primera excavación realizada en el año 2001 –estos son los condicionantes de trabajo en campo de estos años atrás–, hasta el año 2010, en que el Instituto Geológico y Minero de España (IGME) compró el yacimiento.

1. Descubrimiento del yacimiento: año 2000.

2. Primera campaña de excavación: julio de 2001 (actividad puntual de un mes de duración).

3. En el año 2002 se inician las negociaciones con los propietarios para la posible compra del yacimiento por parte del IGME, ante la posibilidad de la no autorización de futuras excavaciones.

4. Proyecto General de Investigación de la Junta de Andalucía: seis años de duración, entre julio de 2002 y diciembre de 2007.

4.1. Ante la ausencia de la preceptiva autorización de los propietarios del terreno donde se ubica al yacimiento, no se pudo excavar en los años 2003, 2005 y 2006. Sólo se pudo excavar un mes cada año en 2002, 2004 y 2007.

4.2. La Consejería de Cultura de la Junta de Andalucía invirtió en la excavación e investigación de Fonelas P-1, durante las cuatro campañas de excavación paleontológica sistemática, las cantidades de 21.011 € en 2001, 24.040 € en 2002 y 25.000 € en 2007. En 2004 el equipo investigador renunció a la subvención en tanto no se resolvieran algunos problemas derivados de la gestión de la Consejería.

5. En 2007 el equipo tuvo conocimiento de que no volvería a contar con el permiso de algunos de los propietarios para continuar con las excavaciones, aunque sí estaban dispuestos a la venta de los terrenos al IGME. En relación con los trabajos de campo centrados en Fonelas P-1, el proyecto finalizó, por tanto, en julio de 2007. La duración total de las actividades de campo fue de seis años, con solo cuatro campañas de excavación paleontológica sistemática en Fonelas P-1.

6. El equipo de Fonelas P-1 cuenta en estos años con cuatro investigadores, dos dedicados a la investigación paleontológica de grandes mamíferos (Guiomar Garrido y Alfonso Arribas) y dos a la estratigráfica (César Viseras y Jesús Soria).

7. La investigación paleontológica se focalizó puntualmente en 2009 en un nuevo yacimiento, Mencal-9, descubierto en 2006.

8. Aunque en 2010 el Proyecto Fonelas no tuvo actividad, ese mismo año el IGME aprobó la compra de la finca con el yacimiento de Fonelas P-1, que se materializó el 28 de diciembre de 2010.

Figura 1. Semidesierto, barranco, yacimiento y huesos fósiles. A, vista en el año 2007 de la ladera del barranco que contiene al yacimiento de Fonelas P-1 (sondeo B). B, miembros del equipo del IGME en el despacho del proyecto Fonelas del Museo Geominero en el año 2013. De izquierda a derecha: Román Hernández, Ángel Prieto y Carlos Lorenzo, responsables del Sistema de Información Científica, bases de datos, SIG y cartografía y motor web; Guiomar Garrido y Alfonso Arribas, responsables de paleontología, bioestratigrafía, coordinación de trabajos de campo, gestión de colecciones, contenidos y diseño de acciones de divulgación y cultura científica.

LOS PROYECTOS CIENTÍFICOS INICIALES

El objetivo inicial del proyecto de investigación era el conocimiento integral de los acontecimientos geológicos y biológicos ocurridos durante el Plioceno superior, el límite Plioceno-Pleistoceno y el Pleistoceno inferior (entre 2,5-1,5 millones de años de antigüedad) en el sureste de España (Formación Guadix, subcuenca de Guadix, Granada), y su análisis en comparación con los datos conocidos en el resto de Eurasia. Este ámbito cronológico cambió en 2009 para el Cuaternario (Pleistoceno inferior), cuando la Unión Internacional de Ciencias Geológicas modificó el inicio del Cuaternario desde 1,8 Ma a 2,5 Ma de antigüedad.

Dado que el objetivo esencial en esta primera etapa del proyecto fue el conocimiento integral de estos nuevos registros y su significado, siguiendo la secuencia lógica en la progresión científica [esto es, caracterización estratigráfica y sedimentológica + caracterización taxonómica = datos e inferencias de naturaleza cronológica (bioestratigrafía + magnetoestratigrafía), paleobiogeográfica y evolutiva], se dirigió la investigación a la recuperación y análisis de todas las fuentes de información salvaguardadas en el registro geológico (desde la visión local del propio yacimiento hasta la comprensión regional del entorno paisajístico en que se encuentra). Estos aspectos han permitido caracterizar el valor intrínseco de los registros recuperados y de su significado en el marco del conocimiento actual en nuestro continente y en el Viejo Mundo sobre el Pleistoceno inferior (Cuaternario), sus faunas y ambientes pretéritos.

El eje principal de la investigación han sido los registros paleontológicos con fósiles de grandes mamíferos del área de Fonelas, donde se intervino directamente sobre nuevos y ricos yacimientos que presentan asociaciones faunísticas desconocidas hasta entonces en nuestro continente.

Los estudios planteados inicialmente comprendían los siguientes aspectos: cartografía geológica, geomorfología, estratigrafía, sedimentología, magnetoestratigrafía, isótopos (*paleoclimatología*), paleobotánica, paleontología de invertebrados, anatomía y taxonomía de vertebrados, bioestratigrafía, paleobiogeografía, tafonomía (*bioestratinomía y fosildiagénesis*) y paleoecología. Hasta la actualidad, se ha avanzado notablemente en la investigación de los aspectos estatigráficos, sedimentológicos y paleontológicos (taxonómicos, bioestratigráficos y paleobiogeográficos) de Fonelas P-1; así como en los estratigráficos, sedimentológicos y magnetoestratigráficos de la zona de estudio (subcuenca de Guadix). Esta investigación integral se realizó en el marco de tres proyectos de investigación, dirigidos por uno de los autores de estas líneas (A.A.H.), que se relacionan a continuación.

Un Proyecto General de Investigación, autorizado y subvencionado por la Dirección General de Bienes Culturales de la Consejería de Cultura de la Junta de Andalucía («Estudio estratigráfico, taxonómico, tafonómico y paleoecológico del yacimiento de macromamíferos de Fonelas (Granada) en el marco faunístico y ambiental del Plio-Pleistoceno europeo»), entre (2001)

2002 y 2007, mediante el cual se gestionaron las autorizaciones y subvenciones para las excavaciones paleontológicas y las prospecciones sistemáticas.

Un segundo proyecto específico (2001, 2002-2005), financiado por el IGME, que aportó personal e infraestructura científica y técnica para el correcto desarrollo de las investigaciones planteadas (SICOAN 2001016: «*Investigación paleontológica de faunas villafranquienses (Plio-Pleistoceno) en la cuenca de Guadix-Baza: taxonomía, tafonomía y paleoecología de asociaciones de grandes mamíferos*»).

Un tercer proyecto específico (2005-2009), financiado por el IGME, que dio continuidad a la investigación (SICOAN 2005009: «*Caracterización paleontológica del tránsito Plioceno-Pleistoceno en la Formación Guadix (Cuenca de Guadix-Baza, Granada*»).

En todos los casos, el equipo de trabajo estuvo formado por científicos especialistas en distintas áreas de conocimiento relacionadas con las ciencias de la Tierra y de la Vida (Fig. 1B), al que se unieron jóvenes investigadores que iniciaron sus carreras científicas en el marco de este proyecto paleontológico.

El planteamiento inicial en esta etapa de la investigación se estructuró en dos grandes unidades de actividad: las actuaciones técnicas y las actuaciones científicas, estando ambas íntimamente relacionadas.

LOS TRABAJOS TÉCNICOS

Los trabajos técnicos se centraron en los aspectos que se detallan a continuación.

Cartografía sistemática: rigurosa toma de los datos espaciales de las asociaciones faunísticas y de los registros estratigráficos significativos durante las campañas de excavación sistemática.

Informática científica y SIG: desarrollo de una aplicación SIG (Sistema de Información Geográfica; responsable: Román Hernández) para la gestión de los yacimientos paleontológicos, y diseño de una aplicación informática propia, que permitiera tanto la gestión de las colecciones científicas recuperadas, como el análisis científico de todos los tipos de datos derivados de la investigación de cada uno de los restos fósiles y de cada colección en su conjunto.

Acción sobre las colecciones científicas: la restauración y conservación de las colecciones paleontológicas de los yacimientos estudiados en el proyecto ha constituido siempre uno de los objetivos prioritarios, tanto por el interés propio de la investigación, como a la obligación de proteger y salvaguardar el patrimonio paleontológico español. Por ello, desde la primera campaña de campo en 2001, este tipo de trabajos fueron ejecutados tanto *in situ*, como en el laboratorio del Museo Geominero tras la campaña. También se han realizado réplicas de calidad de los materiales fósiles más significativos, a cargo del responsable del laboratorio, Eleuterio Baeza.

Excavación paleontológica sistemática: durante las campañas de campo, tanto de excavación como de prospección sistemática, colaboraron con los equipos técnico y científico distintos licenciados y doctores que desarrollaron un excelente trabajo.

LOS TRABAJOS CIENTÍFICOS: LÍNEAS DE INVESTIGACIÓN

Las líneas de investigación desarrolladas en el proyecto se desglosan en los siguientes apartados.

(i) Geología.

Geofísica: estaba prevista la utilización del georradar y la evaluación de su potencial en este contexto, para la localización y caracterización de concentraciones subterráneas de fósiles de grandes mamíferos. Esta actividad se realizó a partir de 2016 y los resultados no han sido suficientemente significativos (responsable: José Peña).

Geomorfología: estudio geomorfológico regional de los terrenos actuales ocupados por la Formación Guadix.

Geología regional: coordinación de la Geología en el proyecto.

Estratigrafía y sedimentología: caracterización estratigráfica y sedimentológica de las unidades litoestratigráficas con contenido fósil. Estudio de la evolución del morfosistema fluvial (responsables: César Viseras y Jesús Soria). Año 2004: asistencia técnica del IGME a la UGR (César Viseras) por un valor de 10.440 €, para el estudio estratigráfico y sedimentológico de tres yacimientos paleontológicos sitos en Fonelas (incluyendo Fonelas P-1).

Magnetoestratigrafía: estudio magnetoestratigráfico de las sucesiones de Fonelas P-1, Fonelas SSC 1 a 3 y Mencal-9. Los trabajos fueron contratados por el IGME a la Universidad de Barcelona (responsable: Miguel Garcés).

(ii) Paleontología.

Paleobotánica: estudio del registro polínico en unidades litoestratigráficas y en coprolitos de carnívoros (hiénidos). Reconstrucción paleoambiental. Hasta el momento no se han obtenido resultados positivos por falta de registro polínico en las unidades y muestras estudiadas (responsable: José Carrión).

Invertebrados: estudio de fósiles de moluscos continentales. Hasta el momento tampoco se han obtenido resultados positivos por falta de registro fósil de invertebrados en las unidades estudiadas.

Vertebrados inferiores: estudio del registro de peces, anfibios, reptiles y aves, además de sus icnofósiles (fragmentos de cáscaras de huevos).

Micromamíferos (taxonomía y bioestratigrafía): estudio paleontológico de fósiles de insectívoros, roedores y lagomorfos (responsable: César Laplana). Reconstrucción paleoambiental.

Macromamíferos (taxonomía, bioestratigrafía y paleobiogeografía): estudio paleontológico de fósiles de carnívoros (mustélidos, cánidos, félidos y hiénidos), artiodáctilos (cérvidos, bóvidos, suidos y jiráfidos), perisodáctilos (équidos y rinocerótidos) y proboscídeos (elefántidos). Responsables: Guiomar Garrido y Alfonso Arribas. Reconstrucción paleoambiental.

Tafonomía: estudio y caracterización de modelos genéticos de yacimientos de vertebrados en medio continental. Análisis de la actividad de agentes geológicos y biológicos, sesgos e impronta en el registro fósil (responsable: Alfonso Arribas).

Análisis estadísticos: tratamiento estadístico de datos.

Paleoecología: reconstrucciones paleoecológicas y paleoambientales e inferencias de modos de vida animal en base a datos estratigráficos, sedimentológicos, paleobotánicos y paleomastológicos.

(iii) Arqueología (industrias líticas). Evaluación de posibles registros arqueológicos en las unidades de relleno de la cuenca (colaboración puntual con Carlos Díez).

TRABAJOS REALIZADOS EN EL AÑO 2001

La primera intervención paleontológica sistemática en el yacimiento, autorizada y subvencionada por la Consejería de Cultura de la Junta de Andalucía, como todas las posteriores, se realizó durante el mes de julio de 2001. Los estudios de campo fueron realizados por miembros de un equipo interdisciplinar configurado por investigadores del IGME y de distintas universidades españolas. Este año se inició la tesis doctoral de Guiomar Garrido sobre los macromamíferos del yacimiento. Los resultados científico-técnicos obtenidos tras esta primera aproximación al registro del yacimiento fueron altamente significativos y se describen a continuación.

1. Acondicionamiento manual con control técnico de 5 m de ladera estéril, accediendo así al nivel fértil. Una vez allanado el terreno, se plantearon las cuadrículas de excavación en el llamado desde entonces Sondeo B sobre una superficie de 15 m^2, en las que el eje Y presenta una desviación de 50° NE con respecto al Norte magnético.

2. Recuperación, durante un mes de excavación sistemática, de más de 1000 restos fósiles de vertebrados. Cada elemento fue cartografiado, adquiriendo así la información sobre su posición en el espacio (X, Y, Z), y su dirección e inclinación respecto al Norte magnético y al plano horizontal, respectivamente.

3. Restauración, durante el transcurso de la excavación sistemática y posteriormente en el laboratorio del Museo Geominero, siglado e inventariado de la colección recuperada.

4. Desarrollo de una aplicación informática específica, con Sistema de Información Geográfica, para la ubicación de los yacimientos localizados dentro del proyecto, en la que se contemplaron 30 campos de información para cada ejemplar fósil y programados los modelos 2D y 3D para la representación georreferenciada de los hallazgos en las unidades litoestratigráficas correspondientes.

5. El lavado y tamizado de más de 3000 kg. de sedimento procedente de las cuadrículas de excavación, suministraron restos de pequeños vertebrados. Como se esperaba, la riqueza en restos fósiles de micromamíferos en un yacimiento con las características genéticas del que nos ocupa, tanto desde el punto de vista sedimentológico como tafonómico, es muy baja. Aun así, se recuperaron fósiles de siete géneros de pequeños mamíferos, elementos esqueléticos de anfibios y peces, y fragmentos de huevos de aves.

6. Avance en la caracterización estratigráfica y sedimentológica de la sucesión general y de la sucesión de detalle del yacimiento. La interpretación preliminar del registro sedimentario avala el planteamiento de una hipótesis de trabajo en la que se ubica el yacimiento dentro de una litología específica –denominada informalmente U.L.I.A. (Unidad de Limos con Intraclastos Arcillosos)–, resultado de un hiato sedimentario, e incluida en el seno de sedimentos de grano fino depositados en un sistema fluvial abandonado de alta sinuosidad y baja energía.

7. Evaluación del registro malacológico de la sucesión estratigráfica, con resultado negativo.

8. Levantamiento topográfico del entorno del yacimiento.

9. Muestreo de 15 unidades litoestratigráficas para su análisis paleobotánico, con resultado negativo.

Muestreo de sedimentos para futuros estudios de isótopos.

La realización de estos de trabajos permitió plantear y contrastar las hipótesis relacionadas con el modelo genético del yacimiento, desde las perspectivas estratigráfica y sedimentológica, hasta la interpretación tafonómica preliminar. Los múltiples indicios tafonómicos analizados en aquel momento, muy similares a los presentes en la asociación de Venta Micena, permitían caracterizar la asociación fosilífera como resultado de la actividad carroñera de representantes de la familia Hyaenidae. Los resultados paleontológicos preliminares que se obtuvieron verificaron que el yacimiento, cuya investigación comenzaba, era excepcional por sus materiales y singular por la información en él contenida.

Los primeros datos sobre el yacimiento se presentaron en 2001 (Arribas *et al.*, 2001). Algunas determinaciones faunísticas iniciales han variado desde entonces en función del hallazgo de nuevos materiales paleontológicos en Fonelas P-1 y, sobre todo, de la progresiva investigación paleontológica de los mamíferos del Cuaternario antiguo con la resolución de distintas incertidumbres taxonómicas.

TRABAJOS REALIZADOS EN EL AÑO 2002

Prospección paleontológica sistemática

La prospección paleontológica sistemática se desarrolló esencialmente durante el final de la primavera y el verano de 2002, tomando como base las ortoimágenes de la zona, así como la cartografía digital del IGME. Se localizaron los siguientes nuevos puntos con registro fósil de vertebrados plio-pleistocenos: (i) Barranco de las Palomas (Solana de la Vereda de las Yeguas). Fonelas BP-SVY-1. Tipo de registro: esporádico. Taxón singular: *Metacervoceros rhenanus perolensis*. (ii) San Torcuato. Fonelas ST-1 (Tipo de registro: yacimiento); Fonelas ST-2 (Tipo de registro: esporádico). (iii) Barranco del Pocico. Fonelas P-2. Tipo de registro: esporádico. (iv) Barranco de Andacairo. Fonelas BA-1. Tipo de registro: yacimiento. (v) Barranco del Carrizal. Fonelas BC-1. Tipo de registro: esporádico.

Los resultados de la prospección fueron satisfactorios. Se identificaron dos nuevos puntos en el territorio con fósiles excepcionales de grandes mamíferos, se recuperó una cornamenta fósil de un cérvido desconocido hasta aquel momento en el registro ibérico (Metacervoceros rhenanus perolensis en Fonelas BP-SVY-1), y se localizaron nuevos yacimientos paleontológicos en la base de la serie estratigráfica de Fonelas P-1, que acotan inferiormente el registro paleontológico de estos barrancos en una cronología próxima a 2,5 Ma por correlación con el cercano yacimiento de Huélago-c.

Tras la experiencia del año 2002, en el que se prospectaron aproximadamente 2 km^2 de superficie en distintos barrancos, con magníficos resultados, se planteó que serían necesarias sucesivas campañas de prospección, dada la extensión de la superficie a prospectar (más de 100 km^2) en este escenario semidesértico muy poco conocido, la riqueza de la zona en registro fósil y la dificultad e incluso peligrosidad de algunos de los barrancos del área de trabajo. Para futuras campañas se decidió prospectar basándose en la integración de la información estratigráfica y geomorfológica, con criterios tafonómicos.

Excavación paleontológica sistemática de Fonelas P-1

La campaña de excavación sistemática realizada durante julio de 2002 se focalizó en el Sondeo B. Se excavaron testigos conservados desde la campaña de 2001, a la vez que se abrió el corte hacia el SW con el fin de evaluar la extensión y estratigrafía de distintas unidades importantes desde el punto de vista de la interpretación del yacimiento. Se trabajó sobre un total de 30 m^2, de los cuales 11 afectaban a la unidad fosilífera U.L.I.A. y el resto carecían de esta unidad, pero permitían identificar en extensión las unidades infra yacentes, el desarrollo en planta de la unidad fértil y sus contactos estratigráficos. Asimismo, se identificó una unidad infrayacente a la estrictamente fosilífera (huesos fósiles de vertebrados) con numerosas huellas de invertebrados dulceacuícolas e, incluso, posibles huellas de patas de grandes mamíferos.

Se cartografiaron 466 restos fósiles de mamíferos, y se restauró en campo un 40 % del total. Por otra parte, durante esta campaña se realizó un nuevo muestreo polínico de 12 unidades litoestratigráficas, que no produjo resultados científicos. Durante esta campaña se recuperaron fósiles excepcionales de *Hyaena brunnea*, *Acinonyx pardinensis*, *Megantereon cultridens* y *Mitilanotherium* sp., entre otros taxones.

Inicio del estudio magnetoestratigráfico de las unidades plio-pleistocenas en el área del yacimiento

En junio de 2002 se realizó el primer muestreo de campo en las columnas de Fonelas P-1 y de Fonelas ST-1, con el fin de evaluar la posible información de naturaleza magnetoestratigráfica contenida en las sucesiones plio-pleistocenas. Estos trabajos fueron llevados a cabo por Daniel Rey y financiados por el proyecto de investigación del IGME. Los resultados de estos trabajos no fueron concluyentes.

Resultados técnicos y científicos

1. Estudio de detalle del marco geológico y tectónico regional.
2. Levantamiento de la serie magnetoestratigráfica provisional en la que se ubica el yacimiento.
3. Identificación y caracterización en planta de la unidad litoestratigráfica fosilífera [unidad basal, «unidad de limos con intraclastos arcillosos» (U.L.I.A.)].
4. Desarrollo continuo y mejoras de la aplicación informática específica con SIG.
5. Revisión y ampliación de la lista faunística, con un mínimo de 32 especies de mamíferos identificados hasta aquel momento.
6. Confirmación de la acotación cronológica del yacimiento, en función de los datos conocidos sobre la bioestratigrafía de grandes mamíferos en el registro paleontológico europeo, dentro del Plioceno superior, en torno al límite Plio-Pleistoceno aplicable entonces (ca. 1,9-1,7 Ma).
7. Configuración de una hipótesis sobre el modelo genético de la unidad fosilífera basal del yacimiento (U.L.I.A.), a contrastar durante el transcurso de la investigación, en la que el medio sedimentario sería un sistema fluvial de alta sinusoidad que conformaría una llanura emergida. En ella los hiénidos concentrarían restos óseos de macromamíferos en un comedero o «basurero» al aire libre (la unidad fosilífera sería una unidad biogénica bioturbada).

El yacimiento de Fonelas P-1 se mostraba especialmente rico en número de restos y muy diverso en lo que a especies de grandes mamíferos se refiere. Es reseñable que gran parte de los taxones identificados se encontraron representados tanto por elementos del esqueleto craneal, fundamentalmente cráneos, hemimaxilares y hemimandíbulas (fueron poco abundantes los dientes aislados), como por huesos de la columna y de los miembros.

Por otra parte, en junio de 2002 tuvo lugar el acto de defensa del trabajo de investigación para la obtención del diploma de estudios avanzados de Guiomar Garrido Álvarez-Coto, que llevó por título: *El registro del género* Canis *(Canidae, Carnivora, Mammalia) en el yacimiento villafranquiense de Fonelas P-1 (Cuenca de Guadix-Baza, Granada, España)*, y que se enmarcaba en la futura tesis doctoral de la investigadora.

TRABAJOS REALIZADOS EN EL AÑO 2003: PROSPECCIÓN PALEONTOLÓGICA SISTEMÁTICA

La prospección paleontológica sistemática se desarrolló esencialmente durante el final de la primavera y el verano de 2003, tomando como referencia una imagen satélite de alta calidad del término municipal de Fonelas (aproximadamente 100 km² de superficie), así como la cartografía digital del IGME. Se inició con trabajos de gabinete, georreferenciando la imagen y efectuando las correcciones de campo con más de doscientos puntos GPS tomados en el área de estudio. Posteriormente, esta imagen se vinculó con la aplicación informática específica diseñada al efecto, desarrollando de esta forma un eficaz SIG en el que se añadieron todos los nuevos hallazgos, con las correspondientes fichas generales de cada uno de los yacimientos, bases de datos y toda la información gráfica relacionada con los registros y su información. Asimismo, se preparó un modelo digital del terreno, basado en la imagen satélite, que conforma actualmente la base de las cartografías geológica y geomorfológica.

La prospección se planificó en mayo-junio de 2003, identificando sobre imagen satélite y cartografía geológica las zonas del territorio con potenciales registros plio-pleistocenos. Tras una evaluación geomorfológica y geotécnica preliminar de los 100 km², se decidió centrar la prospección en campo en la margen oeste del río Fardes, ya que la margen este se encuentra muy verticalizada y presenta numerosos problemas geotécnicos que dificultan tanto el afloramiento de unidades fosilíferas como la propia prospección por su peligrosidad (áreas importantes con abundancia de profundos *piping*). Aun así, se prospectaron distintos barrancos en la margen este, con un pobre resultado en comparación con los resultados obtenidos en la oeste, como se verá a continuación.

Se prospectaron detalladamente unos 30 km² de superficie a lo largo de barrancos, algunos de ellos ciertamente peligrosos, que ponen al descubierto el tramo de naturaleza detrítica del Neógeno-Cuaternario. Si en el año 2001 se contaba únicamente con el espectacular yacimiento de Fonelas P-1, base de esta investigación, y en el año 2002 se localizaron seis nuevas localidades fosilíferas, en la campaña de prospección de 2003 se identificaron 13 nuevos afloramientos con registro paleontológico del Plio-Pleistoceno, por lo que a esa fecha el proyecto contaba ya con 20 localidades fosilíferas de distinta naturaleza, que cubrían un intervalo de información paleobiológica comprendido entre -2,6 Ma y -1,6 Ma, aproximadamente.

Los yacimientos encontrados fueron los que se detallan a continuación.

Solana del Cortijo del Conejo: Fonelas SCC-1. Tipo de registro: yacimiento. Taxones singulares: Anura gen. indet., Aves indet., *Oryctolagus* sp., *Canis etruscus*, *Lynx* sp., *Pachycrocuta brevirostris*, *Hyaena brunnea*, *Megantereon* sp., *Metacervoceros rhenanus philisi*, *Gazellospira* sp., *Praeovibos* sp., *Leptobos etruscus*, *Equus* cf. *major*, *Equus* sp. y *Mammuthus meridionalis*. Fonelas SCC-2. Tipo de registro: esporádico. Taxón singular: *Gazella borbonica*.

Barranco de las Palomas (Solana de la Vereda de las Yeguas): Fonelas BP-SVY-2, Tipo de registro: yacimiento; Fonelas BP-SVY-3. Tipo de registro: esporádico;

Barranco de Andacairo: Fonelas BA-2. Tipo de registro: esporádico; Fonelas BA-3, Tipo de registro: esporádico.

Puente de Belerda: Fonelas PB-1. tipo de registro: esporádico. Fonelas PB-2, tipo de registro: esporádico. Fonelas PB-3, tipo de registro: esporádico. Fonelas PB-4, tipo de registro: yacimiento; taxones singulares: Canidae gen. indet., *Chasmaporthetes lunensis*, *Eucladoceros* sp., *Gazellospira* sp., *Leptobos* sp. y *Equus* sp. Fonelas PB-5. tipo de registro: esporádico.

Pre-puente de Belerda, Fonelas PPB-1. Tipo de registro: esporádico.

Barranco *Anancus,* Fonelas AN-1. Tipo de registro: esporádico.

Dentro de esta prospección destacó el hallazgo de un nuevo yacimiento especialmente rico e interesante, FSCC-1, correlacionable litoestratigráficamente y cronológicamente con Fonelas P-1 (posteriormente se comprobó que se trata de la continuación lateral en la cuenca de Fonelas P-1, situado 900 m al norte de este último) y la identificación por primera vez en Andalucía del hiénido *Chasmaporthetes lunensis* en el yacimiento de FPB-4 (más antiguo que los dos anteriores).

Durante el transcurso de 2003 se desarrollaron de forma continua los trabajos de gestión e investigación de las colecciones paleontológicas recuperadas durante las campañas de 2001 y 2002 en el yacimiento de Fonelas P-1. Los resultados de los trabajos se resumen a continuación.

Restauración de cerca de 600 fósiles de mamíferos, que han pasado a registro informático con sus correspondientes fichas completas.

Ampliación de los campos, consultas y salidas gráficas de la aplicación informática específica del proyecto.

Diseño inicial de una página web sobre este proyecto y sus materias de estudio (web Proyecto Fonelas, IGME).

Identificación de la especie *Vulpes alopecoides* en base a nuevos materiales óseos procedentes de la campaña de 2002.

Estudio de los aspectos anatómicos y taxonómicos de más de 200 fósiles pertenecientes a los géneros *Gazellospira*, *Praeovibos*, *Potamochoerus* y *Megantereon*.

Presentación de resultados científicos en la reunión internacional del INQUA de 2003 en Granada, en la reunión del V Congreso del Grupo Español del Terciario, en las XIX Jornadas de la Sociedad Española de Paleontología y preparación del artículo sobre las actividades de 2001 para la revista *Anuarios de Arqueología*.

Diseño y producción de una exposición específica sobre este proyecto científico *El largo viaje hacia Occidente. Fauna ibérica hace 1.800.000 años*, presentada en la Universidad de Granada en el marco del V Congreso del Grupo Español del Terciario (septiembre de 2003) y expuesta en Madrid [Fundación Francisco Giner de los Ríos (Institución Libre de Enseñanza)] en los meses de noviembre y diciembre de 2003.

Inclusión del yacimiento de Fonelas P-1 en el documental divulgativo *La Tierra, Planeta vivo: Fósiles a través del Tiempo*, producido por el Museo Geominero con financiación de la Fundación Española para la Ciencia y la Tecnología.

TRABAJOS REALIZADOS EN EL AÑO 2004: EXCAVACIÓN PALEONTOLÓGICA SISTEMÁTICA DE FONELAS P-1

La excavación paleontológica sistemática se desarrolló de nuevo durante el mes de julio de 2004. Se inició con la apertura del sondeo clásico trabajado desde 2001 (Sondeo B) y el comienzo de la excavación de la unidad fosilífera en un nuevo sondeo (Sondeo A), localizado aproximadamente a 30 m al oeste del Sondeo B. Los trabajos se plantearon de tal forma que ambos sondeos tuvieran un único sistema de coordenadas.

En el Sondeo B se acondicionaron 4 m^2 de la unidad fosilífera, en la unidad litoestratigráfica previamente definida para esta área del yacimiento [«unidad de limos con intraclastos arcillosos» (U.L.I.A.)». Esta unidad se excava fácilmente gracias al tipo de litología, por lo que los trabajos de remoción de sedimento se realizaron con utensilios de madera para evitar la impronta de marcas en los huesos. Cuando se excava con objetos de metal, se generan marcas en las superficies de los huesos fósiles, que pueden confundirse con marcas de origen bioestratinómico como las *cutmarks*.

La progresión de la excavación de esta excepcional litología en el Sondeo B liberó un excelente material paleontológico, constituido esencialmente por elementos óseos del esqueleto postcraneal de proboscídeos (*Mammuthus*), équidos (*Equus*) y de elementos craneales de cánidos (*Canis etruscus*), cérvidos (*Metacervoceros rhenanus phillisi*), lagomorfos (*Oryctolagus*), bóvidos (*Gazellospira*) y de un nuevo taxón en la asociación, un caprino de curiosa morfología craneal. Estos nuevos materiales permitieron verificar y confirmar las determinaciones taxonómicas previas, mejorando la calidad de datos anatómicos y métricos de las muestras procedentes de campañas anteriores. Sin duda, el hallazgo de materiales paleontológicos de los taxones previamente mencionados fue altamente significativo, especialmente los cráneos de lagomorfos (de muy difícil conservación en yacimientos continentales al aire libre) y el cráneo del caprino, que posteriormente se ha verificado que pertenece al representante del género *Capra* más antiguo conocido en el planeta y constituye una nueva especie para la ciencia, como se verá más adelante. La muestra del Sondeo B obtenida durante la campaña de 2004 asciende a un total de 98 registros fósiles.

La complejidad de la extracción de los fósiles en una superficie de 1 m^2 del Sondeo B nos hizo tomar la decisión de dejar *in situ* dicha asociación protegida (aunque cartografiada), para su futura extracción en bloque. Este conjunto fue recuperado en la campaña del año 2007.

Por otra parte, la apertura del Sondeo A (excavación de 7 m^2) aportó datos estratigráficos muy interesantes para la reconstrucción del morfosistema fluvial en esta parte de la Formación Guadix, descubriendo unidades fosilíferas superiores e inferiores a la correlacionable con la U.L.I.A. del Sondeo B. La gran mayoría de las unidades litoestratigráficas caracterizadas en este sondeo se encuentran fuertemente cementadas, lo que dificulta enormemente la excavación y, por tanto, la recuperación de materiales paleontológicos óseos. Aun así, se recuperaron y cartografiaron un total de 334 fósiles, entre los que destacaban distintos elementos esqueléticos del jiráfido de Fonelas P-1 (*Mitilanotherium*), un fragmento craneal de melino (*Meles*) y gran parte de un esqueleto de un cánido de pequeña talla, *Canis* cf. *arnensis*, especie identificada por primera vez en la península ibérica, procediendo dichos restos fósiles de una unidad infrayacente (arenas negras fosilíferas), y por ello más antigua a la unidad U.L.I.A. del Sondeo B de Fonelas P-1.

Los resultados de la excavación fueron realmente interesantes pues se incrementó la muestra anatómica de muchos de los taxones presentes en el yacimiento, mal conocidos hasta el descubrimiento de Fonelas P-1. En esta campaña se amplió la muestra del jiráfido *Mitilanotherium*, confirmando la presencia de una importante población de esta especie en la Europa atlántica durante el Plioceno superior terminal. El hallazgo del nuevo fragmento craneal de melino permitió confirmar la existencia de una nueva especie de carnívoro. El descubrimiento de una hemimandíbula de *Homotherium* permitió identificar a la especie presente en el yacimiento (*Homotherium latidens*). La obtención de restos de testudínidos clarificó la asignación taxonómica de estos pequeños reptiles (*Eurotestudo* sp.); y, por último, la recuperación del caprino añadió un taxón de mamífero más al espectro faunístico y paleoecológico del yacimiento.

Durante el transcurso de 2004 se desarrollaron de forma continua los trabajos de gestión e investigación de las colecciones paleontológicas recuperadas durante las campañas de 2001, 2002 y 2003 en el yacimiento de Fonelas P-1 y en las restantes localidades identificadas durante las prospecciones sistemáticas. Los resultados de los trabajos se desglosan a continuación.

Restauración de cerca de 300 fósiles de mamíferos, que pasaron a registro informático con sus correspondientes fichas completas.

Ampliación de los campos, las consultas y las salidas gráficas de la aplicación informática específica del proyecto.

Diseño y dotación de contenidos de una página web, ya consultable en esas fechas, sobre este proyecto y sus materias de estudio (http://www.igme.es/internet/museo/investigacion/paleontologia/fonelas/index.htm).

Estudio de los aspectos anatómicos y taxonómicos de más de 300 fósiles de Fonelas P-1 pertenecientes a los géneros *Mammuthus, Stephanorhinus, Meles, Homotherium, Vulpes, Hyaena, Pachycrocuta, Lynx, Croizetoceros, Metacervoceros y Eucladoceros,* habiendo sido caracterizada en Fonelas P-1 una nueva especie de melino.

Rediseño y producción de la exposición específica sobre este proyecto científico, *El largo viaje hacia Occidente. Fauna ibérica hace 1.800.000 años*, dado el éxito y la demanda suscitada desde su presentación en 2003.

Aunque ya en 2003 se había identificado en el yacimiento sincrónico Fonelas SCC-1 la hiena gigante de rostro corto, *Pachycrocuta brevirostris*, a través de una hemimandíbula de un juvenil bien conservada, el hallazgo en Fonelas P-1 de elementos dentales de individuos infantiles de esta especie resultó de gran importancia para la datación del yacimiento por bioestratigrafía. La especie tenía su primer dato en Europa en la Unidad Faunística Olivola en cronologías próximas a -1.9 Ma de antigüedad, lo que confirmó los análisis bioestratigráficos previos. Por tanto, ésta sería la antigüedad máxima del yacimiento en función de los datos bioestratigráficos, no siendo más moderno de -1.7 Ma por los LAD's reconocidos. Por último, también fue importante la identificación de este hiénido en la asociación de Fonelas P-1, generada por la actividad de este tipo de carnívoros carroñeros, pues hasta aquel momento el único hiénido identificado era *Hyaena brunnea*. La presencia de individuos infantiles de *Pachycrocuta brevirostris* en Fonelas P-1 permitió apuntar a los representantes de esta especie como los agentes tafonómicos generadores del yacimiento, ya que se trata de los únicos carnívoros eudémicos en el sistema de referencia del propio yacimiento. Por otra parte, la coexistencia de estos dos hiénidos nunca había sido descrita hasta ese momento.

El avance sobre la interpretación estratigráfica y sedimentológica del yacimiento se dio a conocer en 2004 (Viseras *et al.*, 2004), donde se caracteriza en el Sondeo B la asociación de facies E, asociación que contienen el registro paleontológico de grandes mamíferos (informalmente definida hasta entonces como U.L.I.A.).

TRABAJOS REALIZADOS EN EL AÑO 2005: PROSPECCIÓN PALEONTOLÓGICA SISTEMÁTICA

La prospección paleontológica sistemática se desarrolló durante el mes de julio de 2005. Tras la planificación de los trabajos de campo en gabinete durante los meses de mayo y junio, se inició la prospección paleontológica sistemática tomando como referente los resultados de la campaña de prospección del año 2003.

El análisis de los datos previos orientó el inicio de la prospección en la margen este del río Fardes, pues hallazgos anteriores indicaban la posibilidad de la recuperación de nuevos puntos con registro en esta desconocida zona de la cuenca. Tras una detallada evaluación de la estratigrafía y de la distribución de facies sedimentarias, se concluyó que, en esta porción de la cuenca, en la margen este del río Fardes en cotas situadas entre 920-940 m de altitud, los cuerpos de roca conservados testimonian la sedimentación plioceno-pleistocena del paleocauce central del Sistema Axial del relleno de la cuenca. Dada su paleogeografía, ello indicaba una muy baja probabilidad de registro fósil de vertebrados continentales, arrojando finalmente la prospección de 10 km^2 resultados negativos.

En este punto se centró la prospección en la franja oeste del río Fardes, iniciando los trabajos al sur de Belerda, en la zona conocida como la Torre de Cúllar. Se prospectaron los altos paleogeográficos al este de Fonelas P-1, finalizando en el área del Mencal, alto paleogeográfico que limita al norte la distribución de unidades plioceno-pleistocenas de la Formación Guadix en esta zona.

Los resultados de la prospección fueron muy satisfactorios –26 nuevos puntos con registro–, de forma que, tras esta campaña, se contaba con un total de 44 puntos con registro fósil de grandes mamíferos. Los nuevos puntos localizados en el año 2005 fueron: FBP-1, FBP-SVY-4, FBP-SVY-5, FP-3, FP-4, FPB del 6 al 16, FBCB 1, FCL-1, FTC-1, FTC-2, M-1, M-3, M-4 y M-5, distribuidos mayoritariamente en facies fluviales, más un nuevo punto con fósiles de micromamíferos en registro kárstico (FPA-1) y otro afloramiento, en este caso posiblemente arqueológico (M-2), en facies aluviales. Los nuevos puntos con fósiles de grandes mamíferos constituyeron en su mayoría registros esporádicos, apareciendo (excepto en dos casos que se detallarán con posterioridad) en depósitos fluviales, bien en conglomerados o en arenas negras o en paquetes lutíticos. Se localizaron restos de quelonios en unidades del Plioceno inferior y fósiles de proboscídeos, équidos, cérvidos, cánidos y hiénidos en unidades del Plioceno superior o del inicio del Pleistoceno inferior.

Uno de los resultados inesperados de la prospección fue la localización de un depósito kárstico (FPA-1), muy rico en micromamíferos, en una cantera situada en un pequeño alto paleogeográfico mesozoico aislado y próximo a la estación de Huélago (1,5 km al oeste de Fonelas P-1). De forma preliminar se puede estimar su cronología como Plioceno inferior.

Sin duda, la conclusión paleontológica más significativa de esta campaña de prospección es la caracterización y el conocimiento de la distribución de las facies fosilíferas de la transición Plioceno-Pleistoceno y del Pleistoceno inferior en la Formación Guadix. Los trabajos de campo realizados durante estas campañas de prospección han permitido determinar que, siendo referente el yacimiento Fonelas P-1, existe en esta porción de la subcuenca de Guadix un conjunto de cuerpos de roca de origen fluvial sedimentados por un cauce tributario y en su llanura de inundación del Sistema Axial principal, y que se acuñan al oeste entre rocas sedimentadas por el Sistema Transversal Externo (al este no queda testimonio estratigráfico, pues es donde se sitúa la cuenca de drenaje del actual *río Fardes), que es testimonio geológico* y paleontológico del Pleistoceno inferior (MNQ18). Este conjunto de cuerpos de roca, con un espesor medio de 6 m (ocupa 40 km^2 de superficie y está constituido por 240 millones de m^3 de roca), contiene todos los yacimientos localizados del Pleistoceno inferior basal, en distintos tipos de facies fluviales y lacustres en función del área paleogeográfica en que nos encontremos y en función de la evolución del medio sedimentario durante este rango de tiempo. Por tanto, en esta parte de la subcuenca de Guadix, en la Formación Guadix, se encuentra el testimonio geológico y paleontológico –con un rico y especial registro en grandes mamíferos– del Pleistoceno inferior en su conjunto, con un espesor medio de 100 metros.

El estudio realizado de los materiales obtenidos durante la excavación del año anterior en Fonelas P-1, además de permitir avanzar en aspectos taxonómicos y tafonómicos descriptivos, permitió identificar en algunos restos fósiles de ungulados marcas potencialmente atribuibles a actividad antrópica (*cutmarks*). Estos materiales se encuentran actualmente en estudio; para llegar a una conclusión definitiva resulta necesario disponer de una muestra más amplia.

Aun así, lo sí se puede afirmar es que este tipo de marcas, sea cual fuere su naturaleza, tienen sobreimpuestas marcas de carroñeo de hiénidos. Por tanto, de haber habido actividad humana sobre estos huesos, ésta se realizó en otro lugar distinto a Fonelas P-1, otro lugar del territorio del que posteriormente los hiénidos tomaron fragmentos de cadáveres y los transportaron a Fonelas P-1, donde se sitúa su antiguo comedero, para su consumo.

Finalmente, destacó un hallazgo de potencial naturaleza arqueológica. Durante la prospección de la vertiente sur del macizo mesozoico del Mencal se localizó una capa con vestigios de naturaleza lítica (Mencal-2; M-2).

Teniendo los indicios paleontológicos en consideración y repitiendo el planteamiento que nos permitió localizar la capa Barranco Léon-5 y sus industrias líticas asociadas en Orce a principios de la década de 1990 (A. Arribas en 1992 y 1994; búsqueda en el margen de cuenca, en las proximidades de altos paleogeográficos, de depósitos de alta energía –que supongan una ruptura en el régimen sedimentario normal de la cuenca– que pudiesen aportar al morfosistema sedimentario de la cuenca elementos alóctonos), se decidió planificar unas jornadas de prospección sistemática de unidades continentales en el sur del Mencal. No hay que olvidar que, durante el Plioceno superior y el Pleistoceno inferior, los altos paleogeográficos fueron centros de ocupación y protección para los primates, constituyendo los lugares eudémicos para los representantes de este orden. En esta zona prospectada, el registro sedimentario está constituido por rocas detríticas sedimentadas por el Sistema Transversal Externo en un sistema de abanico aluvial. En una de las capas, la M-2, caracterizada por detríticos gruesos que erosionan depósitos previos de *playa-lake*, se localizaron *in situ* dos fragmentos de sílex presumiblemente tallados. Este indicio resultó objetivamente importante, pues puede aportar información novedosa sobre la ocupación humana de la cuenca. Ambos fragmentos de sílex fueron analizados por los Dres. Arribas, Durán, Jordá Pardo y Díez Fernández-Lomana, concluyendo en todos los casos que se trataba de sílex manufacturado. Por ello, durante la campaña de 2006 se planteó un sondeo estratigráfico con muestreo arqueológico en la capa M-2, bajo la dirección del Dr. Díez Fernández-Lomana, con el fin de verificar el potencial interés de su registro.

Durante 2005 se continuaron los trabajos de gestión e investigación de las colecciones paleontológicas recuperadas durante las campañas de 2002, 2003 y 2004 en el yacimiento de Fonelas P-1 y en las restantes localidades identificadas durante las prospecciones sistemáticas. Se restauraron cerca de 250 fósiles de mamíferos, que pasaron a registro informático con sus correspondientes fichas completas. Se ampliaron los campos, las consultas y las salidas gráficas de la aplicación informática específica del proyecto. Se actualizaron los contenidos de la página web del proyecto. Y, por último, Guiomar Garrido finalizó su Tesis Doctoral, la primera del proyecto, *Paleontología sistemática de grandes mamíferos del yacimiento del Villafranquiense superior de Fonelas P-1 (Cuenca de Guadix, Granada)*, defendida en 2006. El estudio comprende todos los aspectos anatómicos, biométricos, taxonómicos, bioestratigráficos y paleobiogeográficos de los 24 taxones de grandes mamíferos identificados hasta aquel momento en el yacimiento de referencia (Fig. 2).

Finalmente, en 2005 la dirección del proyecto recibió el informe final del estudio coordinado por el Dr. Viseras centrado en Fonelas P-1, que dio lugar a la primera publicación internacional sobre su geología, junto a la lista faunística provisional, el avance tafonómico y el modelo genético del sitio (Viseras *et al.*, 2006).

TRABAJOS REALIZADOS EN EL AÑO 2006

Prospección paleontológica sistemática

Los trabajos de campo realizados en años previos permitieron al equipo tener un extenso conocimiento sobre la geología de la comarca y sus registros. Así, se pudieron definir los límites de distintas unidades geológicas a muy pequeña escala, lo que posibilitó abordar, a partir de 2006, los trabajos de cartografía geológica de detalle de los más de 100 km^2 de zona de estudio del proyecto.

La investigación de años anteriores venía añadiendo de forma sistemática nuevos registros paleontológicos al proyecto. Y lo mismo sucedió en 2006, con la localización de unas interesantísimas facies lacustres en la vertiente este del cerro Mencal con abundantes restos óseos de grandes mamíferos en superficie (*Equus* sp. 1 talla grande, *Equus*, sp. 2 talla pequeña, Bovini gen. indet. talla grande, Bovini gen. indet. talla pequeña y *Mammuthus* cf. *meridionalis*), en un nuevo yacimiento identificado como M-9. En la superficie se registraron también lascas de sílex. Otro yacimiento, localizado en rocas carbonatadas de las proximidades del cerro Mencal, identificado como M-8, proporcionó fósiles de *Equus* sp. Asimismo, la revisión de datos estratigráficos en la sucesión de Fonelas SCC permitió la localización de una nueva capa fosilífera (FSCC-3) con restos craneodentales de *Anancus* cf. *arvernensis*.

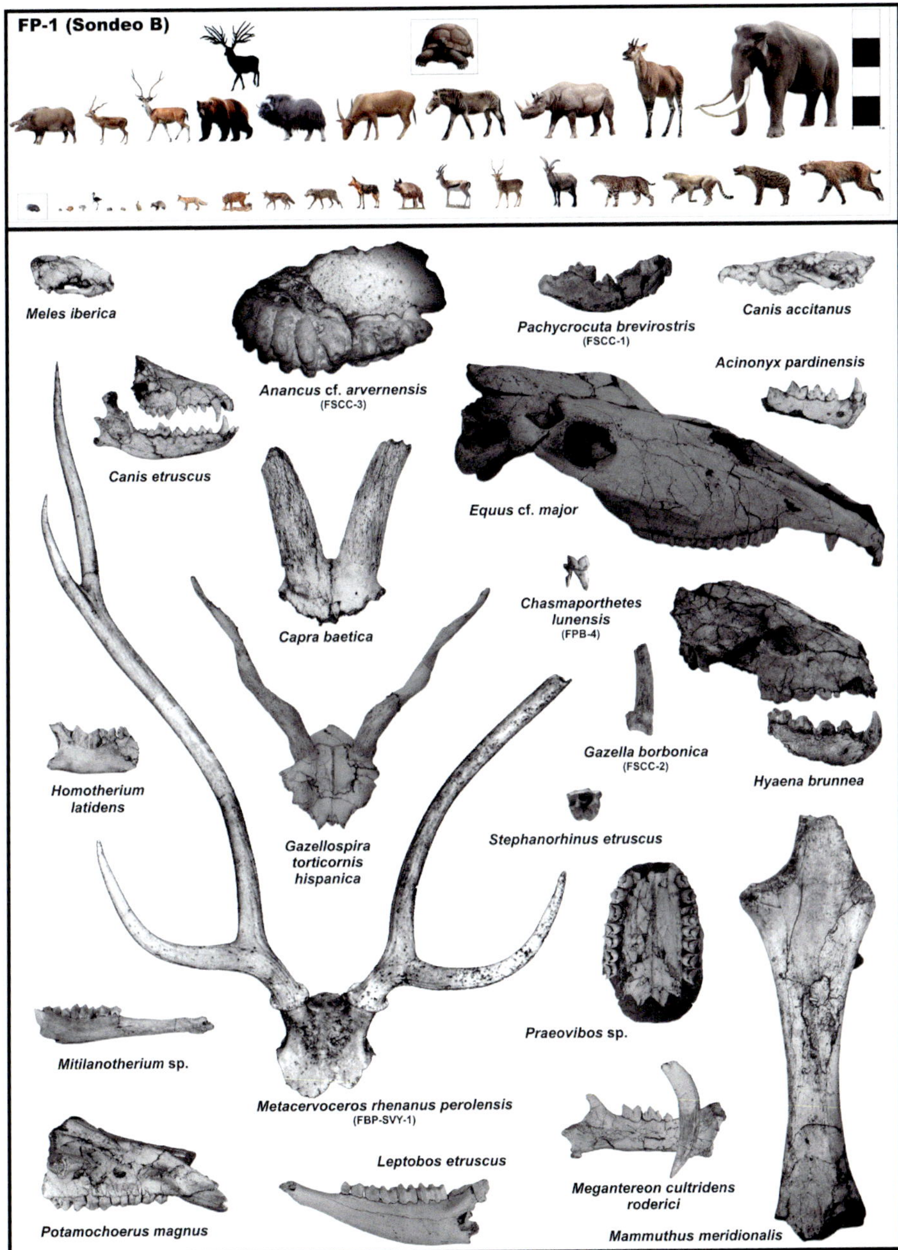

Figura 2. Selección de fósiles de macromamíferos de Fonelas P-1 –todos aquellos en los que sólo aparece el nombre científico del taxón–, junto con fósiles seleccionados de otros de los nuevos yacimientos localizados en el marco del Proyecto Fonelas. Tomado de Garrido (2006), Garrido y Arribas (2014) y datos propios del Proyecto Fonelas: FSCC-2 y FSCC-3 con 2,5 a 2,4 Ma; FPB-4 con 2,1 Ma; Fonelas P-1 y FSCC-1 con 2,0 Ma; y FBP-SVY-1 con 1,9 Ma. Se presenta, a escala, la reconstrucción de los vertebrados identificados en el yacimiento realizadas las más de ellas por el paleoartista Roman Uchytel con el asesoramiento del equipo del proyecto.

Sondeo estratigráfico con muestreo en M-2

Teniendo en consideración aquellos indicios relacionados con la posible presencia humana registrados en 2005, durante la campaña de 2006 se desarrolló un sondeo estratigráfico con muestreo arqueológico en la capa M-2, dirigido por el Dr. Carlos Díez, con el fin de verificar el potencial interés arqueológico de su registro. Se hallaron 76 objetos de sílex que se consideró habían sido fabricados por homínidos, aunque la técnica de explotación no permitió la plasmación morfológica de todas las características que definen a lascas y núcleos. En conclusión, se reconocieron industrias del Modo Tecnológico 1 en Mencal-2.

Avances en la formación de personal investigador

El 5 de octubre de 2006 tuvo lugar, en la Facultad de Ciencias de la Universidad de Granada, el acto de defensa del trabajo de investigación para la obtención del diploma de estudios avanzados de Sila Pla Pueyo, *Un marco estratigráfico para los yacimientos de macrovertebrados del Proyecto Fonelas (Cuenca de Guadix, Cordillera Bética*. Este trabajo se enmarcaba en la tesis doctoral de la investigadora, becada por el IGME y codirigida por los Dres. César Viseras, Jesús Soria y Alfonso Arribas.

Por otra parte, el 10 de octubre de este mismo año tuvo lugar, en la Facultad de Ciencias Geológicas de la Universidad Complutense de Madrid, el acto de defensa de la tesis doctoral de Guiomar Garrido Álvarez-Coto, *Paleontología sistemática de grandes mamíferos del yacimiento del Villafranquiense superior de Fonelas P-1 (Cuenca de Guadix, Granada)* (Garrido, 2006), dirigida por el Dr. Alfonso Arribas Herrera.

TRABAJOS REALIZADOS EN EL AÑO 2007: TRABAJOS DE CAMPO Y GABINETE

El año 2007 fue el último de los seis años planificados durante este primer Proyecto General de Investigación aprobado por la Junta de Andalucía. Por ello, se realizaron numerosas actividades de carácter técnico, científico y divulgativo.

Los trabajos de campo relacionados con la excavación sistemática de Fonelas P-1 se pudieron desarrollar con normalidad. En esta campaña se amplió el Sondeo B hacia el oeste, se insistió en la excavación del Sondeo

A y se abrieron dos pequeños sondeos de control estratigráfico entre ambos (Sondeo Salto del Tigre). Se recuperaron fósiles, 395 cartografiados en campo, y se estimó un total de 500 especímenes cuando finalizase la restauración de bloques, excepcionales de *Metacervoceros, Canis, Mammuthus, Mitilanotherium, Homotherium, Stephanorhinus* y *Gazellospira*, entre otros taxones. En fósiles recuperados en el Sondeo B durante ese año se volvieron a identificar marcas asignables a *cutmarks* en huesos de équidos. Por otra parte, se realizaron muestreos paleobotánicos en las unidades fosilíferas de Fonelas P-1 y M-9, con resultados negativos en ambos casos.

Se prosiguieron también los trabajos de gestión e investigación de las colecciones paleontológicas recuperadas durante la campaña de 2004 en el yacimiento de Fonelas P-1 y en las restantes localidades identificadas durante las prospecciones sistemáticas de 2005 y 2006. Se restauraron cerca de 500 fósiles de mamíferos, que pasaron a registro informático con sus correspondientes fichas completas; además, se ampliaron los campos, las consultas y las salidas gráficas de la aplicación informática específica del proyecto.

Durante 2007 se avanzó en la investigación paleontológica, estratigráfica y sedimentológica de Fonelas P-1 con el desarrollo del panel de correlación de las distintas unidades de la Formación Guadix y el inicio del estudio de los carbonatos continentales. Igualmente, se desarrollaron los trabajos de campo y gabinete conducentes a disponer de información de naturaleza magnetoestratigráfica de los yacimientos de referencia del proyecto (Fonelas P-1, FSCC-1 y M-9), que resultaron altamente satisfactorios.

Finalmente, se publicó la nueva especie de melino fósil identificada en el yacimiento, *Meles iberica* (Arribas y Garrido, 2007), y estaba en vías de publicación una nueva especie de cánido del género *Canis* (*Canis accitanus* n. sp.).

Divulgación

Entre las actividades de divulgación desarrolladas durante el año 2007 destacan las relacionadas a continuación.

Actualización y ampliación de contenidos de la página web sobre el proyecto y sus materias de estudio.

Conferencia invitada sobre *El patrimonio paleontológico en la cuenca Guadix-Baza* en el curso «La gestión del Patrimonio cultural: la acción creativa y dinamizadora de las Entidades Locales», organizado por la Universidad Internacional de Andalucía en su sede Antonio Machado en Baeza (Jaén).

Organización y dirección del Encuentro en la Universidad Internacional Menéndez Pelayo, *Los primeros humanos en el viejo continente y la revolución faunística del Plioceno al Pleistoceno*, patrocinado por el Instituto Geológico y Minero de España y la Dirección General de Bienes Culturales de la Consejería de Cultura de la Junta de Andalucía. Los ponentes fueron los doctores Jordi Agustí, Carlos Díez, Antonio Rosas, Manuel Santonja, Joao Zilhao, María Teresa Alberdi, José S. Carrión, Ralf-Dietrich Kahlke, César Viseras y Alfonso Arribas.

Participación en el encuentro internacional *Climate and humans. Depicting enviromental scenarios for human evolutionary changes and cultural collapses.* Fue patrocinado por la Fundación Séneca (Agencia Regional de Ciencia y Tecnología de la Región de Murcia) y dirigido por los doctores José S. Carrión y Clive Finlayson. Los ponentes fueron los investigadores Geoff Bailey, Jose María Bermúdez de Castro, José S. Carrión, Peter de Menocal, Darren Fa, Clive Finlayson, Geraldine Finlayson, Carles Lalueza-Fox, Marcia Ponce de León, Jim Rose, Larry Sawchuk, John Speth, John Stewart, Chronis Tzedakis, Christoph Zollikofer y Alfonso Arribas.

Itinerancia de la exposición *El largo viaje hacia Occidente: fauna ibérica hace 1.800.00 años*, que se expuso en la Oficina del Turismo de Guadix (Granada) durante los meses de julio-septiembre de 2007, y en el Museo Arqueológico de Cartagena (Murcia) desde el 23 de octubre de 2007 hasta el día 5 de enero de 2008.

Publicación de una noticia sobre el interés científico del Proyecto Fonelas en *BBC News Science-Nature*, el 31 de octubre de 2007, con el artículo de Paul Rincon *Awesome beasts roved ancient site.*

Participación del Proyecto Fonelas en la Semana de la Ciencia y la Tecnología 2007 de la Región de Murcia, entre el 22 de octubre y el 4 de noviembre de 2007.

TRABAJOS REALIZADOS EN EL AÑO 2008

Durante el año 2008 se realizaron, esencialmente, las actividades que se relacionan a continuación.

Publicación de la primera monografía paleontológica específica del proyecto en la serie *Cuadernos de Museo Geominero* del Instituto Geológico y Minero de España (Arribas *et al.*, 2008).

Publicación de una nueva especie de cánido, *Canis accitanus*, de Fonelas P-1 (Garrido y Arribas, 2008).

Realización de la prospección paleontológica sistemática de las unidades de la cuenca presentes al oeste del Puntal de Don Diego y al norte de la Solana del Zamborino. Se localizaron 12 nuevos puntos con registro fósil de grandes mamíferos.

Edición digital del Mapa litoestratigráfico de la zona inicial de trabajo (Fonelas-Mencal).

Presentación de resultados científicos en el VII Congreso Geológico de España.

Preparación y ejecución de una excursión postcongreso a la Cuenca de Guadix para el *3rd Meeting on Taphonomy and Fossilization* (Taphos 08).

Preparación, montaje y desmontaje de tres itinerancias de la exposición del proyecto (El Puerto de Santa María, Jumilla y Alcalá de Henares).

Restauración y gestión de colecciones paleontológicas.

Publicación del artículo *A Mammalian Lost World in southwest Europe during the Late Pliocene* (Arribas *et al.*, 2009)

Trabajos de diseño y estructuración del proyecto de la futura Estación Paleontológica «Valle del río Fardes».

Asesoramiento a municipios de la Comarca de Guadix en relación con el impacto sobre el patrimonio geológico de la comarca del proyecto de un tendido de alta tensión. Como conclusión, se recomendó que el trazo no pasase por el valle del río Fardes.

En 2008 la dirección del Proyecto Fonelas recibió el informe final del contrato con la Universidad de Barcelona, realizado por Miguel Garcés y Elisabet Beamud, *Magnetoestratigrafía de las sucesiones de Fonelas y El Mencal*, que incluía las sucesiones de Fonelas P-1, Fonelas SCC-1 y Mencal-9, con resultados científicos óptimos.

TRABAJOS REALIZADOS EN EL AÑO 2009

Publicación de dos trabajos (en prensa en 2009, publicados en 2010), por invitación, en el marco de la 1ª *Reunión de científicos sobre cubiles de hiena (y otros grandes carnívoros) en los yacimientos arqueológicos de la Península Ibérica*: "*Los hiénidos del Plioceno-Pleistoceno español: géneros y especies, distribución temporal y espacial*" y "*Taphonomic approach to Fonelas P-1 site (late Upper Pliocene, Guadix basin, Granada): descriptive taphonomic characters related to hyaenid activity*".

Defensa, en la Universidad de Granada, de la tesis doctoral de Sila Pla, *Contexto estratigráfico y sedimentario de los yacimientos de grandes mamíferos del sector central de la Cuenca de Guadix (Cordillera Bética)* (Pla, 2009), trabajo que obtuvo la máxima calificación. Los resultados más relevantes fueron publicados dos años después (Pla *et al.*, 2011; Fig. 3B).

Realización de la primera excavación paleontológica sistemática del yacimiento Mencal-9, por el equipo del Proyecto Fonelas del IGME y bajo la coordinación científica de Guiomar Garrido (paleontología) y técnica de José A. García (arqueología). Este yacimiento tiene una cronología, por magnetoestratigrafía, situada entre 1,5-1,7 millones de años de antigüedad. Hasta el momento se ha identificado registro paleontológico con fósiles de *Mammuthus meridionalis*, *Hippopotamus* sp., *Stephanorhinus etruscus*, *Equus* cf. granatensis, *Leptobos etruscus*, Bovidae gen. indet., *Capra* sp., Cf. *Gazellospira* sp., Megacerini gen. indet., *Canis etruscus*, *Pannonictis nestii*, *Pachycrocuta brevirostris*, *Ursus* sp., entre otros. El yacimiento es altamente significativo para la comprensión de la vida en Europa en el intervalo de tiempo registrado en el yacimiento, pues rellena un vacío de información para en periodo de tiempo considerado. No se localizó registro arqueológico *in situ*.

Preparación y ejecución de una excursión postcongreso a la Cuenca de Guadix y el yacimiento de Fonelas P-1 para el congreso de la INQUA-Subcommission on European Quaternary Stratigraphy), *The Quaternary of southern Spain: a bridge between Africa and the Alpine domain.*

Dotación de contenidos sobre paleoambientes en la web del proyecto.

Restauración y gestión de colecciones científicas, tanto de Fonelas P-1 como de Mencal-9.

Continuación de los trabajos técnicos de diseño y estructuración del proyecto de la Estación Paleontológica «Valle del Río Fardes».

Asesoramiento a la Consejería de Cultura de la Junta de Andalucía e informe técnico paleontológico sobre el yacimiento «La Solana del Zamborino».

Inicio de la tercera tesis doctoral del proyecto (Elena Fierro), becada por el IGME, titulada *Reconstrucción paleoambiental de la Cuenca de Guadix durante los últimos 3 millones de años a través de registros vegetales en unidades continentales*, codirigida por los Dres. Carrión y Arribas.

Publicación del artículo *A Mammalian Lost World in Southwest Europe during the Late Pliocene* en la revista *PLoS ONE*. Este artículo presenta una nueva hipótesis sobre las dispersiones faunísticas de grandes mamíferos entre África, Asia y Europa hace dos millones de años, y sitúa al yacimiento Fonelas P-1 (Fig. 3A) como referente científico mundial para dicho periodo de tiempo (Arribas *et al.*, 2009).

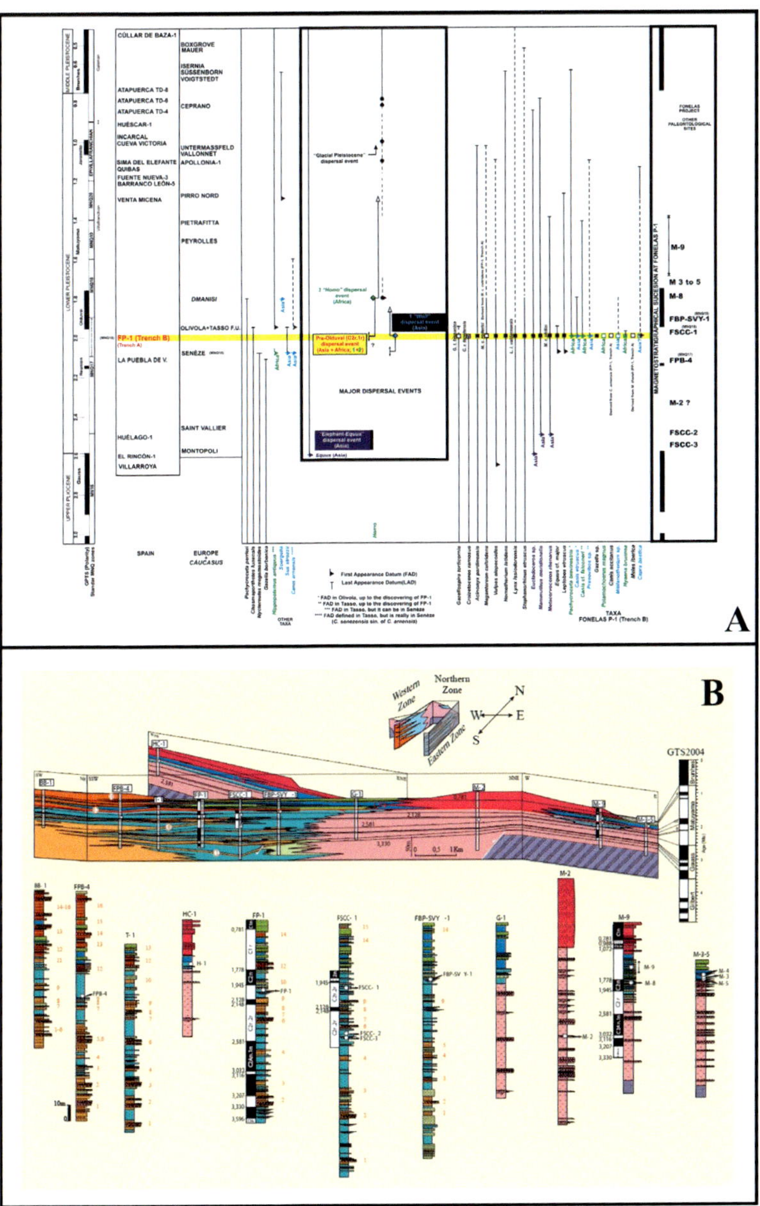

Figura 3. Síntesis de información de naturaleza cronológica obtenida para el yacimiento Fonelas P-1 y para el sector occidental de la subcuenca de Guadix. A, compendio de la información bioestratigráfica de Fonelas P-1 (más los restantes yacimientos con información magnetoestratigráfica localizados por el proyecto Fonelas en la Cuenca de Guadix) en relación con los datos publicados de los yacimientos europeos más significativos para el Plio-Pleistoceno (tomado de Arribas *et al.*, 2009). B, correlación litológica y magnetoestratigráfica del sector occidental de la subcuenca de *Guadix* en la vertiente oeste del Valle del río Fardes (tomado de Pla *et al.*, 2011).

TRABAJOS REALIZADOS EN EL AÑO 2010

La falta de apoyo de la dirección del IGME al proyecto durante 2009 y el primer semestre de 2010, anuló toda posibilidad de actuaciones científico-técnicas. La llegada como nueva directora de la institucón de la Dra, Rosa de Vidania Muñoz en verano de 2010, reactivó el conjunto del proyecto con la compra por parte del IGME de la finca de 25 ha que contiene al yacimiento de Fonelas P-1, materializada el 28 de diciembre de 2010 en Guadix, y abrió el camino a una nueva etapa de actividades con el desarrollo de la Estación Paleontológica «Valle del Río Fardes» (2010-actualidad).

En años posteriores, entre otras acciones relevantes, se identificó la especie *Ursus etruscus* (año 2014) a través de un diente aislado, un m3), se ha publicado la identificación los últimos mastodontes en la península ibérica (Garrido y Arribas, 2014), se ha dado a conocer la última población europea conocida de tortugas terrestres gigantes que habitó en Fonelas P-1 (Pérez-García *et al.*, 2017), y se abordó la síntesis científica del patrimonio paleontológico de relevancia internacional del Geoparque Mundial de la UNESCO de Granada (Arribas *et al.*, 2021).

CONSIDERACIONES FINALES

Durante la década considerada, la investigación del yacimiento Fonelas P-1 ha permitido conocer su geología, sus fósiles de vertebrados y su cronología. También, se ha planteado su modelo genético tafonómico, se han gestionado correctamente sus colecciones científicas y se han desarrollado los trabajos para su nominación como patrimonio geológico español de relevancia internacional. Por último, se han realizado las gestiones para su adquisición por parte del Estado español, y se han abordado múltiples trabajos de divulgación y de cultura científica.

La diversidad faunística de Fonelas P-1, actualizada a 2024, es la siguiente: *Chersine* cf. *hermanni*, Lacertidae gen. indet. Anguidae gen. indet, *Rhinechis scalaris*, Viperidae gen. Indet., *Titanochelon* sp., Aves gen. indet., *Prolagus* cf. *calpensis*, *Oryctolagus* sp., Erinaceidae gen. indet., *Eliomys* sp., *Mimomys* sp., *Apodemus* cf. *atavus*, *Castillomys* sp. gr. *C. crusafonti* – *C. rivas*, *Stephanomys* sp., *Hystrix* sp. (a través de marcas de dientes en huesos), *Meles iberica* (*M.* ex. gr. *thorali*), *Vulpes alopecoides*, *Canis accitanus* (*C.* ex. gr. *arnensis*), *Canis etruscus*, *Canis* cf. *falconeri*, *Pachycrocuta brevirostris*, *Hyaena brunnea* (no *P. perrieri*), *Lynx issiodorensis valdarnensis*, *Acinonyx pardinensis*, *Megantereon cultridens roderici*, *Homotherium latidens*, *Ursus etruscus* (inédito), *Potamochoerus magnus*, *Croizetoceros ramosus fonelensis*, *Metacervoceros rhenanus philisi*, *Eucladoceros* sp., *Paleotragus* sp. (sin. *Mitilanotherium*), *Gazellospira torticornis hispanica*, *Capra baetica*, *Praeovibos* sp., *Leptobos etruscus*, *Equus* cf. *mayor*, *Stephanorhinus etruscus* y *Mammuthus meridionalis*.

El trabajo en su conjunto ha redundado en fundamentar las bases para la creación y el desarrollo de una estación paleontológica de campo sustentada en la conservación de un yacimiento paleontológico, que es patrimonio geológico (*geosite*) y patrimonio del Estado, y en la ciencia para la ciudadanía. Igualmente, en estructurar y definir científicamente una propuesta singular de parte del territorio de la cuenca continental de Guadix-Baza basada en la paleontología de mamíferos y el Cuaternario, para que forme parte de la Red Mundial de Geoparques de la UNESCO, propuesta iniciada en 2016 y materializada en 2020.

AGRADECIMIENTOS

Agradecemos a Isabel Rábano la invitación a participar en este volumen, sumando trabajo e ilusión a la historia reciente del Museo Geominero. Asimismo, agradecemos a todas las personas que pusieron voluntad, trabajo y esfuerzo en esta aventura en el Cuaternario. Ha sido un precioso viaje. Gracias por todo.

BIBLIOGRAFÍA

Arribas, A. (ed.) 2008. *Vertebrados del Plioceno superior terminal en el suroeste de Europa: Fonelas P-1 y el Proyecto Fonelas*. Cuadernos del Museo Geominero, 10. Instituto Geológico y Minero de España, Madrid, 608 pp.

Arribas, A. y Garrido, G. 2007. *Meles iberica* n. sp., a new Eurasian badger (Mammalia, Carnivora, Mustelidae) from Fonelas P-1 (Plio-Pleistocene boundary, Guadix Basin, Spain). *Comptes Rendus Palevol,* 6, 545-555.

Arribas, A.; Garrido, G.; Viseras, C.; Soria, J.M.; Pla, S.; García, J.A, Garcés, M.; Beamud, E. y Carrión, J.S. 2009. A Mammalian Lost World in Southwest Europe during the Late Pliocene. *PLoS ONE*, 4 (9), e7127. https://doi.org/10.1371/journal.pone.0007127

Arribas, A.; Riquelme, J.A.; Palmqvist, P.; Garrido, G.; Hernández, R.; Laplana, C.; Soria, J.; Viseras, C.; Durán, J.J.; Gumiel, P.; Robles, F.; López-Martínez, J. y Carrión, J. 2001. Un nuevo yacimiento de grandes mamíferos villafranquienses en la Cuenca de Guadix (Granada): Fonelas P-1, primer registro de una fauna próxima al límite Plio-Pleistoceno en la Península Ibérica. *Boletín Geológico y Minero*, 112 (4), 3-34.

Arribas Herrera, A.; Garrido Álvarez, G.; Garrido García, J.A.; García Tortosa, J.A. y Medialdea Pérez, C. 2021. Quaternary large mammals from the Granada Geopark:

a magnificent record with examples of geoconservation. *Geoconservation Research*, 4 (2), 663-674. https://doi.org/10.30486/gcr.2021.1929773.1093

Garrido, G. 2006. *Paleontología sistemática de grandes mamíferos del yacimiento del Villafranquiense superior de Fonelas P-1 (Cuenca de Guadix, Granada).* Tesis doctoral, Universidad Complutense de Madrid, 726 pp.

Garrido, G. y Arribas, A. 2008. *Canis accitanus* nov. sp., a new small dog (Canidae, Carnivora, Mammalia) from the Fonelas P-1 Plio-Pleistocene site (Guadix basin, Granada, Spain). *Geobios*, 41, 751-761. https://doi.org/10.1016/j.geobios.2008.05.002

Garrido, G. y Arribas, A. 2014. The last Iberian gomphothere (Mammalia, Proboscidea): *Anancus arvernensis mencalensis* nov. ssp. from the earliest Pleistocene of the Guadix Basin (Granada, Spain). *Palaeontologia Electronica*, 17 (1,4A), 16 pp. https://doi.org/10.26879/387

IGME [s.f.]. Proyecto Global Geosites. Contextos geológicos españoles de relevancia internacional. Disponible en: https://www.igme.es/patrimonio/20210309_Global_Geosites.pdf

*Pérez-García, A.; Vlachos, E. y Arribas, A. 2017. The last giant continental tortoise of Europe: A survivor in the Spanish Pleistocene site of Fonelas P-1. Palaeogeography, Palaeoclimatology, Palaeoecology. 470, 30-39. https://doi.org/*10.1016/j.palaeo.2017.01.011

Pla-Pueyo, S. 2009. *Contexto estratigráfico y sedimentario de los yacimientos de grandes mamíferos del sector central de la Cuenca de Guadix (Cordillera Bética).* Tesis Doctoral, Universidad de Granada, 252 pp.

Pla, S.; Viseras, C.; Soria, J.M.; Tent-Manclús, J.E. y Arribas, A. 2011. A stratigraphic framework for the Pliocene-Pleistocene continental sediments of the Guadix Basin (Betic Cordillera, S. Spain). *Quaternary International*, 243, 16-32.

Viseras, C.; Soria, J.M.; Durán, J.J. y Arribas, A. 2004. Condicionantes geológicos para la génesis de un yacimiento de grandes mamíferos: Fonelas P-1 (límite Plioceno-Pleistoceno, Cuenca de Guadix-Baza, Cordillera Bética). *Boletín Geológico y Minero*, 115 (3), 551-566

Viseras, C.; Soria, J.M.; Durán, J.J.; Pla, S.; Garrido, G.; García-García, F. y Arribas, A. 2006. A Large Mammals Site in a Meandering Fluvial Context (Fonelas P-1, Late Pliocene, Guadix Basin, Spain). Sedimentological keys for its palaeoenvironmental reconstruction. *Palaeogeography, Palaeoclimatology, Palaeoecology*, 242, 139-168.

LA INVESTIGACIÓN PETROLÓGICA Y MINERALÓGICA EN EL MUSEO GEOMINERO

Rafael P. Lozano Fernández

Las principales funciones de un museo geológico son la conservación de las colecciones compuestas fundamentalmente de fósiles, minerales y rocas, la difusión de este patrimonio natural a través de exposiciones y actividades educativas y, por último y no menos importante, la investigación paleontológica, mineralógica y petrológica.

Las colecciones mineralógicas y petrológicas son una magnífica fuente de material para la investigación. Son numerosos los científicos que acuden a los museos en busca de una roca o un mineral que ya no pueden obtener en yacimientos hoy en día inaccesibles. Los minerales de los museos han servido tradicionalmente para obtener valiosísima información química y/o estructural, de especies difíciles de encontrar en la naturaleza. Algunos cristales no sólo muestran una espectacular belleza en las vitrinas de los museos, sino que pueden tener características químicas especiales que permiten su uso cómo patrones en diversas técnicas analíticas. El avance de la tecnología produce nuevas técnicas y refina las ya existentes, por lo que las colecciones pueden ser analizadas nuevamente obteniéndose de este modo un flujo constante de información científica muy relevante.

Pero la relación entre la investigación y las colecciones no es únicamente en esta dirección. La investigación es una de las vías más fructíferas para generar colecciones ya que el material utilizado en todo tipo de estudios petrológicos y mineralógicos puede depositarse en los museos, donde se conserva para una posible revisión en el futuro. Existen dos ejemplos donde este ingreso de ejemplares es obligatorio: la clasificación de un nuevo meteorito y el establecimiento de una nueva especie mineral. La *Meteoritical Society* (organización internacional que coordina la clasificación de meteoritos) y concretamente su Comité de Nomenclatura de Meteoritos, establece que debe depositarse un cierto porcentaje del peso total de cada nuevo meteorito clasificado en un museo que disponga de conservadores. Por otra parte, la *International Mineralogical Association* (organización internacional que coordina la definición de nuevos minerales), a través de su Comisión de Nuevos Minerales, impone también el ingreso en un museo geológico de las muestras utilizadas originalmente para definir una nueva especie.

En este capítulo se abordarán aspectos poco conocidos de la investigación petrológica y mineralógica en las que el autor de estas líneas ha participado durante los últimos veinticinco años en el Museo Geominero. Algunas historias donde se imbrican los ejemplares y las personas son sorprendentes y muestran cómo se desarrollan los procesos de investigación, alejados muchas veces de los cánones establecidos. Durante esta época no sólo hemos tenido la oportunidad de colaborar en hallazgos de minerales y rocas durante los trabajos de campo, sino también en hallazgos científicos en las propias colecciones del museo. Estas aventuras científicas permitirán ilustrar el flujo bidireccional entre la pura investigación y las colecciones de minerales y rocas.

LAS PEGMATITAS GRANÍTICAS DE LA CABRERA (MADRID)

El plutón granítico de La Cabrera se encuentra al norte de Madrid capital, en la Sierra de Guadarrama. Se trata de un granito biotítico de grano grueso con una zona central topográficamente más elevada, formada por un leucogranito de grano fino. Paradójicamente, el granito biotítico, menos evolucionado que el leucogranito, es la roca donde las pegmatitas son más abundantes. La principal característica de estas pegmatitas es la presencia de cavidades miarolíticas tapizadas por cristales de varias especies minerales (González del Tanago *et al.*, 1986). Muchos de estos minerales tienen interés museístico dado que algunos ejemplares tienen gran calidad (morfologías cristalinas bien desarrolladas, buen brillo, transparencia, color, etc.), un buen tamaño (hasta decimétricos) y otros son francamente raros a nivel mundial (González del Tánago *et al.*, 2008).

Durante la realización de la tesis doctoral (Lozano, 2003), se muestrearon decenas de pegmatitas con cavidades miarolíticas, ya que el objetivo de la tesis era precisamente estudiar los minerales hidrotermales que tapizaban las paredes de estas cavidades (Lozano *et al.*, 1999), que eran más jóvenes que los propios minerales pegmatíticos (Lozano *et al.*, 2004). Los ejemplares más interesantes engrosaron las colecciones del Museo Geominero y muchos de ellos se exponen actualmente tanto en vitrinas monográficas (Figs. 1A-B), como en la colección de «sistemática mineral» (Fig. 1C) y en la de «minerales de comunidades y ciudades autónomas» (Fig. 1D). Un buen ejemplo de cristales con claro interés museológico es el cuarzo amatista, de profundo color púrpura, encontrado en el granito arenizado de Cervera de Buitrago, al este de La Cabrera [las circunstancias del hallazgo se relatan en Lozano (2014)]. Algunos ejemplares se expusieron en bruto (Fig. 1D) y otros se incorporaron a las colecciones después de ser facetados o tallados en cabujón (Fig. 1F), dada la calidad gemológica de los cristales (Lozano, 2013a).

El muestreo en la cantera de granito más cercana a la localidad de Valdemanco (Granitos García S. L.) fue quizás el que aportó los mejores ejemplares al museo. En 1999 se produjeron dos hallazgos muy notables en esta cantera. El primero de ellos fue una pegmatita de sección más o menos cuadrada que se perfilaba en una gran superficie cortada con hilo adiamantado. En su ángulo inferior derecho se encontraba una cavidad de unos 5 cm de diámetro (Fig. 2A). Con el objetivo de muestrear los cristales de esta cavidad, se amplió esta oquedad (Fig. 2B), hasta poder introducir el brazo y para tocar una superficie completamente lisa, que sin duda pertenecía a un enorme cristal de cuarzo. Después de ampliar aún más la abertura de la cavidad, se extrajo uno de estos cristales que resultaron ser ahumados y muy brillantes. La empresa Granitos García S. L. permitió que el equipo del Museo Geominero realizara una excavación en la cavidad, que resultó tener más de 2 m de profundidad (Figs. 2C-D). Los mejores cristales se encontraban en el techo de la cavidad, ya que los localizados en la base estaban parcialmente recubiertos de laumontita y calcita, lo que perjudicaba seriamente sus características estéticas (la laumontita se altera rápidamente al perder el agua). Los dos mejores conjuntos de cuarzo ahumado pueden observarse hoy en día en una vitrina monográfica de la planta baja del Museo Geominero (Figs. 2E-F).

El segundo hallazgo consistió en una cavidad miarolítica situada en un bloque suelto, que estaba tapizada por cristales de cuarzo, moscovita, albita y un mineral muy raro a nivel mundial, la stokesita ($CaSnSi_3O_9·2H_2O$). En primera instancia, el autor de este capítulo interpretó erróneamente que aque-

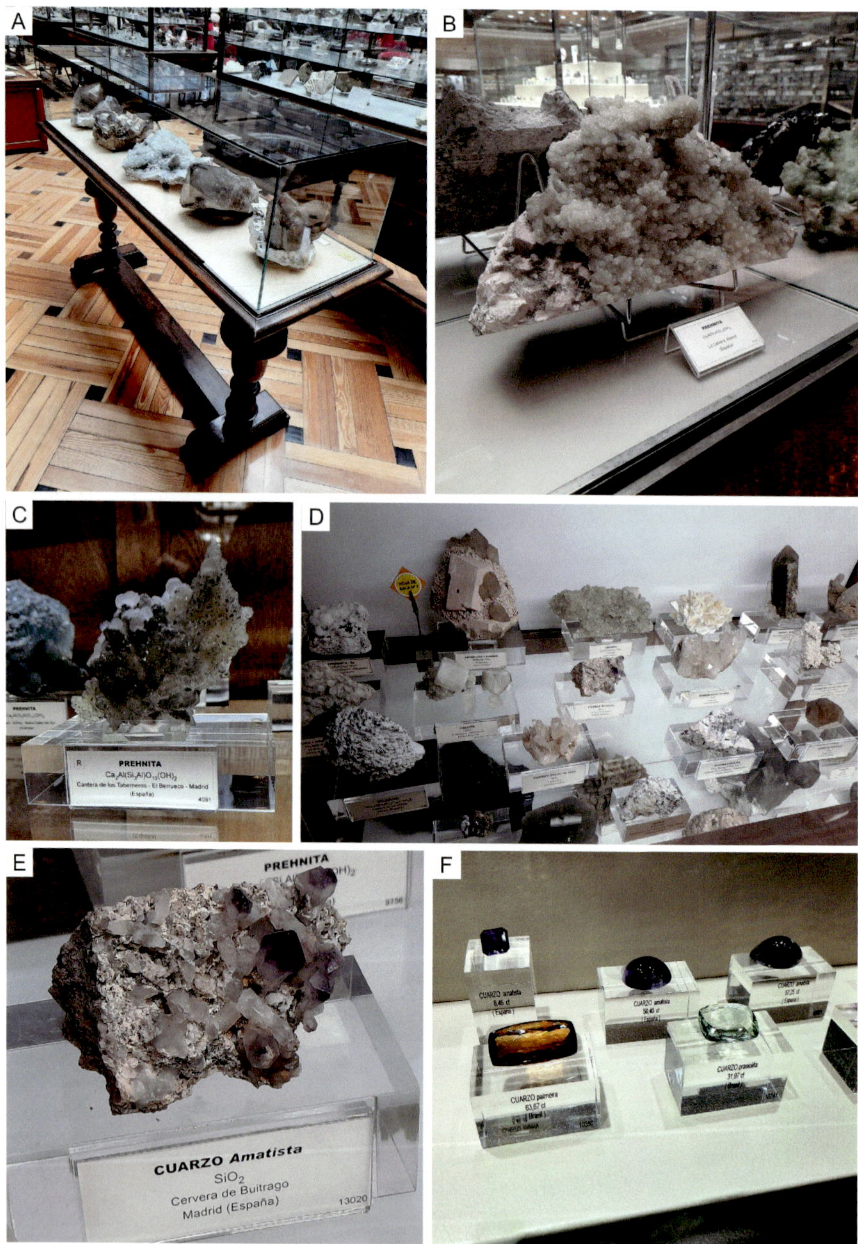

Figura 1. Cristales del plutón granítico de La Cabrera (Madrid) en el Museo Geominero. A, vitrina temática con grandes ejemplares obtenidos en Valdemanco, El Berrueco, La Cabrera y Lozoyuela. B, prehnita con calcita recubriendo cuarzo y ortosa (La Cabrera), en las vitrinas de ejemplares minerales especiales. C, ejemplar de este último yacimiento en la colección sistemática. D, representación de varias especies y localidades en la vitrina madrileña de la colección «minerales de las comunidades y ciudades autónomas». E, drusa de cuarzo amatista de Cervera de Buitrago. F, ejemplares tallados de esta última localidad (dos cabujones y uno facetado).

llos cristales transparentes eran una segunda generación de cuarzo con hábito hexagonal, pero de tendencia tabular. Esta interpretación se incluyó en su tesis doctoral incorporando incluso una fotografía de este mineral (lámina 7C en Lozano, 2003). Una década después del hallazgo de la pegmatita, José González del Tánago solicitó una muestra de estos «cuarzos» de segunda generación, ya que sospechaba que se trataba de otro mineral. Tras los análisis preliminares confirmó que se trataba de stokesita, un raro silicato de estaño conocido sólo en un puñado de yacimientos en el mundo. Después de revisar las muestras recogidas para la tesis, comprobamos que se trataba sin duda de los mejores cristales del mundo de esta especie (González del Tánago *et al.*, 2012; Figs. 3A-C). Las piezas más relevantes se muestran en la vitrina de Madrid de la colección «minerales de comunidades y ciudades autónomas» (segunda planta del Museo Geominero; Fig. 3D) y en los fondos se conservan diversos ejemplares con alto interés científico y museístico (Jiménez *et al.*, 2013).

FRAGMENTOS DEL SISTEMA SOLAR EN EL MUSEO GEOMINERO: LOS METEORITOS

La investigación de meteoritos en el Museo Geominero comenzó con una llamada del profesor Tomás Martín Crespo a principios de 2002, interesándose por el estudio de inclusiones fluidas en silicatos. Tomás comentó que las inclusiones fluidas en silicatos extraterrestres eran muy escasas y sugirió la revisión de los meteoritos conservados en el museo con el afán de poder estudiar este tipo de inclusiones. Durante la revisión de la colección encontramos un fragmento del meteorito de Reliegos, caído en esta localidad de León el día de los Inocentes de 1947 (Gómez de Llarena y Rodríguez Arango, 1950) (Fig. 4A). Aunque no encontramos inclusiones fluidas, comprobamos que este meteorito había sido poco estudiado y decidimos realizar una lámina delgada y analizar su composición química. En ese momento no contábamos con experiencia en este tipo de materiales, pero tuvimos la suerte de conocer al profesor Ignasi Casanova, quien generosamente revisó y dirigió el trabajo, animándonos a continuar con el estudio de los meteoritos. Así, los primeros resultados de la investigación se presentaron en un congreso de Mineralogía (Martín-Crespo y Lozano, 2003) y algo después se publicaron los resultados completos, incluyendo el relevante hallazgo de un cóndrulo rico en cromita con zonaciones químicas (Lozano *et al.*, 2003; Lozano y Martín-Crespo, 2004) (Fig 4B).

Figura 2. Imágenes del hallazgo y posterior excavación de la cavidad miarolítica que afloró en 1999 en la cantera de Granitos García S. L. (Valdemanco, Madrid). A, perfil de la pegmatita en el plano vertical producido por el corte con hilo adiamantado. La flecha muestra el punto donde se abrió posteriormente la cavidad. B, apertura inicial de la misma. C, personal del Museo Geominero junto a Pablo Lozano Martín extrayendo cristales en la cavidad. D, Juan Carlos Gutiérrez Marco en el interior de la cavidad miarolítica. E-F, ejemplares de cuarzo ahumado instalados en la vitrina monográfica de la planta baja del Museo Geominero (Fig. 1A).

Figura 3. Cristales de stokesita muestreados en 1999 en la cantera de Granitos García S. L. (Valdemanco, Madrid). A-B, cristales de stokesita sobre agregados de albita. C, cristal de cuarzo ahumado recubierto de albita y microclina, recubierta parcialmente por stokesita. D, dos de los mejores ejemplares expuestos en la vitrina de Madrid, perteneciente a la colección «minerales de comunidades y ciudades autónomas» (segunda planta del Museo Geominero).

Animados con los resultados obtenidos en Reliegos, se continuó revisando la colección del museo, encontrando un ejemplar expuesto en la vitrina de elementos nativos de la colección de «sistemática mineral»: el meteorito de Los Blázquez (Córdoba) (Fig. 4C). La información del ejemplar indicaba que fue el ingeniero de minas Casiano de Prado y Vallo (1797-1866) quien encontró y clasificó como hierro nativo el ejemplar. No obstante, el material no era atraído con fuerza por un imán, tal y como corresponde al hierro metálico, lo que hizo sospechar que no se trataba de un meteorito metálico. Tras su estudio se comprobó que el material realmente era un acero austenítico al Mn, con las típicas inclusiones de sulfuro y silicato de Mn (Fig. 4 D) de origen claramente antrópico. Además, era imposible que Casiano de Prado lo hubiera recogido, ya que murió en 1866 y este tipo de acero se inventó en 1882 (Martín-Crespo y Lozano, 2005).

El 4 de enero de 2004 se produjo la caída del meteorito de Villalbeto de la Peña (Fig. 4E) en la provincia de Palencia. Petrológicamente, el meteorito es una condrita ordinaria L6 S4 W0 (Llorca *et al.*, 2005, 2007), cuya caída fue observada a plena luz del día por cientos de personas y grabada desde diferentes ángulos, lo que permitió calcular su trayectoria (Trigo-Rodriguez *et al.*, 2006). Un tiempo después de la caída, el Museo Geominero compró varios ejemplares a Thomas Grau, conocido «cazameteoritos» alemán que, al amparo de nuestro vacío legal al respecto de los meteoritos, acaparó buena parte del material (Díaz-Martínez *et al.*, 2012). En colaboración con investigadores catalanes desde el museo se estudió la mineralogía y petrografía de detalle de esta condrita ordinaria (Martín-Crespo *et al.*, 2007). Una imagen de uno de los cóndrulos se muestra en la figura 4F.

La noticia emitida por televisión el 18 de febrero de 2011 relataba el paso de una gran estrella fugaz que surcaba los cielos de Valencia y Cataluña. Al hilo de esta noticia se comentaba la posibilidad de que la estrella fugaz llegara a ser un meteorito. Faustino Asensio López, vecino de Retuerta del Bullaque (Ciudad Real), vio casualmente la noticia y pensó que aquella piedra tan pesada que tenía en su patio podía ser también un antiguo meteorito. Habló con su hermana Marisol y ésta con el científico Juan Carlos Gutiérrez Marco, quien sugirió la posibilidad de que esta roca fuera un nuevo meteorito.

Así comenzó la aventura científica con Retuerta del Bullaque, un meteorito metálico de Fe-Ni de 100 kg de peso (Fig. 5A). Cuando llegamos a Retuerta para examinar el ejemplar, Faustino relató que lo encontraron hacia 1980 cuando trabajaban en un campo de labor próximo a Retuerta. En principio, consideraron que se trataba de chatarra bélica y le dieron variados usos domésticos, sirviendo

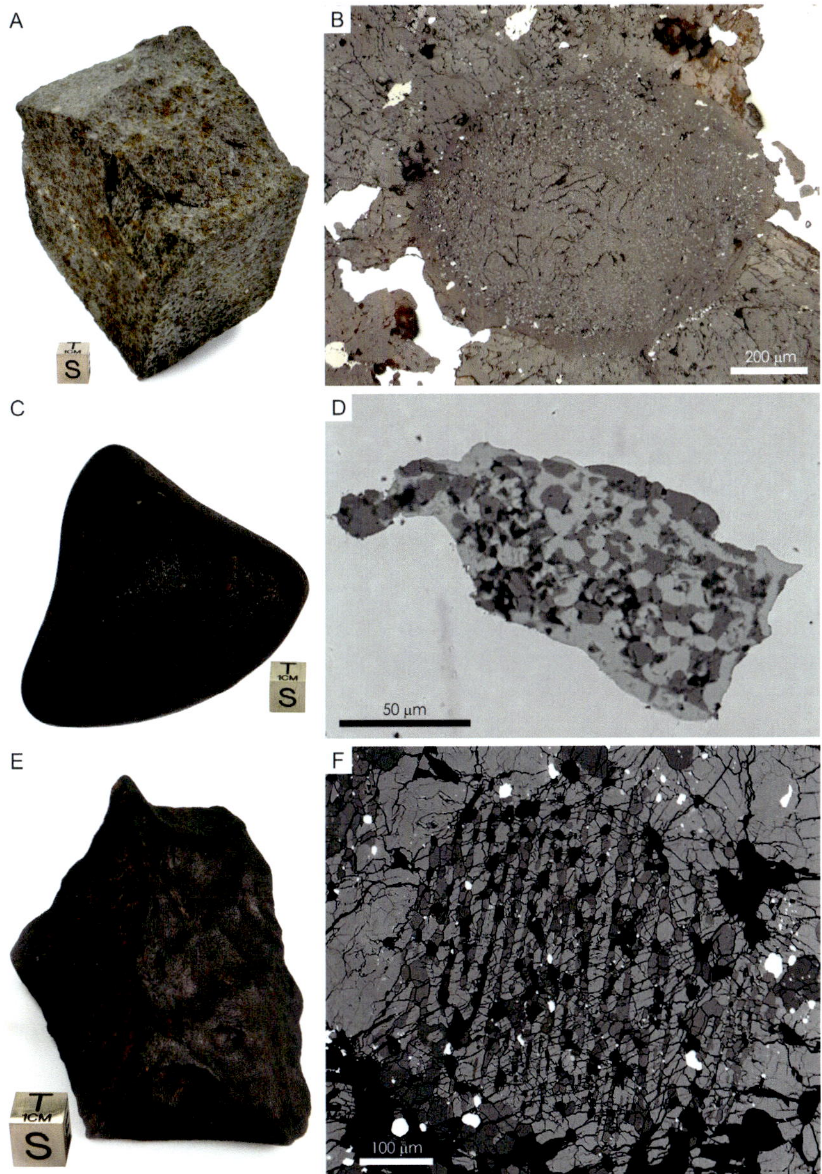

Figura 4. Meteoritos y pseudometeoritos españoles. A, fragmento del meteorito de Reliegos (León) conservado en el Museo Geominero. B, cóndrulo de este mismo meteorito observado con luz reflejada (microscopio petrográfico). C, pseudometeorito de Los Blázquez (Córdoba). Este ejemplar estuvo expuesto decenas de años en el Museo Geominero como meteorito hasta que su estudio desveló que se trataba de un acero austenítico al manganeso. D, inclusión en el acero de sulfuro y silicato de Mn. Imagen de Microscopía Electrónica de Barrido, electrones retrodispersados. E, uno de los fragmentos del meteorito de Villalbeto de la Peña (Palencia) depositado en el Museo Geominero. F, cóndrulo barrado recristalizado de este último meteorito compuesto por barras de olivino y piroxeno, con Fe-Ni metálico (blanco). Imagen de Microscopía Electrónica de Barrido, electrones retrodispersados.

durante mucho tiempo para el prensado de jamones en su fase de salazón. Ya en la casa de Faustino, el ejemplar estaba situado sobre una alfombra roja gruesa y pequeña que utilizaba para poder moverlo. La alfombra se utilizó para mover el ejemplar y observarlo desde todos los ángulos, recogiéndose los abundantes fragmentos oxidados que se desprendían con mucha facilidad. Al realizar un pequeño corte, la sección mostró de manera sorprendente que era un meteorito ya que se observaban direcciones compatibles con las figuras de Widmanstätten (¡sin necesidad de pulir y atacar con ácido!). Posteriormente la investigación confirmó que esas direcciones estaban marcadas por grandes cristales de un carburo típico de meteoritos metálicos: la cohenita (Lozano, 2013b).

De nuevo, el vacío legal con respecto a la pertenencia de los meteoritos sólo permitía intentar comprar el meteorito a sus dueños, los hermanos Asensio López (Díaz-Martínez *et al.*, 2012). Tras varias negociaciones, decidieron no vender el ejemplar al Museo Geominero. No obstante, el museo intercambió la clasificación del ejemplar por un fragmento de algo más de 1 kg (Fig. 5B), donde se observan, entre otros rasgos, las conocidas líneas de Neumann (Fig. 5C) (Lozano *et al.*, 2013). La clasificación no sólo es la herramienta necesaria para «catalogar» científicamente el meteorito (IAB), sino también la manera de darle «nombre» y por tanto revalorizar su precio de mercado. Recientemente se ha hecho pública la noticia de la venta del meteorito y la compra de fragmentos por parte de varios museos europeos.

En previsión de que el meteorito fuera finalmente troceado para su venta, Eleuterio Baeza (restaurador del Museo Geominero) dirigió los trabajos para replicar el meteorito, utilizando técnicas de moldeo y vaciado (Fig. 5D) (Lozano *et al.*, 2013). Los frutos de estas tareas fueron varias réplicas y una de ellas puede visitarse hoy en día en la sala principal del museo, donde se expone junto a tres fragmentos metálicos del meteorito original (material tipo).

Durante la última investigación de meteoritos realizada en el Museo Geominero se ha reconstruido la apasionante historia del denominado como Colomera, un gran meteorito metálico encontrado en esta pequeña localidad de la provincia de Granada (Lozano *et al.* 2021). Colomera es el meteorito español que mayor interés ha suscitado en la comunidad científica internacional. Se trata de un excepcional meteorito metálico de 134 kg de peso clasificado dentro del grupo IIE, de los que solo se conocen veinticinco en todo el mundo.

La historia del meteorito comienza a principios del siglo XX en la localidad granadina de Colomera. Hasta el momento se creía que el hallazgo se produjo en 1912, pero la investigación histórica basada en documentos de archivos locales y en testimonios de familiares y habitantes del pueblo reveló

Figura 5. Meteorito metálico de Retuerta del Bullaque (Ciudad Real). A, aspecto general del meteorito donde se aprecian nítidamente los regmaglifos. B, superficie atacada con ácido de uno de los ejemplares que se conserva en el Museo Geominero. C, detalle de las líneas de Neumann (rayado) y los cristales de cohenita (negro). Imagen escaneada de superficie atacada con ácido. D, Eleuterio Baeza y Rafael P. Lozano en las tareas de preparación del ejemplar, previas a la obtención del molde.

Figura 6. Meteorito de Colomera (Granada). A, Gerald Joseph Wasserburg y Hermógenes Guillermo Sanz junto al meteorito de Colomera en las instalaciones del California Institute of Technology (EEUU) tras el corte del ejemplar en el Smithsonian National Museum of Natural History (Washington, EEUU). B, fragmentos del meteorito de Colomera conservados en el Museo Geominero. C, aspecto de las inclusiones silicatadas dentro del metal. Sección atacada con ácido. Imagen escaneada. D-E, inclusiones silicatadas con varios minerales embutidos en vidrio. Imagen de Microscopía Electrónica de Barrido, electrones retrodispersados.

que el meteorito se encontró en septiembre de 1913, durante la excavación realizada en un patio para adecuar el alcantarillado de la casa de la familia Pontes-Vílchez. Esta familia se mudó a Almuñecar (Granada) en 1926 y junto a sus enseres, trasladaron también el meteorito. Unos años después, el estudiante de farmacia Julio Mateos García, dirigido por el catedrático José Dorronsoro Velilla, cortaron un pequeño fragmento en Almuñecar y lo analizaron en la Universidad de Granada, corroborando su origen extraterreste. Tras publicar los resultados (Dorronsoro y Moreno-Martín, 1934), Dorronsoro aconsejó a Antonio Pontes Vílchez que depositara el meteorito en el Museo Nacional de Ciencias Naturales (MNCN) de Madrid. En 1935, Ignacio Bolívar, director de esta institución en aquella época, firmó un recibo de depósito que, como veremos más adelante, fue el principal motivo del paso del meteorito a manos privadas. Dorronsoro cedió el fragmento cortado para los análisis al químico británico de origen vienés F.A. Paneth. Tras su muerte, científicos alemanes (W. Hoffmeister y H. Wanke) continuaron estudiando el fragmento y después de terminar la investigación, el resto de 121 g fue depositado en el Natural History Museum de Londres, donde se conserva actualmente.

En la década de 1960, Gerald Joseph Wasserburg, uno de los científicos norteamericanos encargados de analizar las muestras lunares del Apolo XI, solicitó el meteorito al MNCN para estudiarlo en California Institute of Technology (CALTECH). Hermógenes Guillermo Sanz, científico de la Junta de Energía Nuclear (actual CIEMAT), se trasladó con el ejemplar a Estados Unidos en 1966, donde se realizaron dos cortes perpendiculares (Fig. 6A). Una gran parte de la masa obtenida se quedó en el Smithsonian National Museum of Natural History (Washington), que hoy en día conserva más de 3 kg. Otra parte permaneció en CALTECH y posteriormente fue distribuida por más de cinco instituciones americanas, que en conjunto conservan actualmente cerca de un kilogramo. En resumen, durante su estancia en Estados Unidos se perdieron más de 4 kg en los cortes y 9 kg fueron repartidos en diferentes colecciones (de los cuales solo se conoce el paradero de 4 kg).

La masa principal del meteorito (105,7 kg) y dos fragmentos más pequeños regresaron a España en 1969 y permanecieron en el MNCN hasta que en 2008 se expusieron temporalmente en Colomera junto al documento original, en el que se mencionaba que Antonio Pontes Vilchez cedía el meteorito en depósito «pero siempre a disposición de su dueño que podrá retirarlo cuando lo estime pertinente». Cuando la hija del depositante fue advertida del contenido del documento, inició un proceso judicial para reclamar la devolución del meteorito. El proceso fue largo y complicado, pasando del ámbito de la Jurisdicción

Contencioso-administrativa a la Audiencia Provincial de Madrid, donde se consideró la demanda como una acción civil en base al contrato de depósito. Tras una primera resolución y una apelación ante esta misma Audiencia, el tribunal devolvió el meteorito troceado a la heredera del depositante cinco años después de comenzar el proceso junto con una indemnización de 50.000 euros por daños y perjuicios derivados del incumplimiento del contrato de depósito, es decir, por haber dispuesto de él sin autorización permitiendo que se quedaran grandes fragmentos en Estados Unidos en los años 60.

En 2017, José Antonio Sánchez, coautor de esta investigación, descubrió que unos fragmentos del meteorito de Colomera estaban a la venta en Estados Unidos. El vendedor, Roger Piatec, médico y coleccionista de meteoritos, había adquirido los ejemplares al célebre mineralogista americano Jim Schwade, que a su vez recibió las piezas del científico Gary R. Huss que recibió el material para su estudio de Gerald Joseph Wasserburg, la persona que había cortado el meteorito en CALTECH en los años 60. Tras las correspondientes gestiones, el Museo Geominero adquirió dos fragmentos que hoy en día se encuentran en la exposición permanente de este museo y constituyen los únicos ejemplares públicos de este excepcional meteorito en España (Fig. 6B-E).

ROCAS DEL RAYO: LA FULGURITA DE TORRES DE MONCORVO (PORTUGAL)

El término fulgurita (del latín *fulgur*, relámpago) se utiliza para designar a las rocas formadas a partir de la acción de descargas eléctricas atmosféricas sobre el suelo. Normalmente consiste en un cilindro hueco de dimensiones centimétricas, formado por el vidrio derivado de la fusión de los silicatos del suelo. La morfología del tubo es el reflejo de la trayectoria del rayo cuando penetra en el suelo.

La investigación de estas rocas en el Museo Geominero se inició en 2001 con una visita al almacén de minerales de Antonio Gómez Alcubilla (Nano), que en ese momento se encontraba en la calle Abel n.° 22 de Madrid, con el objetivo de adquirir unos minerales para las colecciones del museo. El comerciante mostró unos cuantos ejemplares formados por vidrio con inclusiones de fragmentos de rocas asegurando que se trataba de piedras formadas durante la caída de un rayo en Torre de Moncorvo (Portugal). Tras comprar varios ejemplares para las colecciones del museo, se solicitó a Nano más información acerca del lugar y las circunstancias de la caída del rayo con la intención de visitarlo para poder estudiar *in situ* las rocas. Al año siguiente, Nano obtuvo unas fotografías del lugar de la caída del rayo en las que se apreciaba una columna metálica de sujeción del tendido eléctrico, una persona cerca de la columna y varias muestras de fulgurita muy voluminosas. No obstante, no había conseguido ni coordenadas ni ninguna indicación para llegar a la columna.

Motivado por el excepcional tamaño de la fulgurita, el personal del museo se desplazó en 2006 a Torre de Moncorvo con la intención de localizar el punto de impacto. La única información disponible eran las fotografías de Nano. Una vez en allí se comprobó con bastante desaliento que todas las torres metálicas del tendido eléctrico eran iguales y que había una ardua labor de búsqueda por delante. Una persona que casualmente se encontraba en el campo informó al personal del museo que la persona que aparecía en una de las fotografías tenía una mercería en el pueblo. Ello permitió llegar hasta el lugar del que se encontraba a casi 15 km de la localidad (entre las poblaciones de Cabanas de Baixo y Fox de Sabor).

La caída del rayo que generó la fulgurita tuvo lugar el día 24 de mayo de 1998 y fue inducida por la presencia de la columna metálica (Fig. 7A). El rayo impactó en su parte alta, seccionando los cables eléctricos y descendiendo al suelo por un lateral de la misma, de modo que el impacto se produjo en el borde de la base de hormigón de la citada columna eléctrica. Los bomberos de Torre de Moncorvo indicaron que, tras la descarga, se mantuvo una alta temperatura y una fuerte electricidad estática en la zona durante al menos 48 horas (Lozano *et al.*, 2007).

La descarga eléctrica produjo un gran tubo de vidrio en la base de la columna con una oquedad central (Fig. 7B) y ramificaciones radiales horizontales (Fig. 7C). El conjunto podría considerarse como la fulgurita más grande del mundo (González Laguna *et al.,* 2011). En la planta baja del Museo Geominero se expone una vitrina monográfica con varios fragmentos de fulgurita incluyendo la parte proximal de una gran rama horizontal (Fig. 7D). Durante el impacto del rayo se fundió el suelo de arena granítica y también el cemento y los materiales de sustento de la columna. De este modo se generaron varios tipos de vidrio y parte del cuarzo se transformó en cristobalita, que es la fase de la sílice de alta temperatura (Martín Crespo *et al.*, 2009).

INVESTIGACIÓN DE ESPELEOTEMAS EN LA CUEVA DE EL SOPLAO (CANTABRIA)

La cueva de El Soplao (Cantabria) es uno de los destinos más visitados dentro de la oferta de turismo geológico español, debido a la cantidad y variedad de helictitas de aragonito (espeleotemas que crecen en todas direcciones) (Fig. 8A-B).

Figura 7. Fulgurita de Torre de Moncorvo (Portugal). A, fotografía proporcionada por Antonio Gómez Alcubilla del lugar del impacto del rayo que generó la fulgurita. B, aspecto de la cavidad central de la fulgurita en 2006, justo en la base de la columna metálica. C, reconstrucción de la morfología general de la fulgurita. D, vitrina monográfica en el Museo Geominero con diferentes ejemplares de fulgurita de esta localidad.

En 2008 se firmó un convenio de colaboración entre el Gobierno de Cantabria, la empresa adjudicataria de la explotación turística de la cueva (SIEC) y el IGME para estudiar geológicamente esta gruta. Durante las primeras visitas llamaba mucho la atención las paredes de la galería principal, que estaban parcialmente recubiertas de una especie de costra negra que se desprendía con facilidad. Unos meses después Carlos Rossi, profesor de la Universidad Complutense de Madrid, se incorporó al equipo de investigación dada su notable experiencia en cuevas. Tras varias campañas de campo, que permitieron comenzar a conocer la cueva, se centró la atención en las costras negras de las paredes, llegando a la conclusión de que se trataba de óxidos de manganeso (Fig. 8C). Estas «pátinas» ya se habían descrito en otras cuevas, en algún caso asignándoles un origen bioinducido. El gran avance se produjo cuando se comenzó a prestar atención al suelo, a su color y a su relieve. Los sectores del suelo donde nadie había pisado, eran también negros, como las paredes (Fig. 8D). En un determinado momento, la excavación de uno de estos sectores mostró un gran grosor de la roca. Cuando se pudo obtener secciones de este material, se comprobó que su estructura era idéntica a la presente en los estromatolitos.

Los estromatolitos son un tipo de rocas laminadas formadas por la actividad de microbios fotosintéticos, generalmente cianobacterias. Su actividad se remonta más allá de los 3500 millones de años y aún perdura en la actualidad en lagos y fondos marinos someros. Las cianobacterias son las responsables de la formación de la mayoría de estromatolitos antiguos y modernos. Realizan la fotosíntesis consumiendo el CO_2 disuelto en el agua y por tanto favoreciendo la cristalización de carbonato cálcico.

La fotosíntesis es un proceso que no puede realizarse en el interior de la cueva, donde reina la oscuridad total. Por este motivo, los microbios que formaron los estromatolitos de manganeso utilizaron otra estrategia para obtener energía: la oxidación del manganeso disuelto en el agua de la cueva. El subproducto de la reacción es el óxido de manganeso, típicamente de color negro. Estos microorganismos proliferaron de tal modo que casi cubrieron por completo de estromatolitos la galería principal de la cueva de El Soplao formando un extraño paisaje de domos negros con forma de seta (Rossi *et al.*, 2010).

Tras este descubrimiento, se consiguió catalogar una gran cantidad de microorganismos en función de su morfología, que habían permanecido fosilizados dentro del óxido de manganeso, conservando detalles nanométricos de sus rasgos anatómicos (Lozano *et al.*, 2012) (Fig. 9A-C). Durante el reconocimiento microscópico (con Microscopía Electrónica de Barrido), se descubrieron unos cristales de aspecto octaédrico que tapizaban los poros de

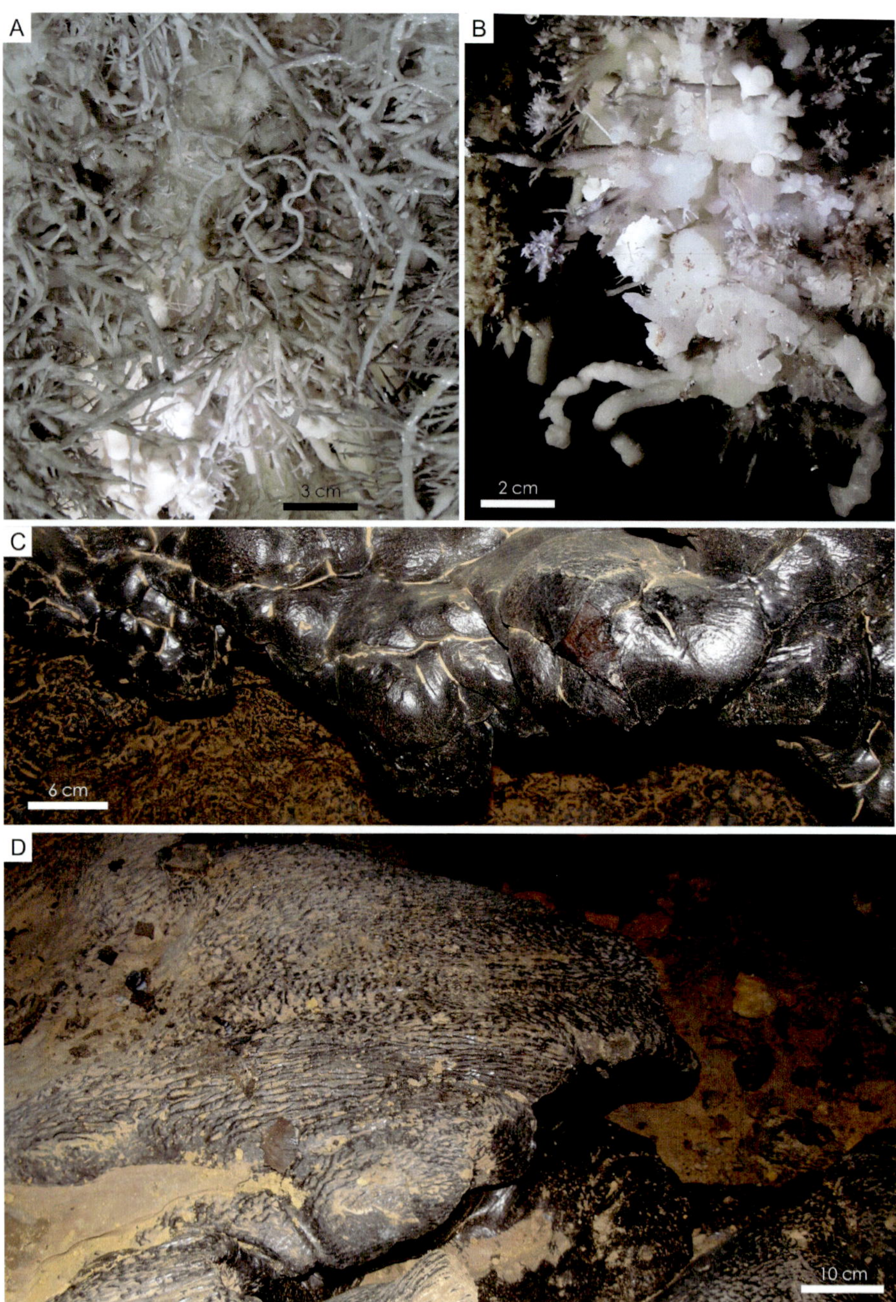

Figura 8. La cueva de El Soplao (Cantabria). A-B, espeleotemas erráticos de aragonito (helictitas) tapizando los techos de la cueva. C, aspecto de la costra de Mn que recubre el techo de la cueva en el sector de «Italianos». D, espeleo-estromatolito de Mn en el suelo de este mismo sector.

algunos estromatolitos (Figs. 9D-E) y que estaban compuestos por zinc, aluminio, carbono y oxígeno. Tras someter este material a la Difracción de Rayos X, el espectro fue interpretado inicialmente como un mineral de manganeso. En la base de datos de minerales naturales no había ningún espectro similar de un mineral que tuviera estos elementos químicos, pero en la base de datos de minerales sintéticos apareció uno que encajaba con el espectro, perteneciente al grupo de las hidrotalcitas. Esto llevó a describir un mineral no conocido hasta el momento en la naturaleza: la zaccagnaita-*3R* (Lozano *et al.*, 2012).

Investigadores italianos descubrieron en 2001 un mineral del grupo de las hidrotalcitas en Carrara (Italia), formado también por zinc, aluminio, carbono y oxígeno, al que denominaron zaccagnaita. Aunque su composición química es parecida a la del mineral de El Soplao, su estructura es diferente. Los polimorfos (y dentro de ellos los politipos) son minerales que tienen la misma composición química pero distinta estructura. Un ejemplo clásico lo constituye la calcita y el aragonito, ambos formados por carbonato cálcico, pero con los átomos colocados de diferente manera.

Entonces, ¿por qué no poner un nuevo nombre al mineral de El Soplao? La International Mineralogical Association regula la descripción y validación de nuevos minerales y desde hace algunos años prohíbe asignar nuevos nombres a los politipos con el fin de simplificar la nomenclatura. Siguiendo las indicaciones de esta organización, deben colocarse unas siglas a modo de «apellido» detrás del nombre de la primera especie descrita. Las siglas indican el tipo de simetría correspondiente a cada estructura. Por esto, a partir del descubrimiento en El Soplao, al mineral de Carrara se le sumará un apellido (*2H*) y al mineral de la cueva se le conocerá como zaccagnaita-*3R*.

Con este trabajo se reforzó de nuevo el vínculo entre la investigación y la museística, ya que el material utilizado para su determinación se conserva como holotipo en las colecciones del Museo Geominero.

Tiempo después, se realizó el estudio paleomagnético de los estromatolitos de manganeso, estudio pionero en su género que dio como resultado la polaridad inversa de los estromatolitos, aportando una edad mínima para su formación (Rossi *et al.,* 2016).

Otro magnífico ejemplo de relación entre las labores del museo y las puramente de investigación fue la incorporación de Eleuterio Baeza a los trabajos en la cueva de El Soplao. Eleuterio, restaurador del Museo Geominero, desarrolló un método para generar réplicas de los espeleotemas muestreados para estudios geoquímicos y paleoclimáticos (Fig. 10A). De este modo, se instalaron en la cueva réplicas realizadas en laboratorio a partir de las originales muestreadas (Fig. 10B), reintegrándose así el paisaje interior de la gruta, modificado tras el

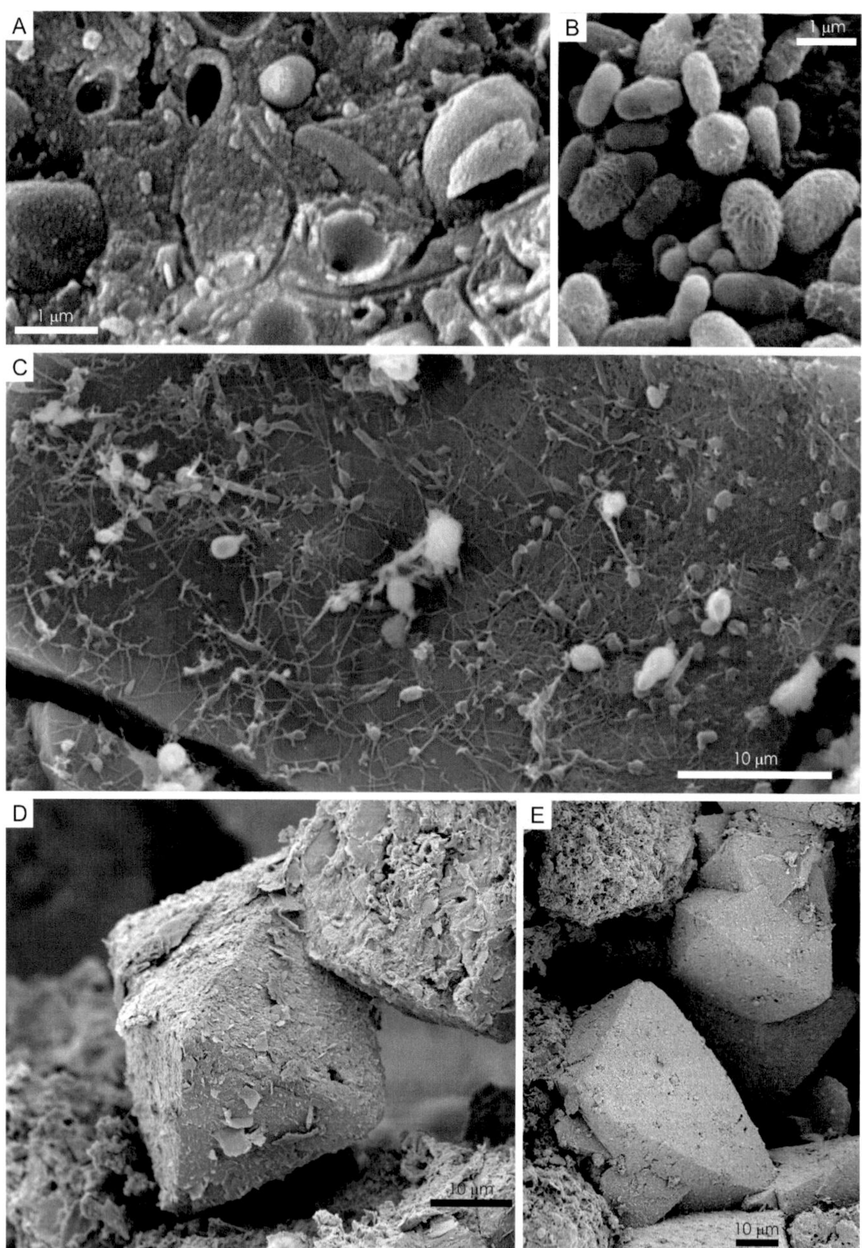

Figura 9. Imágenes de Microscopía Electrónica de Barrido del interior de los estromatolitos, bacterias fosilizadas y cristales de zaccagnaita-*3R*. A, superficie rota de un estromatolito donde se observan bacterias fosilizadas con apéndices cilíndricos polares. B, poro en un estromatolito, relleno de baterías fosilizadas tipo bacilos. C, pared interior de un poro relleno con una densa red de apéndices microbianos ramificados. D-E, cristales de zaccagnaita-*3R* de hábito pseudo-octaédrico en los poros de un estromatolito de Mn.

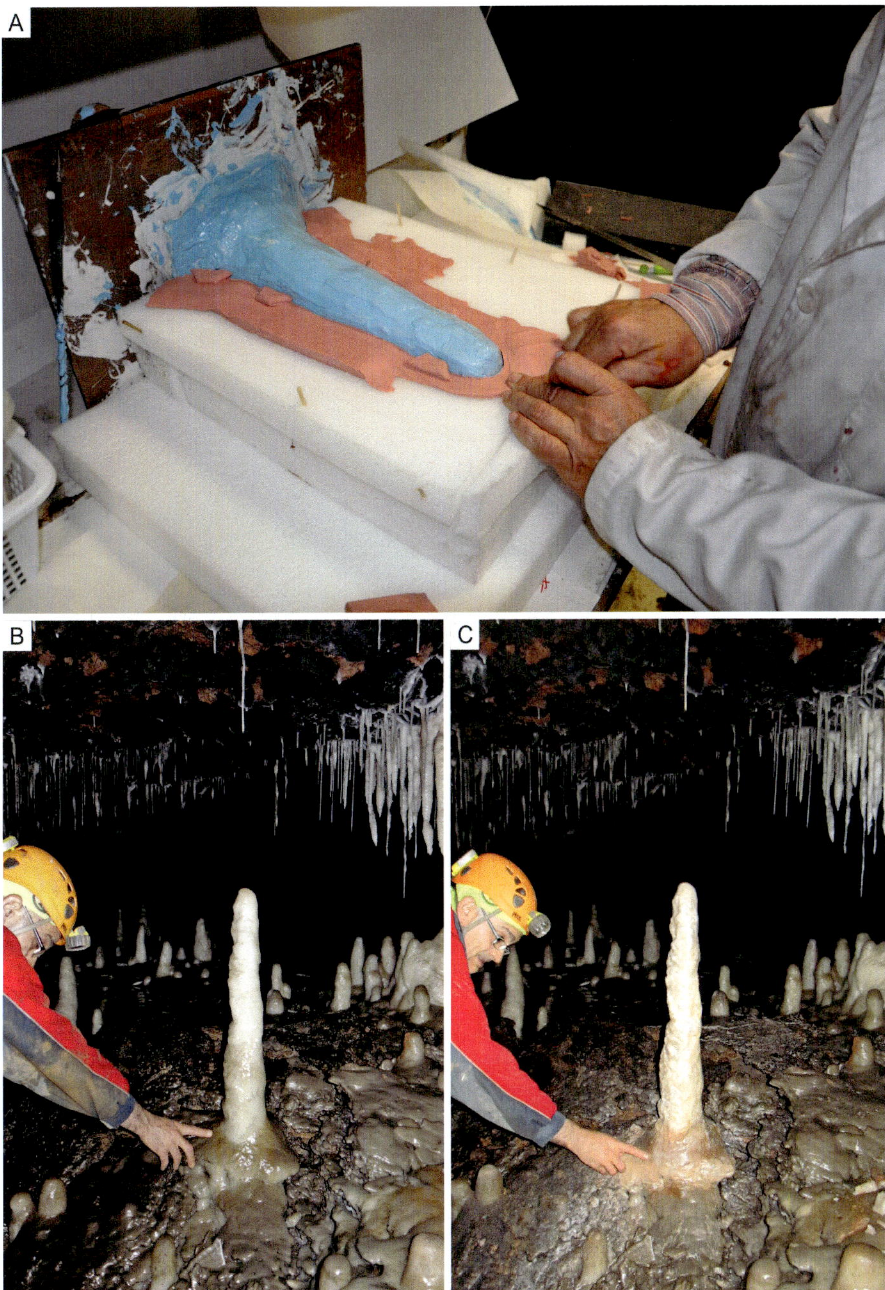

Figura 10. Replicado de espeleotemas de la cueva de El Soplao. A, Eleuterio Baeza durante uno de los pasos del proceso de fabricación del molde de una estalagmita utilizada para investigación paleoclimática. B, aspecto de la estalagmita antes de muestrearla. C, aspecto de la réplica una vez instalada en lugar de la original.

muestreo (Fig. 10C). El trabajo culminó con el replicado de una gran estalagmita que se había extraído para estudios paleoclimáticos y su posterior instalación en la sala de La Sirena (Baeza *et al.*, 2018; Rossi *et al.*, 2018) (Figs. 10B-C).

EL DESCUBRIMIENTO DE LA SAVIA FOSILIZADA EN EL ÁMBAR DE EL SOPLAO

En 2008, las geólogas Idoia Rosales y María Najarro descubrieron un magnífico yacimiento de ámbar a pocos kilómetros de la entrada a la cueva de El Soplao, en el municipio de Rábago (Cantabria). Ese año se recibió una caja repleta de fragmentos de ámbar, realmente muy llamativos dado su intenso color morado (Fig. 11A). Idoia propuso tallar algún fragmento con el objetivo de mostrar alguna pieza pulida en la presentación a los medios de comunicación que se celebraría en breve. De este modo se tallaron por primera vez ejemplares del ámbar de El Soplao y se realizaron las primeras fotografías de ejemplares pulidos, utilizando diferentes tipos de luces para resaltar esta peculiaridad cromática (debida a la fluorescencia azulada que producen los derivados del azuleno; Menor-Salván *et al.*, 2009) (Figs. 11B-D).

El mismo año del hallazgo se realizó la primera excavación en el yacimiento, corroborando su riqueza en ámbar y la abundancia de restos fosilizados en su interior, fundamentalmente insectos incluidos en piezas «aéreas» o «estalactíticas» (Najarro *et al.*, 2009). En los dos siguientes años se volvió a excavar el yacimiento obteniéndose muchos ejemplares de ámbar, tanto del tipo estalactítico como del tipo arriñonado, que consistía en grandes masas de ámbar zonado (Fig. 11E). A principios de 2010 se recibió un peculiar encargo del Gobierno de Cantabria. Se trataba de tallar una gran masa arriñonada para obtener un ejemplar facetado, cosa que se realizó con la ayuda de Eleuterio Baeza que consolidó cada corte con resina epoxy. El resultado fue el mayor ejemplar tallado conocido hasta el momento de ámbar español, pieza estrella de la exposición que se inauguró en 2010: «El largo viaje del ámbar de El Soplao» (Fig. 11F).

Desde el descubrimiento del yacimiento, el estudio científico se centró sobre todo en las bioinclusiones presentes en el ámbar estalactítico, que contienen una gran cantidad y variedad de organismos fosilizados (ver un resumen de los resultados en Lozano *et al.,* 2018). Hasta 2018, los grandes ejemplares arriñonados solo se habían utilizado para usos gemológicos, pero comenzamos

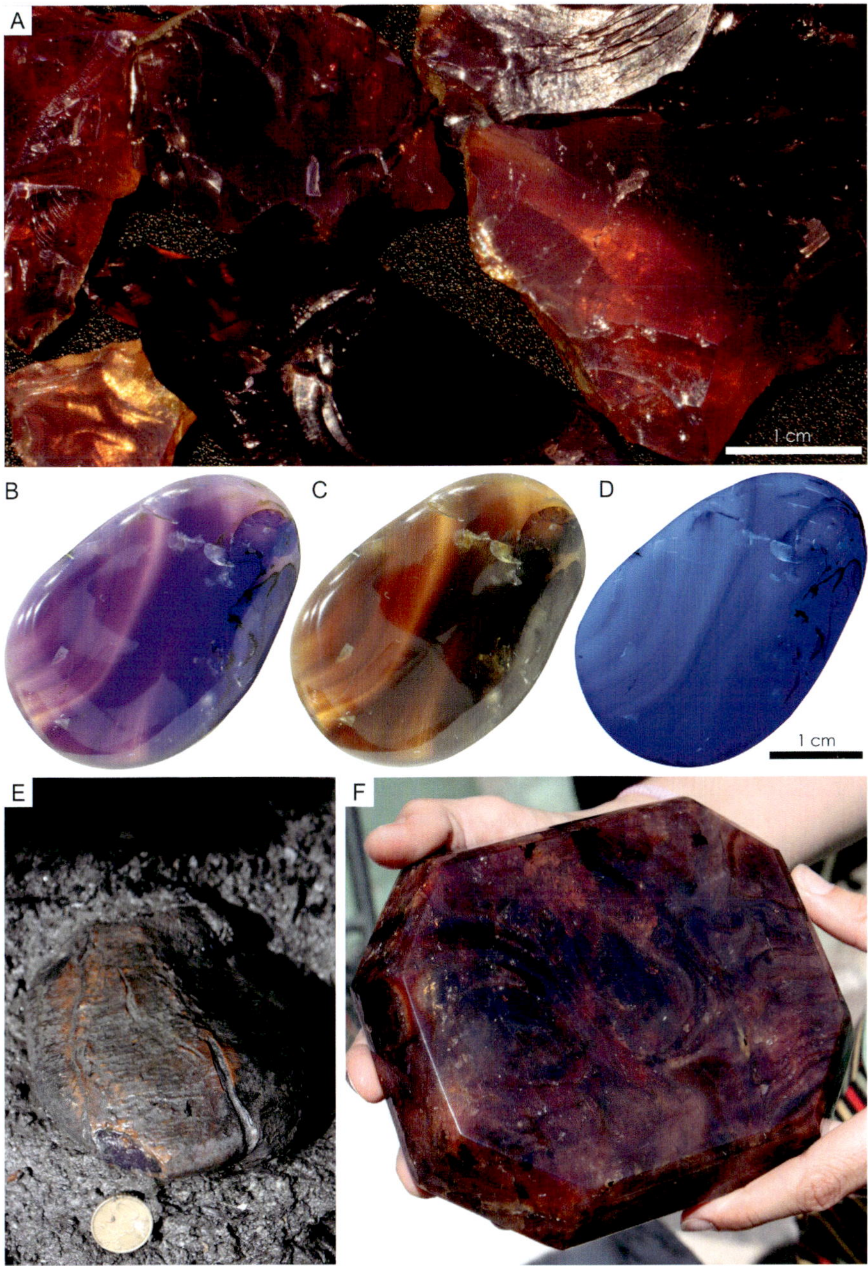

Figura 11. El ámbar cretácico del yacimiento de Rábago-El Soplao (Cantabaria). A, fragmentos de ámbar observados con luz natural. B, ejemplar tallado visto con luz natural, artificial (C) y ultravioleta de onda larga (D). E, ejemplar con forma arriñonada o de torta, momentos antes de extraerlo del yacimiento. F, ejemplar facetado a partir de una de estas grandes masas arriñonadas.

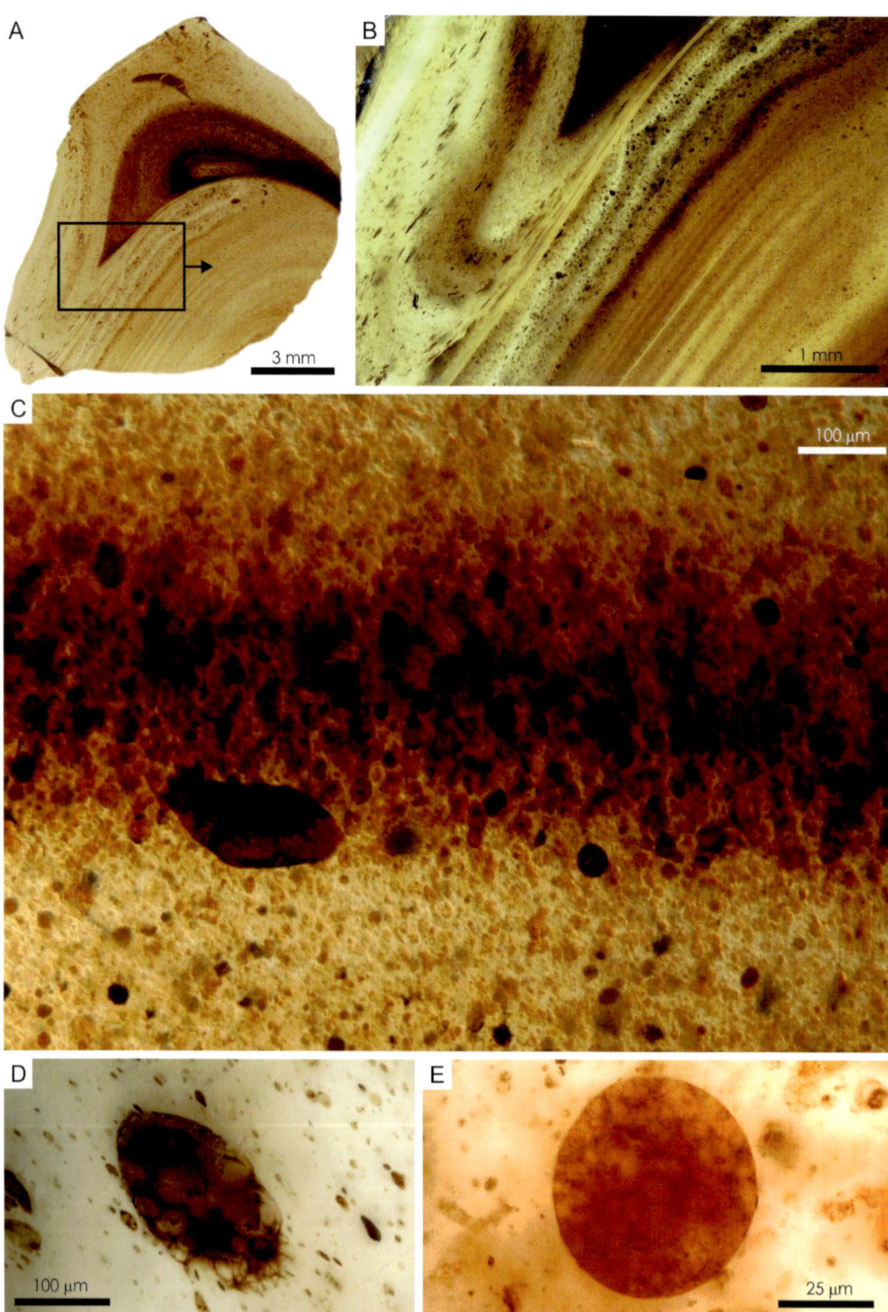

Figura 12. Ámbar de Rábago-El Soplao, inclusiones de savia. A, sección de un fragmento de ámbar bandeado, con las bandas replegadas. B, ampliación de un sector del anterior donde comienzan a visualizarse las inclusiones oscuras de savia. C, detalle de una banda oscura con inclusiones de savia. D-E, inclusiones de savia de aspecto vacuolar (doble emulsión).

su estudio científico con el objetivo de explicar el origen del bandeado, su principal rasgo petrográfico (Figs. 12A-C).

La alternancia entre capas claras y oscuras es evidente no sólo con luz natural o artificial sino también bajo la luz ultravioleta de onda larga. Las capas más oscuras están formadas por una constelación de inclusiones marrones que no son fluorescentes bajo la luz ultravioleta. Por este motivo, las bandas oscuras son poco fluorescentes (menos fluorescentes cuanto mayor sea la densidad de inclusiones) mientras que las bandas claras lo son mucho más.

Cada inclusión tenía en su interior pequeñas esferas de tonalidad clara (de ámbar), por lo que al microscopio el aspecto es vacuolado (Figs. 12D-E). Otros científicos habían considerado cada una de estas inclusiones como microorganismos fósiles que conservaban sus vacuolas celulares (por ejemplo: Ascaso *et al.*, 2003). Pero no todo encajaba con esta explicación, ya que el tamaño de las inclusiones era demasiado variable para tratarse de microrganismos fósiles. El resultado de la investigación mostró que, en realidad, se trataba de dobles emulsiones de tamaño microscópico. Si una emulsión es una mezcla de dos líquidos inmiscibles, una doble emulsión es una emulsión de emulsiones, donde cada gotita de uno de los líquidos contiene gotas más pequeñas del otro.

Una vez aisladas las inclusiones, el reto consistió en caracterizar la sustancia marrón de la doble emulsión, separadamente de la composición del ámbar que se encuentra por fuera y por dentro de ellas. Los resultados mostraron que la sustancia marrón contenía elementos inorgánicos como calcio, magnesio, potasio o sodio y, mucho más interesante, lo que parecían azúcares o residuos de azúcares, pero que sin duda eran sustancias polares (con cargas eléctricas separadas, como los azúcares). Todos estos resultados una vez analizados condujeron a una clara conclusión: la sustancia marrón era savia fosilizada, emitida por los árboles en el Cretácico (Lozano *et al.*, 2020).

BIBLIOGRAFÍA

Ascaso, C.; Wierzchos, J.; Corral, C.; López, R. y Alonso, J. 2003. New applications of light and electron microscopic techniques for the study of microbiological inclusions in amber. *Journal of Paleontology*, 77 (6), 1182-1192.

Baeza, E.; Lozano, R.P. y Rossi, C. 2018. Replication and reinsertion of stalagmites sampled for paleoclimatic purposes. *International Journal of Speleology*, 47 (2), 137-144.

Díaz Martínez, E.; Meléndez, G.; Lozano, R.P. y Arbizu, M. 2012. La conservación del patrimonio geológico mueble. *Geo-Temas*, 13, 605-608.

Dorronsoro, J. y Moreno Martín, F. 1934. Sobre un hierro meteórico de la provincia de Granada. *Anales de la Sociedad Española de Física y Química*, 32, 1111-1115.

Gómez de Llarena, J. y Rodríguez Arango, C. 1950. El astrolito de Reliegos (León). *Boletín de la Real Sociedad Española Historia Natural*, 48, 303-315.

González del Tánago, J.; Bellido, F. y García Cacho, L. 1986. Mineralogía y evolución de las pegmatitas graníticas de La Cabrera (Sistema Central Español). *Boletín Geológico y Minero,* 97 (1), 103-121.

González del Tánago, J.; Lozano, R.P. y González del Tánago Chanrai, J. 2008. Plutón de la Cabrera. Pegmatitas graníticas y alteraciones hidrotermales. *Bocamina*, 21, 104 p.

González del Tánago, J.; Lozano, R.P.; Larios, A. y La Iglesia, A. 2012. Stokesite crystals from La Cabrera, Madrid, Spain. *Mineralogical Records*, 43 (4), 499-508.

González-Laguna, R.; Lozano, R.P. y Martín Crespo, T. 2011. Rayos, truenos y fulguritas. *Investigación y Ciencia*, 418, 8-9.

Jiménez, R.; González-Laguna, R.; Lozano, R.P.; Paradas, A.; Baeza Chico, E.; Torres, M.J. y Cabrera, B. 2013. *Colección de minerales de las Comunidades y Ciudades Autónomas del Museo Geominero: Catálogo de la Comunidad de Madrid.* Cuadernos del Museo Geominero, 16. Instituto Geológico y Minero de España, Madrid, 66 p.

Llorca, J.; Gich, M. y Molins, E. 2007. The Villalbeto de la Peña meteorite fall: III. Bulk chemistry, porosity, magnetic properties, ^{57}Fe Mössbauer spectroscopy, and Raman spectroscopy. *Meteoritics & Planetary Science*, 42, 177-182.

Llorca, J.; Trigo Rodríguez, J.M.; Ortiz, J.L.; Docobo, J.A.; García Guinea, J.; Castro Tirado, A.J.; Rubin, A.E.; Eugster, O.; Edwards, W.; Laubenstein, M. y Casanova, I. 2005. The Villalbeto de la Peña meteorite fall: I. Fireball energy, meteorite recovery, strewn field and petrography. *Meteoritics & Planetary Science*, 40, 795-804.

Lozano, R.P. 2003. *Petrología de los rellenos cálcicos hidrotermales de las cavidades miarolíticas del plutón de La Cabrera (Madrid).* Tesis doctoral, Universidad Complutense de Madrid, 373 p.

Lozano, R.P. 2013a. Moveable mineralogical and petrological heritage: the example of the Geominero Museum (Spanish Geological Survey, IGME, Madrid). En: F. Guillén Mondéjar; A. Alías Linares y A. Sánchez Navarro (eds.), *International Seminar on Conservation of Mineralogical and Petrological Heritage and its Tourism and Cultural Usages*. Caravaca de la Cruz, Murcia, 10, 47-61.

Lozano, R.P. 2013b. Meteoritos metálicos: el ejemplo de Retuerta del Bullaque (Ciudad Real, España). *Enseñanzas de las Ciencias de la Tierra*, 21 (3), 283-292.

Lozano, R.P. 2014. *Piedras Preciosas*. Instituto Geológico y Minero de España y Editorial Catarata, Madrid, 127 pp.

Lozano, R.P. y Martín-Crespo, T. 2004. Petrography and mineral chemistry of the Reliegos chondrite, Spain. *Meteoritics & Planetary Science*, 39 (8), 157-162.

Lozano, R.P. y Rossi, C. 2012. Exceptional preservation of Mn-oxidizing microbes in cave stromatolites (El Soplao, Spain). *Sedimentary Geology*, 255-256, 42-55.

Lozano, R.P.; Casquet, C. y González-Laguna, R. 1999. Bolsadas pegmatíticas con cavidades rellenas de minerales hidrotermales en el plutón de La Cabrera (Sistema Central Español). Modelo de evolución. *Boletín de la Sociedad Española de Mineralogía,* 22 (A), 63-64.

Lozano, R.P.; González-Laguna, R. y Martín Crespo, T. 2007. Descripción macroscópica de la fulgurita de Torre de Moncorvo, Portugal. *Geogaceta*, 42, 139-142.

LOZANO, R.P.; MARTÍN CRESPO, T. Y GONZÁLEZ-LAGUNA, R. 2003. El meteorito de Reliegos (León). Estudio mineralógico y petrológico. *Boletín Geológico y Minero,* 114 (4), 481-493.

LOZANO, R.P.; CASQUET, C.; GALINDO, C. Y GONZÁLEZ-LAGUNA, R. 2004. Miarolas del plutón de La Cabrera (Madrid). Clasificación y geocronología de los rellenos hidrotermales. *Geo-Temas*, 6 (1), 185-188.

LOZANO, R.P.; ROSSI, C.; LA IGLESIA, A. Y MATESANZ, E. 2012. Zaccagnaite-*3R*, a new Zn-Al hydrotalcite polytype from El Soplao cave (Cantabria, Spain). *American Mineralogist*, 97, 513-523.

LOZANO, R.P.; BARRÓN, E.; PEÑALVER, E.; RODRIGO, A. Y VIEJO, J.L. 2018. Distribución, morfología y tamaño de inclusiones asociadas a los flujos de resina en el ámbar cretácico de El Soplao (Cantabria). En: N. Vaz y A.A. Sá (eds.), *Yacimientos paleontológicos excepcionales en la península Ibérica.* Cuadernos del Museo Geominero, 27. Instituto Geológico y Minero de España, Madrid, 525-534.

LOZANO, R.P.; PÉREZ DE LA FUENTE, R.; BARRÓN, E.; RODRIGO, A.; VIEJO, J.L. Y PEÑALVER, E. 2020. Phloem sap in Cretaceous ambers as abundant double emulsions preserving organic and inorganic residues. *Scientifics Reports*, 10, 9751.

LOZANO, R.P.; REYES, J.; BAEZA, E.; GONZÁLEZ-LAGUNA, R.; GUTIÉRREZ-MARCO, J.C. Y JIMÉNEZ MARTÍNEZ, R. 2013. Un nuevo meteorito español: Retuerta del Bullaque Ciudad Real). Clasificación, mineralogía y preservación de la morfología. *Estudios Geológicos*, 69 (1), 5-20.

LOZANO, R.P.; SÁNCHEZ, J.A.; GONZÁLEZ-LAGUNA, R. Y MARTÍN CRESPO, T. 2021. Colomera (Granada, Spain): More than a century of an IIE iron meteorite journey. *Meteoritics & Planetary Science*, 56 (3), 663-678.

MARTÍN CRESPO, T. Y LOZANO, R.P. 2003. El meteorito de Reliegos: descripción petrográfica y mineralógica. *Boletín de la Sociedad Española de Mineralogía,* 26 (A), 141-142.

MARTÍN CRESPO, T. Y LOZANO, R.P. 2005. Un ejemplo de catalogación de las colecciones del Museo Geominero (IGME, Madrid): el acero austenítico de Los Blázquez (Córdoba). *Boletín Geológico y Minero,* 116 (1), 113-118.

MARTÍN CRESPO, T.; LOZANO, R.P. Y GONZÁLEZ-LAGUNA, R. 2009. The fulgurite of Torre de Moncorvo (Portugal): description and analysis of the glass. *European Journal of Mineralogy*, 21, 783-794.

MARTIN CRESPO, T.; LOZANO R.P.; CASANOVA, I. Y LLORCA, J. 2007. El meteorito de Villalbeto de la Peña (Palencia). Estudio mineralógico y petrológico. *Boletín Geológico y Minero*, 118 (1), 105-116.

MENOR-SALVÁN, C.; NAJARRO, M.; VELASCO, F.; TORNOS, F. Y ROSALES, I. 2009. A new Lower Cretaceous fossil resin from El Soplao, Cantabria (Spain): Biomarkers and chemotaxonomy. *Geochimica et Cosmochimica Acta*, 73 (13S), A870.

NAJARRO, M.; PEÑALVER, E.; ROSALES, I.; PÉREZ DE LA FUENTE, R.; DAVIERO-GÓMEZ, V.; GÓMEZ, B. Y DELCLÒS, X. 2009. Unusual concentration of Early Albian arthropod-bearing amber in the Basque-Cantabrian Basin (El Soplao, Cantabria, Northern Spain): palaeoenvironmental and palaeobiological implications. *Geologica Acta*, 7, 363-387.

ROSSI, C.; BAJO, P.; LOZANO, R.P. Y HELLSTROM, J. 2018. Younger Dryas to Early Holocene paleoclimate in Cantabria (NS pain): Constraints from speleothem Mg, anual fluorescence banding and stable isotope records. *Quaternary Science Reviews*, 192, 71-85.

ROSSI, C.; LOZANO, R.P.; ISANTA, N. y Hellstrom, J. 2010. Manganese stromatolites in caves: El Soplao (Cantabria, Spain). *Geology*, 38 (12), 1119-1122.

ROSSI, C.; VILLALAÍN, J.J.; LOZANO, R.P. Y HELLSTROM, J. 2016. Paleo-watertable definition using cave ferromanganese stromatolites and associated cave-wall notches (Sierra de Arnero, Spain). *Geomorphology*, 261, 57-75.

TRIGO RODRÍGUEZ, J.M.; BOROVICKA, J.; SPURNÝ, P.; ORTIZ, J.L.; DOCOBO, J.A.; CASTRO-TIRADO, A.J. Y LLORCA, J. 2006. The Villalbeto de la Peña meteorite fall: II. Determination of atmospheric trajectory and orbit. *Meteoritics & Planetary Science*, 41, 505-517.

SOBRE LAS AUTORAS Y LOS AUTORES

Alfonso Arribas Herrera es científico titular de OPI en el Instituto Geológico y Minero de España (IGME, CSIC). En 1993 se adscribió al Museo Geominero, donde ha trabajado tanto en gestión de colecciones como en investigación. Es especialista en mamíferos del Cuaternario, patrimonio geológico y paleontológico (vertebrados) y divulgación científica. Ha dirigido la investigación del yacimiento Fonelas P-1 (*geosite*) y es el promotor y coordinador científico-técnico de la Estación Paleontológica «Valle del Río Fardes» del IGME en Fonelas (Granada). Asimismo, desde 2001 ha sido el promotor científico-técnico de la conservación y puesta en valor del excepcional registro y patrimonio geológico y paleontológico del Cuaternario de los valles del norte de Granada, y de sus paisajes inalterados, entre cuyas acciones fue la propuesta de un Geoparque de la UNESCO, materializada en 2020 en el Geoparque Mundial de la UNESCO de Granada. a.arribas@igme.es

Eleuterio Baeza Chico es geólogo y técnico superior especializado de OPI en el Instituto Geológico y Minero de España (IGME, CSIC). Su formación como diplomado en conservación y restauración de bienes culturales le ha permitido desarrollar trabajos de conservación, restauración e investigación en el Museo Nacional de Ciencia y Tecnología, Museo Arqueológico Nacional, Instituto del Patrimonio Histórico Español y Museo del Ejército. Ha realizado más de doscientas maquetas o dioramas sobre el medio natural. Es autor, además, de más de ochenta publicaciones en revistas científicas nacionales e internacionales, así como de la patente de invención nº 200.501.432 «Proceso de reproducción de fósiles, rocas y minerales y producto obtenido» a favor del IGME. e.baeza@igme.es

Eduardo Barrón López es doctor en Ciencias Biológicas (modalidad botánica) por la Universidad Complutense de Madrid. En cuarto de carrera se introdujo en temas paleobotánicos a partir de su tesis de licenciatura, que se centró en fósiles de hojas de la flora del Mioceno de La Cerdaña (Lérida). Posteriormente, se especializó en paleopalinología, prolongando su tesina a tesis doctoral, que fue defendida en el Departamento de Paleontología de la Facultad de Ciencias Geológicas de la Universidad Complutense en 1996, donde había disfrutado de una beca predoctoral. A partir de ese momento, combinó el estudio paleobotánico de diferentes afloramientos del Cenozoico español, con el palinológico de secciones mesozoicas, desarrollando dos líneas de investigación, que le permitieron disfrutar de una plaza de profesor ayudante de Universidad en el citado departamento universitario y trabajar desde 2006 en el Museo Geominero del Instituto Geológico y Minero de España como científico titular de OPI y, actualmente, como investigador científico. Ha formado parte del equipo de catorce proyectos competitivos de investigación, tres como Investigador Principal. Ha publicado más de cien artículos científicos (alrededor de sesenta en revistas indexadas), así como un buen número de capítulos de libros, trabajos de divulgación, videos didácticos y monografías. Toda esta labor le ha llevado a dirigir cuatro tesis doctorales, cinco de máster, tres diplomas de estudios avanzados y dos proyectos finales de licenciatura. e.barron@igme.es

Marta Campesino Izquierdo es colaboradora I+D+i de OPI en el Instituto Geológico y Minero de España (IGME, CSIC). Entre 2007 y 2016 sus líneas de trabajo se desarrollaron en el Departamento de Recursos Minerales, relacionadas con los sedimentos de corriente, exploración geoquímica, edafología, estudios mineralógicos, análisis químicos, cartografía geoquímica, indicios mineros, metalogenética, laminas delgadas y bases de datos. En 2016 se integró en el equipo del Museo Geominero, donde continúa en la actualidad, ocupándose del desarrollo de actividades didácticas y divulgativas para incorporar la participación ciudadana a la cultura científica en el ámbito de las ciencias de la Tierra. Entre sus responsabilidades se cuentan la atención al público, la realización de talleres y visitas guiadas, la coordinación de los guías voluntarios culturales y la gestión de las redes sociales. m.campesino@igme.es

Jorge Colmenar Lallena es científico titular de OPI en el Instituto Geológico y Minero de España (IGME, CSIC) desde noviembre de 2021. Licenciado en Ciencias Geológicas por la Universidad Complutense de Madrid, doctor en Paleontología por la Universidad de Zaragoza e investigador posdoctoral en el Museo Geológico de Copenhague. Sus líneas de trabajo están relacionadas con la paleobiología de braquiópodos paleozoicos, el estudio de los cambios de diversidad de los invertebrados fósiles durante el Paleozoico inferior y el análisis de las relaciones paleogeográficas entre los paleocontinentes. j.colmenar@igme.es

Graciela Delvene Ibarrola es licenciada en Ciencias Geológicas por la Universidad de Zaragoza, doctora en Ciencias Geológicas (2001) por la misma universidad en cotutela europea con la Bayerische Julius-Maximilians Universität (Würzburg, Alemania) y científica titular de OPI en el Instituto Geológico y Minero de España desde 2005. Paleontóloga de formación geológica, su investigación se centra en la taxonomía y paleoecología de los moluscos mesozoicos. Pertenece a un grupo muy reducido de paleontólogos en España, especializado en bivalvos y gasterópodos. Ha revisado principalmente la taxonomía y paleoecología de los bivalvos marinos del Jurásico Medio y Superior, y del Cretácico Inferior procedentes de España y ha trabajado en su importancia en la reconstrucción de los paleoambientes durante el Mesozoico. Se ha formado y trabajado en las colecciones de fósiles del Museo Geominero, aprendiendo la metodología de revisión de colecciones históricas y la importancia de la puesta en valor de las mismas, poniéndolo en práctica en numerosos museos europeos. En los últimos diez años su investigación se ha centrado en la revisión taxonómica de los moluscos de agua dulce y de medios transicionales de edades Jurásico Superior-Cretácico Inferior de España y sur de Inglaterra. Ha trabajado con numerosos equipos de investigación centrándose en el estudio de los moluscos asociados a los yacimientos de dinosaurios con el objetivo de determinar subambientes paleoecológicos y contribuir a la reconstrucción medioambiental. Ha publicado numerosos artículos que describen los moluscos asociados a los yacimientos en la «Costa de los Dinosaurios» del Jurásico Superior de Asturias, del Cretácico Inferior español de la cuenca de Cameros (La Rioja), de la cuenca del Maestrazgo (Teruel) y del yacimiento *Fossil-Lagerstätte* de Las Hoyas, en Cuenca. Sus últimos trabajos se centran en el estudio de la microestructura de conchas de agua dulce fósiles y actuales y el análisis de las microbialitas asociadas a estas conchas fósiles demostrando su utilidad como herramienta para reconstruir los diferentes ambientes subsedimentarios de ecosistemas antiguos. g.delvene@igme.es

Isabel Díaz Megías, licenciada en Ciencias Geológicas por la UCM, es técnica especialista de laboratorio de Geología-Ingeniería Geológica del Departamento GEODESPAL de la Facultad de Ciencias Geológicas (UCM). Desarrolla su actividad profesional como conservadora de las colecciones paleontológicas. Miembro del proyecto de Innovación Docente «Geodivulgar:

Geología y Sociedad» (Innova-Docencia, UCM) desde 2013, y del proyecto de Aprendizaje-Servicio «Mundos Ocultos: Tiflodidáctica aplicada a la enseñanza de microorganismos acuáticos y su impacto en la sostenibilidad ambiental» (Proyectos ApS 23/24, UCM). idiazmeg@ucm.es

Guiomar Garrido Álvarez-Coto es profesora e investigadora en la Universidad Internacional de La Rioja (UNIR). En el año 2001 obtuvo una beca del Instituto Geológico y Minero de España (IGME) para la elaboración de su tesis doctoral sobre el estudio taxonómico de los grandes mamíferos del yacimiento de Fonelas P-1 (colección 2001-2002). Hasta 2014 estuvo vinculada al IGME a través de distintos contratos de investigación relacionados con el estudio integral de Fonelas P-1 y el desarrollo de la Estación Paleontológica «Valle del Río Fardes». Es coautora de ocho nuevos taxones de mamíferos extintos (http://hesperomys.com/h/42621). En la actualidad sus líneas de trabajo se centran en el estudio de las dispersiones de mamíferos durante el Cuaternario, así como en la búsqueda y análisis de estrategias didácticas que permitan un aprendizaje integrado de las ciencias de la Tierra. Asimismo, coordina el proyecto divulgativo sobre historia de la ciencia a través de la imagen en el Gabinete del Grabado. guiomar.garrido@unir.net

José Antonio Garrido García es doctor en Ciencias Biológicas y máster en conservación de la biodiversidad. Se ha especializado en la conservación de especies amenazadas a través de proyectos en la Estación Biológica de Doñana y en el estudio de restos animales de yacimientos arqueológicos, con proyectos financiados por el Centre National de la Recherche Scientifique (Francia). Entre diciembre de 2016 y diciembre de 2022 fue el responsable de campo y del inventario biológico, y colaboró en las actividades educativas y de divulgación, de la Estación paleontológica «Valle del Río Fardes» del IGME. chiribayle@gmail.com

Ruth González Laguna es técnica superior especializada de OPI en el Instituto Geológico y Minero de España (IGME, CSIC) y doctora en Ciencias Geológicas por la Universidad Complutense de Madrid dentro del programa Mineralogía, Petrología, Geoquímica y Recursos Minerales. Sus líneas de trabajo están relacionadas con la conservación de colecciones mineralógicas y petrológicas del Museo Geominero, la puesta en valor del patrimonio mineralógico y petrológico, la divulgación y difusión en ciencias de la Tierra y el asesoramiento a instituciones y particulares. En este sentido, ha colaborado con numerosas entidades como el Museo del Prado, Museo Sorolla, Biblioteca Nacional o Fundación Botín. Asimismo, ha participado en diferentes proyectos técnicos y de investigación centrados fundamentalmente en caracterización y génesis de fluidos hidrotermales, así como en movilidad de tierras raras. En la actualidad es la responsable de la colección de minerales y rocas del Museo Geominero y participa en el proyecto de investigación sobre impacto y vulnerabilidad de la geodiversidad y el patrimonio geológico ante el cambio global en los Parques Nacionales Canarios. ruth.gonzalez@igme.es

Juan Carlos Gutiérrez Marco es científico titular de OPI en el Instituto de Geociencias (CSIC-UCM), académico correspondiente de la Academia Nacional de Ciencias de Argentina, miembro honorario de la Asociación Española de Geólogos y Geofísicos Españoles del Petróleo y miembro con voto de la Subcomisión Internacional de Estratigrafía del Silúrico (ICS-IUGS). Fue director del Instituto de Geología Económica (CSIC-UCM, 2001-2006), vicepresidente de la Subcomisión Internacional de Estratigrafía del Ordovícico (ICS-IUGS, 2004-2012) y responsable del grupo de investigación «Paleozoico marino perigondwánico» (código CSIC 642852) desde su creación hasta su convergencia con un grupo multidisciplinar en 2021. Su investigación abarca el estudio de invertebrados fósiles (graptolitos, trilobites, moluscos y otros: Ordovícico a Devónico) en el área perigondwánica del suroeste de Europa, norte de África y Sudamérica, incluyendo aspectos bioestratigráficos, paleobiogeográficos y de dinámica faunística; además de la cronoestratigrafía y biocronología ordovícica en el ámbito gondwánico. Sus resultados científicos suman más de 560 publicaciones incluyendo artículos, libros y mapas geológicos, habiendo descubierto y caracterizado formalmente 110 taxones paleontológicos nuevos del Paleozoico. Cuenta con seis sexenios de investigación de excelencia reconocidos por la ANECA, ha dirigido veinte proyectos de investigación competitiva y programas de cooperación bilateral, siete tesis doctorales en universidades españolas y portuguesas, y fue el organizador responsable de importantes congresos internacionales sobre geología y fósiles paleozoicos. jcgrapto@ucm.es, jc.gutierrez.marco@csic.es

María Pilar Hernández Pinilla es ingeniera geóloga. Finalizó sus estudios en la Universidad Complutense de Madrid en el año 2014. Desde que terminó la licenciatura ha trabajado como ingeniera, realizando estudios geotécnicos y desde 2019 hasta 2021 ingresó, mediante un contrato de personal técnico de apoyo en el Instituto Geológico y Minero de España (IGME, CSIC) con destino en el Museo Geominero para colaborar como conservadora de la colección de minerales de las comunidades autónomas. Ha participado en diversas publicaciones, destacando *Avatares de la Colección de minerales del Museo del IGME (Museo Geominero): parte 1 (desde 1849 hasta 1988).* Actualmente se encuentra impartiendo clases en el ámbito científico a estudiantes de Educación Secundaria en un centro escolar. mapiherna3@gmail.com

Concha Herrero Matesanz es profesora titular del Departamento GEODESPAL de la Facultad de Ciencias Geológicas de la Universidad Complutense de Madrid (UCM), y directora de colecciones paleontológicas del departamento. Desarrolla su actividad docente en el Grado de Geología y en el Máster Interuniversitario en Paleontología Avanzada. Sus líneas de trabajo abordan el estudio de los foraminíferos del Jurásico Inferior, la docencia universitaria y los métodos de enseñanza-aprendizaje, y la exploración de las relaciones entre la micropaleontología y el arte, como medios de divulgación social para la concienciación sobre el cambio climático y la sostenibilidad en los océanos. Participó en la propuesta de definición del estratotipo de límite del Aaleniense, situado en la localidad de Fuentelsaz (Guadalajara, España). Pertenece a la red docente UCM «Comunidad Docente Universitaria de Aprendizaje Profundo», y a los grupos de investigación UCM «Eventos Bióticos Mesozoicos» y «Sciart-UCM (Sostenibilidad, Ciencia y Arte)». cherrero@ucm.es

Ramón Jiménez Martínez es científico titular de OPI en el Instituto Geológico y Minero de España (IGME, CSIC). Entre 2008 y 2021 fue el responsable de la colección de minerales españoles del Museo Geominero, participando en la gestión, estudio e investigación de sus fondos. Desde 2021 está destinado en el Departamento de Recursos Geológicos para la Transición Ecológica, en el grupo de investigación en Patrimonio Geológico y Geodiversidad, habiendo participado en diversos proyectos sobre patrimonio geológico y recursos minerales y petrológicos. En 2022 formó parte del grupo de investigadores que describieron el mineral llamado ermeloíta, nueva especie descubierta en España y aprobada por la International Mineralogical Association. r.jimenez@igme.es

Rafael Pablo Lozano Fernández es científico titular de OPI en el Instituto Geológico y Minero de España (IGME, CSIC). Entre 1997 y 2021 estuvo destinado en el Museo Geominero y sus líneas de trabajo estuvieron relacionadas inicialmente con la historia de la geología para más tarde dedicarse plenamente a la petrología y mineralogía. Tras realizar su tesis doctoral en las pegmatitas de La Cabrera (Madrid), comenzó la investigación de los meteoritos del Museo Geominero, ampliando la colección mediante la adquisición y clasificación de ejemplares nuevos. También trabajó en rocas especiales, como las formadas por los rayos (fulguritas). Posteriormente se dedicó a la petrología y mineralogía sedimentaria con especial énfasis en los materiales de la cueva de El Soplao (Cantabria), describiendo un nuevo tipo de roca (espeleo-estromatolitos de manganeso) y un nuevo politipo mineral (zaccagnaita-*3R*). Actualmente se dedica a la investigación petrológica del ámbar cretácico de España y a la caracterización mineralógica y petrológica de conchas de moluscos fósiles. r.lozano@igme.es

Silvia Menéndez Carrasco es técnica superior especializada de OPI, ejerciendo como funcionaria de carrera en el Instituto Geológico y Minero de España (IGME, CSIC) desde 2007. Desde que se incorporó como becaria en el Museo Geominero en el año 1999 ha desarrollado labores de gestión, conservación y catalogación de sus colecciones paleontológicas, ejerciendo como conservadora de las mismas hasta la actualidad. Sus líneas de trabajo incluyen el estudio de las faunas de poríferos arqueociatos y bioconstrucciones marinas del Cámbrico Inferior, la puesta en valor de colecciones paleontológicas históricas, así como el patrimonio paleontológico mueble. Forma parte del grupo de trabajo del Cámbrico del Instituto de Geociencias (UCM-CSIC), es miembro con derecho a voto de la subcomisión de Geo-Colecciones de la Comisión Internacional de Patrimonio Geológico, así como de la subcomisión de Estratigrafía del Cámbrico de la Comisión Internacional de Estratigrafía de la Unión Internacional de Ciencias Geológicas (IUGS). s.menendez@igme.es

José Joaquín Moratalla García es científico titular de OPI en el Instituto Geológico y Minero de España (IGME, CSIC). Sus líneas de trabajo se centran en el estudio de la paleobiología de dinosaurios y otros arcosaurios, inferida mayoritariamente a partir de sus restos indirectos, especialmente huellas de pisada y estructuras de nidificación. Desde el año 2002, ha centrado su tarea investigadora en el estudio de dos áreas principales del Mesozoico: la cuenca de Cameros (La Rioja) y el yacimiento de Las Hoyas (Cuenca), este último junto con la Unidad de Paleontología de la Universidad Autónoma de Madrid. Además de las publicaciones científicas, ha dedicado una parte importante de su labor a la divulgación. Es autor de dos libros sobre dinosaurios: *Dinosaurios, un paseo entre gigantes* (2008, Editorial Edaf) y *Los Dinosaurios, el rastro de unos gigantes que llegaron a dominar la Tierra* (2013, Los Libros de la Catarata). Actualmente colabora con el grupo Paleoibérica (Universidad de Alcalá) y con la Universidad de Cantabria con el fin de extender las áreas de estudio y ampliar así el conocimiento sobre la evolución de las faunas de vertebrados del Mesozoico. j.moratalla@igme.es.

Xoan Moreno Paredes es graduado en Conservación y Restauración de Bienes Culturales, en la especialidad de Arqueología, por la Escuela Superior de Conservación y Restauración de Bienes Culturales de Madrid. Tiene veinticinco años de experiencia laboral en el campo de la arqueología y la paleontología, tanto en trabajo de campo en más de treinta yacimientos, como en instituciones públicas y privadas, destacando los trabajos desarrollados en el Museo Arqueológico Nacional, el Instituto del Patrimonio Cultural de España, el Museo Nacional de Cerámica González Martí de Valencia, o en la Fundación Instituto Valencia de Don Juan. Cuenta con numerosas direcciones de obra en proyectos de conservación y restauración, como las realizadas en la villa romana de Noheda (Cuenca) o en las obras de rehabilitación de la estación del metro de Gran Vía en Madrid. También cuenta con experiencia docente tutorizando las campañas de verano de la Escuela Superior de Conservación y Restauración de Bienes Culturales de Madrid y de Galicia, efectuadas en el yacimiento medieval de Madinat Albalat (2014-2019), como monitor del módulo de conservación y restauración en la Escuela Taller de Arqueología y Rehabilitación en la ciudad romana de Complutum (2004-2007) o en el taller de empleo del yacimiento paleontológico de Lo Hueco (2015 y 2017). Actualmente es técnico especializado de OPI en tareas de conservación y restauración en el Museo Geominero del Instituto Geológico y Minero de España. x.moreno@igme.es

Enrique Peñalver Mollá es biólogo especialista en insectos fósiles conservados en rocas laminadas y en ámbar. Fue premio extraordinario de doctorado en 2005 por la Universitat de València y realizó su postdoctorado en el Museo Americano de Historia Natural en Nueva York, investigando insectos en ámbar dominicano de hace unos veinte millones de años. Posteriormente fue investigador Ramón y Cajal. Actualmente es investigador científico de OPI en el Instituto Geológico y Minero de España (IGME, CSIC), en la unidad territorial de Valencia. Se ha especializado en la descripción de nuevos géneros y especies de artrópodos fósiles, principalmente insectos, las relaciones ecológicas del pasado y los procesos de fosilización. Actualmente está investigando, en el marco de una serie de proyectos del Ministerio de Ciencia, Universidades e Innovación, el ámbar de hace ciento cinco millones de años presente en varios yacimientos españoles, y la producción en masa de resina durante el Cretácico. Es autor de más de cien artículos científicos en revistas de impacto y ha publicado o editado varios libros técnicos, tres libros y dos documentales de divulgación científica. e.penalver@igme.es

Mª Victoria Quiralte Palomar es técnica superior especializada de OPI en el Instituto Geológico y Minero de España (IGME, CSIC). Paleontóloga de formación biológica, ha desarrollado parte de su carrera científico-técnica en el Museo Nacional de Ciencias Naturales (CSIC). Actualmente compagina su cargo de responsable de las colecciones de Paleontología del Museo Geominero del IGME-CSIC, con su línea de investigación especializada en sistemática y evolución de rumiantes del Mioceno inferior, y la investigación en colecciones históricas en el Museo Geominero. Ha participado en diversos proyectos de investigación, workshops y congresos nacionales e internacionales de Paleontología y Biología Evolutiva y es autora de numerosas publicaciones científicas y de carácter divulgativo desde el año 2000. mv.quiralte@igme.es

Isabel Rábano Gutiérrez del Arroyo es científica titular de OPI en el Instituto Geológico y Minero de España (IGME, CSIC). Entre 1993 y 2017 dirigió el Museo Geominero y entre 2017 y 2019 fue directora del Departamento de Infraestructura Geocientífica y Servicios del IGME. Sus líneas de trabajo, plasmadas en más de 250 publicaciones, están relacionadas con la paleontología de invertebrados paleozoicos, la historia de la geología y con los estudios de género en la geología española. En los ámbitos del patrimonio geológico mueble y de la historia de la ciencia posee una amplia experiencia en el tratamiento de colecciones geológicas, con especial atención a las de carácter histórico. Desde su responsabilidad como gestora de importantes colecciones geológicas históricas, una de sus líneas de investigación se encuentra orientada a la historia de su institución y en especial la del Museo Geominero, su museografía y el tratamiento de colecciones y de la historia de las mujeres en la geología española. Es autora del libro *Los cimientos de la geología. La Comisión del Mapa Geológico de España (1849-1910)* (2015) y ha coeditado el volumen dedicado al 175 aniversario del IGME (2024). Ha sido presidenta de la Real Sociedad Española de Historia Natural y de la Sociedad Española de Paleontología, y vicepresidenta de la Sociedad Española para la Defensa del Patrimonio Geológico y Minero. Coordina la Comisión de Historia de la Geología de la Sociedad Geológica de España y, desde 2006, es miembro de la Comisión Internacional de Historia de la Geología de la Unión Internacional de Ciencias Geológicas. i.rabano@igme.es

Ana Rodrigo Sanz es científica titular de OPI en el Instituto Geológico y Minero de España (IGME, CSIC). Su trayectoria profesional se articula en torno a la divulgación científica en el ámbito de las geociencias y la investigación en paleontología de invertebrados. Es autora de libros, monografías, artículos científicos y divulgativos, así como comisaria de diversas exposiciones y ponente en másteres y cursos sobre geología, museología y difusión de la ciencia. Es miembro de las juntas directivas de la Sociedad Española de Paleontología y de la Real Sociedad Española de Historia Natural. Desde 2017 es la directora del Museo Geominero. a.rodrigo@igme.es

Josefina Sánchez Valverde es geóloga especializada en patrimonio geológico y recursos minerales. Actualmente es encargada de campo en la Estación

Paleontológica «Valle del Río Fardes», que depende del Museo Geominero del IGME. Otros trabajos pasados a destacar en el IGME son los inventarios de rocas y minerales industriales y metalogenia en el ámbito de la Cordillera Bética y su actividad técnica y profesional en la Litoteca de Sondeos. Ha sido una de las socias fundadoras de Geándalus-Turismo Geológico, *spin-off* de la Universidad de Granada dedicada al turismo geológico, formación y divulgación en ciencias de la Tierra. josefina.sanchez@igme.es

Trinidad de Torres Pérez-Hidalgo es catedrático emérito de Estratigrafía y Paleontología de la Escuela Técnica Superior de Ingenieros de Minas y Energía de la Universidad Politécnica de Madrid. Ha sido director y conservador de las colecciones de paleontología del Museo Histórico Minero D. Felipe de Borbón y Grecia. Sus líneas de trabajo se relacionan con el análisis de cuencas, derivado de sus veinte años de actividad (1971-1991) en la Empresa Nacional Adaro de Investigaciones Mineras S. A. y con el estudio de Cuaternario, en especial los úrsidos. Ha sido el responsable del grupo de investigación «Estudios Ambientales» de la UPM y creador del Laboratorio de Estratigrafía Biomolecular (LEB) puntero en el análisis paleoambiental y en la datación por racemización de aminoácidos, asociado oficialmente al IGME. Ha dirigido numerosas campañas de excavaciones paleontológicas, entre ellas la de Atapuerca 1976 en la que se encontraron los primeros restos humanos de la Sima de los Huesos. trinidad.torres@upm.es.

Samuel Zamora Iranzo es científico titular de OPI en el Instituto Geológico y Minero de España (IGME, CSIC). Estudió Geología en la Universidad de Zaragoza y se licenció en 2004. Realizó su doctorado en la misma universidad finalizando en 2009. Su tesis doctoral versó sobre los fósiles de equinodermos cámbricos del norte de España. Su trabajo obtuvo la máxima calificación posible y fue galardonado con el premio extraordinario de doctorado de la Facultad de Ciencias. Entre 2010 y 2012 trabajó con un contrato postdoctoral en el Museo de Historia Natural de Londres, donde investigó sobre equinodermos fósiles y otros invertebrados. En 2013 se incorporó al Departamento de Paleobiología del Museo Nacional de Ciencias Naturales de los EEUU, perteneciente al prestigioso Instituto Smithsoniano, con base en Washington DC. En 2014 regresó a España con un contrato de investigación de excelencia Ramón y Cajal destinado en el IGME (Museo Geominero), donde continúa sus investigaciones. Se interesó por la paleontología cuando era sólo un niño y pasaba los veranos y fines de semana buscando fósiles en rocas de distintas edades geológicas. Ha publicado numerosos artículos científicos sobre invertebrados fósiles de todo el mundo en revistas internacionales. Es editor de la revista *Journal of*

Paleontology, y editor asociado de *Palaios* y *Spanish Journal of Palaeontology*. Además, participa en diversas actividades de divulgación, como conferencias y exposiciones, relacionadas con la paleontología; y es miembro con derecho a voto de la Subcomisión Internacional de Estratigrafía del Cámbrico (IUGS).
s.zamora@igme.es